第十一届
全国结构设计基础与可靠性学术会议
论文集

黄　斌　肖从真　金新阳　主编

武汉理工大学出版社
·武　汉·

内容简介

《第十一届全国结构设计基础与可靠性学术会议论文集》是在中国工程建设标准化协会结构设计基础专业委员会和中国土木工程学会桥梁及结构工程分会指导下，由武汉理工大学承办的第十一届全国结构设计基础与可靠性学术会议论文集结而成。本论文集的论文作者来自全国从事结构可靠性及其相关领域研究的各设计单位、研究院所及高等学校。论文集反映了我国结构设计基础与可靠性领域的最新理念、成果和进展，将对我国工程结构可靠性理论及其应用发展起到积极的推动作用。本书内容涵盖有：结构可靠度基本理论及计算方法、结构可靠度理论和方法在规范编制及工程中的应用、国内外工程设计规范分析与对比、新材料新技术在工程应用中的可靠性、结构安全的全寿命可靠性设计理论和方法、工程结构全寿命风险管理与可持续发展、既有结构及结构加固的可靠性评估、岩土与地下工程可靠性理论、地下空间结构的安全风险性评估、结构健康监测与安全评估、结构抗震的可靠性分析、结构减隔震控制与安全风险分析、结构抗风的可靠性分析、大跨空间结构的安全性评价、大跨桥梁的可靠性分析、组合结构的安全性评价、工程事故与破坏案例分析等。

本书可供从事结构设计与可靠性研究的科研人员、高等院校相关专业和土木工程结构设计院所工程师参考。

图书在版编目(CIP)数据

第十一届全国结构设计基础与可靠性学术会议论文集/黄斌，肖从真，金新阳主编.—武汉：武汉理工大学出版社，2020.10

ISBN 978-7-5629-6335-6

Ⅰ.第… Ⅱ.①黄… ②肖… ③金… Ⅲ.①工程结构-结构设计-文集 Ⅳ.①TU3-53

中国版本图书馆 CIP 数据核字(2020)第196229号

项目负责人：王兆国　　责任编辑：黄玲玲
责任校对：王兆国　　版面设计：正风图文
出版发行：武汉理工大学出版社
社　　址：武汉市洪山区珞狮路122号
邮　　编：430070
网　　址：http://www.wutp.com.cn
经　　销：各地新华书店
印　　刷：武汉中远印务有限公司
开　　本：880mm×1230mm　1/16
印　　张：28.75
字　　数：870千字
版　　次：2020年10月第1版
印　　次：2020年10月第1次印刷
定　　价：150.00元

凡购本书，如有缺页、倒页、脱页等印装质量问题，请向出版社发行部调换。

本社购书热线电话：027-87515778　87515848　87785758　87165708(传真)

编者介绍

黄　斌

教授，博士生导师，武汉理工大学土木工程结构安全评估与风险控制研究中心主任、中国振动工程学会随机振动专委会委员、中国振动工程学会结构控制与健康监测专委会委员、中国工程建设标准化协会高耸构筑物委员会委员、中国建筑学会数字建造专业委员会理事、结构工程专家国际研讨会国际科学委员会学术委员，并担任过10多个国际学术会议的科学委员会委员和分会主席。

肖从真

研究员，博士生导师，现任中国建筑科学研究院副总工程师。全国工程勘察设计大师，国家"万人计划"领军人才，百千万人才工程国家级人选，有突出贡献中青年专家，享受政府特殊津贴专家。担任中国土木工程学会桥梁与结构分会副理事长、中国工程建设标准化协会常务理事。获国家科技进步二等奖1项，省部级科技进步一等奖6项、二等奖4项、三等奖4项，中国土木工程詹天佑奖3项，全球最佳高层建筑设计奖2项，FIB混凝土结构优秀奖1项。

金新阳

研究员，博士生导师，享受国务院政府特殊津贴专家。担任中国土木工程学会常务理事、计算机应用分会理事长、中国勘察设计协会理事，国家标准《建筑结构荷载规范》主编、行业标准《建筑工程风洞试验方法标准》主编。获国家科技进步二等奖和三等奖各1项，省部级科技奖多项。

前　言

自20世纪80年代以来，我国工程结构设计基础与可靠性的理论与应用取得了长足的发展，先后制定了以《工程结构可靠性设计统一标准》为代表的近十个国家标准，并在此基础上形成了统一的工程结构设计体系，为我国工程结构设计基础与可靠性领域的进一步发展打下了坚实的基础。随着国家经济的持续发展和土木工程结构的大力建设，全国从事工程结构设计基础与可靠性相关工作的研究队伍不断成长，全国工程结构设计基础与可靠性学术会议的规模也在逐渐扩大，到目前为止，已成功举办了十届会议。本次“第十一届全国工程结构设计基础与可靠性学术会议”，将于2020年11月6日至8日在湖北武汉召开，是我国工程结构设计基础与可靠性领域科研、设计与应用交流的又一次盛会。

“第十一届全国工程结构设计基础与可靠性学术会议”共征集录用学术论文及摘要八十余篇。全部录用论文反映了近两年我国工程结构设计基础与可靠性相关领域的最新进展与成果。收入论文集及U盘的论文涵盖了如下会议主题，包括：结构可靠度基本理论及计算方法、结构可靠度理论和方法在规范编制及工程中的应用、国内外工程设计规范分析与对比、新材料新技术在工程应用中的可靠性、结构安全的全寿命可靠性设计理论和方法、工程结构全寿命风险管理与可持续发展、既有结构及结构加固的可靠性评估、结构健康监测与安全评估、结构抗震的可靠性分析、结构减隔震控制与安全风险分析、结构抗风的可靠性分析等。其中，论文集收录了同意出版的论文及摘要，并正式出版，U盘收录了所有录用论文及摘要，供与会代表交流。

本次大会邀请了上海交通大学刘西拉教授、中国建筑科学研究院有限公司肖从真研究员、同济大学李杰教授、日本神奈川大学赵衍刚教授、华中科技大学朱宏平教授、西安建筑科技大学牛荻涛教授、浙江大学金伟良教授、同济大学陈建兵教授、重庆大学陈朝晖教授等9位国内外工程结构设计基础与可靠性领域的著名专家和学者做大会报告，并邀请了12位专家做会议特邀报告。

本次会议将会评出优秀青年学者论文及优秀研究生论文，并推荐优秀论文到国内知名期刊发表。

本次会议得到了中国工程建设标准化协会结构设计基础专业委员会、中国土木工程学会桥梁及结构工程分会的上级协会或学会以及中国建筑科学研究院有限公司的支持和指导，借此表示衷心感谢。

本次会议论文集收录的论文及摘要按作者原文排版，如有谬误，敬请谅解，欢迎批评指正。

中国工程建设标准化协会结构设计基础专业委员会

中国土木工程学会桥梁及结构工程分会

2020年10月

前言

目　　录

1. 考虑随机变量统计矩不确定性的结构可靠度分析 …… (1)
2. 基于概率密度群演化方程的高维非线性随机动力系统可靠度分析 …… (17)
3. 基于 MLS-SVM 的结构可靠度与全局灵敏度分析 …… (24)
4. 一种安全壳结构年失效概率及概率安全裕度解析计算方法 …… (35)
5. 大型钢网架穹顶结构弹塑性屈曲与后屈曲性能分析 …… (47)
6. 混凝土结构设计规范二阶效应设计规定的修订建议 …… (56)
7. 基于 MTMD 的大跨度人行悬索桥人致振动控制 …… (63)
8. 基于矩法的CRTSⅡ型无砟轨道板纵向稳定可靠性分析 …… (76)
9. 考虑参数分布不确定性的 PHI2 时变可靠度分析方法 …… (85)
10. 基于高阶矩法的 CRTSⅡ型底座板开裂可靠性研究 …… (93)
11. 清华大学紫荆公寓管网可靠性研究 …… (107)
12. 输电塔在强台风荷载作用下整体倒塌及破坏规律研究 …… (122)
13. TMD 对人行桥人致疲劳寿命的影响研究 …… (129)
14. 基于统计矩的高效显式正态变换方法 …… (142)
15. 台湾海峡台风期间波浪与风暴潮数值模拟 …… (152)
16. 含概率与区间混合不确定性的水工钢闸门主梁可靠度分析 …… (167)
17. 超高层异型结构长悬臂观景平台风振安全性控制理论分析 …… (175)
18. 基于多变量幂多项式展开的随机结构静力响应计算 …… (184)
19. 基于同伦随机有限元法的结构弹性屈曲荷载求解 …… (189)
20. 基于交叉模型交叉模态的随机模型修正方法研究 …… (194)
21. 考虑施工及运营荷载作用的部分斜拉桥索力优化方法 …… (202)
22. 基于 Gamma 过程的氯盐侵蚀钢筋混凝土结构耐久性寿命预测 …… (216)
23. 基于抗冲击性能的新型泥石流格栅坝横梁可靠性分析 …… (225)
24. 基于耐震时程法的框架结构地震易损性分析 …… (233)
25. 基于强度匹配的架空输电线路可靠性设计方法研究 …… (243)
26. 基于新型响应面法的 RC 框架结构的抗震可靠性分析 …… (251)
27. 基于模态柔度矩阵和鲸鱼算法的两阶段结构损伤识别方法 …… (261)
28. 色噪声与确定性谐波联合激励下 Bouc-Wen 动力系统响应的统计线性化方法 …… (276)
29. 基于模态应变能和小波变换的桩承框架结构上下部损伤共同识别方法 …… (297)
30. 大型户外广告牌面板极值风压的非高斯特性研究 …… (312)
31. 地下结构施工期抗浮可靠性分析应用探讨 …… (320)
32. 多源不确定下基于证据理论的结构不确定分析 …… (333)
33. 基于随机时变抗力退化过程的局部锈蚀钢管柱可靠度分析方法 …… (344)
34. 服役输电导线覆冰可靠度研究 …… (352)
35. 环境温度影响下基于支持向量机与强化飞蛾扑火优化算法的结构稀疏损伤识别 …… (359)
36. BFRP 筋混凝土梁正截面抗弯承载力试验研究 …… (377)
37. 极端风荷载条件下海上漂浮式风力发电高塔动力可靠度分析 …… (385)
38. 基于矩法的核电二回路腐蚀管道的可靠性研究 …… (387)
39. 基于弯剪梁模型和冯卡门风速谱的高层建筑风振系数实用计算 …… (388)
40. 基于概率密度演化方法的建筑群抗震可靠度评估 …… (389)

41. 钻芯法检测混凝土强度及其标准差研究 …… (390)
42. 模拟二阶非高斯非平稳的向量随机过程 …… (392)
43. 建筑风压极值计算新方法的研究 …… (393)
44. FRP U 型箍对嵌入式 FRP 抗弯加固 RC 梁剥离破坏的抑制作用研究 …… (396)
45. 考虑界面粘结性能劣化的 FRP 加固既有 RC 梁的时变可靠度分析 …… (398)
46. 结合球空间分解蒙特卡罗模拟的主动学习 Kriging 方法:在小失效概率问题中的应用 …… (399)
47. 基于矩法的 CRTS Ⅱ型轨道板-CA 砂浆界面离缝可靠性研究 …… (401)
48. 土性参数分层非平稳性及其对边坡稳定可靠性的影响研究 …… (402)
49. 信息价值在土木工程中的研究与应用 …… (404)
50. 风电场的功能可靠性 …… (406)
51. 基于修复成本比的隔震结构优化设计 …… (407)
52. 高斯和泊松白噪声激励联合作用下非线性多自由度系统的动力可靠度分析 …… (408)
53. 结构静动力可靠度分析的统一高效方法 …… (410)
54. 基于 OpenSEES 的填充墙 RC 框架结构地震反应分析 …… (412)
55. 特大桥施工安全风险评估研究综述 …… (413)
56. 基于 ABAQUS 的装配式结构接头性能分析模拟 …… (414)
57. 氯盐侵蚀下不锈钢筋混凝土结构寿命预测 …… (415)
58. 桥梁结构的可靠性分析方法综述 …… (416)
59. 一种基于 PCE 主动学习的高效结构可靠度分析方法 …… (417)
60. 考虑不确定性的 RC 框架结构地震失效模式分析 …… (418)
61. 考虑土结相互作用的 RC 框架结构失效模式分析 …… (419)
62. 基于概率权重矩和立方正态密度函数的非线性结构动力可靠度分析 …… (420)
63. 单层球面网壳在随机初始缺陷下的稳定性研究 …… (421)
64. 基于拉普拉斯变换和混合密度函数的结构可靠度分析 …… (422)
65. 基于贡献度分析的分数阶拉普拉斯矩最大熵方法 …… (423)
66. 小失效概率及多失效模式相关下的结构可靠性分析 …… (424)
67. 一种基于改进有限步长法的混合变量结构可靠性高效分析方法 …… (426)
68. 基于矩法的 CRTS Ⅱ型轨道板裂缝宽度可靠性研究 …… (428)
69. 鱼尾板连接装配式组合剪力墙力学性能有限元分析 …… (429)
70. 元件失效相依生命线网络系统抗震动力可靠度计算 …… (431)
71. 基于主动学习 Kriging 方法的边坡稳定可靠性分析 …… (432)
72. 飞机舱门锁机构功能可靠性及灵敏度分析 …… (433)
73. 多点多维地震作用下高墩大跨桥梁抗震可靠度分析 …… (434)
74. 正常使用极限状态下 CRTS Ⅱ型无砟轨道板体系可靠度分析 …… (436)
75. 全球气温变暖下的台风活动变化与台风危险性分析方法 …… (438)
76. 强风作用下输电塔线体系服役可靠性研究 …… (439)
77. 基于静力荷载下的梁结构随机有限元模型修正方法 …… (441)
78. 建筑结构两层面设计理论及应用 …… (442)
79. RC 梁抗剪承载力规范模型的计算模式不定性分析 …… (443)
80. 基于元胞自动机 CA 模拟的随机车流与桥梁耦合振动分析研究 …… (445)
81. 考虑风机故障的风电场年发电量预测 …… (446)
82. SMAS-TMD 减震控制的数值模拟和试验研究 …… (447)
83. 复杂服役环境下的混凝土耐久性劣化机理研究 …… (448)
84. 人行桥人致振动舒适度研究 …… (449)

1. 考虑随机变量统计矩不确定性的结构可靠度分析

于　颖[1]　赵衍刚[1]　卢朝辉[1]

（北京工业大学城市建设学部，北京 100124）

摘要：概率可靠度方法是进行结构可靠度分析使用最广泛的一个方法。在使用该方法时，通常使用概率分布来表示随机变量的不确定性，但在实际工程中，一些随机变量的累积分布函数或概率密度函数是无法确定的，此时，可以使用统计矩甚至是高阶统计矩来表示随机变量的不确定性。但当受实际试验条件的限制时，所获得样本数据有限，无法给出精确的统计矩，此时，采用区间变量来表示统计矩的不确定性。因此，在本文中，所有的不确定参数被处理为随机变量，同时它们的统计矩被处理为区间变量。由于区间变量的存在，极限状态面在由原始空间转换到标准正态空间时会形成极限状态带。本文研究了二次多项式正态转换函数关于均值、标准差、偏度的单调性。基于该单调性分析，可以获得极限状态带的上下边界所对应的区间统计矩的值，然后，在极限状态带的上下边界分别采用高阶矩法计算，最终得到可靠度指标变化区间和失效概率的变化区间。本文通过几个例子来表明该方法的准确性、有效性。

关键词：可靠度分析；统计矩不确定；区间变量；高阶矩法

中图分类号：TU375　　　**文献标识码**：A

Structural reliability analysis considering the uncertainty of statistical moments of random variables

Ying Yu[1]　YanGang Zhao[1]　ZhaoHui Lu[1]

(Faculty of Urban Construction, Beijing University of Technology, 100124, China)

Abstract: The probabilistic reliability method is the most widely used method for structural reliability analysis. When using this method, the probability distribution is usually used to represent the uncertainty of random variables, but in practical applications, the cumulative distribution functions or probability density functions of some random variables are unknown, and the probabilistic characteristics of these variables may be expressed using only statistical moments or even Higher-order statistical moments. However, due to limitations of experimental conditions, statistical moments of some random variables are given intervals, as their deterministic values cannot been identified based on the limited information. Therefore, in this paper, all uncertain parameters are treated as random variables, while their statistical moments are treated as interval variables. Due to the existence of interval variables, the limit state hyper-surface will form a limit state strip when it is converted from the original space to the standard normal space. A monotonicity analysis is carried out for the normal transformation process of the quadratic polynomial with respect to mean, standard deviation, and skewness. Based on the monotonicity analysis, the value of the statistical moment corresponding to the upper and lower boundaries of the limit state strip can be obtained. Then, the upper and lower boundaries of the limit state strip are calculated by the high-order moment method, respectively, and the reliability index interval and the failure probability interval are finally obtained. Some numerical examples are investigated to demonstrate the accuracy and the effectiveness of the present method.

Keywords: reliability analysis; statistical moment uncertainty; interval variables; higher-order moment method

引言

在进行结构可靠度分析时，使用最广泛的可靠度分析方法是基于概率理论的方法。经过前人的研究，目前已经取得了一系列重要成果，主要包括一次二阶矩法(FORM)[1,2]，二次二阶矩法(SORM)[3-6]，重要抽样蒙特卡洛模拟[7,8]和高阶矩法[9,10]。采用概率方法进行可靠度计算需要确定随机变量概率分布函数，但在实际应用中，有些随机变量的概率分布函数是未知的，此时采用统计矩来表示随机变量的概率特征。在实际工程中，因为各种试验条件的限制，所获得的样本数据是有限的，因此，随机变量的概率分布函数中的分布参数或统计矩本身是不确定的，无法给出精确值。为了使结构可靠度分析结果更加合理准确，在进行可靠度分析时应考虑分布参数的不确定性或统计矩的不确定性。

从以往研究来看，有两种不同的方法来量化分布参数的不确定性。第一种处理方法是用随机变量来量化分布参数的不确定性[12,13]。李佩佩等[13]基于贝叶斯理论框架将分布参数处理为随机变量，采用基于双变量减维积分的点估计方法获得了条件可靠度指标和条件失效概率的概率分布和分位数。然而在实际工程中，根据有限的数据，分布参数的概率分布是很不容易获得的，但它的变化区间是比较容易获得的。所以，分布参数不确定性的第二种处理方法，使用区间来量化它的不确定性[14-18]。因此，概率模型和区间模型一起就组成了一个概率-区间混合不确定性模型。这个模型由Elishakoff和Colombi第一次提出[19]。在近些年来，关于这个混合不确定性模型已经取得了一些研究进展。邱志平[17]等将区间分析与传统概率理论结合，针对线性功能函数$G(X)=R-S$进行了研究，其中，R代表结构强度，S代表结构应力，R和S是独立正态随机变量，R和S的均值和标准差被处理为区间，并且导出了求解可靠度指标上下界的解析公式。然而，在实际工程中，R和S并不总是满足正态分布且功能函数大多是非线性的。对于这种情况，已经有一些研究成果来解决这个问题。杜小平[14]基于一次二阶矩(FORM)方法，对该混合不确定性模型进行了研究，提出了一个优化方法来获得可靠度指标的上下界。姜潮[15]等对杜小平提出的方法进行了改进，提高了计算效率。姜潮[16]等基于对概率转换过程的单调性分析，针对该混合可靠度问题，提出了两种可靠度分析模型并给出了相应的算法。以上研究的是在分布参数不确定性的情况下的结构可靠度分析问题。下面，本文所研究的是在随机变量的概率分布未知的情况下，统计矩被处理为区间变量时的结构可靠度问题。

针对随机变量概率分布未知的情况，对于该混合不确定性模型，基于高阶矩法，本文提出了一种新的可靠度分析方法。相比于一次二阶矩方法(FORM)，矩法不需要寻找验算点，不需要进行迭代，计算简单。本文的大致构架如下。首先对高阶矩法进行介绍，此时的不确定性只包含随机不确定性。之后研究了同时包含随机不确定性和区间不确定性的可靠度问题，基于二次多项式正态转换过程关于前三阶矩的单调性分析给出了两类不同的结构可靠度分析方法，紧接着在下面给出了单调性分析的证明过程。之后通过几个数值例子表明了该方法的准确性和有效性。最后，总结概括了一些本文的主要结论。

1 高阶矩法回顾

在进行结构可靠度分析时，需要通过下面一个积分公式来计算[20,10]：

$$P_f=\int_{G(\boldsymbol{X})\leqslant 0} f_X(\boldsymbol{x})\mathrm{d}\boldsymbol{x} \tag{1}$$

其中，P_f表示结构的失效概率；$\boldsymbol{X}=[X_1,X_2,\cdots,X_n]^{\mathrm{T}}$(T表示矩阵的转置)表示一个随机变量向量；$f(\boldsymbol{X})$表示$\boldsymbol{X}$的联合概率密度函数；$G(\boldsymbol{X})$表示功能函数，$G(\boldsymbol{X})\leqslant 0$表示结构的失效域。

由于等式(1)具有很高的维度且积分复杂，所以无法直接对它进行计算。为了解决这个问题，已经涌现出了许多有效的方法对它进行估计。在本文中，我们采用高阶矩法去进行可靠度分析计算。

高阶矩法，就是直接通过功能函数的统计矩去计算结构的失效概率[10]。当对功能函数求矩时，因为实际工程中的功能函数是非常复杂的，几乎不可能通过直接计算多维积分来求统计矩。因此，一系列近似求功能函数统计矩的方法被提出。本文所采用的是基于二维减维的新点估计方法[11]。

在实际工程中，功能函数比较复杂，采用二维减维[21]的方法，将功能函数 $G(X)$ 近似成一系列一维函数和二维函数的总和：

$$G(\boldsymbol{X}) \approx L_2-(n-2)L_1+\frac{(n-1)(n-2)}{2}L_0 \tag{2}$$

其中

$$L_0=G(\mu_1,\cdots,\mu_i,\cdots,\mu_n) \tag{3a}$$

$$L_1=\sum_{i=1}^{n}G_i(\mu_1,\cdots,x_i,\cdots,\mu_n) \tag{3b}$$

$$L_2=\sum_{i<j}G_{i,j}(\mu_1,\cdots,x_i,\cdots,x_j,\cdots,\mu_n) \tag{3c}$$

其中，$i,j=1,2,\cdots,n,i<j$。L_1 表示 n 个一维函数的总和；L_2 表示 $[n(n-1)]/2$ 个二维函数之和。

同样，采用新点估计方法进行功能函数前三阶矩的求解：

$$\mu_{kG} \approx E(\{G(\boldsymbol{X})\}^k)=\sum_{i<j}\mu_{k-L_{2i,j}}-(n-2)\sum_{i}\mu_{k-L_{1i}}+\frac{(n-1)(n-2)}{2}L_0^k \tag{4}$$

其中，

$$\begin{aligned}\mu_{k-L_{1i}}&=\int_{-\infty}^{\infty}\{G_i[\mu_1,\cdots,T^{-1}(u_i),\cdots,\mu_n]\}^k\varphi(u_i)du_i\\&=\sum_{r=1}^{m}P_r\{G_i[\mu_1,\cdots,T^{-1}(u_i),\cdots,\mu_n]\}^k\end{aligned} \tag{5a}$$

$$\begin{aligned}\mu_{k-L_{2i,j}}&=\int_{-\infty}^{\infty}\int_{-\infty}^{\infty}\{G_{i,j}[\mu_1,\cdots,T^{-1}(u_i),\cdots,T^{-1}(u_j),\cdots,\mu_n]\}^k\varphi(u_i)\varphi(u_j)du_idu_j\\&=\sum_{r_1=1}^{m}\sum_{r_2=1}^{m}P_{r_1}P_{r_2}\{G_{i,j}[\mu_1,\cdots,T^{-1}(u_i),\cdots,T^{-1}(u_j),\cdots,\mu_n]\}^k\end{aligned} \tag{5b}$$

$$L_0^k=[G_\mu(\mu_1,\cdots,\mu_i,\cdots,\mu_n)]^k \tag{5c}$$

在等式(4)中，m_{kG} 表示功能函数的 k 阶原点矩；在等式(5)中，$\mu_{k-L_{1i}}$ 表示一维函数的 k 阶原点矩；$\mu_{k-L_{2i,j}}$ 表示二维函数的 k 阶原点矩；P_r 和 u_i 分别为权重和估计点，本文下用的七点估计，所得解见[11]。

最终求得功能函数的均值、标准差、偏度如下所示：

$$\mu_G=\mu_{1G} \tag{6}$$

$$\sigma_G=\sqrt{\mu_{2G}-\mu_{1G}^2} \tag{7}$$

$$\alpha_{3G}=(\mu_{3G}-3\mu_{2G}\mu_{1G}+2\mu_{1G}^3)/\sigma_G^3 \tag{8}$$

在获得功能函数的统计矩后，就可以采用高阶矩法计算结构的可靠度指标和失效概率。为了使计算结果更加准确，同时保证计算方法的简便，本文采用了三阶矩方法[10,22]。

当功能函数的偏度范围为 $-1<\alpha_{3G}<1$，三阶矩可靠度指标计算公式为：

$$\beta_{3M}=\frac{1}{\alpha_{3G}}\left(\sqrt{9-\frac{1}{2}\alpha_{3G}^2}-\sqrt{9+\frac{1}{2}\alpha_{3G}^2-6\alpha_{3G}\beta_{2M}}\right) \tag{9}$$

其中，

$$\beta_{2M}=\frac{\mu_G}{\sigma_G} \tag{10}$$

在等式(9)和等式(10)中，m_G、s_G、a_{3G} 分别表示功能函数的均值、标准差、偏度。

那么，该结构的失效概率为：

$$P_f=\Phi(-\beta_{3M}) \tag{11}$$

其中，Φ 表示正态累积分布函数。

2 考虑随机变量统计矩为区间时的可靠度分析模型

对于可靠度问题 $G(X)=R-S$，R 表示抗力，S 表示荷载效应，在进行可靠度分析时，通常将不确

定参数 R 和 S 处理为随机变量，然后采用传统的概率可靠度方法进行计算。而对于随机变量 R 和 S，一般采用概率分布函数或概率密度函数来表示它的概率特征，但是，当随机变量 R 和 S 的分布类型无法得知时，可以采用统计矩来表示随机变量的概率特征。

在实际工程应用中，一些不确定参数的数据信息是非常有限的。此时，我们不仅考虑了不确定参数的不确定性，同时考虑了统计矩本身的不确定性。

当一个随机变量中包含有区间统计矩时，在将功能函数由原始空间转换到标准正态空间时，其功能函数表示为：

$$G(\boldsymbol{X}) = g(\boldsymbol{T}(\boldsymbol{U},\boldsymbol{Y})) = G(\boldsymbol{U},\boldsymbol{Y}) \tag{12}$$

其中，$\boldsymbol{Y}$ 是一个包含所有区间统计矩的 n 维向量。

$$\boldsymbol{Y} \in [\boldsymbol{Y}^L, \boldsymbol{Y}^R], Y_i \in [Y_i^L, Y_i^R], i = 1,2,\cdots,n \tag{13}$$

其中，L 和 R 分别代表区间的下边界和上边界。Y_i 则表示随机变量 X_i 中所包含的区间统计矩。

当一个功能函数中包含有区间统计矩时，对于极限状态面 $G(\boldsymbol{U},\boldsymbol{Y}) = 0$，会在标准正态空间中形成一条极限状态带，该极限状态带包含极限状态面的下边界 S_L 和上边界 S_R。相对应的为可靠度指标的下界 B^L 和可靠度指标的上界 B^R。

$$S_L : \min_Y G(\boldsymbol{U},\boldsymbol{Y}) = 0 \qquad S_R = \max_Y G(\boldsymbol{U},\boldsymbol{Y}) = 0 \tag{14}$$

本文所考虑的统计矩的不确定性，主要包括均值不确定性，标准差不确定性和偏度不确定性，它们都被处理为区间变量。当一个混合可靠度问题中只考虑均值不确定性的时候，会形成第一种类型的极限状态带，其上下极限状态边界面是平滑的，所对应的区间参数的边界值是常数，是不变的，如图1(a)所示；当一个混合可靠度问题中考虑了标准差的不确定性或偏度的不确定性，则会形成第二种类型的极限状态带，它的上边界和下边界不是平滑的，而是形成一种包络面，对应着不同的区间参数的边界值，如图1(b)和(c)所示。形成这两种不同形状的极限状态带的原因，将在第3部分进行讨论。下面给出了两类不同的计算方法。

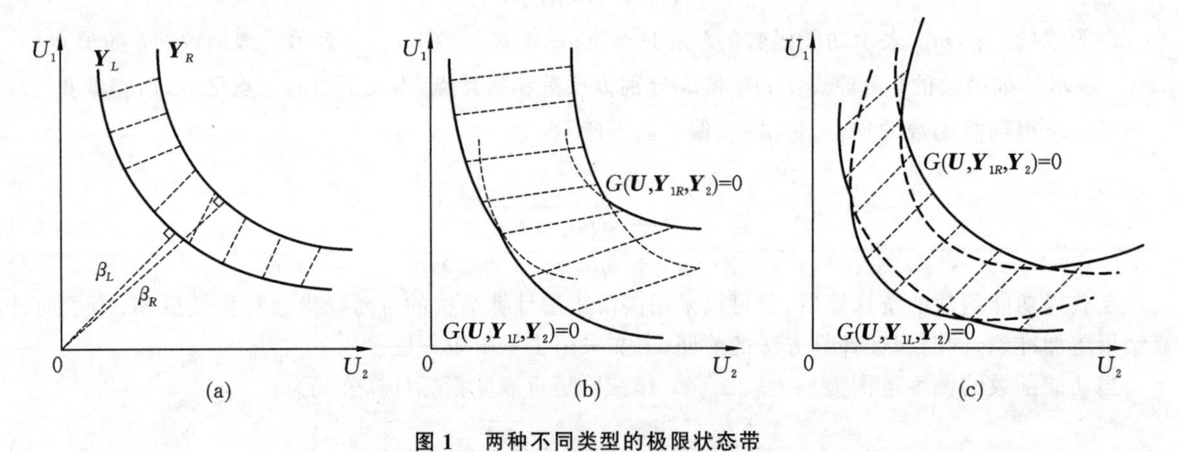

图1　两种不同类型的极限状态带

Fig. 1　Two different types of limit statestrips

2.1　类型1

对于第一种极限状态带，如图1(a)所示。首先确定极限状态带的下、上边界所对应的均值区间参数的值 $\boldsymbol{Y}^L$、$\boldsymbol{Y}^R$，然后对于上下边界再分别使用高阶矩法进行可靠度指标的求解，最终会获得一个可靠度指标的变化区间 β^I：

$$\begin{cases} \beta^L = \min_Y \beta_{3M} \\ \text{s.t.} \quad \boldsymbol{Y}_i^L \leqslant \boldsymbol{Y}_i \leqslant \boldsymbol{Y}_i^R, \quad i = 1,2,\cdots,n \end{cases} \tag{15}$$

$$\begin{cases} \beta^R = \max_Y \beta_{3M} \\ \text{s.t.} \quad \boldsymbol{Y}_i^L \leqslant \boldsymbol{Y}_i \leqslant \boldsymbol{Y}_i^R, \quad i = 1,2,\cdots,n \end{cases} \tag{16}$$

$$\beta^I \in [\beta^L(\mathbf{Y}^L), \beta^R(\mathbf{Y}^R)] \tag{17}$$

其中，β_{3M} 为等式(9)，$\mathbf{Y}_i$ 表示随机变量 $\mathbf{X}_i$ 的均值区间参数，β^L 和 β^R 分别为极限状态带下、上边界所对应的可靠度指标。β^I 表示随区间参数的变化，可靠度指标的一个变化区间。因此，结构的失效概率也属于一个区间：

$$p_f \in [p_f^L, p_f^R] = [\Phi(-\beta^R), \Phi(-\beta^L)] \tag{18}$$

该方法最关键的一步是确定极限状态带的上下边界所对应的均值区间参数的值。我们在第四部分证明了二次多项式正态转换函数 u 关于均值 μ，标准差 σ，偏度 a_3 的单调性，基于此，可以直接判断极限状态带的上下边界所对应的区间参数的值。当一个极限状态函数中含有多个区间参数时，因为所有随机变量都是相互独立的，所以可以对每个区间参数单独进行分析，然后再将所得结果进行综合，最终得到两个边界所对应的 $\mathbf{Y}$ 值。

假设 Y_i 是随机变量 X_i 的均值区间变量，首先判断极限状态带在 U_i 方向上与原点的位置关系，计算方向导数 $\left.\frac{\partial G}{\partial U_i}\right|_{\text{origin}}$。

(1) 当 $\left.\frac{\partial G}{\partial U_i}\right|_{\text{origin}} < 0$ 时

通常情况下 $g(\mu_X) > 0$，所以可以判断在 U_i 方向，极限状态带在原始点的右侧。如图 2 所示的极限状态带 $H1$。基于后面 3.2 分析可得，因为 u 关于 μ 是单调递减函数，所以我们将分别在上边界 a 和下边界 b 处得到区间参数 Y 的取值 Y_L 和 Y_R。

(2) 当 $\left.\frac{\partial G}{\partial U_i}\right|_{\text{origin}} > 0$ 时

类似的，我们可以判断在 U_i 方向，极限状态带在原始点的左侧。如图 2 所示的极限状态带 H_2。与上述分析类似，我们将分别在上边界 c 和下边界 d 处得到区间参数 Y 的取值 Y_R 和 Y_L。将最终结果整理为表 1。

表 1　确定极限状态边界所对应的均值区间参数的取值

Table 1　Determine the value of the mean interval parameter corresponding to the limit state bounds

$\left.\frac{\partial G}{\partial U_i}\right\|_{\text{origin}}$	u 关于 m 的单调性	下边界所对应的 Y 值	上边界所对应的 Y 值
<0	递减	Y_R	Y_L
>0	递减	Y_L	Y_R

在确定了两个边界极限状态面所对应的区间参数值后，两个边界极限状态面所对应的极限状态函数也就确定了，然后就可以采用第 1 节所描述的高阶矩法，分别进行两次计算得到可靠度指标的上下界。

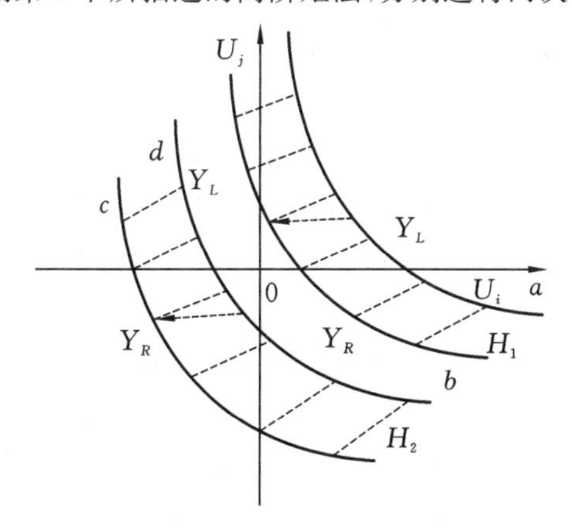

图 2　确定均值区间参数在极限状态边界的值

Fig. 2 Determine the value of the mean interval parameter at the limit state boundary

2.2 类型2

对于第二种极限状态带，如图1(b)和(c)所示。这是因为二次多项式正态转换函数u关于标准差s，偏度a_3的单调性与随机变量$\boldsymbol{X}$的取值有关，极限状态带的上下边界会形成一个包络面，这也就形成了一个系统可靠度问题。组成包络面的每一小部分所对应的标准差区间参数或偏度区间参数的值是不同的，相对应的失效模式也是不同的[16]。因此，可以使用系统可靠度方法[23]进行可靠度指标的计算。本文采用高阶矩法进行系统可靠度的求解，避免了失效模式间的相关系数的求解，而且当一个系统中含有的失效模式较多时，也有着很高的计算效率。

在极限状态带的下边界S^L，采用串联系统可靠度的方法可以求得失效概率的上p_f^R：

$$\begin{aligned} p_f^R &= \mathrm{Prob}[g_1^L \leqslant 0 \cup g_2^L \leqslant 0 \cup \cdots \cup g_k^L \leqslant 0] \\ &= 1-\mathrm{Prob}[g_1^L > 0 \cap g_2^L > 0 \cap \cdots \cap g_k^L > 0] = 1-\mathrm{Prob}[\min(g_1^L, g_2^L, \cdots, g_k^L) > 0] \end{aligned} \tag{19}$$

其中，$g_i^L, i=1,2,\cdots,k$表示在极限状态带下边界的所有极限状态函数。而这所有的极限状态函数对应的是同一个功能函数$G(\boldsymbol{U},\boldsymbol{Y})=0$，只不过每个极限状态函数对应着不同的标准差区间参数值或偏度区间参数值。在使用高阶矩法计算串联系统的可靠度时，需要先确定该串联系统的功能函数G，它是由所有失效模式所对应的功能函数的最小值所组成的，表达式如下：

$$G(X) = \min[g_1^L, g_2^L, \cdots, g_k^L] \tag{20}$$

在获得串联系统的功能函数后，就可以采用在第1节所介绍的高阶矩方法来计算可靠度指标下界b^L，同时可以得到失效概率的上界p_f^R为：

$$p_f^R = \Phi(-\beta^L) \tag{21}$$

类似的，在极限状态带的上边界S_R，采用并联系统可靠度的方法可以求得失效概率的下界p_f^L：

$$p_f^L = \mathrm{Prob}[g_1^R \leqslant 0 \cap g_2^R \leqslant 0 \cap \cdots \cap g_k^R \leqslant 0] = \mathrm{Prob}[\max(g_1^R, g_2^R, \cdots, g_k^R) \leqslant 0] \tag{22}$$

其中，$g_i^L, i=1,2,\cdots,k$表示在极限状态带上边界的所有极限状态函数。在使用高阶矩法计算并联系统的可靠度时，也需要先确定该并联系统的功能函数G，它是由所有失效模式所对应的功能函数的最大值所组成的，表达式如下：

$$G(\boldsymbol{X}) = \max[g_1^R, g_2^R, \cdots, g_k^R] \tag{23}$$

在获得并联系统的功能函数后，就可以采用在第1节所介绍的高阶矩方法来计算可靠度指标上界B^R，同时可以得到失效概率的下界p_f^L为：

$$p_f^L = \Phi(-\beta^R) \tag{24}$$

因此，在混合不确定性下的结构的失效概率区间为：

$$p_f \in [p_f^L, p_f^R] = [\Phi(-\beta^R), \Phi(-\beta^L)] \tag{25}$$

对于类型2，也需要确定极限状态带的上下边界所对应的区间统计矩的值。同样基于二次多项式正态转换函数u关于均值μ，标准差σ，偏度a_3的单调性，可以直接判断极限状态带的上下边界所对应的区间参数的值。

当一个极限状态函数$G(\boldsymbol{U},\boldsymbol{Y})$中所包含的区间参数，既有均值区间$Y_{1i}, i=1,2,\cdots,n$，又有标准差区间或偏度区间$Y_{2j}, j=1,2,\cdots,m$，我们可以分两步来进行可靠度分析。首先，只考虑均值区间Y_{1i}，$i=1,2,\cdots,n$，按照2.1节的方法，将会获得如图1(a)所示的极限状态带，并确定上下边界所对应的区间参数值$\boldsymbol{Y}_{1L}, \boldsymbol{Y}_{1R}$。

然后，在考虑标准差区间参数或偏度区间参数。根据后面3.2节的分析可知，这两类区间参数会使得极限状态超平面围绕一个固定的平面旋转。如果只含有一个标准差区间参数时，两个极限状态边界进行如下旋转，如图1(b)所示，每个极限状态边界由两段组成，每一小段是不同的Y_{2j}值所对应的极限状态面。如果只含有一个偏度区间参数时，两个极限状态边界会进行如图1(c)所示的旋转，每个极限状态边界是由三段组成，但两侧的两小段的极限状态面所对应的Y_{2j}值是相同的，所以这两小段所对应的极限状态函数是同一个，中间一小段的极限状态面所对应的Y_{2j}值与其他两小段是不同的。而每增加一个标准差区间参数或偏度区间参数，每小段的极限状态面都会进行旋转，因此，每个边界的极限状态面数量会加倍。最后，第二种极限状态带的上下边界分别表示为：

$$G(\boldsymbol{U},\boldsymbol{Y}_{1R},\boldsymbol{Y}_{2j}),\quad j=1,2,\cdots,2^m \tag{26}$$

$$G(\boldsymbol{U},\boldsymbol{Y}_{1L},\boldsymbol{Y}_{2j}),\quad j=1,2,\cdots,2^m \tag{27}$$

其中，$\boldsymbol{Y}_{2j}$ 表示所有标准差区间参数和偏度区间参数的第 j 种组合，共有 2^m 种组合。在获得每个极限状态边界所对应的所有极限状态函数后，可以采用前面介绍的系统可靠度的方法进行失效概率区间的求解。

3 单调性分析

3.1 二次多项式正态转换函数关于前三阶矩的单调性分析

当随机变量的概率分布未知，仅仅知道前三阶统计矩时，可以采用二次多项式正态转换函数进行 u-x、x-u 变换[11]：

$$x_s = au^2 + bu + c \tag{28}$$

$$u = \frac{-b+\sqrt{b^2-4a(c-x_s)}}{2a} \tag{29}$$

其中，

$$x_s = \frac{x-\mu}{\sigma} \tag{30a}$$

$$a = \mathrm{Sign}(\alpha_3)\sqrt{2}\cos\left[\frac{\mathrm{Sign}(\alpha_3)\theta-\pi}{3}\right] \tag{30b}$$

$$b = \sqrt{1-2a^2} \tag{30c}$$

$$c = -a \tag{30d}$$

在等式(30a)中，μ 和 σ 分别表示随机变量 x 的均值和标准差。

在等式(30b)中，$\mathrm{Sign}(x)$ 是一个符号函数，当 x 取值分别为负值、0 和 正值时，$\mathrm{Sign}(x)$ 的取值分别为 -1、0 和 1。其中，

$$\theta = \arctan\left(\frac{\sqrt{8-\alpha_3^2}}{-\alpha_3}\right) \tag{31}$$

在等式(31)中，α_3 表示随机变量的偏度。为了保证等式(28)能够正常运算，α_3 的范围应该限制在：

$$-2\sqrt{2} \leqslant \alpha_3 \leqslant 2\sqrt{2} \tag{32}$$

接下来，我们将首先证明等式(29)关于均值 m 的单调性。u 关于 μ 的一阶导函数为：

$$\frac{\partial u}{\partial \mu} = \frac{\partial u}{\partial x_s}\frac{\partial x_s}{\partial \mu} = \frac{1}{\sqrt{b^2+4a^2+4ax_s}}\cdot\left(\frac{-1}{\sigma}\right) < 0 \tag{33}$$

其中，$X\in R$，$\mu\in R$，$\sigma\geqslant 0$，$-2\sqrt{2}\leqslant\alpha_3\leqslant 2\sqrt{2}$。

通过等式(33)，我们很容易判断出，在 $X\in R$，$\mu\in R$，$\sigma\geqslant 0$，$-2\sqrt{2}\leqslant\alpha_3\leqslant 2\sqrt{2}$ 范围内，$\frac{\partial u}{\partial \mu}$ 的值是恒小于 0 的。因此，二次多项式正态转换函数 u 关于 μ 是单调递减的。

然后，我们将证明等式(29)关于标准差 σ 的单调性。u 关于 σ 的一阶导函数为：

$$\frac{\partial u}{\partial \sigma} = \frac{\partial u}{\partial x_s}\frac{\partial x_s}{\partial \sigma} = \frac{\mu - X}{\sigma^2\sqrt{b^2+4a^2+4ax_s}} \tag{34}$$

其中，$X\in R$，$\mu\in R$，$\sigma\geqslant 0$，$-2\sqrt{2}\leqslant\alpha_3\leqslant 2\sqrt{2}$。

通过等式(34)，我们发现$\frac{\partial u}{\partial \sigma}$ 的结果与 X 的取值有关。

$$\begin{cases}\dfrac{\partial u}{\partial \sigma} < 0, X > \mu \\ \dfrac{\partial u}{\partial \sigma} \geqslant 0, X \leqslant \mu\end{cases} \tag{35}$$

在 $X \in R, \mu \in R, \sigma \geqslant 0, -2\sqrt{2} \leqslant \alpha_3 \leqslant 2\sqrt{2}$ 范围内，当 $X < \mu$ 时，二次多项式正态转换函数 μ 关于 σ 是单调递增的；当 $X > \mu$ 时，二次多项式正态转换函数 u 关于 σ 是单调递减的。但是，对于任一确定的 X 值，u 关于 σ 都是单调的，只是不同的 X 值会产生不同的单调性，要么递增，要么递减。

最后，我们将证明等式(29) 关于偏度 α_3 的单调性。u 关于 α_3 的一阶导函数为：

$$\frac{\partial u}{\partial \alpha_3} = \frac{(1-u^2) \cdot \sqrt{1-2a^2+2au}}{\sqrt{1-2a^2} \cdot (2au+b)} \cdot \frac{\partial a}{\partial \alpha_3} \tag{36}$$

其中，$X \in R, \mu \in R, \sigma \geqslant 0, -2\sqrt{2} \leqslant \alpha_3 \leqslant 2\sqrt{2}$。

通过等式(36)，我们发现，在 $X \in R, \mu \in R, \sigma \geqslant 0, -2\sqrt{2} \leqslant \alpha_3 \leqslant 2\sqrt{2}$ 范围内，$\dfrac{\partial a}{\partial \alpha_3}$ 的值是恒大于 0 的，$2au + b$ 也是恒大于 0 的，但剩下的一部分 $1 - u^2 + \dfrac{2au}{\sqrt{1-2a^2}}$ 的正负是无法直接进行判断的，因此 $\dfrac{\partial u}{\partial \alpha_3}$ 的正负也无法判断。通过分析可知，$1 - u^2 + \dfrac{2au}{\sqrt{1-2a^2}}$ 的取值与 u 和 α_3 的取值有关，也即与 x_s 和 α_3 的取值有关。在此，本文通过 x_s 和 α_3 的关系图像来帮助判断 $\dfrac{\partial u}{\partial \alpha_3}$ 的正负。

在图 3 中，横轴表示标准化随机变量 x_s，纵轴表示随机变量的偏度 α_3。该图表示，当 $\dfrac{\partial u}{\partial \alpha_3} = 0$ 时，每给定一个 α_3 值，会得到两个不同的 x_s 值。线 a 是由 x_s 值中的较小值所组成的，线 b 是由 x_s 值中的较大值所组成的。当 $\alpha_3 = 0$ 时，x_s 的两个根分别为 1、−1，经过分析可得，当 $-1 \leqslant x_s \leqslant 1$ 时，$\dfrac{\partial u}{\partial \alpha_3} > 0$。由此，可以判断，线 a、线 b 所围成的内部区域，$\dfrac{\partial u}{\partial \alpha_3} > 0$；而线 a 的左侧部分和线 b 的右侧部分所对应的区域，$\dfrac{\partial u}{\partial \alpha_3} < 0$。但是，对于任意一个确定的 x_s 值，u 关于 α_3 并不是单调的，总是存在一个拐点 α_3，使得 $\dfrac{\partial u}{\partial \alpha_3}$ 的正负是相反的，导致 u 关于 α_3 的单调性也是相反的。因此，对于随机变量 X，u 关于 α_3 的单调性是非常复杂的。

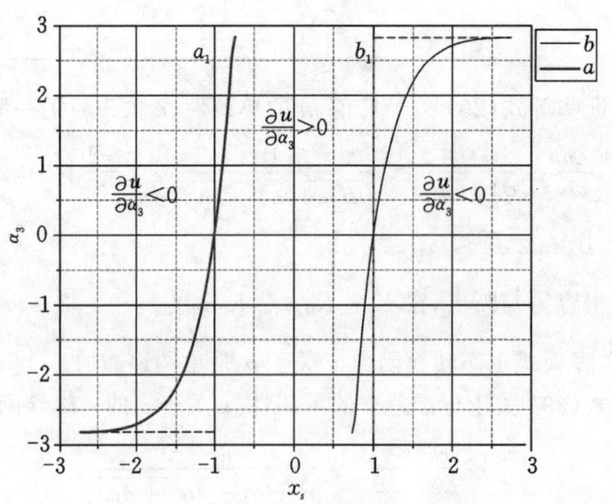

图 3　u 关于 α_3 的单调性的判断

Fig. 3　Judgment of monotonicity of u with respect to α_3

为了方便分析，我们将对 u 关于 a_3 的单调性进行近似研究。将线 a 近似为线 a_1，将线 b 近似为线 b_1。标准化随机变量 x_s 的值则被分为三部分，分别为 $x_s<-1,-1\leqslant x_s\leqslant 1,x_s>1$。在进行近似分析后，可得到如下结果：

$$\begin{cases}\dfrac{\partial u}{\partial \alpha_3}\geqslant 0,-1\leqslant x_s\leqslant 1\\ \dfrac{\partial u}{\partial \alpha_3}<0,x_s<-1,x_s>1\end{cases}\tag{37}$$

在等式(37)中，u 关于 a_3 的单调性与 x_s 的取值有关，即与随机变量 X 有关，但对于任一确定的 X 值，u 关于 a_3 是单调的。当 $-1\leqslant x_s\leqslant 1$ 时，u 关于 a_3 是单调递增的；当 $x_s<-1,x_s>1$ 时，u 关于 a_3 是单调递减的。

以上即是二次多项式正态转换函数关于前三阶矩单调性的证明。经过以上分析，可知，u 关于前三阶矩的单调性分析可以分为两类，第一类是与随机变量 X 的取值无关的，即 u 关于 μ 单调递减；第二类是与随机变量的取值有关的，对于 u 关于 σ 的单调性，在 X 中存在一个拐点，使得 u 关于 σ 的单调性在拐点两侧是相反的；对于 u 关于 a_3 的单调性，在 X 中存在两个拐点，在每个拐点的两侧，u 关于 a_3 的单调性都是相反的。

3.2　极限状态边界与区间统计矩的关系

基于[16]的研究，本文给出了以下推论。

推论 1：对于极限状态函数 $g(\boldsymbol{X})$，包含一个随机变量 X_j，它的均值被处理为区间变量 Y_j。对任意固定的 X_j 值，二次多项式正态转换函数 u 关于均值是单调递减的，因此，在标准正态空间中的极限状态带的上下界，S_R 和 S_L 将分别对应均值区间参数 Y_j 的边界。将随机变量 X_j 由原始空间转换到标准正态空间，其表达式为：

$$U_j(Y)=F(X_j,Y)\tag{38}$$

其中，F 表示的是等式(29)所表达的函数。

其转换示意图如图 4 所示。

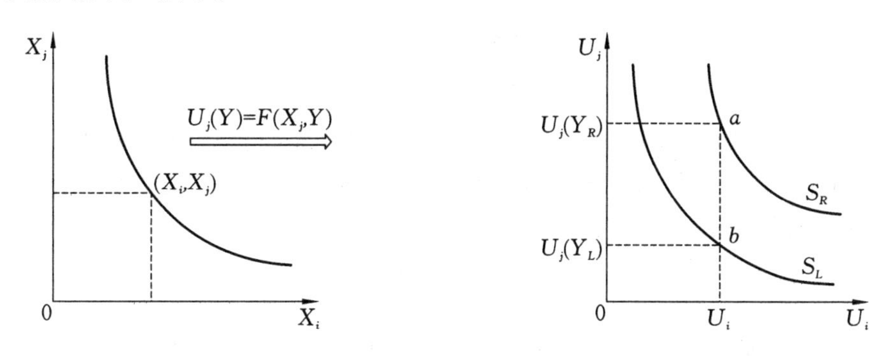

图 4　含有一个均值区间参数的极限状态面的转化过程

Fig. 4　The transformation process of the limit state surface with a mean interval parameter

在以上分析中，我们考虑的是仅仅只有一个随机变量包含均值区间参数。对于同时有多个随机变量包含均值区间参数的情况，上述结论依然成立。因为，本文假设所有随机变量是相互独立的，它们的 x-u 转换过程是独立进行的，因此可以对它们单独进行分析，之后综合分析得到最后结果。

推论 2：对于极限状态函数 $g(X)$，其中含有 1 个均值区间参数 Y_{1i}，一个标准差区间参数 Y_{2j}，基于推论 1 和 u 关于标准差的单调性结论，得到如图 5 所示的转换示意图。即极限状态超平面 $G(U,Y)=0$ 会围绕着一个确定的超平面进行旋转。最终，获得的极限状态带的上下边界则是不平滑的，每个边界是由不同的极限状态函数所对应的极限状态面所组成的，如图 4 所示。

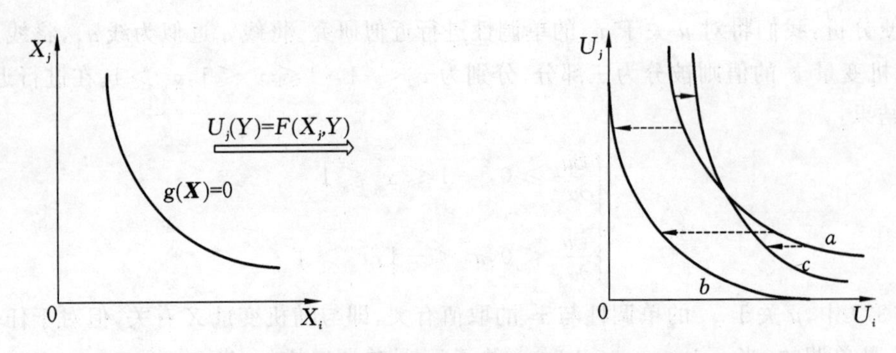

图 5　含有均值区间参数和标准差区间参数的极限状态面的转化过程

Fig. 5　The transformation process of the limit state surface with a mean interval parameter and a standard deviation interval parameter

4　数值例子

4.1　四杆桁架

该例题是根据参考文献[15,24]中的例题进行修改的，四杆桁架如图 6 所示。

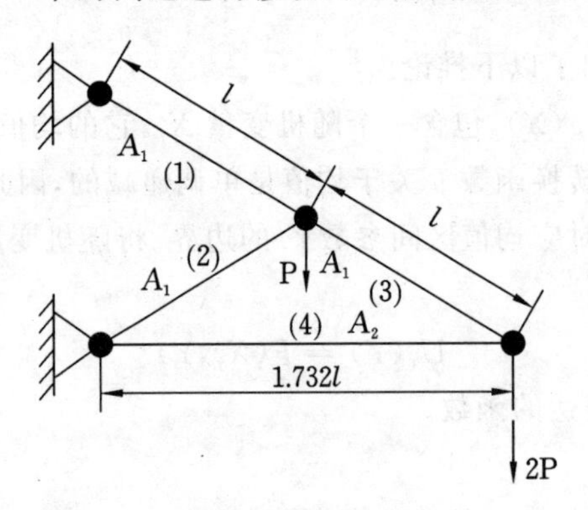

图 6　四杆桁架

Fig. 6　Four-bar truss

杆 1、杆 2、杆 3 的横截面积相同，为 A_1，杆 4 的横截面积为 A_2。桁架的弹性模量 E 为 200 GPa，l 为杆长，桁架上作用有两个竖向力，分别为 P 和 $2P$，桁架顶点的竖向位移 δ 应该小于容许位移值 $\delta_a = 1.7$ mm，因此，它的极限状态函数表达式为

$$g(X) = \delta_a - \delta = \delta_a - \frac{6Pl}{E}\left(\frac{3}{A_1} + \frac{\sqrt{3}}{A_2}\right) \tag{39}$$

其中，P, l, A_1, A_2 都是随机变量，它们的分布信息在表 2 中给出。

表 2　四个随机变量的分布信息

Table 2　Distribution information of four random variables

随机变量	均值	标准差	分布类型
A_1	706.5	70.65	正态分布
A_2	1256	188.4	正态分布
P	16000	2400	正态分布
l	500	50	正态分布

情况 1：根据表 2，可以得到 4 个随机变量的前三阶统计矩，其中 A_1 的均值的不确定性程度为

10%,见表 3。

表 3　四个随机变量的统计矩信息

Table 3　Statistical moment information of four random variables

随机变量	均值	标准差	偏度
A_1	[635.85,777.15]	70.65	0
A_2	1256	188.4	0
P	16000	2400	0
l	500	50	0

由表 3 可以看出,A_1 的均值被处理为区间变量,因此,本题只涉及均值不确定性,所以采用 2.1 中的方法进行求解,首先确定极限状态带的上边界所对应的 A_1 的均值为 777.15,下边界所对应的 A_1 的均值为 635.85,然后在上下边界分别采用高阶矩法进行可靠度指标的求解,获得的可靠度指标区间为[0.7365,1.5982],相对应的失效概率的区间为[0.0550,0.2307]。同时,也采用了蒙特卡洛模拟方法(10^6 样本)计算了极限状态带上下界的失效概率,计算结果见表 4。另外,研究了不同不确定性程度下的均值区间对结构可靠度指标区间范围的影响,如图 7 所示。从图中可以看出,考虑了 A_1 的均值的不确定性后,可靠度指标的范围比没有考虑均值不确定性时的可靠度指标范围大,而随着均值区间的不确定性程度不断增大,即均值区间范围不断增大,可靠度指标的区间范围也是不断增大。同时,也可以看出蒙特卡洛模拟计算结果与本文所提出的方法计算的结果是非常接近的,表明了该方法的准确性。

表 4　考虑均值不确定性的可靠度分析结果

Table 4　Reliability analysis results considering the uncertainty of the mean values

极限状态带的边界	均值区间参数	本文方法计算的可靠度指标	本文方法计算的失效概率	蒙特卡洛模拟计算的失效概率
上边界	$m_{A1}=777.15$	1.5982	0.0550	0.0551
下边界	$m_{A1}=635.85$	0.7365	0.2307	0.2280

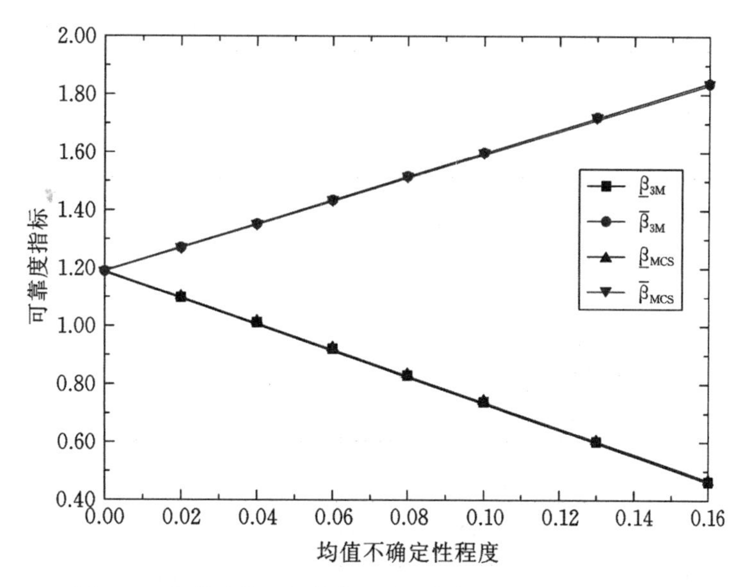

图 7　不同的均值区间的范围对可靠度指标区间范围的影响

Fig. 7　The effect of different mean interval ranges on the reliability index interval range

情况 2:A_1 的均值的不确定性程度为 10%,A_2 的标准差的不确定性程度为 10%,统计矩信息见表 5。

表 5　四个随机变量的统计矩信息

Table 5 Statistical moment information of four random variables

随机变量	均值	标准差	偏度
A_1	[635.85,777.15]	70.65	0
A_2	1256	[169.56,207.24]	0
P	16000	2400	0
l	500	50	0

在这种情况下，A_1 的均值是不确定性的，A_2 的标准差也是不确定性的。因为有标准差被处理为区间变量，所以采用2.2节的方法进行可靠度问题的计算。首先，先确定了极限状态带的上边界所对应的 A_1 的均值为777.15，下边界所对应的 A_1 的均值为635.85；因为 A_2 的标准差是一个区间，所以极限状态带的上下边界都会形成一个包络面，在上边界，包络面由两部分组成，其中一部分对应的 A_2 的标准差的值为169.56，另一部分对应的 A_2 的标准差为207.24；下边界同理（见图8）。最后，在上边界和下边界分别采用高阶矩法求体系可靠度的方法进行求解，获得的可靠度指标的区间为[0.6418,1.7780]，相对应的失效概率的区间为[0.0377,0.2605]，同时，也采用了蒙特卡洛模拟方法（10^6 样本）计算了极限状态带上下界的失效概率，计算结果见表6。另外，研究了不同不确定性程度下的标准差区间对结构可靠度指标区间范围的影响，如图9所示。从图中可以看出，考虑了 A_2 的标准差的不确定性后，可靠度指标的范围比没有考虑标准差不确定性时的可靠度指标范围大，而随着标准差区间的不确定性程度不断增大，即标准差区间范围不断增大，可靠度指标的区间范围却基本没有变化，说明标准差区间范围的大小对可靠度指标区间范围的大小基本没有影响。

表 6　考虑均值不确定性和标准差不确定性的可靠度分析结果

Table 6　Reliability analysis results considering the uncertainty of mean values and standard deviation

极限状态带的边界	边界对应的区间参数	本文方法计算的可靠度指标	本文方法计算的失效概率	蒙特卡洛模拟计算的失效概率
上边界	m_{A1} = 777.15 s_{A2} = 169.56 s_{A2} = 207.24	1.7780	0.0377	0.0399
下边界	m_{A1} = 635.85 s_{A2} = 169.56 s_{A2} = 207.24	0.6418	0.2605	0.2594

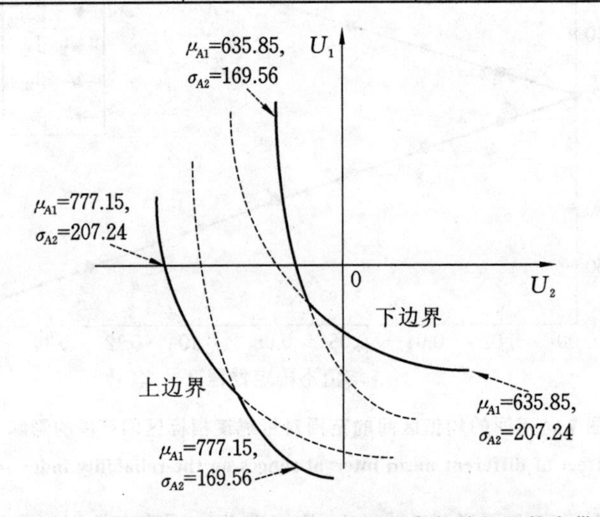

图 8　含有均值区间参数和标准差区间参数的极限状态带

Fig. 8　Limit state strip with mean interval parameters and standard deviation interval parameters

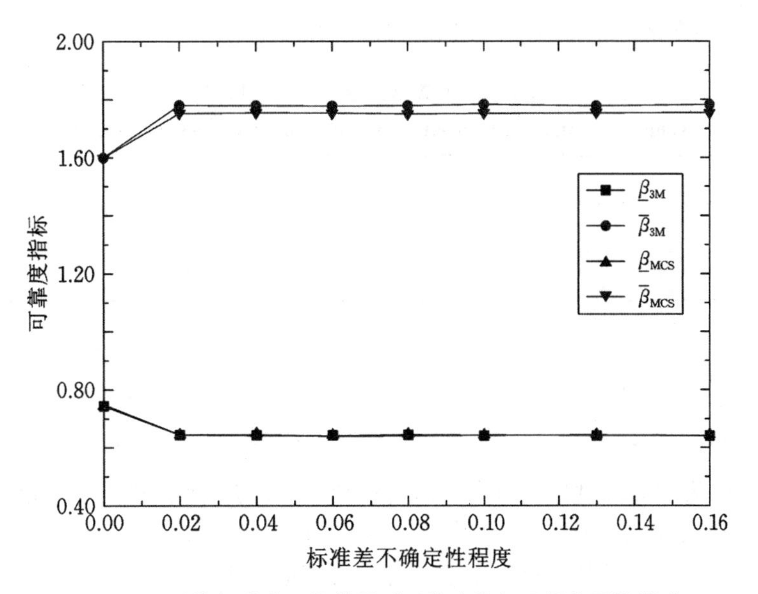

图 9　不同的标准差区间范围对可靠度指标区间范围的影响

Fig. 9　The effect of different standard deviation interval ranges on the reliability index interval range

4.2　振动系统

这道例题是根据参考文献[25,26]进行修改的。图 10 所示是一个无阻尼非线性的单自由度系统。

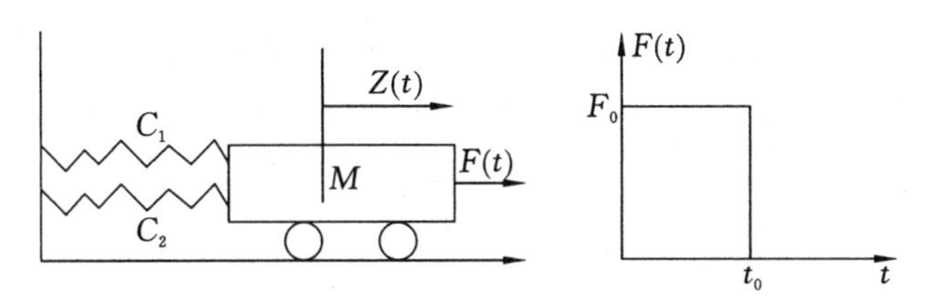

图 10　振荡系统示意图

Fig. 10　Schematic diagram of the oscillation system

极限状态被定义为它的最大位移响应不超过它的极限值。极限状态功能函数表达式为：

$$g(X) = 3R - |Z_{\max}| = 3R - \left| \frac{2F_0}{M\Omega_0^2} \sin\left(\frac{\Omega_0^2 t_0}{2}\right) \right| \tag{40}$$

其中 $Z_{\max}$ 表示系统的最大位移响应，$\Omega_0 = \sqrt{(C_1 + C_2)/M}$，$R$ 表示当两个弹簧中有一个屈服时的位移。t_0 为 1，其余 5 个随机变量的概率信息在表 7。

表 7　五个随机变量的分布信息

Table 7　Distribution information of five random variables

随机变量	均值	标准差	分布类型
M	1	0.05	正态分布
R	0.5	0.05	正态分布
F_0	1	0.2	正态分布
C_1	1	0.6	未知
C_2	0.5	0.3	未知

根据表 7，可以得到 5 个随机变量的统计矩信息，见表 8。其中，因为 C_1、C_2 的分布类型是未知的，所以就假设 C_1、C_2 服从各种类型的分布，分别获得它们的偏度，最后将所有的偏度结果进行整理，从

而给出了一个大致的偏度区间范围为[－1.1396,2.6741]。

表8　五个随机变量的统计矩信息

Table 8　Statistical moment information of five random variables

随机变量	均值	标准差	偏度
M	1	0.05	0
R	0.5	0.05	0
F_0	1	0.2	0
C_1	1	0.6	[－1.1396,2.6741]
C_2	0.5	0.3	[－1.1396,2.6741]

在这种情况下，因为含有偏度区间参数，所以极限状态带的上下界也是一个包络面，需要采用2.2的方法进行可靠度问题的求解，最终获得的可靠度指标的区间为[2.1201,2.7822]，相对应的失效概率的区间为[0.0027,0.0170]。同时，也采用了蒙特卡洛模拟方法(10^6样本)计算了极限状态带上下界的失效概率，计算结果见表9。另外，研究了不同不确定性程度下的C_1偏度区间对结构可靠度指标区间范围的影响，如图11所示。从图中可以看出，考虑了C_1的偏度的不确定性后，可靠度指标的范围比没有考虑偏度不确定性时的可靠度指标范围大，而随着偏度区间的不确定性程度不断增大，即偏度区间范围不断增大，可靠度指标的区间范围却基本没有变化，说明偏度区间范围的大小对可靠度指标区间范围的大小基本没有影响。

表9　考虑偏度不确定性的可靠度分析结果

Table 9　Reliability analysis results considering skewness uncertainty

极限状态带的边界	边界对应的区间参数	本文方法计算的可靠度指标	本文方法计算的失效概率	蒙特卡洛模拟计算的失效概率
上边界	$a_{3C1}=-1.1396$ $a_{3C1}=2.6741$ $a_{3C2}=-1.1396$ $a_{3C2}=2.6741$	2.7822	0.0027	0.0039
下边界	$a_{3C1}=-1.1396$ $a_{3C1}=2.6741$ $a_{3C2}=-1.1396$ $a_{3C2}=2.6741$	2.1201	0.0170	0.0152

5　结论

在本文中，我们研究了在随机变量分布类型未知的情况下，在用统计矩表示随机变量的概率特征时，考虑了统计矩本身不确定性的结构可靠度评估问题。本文采用区间变量来量化统计矩本身的不确定性。由于区间变量的存在，结构的可靠度指标和失效概率也会是一个区间。因此，本文的重点就是去求结构可靠度指标的区间和失效概率的区间。所得到的一些结论概括如下：

(1)本文研究了二次多项式正态转换函数u关于均值μ、标准差σ、偏度a_3的单调性，发现二次多项式正态转换函数u关于均值μ是单调递减的，而关于标准差和偏度的单调性是与随机变量X的取值有关。对于标准差σ，当$X>\mu$时，u关于σ是单调递减的，当$X\leqslant\mu$时，u关于σ是单调递增的。对于偏度a_3，当标准化随机变量$x_s<-1$或$x_s>1$时，u关于a_3是单调递减的，当$-1\leqslant x_s\leqslant 1$时，$u$关于$a_3$是单调递增的。

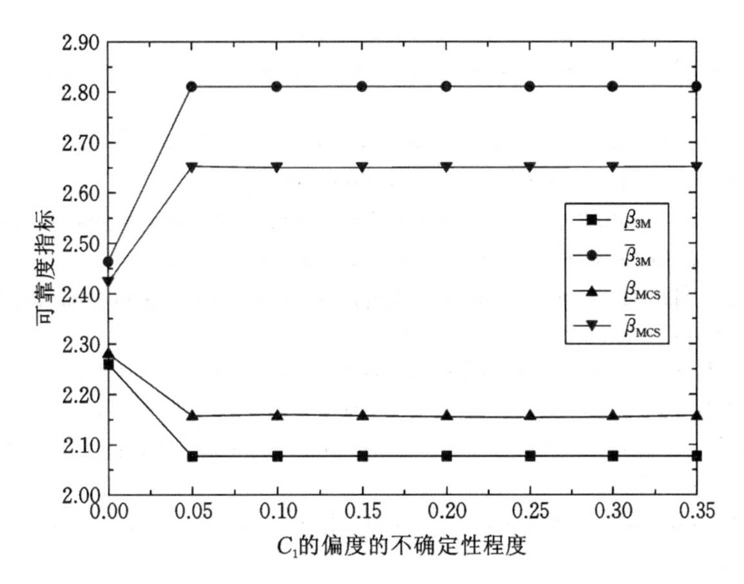

图 11　不同的偏度区间的范围对可靠度指标区间范围的影响

Fig. 11　The effect of different skewness interval ranges on the reliability index interval range

(2) 基于单调性分析，对于考虑了统计矩不确定性的结构可靠度问题，形成了两类不同形状的极限状态带，相应的提出了两类不同的计算方法。

当只考虑均值不确定性时，根据单调性分析结论，在确定了极限状态带的上下边界所对应的均值区间参数的值后，再采用两次高阶矩法进行可靠度指标的求解，最终会获得可靠度指标的区间和失效概率的区间；而考虑了标准差不确定性或偏度不确定性时，根据单调性分析结论，在确定了极限状态带的上下边界所对应的各个区间参数的值后，此时，将极限状态带上下界可靠度问题的求解转化为系统可靠度的问题来进行求解，最后获得可靠度指标的区间和失效概率的区间。

(3) 2 个例题的计算结果与蒙特卡洛模拟计算结果是很接近的，表明了该方法的准确性；同时，还发现，当均值区间范围增大的时候，可靠度指标的区间范围也随之增大；而当标准差区间和偏度区间增大的时候，可靠度指标的区间范围基本不变。

参考文献

[1] Hasofer A. M. ,Lind N. C. Exact and Invariant Second-Moment Code Format[J]. ASCE J. Engrg. Mech. Div. ,1974, 111-121.

[2] Rackwitz R. , Fiessler B. Structural Reliability Under Combined Random Load Sequences[J]. Comput. Struct. , 1978,9(5),489-494.

[3] Breitung K. Asymptotic approximation for multinormal integrals[J]. ASCE J. Engrg. Mech. ,1984,110(3),357-366.

[4] Cai G. Q. , Elishakoff I. Refifined second-order reliability analysis[J]. Struct. Safety, Amsterdam, 1994, 14(3), 267-276.

[5] Der Kiureghian A. ,De Stefano M. Effificient algorithm for second-order reliability analysis[J]. ASCE J. Engrg. Mech. ,1991,117(12),2904-2923.

[6] Der Kiureghian A. ,Lin H. Z. ,Hwang S. J. Second-order reliability approximations[J]. ASCE J. Eng. Mech. ,1987, 113(8),1208-1225.

[7] Fu G. K. Variance reduction by truncated multimodal importance sampling[J]. Struct. Safety, Amsterdam, 1994, 13 (3),267-283.

[8] Melchers R. E. Radial importance sampling for structural reliability[J]. ASCE J. Engrg. Mech. , 1990, 116(1), 189-203.

[9] Grigoriu M. Approximate analysis of complex reliability problems[J]. Struct. Safety,1983,1277-1288.

[10] Zhao Y. G. ,Ono T. Moment methods for structural reliability[J]. Struct. Safety,2001,23(1),47-75

[11] Zhao Y. G. , Ono T. Third-moment standardization for structural reliability analysis[J]. ASCE J. Struc. Eng. ,

2000,126(6),724-732.

[12] Der Kiureghian A. Analysis of structural reliability under parameter uncertainties[J]. Probab. Eng. Mech. ,2008, 23,351-358.

[13] Zhao Y. G. , Li P. P. , Lu Z. H. Efficient evaluation of structural reliability under imperfect knowledge about probability distributions[J]. Reliab. Eng. Syst. Saf. ,2018,175,160-170.

[14] Du XP. 2007. Interval reliability analysis[C]. ASME 2007 design engineering technical conference and computers and information in engineering conference(DETC2007),Las Vegas,Nevada,USA.

[15] Jiang C. , Li W. X. , Han X. , et al. Structural reliability analysis based on random distributions with interval parameters[J]. Comput. Struct. ,2011,89(23),2292-2302.

[16] Jiang C. , Han X. , Li W. X. , et al. A hybrid reliability approach based on probability and interval for uncertain structures[J]. ASME J. Mech. Des. ,2012,134(3),031001.

[17] Qiu Z. P. , Yang D. , Elishakoff I. Combination of structural reliability and interval analysis[J]. Acta. Mech. Sinica. ,2008a,24(1),61-67.

[18] Qiu Z. P. , Yang D. , Elishakoff I. Probabilistic interval reliability of structural systems[J]. Int. J. Solids Struct. 2008b,45(10),2850-2860.

[19] Elishakoff I. ,Colombi P. Combination of probabilistic and convex models of uncertainty when scarce knowledge is present on acoustic excitation parameters[J]. Comput. Methods Appl. Mech. Eng. ,1993,104(2),187-209.

[20] Shinozuka M. Basic analysis of structural safety[J]. ASCE J. Struct. Eng. ,1983,109,721-740.

[21] H. Xu, S. Rahman. A generalized dimension-reduction method for multidimensional integration in stochastic mechanics[J]. Int. J. Numer. Meth. Engng. ,2004,61,1992-2019.

[22] Zhao Y. G. , Lu Z. H. , Ono. A Simple Third-Moment Method for Structural Reliability[J]. Jour. Asian Arch. Build. Eng. ,2006,5(1),129-136.

[23] Zhao Y. G. ,Alfredo H-S,Ang Hon. System Reliability Assessment by Method of Moments[J]. ASCE J. Struct. Eng. ,2003,129(10),1341-1349.

[24] Haftka RT, Curdal Z. Elements of structural optimization[M]. 3rd ed. Dordrecht, Boston: Kluwer Academic Publishers,1992.

[25] Cao Wang,Hao Zhang,Michael Beer. Computing tight bounds of structural reliability under imprecise probabilistic information[J]. Computers and Structures,2018,208,92-104.

[26] Huang X, Chen J, Zhu H. Assessing small failure probabilities by ak-ss: an active learning method combining kriging and subset simulation[J]. Struct Saf. ,2016,59,86-95.

2. 基于概率密度群演化方程的高维非线性随机动力系统可靠度分析*

律梦泽[1]　陈建兵[1]

（同济大学土木工程学院 土木工程防灾国家重点实验室，上海 200092）

摘要：高维非线性随机动力系统的可靠度分析是科学与工程领域的重要挑战性问题之一。基于近年来在概率密度演化理论的基础上发展起来的概率密度群演化方程（EV-GDEE），本文提出了一种计算高维非线性随机动力系统时变可靠度的新方法，该方法可适用于Gauss白噪声激励下高维非线性系统的首次超越可靠度分析，且具有较高的数值精度与计算效率。对于高维非线性随机动力系统，若仅关心系统中某一响应量在给定安全域下的首次超越破坏问题，则可通过采用群演化思想降维，获得基于物理驱动的概率密度群演化方程。其中，等价漂移系数是一个条件期望函数，可以通过确定性物理-力学分析给出的数据构造。进而，在给定首次超越问题的安全域边界处，对群演化方程施加吸收边界条件，可以通过数值求解获得感兴趣响应量的剩余概率密度，从而积分获得时变可靠度的数值结果。本文通过一个十自由度非线性系统在白噪声激励下的可靠度分析实例验证了该方法的精度与计算效率，并讨论了需要进一步研究的问题。

关键词：广义密度群演化方程；高维非线性随机动力系统；动力可靠度分析；等价漂移系数

中图分类号：TU311.4　　　**文献标识码**：A

The reliability analysis of high-dimensional nonlinear stochastic dynamical systems based on the ensemble-evolving-based generalized density evolution equation

Meng-Ze Lyu[1]　Jian-Bing Chen[1]

(College of Civil Engineering & State Key Laboratory of Disaster Reduction in Civil Engineering, Tongji University, Shanghai 200092, China)

Abstract: The reliability analysis of high-dimensional nonlinear stochastic dynamical systems has long been one of the major challenges in science and engineering fields. In the paper, based on the ensemble-evolving-based generalized density evolution equation (EV-GDEE), which is proposed on the basis of probability density evolution theory in recent years, a novel method for the time-variant reliability evaluation of high-dimensional stochastic dynamical systems is proposed. The proposed method can be applied to analyze the first-passage problems of high-dimensional nonlinear systems subjected to Gaussian white noise, and are of high accuracy and computational efficiency. For a high-dimensional nonlinear stochastic dynamical system, if the first-passage problem of a quantity of interest with a certain prescribed safe domain is concerned, the physically driven EV-GDEE with respect to the probability density of the response quantity can be established. The equivalent drift coefficients in EV-GDEE are conditional expectation functions which can be constructed numerically by deterministic physical-mechanical analysis. Furthermore, after applying the absorbing boundary

* 国家杰出青年科学基金项目（51725804）资助。

condition at the boundary of the safety domain, the remaining probability density of the response of interest can be solved numerically, and then the numerical result of time-variant reliability can be obtained by integration. Finally, a numerical example of a ten-degree-of-freedom nonlinear system enforced by white noise is illustrated to verify the efficiency and accuracy of the proposed method. Problems to be further studied are finally discussed.

Keywords: the ensemble-evolving-based generalized density evolution equation(EV-GDEE); high-dimensional nonlinear stochastic dynamical systems; dynamical reliability analysis; the equivalent drift coefficients

引言

工程结构在服役过程中往往受到各种外部激励作用，例如强风、地震和海浪等。这些外部激励均具有很强的随机性，可能导致结构损伤甚至破坏。因此，灾害性随机动力作用下复杂工程结构的可靠性分析长期以来一直是人们所关心的重大难题与挑战之一(Li & Chen 2009)。

基于首次超越破坏准则的结构动力可靠性分析经历了长期的发展过程(Redner 2001)。但是，其精确的求解迄今仍难以突破复杂工程结构的维数限制(Li & Chen 2009)。事实上，传统的首次超越破坏可靠度理论可以分为两类：跨越过程理论与扩散过程理论。跨越过程理论基于 Rice 公式(Rice 1944)，进而引入关于跨越事件性质的假设来估计动力可靠度(Yang & Shinozuka 1971)。然而对于复杂工程系统，其响应及其速度的联合概率密度很难准确获得。而扩散过程理论是通过求解 Chapman-Kolmogorov 方程或后向 Kolmogorov 方程(Siegert 1951)获得动力可靠度，但同样面临高维系统难以求解的困境。

在上述理论的基础上，对于高维随机系统的动力可靠度分析，还相继发展了许多近似的数值方法。根据所考察的层次不同，这些方法大致可以分为三类。第一类是样本层次的方法，例如蒙特卡罗模拟及其各种改进方法(Harbitz 1983, Au & Beck 2001, Naess & Gaidai, 2008)。这些方法计算工作量往往很大，且是随机收敛的。第二类是矩层次的方法，例如统计线性化方法(Roberts & Spanos 2003, Fujimura & Der Kiureghian 2007)和矩截断方法(Hu & Du 2013, Zhao et al. 2014)，然而由于引入了经验假设或近似，对于强非线性问题其精度难以保证。

本世纪初以来，概率密度演化方法(Li & Chen 2005, 2009)的提出从概率密度层次为高维系统的可靠度分析提供了新的视角。概率密度演化理论揭示了系统物理机制驱动响应概率密度演化这一规律(Li & Chen 2008)，并从随机源的角度实现了高维系统响应之间的解耦，从而可以进行高维强非线性系统的精细化响应分析(Chen & Li 2010)与整体可靠度分析(Li et al., 2007)。在此基础上，李杰等人(Li et al. 2012)进一步提出了概率密度群演化思想。对于高维随机动力系统，通过对 Fokker-Planck-Kolmogorov(FPK)方程进行降维(Chen & Yuan 2014)，可以获得感兴趣响应量的广义密度群演化方程(EV-GDEE)，从而实现了高维概率密度演化方程(例如 FPK 方程)的解耦与降维(Chen & Rui 2018)，因此可以获得白噪声激励下高维系统响应的概率密度信息。

本文基于概率密度群演化理论，通过对群演化方程施加吸收边界条件并进行数值求解获得系统的动力可靠度。对于高维非线性系统，群演化方程的等价漂移系数可以通过有限次确定性分析结果进行数值估计。最后，给出了一个多自由度滞回非线性框架结构的算例，并通过与蒙特卡罗模拟结果的对比验证了该方法的精度和效率。

1 高维随机动力系统的广义密度群演化方程

对于加性 Gauss 白噪声激励下具有 m 个自由度的非线性系统，其运动方程可以写为

$$\boldsymbol{M}\ddot{\boldsymbol{X}} + \boldsymbol{C}\dot{\boldsymbol{X}}(t) + \boldsymbol{G}[\boldsymbol{X}(t), \dot{\boldsymbol{X}}(t), t] = \boldsymbol{L}\boldsymbol{\xi}(t) \tag{1}$$

其中 $\ddot{\boldsymbol{X}}(t)$、$\dot{\boldsymbol{X}}(t)$ 与 $\boldsymbol{X}(t)$ 分别是 m 维的加速度、速度与位移响应；$\boldsymbol{M}$ 与 $\boldsymbol{C}$ 分别是 $m\times m$ 维质量与阻尼矩阵；$\boldsymbol{G}(\cdot)$ 是 m 维非线性黏滞与恢复力列向量；$\boldsymbol{L}$ 是 $m\times r$ 维荷载位置向量；$\boldsymbol{\xi}(t)$ 是 r 维 Gauss 白噪声过程，即 $\xi(t)$ 服从零均值 Gauss 分布，且相关函数矩阵为

$$E[\xi(t)\,\xi^{\mathrm{T}}(t+\tau)]=\boldsymbol{D}\delta(\tau) \tag{2}$$

$\boldsymbol{D}$ 是 $r\times r$ 维强度相关性矩阵，$\delta(\cdot)$ 是 Dirac 函数。

记 $\boldsymbol{V}(t)=\dot{\boldsymbol{X}}(t)$，则经扩维降阶，式(1) 可以写为 $2m$ 维 Itô 随机微分方程的形式

$$\mathrm{d}\begin{pmatrix}\boldsymbol{X}(t)\\ \boldsymbol{V}(t)\end{pmatrix}=\begin{pmatrix}\boldsymbol{V}(t)\\ \boldsymbol{f}[\boldsymbol{X}(t),\boldsymbol{V}(t),t]\end{pmatrix}\mathrm{d}t+\begin{pmatrix}\boldsymbol{0}_{m\times r}\\ \boldsymbol{M}^{-1}\boldsymbol{L}\end{pmatrix}\mathrm{d}\boldsymbol{W}(t) \tag{3}$$

其中 $\boldsymbol{f}[\boldsymbol{X}(t),\boldsymbol{V}(t),t]=-\boldsymbol{M}^{-1}\{\boldsymbol{C}\boldsymbol{V}(t)+\boldsymbol{G}[\boldsymbol{X}(t),\boldsymbol{V}(t),t]\}$；$\boldsymbol{W}(t)$ 是相应于 $\boldsymbol{\xi}(t)$ 的 r 维 Wiener 过程。随机微分方程(3) 的初始条件可以写为

$$\begin{cases}\boldsymbol{X}(0)=\boldsymbol{x}_0\\ \boldsymbol{V}(0)=\boldsymbol{v}_0\end{cases} \tag{4}$$

记响应 $\boldsymbol{X}(t)$ 与 $\boldsymbol{V}(t)$ 在初始条件下的联合概率密度为 $p_{\boldsymbol{XV}}(\boldsymbol{x},\boldsymbol{v},t)$，则其满足如下 FPK 方程(朱位秋，1992)

$$\frac{\partial p_{\boldsymbol{XV}}(\boldsymbol{x},\boldsymbol{v},t)}{\partial t}=-\sum_{i=1}^{m}\left[v_i\frac{\partial p_{\boldsymbol{XV}}(\boldsymbol{x},\boldsymbol{v},t)}{\partial x_i}+\frac{\partial f_i(\boldsymbol{x},\boldsymbol{v},t)p_{\boldsymbol{XV}}(\boldsymbol{x},\boldsymbol{v},t)}{\partial v_i}\right]+\sum_{i=1}^{m}\sum_{j=1}^{m}\frac{b_{ij}}{2}\frac{\partial^2 p_{\boldsymbol{XV}}(\boldsymbol{x},\boldsymbol{v},t)}{\partial v_i\partial v_j} \tag{5}$$

其中 $\boldsymbol{b}=\boldsymbol{M}^{-1}\boldsymbol{L}\boldsymbol{D}\,(\boldsymbol{M}^{-1}\boldsymbol{L})^{\mathrm{T}}$。

在工程实际中，式(5) 是一个复杂的高维偏微分方程，难以直接解析或数值求解。幸运的是，对于一般的工程问题，往往仅关心系统的某一个或几个响应量，例如系统某一自由度的位移响应 $X_1(t)$ 及其速度响应 $V_1(t)$。尽管系统所有响应在 FPK 方程中是耦合的，但可以对式(5) 两边关于除 $X_i(t)$ 与 $V_i(t)$ 以外的其他响应量进行积分，即可获得感兴趣量 $X_1(t)$ 与 $V_1(t)$ 的概率密度 $p_{X_1V_1}(x,v,t)$ 所满足的演化方程(Chen & Rui 2018)

$$\frac{\partial p_{XV}(x,v,t)}{\partial t}=-v\frac{\partial p_{X_1V_1}(x,v,t)}{\partial x}-\frac{\partial a^{(\mathrm{eq})}(x,v,t)p_{X_1V_1}(x,v,t)}{\partial x}+\frac{b_{\mathrm{u}}}{2}\frac{\partial^2 p_{X_1V_1}(x,v,t)}{\partial v^2} \tag{6}$$

其中 $a^{(eq)}(x,u,t)$ 称为等价漂移系数(Chen & Lin 2014)，它实质上是原漂移系数的条件期望，即

$$a^{(\mathrm{eq})}(x,v,t)=E\{f_1[\boldsymbol{X}(t),\boldsymbol{V}(t),t]\mid X_1(t)=x,V_1(t)=v\} \tag{7}$$

由式(4) 可知，式(6) 的初始条件为

$$p_{X_1V_1}(x,v,0)=\delta(x-x_{0,1})\delta(v-v_{0,1}) \tag{8}$$

式(6) 就是所谓的广义密度群演化方程。若感兴趣量仅包括某一自由度的位移与速度，则它仅是一个二维偏微分方程，可以通过数值方法求解。其中，等价漂移系数可以通过解析或数值方法获取。对于线性系统，等价漂移系数存在解析表达(芮珍梅 2020)，对于非线性系统，则可以采用数值方法估计，如最小二乘估计(Chen & Rui 2018)、胞重整技术(Li & Jiang 2018)、局部加权回归、Kriging 插值(芮珍梅 2020) 等方法。

2　基于广义密度群演化方程的动力可靠度分析

基于上述群演化方程，可以获得系统某一感兴趣量在给定安全域下的首次超越可靠度。

考虑群演化方程(6)，其相应的 Itô 随机微分方程可以写为

$$\begin{cases}\mathrm{d}\tilde{X}(t)=\tilde{V}(t)\mathrm{d}t\\ \mathrm{d}\tilde{V}(t)=a^{(\mathrm{eq})}[\tilde{X}(t),\tilde{Y}(t),t]\mathrm{d}t+\sqrt{b_{11}}\mathrm{d}\overline{W}(t)\end{cases} \tag{9}$$

其中$(\tilde{X}(t),\tilde{V}(t))^{\mathrm{T}}$ 是与响应 $(X_1(t),V_1(t))^{\mathrm{T}}$ 的初值与概率密度均等价的二维 Markov 向量过程，$\overline{W}(t)$ 是标准 Wiener 过程。根据短时 Gauss 假定，过程$(\tilde{X}(t),\tilde{V}(t))^{\mathrm{T}}$ 在任意小的时间增量 $\tau>0$ 下的转移概率密度为

$$p_{\widetilde{X}\widetilde{V}}(x,v,t+\tau \mid x',v',t)=\frac{\delta(x-x'-v'\tau)}{\sqrt{2\pi b_{ll}\tau}}e^{-\frac{[v-v'-a^{(\mathrm{eq})}(x',v',t)\tau]^2}{2b_{ll}\tau}} \tag{10}$$

因此，根据 Chapman-Kolmogorov 方程，响应$(X_1(t),V_1(t))^{\mathrm{T}}$的概率密度可以通过路径积分逐步求解，即(Naess & Hegstad 1994)

$$p_{X_1V_1}(x,v,t+\tau)=\int_{-\infty}^{\infty}\int_{-\infty}^{\infty}p_{X_1V_1}(x',v',t)p_{\widetilde{X}\widetilde{V}}(x,v,t+\tau \mid x',v',t)\mathrm{d}x'\mathrm{d}v' \tag{11}$$

若定义系统所关心自由度的位移在给定安全域Ω_x下的首次超越可靠度为

$$R(t)=Pr\{X_1(\tau)\in\Omega_s \mid 0\leqslant\tau\leqslant t\} \tag{12}$$

则可以对转移概率密度施加吸收边界条件，即

$$\breve{p}_{\widetilde{X}\widetilde{V}}(x,v,t+\tau \mid x',v',t)=\begin{cases}p_{\widetilde{X}\widetilde{V}}(x,v,t+\tau \mid x',v',t), & x\in\Omega_s\\ 0, & x\notin\Omega_s\end{cases} \tag{13}$$

于是，响应$(X_1(t),V_i(t))^{\mathrm{T}}$在安全域$\Omega_x$内的剩余概率密度可以通过路径积分求解，即

$$\breve{p}_{X_1V_1}(x,v,t+\tau)=\int_{-\infty}^{\infty}\int_{-\infty}^{\infty}\breve{p}_{X_1V_1}(x',v',t)\breve{p}_{\widetilde{X}\widetilde{V}}(x,v,t+\tau \mid x',v',t)\mathrm{d}x'\mathrm{d}v' \tag{14}$$

进而，由式定义的动力可靠度可以由剩余概率密度的积分获得，即

$$R(t)=\int_{-\infty}^{\infty}\int_{-\infty}^{\infty}\breve{p}_{X_1V_1}(x,v,t)\mathrm{d}x\mathrm{d}v \tag{15}$$

3 数值算例：Gauss 白噪声下的 10 层滞回非线性框架结构

考虑某一 10 层滞回非线性框架结构(刘章军 & 陈建兵 2014)，其在 Gauss 白噪声激励下的运动方程可以写为

$$\boldsymbol{M}\ddot{\boldsymbol{X}}(t)+\boldsymbol{C}\dot{\boldsymbol{X}}(t)+\boldsymbol{G}[\boldsymbol{X}(t),\boldsymbol{Z}(t)]=\boldsymbol{M}\boldsymbol{1}_m\xi(t) \tag{16}$$

其中$m=10$，非线性恢复力$\boldsymbol{G}(\cdot)$由 Bouc-Wen 模型给出(Wen 1976, Ma et al. 2004)，$\boldsymbol{Z}(t)$是位移的滞回分量。

在 Gauss 白噪声激励下结构底层的典型层间恢复力—位移曲线如图 1 所示，可见系统进入很强的非线性状态。

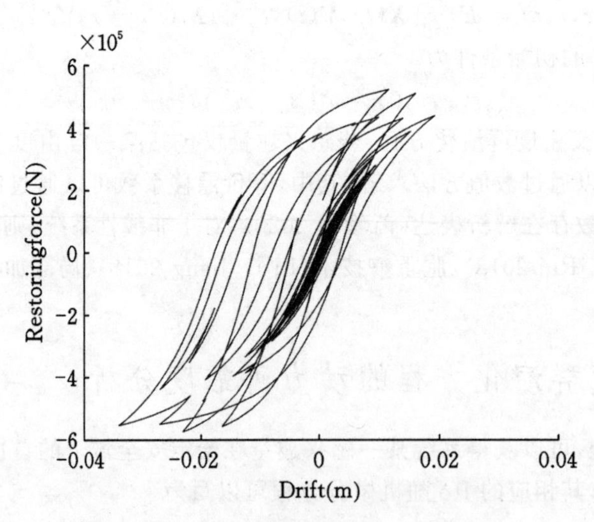

图 1 结构底层典型层间恢复力—位移曲线

Fig. 1 A typical sample of the inter－story restoring force versus inter-story drift of the bottom story

若仅关心结构顶层响应，则可以获得顶层位移与速度联合概率密度所满足的群演化方程。采用 800 次确定性分析结果进行等价漂移系数估计，并通过路径积分求解获得结构响应的概率密度信息。其顶层位移在$t=10$ s 时刻的概率密度函数(PDF)与概率分布函数(CDF)与10^5次蒙特卡罗模拟(MCS)结果的对比如图 2 所示。

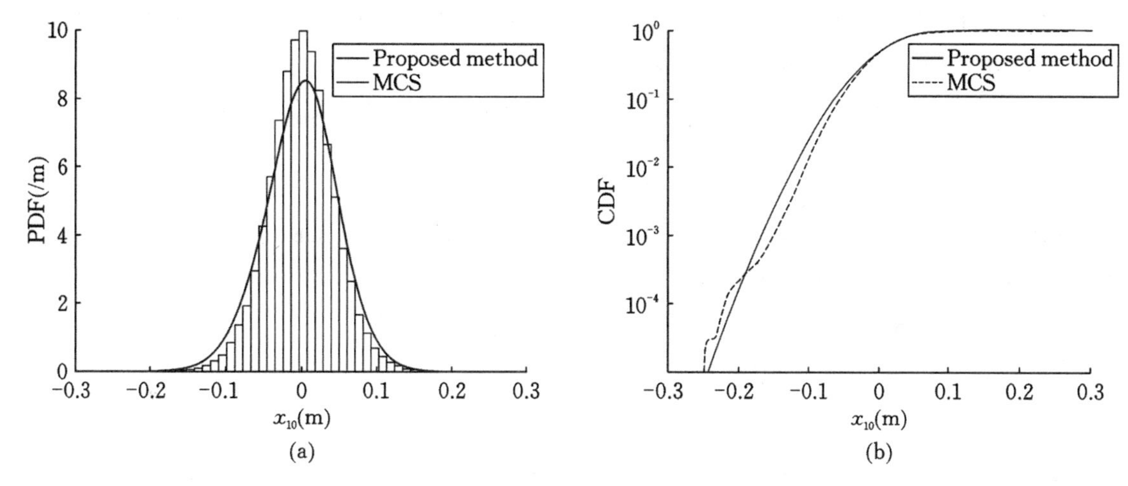

图 2. 结构顶层位移概率密度与概率分布

(a)概率密度;(b)概率分布(对数坐标)

Fig. 2 The PDF and CDF of the top displacement

(a) PDF; (b) CDF (in logarithmic coordinates)

从图 2 可以看到,由群演化分析获得的响应概率密度与概率分布信息同蒙特卡罗模拟结果吻合良好,即使在尾部也具有很高的准确性。

进而,若给定结构顶层位移的安全域为 $\Omega_x=\{|x|\leqslant 0.1\ \mathrm{m}\}$,则施加吸收边界条件后进行路径积分求解,即可获得结构的动力可靠度。由此计算得到的结构时变失效概率(即 $1-R(t)$)与 10^5 次蒙特卡罗模拟(MCS)结果的对比如图 3 所示。

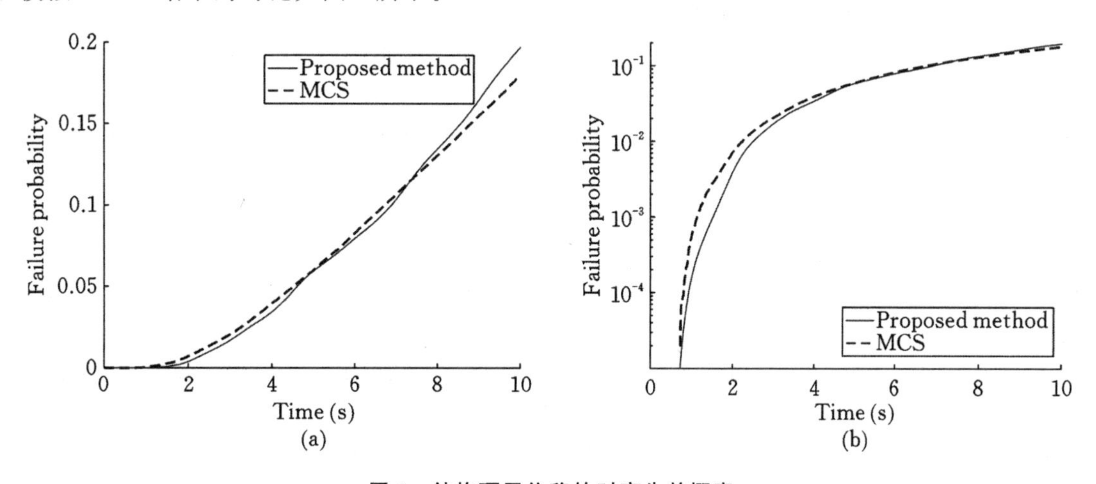

图 3 结构顶层位移的时变失效概率

(a)线性坐标;(b)对数坐标

Fig. 3 The time-variant failure probability of the top displacement

(a) In linear coordinates; (b) In logarithmic coordinates

从图 3 中可见,基于群演化方程获得的可靠度分析结果与蒙特卡罗模拟的结果较为吻合。值得指出的是,由于该方法仅在等价漂移系数估计时进行了 800 次确定性动力分析,因此其计算效率远高于蒙特卡罗模拟。

4 结论

本文提出了一种基于广义密度群演化方程(EV-GDEE)计算高维非线性随机动力系统可靠度的新方法。对于非线性系统,仅需要数百次确定性分析以估计等价漂移系数,进而在吸收边界条件下数值求解群演化方程，即可获得结构响应在给定安全域下的时变可靠度。与蒙特卡罗模拟结果的对比表明，所提方法具有较高的数值精度和很高的效率。

该方法有望进一步拓展至非平稳、非 Gauss 激励下的高维系统可靠度分析之中。

参考文献

[1] Au SK, Beck JL. Estimation of small failure probabilities in high dimensions by subset simulation[J]. Probabilistic Engineering Mechanics, 2001, 16(4): 263-277.

[2] Chen JB, Li J. Stochastic seismic response analysis of structures exhibiting high nonlinearity[J]. Computers & Structures, 2010, 88(7): 395-412.

[3] Chen JB, Lin PH. Dimension-reduction of FPK equation via equivalent drift coefficient[J]. Theoretical & Applied Mechanics Letters, 2014, 4: 013002.

[4] Chen JB, Yuan SR. Dimension reduction of the FPK equation via an equivalence of probability flux for additively excited systems[J]. Journal of Engineering Mechanics, 2014, 140(11): 04014088.

[5] Chen JB, Yang JY, Li J. A GF-discrepancy for point selection in stochastic seismic response analysis of structures with uncertain parameters[J]. Structural Safety, 2016, 59: 20-31.

[6] Chen JB, Rui ZM. Dimension-reduced FPK equation for additive white-noise excited nonlinear structures[J]. Probabilistic Engineering Mechanics, 2018, 53: 1-13.

[7] Chen JB, Chan JP. Error estimate of point selection in uncertainty quantification of nonlinear structures involving multiple nonuniformly distributed parameters[J]. International Journal for Numerical Methods in Engineering, 2019, 118: 536-560.

[8] Fujimura K, Der Kiureghian A. Tail-equivalent linearization method for nonlinear random vibration[J]. Probabilistic Engineering Mechanics, 2007, 22(1): 63-76.

[9] Harbitz A. An accurate probability-of-failure calculation method[J]. IEEE Transactions on Reliability, 1983, 32(5): 458-460.

[10] Hu Z, Du XP. A sampling approach to extreme value distribution for time-dependent reliability analysis[J]. Journal of Mechanical Design, 2013, 135(7): 071003.

[11] Li J, Chen JB. Dynamic response and reliability analysis of structures with uncertain parameters[J]. International Journal for Numerical Methods in Engineering, 2005, 62(2): 289-315.

[12] Li J, Chen JB, Fan WL. The equivalent extreme-value event and evaluation of the structural system reliability[J]. Structural Safety, 2007, 29(2): 112-31.

[13] Li J, Chen JB. The principle of preservation of probability and the generalized density evolution equation[J]. Structural Safety, 2008, 30(1): 65-77.

[14] Li J, Chen JB. Stochastic Dynamics of Structure[M]. Singapore: John Wiley & Sons(Asia) Pte Ltd, 2009.

[15] Li J, Chen JB, Sun WL, Peng YB. Advances of the probability density evolution method for nonlinear stochastic systems[J]. Probabilistic Engineering Mechanics, 2012, 28(4): 132-142.

[16] Li J, Jiang ZM. A data-based CR-FPK method for nonlinear structural dynamic systems[J]. Theoretical & Applied Mechanics Letters, 2018, 8: 231-244.

[17] Ma F, Zhang H, Bockstedte A, Foliente GC, Paevere P. Parameter analysis of the differential model of hysteresis [J]. ASME-Journal of Engineering Mechanics, 2004, 71: 342-349.

[18] Naess A, Hegstad BK. Response statistics of van der Pol oscillators excited by white noise[J]. Nonlinear Dynamics, 1994, 5: 287-297.

[19] Naess A, Gaidai O. Monte Carlo methods for estimating the extreme response of dynamical systems[J]. Journal of Engineering Mechanics, 2008, 134(8): 628-636.

[20] Redner S. A Guide to First-Passage Processes[M]. Cambridge: Cambridge University Press, 2001.

[21] Rice SO. Mathematical analysis of random noise[J]. Bell System Technical Journal, 1944, 23(3): 282-332.

[22] Roberts JB, Spanos PD. Random Vibration and Statistical Linearization[M]. 2nd ed. Chichester: John Wiley &

Sons，Ltd，2003.

[23] Siegert AJF. On the first passage time probability problem[J]. Physical Review，1951，81(4)：617-623.

[24] Wen YK. Method for random vibration of hysteretic systems[J]. ASME-Journal of Engineering Mechanics，1976，102：249-263.

[25] Yang JN，Shinozuka M. On the first excursion probability in stationary narrow-band random vibration[J]. Journal of Applied Mechanics，1971，38(4)：1017-1022.

[26] Zhao YG，Lu ZH，Zhong WQ. Time-variant reliability analysis considering parameter uncertainties[J]. Structure & Infrastructure Engineering，2014，10(10)：1276-1284.

[27] 刘章军，陈建兵. 结构随机动力学[M]. 北京：中国水利水电出版社，2014.

[28] 芮珍梅. 随机地震动激励下工程结构动力响应的概率密度群演化分析方法[D]. 上海：同济大学，2020.

3. 基于 MLS-SVM 的结构可靠度与全局灵敏度分析*

吕大刚　宋　彦　李功博

（哈尔滨工业大学土木工程学院，黑龙江哈尔滨 150090）

摘要：支持向量机(SVM)以统计学原理中的结构风险最小化原则为基本原理，其作为一种元模型在具有隐式极限状态函数的结构可靠度分析中得到了广泛的应用。然而，传统的支持向量机在核函数的选择、全局基本变量空间建模、计算效率等方面还存在许多不足。针对这些不足，本文提出了一种新的基于移动最小二乘(MLS)技术的支持向量机模型，通过这种方法，训练样本集可以在全局基本变量空间中自适应。将该模型与基于再生核函数的支持向量机和最小二乘支持向量机(LS-SVM)应用于结构的整体可靠度与全局灵敏度分析并进行了比较，结果表明该模型相较其他两种模型具有更高的精度和计算效率。

关键词：支持向量机；移动最小二乘；钢筋混凝土框架；整体可靠度；全局灵敏度

中图分类号：TU375.4

Global Reliability and Sensitivity Analysis of Structures Using MLS-SVM

Lu Da-Gang　Song Yan　Li Gong-Bo

(School of Civil Engineering, Harbin Institute of Technology, Harbin 150090, China)

Abstract: As a meta-model, the support vector machine (SVM) for reliability analysis of structures with implicit limit state functions has been investigated by many re-searchers. However, the conventional SVM still has many shortcomings, such as the choice of the kernel functions, the deficiency of modelling in the global basic variable space, the efficiency, etc. In this paper, a new SVM model using the technique of moving least squares (MLS) is proposed. Through this method, the training sample sets can be self-adapted in the global basic variable space. The new model is compared with the common support vector regression (SVR) machines with the radial basis kernel function and the reproducing kernel function, and the least square SVM (LS-SVM). It has been found that the proposed model is more accurate and efficient.

Keywords: support vector machine; moving least squares; reinforce concrete frames; global reliability; global sensitivity

引言

对于结构安全问题的研究，主要集中在可靠度分析和灵敏度分析上。在复杂结构的可靠度和灵敏度分析中，功能函数通常是隐式的，该问题可以用蒙特卡罗模拟(MCS)来解决。然而，当失效概率较小时，MCS 需要大量的有限元分析，计算效率较慢。为了提高结构可靠度和灵敏度分析的效率，代

---

* 基金项目：国家自然科学基金重大研究计划集成项目资助(91315301-11)

作者简介：吕大刚，工学博士，教授；宋彦，工程硕士，博士研究生；李功博，工程硕士，硕士研究生

理模型技术在近几十年来应运而生。该方法先选定一种显式元模型，然后利用已知的样本点得到模型中的未知信息，进而将该模型用于结构响应的预测。

典型的代理模型包括响应面(RSM)[1]、人工神经网络(ANN)[2]、Kriging 模型[3]和支持向量机(SVM)[4]等。从文献[5]的经验来看，支持向量机更适合处理高维问题。1963 年 Vapnik 等人在贝尔实验室首次提出支持向量机，并在模式识别领域得到了广泛的应用。Clark 等[7]将支持向量机应用于实际工程问题，并与其他一些代理模型进行了比较。结果表明，与其他模型相比支持向量机在模型精度和鲁棒性方面具有更大的优势。Jin[8]提出了最小二乘支持向量机(LS-SVM)并将其应用于可靠度分析。由于 LS-SVM 具有非线性映射能力，仿真效果良好。为了进一步改进传统的支持向量机，本文在最小二乘支持向量机的基础上，提出了一种新的移动最小二乘支持向量机方法，同时使用了新的再生核函数[5]。然后将 MLS-SVM 应用于钢筋混凝土框架结构整体可靠度和全局灵敏度分析，并与其他方法进行了比较。

1 移动最小二乘-支持向量机模型

1.1 支持向量机和再生核函数的基本理论

支持向量机来自统计理论中的结构风险最小化原理。一方面，支持向量机非常适合小样本的拟合问题。另一方面，支持向量机能够精确地表示高维函数，克服维数灾难问题。根据使用函数的不同，支持向量机可分为支持向量分类机和支持向量回归机。根据超平面的性质，支持向量机还可以分为线性支持向量机和非线性支持向量机。

支持向量机中输入是基本随机变量的样本，输出是机械或物理系统的响应。对于一个线性可分问题$y_i \in y = \{1, -1\}$，支持向量机的解析表达式为：

$$g(\boldsymbol{x}) = \langle \boldsymbol{w}, \boldsymbol{x} \rangle + b \tag{1}$$

式中，$\langle \cdot, \cdot \rangle$ 代表$\mathbb{R}^n$ 中的内积，$\boldsymbol{w} \in \mathbb{R}^n$是权重向量，$b \in \mathbb{R}$是阈值。

SVR 与 SVC 机器相比，裕度被损失函数[9]代替。*SVR* 问题的原始优化模型可以表示为：

$$\begin{aligned}
&\min J = \frac{1}{2}\|\boldsymbol{w}\|^2 + C\sum_{i=1}^{m}(\xi_i + \xi_i^*) \\
&\text{s. t. } y_i - \langle \boldsymbol{w}, \boldsymbol{x}_i \rangle - b < \varepsilon + \xi_i \ \forall i \in \{1, \cdots, m\} \\
&\langle \boldsymbol{w}, \boldsymbol{x}_i \rangle + b - y_i < \varepsilon + \xi_i^* \ \forall i \in \{1, \cdots, m\} \\
&(\xi_i, \xi_i^*) \in \mathbb{R}^+ \times \mathbb{R}^+
\end{aligned} \tag{2}$$

式中，$(\xi_i, \xi_i^*) \in \mathbb{R}^{+,n} \times \mathbb{R}^{+,n}$ 是松弛变量，C 是惩罚参数。

通过引入相应的拉格朗日函数，可以推导出线性问题的 *SVR* 公式：

$$g(\boldsymbol{x}) = \sum_{i=1}^{m}(\alpha_i - \alpha_i^*)\langle \boldsymbol{x}, \boldsymbol{x}_i \rangle + b \tag{3}$$

式中，(α_i, α_i^*) 是 Lagrange 乘子且必定为正。

然而，实际问题往往是非线性的。要将方程(3) 扩展到非线性函数，可以把内积直接替换为核函数：

$$g(\boldsymbol{x}) = \sum_{i=1}^{m}(\alpha_i - \alpha_i^*)K(\boldsymbol{x}, \boldsymbol{x}_i) + b \tag{4}$$

式中，$K(\boldsymbol{x}, \boldsymbol{x}_i)$ 是核函数。

支持向量机的核函数有很多种类，如线性核、多项式核、神经网络核、马氏核等，其优点之一是可以通过选择合适的核函数提高模型表现。因此，为特定的问题选择合适的核函数是非常重要的。

为提高 SVR 在求解大型复杂结构隐式和高度非线性极限状态函数可靠度和灵敏度问题时的效率和精度，可以在 SVR 中引入 Sobolev-Hilbert 空间的再生核函数。

假设 H 是一 Hilbert 函数空间，其元素是实值或复函数，其内积可以表示为：

$$\langle f,g\rangle = \langle f(\cdot),g(\cdot)\rangle, f,g \in H \tag{5}$$

如果存在一个变量 $x \in \mathbb{R}$的函数 $K(x,y)$，是 H 中的元素。同时，对于任意 $y \in \mathbb{R}$和 $f \in H$，$f(y) = \langle f(x), K(x,y)\rangle$，则 $K(x,y)$ 称为空间 H 的再生核，H 称为再生核空间。

Sobolev-Hilbert 空间的再生核函数如下[5]：

$$K(x,x_i) = \frac{1}{4^n}\prod_{j=1}^{n} e^{-|x_j - x_i^{(j)}|}(1+|x_j - x_i^{(j)}|) \tag{6}$$

将式(6) 引入到式(4) 中，即可得到基于再生核的支持向量回归机(RPKSVR)。

1.2 移动最小二乘的基本理论

移动最小二乘法(MLS) 是一种无网格方法，可以利用零星数据构造逼近模型。MLS 的基本思想是通过面板区域内的最近点而不是全局最优解来估计参数，从而提高计算效率，避免使用高阶多项式。

MLS模型建立的拟合函数由主函数向量 $p(\boldsymbol{x})$ 和系数向量 $a(\boldsymbol{x})$ 组成。已知输入$(\boldsymbol{x}_i)_{i=1,\cdots,m}$ 和输出$(y_i)_{i=1,\cdots,m}$，则近似函数 $y = f(\boldsymbol{x})$ 可表示如下：

$$f(\boldsymbol{x}) = \sum_{i=1}^{N} p_i(\boldsymbol{x})a_i(\boldsymbol{x}) = p^{\mathrm{T}}(\boldsymbol{x})a(\boldsymbol{x}) \tag{7}$$

式中，N 是主函数向量的项数，也是系数向量的维数。

主函数向量 $\boldsymbol{p}(\boldsymbol{x})$ 一般是单项式，也可以是一些独立的函数。在大多数情况下，式(8) 中的二次多项式足以逼近未知函数的局部特征。

$$\boldsymbol{p}(\boldsymbol{x}) = [1, x_1, \cdots, x_n, x_1^2, \cdots, x_n^2]^{\mathrm{T}} \tag{8}$$

系数向量 $\boldsymbol{a}(\boldsymbol{x})$ 是输入变量 $\boldsymbol{x}$ 的函数。

$$\boldsymbol{a}(\boldsymbol{x}) = [a_1(\boldsymbol{x}), a_2(\boldsymbol{x}), \cdots, a_m(\boldsymbol{x})]^{\mathrm{T}} \tag{9}$$

式中，$a_j(\boldsymbol{x})$ 是 MLS 的形函数。

$$a_j(\boldsymbol{x}) = \omega(\boldsymbol{x},\boldsymbol{x}_j)\sum_{k=1}^{N}\lambda_{\mathrm{k}}(\boldsymbol{x})\,p_{\mathrm{k}}(\boldsymbol{x}_j) \tag{10}$$

式中，$\omega_j(\boldsymbol{x}) = \omega(\boldsymbol{x},\boldsymbol{x}_j)$ 是权函数。

权函数$\omega_j(\boldsymbol{x})$ 在采样点 $\boldsymbol{x}$ 周围区域Ω_j 必须大于零，在其他区域应为零。该区域称为权函数$\omega_j(\boldsymbol{x})$ 和点$\boldsymbol{x}_j$ 的支持域，然后点 $\boldsymbol{x}$ 的定义域Ω_x 是所有采样点支持域的并集。常用的权函数有指数型、三次样条、四次样条和高斯函数。支撑区域的形状可以是圆形或矩形。通过比较，高斯权函数参数简单，拟合精度高。因此，本文选择高斯权函数。当定义域中有 m 个采样点时，近似函数权误差的二次和如下：

$$E = \sum_{j=1}^{m} w(\boldsymbol{x}-\boldsymbol{x}_j)\,[f(\boldsymbol{x},\boldsymbol{x}_j) - f(\boldsymbol{x}_j)]^2 = \sum_{j=1}^{m} w(\boldsymbol{x}-\boldsymbol{x}_j)\,\Big[\sum_{i=1}^{N} p_i(\boldsymbol{x}_j)a_i(\boldsymbol{x}) - y_j\Big]^2 \tag{11}$$

通过最小化 E，系数向量可以获得解 $\boldsymbol{a}(\boldsymbol{x})$。

$$\boldsymbol{a}(\boldsymbol{x}) = \boldsymbol{A}^{-1}(\boldsymbol{x})\boldsymbol{B}(\boldsymbol{x})y \tag{12}$$

式中

$$\boldsymbol{A}(\boldsymbol{x}) = \sum_{j=1}^{m} w_j(\boldsymbol{x})\boldsymbol{p}(\boldsymbol{x}_j)\,\boldsymbol{p}^{\mathrm{T}}(\boldsymbol{x}_j) \tag{13}$$

$$\boldsymbol{B}(\boldsymbol{x}) = \sum_{j=1}^{m} w_j(\boldsymbol{x})\boldsymbol{p}(\boldsymbol{x}_j) \tag{14}$$

将式(12) 代入式(7) 中，可得到如下表达式：

$$f(\boldsymbol{x}) = \sum_{i=1}^{N} p_i(\boldsymbol{x})a_i(\boldsymbol{x}) = \boldsymbol{p}^{\mathrm{T}}(\boldsymbol{x})\,\boldsymbol{A}^{-1}(\boldsymbol{x})\boldsymbol{B}(\boldsymbol{x})\boldsymbol{y} \tag{15}$$

1.3 移动最小二乘支持向量机模型

由式(2) 可得求解最小值的问题如下：

$$\min J=\frac{1}{2}\|\boldsymbol{w}\|^{2}+C\sum_{i=1}^{m}e_{i}^{2}$$
$$\text{s.t.}\quad y_{i}-\langle\boldsymbol{w},\boldsymbol{x}_{i}\rangle-b=e_{i}\quad\forall i\in\{1,\cdots,m\}\tag{16}$$

式中，$\boldsymbol{w}$ 是法向量，e_i 是误差变量。通过引入相应的拉格朗日函数来解决该优化问题：

$$L(\boldsymbol{w},b,e,\boldsymbol{\alpha})=\frac{1}{2}\|\boldsymbol{w}\|^{2}+\frac{1}{2}C\sum_{i=1}^{m}e_{i}^{2}-\sum_{i=1}^{m}\alpha_{i}\{\langle\boldsymbol{w},x_{i}\rangle+b+e_{i}-y_{i}\}\tag{17}$$

式中，α_i 是拉格朗日乘数。利用 Karush-Kuhn-Tucher 最优条件，可得矩阵形式：

$$\begin{bmatrix}0 & \mathbf{1}^{\mathrm{T}}\\ \mathbf{1} & \boldsymbol{ZZ}^{\mathrm{T}}+C^{-1}\boldsymbol{I}\end{bmatrix}\begin{bmatrix}b\\ \boldsymbol{\alpha}\end{bmatrix}=\begin{bmatrix}0\\ \boldsymbol{y}\end{bmatrix}\tag{18}$$

式中，$\boldsymbol{I}$ 是单位矩阵；$\boldsymbol{Z}=[\varphi^{\mathrm{T}}(x_1)y_1,\varphi^{\mathrm{T}}(x_2)y_2,\cdots\varphi^{\mathrm{T}}(x_m)y_m]^{\mathrm{T}}$，$\boldsymbol{y}=[y_1,y_2,\cdots,y_m]^{\mathrm{T}}$，$\mathbf{1}=[1,1,\cdots,1]^{\mathrm{T}}$，$\boldsymbol{\alpha}=[\alpha_1,\alpha_2,\cdots,\alpha_m]^{\mathrm{T}}$，$\boldsymbol{\Omega}_{ij}=\varphi^{\mathrm{T}}(x_i)\varphi(x_j)=K(x_i,x_j)$。$K(x,y)$ 为再生核函数。

通过求解 $\boldsymbol{\alpha}$，支持向量机的非线性预测模型如下：

$$f(x)=\sum_{i=1}^{m}\alpha_{i}K(x_{i},x)+b\tag{19}$$

在希尔伯特再生核空间中使用 MLS 时，$f(x)$ 必须符合：

$$\min\sum_{i=1}^{m}\nu(x-x_{i})(f(x_{i})-y_{i})^{2}=\min\sum_{i=1}^{m}\nu(x-x_{i})\xi_{i}^{2}$$
$$\text{s.t.}\quad y_{i}-\langle\boldsymbol{w},\boldsymbol{x}_{i}\rangle-b=e_{i}\quad i\in\{1,\cdots,m\}\tag{20}$$

用拉格朗日乘子法，可得：

$$\begin{aligned}L(\boldsymbol{w},b,e,\boldsymbol{\alpha})&=J(\boldsymbol{w},\boldsymbol{e})-\sum_{i=1}^{m}\alpha_{i}\{y_{i}[\langle\boldsymbol{w},\boldsymbol{x}_{i}\rangle+b]-1+e_{i}\}\\&=\frac{1}{2}\|\boldsymbol{w}\|^{2}+\frac{1}{2}C\sum_{i=1}^{m}\boldsymbol{\nu}(x-x_{i})e_{i}^{2}\\&\quad-\sum_{i=1}^{m}\alpha_{i}\{y_{i}[\langle\boldsymbol{w},\boldsymbol{x}_{i}\rangle+b]-1+e_{i}\}\end{aligned}\tag{21}$$

然后将式(21)简化为矩阵形式：

$$\begin{bmatrix}0 & \mathbf{1}^{\mathrm{T}}\\ \mathbf{1} & \boldsymbol{ZZ}^{\mathrm{T}}+(C\boldsymbol{\nu})^{-1}\boldsymbol{I}\end{bmatrix}\begin{bmatrix}b\\ \boldsymbol{\alpha}\end{bmatrix}=\begin{bmatrix}0\\ \boldsymbol{y}\end{bmatrix}\tag{22}$$

式中，$\boldsymbol{\nu}=\mathrm{diag}(\nu(x-x_1),\nu(x-x_2),\cdots\nu(x-x_m))$。当 $\boldsymbol{\Omega}^{*}=\boldsymbol{ZZ}^{\mathrm{T}}+(C\boldsymbol{\nu})^{-1}\boldsymbol{I}$ 时，MLS 的拟合函数如下：

$$\begin{aligned}f(x)&=\sum_{i=1}^{m}\alpha_{i}K(x_{i},x)+b=\sum_{i=1}^{m}[(\boldsymbol{y}-b\mathbf{1})\Omega^{*-1}]_{i}K(x_{i},x)+(1^{\mathrm{T}}\boldsymbol{\Omega}^{*-1}1^{\mathrm{T}})^{-1}1^{\mathrm{T}}\boldsymbol{\Omega}^{*-1}y\\&=\sum_{i=1}^{m}[(\boldsymbol{y}-b\mathbf{1})(\boldsymbol{ZZ}^{\mathrm{T}}+(C\boldsymbol{\nu})^{-1})^{-1}]_{i}K(x_{i},x)\\&\quad+(1^{\mathrm{T}}(\boldsymbol{ZZ}^{\mathrm{T}}+(C\boldsymbol{\nu})^{-1})^{-1}1^{\mathrm{T}})^{-1}1^{\mathrm{T}}(\boldsymbol{ZZ}^{\mathrm{T}}+(C\boldsymbol{\nu})^{-1})^{-1}\boldsymbol{y}\end{aligned}\tag{23}$$

式中，$\boldsymbol{\Omega}=\boldsymbol{ZZ}^{\mathrm{T}}$，$\Omega_{ij}=\varphi^{\mathrm{T}}(x_i)\varphi(x_j)=K(x_i,x_j)$。

综上可得：

$$\boldsymbol{\alpha}=(\boldsymbol{y}-b\mathbf{1})\boldsymbol{\Omega}^{*-1}\tag{24}$$

$$b=(1^{\mathrm{T}}\boldsymbol{\Omega}^{*-1}1^{\mathrm{T}})^{-1}1^{\mathrm{T}}\boldsymbol{\Omega}^{*-1}y\tag{25}$$

$$\boldsymbol{\Omega}^{*}=\boldsymbol{ZZ}^{\mathrm{T}}+C^{-1}\boldsymbol{I}\tag{26}$$

$$f(x)=\sum_{i=1}^{m}\alpha_{i}K(x_{i},x)+b\tag{27}$$

从而建立移动最小二乘 — 支持向量机模型。

2 基于 MLS-SVM 的结构整体可靠度分析

为了进行可靠度分析，需先利用 MLS-SVM 构造代理模型。为了求解代理模型中的待定系数，须选择样本点。选点方法对模型的精度有很大的影响，本文采用拉丁超立方体抽样(LHS)。在建立显式模型后，利用 MCS、FORM、SORM 等方法计算失效概率和可靠度指标，整个过程如下：

(1) 选择样本点，通过实验或有限元分析计算输出响应。

(2) 利用 MLS-SVM 和输入输出数据建立代理模型。

(3) 计算雅可比矩阵$J_{\mu,X}$。

(4) 用代理模型或差分法计算梯度$\nabla g(\boldsymbol{X})$。

(5) 计算灵敏度指数 $a_0 = -\nabla G(\boldsymbol{\mu}_0)/\parallel \nabla G(\boldsymbol{\mu}_0)\parallel$。

(6) 计算可靠度指标β_0。

(7) 生成新的迭代点。

(8) 重复步骤(1) 至(7) 直到精度满足要求。

3 基于 MLS-SVM 和方差分析的全局灵敏度分析

3.1 基于方差分析的 Sobol 敏感性指数

为了计算灵敏度指标，可以使用方差分析(ANOVA)法。该方法的前提是各分量的期望值应为零且相互正交。在该假设下，功能函数可以分解为所有分量的和：

$$g(\boldsymbol{X}) = g_0 + \sum_{i=1}^{n} g_i(X_i) + \sum_{i_1=1}^{n}\sum_{i_2=i_1+1}^{n} g_{i_1,i_2}(X_{i_1},X_{i_2}) + \cdots + g_{1,\cdots,n}(X_1,X_2,\cdots,X_n) \tag{28}$$

式中，$\boldsymbol{X}$ 是一组相互独立的 n 维输入变量，g_0 是性能函数 $g(\boldsymbol{X})$ 的平均值。

利用各分量间的正交性，$g(\boldsymbol{X})$ 的方差可以用各分量方差之和来表示。

$$V = \sum_{i=1}^{n} V_i + \sum_{i_1=1}^{n}\sum_{i_2=i_1+1}^{n} V_{i_1,i_2} + \cdots + V_{1,2,\cdots,n} \tag{29}$$

式中

$$V = \mathrm{Var}(Y) = \int g^2(\boldsymbol{X})\, f_X(x)dx - g_0^2 \tag{30}$$

$$V_{i_1,\cdots,i_s} = \mathrm{Var}(g_{i_1,\cdots,i_s}(X_{i_1},\cdots,X_{i_s})) \tag{31}$$

因此，输出变量方差的不确定性可以分解为各分量的贡献和各分量之间相互作用的贡献。可通过部分方差与总方差之比来评估各成分的贡献率(也称为 Sobol 灵敏度指标)：

$$S_{i_1,\cdots,i_s} = \frac{V_{i_1,\cdots,i_s}}{V} \tag{32}$$

当输入变量相互关联时，变量X_i 的方差贡献应分为独立贡献V_i^U 和相关贡献V_i^C：

$$V_i = V_i^U + V_i^C \tag{33}$$

通过方差之比，可以计算出总灵敏度指标、单灵敏度指标和相关灵敏度指标。

$$\begin{cases} S_i = \dfrac{\hat{V}_i}{\hat{V}} \\ S_i^U = \dfrac{\hat{V}_i^U}{\hat{V}} \\ S_i^C = \dfrac{\hat{V}_i^C}{\hat{V}} \end{cases}$$

3.2 基于 MLS-SVM 的 Sobol 灵敏度指标计算

生成相关输入变量的前 N 个样本，并在矩阵 $\mathbf{A}$ 中列出：

$$\mathbf{A}=\begin{bmatrix} x_{11} & \cdots & x_{n1} \\ \vdots & \ddots & \vdots \\ x_{1N} & \cdots & x_{nN} \end{bmatrix} \tag{35}$$

然后计算样本点的输出响应，并在向量 $\mathbf{y}$ 中列出：

$$\mathbf{y}=\begin{bmatrix} y_1 \\ \vdots \\ y_N \end{bmatrix}=\begin{bmatrix} g(x_{11},\cdots,x_{i1},\cdots,x_{n1}) \\ \vdots \\ g(x_{1N},\cdots,x_{iN},\cdots,x_{nN}) \end{bmatrix} \tag{36}$$

响应的总方差可以通过以下方式估计：

$$\mathrm{Var}(Y)\approx\hat{V}=\frac{1}{N-1}\sum_{j=1}^{N}(y_j-\bar{y})^2 \tag{37}$$

式中，$\bar{y}$ 是响应的平均值。

利用 MLS-SVM 建立了 $\boldsymbol{Y}$ 和X_i 之间的关系。

$$Y=f^{(i)}(X_i)+e \tag{38}$$

式中，e 为偏差。

X_i 的方差贡献可通过以下公式估算：

$$\hat{V}_i=\frac{1}{N-1}\sum_{j=1}^{N}(\hat{y}_j^{(i)}-\bar{y})^2 \tag{39}$$

在计算X_i 的独立贡献时，可先用 MLS-SVM 建立 Y 与除X_i 外的其他输入变量$X_{\sim i}$ 之间的关系。

$$Y=f^{(\sim i)}(X_{\sim i})+e \tag{40}$$

$X_{\sim i}$ 的方差贡献可通过以下公式估算：

$$\hat{V}_{\sim i}=\frac{1}{N-1}\sum_{j=1}^{N}(\hat{y}_j^{(\sim i)}-\bar{y})^2 \tag{41}$$

式中，$\hat{y}_j^{(\sim i)}=f^{(\sim i)}(A_j^{(\sim i)})$，$A_j^{(\sim i)}$ 是矩阵 $\mathbf{A}$ 的 j 行，其第 i 元素被移除。

X_i 的独立贡献可以通过以下公式计算：

$$\hat{V}_i^U=\hat{V}-\hat{V}_{\sim i} \tag{42}$$

X_i 的相关贡献可通过以下公式计算：

$$\hat{V}_i^C=\hat{V}_i-\hat{V}_i^U \tag{43}$$

然后利用式(41) ~ 式(43) 便可以计算方程(34) 中的灵敏度指数。

4 RC 框架结构整体可靠度与全局灵敏度分析

4.1 钢筋混凝土框架结构设计与建模

本文采用文献[11] 中的三层、六层及九层 RC 框架作为研究对象。3 个框架采用相同的平面布置，选取同一轴线的一榀平面框架作为分析对象。RC 框架结构的平面与立面布置情况如图 1 所示。

层数不同的 RC 框架其设计资料除所使用的混凝土等级外基本相同，具体各参数取值如表 1 所示。

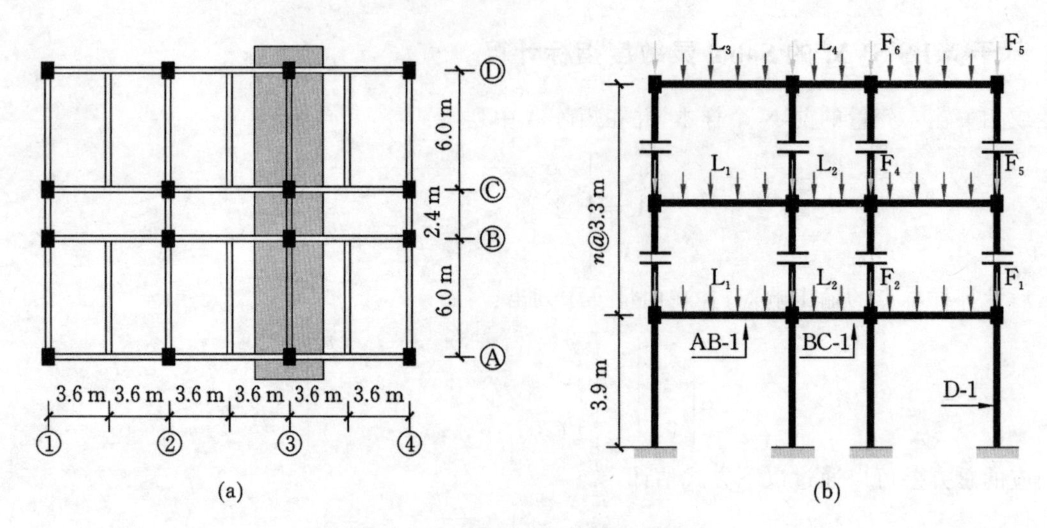

图 1　RC 框架平面和立面布置图

(a) 平面布置图　(b) 立面布置图

Fig. 1　Plan and elevation views of RC frame structures

表 1　设计资料

Table 1　Basic design information

参数名称	参数内容	参数名称	参数内容
基本风压	0.4 kN/m²	地面粗糙度	C 类
基本雪压	0.3 kN/m²	标准层恒荷载	4.5 kN/m²
标准层活荷载	2.0 kN/m²	屋面活荷载	0.5 kN/m²
不上人屋面板厚	120 mm	设计地震动分组	第 1 组
设防烈度	Ⅷ 度(0.2g)	场地特征周期	0.35 s
设计场地类别	Ⅱ 类	箍筋等级	HPB235
梁柱主筋等级	HRB335	六、九层结构混凝土	C35
三层结构混凝土	C30		

本文采用 OpenSees 平台建立 3 个 RC 框架的有限元模型，具体建模情况见文献[11]。

4.2　钢筋混凝土框架承载能力极限状态整体可靠度分析

通过 Pushover 方法可以评估结构极限基底剪力，本文取 V_S 为 Pushover 曲线上结构基底剪力的最大值。研究表明[12]：结构极限基底剪力受钢筋混凝土材料的本构关系、结构构件间的相关性、抗力与荷载间的相关性、荷载路径、结构赘余度、结构型式及结构荷载状态等多种因素的影响，这些因素均具有不确定性，因此在分析过程中将极限基底剪力 V_S 表示为基本影响因素的隐式函数：

$$V_S = h(\boldsymbol{X}) = h(X_1, X_2, \cdots, X_n) \tag{44}$$

具体考虑的不确定性因素及其统计信息如表 2 所示。

表 2 结构不确定性因素

Table 2 Statistical parameters and distribution types of basic random variables

<table>
<tr><th>不确定性来源</th><th>随机变量</th><th>平均值</th><th>变异系数</th><th>相关性系数</th><th>分布类型</th></tr>
<tr><td rowspan="6">C30 混凝土</td><td>$X_1(f_{c0,core})$</td><td>28.99 N/mm^2</td><td rowspan="4">0.20</td><td rowspan="4">0.3</td><td rowspan="6">对数正态</td></tr>
<tr><td>$X_2(f_{cu,core})$</td><td>17.91 N/mm^2</td></tr>
<tr><td>$X_3(\varepsilon_{c0,core})$</td><td>0.0023</td></tr>
<tr><td>$X_4(\varepsilon_{cu,core})$</td><td>0.0143</td></tr>
<tr><td>$X_5(f_{c0,cover})$</td><td>25.57 N/mm^2</td><td rowspan="2">0.20</td><td rowspan="2">0.3</td></tr>
<tr><td>$X_6(\varepsilon_{cu,cover})$</td><td>0.0040</td></tr>
<tr><td rowspan="6">C35 混凝土</td><td>$X_1(f_{c0,core})$</td><td>32.57 N/mm^2</td><td rowspan="4">0.20</td><td rowspan="4">0.3</td><td rowspan="6">对数正态</td></tr>
<tr><td>$X_2(f_{cu,core})$</td><td>20.76 N/mm^2</td></tr>
<tr><td>$X_3(\varepsilon_{c0,core})$</td><td>0.0022</td></tr>
<tr><td>$X_4(\varepsilon_{cu,core})$</td><td>0.0124</td></tr>
<tr><td>$X_5(f_{c0,cover})$</td><td>29.76 N/mm^2</td><td rowspan="2">0.20</td><td rowspan="2">0.3</td></tr>
<tr><td>$X_6(\varepsilon_{cu,cover})$</td><td>0.0040</td></tr>
<tr><td rowspan="2">HRB335 钢筋
(N/mm^2)</td><td>$X_7(f_y)$</td><td>378</td><td>0.10</td><td rowspan="2">0.4</td><td rowspan="2">对数正态</td></tr>
<tr><td>$X_8(E_0)$</td><td>200000</td><td>0.05</td></tr>
<tr><td>恒荷载(kN/m^3)</td><td>$X_9(\gamma)$</td><td>26.50</td><td>0.10</td><td>—</td><td>正态</td></tr>
<tr><td>活荷载(kN/m)</td><td>$X_{10}(q)$</td><td>0.98</td><td>0.45</td><td>—</td><td>Gamma</td></tr>
</table>

结构总水平地震作用F_E 在确定烈度下服从极值 Ⅰ 型分布：

$$F_{F_E}(f \mid I = J) = \exp\{-\exp[-\alpha(f-u)]\} \tag{45}$$

$$\alpha = \frac{\pi}{\sqrt{6}\mu_{F_J}\delta_{F_J}}, \quad u = \mu_{F_J}(1-0.45\delta_{F_J}) \tag{46}$$

式中，μ_{F_J} 为第 J 烈度下水平地震作用的平均值；δ_{F_J} 为第 J 烈度下水平地震作用的变异系数。

将V_S 作为结构整体抗震能力，F_E 作为结构整体地震作用需求，建立结构整体承载能力极限状态函数：

$$Z = g(V_S, F_E) = V_S - F_E = h(\boldsymbol{X}) - F_E \tag{47}$$

考虑总水平地震作用的不确定性，将其视为随机变量，基于几种代理模型建模，建立式(47) 结构整体状态变量的代理模型。建立不同变异系数下整体状态变量的代理模型后，采用不同方法求得的基于承载能力极限状态结构整体可靠度指标如表 3 所示。

表 3 考虑水平地震作用变异性的结构整体可靠度指标

Table 3 Global reliability indices with cov of horizontal seismic action

<table>
<tr><th colspan="2" rowspan="2">可靠度指标</th><th colspan="5">变异系数</th></tr>
<tr><th>0.2</th><th>0.4</th><th>0.6</th><th>0.8</th><th>1.0</th></tr>
<tr><td rowspan="3">Kriging</td><td>F3</td><td>0.7527</td><td>0.5154</td><td>0.4190</td><td>0.3327</td><td>0.3021</td></tr>
<tr><td>F6</td><td>0.5225</td><td>0.4227</td><td>0.4061</td><td>0.3166</td><td>0.2434</td></tr>
<tr><td>F9</td><td>0.6417</td><td>0.4609</td><td>0.3825</td><td>0.2883</td><td>0.2848</td></tr>
</table>

续表 3

可靠度指标		变异系数				
		0.2	0.4	0.6	0.8	1.0
SVR(RBF)	F3	0.8141	0.5747	0.4228	0.4106	0.3758
	F6	0.5569	0.4689	0.4154	0.3311	0.2502
	F9	0.6888	0.5200	0.4346	0.4003	0.3876
SVR(RPK)	F3	0.7910	0.5666	0.4507	0.4105	0.3569
	F6	0.5576	0.4552	0.4150	0.3276	0.2582
	F9	0.8343	0.6302	0.5390	0.5301	0.5111
MLS-SVM	F3	0.7501	0.5135	0.4278	0.3540	0.2970
	F6	0.5429	0.4420	0.4007	0.3205	0.2460
	F9	0.6125	0.4564	0.35686	0.31469	0.2881
FORM	F3	0.7763	0.5037	0.4048	0.3644	0.3144
	F6	0.5145	0.4529	0.3933	0.3042	0.2400
	F9	0.6571	0.4755	0.4029	0.3221	0.2753

通过将对 FORM 方法计算所得的可靠度指标进行对比可知。基于 Kriging 模型的 Pushover 分析方法所得到的可靠度指标最接近于基于 FORM 的 Pushover 方法所得结果，其次为 MLS-SVM 模型，而后是基于再生核的 SVR 模型以及基于高斯核的 SVR 模型。图 2 表示几种代理模型计算所得可靠度指标随着变异系数变化而变化的趋势。并可以看出几种代理模型的准确度。

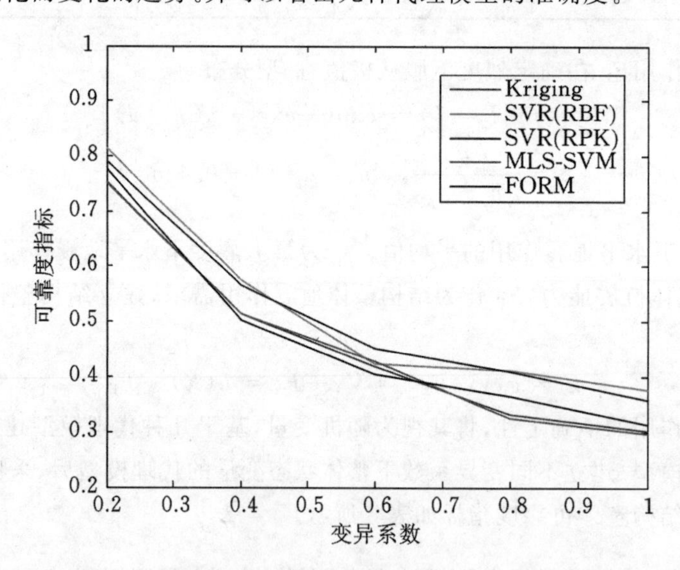

图 2　结构可靠指标随水平地震作用变异系数的变化

Fig. 2　Variation of global reliability indices with cov of horizontal seismic action

4.3　钢筋混凝土框架承载能力极限状态全局灵敏度分析

使用基于 MLS-SVM 和方差分析的全局灵敏度分析，结合 Pushover 分析结果，取总水平地震作用变异系数为 0.3，建立结构整体变量的代理模型，求解独立贡献率 S_i 以及总贡献率 S_i^T。结果如表 4 所示。

表 4　结构全局灵敏度指标

Table 4　Global sensitivity indices

随机变量	变量编号	灵敏度指标					
		F3		F6		F9	
		S_i	S_i^T	S_i	S_i^T	S_i	S_i^T
f_y	1	0.6487	0.6675	0.6935	0.7035	0.7131	0.7200
$f_{cu,core}$	2	0.00365	0.00484	0.005238	0.00374	0.00038	0.00420
$f_{c0,cover}$	3	0.005449	0.0085	0.008173	0.0088	0.00575	0.04576
$\varepsilon_{c0,core}$	4	0.002653	0.004345	0.003200	0.00536	0.00249	0.00560
$\varepsilon_{cu,core}$	5	0.005102	0.007121	0.004279	0.00580	0.00360	0.00739
$\varepsilon_{cu,cover}$	6	0.00004	0.001440	0.000154	0.00238	0.000319	0.00291
$f_{c0,core}$	7	0.24300	0.25340	0.2307	0.2400	0.2540	0.2740
E_0	8	0.000259	0.002295	0.000058	0.00191	0.00039	0.00241
γ	9	0.04255	0.04295	0.04554	0.04286	0.02308	0.01529
q	10	0.000008	0.0035	0.000136	0.00245	0.00003	0.00259

由表可知，钢筋的屈服强度对结构整体可靠度的影响最大，其次是约束混凝土的峰值应力，这说明钢筋的屈服强度的不确定性起到了决定性的作用。计算所得数据用 Pareto 图来表示，如图 3。其中，纵坐标为变量编号，所指变量参考表 4。

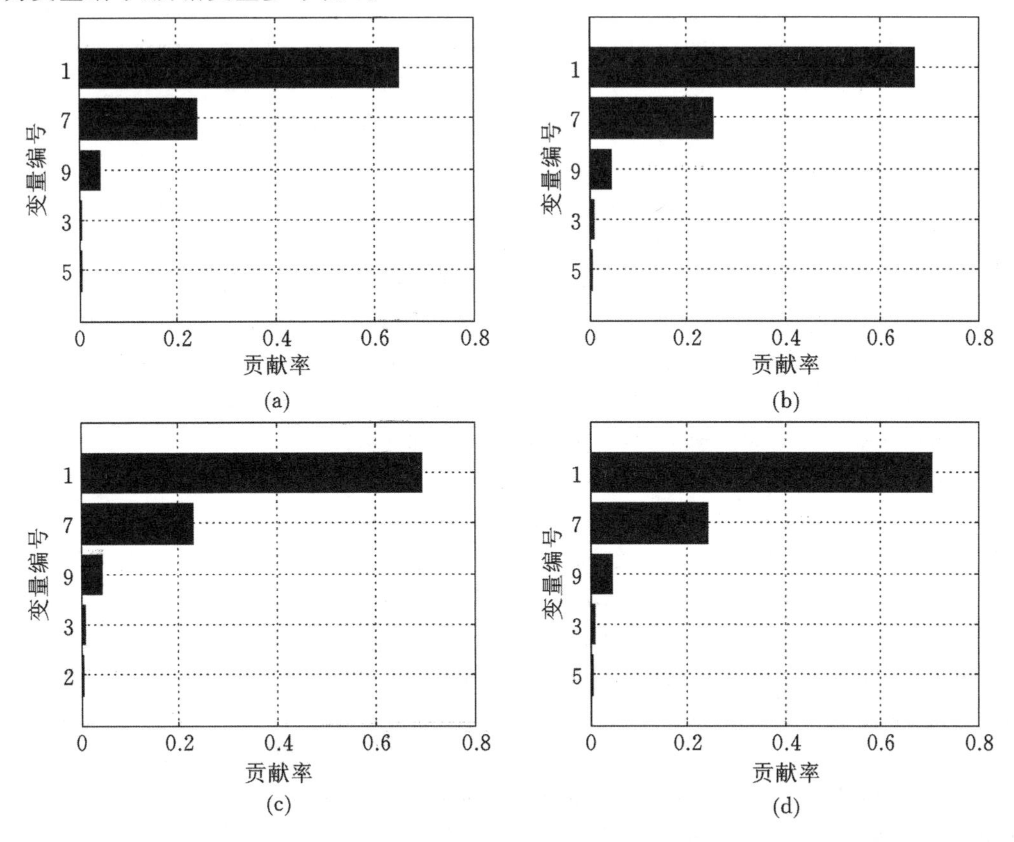

图 3　RC 框架结构全局灵敏度指标

(a) F3 主贡献率；(b) F3 总贡献率；(c) F6 主贡献率；(d) F6 总贡献率；(e) F9 主贡献率；(f)F9 总贡献率

Fig. 3　Global Sensitivity Indices of RC frames

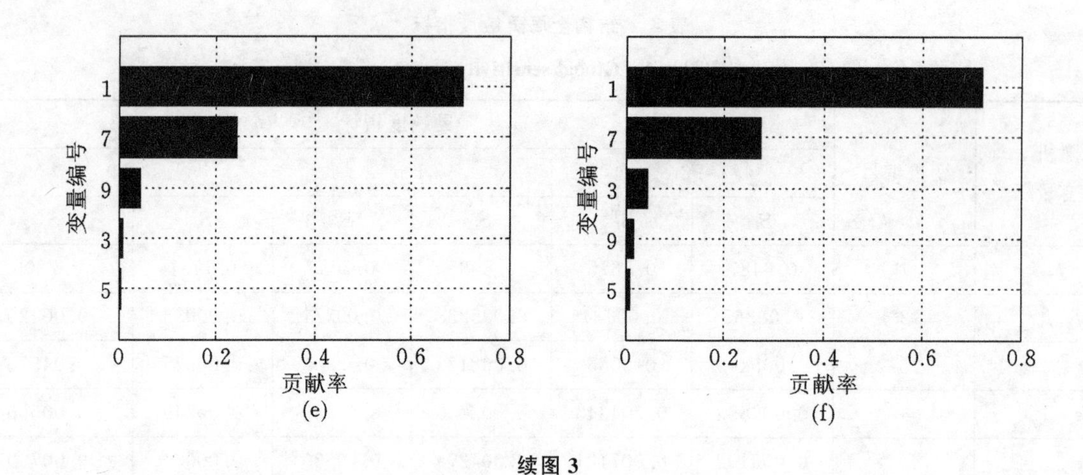

续图 3

由图 3 可知，对于 RC 框架结构，结构层数越多，钢筋屈服强度对结构承载力的影响越大。

5 结语

本文将支持向量机和移动最小二乘回归相结合，提出了一种新的代理模型。然后将该方法应用于钢筋混凝土框架结构的整体可靠性和全局灵敏度分析。通过将 MLS-SVM 与 LS-SVM、SVR 等进行比较，可知 MLS-SVM 可以建立出正确的代理模型，且具有较高的匹配精度和计算效率，该方法优于 LS-SVM 和 SVR。

参考文献

[1] Frangopol DM. Structural optimization using reliability concepts[J]. Journal of Structural Engineering, 1985, 111(11): 2288-2301.

[2] Adeli, H., Park, H. S. A neural dynamics model for structural optimization: Theory[J]. Computers andStructures, 1995, 57(3): 383-390.

[3] Currin, C., Mitchell, T., Morris, M., Ylvisaker, D. A Bayesian approach to the design and analysis of computer experiments[R]. Technical Report ORNL-6498, Oak Ridge National Laboratory, Oak Ridge, TN. 1988.

[4] Saqlain, A., He, L. S. Support vector regression-driven multidisciplinary design optimization for multi-stage space launch vehicle considering throttling effect[C]. 44th AIAA. Aerospace Sciences Meeting. 2006, 6: 4089-4102.

[5] Lu D. G., Li G. B., Reproducing Kernel-Based Support Vector Machine for Structural Reliability Analysis[C]. 12th International Conference on Applications of Statistics and Probability in Civil Engineering, ICASP12: 614-615.

[6] Vapink, V. Statistical learning theory[M]. New York: Wiley. 1998.

[7] Clarke S. M., Griebsch J. H., Simpson T. W. Analysis of support vector regression for approximation of complex engineering analyses[J]. Journal of Mechanical Design, 2005, 127: 1077-1087.

[8] 金伟良，袁雪霞. 基于 LS-SVM 的结构可靠度响应面分析方法[J]. 浙江大学学报：工学版，2007，41(1)：44-47.

[9] Deng N. Y., Tian Y. J., Zhang C. H. Support vector mechanies-optimization based theory, algorithms and extensions[M]. Taylor & Francis Group CRC Press, 2013.

[10] Ricardo Daniel Ambrosini, Jorge Daniel Riera, Rodolfo Francisco Danesi. Analysis of structures subjected to random wind loading by simulation in the frequency domain[M]. Probabilistic Engineering Mechanics, 2002, 17(3): 233-239.

[11] 宋鹏彦. 结构整体可靠度方法及 RC 框架非线性整体抗震可靠度分析[D]. 哈尔滨：哈尔滨工业大学，2012.

[12] 高小旺. 钢筋混凝土框架结构抗震可靠性分析[D]. 北京：清华大学，1990.

4. 一种安全壳结构年失效概率及概率安全裕度解析计算方法*

金 松[1,2] 贡金鑫[1,2,*]

(1.大连理工大学建设工程学部,辽宁大连 116024;
2.大连理工大学海岸和近海工程国家重点实验室,辽宁大连 116024)

摘要:结合非线性有限元技术和增量动力分析方法,本文对某核电厂安全壳结构年失效概率和概率安全裕度进行详细分析。编制了相应 Matlab 和 python 脚本实现自动化运行与后处理。此外,为了克服传统基于顶点位移的整体损伤指标的局限性,本文提出了基于能量的整体损伤指标,并验证了其有效性。最后,结合核电厂地震危险性曲线,推导了核电厂不同损伤性能水准下的年失效概率和概率安全裕度解析解。相关研究结果表明:本文提出的整体损伤指标与安全壳结构整体变形相关性较好。并且本文提出的安全壳结构整体损伤指标变异性小于基于顶点位移整体损伤指标的变异性。就年失效概率而言,均值法计算的年失效概率略高于置信法计算的对应 50%置信水平的年失效概率。随着置信水平提高,置信法计算的结构年失效概率不断增大。就概率安全裕度而言,均值安全裕度略高于置信安全度。

关键词:安全壳;年失效概率;概率安全裕度;增量动分析;整体损伤指标;均值法;置信区间法

中图分类号:TL364　　**文献标识码**:A

A closed form solution for annual failure rate and probabilistic safety margin of nuclear containment structure

Jin Song[1,2] Gong Jinxin[1,2,*]

(1. Faculty of Infrastructure Engineering,
Dalian University of Technology, Dalian 116024, China;
2. State Key Laboratory of Costal and Offshore Engineering,
Dalian University of Technology, Dalian 116024, China)

Abstract: This study analyzes the annual failure rate and probabilistic safety margin of the nuclear containment structure in depth with the combination of nonlinear finite element analysis technique and incremental dynamic analysis method. To data automatically running post-processing, MATLAB and python scripts are developed. What's more, to overcome limitations of traditional top displacement based global damage index, an energy based global damage index is proposed and its effectiveness is verified. Finally, the closed form solution of annual failure rate and probabilistic safety margin of nuclear containment structure under different damage limit states are obtained. Results indicated that the global damage index proposed in this study has a good correlation with the overall deformation of the containment structure, and the variability of the proposed global damage index is less than that of top displacement based global damage index. In terms of the annual failure

---

* 基金项目:国家自然科学基金资助项目(51978125)

作者简介:金松,男,博士研究生;贡金鑫,男,教授,博士生导师,Email:jinxingong@163.com

rate, the annual failure rate calculated by the mean value method is slightly higher than that of annual failure rate with 50% confidence level calculated by confidence interval method. With the increase of the confidence level, the annual failure probability calculated by the confidence interval method increases. In terms of probabilistic safety margin, the mean safety margin is slightly higher than the confidence safety margin.

Keywords: nuclear containment structure; annual failure rate; probabilistic safety margin; incremental dynamic analysis; global damage index; mean value method; confidence interval method

引言

核能以其清洁、高效的优点受到世界各国广泛青睐。迈向新时代中国核电事业取得快速发展，截至 2019 年 6 月底，中国大陆地区投入商业运营机组 47 台，在建机组 11 台，在运营装机容量达 4873 MWe[1]。保证核安全是核电发展中首要关注的问题。核电厂采用纵深防御的设计理念，安全壳结构作为核电厂最后一道防线，对保证核电厂安全运行和人员安全起到至关重要的作用[2]。地震作为常见自然灾害之一，严重威胁核电厂安全运行。尤其在福岛核事故以后，迫切需要开展核电厂结构概率安全评价(PSA)[3]。核电厂结构概率安全性分析通常可以分为三个层次：第一层次 PSA 分析主要包含导致堆芯损伤的事故序列分析；第二层次 PSA 研究核电结构、部件、系统在事故序列下的响应以及确定安全壳向环境的放射性释放频率；第三层次 PSA 分析主要评价公众健康和环境影响后果分析[4]。结构易损性分析是第二层次 PSA 工作中重要组成部分，联系结构模型与风险模型，在核电厂结构概率安全分析中扮演重要的角色[5]。此外，年失效概率是核电厂概率安全分析(PSA)工作中关注的重要指标，该指标直接关系到核电厂风险决策。

目前，关于安全壳结构概率安全评价的研究工作大都集中易损性分析上。Choi 等人[6]采用集中质量模型分析了安全壳结构在近场地震动作用下的易损性。Pujari 等人[7]采用贝叶斯方法分析了安全壳结构的开裂易损性。Mandal 等人[8]采用增量动力分析法分析了核电厂安全壳结构在地震易损性，同时详细对比了不同易损性曲线拟合方法，并在此基础上提出改进算法。Bao 等人[9]采用有限元软件 ABAQUS 详细分析了安全壳结构在主余震作用下的安全壳结构的损伤，并基于 copula 理论提出了考虑主余震损伤相关性的易损性计算方法。Jin 等人[10]采用有限元软件 ABAQUS 分析了某核电厂安全壳结构在近场地震动作用下的易损性。目前基于性能的结构抗震性能评价在民用工程领域广泛运用，目前关于核电厂安全壳结构基于损伤性能的概率安全评价报道十分少。民用建筑大都采用诸如顶点位移或者层间位移来评价结构损伤，这种做法并不适合安全壳这种核安全相关结构。此外，采用基于顶点位移的损伤指标从力学上讲也有局限性，基于顶点位移的整体损伤指标没有考虑地震作用下的累积损伤。因此十分有必要提出一种能合理评价安全壳结构整体损伤性能的指标并且发展一种能考虑相关不确定性的核电厂安全壳概率安全评价方法。本文在吸收结构地震作用下的能量平衡原理的基础上，提出了一种基于能量的整体损伤指标。综合核电厂厂址地震危险性曲线，推导了核电厂安全壳结构年失效概率和概率安全裕度解析解答。本研究相关成果可以为核电厂概率安全评价提供技术参考和指导。

1　安全壳有限元模型

1.1　安全壳几何模型

本文分析的核安全壳结构由圆形底板、筒体和半球形穹顶组成。底板、筒壁和穹顶的高程为分别为 6 m、44 m 和 19.0 m。底板直径为 44.0 m，筒体的内半径、外半径壁厚分别为 19.0 m、19.9 m 和 0.9 m。穹顶曲率半径为 19.0 m，厚度为 0.75 m。安全壳结构几何简图和配筋细节如图 1 所示。

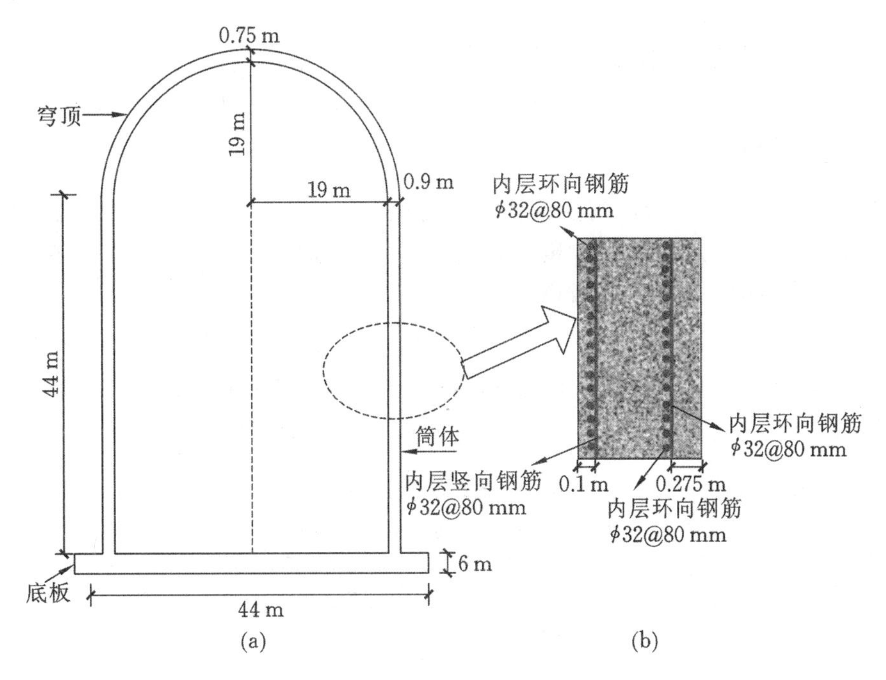

图 1 安全壳几何模型示意图

Fig. 1 Simplified diagram of containment geometry

1.2 材料本构关系、分析方法及网格划分

本文分析安全壳的混凝土材料弹性模量、抗拉强度和抗压强度分别为 36000 MPa、2.85 MPa 和 40 MPa。钢筋屈服强度为 350 MPa。采用合理的材料本构关系在非线性有限元分析中至关重要。ABAQUS 为类混凝土材料提供了三种材料本构关系：①脆性开裂模型；②弥散开裂模型；③塑性损伤模型。Martin 的研究表明混凝土塑性损伤模型能很好地反映混凝土非线性行为[11]。因此在本文研究中采用经典的塑性损伤模型。对于普通钢筋材料，采用经典的双线性本构关系，硬化模量取为初始弹性模量的 0.01。此外，本文研究的核安全壳其厚度相对于半径较小，因此可以采用壳单元来模拟安全壳结构的力学行为[12]。安全壳结构中的钢筋采用 ABAQUS 软件提供的弥散钢筋层（*rebar layer）的方法进行模拟。安全壳结构模型采用带减缩积分格式的三维 4 节点空间壳单元（S4R）划分网格。划分完有限元网格的安全壳有限元模型如图 2 所示。

图 2 安全壳结构有限元模型网格划分

Fig. 2 Finite element mesh of nuclear containment structure

2 安全壳结构地震易损性分析

2.1 地震动记录选取

为了准确识别地震动不确定性，需要选择大量的地震记录。文献[13]指出结构非线性动力分析选用10～20个地震记录可以为得到理想的精度。为了充分反映地震动记录的不确定性，本文从PEER强震数据库[14]中挑选了20条地震动记录。

地震动记录的选取遵循以下几个准则：(a)地震震级大于6.0且小于8.0；(b) 断层距小于20 km；(c) 剪切速度大于560 m/s；(d) 所有选定的地震动记录均为自由场地震动记录。需要说明的是由于核电站厂址位于岩石或硬土场地，因此在分析中可以忽略土结构相互作用。

表1 地震动记录信息

Table 1 Details of the selected ground motions

序号	地震名称	台站	震级	断层矩(km)	V30(m/s)	T_p(s)	PGV(c m/s)
1	San Fernando	Pacoima Dam(upper left abut)	6.61	1.81	2016.13	1.638	121.8
2	Tabas_ Iran	Tabas	7.35	2.05	766.77	6.188	129.7
3	Coyote Lake	Gilroy Array ♯6	5.74	3.11	663.31	1.232	49.6
4	Irpinia_ Italy-01	Bagnoli Irpinio	6.9	8.18	649.67	1.713	38.11
5	Morgan Hill	Coyote Lake Dam-Southwest Abutment	6.19	0.53	561.43	1.071	76.76
6	Morgan Hill	Gilroy Array ♯6	6.19	9.87	663.31	1.232	37.28
7	Landers	Lucerne	7.28	2.19	1369	5.124	132.36
8	Northridge-01	LA Dam	6.69	5.92	628.99	1.617	64.56
9	Northridge-01	Pacoima Dam(downstr)	6.69	7.01	2016.13	0.588	50.17
10	Northridge-01	Pacoima Dam(upper left)	6.69	7.01	2016.13	0.84	106.1
11	Kocaeli_ Turkey	Gebze	7.51	10.92	792	5.992	52.96
12	Kocaeli_ Turkey	Izmit	7.51	7.21	811	5.369	38.08
13	Chi-Chi_ Taiwan	TCU052	7.62	16.59	645.72	8.456	52.26
14	Chi-Chi_ Taiwan	TCU064	7.62	0.66	579.1	11.956	209.07
15	Chi-Chi_ Taiwan	TCU075	7.62	0.89	573.02	4.998	104.86
16	Chi-Chi_ Taiwan	TCU076	7.62	2.74	614.98	4.732	71.23
17	Chi-Chi_ Taiwan	TCU102	7.62	1.49	714.27	9.632	104.76
18	Chi-Chi_ Taiwan	TCU128	7.62	13.13	599.64	9.023	60.72
19	LomaPrieta	Los Gatos-Lexington Dam	6.93	5.02	1070.34	1.568	121.34
20	Cape Mendocino	Bunker Hill FAA	7.01	12.24	566.42	5.362	80.58

注：T_p表示速度脉冲周期。

根据核电厂抗震规范要求，在进行安全壳结构抗震分析时需要考虑三向地震动影响且三个方向地震动强度的比值为1∶1∶0.6667(两个方向相同，竖向为水平的2/3)[15]。

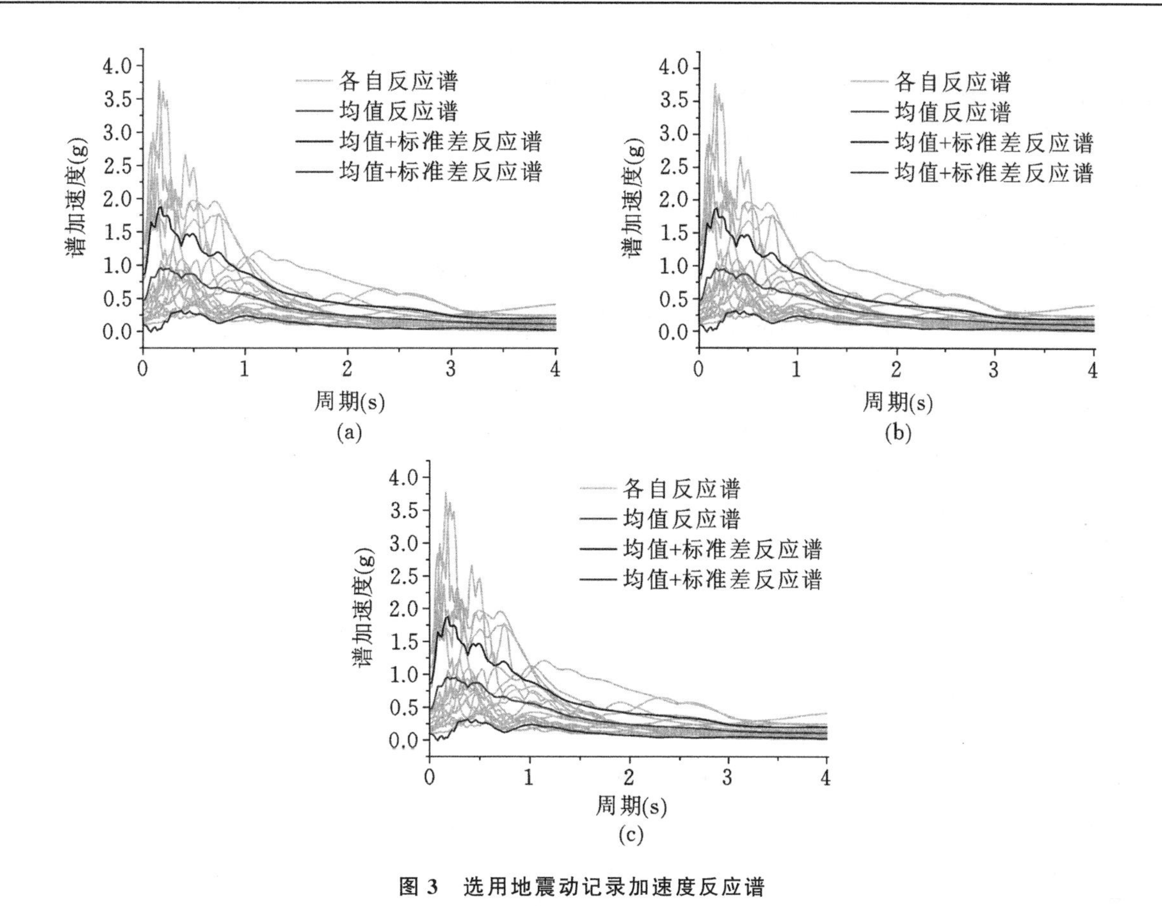

图 3 选用地震动记录加速度反应谱

(a)水平 X 向反应谱;(b)水平 Y 向反应谱;(c)竖向 z 向反应谱

Fig. 3 Acceleration response spectra of the selected input ground motion

2.2 安全壳整体损伤指标

合理选用损伤指标是结构易损性分析的关键。与传统损失指标相比,采用基于能量的损伤指标能更好地反应结构在地震动作用下损伤[16,17]。借鉴能量平衡理论,并结合非线性有限元分析结果,本文提出了一种基于能量的安全壳结构整体损伤指标。从地震耗能的角度看,地震耗能可分为动能、阻尼耗能和弹性应变能三项。因此,可以得到以下方程[18]:

$$E_s + E_h + E_k + E_\xi = E_t \tag{1}$$

其中 E_s表示弹性应变能;E_h 表示滞回耗能;E_k 表示动能;E_ξ 表示阻尼耗能;E_t表示地震动输入总能量。

需要说明的是,滞回耗能由损伤耗能和塑性变形耗能两部分组成[19],可以表达成如下的形式:

$$E_h = E_d + E_p \tag{2}$$

其中 E_d表示损伤耗能;E_p 表示塑性变形耗能。

因此,安全壳结构在地震动作用下的整体损伤可以表达成如下形式:

$$D_g = \frac{E_h}{E_t} = \frac{E_d + E_p}{E_t} \tag{3}$$

为证明本文提出的整体损伤指标能很好反应安全壳结构整体变形,图 4(a)显示了峰值位移时程曲线、损伤耗能时程曲线以及安全壳结构整体损伤时程曲线(基于能量整体损伤指标)。从图 4(a)来看,本文提出的安全壳结构整体能量损伤指标与安全壳顶点位移相关性较好。图 4(b)给出了基于安全壳顶点位移和本文提出的整体损伤指标的变异系数随地震动强度变化。从图 4(b)可以看出,基于顶部位移的 IDA 曲线的变异性基本保持稳定。然而,基于能量的整体损伤指标的变异性随着地震动强度增大趋于减小并趋于稳定。总体而言,安全壳的整体损伤指标的变异性小于基于顶点位移指标的变异性。充分证明了本文提出的整体损伤指标明显优于传统基于顶点位移的整体损伤指标。

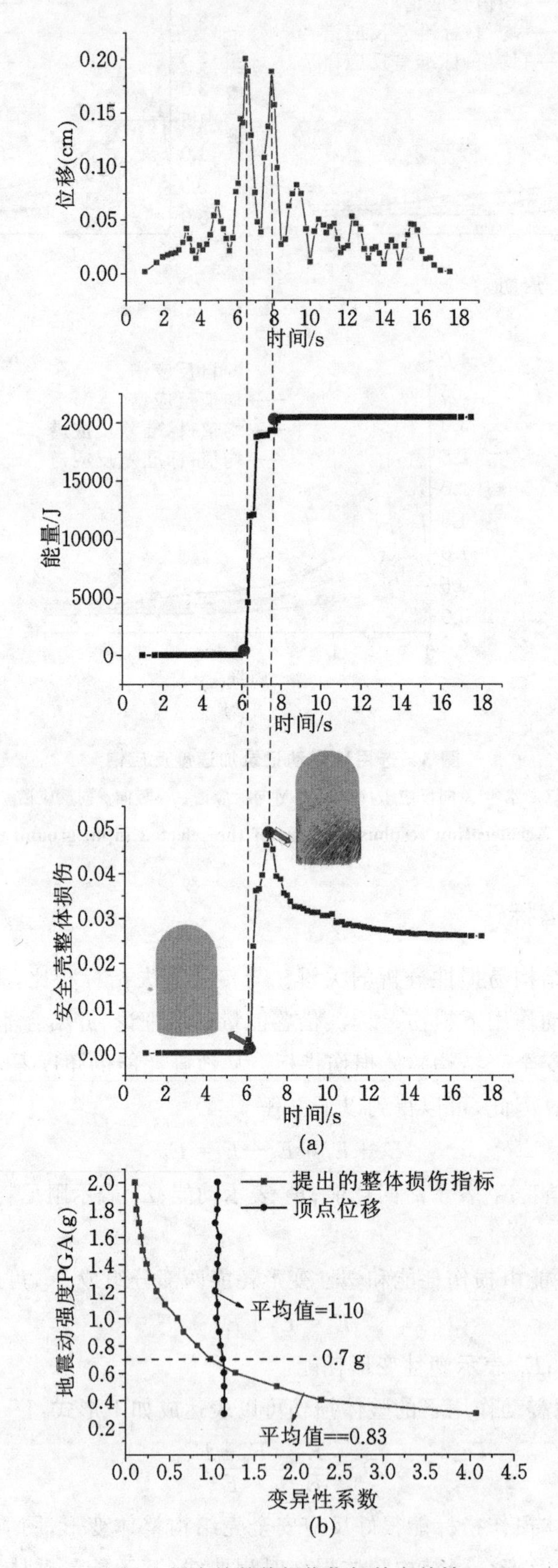

图 4　提出的整体损伤指标的有效性

(a)基于能量的整体损伤指标与整体变形相关性;(b)整体能量损伤指标与顶点位移变异性比较

Fig. 4　Effectiveness of the proposed global damage index

2.3 安全壳结构整体损伤性能水准划分

为有效地描述安全壳结构在地震动作用下损伤水准，需要定义相应的损伤极限状态(性能水平)。目前缺乏钢筋混凝土安全壳结构地震作用下损伤性能阈值。本文采用 Lu[20] 建议钢筋混凝土结构三个地震损伤性能水准，即轻微损伤水准、中度损伤水准和严重损伤水准。需要说明的是可忽略的损伤水准(损伤指数<0.1)和倒塌损伤水准(损伤指标<0.8<1.0)不是本文研究关注的损伤性能水准，因此在本文研究中忽略这两个性能水准。表 2 列出了安全壳整体损伤性能对应的阈值。

表 2 安全壳结构整体损伤性能阈值

Table 2 Threshold for global damage performance index for containment structure

整体损伤指标	损伤性能水准	损伤极限状态
0.1～0.2	轻微损伤	DL1
0.2～0.5	中度损伤	DL2
0.5～0.8	严重损伤	DL3

3 易损性分析结果

采用文献[21]中给出的最大似然法拟合得到安全壳结构不同损伤水准下的易损性曲线如图 5 所示。

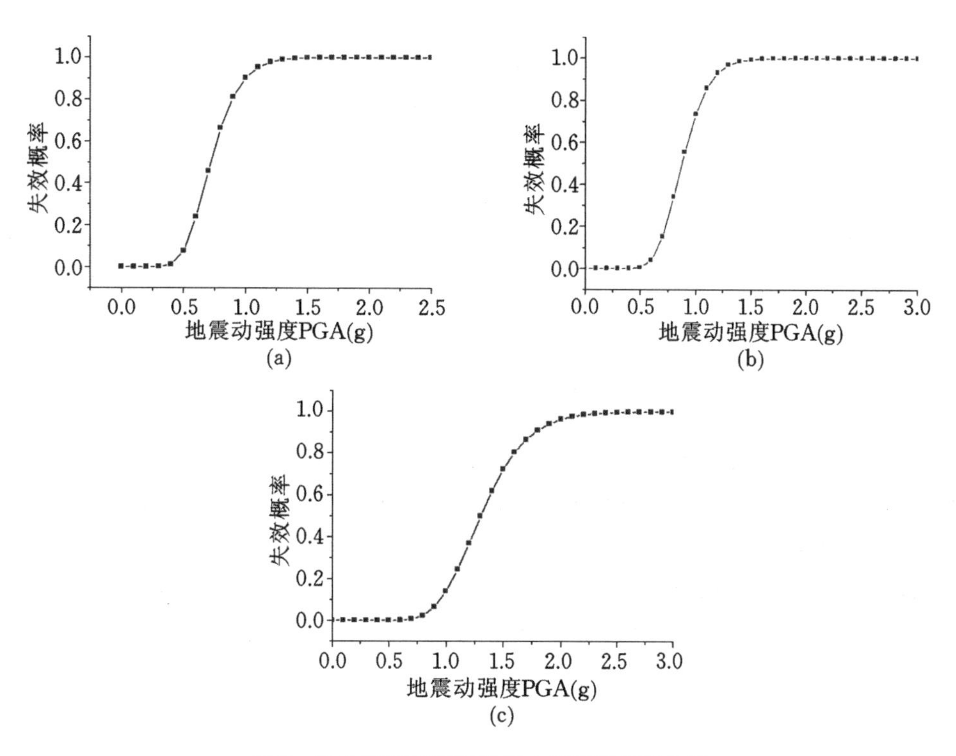

图 5 安全壳结构不同损伤水准下易损性曲线

(a)轻微损伤水准；(b)中度损伤水准；(c)严重损伤水准

Fig. 5 Fragility curves of containment structure under different damage states

4 年失效概率及概率安全裕度分析

4.1 核电厂地震危险性曲线

本文分析核电厂厂址位于国内华南某地，其地震危险性曲线参考文献[22]，Cornell[23] 和 Ellingwood[24] 人认为地震危险性曲线可以如下公式近似表达：

$$\lambda(x)=1-\exp\left[-\left(\frac{x}{u}\right)^{-k}\right]\approx\left(\frac{x}{u}\right)^{-k}=(k_0)x^{-k} \tag{4}$$

其中：μ 为尺度参数，k 为形状参数，x 为地震动强度，$k_0=u^k$。文献[25]可以采用数据拟合方法确定公式(4)中对应的参数 k_0 和 k。地震危险性曲线拟合结果如图 6 所示。

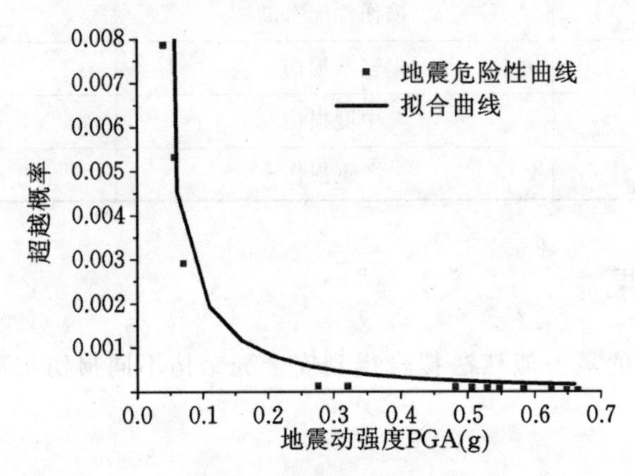

图 6 地震危险性曲线

Fig. 6 Seismic hazard curve

通过拟合得到地震危险性曲线表达形式如下：

$$\lambda(x)=0.893\cdot10^{-4}\cdot x^{-1.396} \tag{5}$$

结合安全壳结构不同损伤下的易损性曲线可以得到安全壳结构不同损伤状态下年失效概率表达形式如下：

$$P_{\mathrm{f}}=\int_{0}^{+\infty}P(LS_i\mid IM=x)\cdot\left|\frac{\mathrm{d}\lambda(x)}{\mathrm{d}(x)}\right|\cdot\mathrm{d}x \tag{6}$$

其中：$P(LS_i\mid IM=x)$为安全壳结构达到极限状态的易损性曲线；$\lambda(x)$ 为地震危险性曲线。

进行安全壳结构年失效概率估算时需要考虑涉及的多种相关不确定，这些不确定性可以分为两大类：随机不确定性和认识不确定性。在结构地震易损性分析中随机不确定性主要地震动记录间的不确定性性控制。关于认识不确定性，本文选用文献[26] 给出的四个认识不确定性参数，即取 $\beta_{\mathrm{U},1}=0.21$(表示强度不确定性参数)；$\beta_{\mathrm{U},2}=0.17$(非线性耗能不确定性参数)；$\beta_{\mathrm{U},3}=0.06$(阻尼不确定性参数)；$\beta_{\mathrm{U},4}=0.17$(模型不确定性参数)。采用 SRSS(平方和平方根) 组合规则可以得到总的认识不确定性参数 $\beta_u=0.325$。

$$\beta_{\mathrm{c}}=\sqrt{\beta_R^2+\sum_{i=1}^{4}\beta_{\mathrm{U},i}^2} \tag{7}$$

其中，参数 β_R 根据对应的损伤状态易损性曲线拟合结果确定。

根据上述地震危险性曲线可以得到核电厂安全壳结构年失效概率采用如下的卷积积分形式表达：

$$P_{\mathrm{f,m}}=\int_{0}^{+\infty}k_0\cdot x^{-k}\cdot\frac{1}{\sqrt{2\pi}\beta_{\mathrm{c}}x}\cdot\exp\left[-\frac{1}{2}\left(\frac{\ln(x/x_{\mathrm{m}})}{\beta_{\mathrm{c}}}\right)^2\right]\mathrm{d}x \tag{8}$$

通过理论推导可以得到安全壳结构年失效概率的解析解答如下：

$$p_{f,m} = k_0 x_m^{-k} \exp\left(\frac{1}{2}k^2\beta_c^2\right) \tag{9}$$

根据文献[2]可知安全壳置信水平为 Q 的易损性曲线可以表达成如下的形式：

$$p_{f,Q} = \Phi\left(\frac{\ln(x/x_m) + \beta_U \Phi^{-1}(Q)}{\beta_R}\right) \tag{10}$$

对公式(10)进行等效变换：

$$p_{f,Q} = \Phi\left(\frac{\ln x - \ln x_m - \ln[\exp(-\beta_U \Phi^{-1}(Q))]]}{\beta_R}\right) \tag{11}$$

进一步推导可以得到

$$p_{f,Q} = \Phi\left(\frac{\ln x - \ln[\ln x_m + \ln[\exp(-\beta_U \Phi^{-1}(Q))]]}{\beta_R}\right) \tag{12}$$

$$p_{f,Q} = \Phi\left(\frac{\ln x - \ln[x_m \cdot \exp(-\beta_U \Phi^{-1}(Q))]}{\beta_R}\right) \tag{13}$$

对比发现可知只需将公式(9)中的 x_m 替换成 $x_m \cdot \exp(-\beta_U \cdot \Phi^{-1}(Q))$ 即可，于是可以得到具有一定置信水平安全壳结构年失效概率表达式如下：

$$p_{f,Q} = k_0 x_m^{-k} \exp\left(\frac{1}{2}k^2\beta_R^2\right)\exp(\Phi^{-1}(Q)(k\beta_U)) \tag{14}$$

表 3 列出了采用均值法与置信法计算的安全壳结构在不同损伤状态下的年失效概率。从表 3 来看，均值法计算的年失效概率略高于置信法计算的对应 50% 置信水平的年失效概率。此外，随着置信水平提高，安全壳结构年失效概率不断增大；轻度损伤和中度损伤状态对应的年失效概率差别小于它们与严重损伤状态对应的年失效概率的差别。

表 3　安全壳结构不同损伤极限状态年失效概率

Table 3　Annual failure rate of containment structure under different damage limit states

损伤极限状态	$p_{f,m}$	$p_{f,5\%}$	$p_{f,50\%}$	$p_{f,95\%}$
DL1	1.67E-04	7.15e-05	1.507E-04	3.179E-04
DL2	1.25E-04	5.35E-05	1.127E-04	2.378E-04
DL3	7.26E-05	3.108E-05	6.555E-05	1.383E-04

4.2　概率安全裕度评价

核电厂物项(结构、系统、部件)的安全裕度通常可以从三个层面去表达[27]：即设计裕度、中值裕度、概率裕度。在核电厂概率安全分析中，采用概率安全裕度更加合适。其表达形式如下：

$$MR = \frac{x_c}{x_{RLE}} \tag{15}$$

其中，x_{RLE} 为审查地震动强度；x_c 为安全壳结构实际抗震承载力。文献[28] 指出核电厂结构的抗震安全裕度评估选用的 RLE 地震动强度可以为 1.4 设计基准地震动强度。同时目前核电厂设计基准地震动为 $0.3g$，因此，可以得到 $x_{RLE} = 0.42g$。

因此可以得到，采用中值法计算的概率安全裕度表达式如下：

$$MR_m = x_m \cdot \exp(-\beta_c \Phi^{-1}(Q))/x_{RLE} \tag{16}$$

下面给出置信安全裕度推导，令式(13)的置信水平为 Q_2，则有：

$$\Phi\left(\frac{\ln x - \ln[x_m \cdot \exp(-\beta_U{}^{-1}(Q_1))]}{}\right) = \Phi(O_2) \tag{17}$$

于是得到具有置信水平的安全裕度表达式为：

$$MR_m = x_m \cdot \exp(\Phi^{-1}(Q_1)\beta_U - \Phi^{-1}(Q_2)\beta_R)/x_{RLE} \tag{18}$$

当 $Q_1 = Q_2 = Q$ 时有，

$$MR_c == x_m \cdot \exp(\Phi^{-1}(Q_1)(\beta_U - \beta_R))/x_{RLE} \tag{19}$$

图 7 给出安全壳结构在不同损伤状态下的均值安全裕度 MR_m 和置信安全裕度 MR_c 随置信水平变化的曲线。从图 7 来看，均值安全裕度 MR_m 和置信安全裕度 MR_c 随置信水平变化趋势恰好相反(均值安全裕度 MR_m 随着置信水平增大而减小，而置信安全裕度 MR_c 随着置信水平的增大而增大)。总体来看，均值安全裕度 MR_m 略高于置信安全裕度 MR_c。

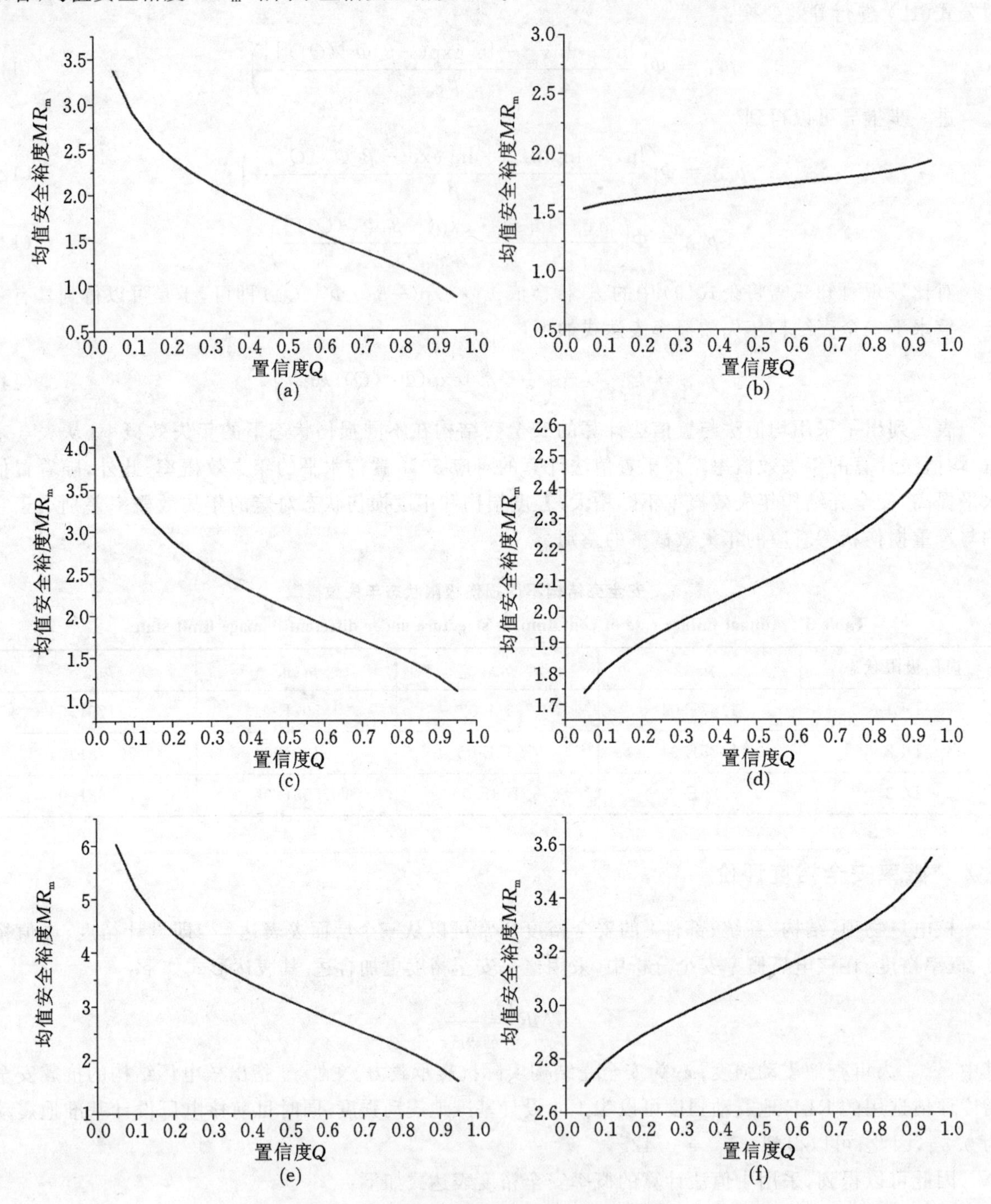

图 7　安全壳结构安全裕度随置信水平变化

(a) 损伤极限状态 DL1 对应均值安全裕度；(b) 损伤极限状态 DL1 对应置信安全裕度；(c) 损伤极限状态 DL2 对应均值安全裕度；(d) 损伤极限状态 DL2 对应置信安全裕度；(e) 损伤极限状态 DL3 对应均值安全裕度；(f) 损伤极限状态 DL3 对应置信安全裕度

Fig. 7　Variation of safety margin with different confidence levels

鉴于均值安全裕度 MR_m 和置信安全裕度 MR_c 随着置信水平的变化而变化，建议采用置信安全度的均值作为安全壳结构不同损伤状态下的安全指标，具体表达形式如下：

$$SI = \frac{1}{n}\sum_{i=1}^{n} MR_{c,i} \tag{20}$$

其中，n 为置信水平的数量。

表 4 给出了安全壳结构不同损伤状态下的安全指标。从表 4 来看，随着安全壳结构对应达到的损伤程度加深，其对应安全指标的增长幅度加大。

表 4 安全壳结构不同损伤状态安全指标

Table 4 Safety index of nuclear containment structure under different damage limit states

损伤极限状态	SI
DL1	1.72
DL2	2.09
DL3	3.10

5 结论

为克服传统安全壳结构的整体损伤评价指标的局限性。基于能量平衡观点，本文提出了基于能量的安全壳结构整体损伤指标。详细对比了基于能量的整体损伤指标与传统基于顶点位移的损伤指标相关性与各自的变异性。为了量化地震动记录之间不确定性，采用增量动力分析法对核电厂安全壳结构进行了地震易损性分析。综合核电厂厂址地震危险性曲线，推导了安全壳结构年失效概率和概率安全裕度的解析解答，通过上述研究主要得到以下几个结论：

(1) 本文提出的整体损伤指标能很好反应安全壳结构整体变形反应，并且与安全壳结构整体变形相关性较好。此外，所提出的基于能量的整体损伤指标变异性小于基于顶点位移损伤指标的变异性，充分体现本文提出的整体损伤指标优越性。

(2) 均值法计算的年失效概率略高于置信法计算的对应 50% 置信水平的年失效概率。此外，随着置信水平提高，安全壳结构年失效概率不断增大；轻微损伤性能水准和中度损伤水准两者对应的年失效概率差别小于严重损伤水准对应的年失效概率与它们两者之间的差别。

(3) 均值安全裕度和置信安全裕度随置信度的变化趋势恰好相反。总体来看，均值安全裕度略高于置信安全裕度。安全壳结构达到对应损伤状态所对应的安全指标的增长幅度不断加大。总体来讲，三种损伤状态对应的安全指标较高，说明可以满足安全性能的要求。

参考文献

[1] 刘兵，中国核电行业发展现状[J]. 水泵技术，2019(5)，57.

[2] Jin S. ，Li Z C，Lan T Y，et al. Fragility analysis of prestressed concrete containment under severe accident condition [J]. Annals of Nuclear Energy，2019，131，242-256.

[3] IAEA. International fact finding expert mission of the Fukushima Dai-Ichi NPP accident following the great east Japan earthquake and tsunami[R]. Vienna，Austria：International Atomic Energy Agency；2011.

[4] Zentner，Numerical computation of fragility curves for NPP equipment[J]. Nuclear Engineering and Design，2010，79，47-68.

[5] HOSEYNI S M，Yousefpour F，et al. Probabilistic analysis of containment structural performance in severe accidents [J]. International Journal of System Assurance Engineering and Management，2017，8(3)：625-634.

[6] Choi，I. K. ，Choun，Y. S. ，Ahn，S. M. ，et al. Seismic fragility analysis of a CANDU type NPP containment building for near-fault ground motions[J]. KSCE Journal of Civil Engineering，2006，10(2)，105-112.

[7] Pujari N N，Ghosh S，Lala S. Bayesian Approach for the Seismic Fragility Estimation of a Containment Shell Based on the Formation of Through-Wall Cracks[J]. ASCE-ASME Journal of Risk and Uncertainty in Engineering Systems，Part A：Civil Engineering，2016，2(3)：1-13.

[8] Mandal, T. K. , Ghosh, S. , Pujari, N. N. , Seismic fragility analysis of a typical Indian PHWR containment: Comparison of fragility models[J]. Structural Safety,2016,58,11-19.

[9] Bao,X. ,Zhang,M. ,Zhai,C. ,Fragility analysis of a containment structure under far-fault and near-fault seismic sequences considering post mainshock damage states[J]. Engineering Structures,2019,198,109511.

[10] Jin,S. ,Gong,J. ,2020. Damage performance based seismic capacity and fragility analysis of existing concrete containment structure subjected to near fault ground motions[J]. Nuclear Engineering and Design, 2019, 360. 110478.

[11] SHOKOOHFAR,A,RAHAI,A,Nonlinear analysis of pre-stressed concrete containment vessel(PCCV) using the damage plasticity model[J]. Nuclear Engineering and Design,2016,298,41-50.

[12] Hibbeler,R. C. Statics and Mechanics of Materials[M]. Pearson Prentice Hall Inc,Upper Saddle River,NJ,2011.

[13] N. Shome, Cornell CA, Stanford University, Probabilistic seismic demand analysis of nonlinear structures [D],1999.

[14] PEER Strong Motion,Database[EB/OL]. http:/peer. berkeley. edu.

[15] 国家地震局.核电厂抗震设计规范:GB 50267-97[S].北京:中国标准出版社,1997.

[16] Kalkan E,Kunnath S K. Effective Cyclic Energy as a Measure of Seismic Demand[J]. Journal of Earthquake Engineering,2007,11(5),725-751.

[17] Kalkan E,Kunnath SK. ,Relevance of absolute and relative energy content in seismic evaluation of structures,[J]. Advances in Structural Engineering,2008,11(1),1-18.

[18] Chopra AK. Dynamics of structures: Theory and application to earthquake engineering[R]. Beijing: Tsinghua University Press,2005.

[19] ABAQUS-6. 12,2012. ABAQUS 6. 12 User Documentation-Theory Manual. Dassault Systems Simulia,Corp. , Providence,RI,USA.

[20] Lu Y,Wei J. Damage-based inelastic response spectra for seismic design incorporating performance considerations [J]. Soil Dynamics and Earthquake Engineering,2008,28(7),536-549.

[21] Ioannou,I. ,Chandler,R. E. ,Rossetto,T. ,Empirical fragility curves:The effect of uncertainty in ground motion intensity[J]. Soil Dynamics and Earthquake Engineering,2020,129,105908.

[22] 王晓磊.基于场地危险性和目标谱的核电安全壳概率地震风险分析[D].哈尔滨:哈尔滨工业大学,2018.

[23] Cornell C A. Engineering seismic risk analysis[J]. Bulletin of the Seismological Society of America,1968,58(5): 1583-1606.

[24] Ellingwood B R,Kinali K. Quantifying and communicating uncertainty in seismic risk assessment[J]. Structural Safety,2009,31(2):179-187.

[25] Zhang,Y. T. ,He,Z. ,Acceptable values of collapse margin ratio with different confidence levels[J]. Structural Safety2020,84,101938.

[26] Cho, S. G. , Joe, Y. H. , Seismic fragility analyses of nuclear power plant structures based on the recorded earthquake data in Korea[J]. Nuclear Engineering and Design,235,1867-1874.

[27] Kameda H,Nakagawa M,Shibuya A,et al. Seismic safety margin assessment for NPP utilizing full-scale tests-overview[C]. Proceedings of the ASME 2010 Pressure Vessels & Piping Division /K-PVP Conference, 2010: 879-884.

[28] Belgian regulatory Body to the European Commission. Belgian stress tests national report for nuclear power plants [R]. The Stress Tests Program Applied to European Nuclear Power Plants in response to the Fukushima Daiichi Accident,2011.

5. 大型钢网架穹顶结构弹塑性屈曲与后屈曲性能分析*

张　洋[1]　陈朝晖[1,2]　杨　帅[1]
（1. 重庆大学土木工程学院，重庆 400045；
2. 山地城镇建设与新技术教育部重点实验室（重庆大学），重庆 400045）

摘要：基于刚体准则，建立了适于几何与材料双非线性分析的空间弹塑性梁单元，分别采用局部荷载扰动和模态扰动方法，进行了大型 LNG 储罐钢穹顶网架结构屈曲与后屈曲分析以及稳定承载力参数分析。结果表明，穹顶结构稳定性对局部缺陷敏感。其中，荷载干扰下结构初始变形较小，荷载位移曲线在极值点附近变化显著，但结构稳定性对荷载干扰位置不敏感；而具有几何缺陷的结构初始变形相对较大，极值点处荷载位移曲线变化较平滑。随着初始缺陷的增大，两种扰动方式下，结构的稳定承载力下降速率均有所减缓。与传统依靠对挠曲线进行高阶近似的非线性空间梁单元相比，本文所建弹塑性刚体准则单元，其刚度矩阵物理意义明确、形式简单，效率与精度兼优。

关键词：网架穹顶；弹塑性；几何非线性；刚体准则；增量迭代法

中图分类号：TU311.4　　**文献标识码**：A

Elasto-Plastic Stability Analysis of Large Steel Grid Dome Structure

ZHANG Yang[1]　CHEN Zhao-hui[1,2]　YANG Shuai[1]
（1. School of Civil Engineering, Chongqing University, Chongqing 400045, China;
2. Key Lab. of New Technol. for Construction of Cities in Mountain Area
(Chongqing Univ.), Ministry of Education, Chongqing 400045, China）

Abstract: Based on the rigid body criterion, a spatial elastoplastic beam element suitable for both geometric and material nonlinear analysis was established. Using local load disturbance and modal disturbance methods, the buckling and post-buckling analysis of the steel dome grid structure of large-scale LNG storage tanks were performed, and Parameter analysis of stable bearing capacity. The results show that the stability of the dome structure is sensitive to local defects. Among them, the initial deformation of the structure under load interference is small, and the load displacement curve changes significantly near the extreme point, but the structural stability is not sensitive to the position of the load interference; while the initial deformation of the structure with geometric defects is relatively large, and the load at the extreme point The displacement curve changes more smoothly. With the increase of initial defects, the rate of decrease of the stable bearing capacity of the structure is slowed under both disturbance methods. Compared with the traditional non-linear space beam elements that rely on high-order approximation of the flexure curve, the elastoplastic rigid body criterion element constructed in this paper has a clear physical stiffness matrix, a simple form, and

* 基金项目：国家自然科学基金资助项目（51678091）
作者简介：陈朝晖，博士，教授

excellent efficiency and accuracy.

Keywords: Grid dome; Elasto-Plasticity; Geometric nonlinearity; Rigid body rule; Incremental-iterative method

引言

大型 LNG(液化天然气)储罐的顶部通常采用单层球面钢网壳穹顶结构,由钢筋混凝土壳、内衬钢板及单层肋环型钢网壳组成[1]。LNG 储罐钢穹顶加上表面钢筋混凝土,其结构自重近万吨。既有结构分析表明 LNG 储罐钢穹顶在穹顶混凝土浇注过程中的安全性由整体稳定性控制。由于其结构跨度大、结构体系较柔,具有强几何非线性特性。此外,空间钢网架穹顶结构受力过程中,钢材可能发生屈服,因此,LNG 储罐的弹塑性稳定性是影响其性能的一大关键。

结构非线性分析常用方法有完全拉格朗日列式(TL 列式)、更新拉格朗日列式(UL 列式)和协同转动格式(CR 列式)等。Bathe[2] 等提出的空间梁单元 TL 列式和 UL 列式目前运用广泛。其中,UL 列式和 CR 列式考虑了结构构形的变化,在空间框架结构几何非线性问题上具有较高精度,但为获得对于空间结构的较高精度,UL 列式和 CR 列式往往需要较小的荷载步长或划分较多单元,影响了计算效率;且对于强非线性问题,还可能得不到合理结果。Yang[3] 率先提出几何非线性分析的"刚体准则",认为对于线弹性单元,其初始结点平衡力随着单元的刚体转动与移动,在当前状态下应保持大小不变,仅方向随单元做刚体运动。推导了满足刚体准则的一系列单元[4-6]的单元几何刚度矩阵,并基于 UL 列式,建立了与刚体准则相匹配的非线性增量迭代方法,从根本上解决了大变形过程中单元的平衡问题,有效提高了收敛速度和精度。Yang 和 Chen[7] 结合集中塑性铰理论,进一步建立了集中塑性铰空间梁单元模型,将刚体准则方法推广至柔性空间框架结构的几何-材料双非线性分析中[8-9]。

本文采用前述满足刚体准则的弹塑性空间梁单元,以考虑截面屈服过程的改进集中塑性铰模型模拟材料非线性,建立了空间网架穹顶结构静力弹塑性非线性分析方法,进行了屈曲与后屈曲分析以及稳定承载力参数敏感性分析,与 ABAQUS 计算结果的对比验证了本文所建方法的计算效率、准确性及工程适用性。

1 集中塑性铰模型弹塑性空间梁单元

如图 1 所示刚体单元,当单元仅发生刚体位移运动到 C_2 状态时,C_1 状态下平衡的单元结点力,应为伴随力,即随单元一起运动至 C_2 状态,大小不变,仅发生方向的改变。对于大多数工程中的大变形和大转动问题,当增量步较小时,可认为刚体位移占单元总的变形或位移的绝大部分。因此,对于由 C_1 至 C_2 经历大变形或大位移的单元,其变形过程可视为单元先由 C_1 至 C_2 发生刚体位移,而后在 C_2 状态下发生有限变形[3]。在刚体位移阶段,C_1 状态平衡的单元结点力在 C_2 状态下仍然平衡,仅随单元转动而大小不变;C_2 状态下的单元结点力增量仅由有限变形变形引起。

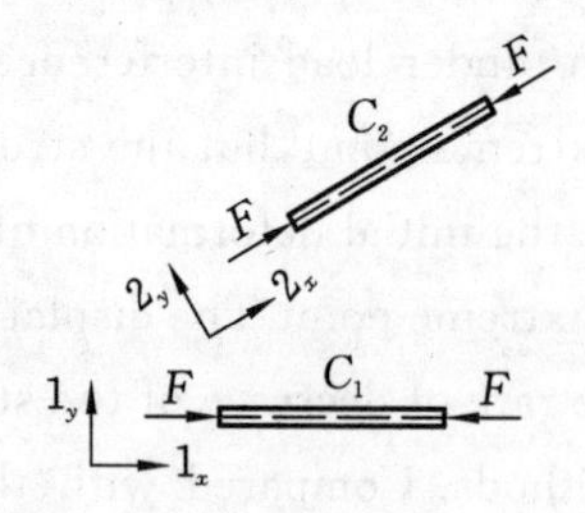

图 1 发生刚体位移的初始平衡刚体单元[9]

Fig. 1 Rigid body motion of a rigid element with initial forces

设弹性空间梁单元每个结点有 6 个独立自由度。基于 UL 列式的上述刚体准则可写作如下增量形式的单元平衡方程[5]

$$([k_e]+[k_g])\{u\}+\{{}_1^1f\}=\{{}_1^2f\} \tag{1}$$

其中，$\{{}_1^1f\}$和$\{{}_1^2f\}$分别为C_1状态和C_2状态下的单元结点力向量，$[k_e]$为常规线弹性空间梁单元刚度矩阵，$[k_g]$为基于刚体准则推导的空间弹性梁，具体见文献[7]。

鉴于弹性刚度矩阵$[k_e]$在单元发生刚体位移时不会产生结点力增量，则对于单元刚体位移$\{u\}_r$，空间梁单元的增量平衡方程式(1)可以简化为：

$$[k_g]\{u\}_r+\{{}_1^1f\}=\{{}_1^2f\} \tag{2}$$

上式也是验证几何非线性分析中单元几何刚度矩阵是否满足刚体准则的标准。

进一步采用改进的集中塑性铰模型建立弹塑性空间梁单元。如图 2 所示，在弹性空间梁单元的两端加入塑性铰弹簧。根据压弯构件屈服条件，考虑截面屈服过程，对于双向受弯的双轴对称工字形截面，可采用如下截面初始屈服函数[9]：

$$\phi_y(f)=\frac{P}{0.8P_y}+\frac{1.25M_x}{M_{px}}+\frac{1.25M_y}{M_{py}}=1.0 \tag{3}$$

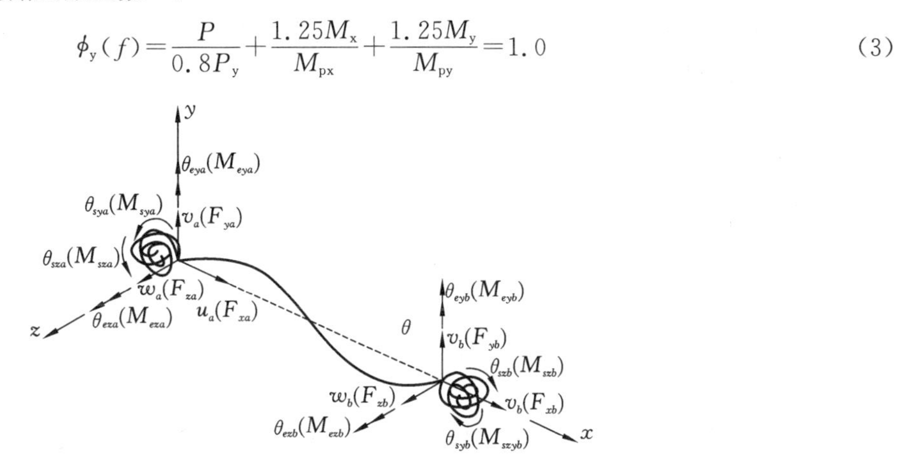

图 2　集中塑性铰弹塑性空间梁单元[8]

Fig. 2　Three-dimensional plastic beam element with plastic hinge spring

其中，屈服面如图 3 所示，截面全屈服函数为[11]：

$$\phi_p(\{P,M_x,M_y\})=\left\{\frac{M_x}{M_{py}[1-(P/P_y)^{1.3}]}\right\}^2+\left\{\frac{M_y}{M_{py}[1-(P/P_y)^3]}\right\}^{\alpha}=1.0 \tag{4}$$

式中，P_y为截面的轴向承载力，M_{px}与M_{py}分别为强轴与弱轴的极限弯矩，P为截面轴力，M_x和M_y分别为两主轴所受弯矩。式中$\alpha=1.2+2(p/p_y)$。式(3)、式(4)所示屈服函数适用于大多数压弯构件。

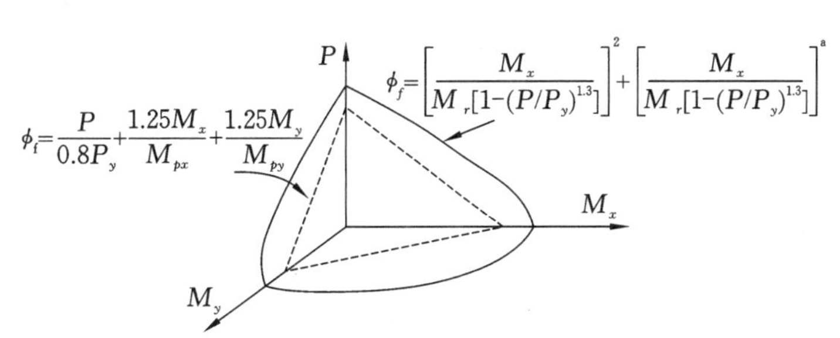

图 3　截面初始屈服与完全屈服面[8]

Fig. 3　Initial and full yield surface of cross-section

当梁端截面$\varphi_y>1$时，梁端塑性铰弹簧被激活。考虑截面逐步屈服的梁端塑性铰弹簧刚度系数由下式计算[7]：

$$S_{ij}=\frac{EI}{L}\left[\frac{1-\varphi_p(M_{ij},F_{xi})}{\varphi_y(M_{ij},F_{xi})-1}\right],\varphi_y(M_{ij},F_{xi})>1\text{ 且 }\varphi_p(M_{ij},F_{xi})<1,i=y,z,j=a,b \tag{5}$$

式中，EI/L为梁的弯曲线刚度，截面一旦完全屈服，$\varphi_P(M_{ij},F_{xi})$，弹簧刚度为 0，截面形成塑性铰。当单元结点处于弹性状态时，可将塑性铰弹簧刚度取一个相当大的值，在此取弹簧初始刚度为$S_{ij}^0=$

$10^{10}\times(EI/L)$，$i=y,z$，$j=a,b$。

基于 9 式，弹塑性空间梁单元的塑性铰弹簧弯矩增量$\{M_S\}$为：

$$\{M_s\}=\begin{Bmatrix}M_{ysa}\\M_{zsa}\\M_{ysb}\\M_{zsb}\end{Bmatrix}=\begin{Bmatrix}S_{ya}\cdot\varphi_{ya}\\S_{za}\cdot\varphi_{za}\\S_{yb}\cdot\varphi_{yb}\\S_{zb}\cdot\varphi_{zb}\end{Bmatrix}=[k_S]\cdot(\{\theta_s\}-\{\theta_e\}),$$

$$[k_S]=\begin{bmatrix}S_{ya}&&&\\&S_{za}&&\\&&S_{yb}&\\&&&S_{zb}\end{bmatrix}\tag{6}$$

式中，$\{\varphi\}$为塑性铰弹簧的转角增量，$\{\theta_s\}$和$\{\theta_e\}$分别为塑性铰弹簧与弹性梁端结点的转角，则弹塑性单元的弯矩增量可以表示为：

$$\{M\}=\begin{Bmatrix}M_{ya}\\M_{za}\\M_{yb}\\M_{zb}\end{Bmatrix}=\{M_e\}-\{M_s\}$$

$$=\begin{bmatrix}0&k_{53}&0&k_{59}\\k_{62}&0&k_{68}&0\\0&k_{11,3}&0&k_{11,9}\\k_{12,2}&0&k_{12,8}&0\end{bmatrix}\begin{Bmatrix}v_1\\w_1\\v_2\\w_2\end{Bmatrix}+\begin{bmatrix}k_{55}&0&k_{5,11}&0\\0&k_{66}&0&k_{6,12}\\k_{11,5}&0&k_{11,11}&0\\0&k_{12,6}&0&k_{12,12}\end{bmatrix}\begin{Bmatrix}\theta_{y1}\\\theta_{z1}\\\theta_{y2}\\\theta_{z2}\end{Bmatrix}+[k_s]\{\theta_e\}-[k_s]\{\theta_s\}$$

$$=[k_I]\{v\}+[k_{II}]\{\theta_e\}-[k_s]\{\theta_s\}\tag{7}$$

式中，$\{M_e\}$为弹性梁单元的弯矩增量，k_{ij}（$i,j=5\sim12$）为弹性刚度系数，$\{v\}$为结点横向位移向量，$[k_I]$和$[k_{II}]$分别为：

$$[k_I]=\begin{bmatrix}0&k_{53}&0&k_{59}\\k_{62}&0&k_{68}&0\\0&k_{11,3}&0&k_{11,9}\\k_{12,2}&0&k_{12,8}&0\end{bmatrix},[k_{II}]=\begin{bmatrix}k_{55}+S_{ya}&0&k_{5,11}&0\\0&k_{66}+S_{za}&0&k_{6,12}\\k_{11,5}&0&k_{11,11}+S_{yb}&0\\0&k_{12,6}&0&k_{12,12}+S_{zb}\end{bmatrix}\tag{8}$$

当梁端截面完全屈服时，截面弯矩增量为 0，即

$$\{M\}=\begin{Bmatrix}M_{ya}\\M_{za}\\M_{yb}\\M_{zb}\end{Bmatrix}=[k_I]\{v\}+[k_{II}]\{\theta_e\}-[k_s]\{\theta_s\}=\{0\}\tag{9}$$

则梁端截面转角增量$\{\theta_e\}$表示为：

$$\{\theta_e\}=([k_{II}])^{-1}([k_s]\{\theta_s\}-[k_I]\{v\})\tag{10}$$

梁端截面完全屈服时，弹性弯矩增量与塑性铰弹簧弯矩增量相同，即：

$$\{M_s\}=\{M_e\}=[k_I]\{v\}+\begin{bmatrix}k_{55}&0&k_{5,11}&0\\0&k_{66}&0&k_{6,12}\\k_{11,5}&0&k_{11,11}&0\\0&k_{12,6}&0&k_{12,12}\end{bmatrix}\{\theta_e\}$$

$$=\begin{bmatrix}0&k'_{53}&k'_{55}&0&0&k'_{59}&k'_{5,11}&0\\k'_{62}&0&0&k'_{66}&k'_{68}&0&0&k'_{6,12}\\0&k'_{11,3}&k'_{11,5}&0&0&k'_{11,9}&k'_{11,11}&0\\k'_{12,2}&0&0&k'_{12,6}&k'_{12,8}&0&0&k'_{12,12}\end{bmatrix}\{u\}*\tag{11}$$

式中，k'_{ij}表示弹塑性刚度系数；$\{u\}* = \{v_a \quad w_a \quad \theta_{sya} \quad \theta_{sza} \quad v_b \quad w_b \quad \theta_{syb} \quad \theta_{szb}\}^T$，为塑性铰弹簧弹塑性单元结点位移向量。

类似地，单元杆端剪力增量可以用塑性铰转角与横向位移表示：

$$\{f_y\} = \begin{Bmatrix} f_{ya} \\ f_{yb} \\ f_{za} \\ f_{zb} \end{Bmatrix} = \begin{bmatrix} k'_{22} & 0 & 0 & k'_{26} & k'_{28} & 0 & 0 & k'_{2,12} \\ 0 & k'_{33} & k'_{35} & 0 & 0 & k'_{39} & k'_{3,11} & 0 \\ k'_{82} & 0 & 0 & k'_{86} & k'_{88} & 0 & 0 & k'_{8,12} \\ 0 & k'_{93} & k'_{95} & 0 & 0 & k'_{99} & k'_{9,11} & 0 \end{bmatrix} \tag{12}$$

结合式(11)、式(12)得到引入塑性铰弹簧模型弹塑性空间梁单元的弹塑性刚度矩阵：

$$[k_{ep}] = \begin{bmatrix} k_{11} & 0 & 0 & 0 & 0 & 0 & k_{17} & 0 & 0 & 0 & 0 & 0 \\ & k'_{22} & 0 & 0 & 0 & k'_{26} & 0 & k'_{28} & 0 & 0 & 0 & k'_{2,12} \\ & & k'_{33} & 0 & k'_{35} & 0 & 0 & 0 & k'_{39} & 0 & k'_{3,11} & 0 \\ & & & k_{44} & 0 & 0 & 0 & 0 & 0 & k_{4,10} & 0 & 0 \\ & & & & k'_{55} & 0 & 0 & 0 & k'_{5,9} & 0 & k'_{5,11} & 0 \\ & & & & & k'_{66} & 0 & k'_{68} & 0 & 0 & 0 & k'_{6,12} \\ & & & & & & k_{77} & 0 & 0 & 0 & 0 & 0 \\ & & & & & & & k'_{88} & 0 & 0 & 0 & k'_{8,12} \\ & & \text{对} & & \text{称} & & & & k'_{99} & 0 & k'_{9,11} & 0 \\ & & & & & & & & & k_{10,10} & 0 & 0 \\ & & & & & & & & & & k'_{11,11} & 0 \\ & & & & & & & & & & & k'_{12,12} \end{bmatrix} \tag{13}$$

2 与刚体准则单元相适应的非线性分析增量迭代法

基于UL列式的增量迭代法是非线性分析的常用方法，可分为增量计算与误差判断两大步骤。其中，增量计算包括位移增量预测与结点力增量计算，在给定荷载增量下结构的结点位移增量预测主要影响迭代次数和收敛速度[8]。单元结点力增量的计算才决定整个非线性分析的精度。为此，植入前述刚体准则，建立如下非线性增量迭代方法：

首先，选取合适的参考荷载向量$\{\hat{P}\}$、初始荷载增量参数λ_1^1、收敛条件ε以及总的增量步i。

第i增量步、第j迭代步的结构增量平衡方程可写作[12]：

$$[K_{j-1}^i]\{\Delta U_j^i\} = \lambda_j^i\{\hat{P}\} + \{R_{j-1}^i\} \tag{14}$$

式中，右上标i为增量步数，右下标$j-1$、j为该增量步内的迭代次数。则$[K_{j-1}^i]$表示第i增量步内、第j-1迭代步的结构总体刚度矩阵，由单元弹性刚度矩阵和几何刚度矩阵构成。$\{\Delta U_j^i\}$和$\{P_j^i\}$分别为第i增量步内第j迭代步的结构位移增量和荷载向量，$\{F_{j-1}^i\}$为第j-1迭代步的结构内力向量。$\{R_{j-1}^i\}$为结点不平衡力：

$$\{R_{j-1}^i\} = \{P_{j-1}^i\} - \{F_{j-1}^i\} \tag{15}$$

则结构总位移$\{U_j^i\}$和总外荷载$\{P_j^i\}$为：

$$\{U_j^i\} = \{U_{j-1}^i\} + \{\Delta U_j^i\} \tag{16a}$$

$$\{P_j^i\} = \{P_{j-1}^i\} + \lambda_j^i\{\hat{P}\} \tag{16b}$$

根据结构总位移增量$\{\Delta U_j^i\}$可确定单元的结点位移增量并组装得到结构结点内力向量$\{F_j^i\}$，由式(15)计算得到结点不平衡力$\{R_j^i\}$。若$\{R_j^i\}$满足收敛条件ε，则结构达到平衡，进入下一增量步。否则，继续迭代以减小结点不平衡力。

式(16b)中，λ_j^i为荷载增量参数，控制荷载增量步的大小和方向。本文采用Yang和Shieh[13]提出的广义位移控制法(General Displacement Control Method，简记作GDC法)。该方法采用特定约束条件，可保证在整个加载过程中荷载增量参数λ_j^i总是有界的，可计算多种临界点和回弹点，在结构几何非线性分析[13]、动力分析[14]及材料非线性问题[15]中获得了广泛的运用。

3 大型钢网架穹顶结构弹塑性屈曲与后屈曲分析

3.1 算例概况

某 22 万立方米 LNG 储罐的钢穹顶如图 4 所示，由圆柱壳罐体及球壳穹顶组成，跨度 92.4 m，钢穹顶与外罐连接处标高 43 m，顶部标高 55.78 m，曲率半径 92.4 m。LNG 储罐的钢穹顶由钢板与 H 型钢梁焊接组成，其中钢板采用 16MnDr(Q345)钢材，6 mm 厚；径、环向梁均采用 Q345 钢材。径向梁为窄翼缘工字型钢 HN400×200×8×13(半径 2.25～36.45 m)和 HN400×400×13×21(半径 36.45～46.2 m)；环向梁为窄翼缘工字型钢 HN400×200×8×13。该结构的材料参数见表 1。

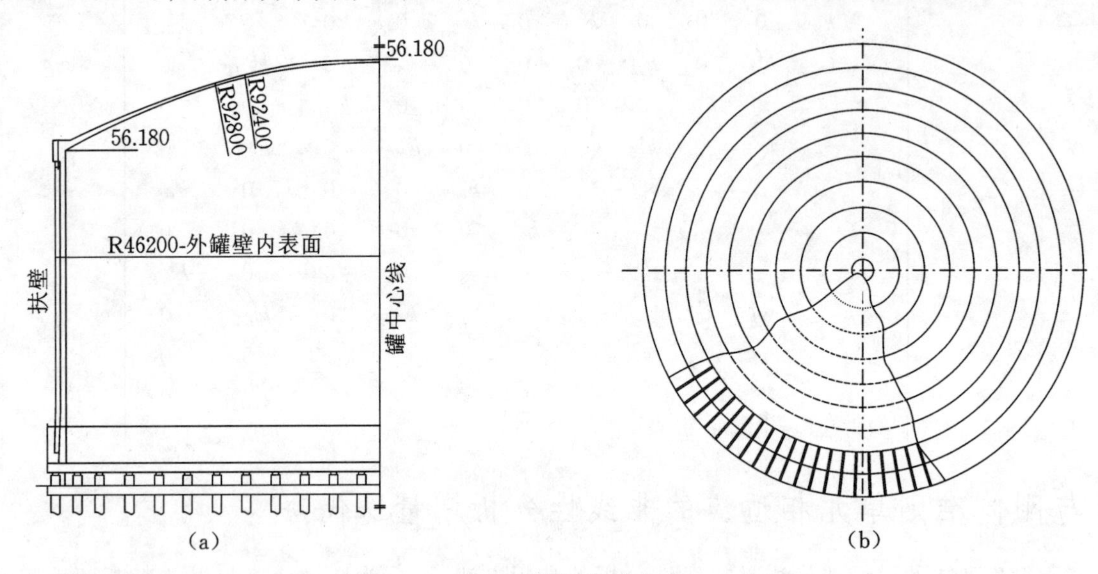

图 4 穹顶几何构成

(a) 穹顶尺寸及标高；(b) 穹顶组装平面

Fig. 4 Dome geometry

表 1 LNG 钢穹顶结构的材料参数

Table 1 Material parameters of LNG steel dome

材料名称	力学性能	参数
径/环向梁	弹性模量(Pa)	2.06×10^{11}
	泊松比	0.3
	密度(kg/m^3)	7800
	阻尼比	0.04
	屈服强度(MPa)	345
	切线模量(Pa)	2.06×109

3.2 穹顶结构屈曲与后屈曲分析

暂不考虑穹顶蒙皮钢板与网架的共同作用，将作用在穹顶钢板表面的荷载，按静力等效原则转化为穹顶网架结构的径向梁上的等效线荷载。由于外罐受力变形的影响，钢穹顶支座会产生一定的转动，使支座实际的约束状态介于固定支座与铰支座之间。为此，分别考虑固定支座与铰支座两种情况，采用前述基于刚体准则的空间弹塑性梁单元进行钢穹顶静力非线性分析及稳定临界承载力参数分析。每根杆件划分 2 个单元，共 2598 个单元。同时采用 ABAQUS 中的 B32OS 单元进行对比，每根杆件划分为 4 个单元，在穹顶中心区域局部加密，共 8460 个单元。B32OS 单元每个结点 7 个自由度，每个节点处增加了考虑工字型截面翘曲影响的自由度，并假定翘曲幅度随截面位置而变。初始荷载取为 0，荷载增量步 1 kN/m²，荷载增量参数初值取为 1。

Morris[16]研究表明结构整体缺陷可使稳定临界荷载下降 35%。在此采用几何缺陷和荷载干扰两种方式施加初始缺陷。其中，几何缺陷是以最低阶整体屈曲模态为初始缺陷，其缺陷变形处最大计算值取为网壳跨度的 1/300 即 0.308 m；荷载干扰采用随机对某些节点施加微小干扰力来实现。穹顶网架结构的荷载与顶点竖向位移曲线如图 5 所示，图中给出了采用本文单元进行无初始缺陷、弹塑性屈曲分析及其与 ABAQUS 计算结果的对比。可见，采用本文建立的弹塑性空间非线性梁单元与 ABAQUS 结果吻合良好。表 2 为穹顶网架结构的极限承载力及其与 ABAQUS 计算结果的相对误差。施加局部荷载扰动时，本文方法所得极限承载力与 ABAQUS 相差仅为 1.1%，后屈曲分析曲线基本重合；弹性屈曲分析的平均误差为 17.55%，而考虑了材料非线性的弹塑性屈曲分析的平均误差仅为 3.84%。可见，大型 LNG 储罐钢穹顶结构的稳定性分析时具有材料和几何双非线性特性。

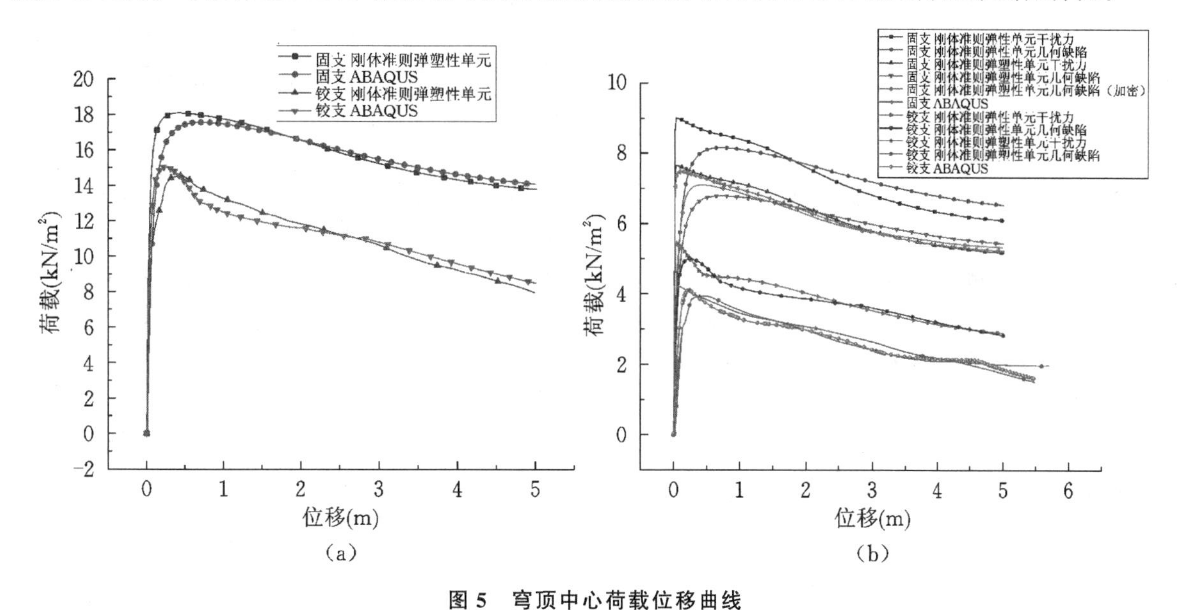

图 5　穹顶中心荷载位移曲线

(a) 无初始缺陷；(b)有初始缺陷

Fig. 5　Center load displacement curve of dome

表 2　穹顶极限承载力及相对误差

Table 2　Dome ultimate bearing capacity and relative error

缺陷形式	支座约束	单元类型	极限承载力(kN/m²)	相对误差(%)
无缺陷	固定支座	刚体准则 弹塑性单元	18.09	2.92
		ABAQUS B32OS 单元	17.56	—
	铰支座	刚体准则 弹塑性单元	14.54	3.10
		ABAQUS B32OS 单元	15.01	—
模态干扰	固定支座	刚体准则 弹性单元	8.26	10.58
		刚体准则 弹塑性单元(2 单元)	6.91	7.49
		刚体准则 弹塑性单元(4 单元)	7.13	4.55
		ABAQUS B32OS 单元	7.47	—
	铰支座	刚体准则 弹性单元	5.01	17.98
		刚体准则 弹塑性单元	3.94	4.10
		ABAQUS B32OS 单元	4.11	—

续表 2

缺陷形式	支座约束	单元类型	极限承载力(kN/m^2)	相对误差(%)
荷载干扰	固定支座	刚体准则 弹性单元	9.00	17.04
		刚体准则 弹塑性单元	7.55	1.12
		ABAQUS B32OS 单元	7.47	—
	铰支座	刚体准则 弹性单元	5.44	24.60
		刚体准则 弹塑性单元	4.21	2.65
		ABAQUS B32OS 单元	4.11	—

施加力的干扰时,在两种支座约束下,本文所采用刚体准则单元与分析方法与 ABAQUS 结果均吻合良好;施加模态干扰时,铰支座下本文方法与 ABAQUS 结果吻合良好,而固定支座下的差别相对较大。这可能是由于固定支座下刚体准则单元未考虑薄壁型钢截面翘曲影响。将每根杆件加密为 4 个单元后,本文方法的相对误差降为 4.55%。可见,由于未考虑薄壁型钢截面翘曲影响造成的误差可通过增加单元数降低。

本文单元数不到 ABAQUS 模型的 1/3,且所采用的单元几何刚度矩阵为线性矩阵,弹塑性分析为集中塑性铰模型,单元构造简单,毋需对杆件屈曲模式进行人为假定。由于单元增量平衡方程式(1),严格满足刚体运动运动下的平衡条件,所建单元对局部荷载扰动敏感,因此,在屈曲分析中,可直接施加局部荷载扰动,而毋需进行稳定模态分析,在保障精度的同时极大提高了计算效率,这一优势在空间拱结构屈曲分析中也有充分体现[9]。

图 5 还显示,考虑几何与材料双非线性影响,支座约束为固定时,考虑初始缺陷,将使钢穹顶的稳定承载力由 18.09 kN/m^2 降低为 6.91 kN/m^2。初始缺陷显著影响了钢穹顶的整体稳定承载力。此外,铰支座条件下钢穹顶的极限承载力约为固定支座下的 60%,支座约束刚度对穹顶网架稳定性也有较大影响。

进一步研究干扰力大小和位置对钢穹顶稳定承载力的影响。考虑固定约束,分别在网架穹顶中心顶点处施加竖向干扰力,大小分别为原荷载的 1/1000、1/200、1/100、1/20 和 1/10;改变干扰力位置,分别在网壳穹顶中心顶点处和半径为 2.25 m、7.34 m、12.405 m、17.415 m 和 22.365 m 处施加竖向干扰力,大小为原荷载的 1/10,结果如图 6 所示。可见,受荷载干扰的结构初始变形较小,在极值点附近发生突变。不同位置处施加干扰力所得荷载位移曲线基本重合,极限承载力基本一致。表明干扰力大小对稳定临界荷载的影响显著,而施加位置的影响可以忽略。

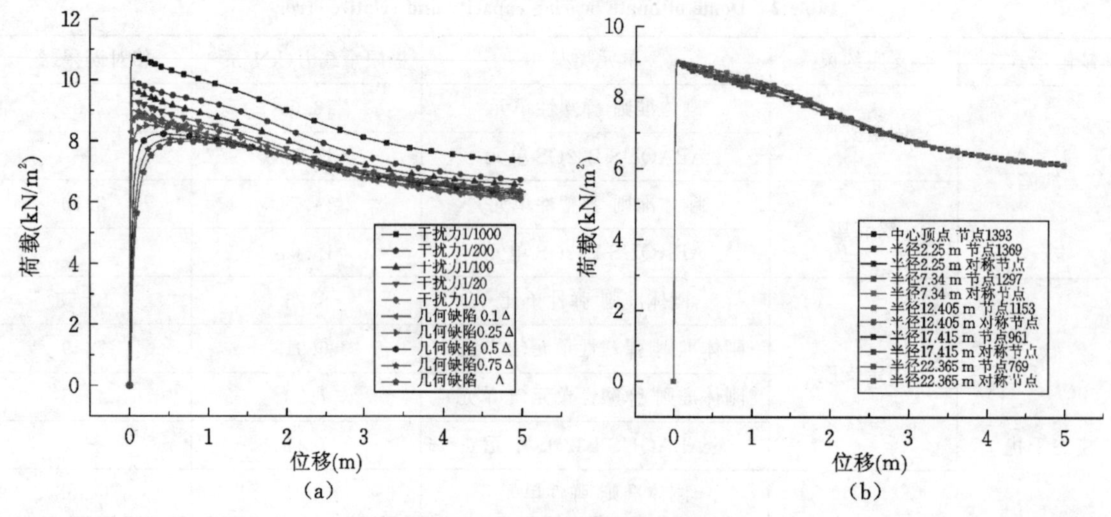

图 6　穹顶中心荷载-位移曲线

(a) 不同缺陷形式和大小;(b) 不同干扰力施加位置

Fig. 6　Dome center load-displacement curve

4 结论

本文基于刚体准则，采用改进塑性铰模型建立了适于几何与材料双非线性分析的空间弹塑性梁单元，进行了 LNG 储罐钢穹顶结构弹塑性屈曲与后屈曲分析，主要结论如下：

(1) 本文结果与 ABAQUS 结果的一致表明，基于刚体准则的弹塑性梁单元及其相应非线性分析的增量迭代法，能有效分析大型复杂钢网架穹顶结构，单元数少，精度高，具有显著的效率优势。

(2) 对比弹性屈曲与弹塑性屈曲，表明考虑截面屈服对大型结构的稳定性有较大影响。

(3) 钢网架穹顶结构的稳定临界荷载对初始缺陷敏感和支座约束刚度敏感，考虑初始缺陷会导致整体稳定承载力下降均 60%。

(4) 本文所建刚体准则弹塑性空间梁单元可通过施加荷载干扰进行结构稳定性分析，不必先进行模态分析以施加几何缺陷，且在不同位置施加干扰力得到的结果具有良好的一致性，对施加干扰力的位置无特别要求，分析步骤简洁、计算效率高。

参考文献

[1] 液化天然气接收站工程设计规范：GB 51156-2015[S]. 北京：中国计划出版社，2015.

[2] Bathe K，Bolourchi S. Large displacement analysis of three-dimensional beam structures[J]. International Journal for Numerical Methods in Engineering，1979，14(7)：961-986.

[3] Yang Y B，Chiou H T. Rigid Body Motion Test for Nonlinear Analysis with Beam Elements[J]. Journal of Engineering Mechanics. 1987，113(9)：1404-1419.

[4] Yang Y B，Leu L J. Force recovery procedures in nonlinear analysis[J]. Computers & Structures，1991，41(6)：1255-1261.

[5] Yang Y B，Kuo S R. Theory & analysis of nonlinear framed structures[M]. Singapore：Prentice Hall，1994.

[6] Yang Y B，Lin S P，Chen C S. Rigid body concept for geometric nonlinear analysis of 3D frames，plates and shells based on the updatedLagrangian formulation[J]. Computer Methods in Applied Mechanics & Engineering，2007，196(7)：1178-1192.

[7] Y. B. Yang，Zhao-Hui Chen，Y. C. Tao，Y. F. Li and M. M. Liao. Elasto-Plastic Analysis of Steel Framed Structures Based on Rigid Body Rule and Plastic-Hinge Concept[J]. International Journal of Structural Stability and Dynamics. (2019)：s0219455419501049.

[8] 陈朝晖，陶宇宸，杨永斌，等. 基于刚体准则的空间框架弹塑性非线性分析方法[J/OL]. 建筑结构学报：1-10[2019-12-30]. https://doi. org/10. 14006/j. jzjgxb. 2018. 0477.

[9] 李云飞，陈朝晖，杨永斌，等. 基于刚体准则和广义位移控制法的拱结构屈曲与后屈曲分析[J]. 土木工程学报，2017(12)：37-45.

[10] Liew JYR，White DW，Chen WF. Second-order refined plastic-hinge analysis for frame design. Part I[J]. Journal of Structural Engineering，ASCE 1993；119(11)：3196-3216.

[11] Duan L，Chen W F. Design Interaction Equation for Steel Beam-Columns[J]. Journal of Structural Engineering. 1989，115(5)：1225-1243.

[12] Batoz J L，Dhatt G. Incremental displacement algorithms for nonlinear problems[J]. International Journal for Numerical Methods in Engineering. 1979，14(8)：1262-1267.

[13] Yang Y，Shieh M. Solution method for nonlinear problems with multiple critical points[J]. AIAA journal. 1990，28(12)：2110-2116.

[14] 李忠学. 初始几何缺陷对网壳结构静、动力稳定性承载力的影响[J]. 土木工程学报. 2002，35(1)：11-14.

[15] Torkamani M A，Sonmez M. Inelastic large deflection modeling of beam-columns[J]. Journal of Structural Engineering. 2001，127(8)：876-887.

[16] Morris NF. Effect of imperfections on lattice shells[J]. Journal of Structural Engineering. 1991，117(6)：1796.

6. 混凝土结构设计规范二阶效应设计规定的修订建议*

侯建国　安旭文*

（武汉大学土木建筑工程学院，武汉 430072）

摘要：我国现行国家标准 GB 50010—2010《混凝土结构设计规范》（2015 版）关于偏心受压构件的二阶效应的设计规定，较原规范 GB 50010—2002《混凝土结构设计规范》做了重大修改。针对我国现行国家标准 GB 50010—2010 关于偏心受压构件自身挠曲引起的二阶效应（P-δ 效应）的设计规定应用上不够方便的问题，对中、美现行混凝土结构设计规范（GB 50010—2010《混凝土结构设计规范》和 ACI 318－19"Building Code Requirements for Structural Concrete"）关于偏心受压构件自身挠曲引起的二阶效应（P-δ 效应）的设计规定进行了分析和比较；在借鉴中、美现行混凝土结构设计规范相关设计规定先进经验的基础上，提出了应用上较为简便的二阶效应（P-δ 效应）设计规定的修订建议，可供混凝土结构设计规范修订时选用和参考。

关键词：偏心受压构件；二阶效应；P-δ 效应；弯矩增大系数

中图分类号：TU203　　　**文献标识码**：A

Revisedsuggestions on the design specification of the second order effect in the design code of hydraulic concrete structure

HOU Jianguo　AN Xuwen

（School of Civil Engineering，Wuhan University，Wuhan 430072，China）

Abstract：Compared with the original code GB 50010—2002，the significant revision on the provisions of second-order effects of eccentric compression members in the current national standard GB 50010—2010 "Code for Design of Concrete Structures"（2015 edition）has been made. In view of the inconvenient application of the second order effect（P-δ effect）caused by its own deflection of eccentric compression member in the current national standard GB 50010—2010，the design provisions of the second order effect（P-δ effect）specified by the current code in China，GB 50010—2010 "*Code for Design of Concrete Structures*"，and the United States，ACI 318-19 "*Building Code Requirements for Structural Concrete*"，are analyzed and compared. Learn from the advanced experience of relevant design regulations in the current concrete structure design codes in China and the United States，the revised suggestions on the second order effect（P-δ effect），which is relatively simple in application，are put forward and can be used as selection and reference in the revision of the concrete structure design codes.

Keywords：Eccentric compression member；Second order effect；P-δ effect；Coefficient of moment increase.

---

* 作者简介：侯建国（1955—），男，教授，主要从事结构可靠度基本理论与应用研究。E-mail：jghou@whu.edu.cn.

* 通讯作者：安旭文（1970—），男，副教授，主要从事结构可靠度基本理论与应用研究。E-mail：anxw@whu.edu.cn.

引言

我国现行国家标准 GB 50010—2010《混凝土结构设计规范》(2015 版)[1](以下简称"GB 50010—2010")关于偏心受压构件的二阶效应的设计规定,较原规范 GB 50010—2002《混凝土结构设计规范》[2](以下简称"02 版规范")做了重大修改,关于偏心受压构件自身挠曲引起的二阶效应(P-δ 效应)的计算方法,GB 50010—2010 摒弃了 2002 版规范给出的 η-l_0 法,改为采用理论上更为合理、概念上更为准确的 C_m-η_{ns} 法[3-4],与美国规范 ACI 318-19 "Building Code Requirements for Structural Concrete"[5](以下简称"ACI 318-19")无侧移柱的弯矩增大系数的计算方法基本相同。考虑到 GB 50010—2010 给出的 C_m-η_{ns} 法虽然理论上更为合理、概念上更为准确,但应用上不够方便[6]。本文在借鉴中、美现行混凝土结构设计规范关于偏心受压构件自身挠曲引起的二阶效应(P-δ 效应)的设计规定的先进经验的基础上,提出了应用上较为简便的混凝土结构设计规范二阶效应(P-δ 效应)设计规定的修订建议,可供混凝土结构设计规范修订时选用和参考。

1　GB 50010—2010 关于二阶效应(P-δ 效应)的设计规定

1.1　GB 50010—2010 忽略 P-δ 效应影响的准则

GB 50010—2010 根据国外相关文献资料、规范以及近期国内对不同杆端弯矩比、不同轴压比和不同长细比的杆件进行计算验证的结果,给出了可以忽略杆件自身挠曲产生的 P-δ 效应影响的条件为:弯矩作用平面内截面对称的偏心受压构件,当同一主轴方向的柱端弯矩比 M_1/M_2 不大于 0.9 且轴压比不大于 0.9 时,若杆件的长细比满足式(1)的要求时,则可不考虑轴向压力在该方向挠曲杆件中产生的附加弯矩影响,否则应按截面的两个主轴方向分别考虑轴向压力在挠曲杆件中产生的附加弯矩影响:

$$l_0/i \leqslant 34-12(M_1/M_2) \tag{1}$$

式中,M_1、M_2 分别为已考虑侧移影响的偏心受压构件两端截面按结构弹性分析确定的对同一主轴的组合弯矩设计值,绝对值较大端为 M_2,绝对值较小端为 M_1,当构件按单曲率弯曲时,M_1/M_2 为正,否则为负;l_0 为构件的计算长度,可近似取偏心受压构件相应主轴方向上下支撑点之间的距离;i 为偏心方向构件的截面回转半径,$i=\sqrt{I/A}$,这里 I 为偏心方向构件的截面惯性矩,A 为构件的截面面积。

1.2　GB 50010—2010 考虑 P-δ 效应影响的弯矩增大系数法

GB 50010—2010 给出的考虑偏心受压构件自身挠曲引起的二阶效应(P-δ 效应)的计算方法——C_m-η_{ns} 法,与美国规范 ACI 318-19 无侧移柱的弯矩增大系数的计算方法基本相同。ACI 318-19 在计算无侧移柱的二阶效应的弯矩增大系数 η_{ns} 时采用的是"轴力表达式",为沿用我国的工程设计习惯,GB 50010—2010 在计算偏心受压构件自身挠曲引起的二阶效应的偏心距增大系数(或弯矩增大系数)η_{ns} 时,仍沿用了 2002 版规范在理论上完全等效的"曲率表达式"。

GB 50010—2010 规定,除排架结构柱以外的偏心受压构件,在其偏心方向上考虑杆件自身挠曲影响的控制截面弯矩设计值可按下列公式计算:

$$M=C_m\eta_{ns}M_2 \tag{2}$$

$$C_m=0.7+0.3M_1/M_2 \tag{3}$$

$$\eta_{ns}=1+\frac{1}{1300(M_2/N+e_a)/h_0}\left(\frac{l_0}{h}\right)^2\zeta_c \tag{4}$$

$$\zeta_c=\frac{0.5f_cA}{N} \tag{5}$$

当 $C_m\eta_{ns}$ 小于 1.0 时,取 $C_m\eta_{ns}=1.0$;对于剪力墙及核心筒墙,可取 $C_m\eta_{ns}=1.0$。

式中，η_{ns}为弯矩增大系数；C_m为柱端截面偏心距调节系数，当小于0.7时取0.7；M_1为偏心受压构件两端截面中弯矩设计值的绝对值较小者，M_2为偏心受压构件两端截面中弯矩设计值的绝对值较大者，当构件按单曲率弯曲时，M_1/M_2为正，否则为负；N为与弯矩设计值M_2相应的轴向压力设计值；e_a为附加偏心距；ζ_c为截面曲率修正系数，当其计算值大于1.0时取$\zeta_c=1.0$；h为截面高度；h_0为截面有效高度。

与2002版规范相比，GB 50010—2010给出的二阶效应的相关设计规定，在概念上更为准确，在设计理念和设计方法上都是一个很大的进步，但GB 50010—2010给出的考虑偏心受压构件自身挠曲引起的二阶效应(P-δ效应)的计算方法——C_m-η_{ns}法，在应用上则不够方便[7]。截面设计过程中，在判断是否可以不考虑P-δ效应的影响或是要考虑P-δ效应的影响计算η_{ns}时，均需先确定偏心受压构件两端截面按结构弹性分析求得的对同一主轴的组合弯矩设计值M_1、M_2，而要确定柱子i、j两端截面的M_1、M_2，无形当中要额外增加很多计算工作量，给设计应用带来不便，有待做进一步简化。

2 ACI 318-19关于二阶效应(P-δ效应)的设计规定

2.1 ACI 318-19忽略P-δ效应影响的准则

美国规范ACI 318-19关于偏心受压构件可忽略二阶效应影响的判别条件如下[5,7]：

如果满足条件(a)或(b)则可忽略二阶效应的影响：

(a) 有侧移柱

$$kl_u/r\leqslant 22 \tag{6}$$

(b) 无侧移柱

$$kl_u/r\leqslant 34+12(M_1/M_2) \tag{7}$$

且

$$kl_u/r\leqslant 40 \tag{8}$$

式中，M_1、M_2分别为偏心受压构件两端截面的弯矩设计值，如果柱按单曲率弯曲，M_1/M_2为负；如果柱按双曲率弯曲，M_1/M_2为正；k为柱的计算长度系数；l_u为柱无支撑的长度；r为截面回转半径。

如果某一楼层抵抗侧向荷载的支撑构件的刚度至少为该楼层在所考虑方向的所有柱子的抗侧刚度的12倍以上，则该楼层的柱子可按无侧移柱考虑。

2.2 ACI 318-19考虑P-δ效应影响的弯矩增大系数法

美国规范ACI 318-19关于偏心受压构件自身挠曲引起的二阶效应(P-δ效应)的弯矩增大系数法的有关规定如下[5]。

无侧移柱的弯矩设计值M_c，可将一阶系数弯矩M_2考虑曲率效应予以增大：

$$M_c=\delta M_2 \tag{9}$$

式中，δ为弯矩增大系数；M_2为该柱段绝对值较大的柱端弯矩。

关于弯矩增大系数δ的计算，ACI 318-19采用了如下的轴力表达式[5,7-14]：

$$\delta=\frac{C_m}{1-\dfrac{P_u}{0.75P_c}}\geqslant 1.0 \tag{10}$$

$$C_m=0.6-0.4M_1/M_2 \tag{11}$$

$$P_c=\frac{\pi^2\,(EI)_{eff}}{(kl_u)^2} \tag{12}$$

式中，C_m为等效弯矩修正系数，柱单曲率受弯时M_1/M_2为负，双曲率受弯时M_1/M_2为正，柱间有横向荷载作用时$C_m=1.0$；P_u为柱的系数轴向荷载；P_c为柱的欧拉临界曲屈荷载；k为有效长度系数；l_u为柱的无支撑长度；$(EI)_{eff}$为考虑了截面开裂、混凝土的徐变及混凝应力-应变曲线的非线性和钢筋影响的截面折算刚度。

3 混凝土结构设计规范二阶效应(P-δ 效应)设计规定的修订建议

3.1 简化柱端截面偏心距调节系数 C_m 计算公式的可行性

判别是否可忽略 P-δ 效应的影响和计算弯矩增大系数 η_{ns} 时，中国规范 GB 50010—2010 和美国规范 ACI 318-19 均需先确定系数 C_m 中杆端截面弯矩 M_1/M_2 的比值，应用上不够方便。下面就来探讨一下简化 C_m 计算公式的可行性。

文献[7]的研究表明：

(1) 当柱无侧移但受侧向荷载和轴向力的情况，对于一般常遇的荷载形式，曾计算了其相应的 C_m 值，可得 C_m 实际上小于 1.0 但接近于 1.0。因此，实用上为简便计，并偏于安全，对于无侧移柱但受侧向荷载和轴向力的情况，可取 C_m 为 1.0。

(2) 当柱无侧移亦无侧向荷载而仅两端受轴向力及柱端弯矩作用情况，同样可列出其微分方程，求出类似的 C_m 值。其公式较为复杂，经过分析，可用近似的简化公式代替(美国规范 ACI 318-19 参见式(11)，中国规范 GB 50010—2010 参见式(3))。

(3) 当柱有侧移时，可作类似分析求出 C_m 值。计算表明，此时 C_m 亦接近于 1.0。为简单计，并偏于安全，可取 $C_m=1.0$。

由此可见，当且仅当柱无侧移亦无侧向荷载而仅两端受轴向力及柱端弯矩作用情况，才需用近似的简化公式计算 C_m，其余情况均可取 $C_m=1.0$。而由 C_m 的简化公式(3)(或式(11))可知，无论柱按单曲率弯曲或双曲率弯曲时，一般情况下 M_1/M_2 可近似地取为 1.0，亦即一般情况下 C_m 均小于或等于 1.0。当杆端截面弯矩 M_1/M_2 的比值近似地取为 1.0 时，可使忽略 P-δ 效应影响的判别准则和弯矩增大系数 η_{ns} 的计算公式大为简化，且偏于安全。

3.2 二阶效应(P-δ 效应)设计规定的修订建议

鉴于中、美规范在判别是否可忽略 P-δ 效应的影响和计算弯矩增大系数 η_{ns} 时，均需先确定系数 C_m 中杆端截面弯矩 M_1/M_2 的比值，应用上不够方便，混凝土结构设计规范偏心受压构件二阶效应(P-δ 效应)的设计规定修订时，可借鉴中、美规范关于偏心受压构件二阶效应(P-δ 效应)的设计规定的优点，并通过将杆端截面弯矩 M_1/M_2 的比值近似地取为 1.0，可使忽略 P-δ 效应影响的判别准则和弯矩增大系数 η_{ns} 的计算公式大为简化。

3.2.1 忽略 P-δ 效应影响的判别准则

利用 GB 50010—2010 忽略 P-δ 效应影响的判别公式(1)，对于有侧移柱或无侧移柱且按单曲率弯曲时，如近似取 $M_1/M_2=1$，则可推得 $l_c/i\leqslant 22$；对于无侧移柱按双曲率弯曲时，如近似取 $M_1/M_2=1$，则可推得 $l_c/i\leqslant 36$。因此，参考现行国家标准 GB 50010—2010 忽略 P-δ 效应影响的判别准则，如近似取 $M_1/M_2=1$，混凝土结构偏心受压构件满足下列条件时可不考虑二阶效应(P-δ 效应)的影响判别准则，可简化为：

(1) 有侧移柱或无侧移柱且按单曲率弯曲

$$l_c/i\leqslant 22 \tag{13}$$

(2) 无侧移柱按双曲率弯曲

$$l_c/i\leqslant 36 \tag{14}$$

式中：l_c 为构件的计算长度，可近似取偏心受压构件相应主轴方向上下支撑点之间的距离；i 为偏心方向的截面回转半径。

在推导忽略二阶效应影响的判别条件的长细比限值时近似取 $M_1/M_2=1$，偏于安全，且应用上比较方便。

对于矩形截面有侧移柱或无侧移柱且按单曲率弯曲时，由式(13)可推得 $l_c/h=6.35$。

对于矩形截面无侧移柱按双曲率弯曲时，由式(14)可推得 $l_c/h=10.39$。因此，截面设计时，对于矩形截面有侧移柱或无侧移柱且按单曲率弯曲，当 $l_c/h\leqslant 6$ 时，可忽略二阶效应(P-δ 效应)的影响；对于矩形截面无侧移柱按双曲率弯曲，当 $l_c/h\leqslant 10$ 时，可忽略二阶效应(P-δ 效应)的影响。

3.2.2　简化的弯矩增大系数 η_{ns} 的计算公式

借鉴现行国家标准 GB 50010—2010 弯矩增大系数 η_{ns} 的计算公式仍然沿用 2002 版规范偏心距增大系数 η 的形式的做法，混凝土结构设计规范偏心受压构件二阶效应(P-δ 效应)的设计规定修订时，弯矩增大系数 η_{ns} 的计算公式可取与 GB 50010—2010 的形式基本相同，但由于近似取 $M_1/M_2=1$，故柱端截面偏心距调节系数 C_m 可取为 1.0，由此混凝土结构设计规范偏心受压构件二阶效应(P-δ 效应)的弯矩增大系数 η_{ns} 的计算公式可大为简化。本文提出了简化后的弯矩增大系数 η_{ns} 的计算公式的两套建议方案，供规范组今后修订时选用和参考。

(1) 弯矩增大系数建议方案一：参考中国规范 GB 50010—2010，弯矩增大系数采用曲率表达式的形式。

考虑轴向压力在挠曲杆件中产生的二阶效应后控制截面的弯矩设计值，应按下列公式计算：

$$M=\eta_{ns}M_i \tag{15}$$

$$\eta_{ns}=1+\frac{1}{1300e_0/h_0}\left(\frac{l_c}{h}\right)^2\zeta_c \tag{16}$$

$$\zeta_c=\frac{0.5f_cA}{N} \tag{17}$$

式中，M_i 为柱端截面按结构弹性分析确定的组合弯矩设计值。

其余符号意义同前。

本文提出的弯矩增大系数建议方案一，是在 GB 50010—2010 规范采用的弯矩增大系数计算公式(4)的基础上简化而来，“弯矩增大系数”仍然采用“曲率表达式”的形式，符合传统习惯和做法，且由于近似取 $M_1/M_2=1$，故 $C_m=1$，在弯矩增大系数的计算公式中不再出现 C_m，荷载组合可按传统的做法进行，无需额外增加其他的计算工作量，使二阶效应(P-δ 效应)的设计计算工作大为简化，应用时较为方便。

(2) 弯矩增大系数建议方案二：参考美国规范 ACI 318-19，弯矩增大系数采用轴力表达式的形式。

考虑轴向压力在挠曲杆件中产生的二阶效应后控制截面的弯矩设计值，应按下列公式计算：

$$M=\eta_{ns}M_i \tag{18}$$

$$\eta_{ns}=\frac{1}{1-\dfrac{N}{0.75N_{cr}}}\geqslant 1.0 \tag{19}$$

$$N_{cr}=\frac{\pi^2E_cI}{l_c^2} \tag{20}$$

式中符号意义同前。

本文提出的弯矩增大系数建议方案二，偏心距增大系数(或弯矩增大系数)采用了“轴力表达式”的形式，是在参考美国规范 ACI 318-19 采用的弯矩增大系数法的基础上并做了适当简化提出的，即在确定 C_m 的过程中近似取 $M_1/M_2=1$，故 $C_m=1$，由此得到的弯矩增大系数计算公式(19)，形式上更为简单，应用上更为方便。应予指出的是，式(19)中考虑裂缝影响的刚度折减系数“0.75”的取值是否合理，尚有待进一步验证。

此外，还应说明的是，偏心距增大系数(或弯矩增大系数)采用“轴力表达式”的形式，也为混凝土结构设计规范今后编制有侧移框架考虑 P-Δ 效应的弯矩增大系数法的设计规定时，给出统一的以“轴力表达式”的形式的弯矩增大系数创造了有利条件。例如，美国规范 ACI 318-19 无侧移框架考虑 P-δ 效应的弯矩增大系数法的弯矩增大系数的计算公式采用的是“轴力表达式”的形式，其计算公式见式(10)。

美国规范 ACI 318-19 有侧移框架考虑 P-Δ 效应的弯矩增大系数法的弯矩增大系数也是采用的

“轴力表达式”的形式，其计算公式为：

$$\delta_s = \frac{1}{1 - \frac{\sum P_u}{0.75 \sum P_c}} \geqslant 1 \tag{21}$$

在式(21) 中，因系侧向荷载作用，故取 $C_m = 1.0$，且用每一层内各柱荷载设计值之和及欧拉临界荷载之和代入，因同一层内不可能产生单个柱的侧移破坏，故需按整个一层柱进行求和计算。与 ACI 318-19 无侧移框架考虑 P-δ 效应的弯矩增大系数法的弯矩增大系数的计算公式(10) 相比较，ACI 318-19 有侧移框架考虑 P-Δ 效应的弯矩增大系数法的弯矩增大系数计算公式在形式上是相同的，不同之处在于有侧移框架需按整个一层柱进行求和计算，而当有侧移框架退化为无侧移框架时，有侧移框架考虑 P-Δ 效应的弯矩增大系数法的弯矩增大系数的计算公式，即退化为无侧移框架考虑 P-δ 效应的弯矩增大系数法的弯矩增大系数计算公式。

我国现行国家标准 GB 50010—2010《混凝土结构设计规范》，考虑 P-Δ 效应的偏心距增大系数的计算公式也采用了“轴力表达式” 的形式，相关规定如下。

GB 50010—2010 规定，在框架结构、剪力墙结构、框架 - 剪力墙结构及筒体结构中，当采用增大系数法近似计算结构因侧移产生的二阶效应(P-Δ 效应) 时，应对未考虑 P-Δ 效应的一阶弹性分析所得的柱、墙肢端弯矩和梁端弯矩以及层间位移分别按下列公式乘以增大系数 η_s：

$$M = M_{ns} + \eta_s M_s \tag{22}$$

$$\Delta = \eta_s \Delta_1 \tag{23}$$

式中，M_s 为引起结构侧移的荷载或作用产生的一阶弹性分析构件端弯矩设计值；M_{ns} 为不引起结构侧移荷载产生的一阶弹性分析构件端弯矩设计值；Δ_1 为一阶弹性分析的层间位移；η_s 为 P-Δ 效应增大系数(其计算公式见后述)，其中，梁端 η_s 可取为相应节点处上、下柱端或上、下墙肢端 η_s 的平均值。

针对 2002 版规范 η-l_0 法用于计算框架结构 P-Δ 效应时不能满足“层效应” 的问题，规范修订组曾对 2002 版规范的 η-l_0 法进行了改进，提出了适应“层效应” 的框架结构 η-l_0 计算方法，但考虑到用于手算时仍显过于复杂，故 GB 50010—2010 不再保留 2002 版规范计算框架结构 P-Δ 效应的 η-l_0 法，对框架结构的 P-Δ 效应计算采用了层增大系数法。GB 50010—2010 规定，框架结构中，所计算楼层各柱的 η_s 可按下列公式计算：

$$\eta_s = \frac{1}{1 - \frac{\sum N_j}{DH_0}} \tag{24}$$

式中，D 为所计算楼层的侧向刚度。在计算结构构件弯矩增大系数与计算结构位移增大系数时，应考虑结构构件所处的受力状态，分别取用与受力状态相对应的梁、柱刚度值；N_j 为计算楼层第 j 列柱轴向压力设计值；H_0 为计算楼层的层高。

由此可见，我国现行规范 GB 50010—2010 考虑 P-δ 效应的弯矩增大系数的计算公式为“曲率表达式”的形式(参见式(4))，而考虑 P-Δ 效应的弯矩增大系数的计算公式则为“轴力表达式” 的形式(参见式(24))，两者在形式上是不同的，当某一层的柱子退化为一根柱子时，按式(24) 计算的弯矩增大系数与按式(4) 计算的弯矩增大系数就不大可能相等，或者说此时按这两个公式计算的弯矩增大系数是不连续或不协调的。因此，混凝土结构设计规范今后修订过程中，如果将考虑 P-δ 效应的弯矩增大系数的计算公式改用“轴力表达式” 的形式时，就为今后混凝土结构设计规范编制有侧移框架考虑 P-Δ 效应的弯矩增大系数法的设计规定时，给出统一的以“轴力表达式” 的形式的弯矩增大系数创造了有利条件。

4　结论

针对我国现行国家标准 GB 50010—2010 关于偏心受压构件自身挠曲引起的二阶效应(P-δ 效应) 的设计规定应用上不够方便的问题，在借鉴中、美现行混凝土结构设计规范关于构件自身挠曲引起的二阶效应（P-δ 效应）的设计规定的先进经验的基础上，经过理论分析和比较，提出了应用上较为简便的混凝土结构设计规范二阶效应（P-δ 效应）设计规定的修订建议，可供混凝土结构设计规范今后修订时选用和参考。主要研究结论如下。

(1) 针对中、美规范在判别是否可忽略二阶效应（P-δ 效应）的影响时必须先行确定杆端截面的弯矩 M_1/M_2 的比值的弊端，本文在参考 GB 50010—2010 忽略 P-δ 效应影响的判别准则的基础上，近似取 $M_1/M_2 = 1.0$，提出了简化后的忽略二阶效应（P-δ 效应）影响的判别准则的修订建议。

(2) 针对中、美规范在计算考虑二阶效应（P-δ 效应）影响的弯矩增大系数时，必须先行确定柱端截面偏心距调节系数 C_m 和杆端截面的弯矩 M_1/M_2 的比值的弊端，本文在借鉴 GB 50010—2010 给出的考虑二阶效应（P-δ 效应）影响的弯矩增大系数计算公式 η_{ns} 的先进经验的基础上，近似取 $M_1/M_2 = 1.0$ 和 $C_m = 1.0$，提出了简化后的弯矩增大系数 η_{ns} 的计算公式的两套建议方案，可供规范今后修订时选用和参考。

(3) 如果在混凝土结构设计规范修订稿中，将考虑 P-δ 效应的弯矩增大系数的计算公式改用“轴力表达式”的形式，就为今后混凝土结构设计规范修编有侧移框架考虑 P-Δ 效应的弯矩增大系数法的设计规定时，给出统一的以“轴力表达式”的形式的弯矩增大系数创造了有利条件。

参考文献

[1] GB 50010—2010《混凝土结构设计规范》(2015 版)[S]. 北京：中国建筑工业出版社，2015.

[2] GB 50010—2002《混凝土结构设计规范》[S]. 北京：中国建筑工业出版社，2002.

[3] 宋玉普主编. 高等钢筋混凝土结构学[M]. 北京：中国水利水电出版社，2013.

[4] 中国建筑科学研究院主编. 混凝土结构设计[M]. 北京：中国建筑工业出版社，2003.

[5] “Building Code Requirements for Structural Concrete and Commentary(ACI 318-19), Commentary on Building Code Requirements for Structural Concrete(ACI 318R-19)”[S]. American Concrete Institute, Farmington Hills, May 3, 2019, 623.

[6] 侯建国，杨力，叶亚鸿，等. 新版混凝土结构设计规范二阶效应的设计规定简介[J]. 武汉大学学报(工学版)，2013, 46(增刊)：56-68.

[7] MacGregor J. G., Breen J. E., Pfrang E. O. Design of Slender Concrete Columns[J]. ACI JOURNAL, 1970, 6-28.

[8] Furlong R. W., Hsu C.-T. T., Mirza, S. A. Analysis and Design of Concrete Columns for Biaxial Bending—Overview[J]. ACI Structural Journal, 2004, 413-423.

[9] Mirza S. A., Lee P. M., Morgan, D. L. ACI Stability Resistance Factor for RC Columns[J]. Journal of Structural Engineering, 1987, 1963-1976.

[10] Mirza, S. A. Flexural Stiffness of Rectangular Reinforced Concrete Columns[J]. ACI Structural Journal, 1990, 425-435.

[11] MacGregor, J. G. Design of Slender Concrete Columns—Revisited[J]. ACI Structural Journal, 1993, 302-309.

[12] Ford J. S., Chang D. C., Breen, J. E. Design Indications from Tests of Unbraced Multipanel Concrete Frames[J]. Concrete International, 1981, 37-47.

[13] Wilson E. L. Three-Dimensional Dynamic Analysis of Structures—With Emphasis on Earthquake Engineering[J]. Computers and Structures, Inc., Berkeley, CA, 1997.

[14] MacGregor J. G., Hage S. E. Stability Analysis and Design of Concrete Frames[J]. Proceedings, ASCE, V. 103, No. ST 10, Oct. 1977.

7. 基于 MTMD 的大跨度人行悬索桥人致振动控制*

沈文爱[1]　曾东鋆[2]　朱宏平[1]
(1. 华中科技大学 土木工程与力学学院，湖北 武汉 430074；
2. 同济大学 土木工程学院，上海 200092)

摘要：大跨度人行悬索桥的柔度大、阻尼小，易在人群荷载激励下产生过大振动，导致舒适度不满足规范要求。对于此类结构，需要采取有效减振措施控制其动力响应。本文介绍了多重调谐质量阻尼器(MTMD)对主跨 600 米人行悬索桥的人致振动控制性能。利用有限元软件建立了某大跨度人行悬索桥模型，以德国 EN03 规范为计算依据，计算了悬索桥的人致振动响应，并重点分析了 MTMD 系统的人致振动控制效果。结果表明，经合理设计的 MTMD 系统的减振效果十分明显，人行悬索桥多个模态的动力响应都得到有效抑制，其振动舒适度可满足规范要求。

关键词：人行悬索桥；振动舒适度；人致振动控制；MTMD 系统；减振性能
中图分类号：　　**文献标识码**：　文章编号：

Vibration control on of long-span pedestrian suspension bridge based on MTMD system

Shen Wenai[1]　Zeng Dongjun[2]　Zhu Hongping[1]
(1. College of civil engineering and mechanics, Huazhong University, Hubei Wuhan 430074, China;
2. College of civil engineering, Tongji University, Shanghai 200092, China)

Abstract: Due to large flexibility and low damping, long-span pedestrian suspension bridges are often vulnerable to excessive vibrations under pedestrian loads, leading to problems about pedestrian comfort. For such structures, effective measures need to be taken to reduce their dynamic responses. This paper presents the vibration mitigation performance of multiple tuned mass dampers(MTMD) on a pedestrian suspension bridge with a span of 600 m. We establish the finite element model of the pedestrian suspension bridge using Midas software, and compute its pedestrian-induced vibration responses based on based on the relevant contents in German Standard EN03, focusing on the performance analysis of the MTMD on pedestrian-induced vibration mitigation. Numerical results illustrate that the vibration mitigation performance of the MTMD is significant if properly designed, and the dynamic responses of several vibration modes have been effectively suppressed, thus the vibration serviceability can meet the requirements of the design code.

Keywords: pedestrian suspension bridge; vibration serviceability; human-induced vibration control; MTMD system; vibration mitigation performance

引言

桥梁的人致振动问题由来已久，但直到 20 世纪末伦敦千禧桥[1]、日本 T 桥[2]等事件发生后才引

---

* 基金项目：湖北省自然科学基金项目(2018CFB429)，国家自然科学基金重点项目(51838006)

作者简介：沈文爱，博士，副教授，主要从事结构振动控制方面的研究；曾东鋆，男，硕士研究生，主要从事建筑结构抗震方面的研究；朱宏平，男，博士，教授

起学者们的广泛关注。早期的桥梁振动控制主要是确立各种过桥规则，防止桥梁产生共振，以及规定桥梁的柔度上限，来限制桥梁本身的动力特性。但近年来占主导地位的则是在桥梁上安装阻尼器来减小振动响应，这种方法的经济性、实用性都最为出众。

从早期到现在，对于人行桥的振动控制主要有三种方法[3]：

(1) 限制通行人数及防止行人以整齐、规则的步频过桥；

(2) 频率调整法；

(3) 阻尼减振法。

根据 Matsumoto 的理论[4]，限制通行人数，防止行人齐步过桥实质上就是限制人群动载因子 m，以非齐步过桥是改变了 m 的表达形式，让其尽量从 N 降为 $\sqrt{N}$，而限制人数则是降低了其中 N 值的大小，但如此便限制了人在桥上行走的自由性，在很大程度上违背了人行桥的建设初衷，因此，这种在早期出现过的方法已基本不再纳入考虑范围。

频率调整法是指通过使结构的频率不出现在步行的敏感频率范围之内，即不让行人与桥产生共振以减小其振动反应，来达到舒适性的要求。在 20 世纪，这种方法被诸多规范采用，如 SIA160(1989)、ENV(1991)、CEB(1993)、BS5400(1992)，包括我国国内的 CJJ69-95 规范(1995)等也都采用了这种方法。相关的规范中都对人行桥的竖向频率及侧向频率做出了具体的要求，如日本规范要求桥梁的竖向基频不应落在 1.5～2.3 Hz 范围之内。然而，进入 21 世纪以来，城市中出现了许多轻型大跨的人行桥，有的桥梁甚至还是曲线型。在这种设计方案下，上世纪广泛采用的频率调整法便越来越难以继续适用，因当桥梁的跨度达到 100 m 后，各种形式的人行桥基频一般都会小于 1.3 Hz。以伦敦千禧桥为例，其一阶侧向振动频率仅为 0.49 Hz；若采用此种方法，其侧向振动频率最少需达到 1.5 Hz，由于 $\omega = \sqrt{k/m}$，这就意味着，在质量不变的前提下，结构的刚度至少需增加 9 倍，这既在经济性上行不通，又会对桥梁的外观产生巨大的影响。而本文分析对象的侧向自振频率仅为 0.07 Hz，通过频率调整法来规避敏感频率是不可能的。因此，针对近年出现的这类问题，更多的是采用第三种方法，通过在结构上装配经合理设计的阻尼器来减小结构的振动响应。

近年来，学者对人行悬索桥的减振方法及其减振性能展开了研究，如 TMD 方法[5-10]。但是，目前对于大跨度人行悬索桥，特别是主跨大于 500 米以上的人行桥的减振性能研究还较少。本文以一座 600 跨度的人行悬索桥为例，利用有限元软件 Midas/Civil 建立其有限元模型，结合德国 EN03 规范，计算了加装 MTMD 减振系统前后结构的振动响应，并进行了对比分析，评估了其人致振动控制性能，为同桥型的减振设计提供重要参考。

1 MTMD 设计参数

MTMD 系统全称为多重调频质量阻尼器(Multiple Tuned Mass Damper)，其是在单个 TMD 基础上所进行的一种延伸[11]，单个 TMD 具有调频范围窄，控制效果不稳定，不能应对外荷载频率变化的缺陷[12]。而以控制模态频率为中心，将多个 TMD 按一定的频率宽度分布，可得 MTMD 系统，所得到控制系统的鲁棒性较强，可以同时控制多阶模态的振动响应，且相比单个质量较大的 TMD，其更易于安装，经济实用。MTMD 不仅在电塔、高层建筑中有广泛应用，其在控制桥梁人致振动响应时，效果也非常明显。

TMD 存在的一个很突出的问题是，当 TMD 的调谐频率与激振力的频率接近一致时，其产生的减振效果较好，然而，若两者偏差较大，则 TMD 的减振效果就会明显下降。实际情况中，结构受到的激振力频率常常在某一范围内不断变化，有时还有多种频率成分，因此，难以保证 TMD 的有效性。出于应用方面的考虑，提出了采用不同动力特性的多个 TMD 来对结构进行振动控制，称为 MTMD，其力学模型如图 1 所示：

MTMD 的有效频率范围较宽，可以很好地解决 TMD 阻尼器对于激励荷载频率十分敏感这一问题。相对于 TMD，其鲁棒性更好，能够达到更佳的减振效果。李春祥[14]提出了 MTMD 作用的 5 种模型(Model 1-Model 5)，具体内容如表 1 所示。

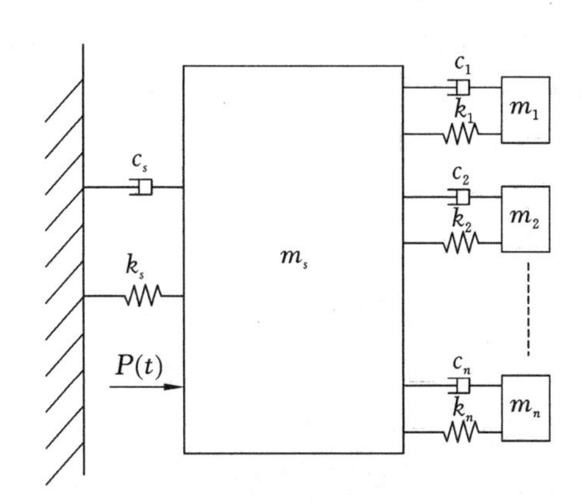

图1 MTMD示意图[13]

Fig. 1 Schematic of MTMD system

表1 MTMD模型列表

Table 1 Models of MTMD system

	μ_j	ξ_T
Model 1： $K_1=K_2=\cdots=K_n \quad C_1=C_2=\cdots=C_n$ $M_1\neq M_2\neq\cdots\neq M_n \quad \xi_1\neq\xi_2\neq\cdots\neq\xi_n$	$\dfrac{\mu}{r_j^2\sum_{j=1}^{n}\frac{1}{r_j^2}}$	$\dfrac{r_j\xi_T}{f}$
Model 2： $K_1\neq K_2\neq\cdots\neq K_n \quad C_1\neq C_2\neq\cdots\neq C_n$ $M_1=M_2=\cdots=M_n \quad \xi_1=\xi_2=\cdots=\xi_n$	$\dfrac{\mu}{n}$	ξ_T
Model 3： $K_1\neq K_2\neq\cdots\neq K_n \quad C_1=C_2=\cdots=C_n$ $M_1=M_2=\cdots=M_n \quad \xi_1\neq\xi_2\neq\cdots\neq\xi_n$	$\dfrac{\mu}{n}$	$\dfrac{n\xi_T}{r_j^2\sum_{j=1}^{n}\frac{1}{r_j^2}}$
Model 4： $K_1=K_2=\cdots=K_n \quad C_1\neq C_2\neq\cdots\neq C_n$ $M_1\neq M_2\neq\cdots\neq M_n \quad \xi_1=\xi_2=\cdots=\xi_n$	$\dfrac{\mu}{r_j^2\sum_{j=1}^{n}\frac{1}{r_j^2}}$	ξ_T
Model 5： $K_1\neq K_2\neq\cdots\neq K_n \quad C_1=C_2=\cdots=C_n$ $M_1\neq M_2\neq\cdots\neq M_n \quad \xi_1=\xi_2=\cdots=\xi_n$	$\dfrac{\mu}{r_j^2\sum_{j=1}^{n}\frac{1}{r_j^2}}$	ξ_T

表1中设M_0、ω_0为主结构的受控模态的广义模态质量和频率，则：

$\mu=\sum_{j=1}^{n}M_j/M_0$为MTMD系统的总质量比；

$\omega_T=\sum_{j=1}^{n}\omega_j/n$为MTMD系统的平均频率；

$f=\omega_T/\omega_0$为MTMD系统的中心频率比；

ω_j、M_j、K_j、C_j、ξ_j、μ_j分别为第j个TMD的频率、质量、刚度、阻尼、阻尼比和与受控模态的广义模态质量之比；

$r_j=\omega_j/\omega_0$为第j个TMD的频率与结构受控模态的频率比；

$\xi_T=\sum_{j=1}^{n}\xi_j/n$为MTMD系统的平均阻尼比。

根据相关研究成果，Model 1和Model 4的鲁棒性在五种模型中较优。然而，通过观察可以发现，

Model 1 中各 TMD 的刚度、阻尼大小都相同，仅仅是质量 M 不同，这样在制作过程中可以仅改变阻尼器中质量块的质量，为生产制作带来了较大便利，因此，本文采用 Model 1 模式进行 MTMD 系统设计。

2　工程概况

本研究考虑的某大跨度人行桥为平面直线无塔悬索桥结构，不设桥塔，将主缆直接锚固于岩体上，桥面到谷底的距离为 234.8 m，初步效果图如图 2 所示。

图 2　某大跨度人行悬索桥效果图

Fig. 2　Picture of the proposed suspension footbridge

桥梁主缆跨度 750 m，加劲梁跨度 600 m，主缆在桥左右两侧各分别对称布置一根，相对两侧锚固点的垂度分别为 76 m 和 88 m，主缆在平、立面上都为曲线状，横向最大间距为 60 m，最小间距为 10 m，加劲梁与主缆通过 118 根悬索相连，悬索的立面投影为竖直直线，加劲梁采用钢箱梁截面，桥梁立面、平面布置及横断面图如图 3～图 5 所示。

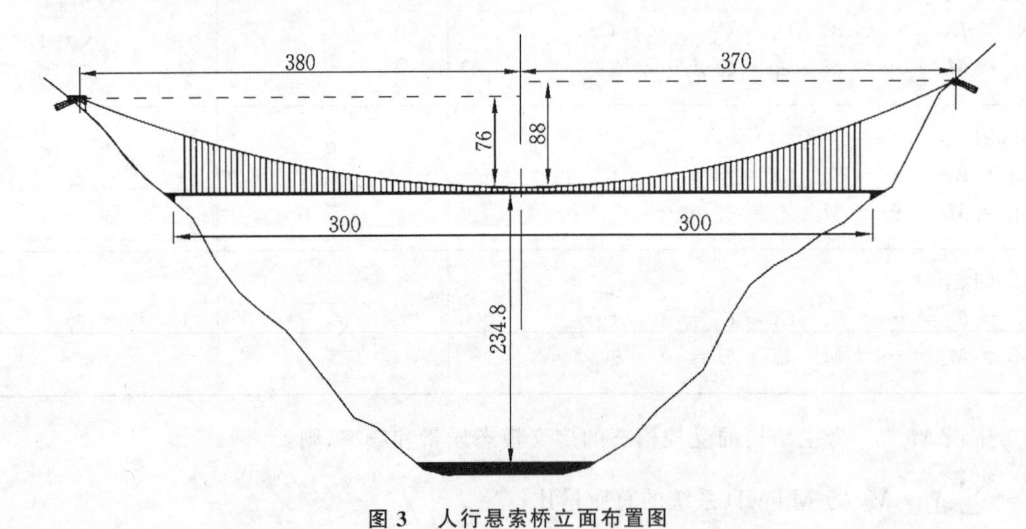

图 3　人行悬索桥立面布置图

Fig. 3　Elevation layout of pedestrian suspension bridge

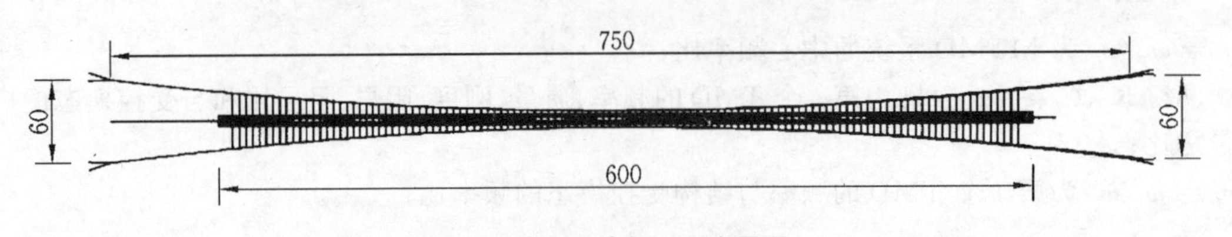

图 4　人行悬索桥平面布置图

Fig. 4　Plane layout of pedestrian suspension bridge

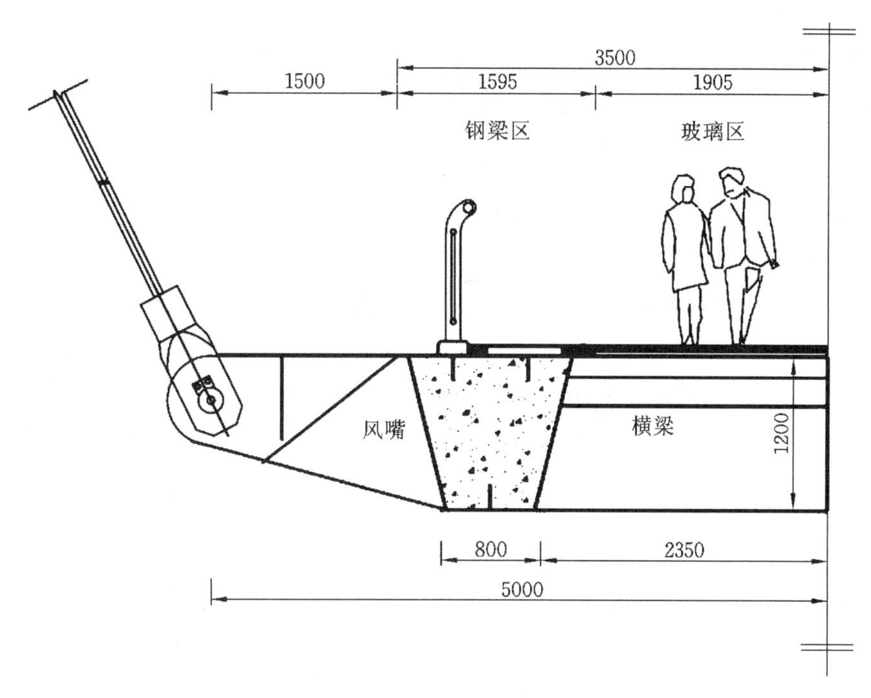

图5 悬索桥横断面图

Fig. 5 Cross section diagram of pedestrian suspension bridge

在加劲纵、横梁围成的露空区域处,设置有3层15 mm厚的钢化防滑玻璃,边梁及横梁的上方铺设两层8 mm厚的钢化防滑玻璃,层间设置有一定厚度的胶片,玻璃结构的下方及侧面设有弹性橡胶垫片,确保其具有足够的间隙及变形协调能力。

3 结构动力特性分析及人致振动计算

3.1 计算软件及模型

采用有限元软件Midas/Civil建立该人行悬索桥的空间三维有限元模型。主缆及悬索采用只受拉单元模拟,横梁及边纵梁采用空间梁单元进行模拟。由于将主鞍座直接置于岩体上,刚度较大,故不对桥鞍座进行建模,而直接采用边界条件来对桥梁两端进行约束。两根主缆的四端均采用6自由度完全约束进行固定,即认为山体对主缆具有刚性约束作用,全桥有限元模型如图6所示。

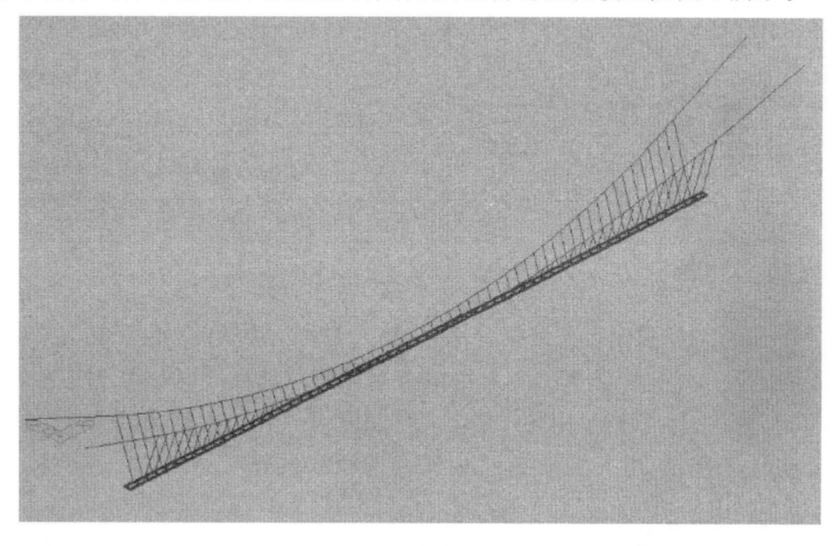

图6 悬索桥模型图

Fig. 6 Finite element model picture of the suspension bridge

3.2 结构动力特性分析

采用Lanczos法计算人行悬索桥结构动力特性,得到结构的自振频率及对应的振型,由于该桥基频很低(仅为0.0769 Hz),且振动模态分布密集,因此仅针对德国规范中竖向及横向人致荷载折减系数ψ取1(即其他条件相同时,产生的人致荷载最大)且具有明显竖向、侧向振动特征的模态进行计算分析与振动控制,表2及表3列出了计算结果。

表2 与竖向一阶荷载相关的悬索桥频率及振型

Table 2 Frequencies and mode shapes related to the first order load component of the pedestrian suspension bridge in vertical direction

模态号	频率(Hz)	特征
81	1.715	桥两侧同向竖弯
82	1.741	桥两侧同向竖弯
83	1.769	桥两侧同向竖弯
84	1.797	桥两侧同向竖弯
85	1.824	桥两侧同向竖弯
90	1.855	桥两侧同向竖弯
91	1.884	桥两侧同向竖弯
92	1.913	桥两侧同向竖弯
103	1.996	桥两侧反向竖弯

表3 与侧向一阶荷载相关的悬索桥频率及振型

Table 3 Frequencies and mode shapes related to first order load component of the pedestrian suspension bridge in lateral direction

模态号	频率(Hz)	特征
27	0.714	桥两侧同向侧弯
30	0.738	桥两侧小幅度侧弯
31	0.793	桥两侧反向竖弯+同向侧弯
33	0.845	桥两侧小幅度反向竖弯+同向侧弯
37	0.917	小幅度侧弯+小幅度竖弯
39	0.976	桥两侧反向竖弯+同向侧弯
40	0.985	桥两侧反向竖弯+同向侧弯

3.3 结构的人致振动计算

应用德国EN03规范对桥梁进行人致振动计算,将人当作动力荷载,不考虑人桥相互作用,采用强迫振动理论进行模拟计算,结构模态阻尼比为0.003。振动响应计算采用时程分析法(取其中振型叠加法),分析的时间步长取0.1 s,分析时间取600 s(人行速度约为1 m/s,则通过全桥时间约为600 s),并且取桥梁约1/10跨、1/5跨、3/10跨、2/5跨、1/2跨处的第255、259、265、271、277号节点为观测节点,计算得到结构的振动响应。

计算结果表明,在TC4交通级别下,观测点竖向的最大加速度响应超过一半大于0.5 m/s^2,其中最大加速度为1.700 m/s^2。在TC5交通级别下,观测点竖向最大加速度响应几乎全大于0.5 m/s^2,其中最大加速度为2.080 m/s^2。此交通级别下，侧向最大加速度响应也达0.200 m/s^2。因此，若有大量游客在其上通行，则行走舒适度可能无法得到保证，甚至可能造成游客及工作人员产生恐慌，需要进行振动控制以减小桥梁的振动响应。

4 结构振动控制

4.1 人行桥的竖向振动控制

根据桥梁的实际情况，全桥布置24个用于多模态竖向振动控制的TMD形成MTMD系统，按Model 1设计的MTMD系统参数如表4所示。

表4 竖向MTMD系统控制参数

Table 4 Control parameters of the MTMD system in vertical direction

MTMD编号	数量	TMD频率(Hz)	质量(kg)	刚度(N/m)	阻尼(N·s/m)
1	2	1.715	1489	172891	3015
2	2	1.741	1444	172891	3015
3	2	1.758	1416	172891	3015
4	2	1.769	1400	172891	3015
5	2	1.797	1356	172891	3015
6	6	1.825	1314	172891	3015
7	2	1.855	1273	172891	3015
8	2	1.884	1233	172891	3015
9	2	1.913	1196	172891	3015
10	2	1.996	1099	172891	3015
MTMD质量和(kg)			31708		
总质量比 μ			3.6%		
平均阻尼比 ξ_T			0.1		
中心模态质量(取第85阶)(kg)			883317.3		
中心模态频率(取第85阶)(Hz)			1.825		
中心频率比			1		

图7表示出了阻尼器在桥位上的布置位置：图中各TMD编号与表4中一致，由于需要同时针对81-85、90、91、92、103阶模态进行多模态振动控制，因此取第85阶模态为中心模态，MTMD系统频率以此为中心向两侧延伸，将上述所有模态频率均包含在内，参考文献[13]的研究成果，中心频率比取1进行设计计算。MTMD系统布置原则如下：1号TMD布置在其频率对应模态向量最大值处，2号TMD与1号TMD关于桥中心对称布置，1号与2号均往桥中心移动10 m得3号与4号点位，剩余点位以此类推，每一点位处布置两个完全相同的TMD，剩余的4个6号TMD在距跨中10 m处相对跨中对称布置。

4.2 人行桥的侧向振动控制

根据桥梁的实际情况，全桥布置6个用于多模态侧向振动控制的TMD形成MTDM系统，按Model 1设计的MTMD系统参数如表5所示。

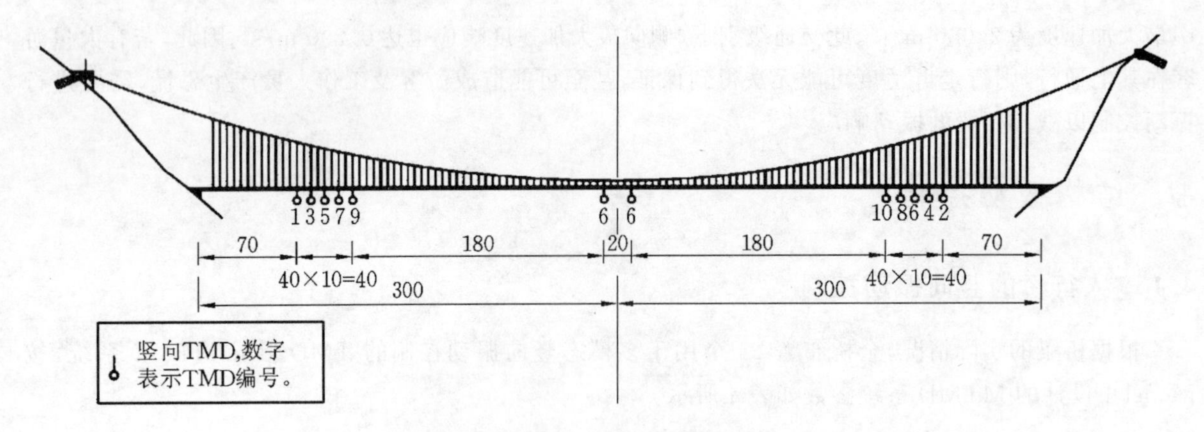

图 7 竖向 MTMD 阻尼器布置图

Fig. 7 Placement scheme of MTMD dampers for vertical vibration control

表 5 侧向 MTMD 系统控制参数

Table 5 Control parameters of the MTMD system in lateral direction

TMD 编号	数量	TMD 频率(Hz)	质量(kg)	刚度(N/m)	阻尼(N·s/m)
1	2	0.714	5217	104911	3950
2	2	0.845	3720	104911	3950
3	2	0.976	2789	104911	3950
MTMD 质量和(kg)			23451.7		
总质量比 μ			1%		
平均阻尼比 ξ_T			0.1		
中心模态质量(取第 33 阶)(kg)			2345166		
中心模态频率(取第 33 阶)(Hz)			0.845		
中心频率比			1		

图 8 表示出了 MTMD 阻尼器在桥位上的布置位置，TMD1、TMD2、TMD3 均布置在其频率对应模态的模态向量较大值处，TMD 编号与表 5 一致。

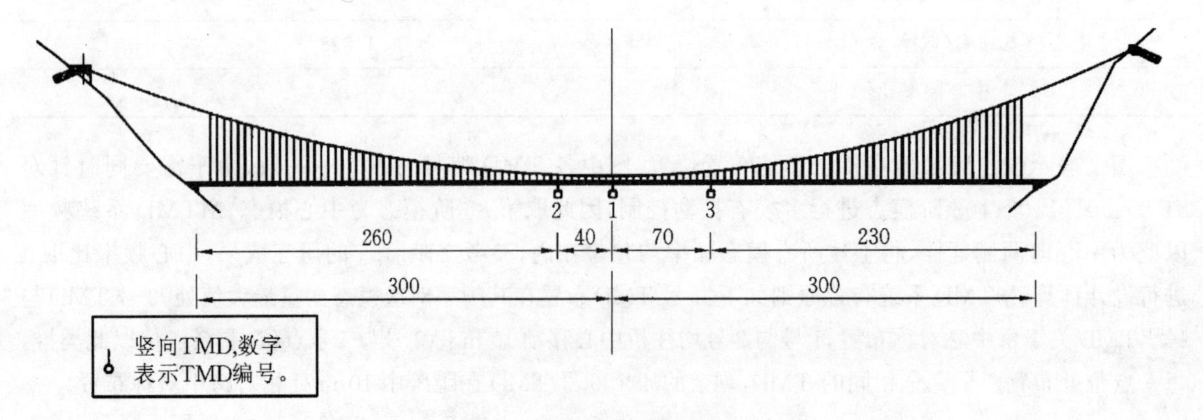

图 8 侧向 MTMD 阻尼器布置图

Fig. 8 Placement scheme of MTMD dampers for lateral vibration control

5　结构振动响应

本节利用有限元模型，计算得到布置两个 MTMD 系统后的人行悬索桥在 TC5 交通级别和各阶频率荷载下的振动响应。

5.1　竖向振动响应

结构的竖向振动响应如表 6 所示。

表 6　人行悬索桥竖向最大加速度响应(m/s^2)

Table 6　Maximum acceleration responses of the pedestrian suspension bridge in vertical direction

TC5	81 阶			82 阶		
	减振前	减振后	减振率	减振前	减振后	减振率
1/10 跨处	1.803	0.019	98.94%	2.084	0.019	99.11%
1/5 跨处	0.329	0.323	1.74%	0.893	0.121	86.49%
3/10 跨处	0.053	0.267	−400%	0.990	0.075	92.41%
2/5 跨处	0.559	0.036	93.48%	0.616	0.069	88.83%
1/2 跨处	0.848	0.108	87.23%	0.111	0.124	−11.58%
TC5	83 阶			84 阶		
	减振前	减振后	减振率	减振前	减振后	减振率
1/10 跨处	1.879	0.023	98.78%	1.347	0.027	97.99%
1/5 跨处	1.550	0.310	80.03%	1.091	0.074	93.20%
3/10 跨处	0.703	0.104	85.18%	0.501	0.013	97.46%
2/5 跨处	0.805	0.111	86.23%	0.373	0.038	89.86%
1/2 跨处	0.928	0.083	91.02%	0.060	0.088	−47.11%
TC5	91 阶			92 阶		
	减振前	减振后	减振率	减振前	减振后	减振率
1/10 跨处	0.269	0.014	94.86%	0.107	0.010	90.23%
1/5 跨处	1.662	0.006	99.61%	1.539	0.020	98.70%
3/10 跨处	0.750	0.002	99.75%	0.927	0.007	99.26%
2/5 跨处	0.903	0.010	98.86%	0.249	0.016	93.77%
1/2 跨处	0.876	0.017	98.03%	0.063	0.014	77.34%

从表中数据可以看出，在附加了 MTMD 减振阻尼器之后，人行悬索桥在各阶频率荷载作用下的加速度响应有大幅减少，几乎降至了可忽略的程度。减振后的加速度响应最大为 0.323 m/s^2，均小于 0.5 m/s^2，达到了最好的舒适度级别，最大减振率为 99.75%。可见，所设计的竖向 MTMD 系统减振效果非常好。

图 9 显示了加装 MTMD 减振系统后，结构的 1/10 跨观测点在 TC5 交通级别，81、82、83、84 阶频率荷载作用下的 550 ～ 600 s 的加速度时程图。如图 9 所示，竖向 MTMD 完全抑制了人群荷载导致的加速度响应，使得该人行悬索桥完全满足舒适度的要求。

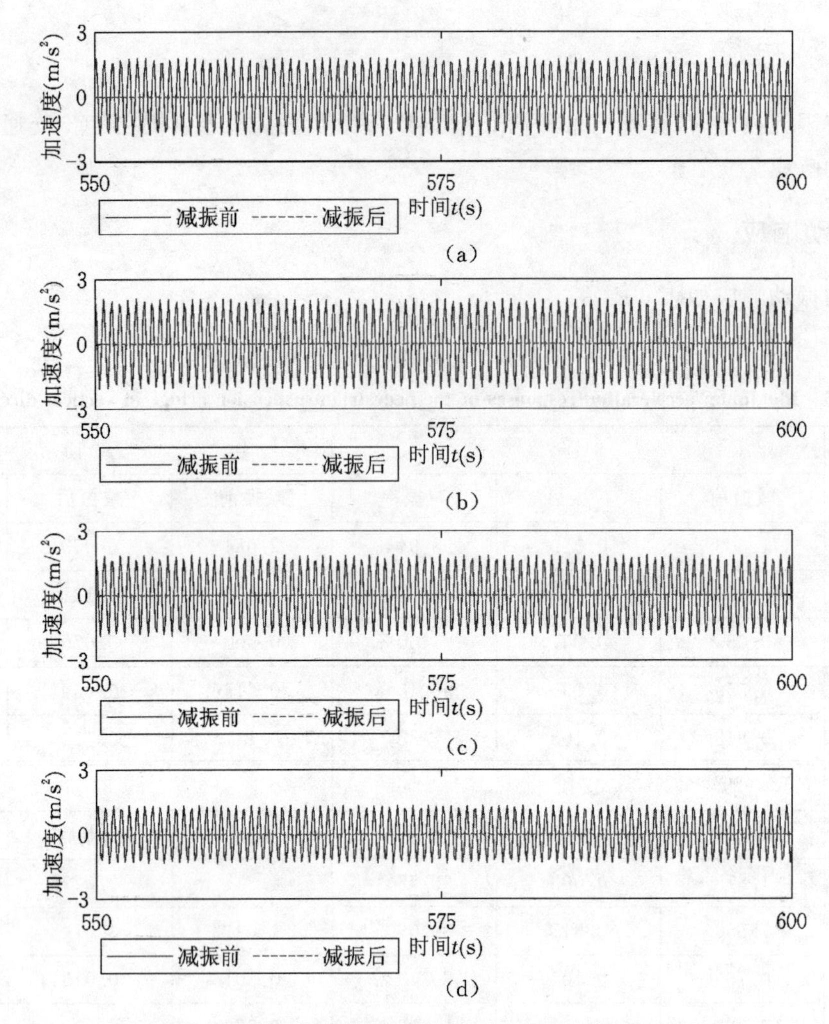

图9　TC5交通级别不同频率荷载下1/10跨加速度时程

(a) 81阶频率荷载;(b) 82阶频率荷载;(c) 83阶频率荷载;(d) 84阶频率荷载

Fig. 9　Acceleration time-histories at 1/5 span under loads with different frequencies at TC5 traffic level

5.2　侧向振动响应

结构的侧向振动响应如表7所示。

表7　人行悬索桥侧向最大加速度响应(m/s^2)

Table 7　Maximum acceleration responses of the pedestrian suspension bridge in lateral direction

TC5	27阶			33阶		
	减振前	减振后	减振率	减振前	减振后	减振率
1/10跨处	0.038	0.001	97.94%	0.041	0.003	93.73%
1/5跨处	0.188	0.004	97.91%	0.186	0.005	97.47%
3/10跨处	0.065	0.004	94.06%	0.187	0.006	97.00%
2/5跨处	0.108	0.002	98.07%	0.119	0.007	93.77%
1/2跨处	0.203	0.005	97.41%	0.005	0.001	86.15%

续表 7

TC5	39 阶			40 阶		
	减振前	减振后	减振率	减振前	减振后	减振率
1/10 跨处	0.083	0.006	92.54%	0.051	0.011	77.53%
1/5 跨处	0.082	0.003	96.45%	0.052	0.001	85.07%
3/10 跨处	0.112	0.004	96.00%	0.070	0.011	84.18%
2/5 跨处	0.135	0.006	95.26%	0.082	0.015	82.30%
1/2 跨处	0.143	0.008	94.13%	0.090	0.018	79.17%

从表7中数据可看出，在附加了MTMD减振阻尼器之后，该人行悬索桥在各阶频率荷载作用下的加速度响应得到了有效抑制，最大减振率达97.94%，效果十分明显。观测点的加速度最大响应为0.018 m/s²，均小于0.1 m/s²，达到了最好的舒适度级别。同时，也使人行桥的侧向失稳锁定现象不再可能发生，大大提高了人行桥的安全性。

图10给出了该人行悬索桥在TC5交通级别，27、33、39、40阶频率荷载的作用下，1/5跨观测点在加装MTMD系统前后的加速度响应。如图10所示，侧向MTMD同样具有优越的减振性能，可以有效提升大跨度人行悬索桥的振动舒适度。

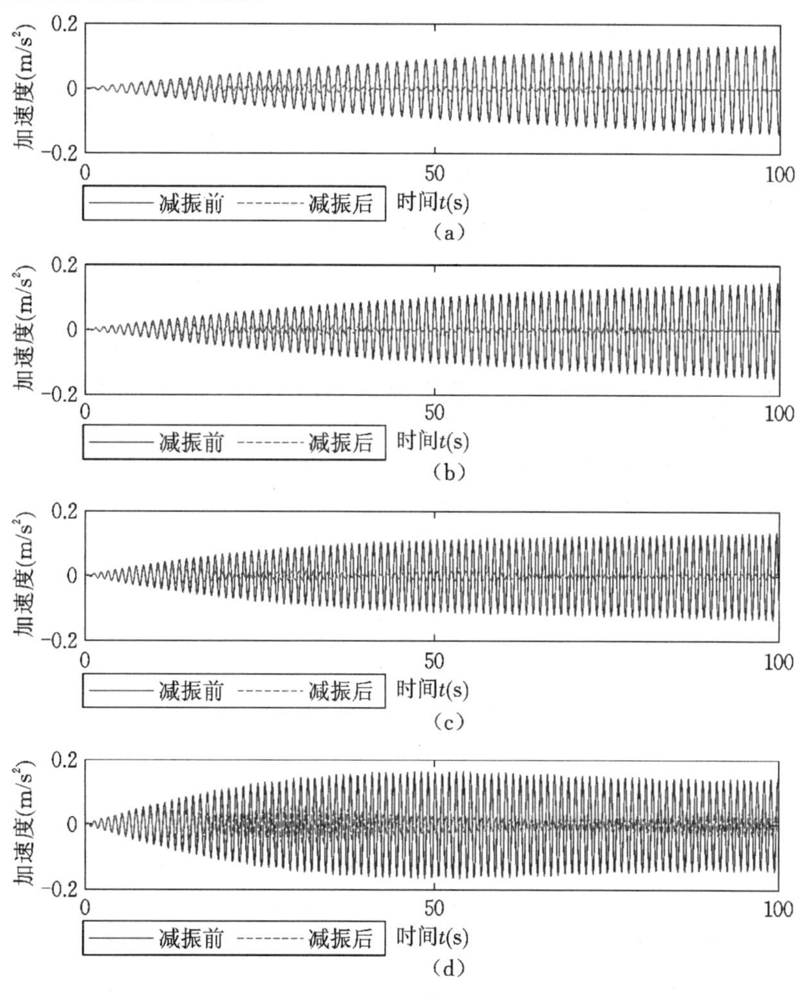

图10　TC5交通级别不同频率荷载下1/5跨加速度时程

(a) 27阶频率荷载；(b) 33阶频率荷载；(c) 39阶频率荷载；(d) 40阶频率荷载

Fig. 10　Acceleration time-histories at 1/5 span under loads with different frequencies at TC5 traffic level

6 结论

大跨度人行悬索桥具有自振频率低、阻尼比小、柔性大的特点，其在行人荷载的敏感频段具有非常密集的振动模态，因此，人致振动控制问题是其设计和安全服役的关键。MTMD系统具有频率范围较广，可覆盖多阶振动模态及鲁棒性强的优点，因此是大跨度人行悬索桥人致振动控制的优先选项。本文采用了两个MTMD系统分别对悬索人行桥竖向及侧向人致振动同时进行多模态控制。计算结果表明，经合理设计的MTMD系统减振效果十分显著，有效抑制了大跨度人行悬索桥的竖向和侧向加速度响应，同时消除了人行桥发生侧向锁定失稳的可能性。其次，本文研究发现，在模态向量值较大处布置MTMD系统，且符合对称布置原则，可取得较优的减振效果。

参考文献

[1] Dallard P. ,Fitzpatrick T. ,Flint A. ,et al. The London Millennium bridge: pedestrian-induced lateral vibration[J]. Journal of Bridge Engineering,2001,6(6):412-417

[2] Shun-ichi Nakamura,Toshisugu Kawasaki. Lateral vibration of footbridges by synchronous walking[J]. Journal of Constructional steel research,2006,62:1148-1160

[3] 陈政清，华旭刚. 人行桥的振动与动力设计[M]. 北京：人民交通出版社，2009(Chen Zhengqing,Hua Xugang. Vibration and dynamic design of footbridges[M]. Beijing:China Communications Press,2009(in Chinese))

[4] Matsumoto Y. ,Nishioka T. ,Shiojiri H. ,et al. Dynamic design of footbridges[M]. IABSE,1978.

[5] 朱准峰. 自锚式人行悬索桥人致振动及振动控制研究[D]. 中南大学，2014(Zhu Zhunfeng. Analysis of pedestrian-induced vibration and vibration control method of self-anchored suspension footbridge[D]. Central South University,2014(in Chinese))

[6] 孟永旺. 大跨度人行悬索桥颤振稳定性与人致振动响应研究[D]. 湖南大学，2015(Meng Yongwang. Study on flutter stability and vibration response due to pedestrian walking of long-span suspension footbridge[D]. Hunan University,2015(in Chinese))

[7] 刘梦渝. 基于TMD的人行桥多振型减振控制研究[D]. 哈尔滨工业大学，2019(Liu Mengyu. Research on Multi-mode vibration control of footbridge based on TMD[D]. Harbin Institute of Technology,2019(in Chinese))

[8] 朱俊朋，鞠三，徐秀丽，等. 考虑舒适度的人行悬索桥振动控制[J]. 南京工业大学学报，2013,35(3):56-60(Zhu Junpeng,Ju San,Xu Xiuli,Li Xuehong,Li Zhijun. Vibration control of pedestrian suspension bridge considering human comfort[J]. Journal of Nanjing University of Technology(Natural Science Edition),2013,35(3):56-60(in Chinese))

[9] 孙利民，杨伟，于军峰，等. 空间曲梁单边悬索桥的振动舒适性评估及减振设计[J]. 建筑施工，2015,37(12):1345-1348.(Sun Limin,Yang Wei,Yu Junfeng,Yu Chao. Vibration comfort evaluation and vibration reduction design of space curved beam unilateral suspension bridge[J]. Building Construction,2015,37(12):1345-1348(in Chinese))

[10] 邹卓，宋旭明，李璋，等. 基于TMD的自锚式人行悬索桥人致振动控制研究[J]. 铁道科学与工程学报，2018,15(10):2574-2582(Zou Zhuo,Song Xuming,Li Zhang,Tang Mian,He Zeng. Study of pedestrian-induced vibration of self-anchored suspension footbridge based on TMD[J]. Journal of Railway Science and Engineering(Natural Science),2018,15(10):2574-2582(in Chinese))

[11] 李晓玮，施卫星. 人行天桥MTMD减振控制的鲁棒性研究[J]. 结构工程师，2012,28(04):7-12(Li Xiaowei,Shi Weixing. Research on robustness of vibration control of pedestrian bridges using multi degree of freedom passive tuned mass-dampers[J]. Structural Engineers,2012,28(04):7-12(in Chinese))

[12] 付杰. 调谐质量阻尼器的减振研究[D]. 华侨大学，2017(Fu Jie. Vibration suppression based on the tuned mass damper technology[D]. Huaqiao University,2017(in Chinese))

[13] 陈广生. MTMD对钢结构人行天桥的振动控制研究[D]. 南京林业大学，2015(Chen Guangsheng. The research of MTMD for vibration control of steel pedestrian bridge[D]. Nanjing Forestry University,2015(in Chinese))

[14] 李春祥，熊学玉. 地震作用下基于ADMF和系统参数组合的最优MTMD[J]. 计算力学学报，2002(03):291-298

(Li Chunxiang, Xiong Xueyu. Optimum multiple tuned mass dampers based on ADMF and the combinations available of the system parameters under earthquake[J]. Chinese Journal of Computational Mechanics, 2002(03): 291-298. (in Chinese))

[15] 葛俊颖. 桥梁工程软件 midas Civil 使用指南[M]. 北京:人民交通出版社,2013(Ge Junying. Guidance for the Use of Bridge Engineering Software Midas Civil[M]. Beijing:China Communications Press,2013(in Chinese))

[16] 费梁. 大跨径钢结构人行桥人致振动分析与控制[D]. 东南大学,2018(Fei Liang. Analysis and control of human-induced vibration of long-span steel footbridge[D]. Southeast University,2018(in Chinese))

[17] 陈阶亮. 行人激励下人行天桥的振动舒适性研究[D]. 浙江大学,2007(Chen Jieliang. Research on vibration comfort of footbridge induced by pedestrian excitation[D]. Zhejiang University. 2007(in Chinese))

[18] 杨舒蔚,葛容华. 钢箱梁悬索桥模态阻尼比分析[J]. 四川建筑,2018,38(02):159-162(Yang Shuwei,Ge Ronghua. Modal damping ratio analysis of steel box girder suspension bridge[J]. Sichuan Architecture,2018,38(02):159-162(in Chinese))

[19] 黄国平,侯苏伟,王新忠. 基于单自由度共振反应的模态质量计算方法[J]. 湖南城市学院学报(自然科学版),2017,26(05):7-11(Huang Guoping,Hou Suwei,Wang Xinzhong. A computing method modal mass based on the single degree of freedom of resonance reaction[J]. Journal of Hunan City University(Natural Science),2017,26(05):7-11(in Chinese))

8. 基于矩法的CRTSⅡ型无砟轨道板纵向稳定可靠性分析*

金宝铮[1]　卢朝辉[1]　赵衍刚[1,2]

(1. 北京工业大学城市建设学部,北京 100124;
2. 神奈川大学建筑系,日本横滨 221-8686)

摘要:本文提出了一种基于矩法的CRTSⅡ型无砟轨道板纵向稳定可靠性分析模型。该方法建立温度荷载作用下轨道板纵向稳定极限状态功能函数,利用该极限状态函数,提出基于矩法的CRTSⅡ型轨道板纵向稳定可靠性分析模型。在计算实例中,把变异性较大的结构参数或环境参数处理成随机变量,对轨道板纵向失稳可靠度进行计算。结果表明:轨道板纵向失稳发生的可能性很小。进一步基于该模型,对轨道板纵向稳定进行参数影响性分析,识别出对轨道板纵向稳定可靠度影响程度最大的结构参数或环境参数。参数影响性分析表明,按照参数对轨道板纵向失稳的影响程度从大到小依次是轨道板服役温度、混凝土温度膨胀系数、轨道板初始上拱、轨道板-砂浆层粘结强度、轨道板纵连施工温度、轨道板弹性模量、混凝土密度。建议在实际中对轨道板的上拱情况和轨道板-砂浆层粘结强度进行控制,以减小轨道板纵向失稳发生的可能性。

关键词:矩法;纵向失稳;CRTSⅡ型无砟轨道板;可靠度;参数分析

中图分类号:TU311.4　　　**文献标识码**:A

Reliability Analysis of Longitudinal Stability of CRTSⅡ Ballastless Track Slab based on Moment Method

Jin Bao-Zheng[1]　Lu Zhao-Hui[1]　Zhao Yan-Gang[1,2]

(Faculty of Urban Construction, Beijing Univ. of Technology, 100124, China)

(Department of Architecture, Kanagawa Univ., 221-8686, Japan)

Abstract: This paper presents a reliability analysis method for longitudinal stability of CRTSⅡ ballastless track slab based on moment method. The limit state function of the longitudinal stability of track slab under the action of environment was proposed, whereby the moment method was used to conduct reliability evaluation of the longitudinal stability of the CRTSⅡ ballastless track slab. In the example, the longitudinal stability reliability of track slab is calculated. The result shows that the probability of longitudinal instability of track slab is very small. Then, a parameter influence analysis of longitudinal stability of track slab is conducted, and the structural parameters or environmental parameters that have the greatest impact on the longitudinal stability reliability of the track slab can be identified. The analysis of parameter influence shows that according to the degree of influence of the parameters on the longitudinal stability of the track slab, the order from large to small is the service temperature of the track slab, the temperature expansion coefficient of the track slab, the initial camber of the track slab, the bond strength between track slab and mortar layer, the

---

* 基金项目:国家自然科学基金项目(No. 51820105014,51738001,U1934217)
作者简介:金宝铮,硕士研究生

construction locking temperature of the track slab, the elastic modulus of the track slab, and the density of the track slab. In order to reduce the possibility of the longitudinal stability of the track slab, it is suggested to control the camber of the track slab and the bond strength between track slab and mortar layer in practice.

Keywords: moment method; longitudinal stability; CRTSⅡ ballastless track slab; reliability; parameter analysis

引言

21世纪初至今，是中国高速铁路大规模建设的二十年。其中桥上CRTSⅡ型板式无砟轨道结构在我国大量建设，广泛应用于京津城际、京沪、沪杭、杭长、京石、石武、合蚌、合福等线路。对于Ⅱ型板式轨道结构，轨道板之间在纵向将伸出钢筋用张拉锁具进行连接，可将其视为连续支承下的长大带状结构，温度变化时，纵连的轨道结构将承受较大的轴向力。在温度荷载(即轴向压力)和重力共同作用下，这种结构可能会产生垂向上拱甚至是失稳。实际使用中发现，在夏季高温天气，Ⅱ型板式轨道会出现轨道板上拱现象，而且个别地段轨道板上拱高度达到10 mm以上，严重影响轨道平顺性。考虑到随着温度压力的增加，Ⅱ型轨道板的上拱可能最终使轨道板在竖向丧失稳定性。因此，有必要对Ⅱ型轨道板的纵向稳定性展开研究。

林红松[1]、周敏[2]等基于有限元软件按照第二类稳定问题对轨道板-砂浆层-底座板整体进行非线性稳定性分析，研究结果表明连续式无砟轨道在一般情况下不会发生整体失稳，但考虑轨道初始弯曲后，轨道可能发生较大的垂向位移及道床板拱起等。曾毅[3]、杨俊斌[4]、张向民[5]等按照第二类稳定问题对轨道板单一结构层纵向失稳问题进行了理论研究与分析，研究结果表明Ⅱ型轨道板在温度压力作用下丧失稳定性的可能性很小。

但是在实际中，受施工质量的影响，轨道板的弹性模量、CA砂浆与轨道板的粘结强度、剪切强度、混凝土的温度膨胀系数、轨道板初始弯曲等参数都具有很大的变异性与随机性。既有研究多集中在如何更合理地计算轨道板失稳临界荷载，仅对CA砂浆粘结强度和轨道板初始上拱情况等参数取一系列确定值，进行了一定程度的影响分析，忽略了这些参数取值范围广的随机特性以及参数不确定性所带来的影响。考虑到这些参数的随机性和不确定性，宜采用概率方法对稳定性问题进行分析。但是到目前为止，尚缺少关于轨道板稳定性可靠度计算的相关内容。

鉴于此，本文建立了温度荷载作用下轨道板纵向失稳极限状态功能函数，利用该极限状态函数，提出基于矩法的CRTSⅡ型轨道板纵向失稳承载力可靠性分析模型。然后通过查找文献确定出变异性较大的结构参数或环境参数，把这些参数作为随机变量对轨道板纵向失稳可靠度进行了计算。最后基于该可靠度计算模型，对轨道板纵向失稳进行参数影响性分析，识别出计算模型中的随机变量对轨道板纵向失稳可靠度的影响程度以及其中影响程度最大的随机变量，以指导工程实践。

1 纵向失稳功能函数

受压构件的稳定状态可以通过比较构件的临界抗压承载力和实际所受的压力来进行判断。对于CRTSⅡ型轨道板来说，温度荷载作用下，轨道板纵向失稳的功能函数可以表达为：

$$G(\boldsymbol{X}_1,\boldsymbol{X}_2)=P(\boldsymbol{X}_1)-P(\boldsymbol{X}_2) \tag{1}$$

式中：P_{cr}表示轨道板保持纵向稳定的临界承载力；P表示温度荷载作用下，轨道板承受的纵向压力；$\boldsymbol{X}_1=[X_{11}\quad X_{12}\quad \cdots\quad X_{1a}]^{T}$，$\boldsymbol{X}_2=[X_{21}\quad X_{22}\quad \cdots\quad X_{2b}]^{T}$，分别表示$P_{cr}$与$P$中的随机变量向量，$a$、$b$分别表示$P_{cr}$与$P$中的随机变量个数。

1.1 临界温度力 P_{cr}

受压构件的稳定问题通常可以分成理想情况下的分支点失稳和考虑构件初始挠曲的极值点失稳

两类。对于CRTS Ⅱ 型轨道板来说，由于桥梁在服役过程中会出现一定程度的徐变上拱以及梁端出现转角等现象，会导致轨道板存在一定的初弯曲。因此，轨道板纵向受压稳定问题属于第二类稳定问题。曾毅[3] 根据第二类稳定理论，将轨道板视为位于弹性介质内、两端铰支且具有初始挠曲缺陷 f_0 的轴向受压杆件，应用势能驻值原理对CRTS Ⅱ 型轨道板纵向稳定性进行研究，得到轨道板发生上拱变形后，保持轨道板平衡所需的纵向临界力 P_{cr} 可表示为

$$P_{cr}=\frac{\dfrac{KEI\pi^5(f+f_{oe})}{4l^4}+\rho Ag+\sigma_0\left(1-\dfrac{\pi}{8}\right)}{\dfrac{\pi^3(f+f_{oe}+f_{op})}{4l^2}+\dfrac{1}{R}} \tag{2}$$

式中：K 为轨道板抗弯刚度折减系数，E 为轨道板弹性模量，I 为轨道板截面惯性矩，f 为轨道板上拱矢度，f_{oe} 为轨道板弹性初始上拱矢度，f_{op} 为轨道板塑性初始上拱矢度，ρ 为轨道板的密度，A 为轨道板截面面积，g 为重力加速度，σ_0 为轨道板 - 砂浆层层间粘结应力，R 为无砟轨道线路的竖曲线半径，l 为轨道板上拱变形的临界弦长，可通过下式计算得到

$$l^2=\frac{\pi^2\sqrt{KEI(f+f_{oe})\left\{\pi R^2\left[\rho Ag+\sigma_0\left(1-\dfrac{\pi}{8}\right)(f+f_{\infty}+f_{op})^2+4KEI(f+f_{\infty})\right]\right\}}+2KEI\pi^2(f+f_{\infty})}{2R\left[\rho Ag+\sigma_0\left(1-\dfrac{\pi}{8}\right)\right](f+f_{\infty}+f_{op})} \tag{3}$$

1.2　实际温度力 P

轨道板因升温作用会在内部产生纵向压力，既有文献[3-5] 在计算轨道板受到的纵向压力时，采用的计算表达式为

$$P=EA\alpha T \tag{4}$$

式中：E 为轨道板弹性模量，A 为轨道板截面面积，α 为轨道板混凝土的温度膨胀系数，T 为轨道板服役温度与轨道板纵连施工温度的温度差，可以表示为

$$T=T_a-T_0 \tag{5}$$

式中：T_a 表示轨道板服役温度，T_0 表示轨道板纵连施工温度。

因此，把式(2)、(4)、(5) 带入式(1)，可以进一步将轨道板纵向稳定的功能函数表达成

$$G(\boldsymbol{X})=\frac{\dfrac{KEI\pi^5(f+f_{oe})}{4l^4}+\rho Ag+\sigma_0\left(1-\dfrac{\pi}{8}\right)}{\dfrac{\pi^3(f+f_{\infty}+f_{op})}{4l^2}+\dfrac{1}{R}}-EA\alpha\cdot(T_a-T_0) \tag{6}$$

式中：$\boldsymbol{X}=[X_1\quad X_2\quad\cdots\quad X_n]^T$，表示功能函数中的随机变量向量；$n=a+b$，表示功能函数中的随机变量个数；$l$ 表示轨道板上拱变形的临界弦长，可由式(3) 计算得到。

由式(6) 可以看出轨道板纵向稳定的功能函数十分复杂。在使用一次二阶矩方法进行计算时，会出现求导困难的情况；而在使用蒙特卡洛模拟计算时，又会存在计算量大的问题。因此，本文选择采用计算高效，同时又具有一定精确度的四阶矩可靠度方法进行计算。

2　四阶矩可靠度计算方法

四阶矩可靠度方法的基本思路是先估计功能函数的前四阶矩，然后根据功能函数的前四阶矩信息来估计结构的可靠指标和失效概率。

2.1　功能函数的前四阶矩

对于轨道板纵向失稳的功能函数 $G(\boldsymbol{X})$ 来说，可通过标准正态空间中的点估计来计算功能函数的

前四阶矩[6]，即 $G(\boldsymbol{X})$ 的均值 μ_G，标准差 σ_G，偏度 α_{3G}，峰度 α_{4G}。

计算表达式为

$$\mu_G = \sum \prod_{i=1}^{n} p_{ci} \{G[T^{-1}(u_{c1}, u_{c2}, \cdots, u_{cn})]\} \tag{7a}$$

$$\sigma_G^2 = \sum \prod_{i=1}^{n} p_{ci} \{G[T^{-1}(u_{c1}, u_{c2}, \cdots, u_{cn})] - \mu_G\}^2 \tag{7b}$$

$$\alpha_{3G} = \frac{1}{\sigma_G^3} \sum \prod_{i=1}^{n} p_{ci} \{G[T^{-1}(u_{c1}, u_{c2}, \cdots, u_{cn})] - \mu_G\} \tag{7c}$$

$$\alpha_{4G} = \frac{1}{\sigma_G^4} \sum \prod_{i=1}^{n} p_{ci} \{G[T^{-1}(u_{c1}, u_{c2}, \cdots, u_{cn})] - \mu_G\} \tag{7d}$$

式中：n 为随机变量的个数；$c = [c1, c2, \cdots, cn]$，为数组$[1, 2, \cdots, m]$的一个 n 项组合，m 为估计点的个数；$ci(i = 1, 2, \cdots, n)$ 为 c 中的第 i 项；u_{ci} 为第 i 个变量对应的标准正态空间中的估计点；p_{ci} 为 u_{ci} 对应的权重。$T^{-1}(\cdot)$ 表示逆正态变换，Σ 表示对所有的组合情况求和。

依据式(7) 可计算功能函数的前四阶矩(μ_G、σ_G、α_{3G}、α_{4G})，所需的计算次数为 m^n。当随机变量的个数 n 较多时，所需的计算次数就会很庞大。所以为了提高计算效率，可根据文献[7] 给出的二维减维方法，对功能函数做如下处理。

通过二维减维，令

$$G(\boldsymbol{X}) \cong h_2 - (n-2)h + \frac{(n-1)(n-2)}{2}h_0 \tag{8}$$

式中：h_2 是 $n(n-1)/2$ 个二维函数的和；h_1 是 n 个一维函数的和；h_0 是一个常数。h_0、h_1、h_2 的表达式分别为

$$h_0 = G(\mu_1, \mu_2, \cdots, \mu_n) \tag{9a}$$

$$h_1 = \sum_{i=1}^{n} G(\mu 1, \cdots, \mu_{i-1}, X_i, \mu_{i+1}, \cdots, \mu_n) \tag{9b}$$

$$h_2 = \sum G(\mu_1, \cdots, \mu_{i-1}, X_i, \mu_{1+1}, \cdots, \mu_{j-1}, X_j, \mu_{j+1}, \cdots, \mu_n) \tag{9c}$$

因此，经过降维处理之后，n 维的功能函数可以近似成若干个一维函数与二维函数加和的形式。把式(9) 带入式(8) 后，可进一步得到功能函数 $G(\boldsymbol{X})$ 的前 k 阶原点矩

$$\mu_{\lambda G} \cong \sum_{i<j} \mu_{k-h_{2ij}} - (n-2)\sum_{i=1}^{n} \mu_{k-h_i} + \frac{(n-1)(n-2)}{2}h_0^k \tag{10}$$

式中：μ_{1-} 和 μ_{k-1} 分别是降维后功能函数中一次项、二次项的 k 阶原点矩，可以由前述标准正态空间中的点估计[6] 计算得到

$$\mu_{k-h_{2ij}} = \sum_{r=1}^{m}\sum_{r2=1}^{m} p_{r1}p_{r2}\ [G(\mu_1, \cdots, \mu_{i-1}, T^{-1}(u_{r1}), \mu_{i+1}, \cdots, \mu_{j-1}, T^{-1}(u_{r2}), \mu_{j+1}, \cdots, \mu_n)]^k \tag{11a}$$

$$\mu_{k-h_{1i}} = \sum_{r=1}^{m} p_r\ [G(\mu_1, \cdots, \mu_{i-1}, T^{-1}(u_r), \mu_{i+1}, \cdots, \mu_n)]^k \tag{11b}$$

式中：u_r 表示标准正态空间中的估计点，p_r 为 u_r 相对应的权重，估计点个数为7(即7点估计) 时 p_r 和 u_r 的取值如表1所示。

在求得 $G(\boldsymbol{X})$ 的前 k 阶原点矩后，可以进一步求得 $G(\boldsymbol{X})$ 的均值 μ_G、标准差 σ_G、偏度 α_{3G}、峰度 α_{4G} 为

$$\mu_G = \mu_{10} \tag{12a}$$

$$\sigma_G^2 = \mu_{2G} - \mu_{1G}^2 \tag{12b}$$

$$\alpha_{3G} = \frac{\mu_{3G} - 3\mu_{2G}\mu_{1G} + 2\mu_{1G}^3}{\sigma_G^3} \tag{12c}$$

$$\alpha_{4G} = \frac{\mu_{4G} - 4\mu_{3G}\mu_{1G} + 6\mu_{2G}\mu_{1G}^2 - 3\mu_{1G}^4}{\sigma_G^4} \tag{12d}$$

表 1　7 点估计的估计点及权重取值

Table 1　Estimating points and corresponding weights of 7-point estimate

估计点 u_r	−3.7504397	−2.3667594	−1.1544054	0	1.1544054	2.3667594	3.7504397
权重 p_r	5.4826886e-4	3.0757124e-2	0.24012318	0.45714286	0.24012318	3.0757124e-2	5.4826886e-4

2.2　可靠指标及失效概率

在求得功能函数 $G(\boldsymbol{X})$ 的均值 μ_G、标准差 σ_G、偏度 α_{3G}、峰度 α_{4G} 后，可计算轨道板纵向稳定可靠指标 β_G 和失效概率 P_f 为

$$\beta_a = -u \tag{13}$$

$$P_f = \Phi(u) \tag{14}$$

式中：$\Phi(\cdot)$ 表示标准正态分布的概率分布函数；u 为 $X=0$ 对应的标准正态空间值，可根据表 2 中的公式求得[8]。

表 2　u 的计算表达式

Table 2　Expressions of u

参数			u
$p \geqslant 0$			$-p \cdot \sqrt{\Delta - q} + \sqrt{\Delta - q} - a/3$
$p < 0$	$a_{4G} > 0$	$\alpha_{3G} \geqslant 0$	$2\sqrt{-p}\cos(\theta/3) - a/3$
			$-p \cdot \sqrt{\Delta - q} + \sqrt{\Delta - q} - a/3$
		$\alpha_{3G} < 0$	$-p \cdot \sqrt{\Delta - q} + \sqrt{\Delta - q} - a/3$
			$-2\sqrt{-p}\cos[(\theta - \pi)/3] - a/3$
	$a_{4G} < 0$		$-2\sqrt{-p}\cos[(\theta + \pi)/3] - a/3$
	$a_{4G} = 0$	$\alpha_{3G} > 0$	$\sqrt{1/4 + (a/a)^2 + ax_1/a_2} - 1/2$
		$\alpha_{3G} < 0$	$\sqrt{1/4 + (a/a)^2 + ax_1/a_2} - 1/2$
		$\alpha_{3G} = 0$	x_s

表 2 中涉及的参数可由式(15) ～ 式(18) 计算求得[8][9]。

$$a_1 = -a_3 = \frac{-\alpha_{3G}}{6(1+6l_2)}，\quad a_2 = \frac{1-3l_2}{1+l_1^2-l_2^2}，\quad a_4 = \frac{l_2}{1+l_1^2+12l_2^2} \tag{15}$$

$$l_2 = \frac{\sqrt{6\alpha_{4G} - 8\alpha_{3G}^2 - 14} - 2}{36} \tag{16}$$

$$a = a_+/a_4，\quad b = a_2/a_4，\quad p = \frac{3b - a^2}{9} \tag{17}$$

$$q = \frac{a^3}{27} - \frac{ab}{6} - \frac{a}{2} - \frac{x_i}{2a_4}，\quad \Delta = \sqrt{p^3 + q^2}，\quad \theta = \arccos(-q/\sqrt{-p}) \tag{18}$$

需要注意的是，式(15) ～ 式(16) 是 $a_1 - a_4$ 的经验求法，能够满足一般的计算需求，要求 $\alpha_{46} \geqslant (7+4\alpha_{3i}^2)/3$；其精确计算方法可参考文献 8。

3 计算实例

3.1 结构参数与随机变量

我国桥上CRTSⅡ型板式无砟轨道板的宽度 b 为 2550 mm，厚度 h 为 200 mm。CRTS Ⅱ型轨道板技术经济指标要求混凝土设计标号满足 C55，弹性模量 E 大于 3.57×10^4 MPa。混凝土的温度膨胀系数 α 为 10×10^{-6}/ ℃，密度 ρ 为 2500 kg/m^3。CRTSⅡ型板式无砟轨道的最小竖曲线半径为 25000 m，保守估计取竖曲线半径 R 为 25000 m。轨道板抗弯刚度折减系数 K 取 0.8，容许变形矢度 f 为 2 mm，轨道板弹、塑性初始上拱矢度 f_{oe}、f_{op}均取为 3 mm[3-4]。

通过查找文献[1-5][10-11]，可以确定出结构参数中的混凝土弹性模量 E、密度 ρ、温度膨胀系数 α、轨道板-砂浆层粘结强度 σ_0、轨道板初始塑性变形 f_{op} 以及轨道板纵连施工温度 T_0、轨道板服役温度 T_a 等参数具有较大的变异性，将这些参数取为随机变量，其分布情况在表 3 中给出。对某Ⅱ型轨道板混凝土配合比研究报告的结果进行统计得到 E 的均值是 4.005×10^4 MPa，变异系数是 0.0642，服从对数正态分布。混凝土密度 ρ 的常用取值是 2500 kg/m^3，轨道板配筋率恒定，骨料对密度变异性的影响很小，变异系数取 0.03，服从正态分布。对文献[10]的实验数据进行统计得到 α 的均值为 9.807×10^{-6}/ ℃，变异系数是 0.22，服从正态分布。根据 2003 年德国博格公司的现场试验数据，界面所能承受的竖向极限抗拉强度 σ_0 为 0.02 MPa。受施工环境和施工质量的影响，变异系数取 0.2，服从正态分布[5]。轨道板塑性初始上拱 f_{op} 主要由梁端转角或者梁体的收缩徐变产生，一般不会很大，根据常用取值，可以假设其服从均值为 3 mm，变异系数为 0.2 的对数正态分布。欧祖敏[11]对板式无砟轨道轴向均匀温度作用进行统计分析，得到武汉日最值的均值为 46～49 ℃，可假设轨道板的服役温度 T_a 服从均值为 47.5 ℃，变异系数为 0.2 的极值Ⅰ型分布。有关技术规程仅对窄接缝砂浆强度和张拉力矩有明确的规定，并没有对轨道板的施工锁定温度提出明确要求。根据实际情况可假设 T_0 服从均值为 18 ℃，变异系数为 0.2 的正态分布。

表 3 随机变量分布特征

Table 3 Distribution of random variables

随机变量	分布类型	均值	变异系数
f_{op}(mm)	对数正态	3	0.2
E(MPa)	对数正态	4.005×10^4	0.0642
σ_0(MPa)	正态	0.02	0.25
ρ(kg/m^3)	正态	2500	0.03
α(/ ℃)	正态	10×10^{-6}	0.22
T_a(℃)	极值Ⅰ型	47.5	0.2
T_0(℃)	正态	18	0.2

3.2 计算结果

本算例中共有 7 个随机变量，所需的计算次数为 $7^7=823543$ 次，宜通过式(8)、式(9)进行二维减维处理。根据式(11)计算得到降维后功能函数中一次项、二次项的前 4 阶原点矩如表 4 所示。然后根据式(10)和式(12)计算得到功能函数的均值 $\mu_G=2.4037\times10^7$，标准差 $\sigma_G=4.2065\times10^6$，偏度 $\alpha_{3G}=-0.2824$，峰度 $\alpha_{4G}=3.2370$。最后，根据表 2 给出的公式计算得到轨道板纵向稳定的可靠指标 $\beta_G=4.466$，对应的失效概率为 $P_f=3.99\times10^{-6}$。因此，充分考虑到结构参数的随机特性，从概率角度来说，轨道板纵向失稳发生的可能性依然很小，这与既有文献得出的结论基本是一致的。

表 4　功能函数中一次项、二次项的前 4 阶原点矩

Table 4　The first four moments of the first and second order terms in the performance function

	μ_1	μ_2	μ_3	μ_4		μ_1	μ_2	μ_3	μ_4
G_1	2.418×10^{7}	5.880×10^{14}	1.437×10^{22}	3.532×10^{29}	G_2	2.422×10^{7}	5.870×10^{14}	1.423×10^{22}	3.453×10^{29}
G_3	2.411×10^{7}	5.890×10^{14}	1.457×10^{22}	3.644×10^{29}	G_4	2.424×10^{7}	5.874×10^{14}	1.424×10^{22}	3.451×10^{29}
G_5	2.424×10^{7}	5.892×10^{14}	1.436×10^{22}	3.513×10^{29}	G_6	2.424×10^{7}	5.912×10^{14}	1.450×10^{22}	3.576×10^{29}
G_7	2.424×10^{7}	5.880×10^{14}	1.428×10^{22}	3.470×10^{29}					
G_{12}	2.416×10^{7}	5.875×10^{14}	1.437×10^{22}	3.534×10^{29}	G_{13}	2.405×10^{7}	5.896×10^{14}	1.471×10^{22}	3.729×10^{29}
G_{14}	2.418×10^{7}	5.880×10^{14}	1.438×10^{22}	3.532×10^{29}	G_{15}	2.418×10^{7}	5.897×10^{14}	1.450×10^{22}	3.594×10^{29}
G_{16}	2.418×10^{7}	5.917×10^{14}	1.464×10^{22}	3.657×10^{29}	G_{17}	2.418×10^{7}	5.885×10^{14}	1.441×10^{22}	3.551×10^{29}
G_{23}	2.410×10^{7}	5.886×10^{14}	1.456×10^{22}	3.647×10^{29}	G_{24}	2.422×10^{7}	5.870×10^{14}	1.423×10^{22}	3.453×10^{29}
G_{25}	2.422×10^{7}	5.887×10^{14}	1.436×10^{22}	3.516×10^{29}	G_{26}	2.422×10^{7}	5.908×10^{14}	1.450×10^{22}	3.580×10^{29}
G_{27}	2.422×10^{7}	5.875×10^{14}	1.427×10^{22}	3.472×10^{29}	G_{34}	2.411×10^{7}	5.890×10^{14}	1.457×10^{22}	3.645×10^{29}
G_{35}	2.411×10^{7}	5.908×10^{14}	1.469×10^{22}	3.706×10^{29}	G_{36}	2.411×10^{7}	5.928×10^{14}	1.483×10^{22}	3.770×10^{29}
G_{37}	2.411×10^{7}	5.896×10^{14}	1.461×10^{22}	3.663×10^{29}	G_{45}	2.424×10^{7}	5.892×10^{14}	1.437×10^{22}	3.513×10^{29}
G_{46}	2.424×10^{7}	5.912×10^{14}	1.450×10^{22}	3.576×10^{29}	G_{47}	2.424×10^{7}	5.880×10^{14}	1.428×10^{22}	3.470×10^{29}
G_{56}	2.424×10^{7}	5.931×10^{14}	1.464×10^{22}	3.638×10^{29}	G_{57}	2.424×10^{7}	5.897×10^{14}	1.440×10^{22}	3.532×10^{29}
G_{67}	2.424×10^{7}	5.917×10^{14}	1.454×10^{22}	3.595×10^{29}					

《铁路轨道极限状态法设计暂行规范》[12]中对安全等级二级结构的承载力极限状态下可靠指标取 4.2，由计算结果可知轨道板纵向稳定可靠度满足规范要求，且有一定富余量，但富余量并不是很大，仍需在实际中对轨道板的服役情况进行控制，以保证轨道板纵向稳定可靠度满足规范要求。

4　参数影响性分析

本文在 3.1 节中确定了具有较大变异性的结构参数，主要有混凝土弹性模量 E、密度 ρ、温度膨胀系数 α、轨道板-砂浆层粘结强度 σ_0、轨道板初始塑性变形 f_{op} 以及轨道板纵连施工温度 T_0。这些参数对轨道板纵向稳定可靠度的影响程度是各不相同的，因此，有必要对这些参数的影响程度进行判定并识别出对轨道板纵向稳定影响最大的结构参数，在工程实际中予以重视。

在进行参数影响性分析时，本文以轨道板纵向稳定可靠度的变化情况作为评价准则。首先，对结构参数进行等程度的变化，计算不同工况下的轨道板纵向稳定可靠度。然后根据可靠度计算结果的变化程度，来判断不同结构参数对轨道板纵向稳定可靠度的影响情况，识别出对轨道板纵向稳定影响最大的结构参数。

在对不同的结构参数进行等程度的变化时，需要考虑变量的随机特性，本文采用以下方式对参数进行取值，以作为不同的工况进行分析。

(1) 找到变量均值 m_1 对应的累积概率密度值 c_1；

(2) 对 c_1 分别 ±0.1、0.2 得到 $c_2\sim c_5$；

(3) 找到 $c_2\sim c_5$ 对应的变量值 $m_2\sim m_5$；

(4) 分别以 $m_2\sim m_5$ 作为新的均值进行可靠度计算。

参数的取值情况如表 5 所示。分别把表 5 中的参数值作为新的均值，按照上述轨道板纵向稳定可靠度计算方法，对轨道板纵向稳定可靠度进行计算，计算结果如图 1 所示。可以看出不同的随机变量在进行等程度变化时，对轨道板纵向稳定可靠度的影响程度是不一样的，显然斜率大的参数对轨道

板纵向稳定可靠度的影响程度更大。

表 5　参数取值

Table 5　Parameter values

随机变量		工况 1(－0.2)	工况 2(－0.1)	工况 3(均值)	工况 4(＋0.1)	工况 5(＋0.2)
f_{op}(mm)	累计概率密度	0.3394	0.4394	0.5394	0.6394	0.7394
	参数值	0.0027	0.0029	0.003	0.0032	0.0033
E(MPa)	累计概率密度	0.3128	0.4128	0.5128	0.6128	0.7128
	参数值	3.87×10^4	3.94×10^4	4.005×10^4	4.07×10^4	4.14×10^4
σ_0(MPa)	累计概率密度	0.3000	0.4000	0.5000	0.6000	0.7000
	参数值	0.0174	0.0187	0.0200	0.0213	0.0226
ρ(kg/m³)	累计概率密度	0.3000	0.4000	0.5000	0.6000	0.7000
	参数值	2.46×10^3	2.48×10^3	2.50×10^3	2.52×10^3	2.54×10^3
α(/ ℃)	累计概率密度	0.3000	0.4000	0.5000	0.6000	0.7000
	参数值	8.85×10^{-6}	9.44×10^{-6}	10.00×10^{-6}	10.56×10^{-6}	11.15×10^{-6}
T_0(℃)	累计概率密度	0.3000	0.4000	0.5000	0.6000	0.7000
	参数值	16.1	17.1	18.0	18.9	19.9

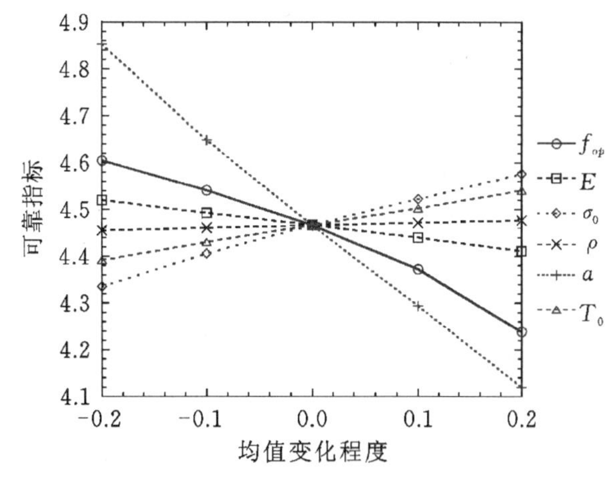

图 1　不同工况下的轨道板纵向稳定可靠度

Fig. 1　Longitudinal stability reliability of track slab under different working conditions

由图 1 可以看出，混凝土温度膨胀系数、轨道板塑性初始上拱、轨道板弹性模量的增大对轨道板纵向稳定的影响是不利的，会降低轨道板的纵向稳定性；轨道板-砂浆层粘结强度、轨道板纵连施工温度的增大对轨道板纵向稳定是有利的，会增加轨道板的纵向稳定性；而混凝土密度的变化则对轨道板纵向稳定几乎没有影响。

总体上来看，对轨道板纵向稳定可靠度的影响程度从大到小依次是混凝土温度膨胀系数、轨道板塑性初始上拱、轨道板-砂浆层粘结强度、轨道板纵连施工温度、轨道板弹性模量、混凝土密度。考虑到不同地区、不同厂家的混凝土温度膨胀系数情况不易控制。建议在实际中对轨道板的上拱情况和轨道板-砂浆层粘结强度进行控制，以减小轨道板纵向失稳发生的可能性。

5　结论

本文建立了温度荷载作用下CRTSⅡ型轨道板纵向稳定功能函数，并利用该函数发展了基于矩法的轨道板纵向稳定可靠度分析模型。进一步基于该模型，以轨道板纵向稳定可靠度的变化程度作为评价准则，进行了参数影响性分析。主要结论如下：

(1) 轨道板纵向稳定的可靠指标 $\beta_G=4.466$，对应的失效概率为 $P_f=3.99\times10^{-6}$。从概率角度来说，轨道板纵向失稳发生的可能性很小，这与既有文献得出的结论基本是一致的。

(2) 参数影响性分析表明：对轨道板纵向稳定可靠度的影响性从大到小依次是混凝土温度膨胀系数、轨道板塑性初始上拱、轨道板-砂浆层粘结强度、轨道板纵连施工温度、轨道板弹性模量、混凝土密度。建议在实际中对轨道板的上拱情况和轨道板-砂浆层粘结强度进行控制，以减小轨道板纵向失稳发生的可能性。

参考文献

[1] 林红松，刘学毅，杨荣山. 大跨桥上纵连板式轨道受压稳定性[J]. 西南交通大学学报，2008(05)：673-678.

[2] 周敏，戴公连. 高铁简支梁桥上纵连板式无砟轨道稳定性研究[J]. 铁道学报，2015，37(08)：60-65.

[3] 曾毅. 纵连式轨道板垂向稳定性研究[D]. 成都：西南交通大学，2014.

[4] 杨俊斌，曾毅，刘学毅，等. 基于能量准则的Ⅱ型板式轨道稳定性[J]. 中南大学学报(自然科学版)，2015，46(12)：4707-4712.

[5] 张向民，赵磊. 高速铁路CRTSⅡ型板式无砟轨道稳定性理论研究[J]. 铁道工程学报，2018，35(01)：49-55.

[6] Zhao Y G，Ono T. New Point Estimates for Probability Moments[J]. Journal of Engineering Mechanics，2000，126(4)：433-436.

[7] Xu H，Rahman S. A generalized dimension-reduction method for multidimensional integration in stochastic mechanics[J]. International Journal for Numerical Methods in Engineering，2004，61(12)：1992-2019.

[8] Zhao Y G，Zhang X Y，Lu Z H. A flexible distribution and its application in reliability engineering[J]. Reliability Engineering and System Safety，2018，176：1-12.

[9] Zhao Y G，Lu Z H. A fourth-moment standardization for structural reliability assessment[J]. Journal of Structural Engineering，2007，133(7)：916-924.

[10] 张艳聪，高玲玲，田波. 粗集料对水泥混凝土热工参数的影响[J]. 公路，2013，3：183-186.

[11] 欧祖敏，孙璐，周杰，等. 基于概率需求的高速铁路无砟轨道板温度荷载取值研究Ⅰ：轴向均匀温度作用[J]. 铁道学报，2016，38(02)：96-104.

[12] 中国铁路总公司. Q\CR 9130-2015. 铁路轨道极限状态法设计暂行规范[S]. 北京：中国铁道出版社，2015.

9. 考虑参数分布不确定性的 PHI2 时变可靠度分析方法*

李相苇[1] 赵衍刚[1,2] 卢朝辉[1] 张玄一[1]

(1 北京工业大学城建学部,北京 100124;

2 神奈川大学工学部,日本横滨 221-8686)

摘要:结构服役可靠度本质上为时变可靠度问题,准确的时变可靠度分析方法具有重要意义。在传统时变可靠度评估方法中,通常假定随机变量和随机过程的分布参数是已知的。但是实际工程中,由于样本量不足,往往难以确定所有随机变量和随机过程的概率分布。针对这一问题,本文拟构造一种考虑分布信息不完备的 PHI2 时变可靠度分析方法。首先,将随机变量和随机过程进行三阶矩标准化转换;随后,借助传统的时不变可靠性工具 FORM 进行求解瞬时可靠指标;最后,基于 PHI2 理论获得结构时变可靠度指标和失效概率。数值算例表明,本文提出的方法可处理随机变量和随机过程分布参数不确定情况下的可靠性计算问题,具有足够的准确性和较高的分析效率。

关键词:时变可靠度;PHI2 方法;分布信息不完备;三阶矩转换

中图分类号:TU311.4　　**文献标识码**:A

Time-dependent reliability analysis methodconsidering unknown distributions based on PHI2

Xiang-Wei Li[1] Yan-Gang Zhao[1,2] Zhao-Hui Lu[1] Xuan-Yi Zhang[1]

(Key Laboratory of Urban Security and Disaster Engineering of Ministry of Education, Beijing Univ. of Technology, Beijing 100124, China.

Department of Architecture, Kanagawa Univ., 3-27-1Rokkakubashi, Kanagawa-ku, Yokohama 221-8686, Japan.)

Abstract: The service reliability of a structure or structural system is essentially a time-dependent reliability. In traditional time-dependent reliability analysis method, the distributions of random variables and random processes are usually assumed to be known. However, in practice, the distributions are usually unknown in practical engineering due to the lack of data. In this paper, a PHI2 method applicable for random variables and random processes with unknown distributions is proposed to solve this problem. Firstly, the third-moment transformation of random variables/processes is carried out. Then, the instantaneous reliability index is evaluated by using the traditional time-invariant first order reliability method (FORM). Finally, the time-dependent reliability index and failure probability are obtained based on PHI2 theory. Numerical examples show that the proposed method can be efficiently applied to analysis time-dependent reliability problems involving random variables/processes with unknown distributions, with enough accuracy.

Keyword: Time-dependent reliability; PHI2 method; unknown distribution; third-moment transformation

---

* 基金项目:国家自然科学基金项目(No. 51820105014,51738001,U1934217),北京市博后基金项目(Q6004013202002)

作者简介:李相苇,硕士研究生

引　言

工程结构在设计和维护时应确保其拥有抵抗外部载荷的能力。随着时间的变化，结构材料性能的退化将会导致结构抗力的削弱，例如，钢结构发生腐蚀而产生裂纹，裂纹随着时间扩展。同时，外部荷载（如风、海浪）随时间变化的特征将对结构产生长期作用。此类与结构性能退化和外荷载相关的不确定性会产生与时间相关的不确定性响应特性，最终影响到结构的可靠度。因此，考虑外荷载和结构抗力衰减的时变及不确定性特点，进行结构的时变可靠性分析具有重要的工程意义。

目前结构时变可靠性问题大多依赖于跨越率方法，因此跨越率的计算成为一个重要的核心问题。早在19世纪，Rice[1]研究了动力反应与某一固定界限交叉问题，给出了穿越率的表达式，为首次超越破坏的动态可靠性理论研究奠定了基础。随后，Sieger[2]在Rice公式基础上从积分方程导出一个平稳一维Markoffian随机函数的首超时间概率解析解。Coleman[3]考虑泊松过程，提出了首次超越频率计算方法；Crandall[4]等人将数值模拟方法引入到首次超越问题中，进一步发展了基于首次超越模型的动态可靠性分析理论；Langley[5]研究了单自由度线性振动系统的首次超越时间计算中的首次超越时间概率分布和概率密度的指数衰减模型；Gasparini[6]基于泊松假设，提出了针对首次超越概率的多自由度线性体系的平稳与非平稳反应的求解方法；Zháo等[7]基于泊松过程，计算了多自由度结构在激励与结构双重参数不确定情况下的时变可靠度；He[8]通过VanMarcke公式得到期望退化率，提出了受非平稳随机激励作用的结构可靠度估算公式；Li等[9]基于泊松假设，推导了在非平稳对数正态过程下的首次穿越概率表达式。由于跨越率理论值计算求解复杂，近年Andrieu-Renaud等[10]提出了一种求解时变可靠度的PHI2方法，将跨越率的计算转换为静态并联体系可靠度问题，简化了跨越率的计算。Bruno Sudert[11]提出了基于PHI2方法的跨越率解析表达式，提高了跨越率求解时变可靠度的计算精度。Singh等人[12]提出一种改进的PHI2方法来求解非单调极限状态方程的累积失效概率；Dong[13]提出一种PHI2和响应面方法结合的方法，解决焊接接头疲劳的时变可靠度问题。

PHI2方法在进行时变可靠性分析时，不确定参数通常处理为随机变量或随机过程，具有精确的概率分布函数，从而可采用Rosenblatt变换[14]或者Nataf变换[15]进行随机变量或随机过程的正态变换和逆正态变换。然而在实际工程中，常常会遇到基本随机变量或随机过程的分布是未知的情况，而仅仅知道基本的一些统计参数，如均值、方差、偏度等各阶矩。因此，在分析中，针对概率分布未知问题开发相应的PHI2时变可靠性分析方法，对时变结构可靠性分析具有重要意义。Zhao和Ono[16]提出一种仅使用随机变量前三阶矩拟正态变换方法（包含正态和逆正态变换），使得非正态随机变量能在概率分布参数未知的情况下实现标准正态转换。

鉴于此，本文针对概率分布参数不确定问题，在PHI2方法基础上提出了一种求解时变可靠性的计算方法。

1　分布信息已知条件下的PHI2时变可靠度分析方法

结构可靠度是指结构在规定时间内，规定条件下完成预定功能的概率。对于极限状态函数为$g(\boldsymbol{X}(t),\boldsymbol{Y},t)$的特定结构，结构在设计使用期内的失效事件$E$定义为[10]：

$$E=\{\exists t\in[0,T]\,|\,g(X(t),Y,t)\leqslant 0\} \tag{1}$$

式中：$\boldsymbol{X}(t)$为n维随机过程向量，$\boldsymbol{Y}$为一维随机向量，t为时间变量。因此，结构在设计使用期内的累计失效概率可表示为：

$$P_{\mathrm{f},c}(T)=P\{E\}=P\{\exists t\in[0,T]\,|\,g(X(t),Y,t)\leqslant 0\} \tag{2}$$

假设随机过程$g(\boldsymbol{X}(t),\boldsymbol{Y},t)$服从泊松分布，$P_{\mathrm{f},c}(0,T)$上界可通过下式求解得到[10]：

$$P_{\mathrm{f},c}(0,T)\leqslant P_{\mathrm{f},i}(0)+\int_0^T v^+(t)\,\mathrm{d}t \tag{3}$$

式中，$v^+(t)$为t时刻的跨越率。根据跨越率的定义，$v^+(t)$可以表示为[17]：

$$v^{+}(t)=\lim_{\Delta t\to 0,\Delta t>0}\frac{P\{g(X(t),Y,t)>0\cap g(X(t+\Delta t),Y,t+\Delta t)\leqslant 0\}}{\Delta t} \tag{4}$$

式中：Δt 为时间增量。

对于两个固定的时刻，失效概率可以通过 FORM 方法进行求解。在 PHI2 方法中[10]，定义任意两个时刻极限状态方程的相关系数为

$$\rho_G(t,t+\Delta t)=-\alpha(t)\cdot\alpha(t+\Delta t) \tag{5}$$

式中：$a(\cdot)$表示不同时刻极限状态面在最可能失效点（MPP）处的单位方向向量。

联立公式(4)和(5)可将跨越率公式进一步简化为：

$$v_{PHI2}^{+}(t)=\frac{\Phi_2[\beta(t),-\beta(t+\Delta t);\rho_G(t+\Delta t)]}{\Delta t} \tag{6}$$

式中：$\Phi_2[\cdot,\cdot,\cdot]$为二维标准正态分布函数，$b(t)$ 和 $b(t+\Delta t)$分别表示两个任意时刻的可靠度指标。式(6)为 PHI2 方法计算跨越率的公式，该方法将跨越率的计算转换为时不变可靠性的并联系统问题，避免了对于某些时刻穿越率的直接求解，有效地解决了时变可靠性计算困难的问题。

2 分布未知条件下的PHI2时变可靠度分析方法

2.1 分布位置条件下的三阶矩拟正态变换方法

传统 FORM 分析方法中采用 Rosenblatt 变换[14]或者 Nataf 变换[15]进行随机变量的正态变换和逆正态变换，表示为：

$$F(x)=\Phi(u) \tag{7}$$

式中：$\Phi(\cdot)$表示标准正态随机变量 u 的概率分布函数；$F(\cdot)$表示随机变量 x 的概率分布函数。

由于 Rosenblatt 和 Nataf 变换均需使用随机变量的分布信息进行随机变量的（逆）正态变换，因此传统 FORM 方法仅适用于随机变量分布已知的情况，从而导致采用 FORM 的 PHI2 方法难以应用于随机变量/过程分布未知的情况。为实现随机变量/过程分布未知条件下的 PHI2 时变可靠度分析，需要解决的核心问题为实现随机变量/过程分布未知条件下的拟正态变换。Zhao and Ono[16] 基于随机变量/过程的前三阶中心矩将标准化随机变量 x_s表示为 u 的一元二次方程，计算简单高效，可以解决分布未知条件下的拟正态变换问题。三阶矩逆正态变换表示为

$$x_s=S_u(u)=\sum_{j=1}^{k}a_j u^{j-1}=a_1+a_2u+a_3u^2 \tag{8}$$

$$x_s=\frac{x-\mu_x}{\sigma_x} \tag{9}$$

式中：$a_j,j=1,\cdots,k$ 是待定系数，m_x和 s_x分别为 x 的均值和方差。

三阶矩正态变换为公式(8)的逆函数。考虑到随机变量正态变换单调性特点，三阶矩正态变换准确模型表示为[18]

$$u=\begin{cases}\dfrac{-a_2+\sqrt{a_2^2-4a_3(a_1-x_S)}}{2a_3}, a_3\neq 0\\ x_S, a_3=0\end{cases} \tag{10}$$

式中 a_1,a_2,a_3的值可通过使公式(8)等式两边的前三阶矩相等得到，具体表示为

$$a_3=a_1=\pm\sqrt{2}\cos[\frac{\pi+|\theta|}{3}] \tag{11}$$

$$a_2=\sqrt{1-2a_3^2} \tag{12}$$

$$\theta=\arctan(\frac{\sqrt{8-\alpha_3^2}}{\alpha_3}) \tag{13}$$

由公式(13)得到的三阶矩多项式拟正态变换模型适用范围为

$$-2\sqrt{2}\leqslant\alpha_3\leqslant 2\sqrt{2}$$

2.2 分布信息未知条件下的PHI2时变可靠度分析方法

采用公式(8)～(13)即可实现分布未知条件下随机变量/过程的拟正态变换，从而实现分布未知条件下的FORM分析。进行含有分布未知随机变量/过程的时变可靠度分析问题时，对于已知概率分布的所有随机变量，可以沿用传统FORM进行分析；对于概率分布未知的随机变量，可以采用三阶矩拟正态变换实现FORM分析。具体流程如图1所示，详细步骤如下：

(1) 将随机变量 $\boldsymbol{X}$ 分为两部分 $\boldsymbol{X}=[\boldsymbol{X}_1,\boldsymbol{X}_2]$，一部分为已知概率分布的随机变量 $\boldsymbol{X}_1$，另一部分为未知概率分布的随机变量 $\boldsymbol{X}_2$；

(2) 选择初始设计点 $\boldsymbol{X}^0$（通常为均值点）；

(3) 将原始状态空间上的 $\boldsymbol{X}^0$ 转换得到标准正态空间上的 $\boldsymbol{U}^0$。其中，$\boldsymbol{X}_1$ 使用Rosenblatt进行标准正态转换，$\boldsymbol{X}_2$ 使用三阶矩拟正态模型进行标准正态转换；

(4) 利用FORM确定 $b(t)$ 和 $b(t+\Delta t)$ 及相关系数 $\rho_G(t,t+\Delta t)$；

(5) 求解极限状态方程的跨越率 $v^+(t)$；

(6) 计算失效概率 $P_{f,c}(0,T)$。

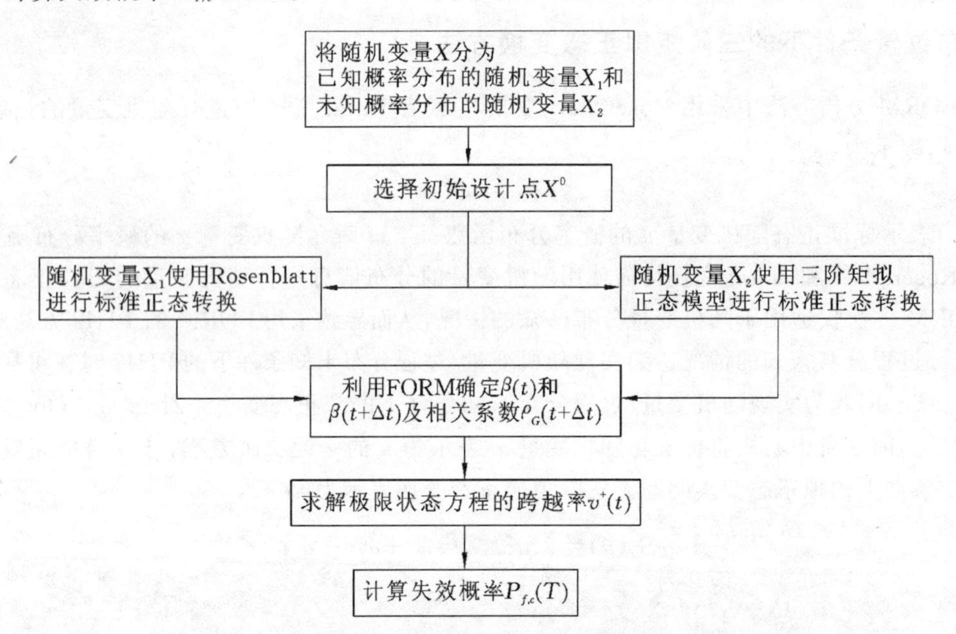

图1 包含概率分布未知随机变量的时变可靠性分析方法流程图

Figure 1 The flow diagram of time-dependent reliability analysis method with unknown random variables of probability distribution

3 数值算例

3.1 算例一

考虑一种简单的情况，功能函数包含一个基本随机过程 R，两个基本随机变量 D 和 S，其统计参数如表1所示。

$$G(X)=DR-S \tag{14}$$

假设抗力修正系数 D、荷载效应 S 为不同分布类型，如表2所示。利用FORM计算功能函数的可靠指标时需知道参数的分布类型，将采用表2的参数分布类型。为了验证本文方法的有效性，假设分布类型未知，仅知道参数的统计信息，取时间间隔为20年进行计算。

结果如图 2 所示，本文所用方法与分布已知的 PHI2 方法求解的可靠指标差别不大，证明了本文方法的有效性。其次，随着时间的增加，本文所用方法与分布已知的 PHI2 方法求解的失效概率和可靠指标出现偏差，但偏差不明显。

表 1 随机变量的统计信息

Table1 Statistical informations of random variables

变量	分布类型	均值	变异系数(%)	自相关函数
抗力修正系数 D	未知	1	0.1	—
抗力 R	高斯过程	300	0.1	$\exp\left[-\left(\frac{\tau}{0.008}\right)^2\right]$
荷载效应 S	未知	50	0.4	—

表 2 参数的不同分布情况

Table 2 Different distributions of parameters

情况	抗力修正系数 D 分布类型	荷载效应 S 分布类型
情况 1	正态分布	对数正态分布
情况 2	对数正态分布	对数正态分布

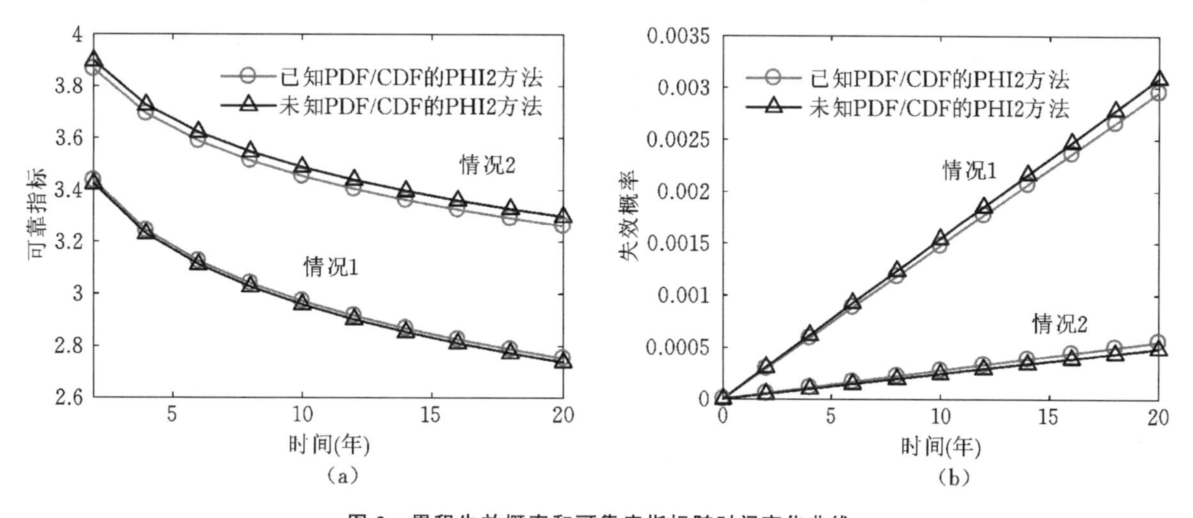

图 2 累积失效概率和可靠度指标随时间变化曲线

(a) 情况和情况 2 的 P_f；(b) 情况 1 和情况 2 的 β

Figure 4.1 The curves indicating cumulative failure probability and reliability index over time

(a) P_f of case1 and case2，(b) β of case1 and case2

3.2 算例二

如图 3 所示为一简支梁结构，跨度 $L=5$ m，截面为 $b_0\times h_0$ 的矩形。该梁承受中点处的集中动载荷 $F(t)$ 和均布载荷 p 的作用，材料密度为 $\rho=7.85$ kN/m^3，均布载荷表示为 $\rho g b_0 h_0$，材料屈服强度为 f_y。该梁从 $t=0$ 时刻开始腐蚀，且在服役期间受到各向均匀线性腐蚀。假设被腐蚀部分将失去机械强度，则未被腐蚀区域面积 $A(t)$ 可表示为

$$A(t)=b(t)\cdot h(t) \tag{15}$$

式中：$b(t)=b_0-2\kappa t$，$h(t)=h_0-2\kappa t$，$\kappa=0.03$ mm/年。

当应力达到材料的极限应力时该梁失效，极限状态方程可以表示为

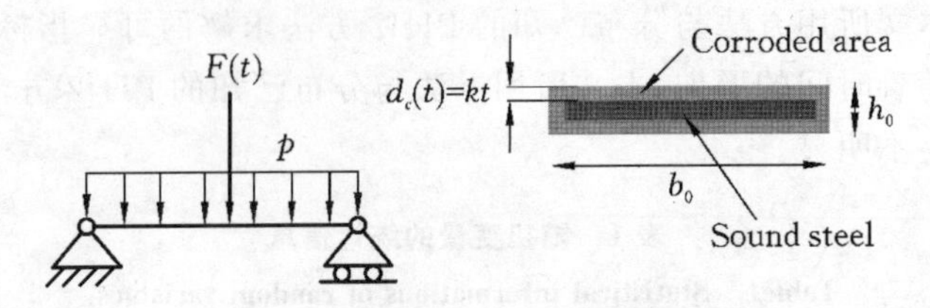

图 3 承受随机载荷作用的简支梁

Figure 3 Corroded bending beam submitted to random loading

$$G(t)=\frac{b(t)h\ (t)^2 f_y}{4}-\left(\frac{F(t)L}{4}+\frac{\rho b_0 h_0 L^2}{8}\right) \tag{16}$$

表 3 给出了简支梁的随机参数统计信息，表 4 给出分布未知参数的 3 种不同情况。取结构 20 年的服役期，对表 4 中的 3 种情况利用本文提出的三阶矩拟正态模型及 PHI2 方法进行时变可靠性分析。图 4 给出了随机变量分布类型已知的 PHI2 方法、分布未知的 PHI2 方法及 MCS 方法的计算结果。

从结果可发现，首先，在时变可靠性分析中随着设计使用期的增长，结构的失效概率不断上升，可靠性不断下降；其次，随着时间的增加，PHI2 方法与 MCS 方法求解的失效概率和可靠指标出现偏差；再次，本文所用方法与分布已知的 PHI2 方法求解的可靠指标差别不大，证明了本文方法的有效性。最后，在本文方法中考虑了分布类型未知的参数影响，最后计算得到每个时间点的失效概率较原 PHI2 方法更接近于 MCS 方法的值。

表 3 简支梁的随机参数统计信息

Table 3 Statistical informations of random parameters for the corroded bending steel beam

变量	分布类型	均值	变异系数(%)	自相关函数
强度 f_y	未知	240 MPa	10	—
梁宽 b_0	未知	0.2 m	5	—
梁高 h_0	未知	0.04 m	10	—
力 $F(t)$	高斯过程	3500 N	20	$\exp\left[-\left(\frac{\tau}{0.008}\right)^2\right]$

表 4 简支梁参数的不同分布情况

Table 4 Different distributions of the random parameters for the corroded bending steel beam

情况	强度 f_y 分布类型	梁宽 b_0 分布类型	梁高 h_0 分布类型
情况 1	对数正态分布	对数正态分布	对数正态分布
情况 2	正态分布	对数正态分布	对数正态分布
情况 3	威布尔分布	对数正态分布	对数正态分布

结论

本文发展了一种适用于随机变量/随机过程分布未知条件下的 PHI2 时变可靠度分析方法，该方法扩展了 PHI2 时变可靠度分析方法的适用范围，实现了分布未知条件下的时变可靠度分析，具有一定的工程指导意义。数值算例分析表明，本文提出的方法与已知概率分布类型的计算方法结果相差不大，且更接近 MCS 方法的结果，证明本文的方法能更准确进行时变可靠性分析。同时，本文提出的方法仅需对分布未知的随机变量/过程采用三阶矩拟正态变换，较传统 PHI2 方法相比未添加过多计算步骤，从而保证了分析的高效性。

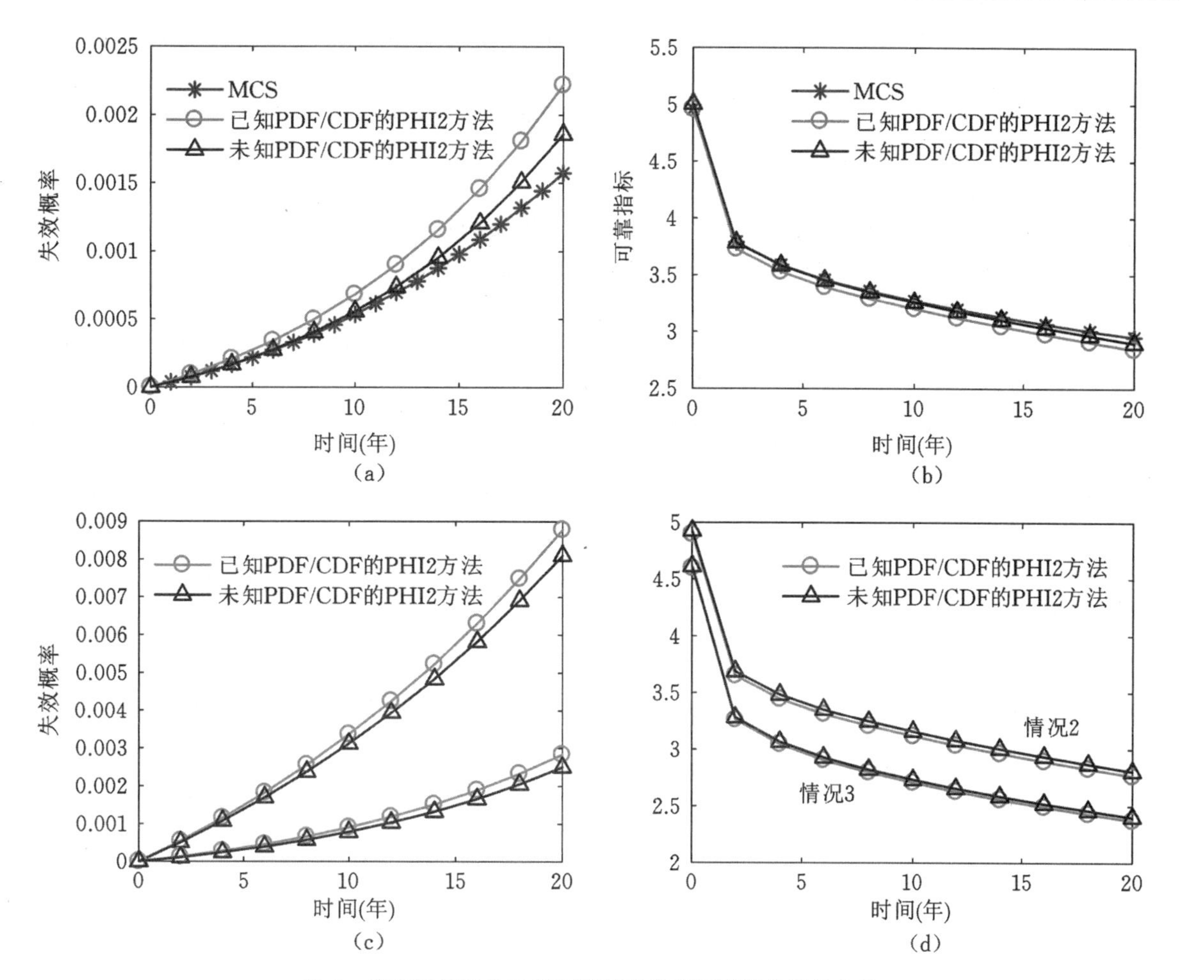

图4 简支梁累积失效概率和可靠度指标随时间变化曲线

(a) 情况1的 P_f;(b) 情况1的 β;(c)情况2和情况3的 P_f;(d) 情况2和情况3的 β

Figure 4 The curves indicating cumulative failure probability and reliability index for the corroded bending steel beam over time

(a) P_f of case1;(b) β of case1;(c) P_f of case2 and case3;(d) β of case2 and case3

参考文献

[1] Rice S O. Mathematical analysis of random noise[J]. Bell System Technical Journal,1944,23(3):282-332.

[2] Siegert A J. On the first passage time probability problem[J]. Physical Review,1951,81(4):617-623.

[3] Coleman J J. Reliability of aircraft structures in resisting chance failure operations[J]. Operations Research,1959,7(5):639-645.

[4] Crandall S H,Chandiramani K L,Cook R G. Some first-passage problems in random vibration[J]. Appl Mech,1966,33:532-538.

[5] Langley R S. A first passage approximation for normal stationary random processes[J]. J Sound Vib,1988,122(2):261-275.

[6] Gasparini D. A. Response of MDOF systems to nonstationary random excitation[J]. J Eng Mech Div,1979,105(1):13-27.

[7] Zhao Y G,Ono T,Idota,H. Response uncertainty and time variant reliability analysis for hysteretic MDF structures[J]. Earthq Eng Struct d,1999,28(10):1187-1213.

[8] He J. A reliability approximation for structures subjected to non-stationary random excitation[J]. Struct Safe,2009,31(4):268-274.

[9] Li C Q,Firouzi A,Yang W. Closed-form solution to first passage probability for nonstationary lognormal processes[J]. Journal of Engineering Mechanics,2016,142(12):04016103(1-9).

[10] Andrieu-Renaud C, Sudret B, Lemaire M. The PHI2 method: A way to compute time-variant reliability. Reliab Eng Syst Safe, 2004, 84: 75-86.

[11] Sudret B. Analytical derivation of the outcrossing rate in time-variant reliability problems[J]. Struct Infrastruct Enginerring, 2008, 4: 353-362.

[12] Singh A, Mourelatos Z P. On the time-dependent reliability of non-monotonic, non-repairable systems [J]. International Journal of Materials and Manufacturing, 2010, 3: 425-444.

[13] Dong Y., Teixeira A. P., Guedes Soares. C. Time-variant fatigue reliability assessment of welded joints based on the PHI2 and response surface methods[J]. Reliab Eng Syst Safe, 2018, 170: 120-130.

[14] Zhao, Y. G., and Ono, T. Third-moment standardization for structural reliability analysis[J]. Struct. Eng., 2000, 126(6): 724-732.

[15] Hohenbichler M, Rackwitz R. Zon-normal dependent vectors in structural safety[J]. J Eng Mech Div, 1981, 107 (6): 1227-38.

[16] Der Kiureghian A., Liu PL. Structural reliability under incomplete probability information[J]. J Eng Mech, 1986, 112(1): 85-104.

[17] Hagen Ø, Tvedt L. Vector process out-crossing as parallel system sensitivity measure[J]. Eng Mech ASCE, 1991, 117: 2201-2220.

[18] Ji X, Huang G, Zhang X, et al. Vulnerability analysis of steel roofing cladding: Influence of wind dirrctionality[J]. Eng Struct, 2018, 156: 587-597.

10. 基于高阶矩法的 CRTS Ⅱ 型底座板开裂可靠性研究*

王浩鹏[1]　赵衍刚[1,2]　卢朝辉[1]

（1 北京工业大学建筑工程学院，北京 100022；
2 神奈川大学工学部，日本 横滨 221-8686）

摘要：随着高速铁路的快速发展，CRTSⅡ型板式无砟轨道在我国得到了广泛的应用。CRTSⅡ型板式无砟轨道为一个纵向连续竖向异性的多层结构体系，其中，底座板作为该体系的核心承重结构对轨道系统的可靠度起着至关重要的作用。目前在运营过程中，底座板已经出现了开裂情况。随着裂缝的发展，裂缝宽度可能超过允许值，将影响高速铁路的运行质量，甚至危及运行安全。为保证底座板的可靠性，要求裂缝宽度在允许裂缝宽度范围内。本文的目的是研究 CRTSⅡ底座板在开裂失效模式下的可靠性。建立了 CRTSⅡ型底座板的有限元分析模型，分析了底座板在列车荷载和环境作用下的结构响应，并结合有限元模型建立了开裂失效模式下的极限状态函数。采用高阶矩法对底座板的可靠性进行了分析。结果表明，高阶矩法易于与有限元分析技术相结合，便于对具有隐函数的 CRTSⅡ型底座板进行可靠度分析；考虑开裂失效模式时，底座板的可靠性处于较高水平，满足设计规范要求。本文研究结果对无砟轨道底座板的服役性能有一定的参考意义。

关键词：CRTSⅡ型底座板；开裂失效模式；可靠度分析；有限元分析模型；高阶矩法

中图分类号：TU311.4　　**文献标识码：**A

CRACKING RELIABILITY OF CRTS Ⅱ FOUNDATION PLATE USING HIGH-ORDER MOMENT METHOD

Wang Hao-Peng[1]　Zhao Yan-Gang[1,2]　Lu Zhao-Hui[1]

(1 Key Laboratory of Urban Security and Disaster Engineering of Ministry of Education, Beijing Univ. of Technology, Beijing 100124, China;
2 Department of Architecture, Kanagawa Univ., 3-27-1 Rokkakubashi, Kanagawa-ku, Yokohama 221-8686, Japan)

Abstract: With the rapid development of high-speed railway, China Railway Track System (CRTS) II ballastless slab track has been widely constructed in China, which is vertically multi-layer and longitudinally continuous. As the main bearing layer of CRTS Ⅱ ballastless slab track, the foundation plate is critical for the reliability of the track system. During the operation, cracking has occurred in the foundation plate. To ensure the reliability of the foundation plate, the cracking width is required to be within the allowable cracking width. With the development of cracking, the cracking width may exceed the allowable value and the reliability of the foundation plate is hard to guarantee, which will affect the running quality of high-speed railway and even endanger the running safety. This paper aims to investigate the reliability of CRTS Ⅱ foundation plate corresponding to the cracking failure mode. A finite element analysis model of the CRTS Ⅱ foundation plate is firstly

---

* 基金项目：国家自然科学基金项目（No. 51820105014，51738001，U1934217）

作者简介：王浩鹏，本科生

constructed to analysis the response of the foundation plate under the train load and environment actions. Then the limit state function of the cracking failure mode is constructed combining with the finite element model. Finally, the reliability of the foundation plate is analyzed using the high-order moment method. The results show that the high-order moment method is easy to be combined with the finite element analysis technology, which is convenient for the reliability analysis of CRTS Ⅱ foundation plate with implicit function. The reliability of the foundation plate is at a relatively high level when considering the cracking failure mode, which satisfies the design specification. The results of this study have shown significance for service performance evaluation of CRTS Ⅱ foundation plate.

Keywords: CRTS Ⅱ foundation plate; cracking failure mode; reliability analysis; finite element model; high-order moment method

引言

高速铁路无砟轨道具有列车方便快捷、运输能力大等优势。桥梁作为承载轨道的支撑构件在无砟轨道线路中应用非常普遍，如京津城际线路上桥梁路段的比例就达到了 87.7%之高[1]，桥上铺设无砟轨道，其中 CRTSⅡ型板式无砟轨道结构现阶段已经成为我国应用规模最大、总铺设历程最长的无砟轨道类型，主要应用于京津城际、京沪、沪昆等路段的高铁线路。

CRTSⅡ型底座板连接了上部轨道结构和下部桥梁，因其为纵连的钢筋混凝土结构，在运营过程中不可避免地会出现开裂现象。底座板裂缝的产生和发展将对轨道整体结构的耐久性产生影响，进而削弱轨道受力能力，严重情况下会威胁线路行车安全。在环境温度变化、混凝土收缩徐变、桥梁伸缩和列车荷载的综合作用下，桥上 CRTSⅡ型无砟轨道底座板已经出现了开裂甚至断板的现象(图 1 为 CRTSⅡ型底座板开裂现象)。鉴于此，一些学者针对底座板混凝土结构的裂缝问题展开了研究。朱荷维[2]对无砟轨道底座板裂缝成因进行了分析，研究表明整体温降、温度梯度是裂缝产生的主要原因；罗超、黄成洋[3]通过对以京沈客专底座板混凝土施工案例分析，并结合工艺变化，探究了温度变化造成的混凝土底座板结构裂缝产生的原因，并提出了适用于工程实践的预防底座板温度裂缝的具体措施；滕东宇[4]考虑了钢筋混凝土协同受力及裂缝发展对混凝土弹性模量的影响情况，将刚度折减理论引入桥上 CRTSⅡ型无砟轨道底座板裂缝宽度分析计算中，并探究了影响裂缝宽度的主要因素。

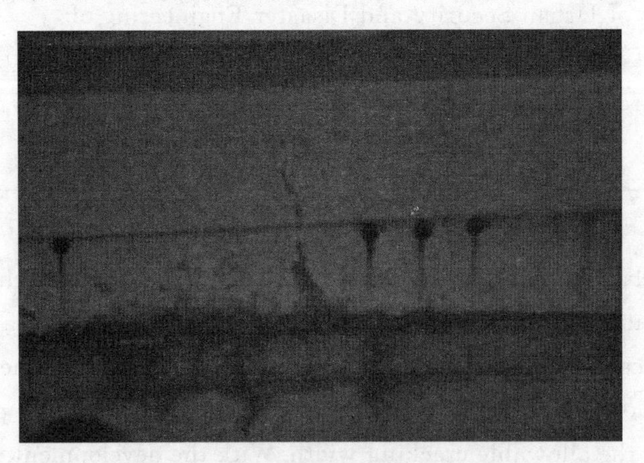

图 1　底座板开裂

Fig. 1　Foundation plate cracking

考虑到荷载作用和结构特征的不确定性，众多学者基于可靠度理论开展了以无砟轨道为分析对象的服役性能评估。张国虎[5]利用 ANSYS 中的可靠性分析模块对 CRTSⅡ型无砟轨道结构裂缝宽度超限、混凝土碳化和疲劳损伤失效进行耐久性可靠性研究；梁淑娟[31]针对断板条件下长大桥上 CRTSⅡ型板式无砟轨道，基于蒙特卡洛抽样法结合有限元建模软件发展了纵连板断裂情况发生时的桥-轨整体的可靠度评估手段，根据构建的轨道板/底座板极限状态功能函数，以部分和整体的角度分析了桥轨体系的可靠性。现有手段对底座板进行设计时，多采用容许应力法参数确定性分析，缺乏将参数随机性和变异性考虑在内的有效的科学评估手段。除此之外，现有文献中，列出的对于无砟轨道结构可能存在的失效模式中，大多是关于轨道板失效模式的研究，对于底座板已有或隐藏的失效模式研究较少；在无砟轨道结构设计、安全耐久性验算时，一般只考虑了列车荷载、温度活载或者两者共同作用下的轨道受力情况，忽略了桥梁变形的影响，实际上桥梁变形对于轨道受力影响十分显著；在将无砟轨道结构引入可靠度理论研究时，大部分是基于有限元模型进行有限次蒙特卡洛抽样，计算次数有限、效率较低，需要引入一种高效准确、适用性强的可靠度评估理论。

鉴于此，本文识别了桥上CRTSⅡ型无砟轨道底座板开裂失效模式，并对得到的失效模式进行了可靠度分析。首先，本文借助桥上CRTSⅡ型无砟轨道列车荷载效应有限元模型，识别出底座板分析的关键参数，收集分布已知的概率分布类型及统计参数，对于缺乏统计数据的参数引入概率论原理进行随机性处理，建立关键参数概率模型，随后，以桥上CRTSⅡ型底座板为研究对象，考虑列车荷载、温度作用及桥梁变形等多种耦合作用，并考虑材料特性的随机性建立底座板纵、横向裂缝宽度极限状态函数，运用七点估计二维减维方法求解函数的前四阶矩，最后，基于高阶矩法对底座板纵、横裂缝宽度可靠性进行研究。

1 底座板裂缝产生的机理分析

无砟轨道结构中底座板是为满足列车行车服务而承受列车荷载、环境及基础变形等荷载重复作用的主体承载结构，因其为纵连的钢筋混凝土结构，运营过程中不可避免地会出现开裂现象。底座板开裂是因为混凝土在荷载作用下产生的拉应变大于极限拉应变[6]，混凝土应变产生的主要原因包括环境温度变化引起的膨胀或收缩，混凝土材料的干缩即塑性收缩以及外加荷载作用。

一年四季温度变化不断，当混凝土结构随季节变化和日照周期变化时，结构整体发生均匀的随温度升降变化，混凝土结构随温度整体变化时会出现伸长或者收缩的情况。由于底座板受到很多约束，内部会产生温差应力，导致底座板出现贯通裂纹。

混凝土结构在太阳照射下，其上表面温度较高，而下表面温度较低。由于混凝土导热性差，轨道板沿高度方向存在温度梯度，温度梯度导致的混凝土温度应力是裂纹的主要原因，温度梯度会使底座板发生翘曲，表面出现横向裂纹。

干燥及塑性收缩引起的裂纹称为材料裂纹，材料裂纹在早期就出现并迅速发展完成，在底座板表面形成不规则龟裂状，很少贯通，后期基本不会产生。

外加荷载作用引起的裂缝称为荷载裂缝，混凝土荷载裂缝主要指由于列车荷载作用对于结构产生弯拉作用而引起的裂缝。这类裂缝一般出现在底座板受力后应力较大或者承载力相对薄弱的部位[7]。

综上所述，无砟轨道结构中的底座板作为普通钢筋混凝土板，在使用过程中由于拉应力超过混凝土容许拉应力，底座板会出现开裂现象，出现横、竖向裂缝，设计中一般允许底座板开裂，但对其裂缝宽度有限制，本文将针对无砟轨道底座板的纵、横向开裂情况进行可靠度分析。图2所示为底座板纵向裂缝和横向裂缝。

2 底座板裂缝宽度极限状态函数

底座板裂缝宽度极限状态为底座板裂缝宽度超过容许值，纵、横向裂缝宽度超限的极限状态方程为：

$$G_1(X)=[\omega]-\omega_{\max-l} \tag{1}$$

$$G_2(X)=[\omega]-\omega_{\max-h} \tag{2}$$

式中：$[w]$为底座板混凝土裂缝宽度限值；$w_{\max-l}$、$w_{\max-h}$为考虑长期荷载作用影响计算的底座板纵向和横向最大裂缝宽度。

关于底座板裂缝宽度限值，《高速铁路无砟轨道线路维修规则（试用）》[8]规定桥梁地段连续底座

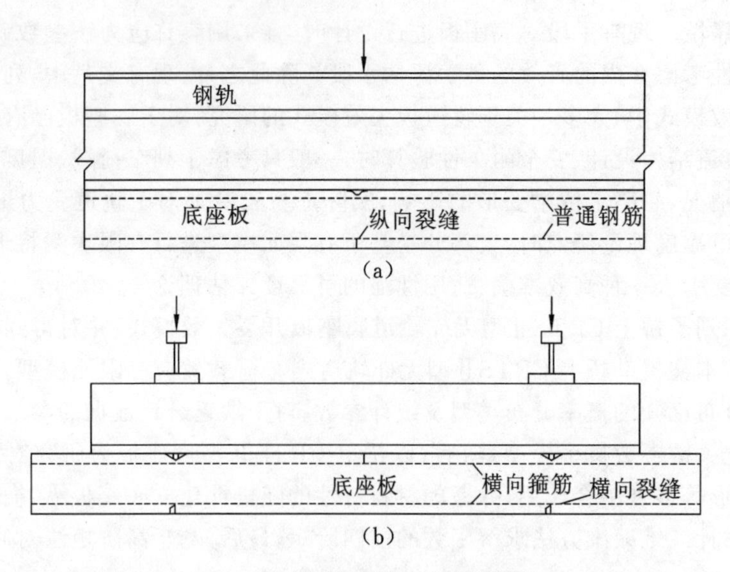

图 2　底座板纵向裂缝和横向裂缝

Fig. 2　Longitudinal cracks and transverse cracks in the foundation plate

板混凝土裂缝不得大于 0.3 mm。由于底座板为混凝土结构，根据《混凝土结构设计规范》[9]，最大裂缝宽度按以下公式进行计算：

$$\omega_{\max}=\alpha_{cr}\psi\frac{\sigma_{sq}}{E_s}(1.9C_s+0.08\frac{d_{eq}}{\rho_{te}}) \tag{3}$$

式中：a_{cr}为构件受力特征系数，轴心受拉构件取 2.7；Y 为裂缝间受拉钢筋应变系数，$Y=1.1-0.65f_t/(r_{te}s_{sq})$，规定当 $Y<0.2$ 时，取 $Y=0.2$；当 $Y>1$ 时，取 $Y=1$；f_t为混凝土抗拉强度；r_{te}为按有效受拉混凝土截面面积计算的纵向受拉配筋率，$r_{te}=A_s/A_{te}$；A_s为受拉区普通钢筋截面面积；A_{te}为有效受拉混凝土截面面积；s_{sq}为钢筋混凝土构件受拉普通钢筋等效应力；E_s为钢筋的弹性模量；C_s为受拉钢筋外边缘至受拉区底边的距离(mm)，当 $C_s<20$ 时取 $C_s=20$；当 $C_s>65$ 时取 $C_s=65$；d_{eq}为受拉区钢筋的公称直径。

对于裂缝宽度的求解，开裂处的钢筋应力的计算至关重要。底座板在温度变化、列车荷载耦合下受力情况较为复杂，同时受轴向力(温度轴向力)和弯矩作用(温度梯度翘曲弯矩和列车列车荷载弯矩)，《混凝土设计规范》[9] 给出了各受力形式下的裂缝截面处钢筋应力的计算方法。

对于轴心受拉构件，裂缝截面处的钢筋应力有

$$\sigma_{sq}=\frac{N_q}{A_s} \tag{4}$$

式中：N_q为荷载作用下的轴向拉力；A_s为受拉区普通钢筋截面面积。

对于受弯构件，裂缝截面处的钢筋应力有

$$\sigma_{sq}=\frac{M_q}{0.87A_sh_0} \tag{5}$$

式中：M_q为荷载作用下的弯矩值；h_0为截面有效高度。

将以上两种形式作用力分别通过式(4)和式(5)计算应力后，再线性叠加等效为底座板开裂处钢筋所受应力。

桥上无砟轨道底座板纵向轨下裂缝界面处的钢筋应力：

$$\sigma_{sq1}=\frac{M_{T_g}+M_{vl}+M_n}{0.87A_sh_0}+\sigma_{\Delta T} \tag{6-a}$$

桥上无砟轨道底座板横向轨下裂缝截面处的钢筋应力：

$$\sigma_{sq2}=\frac{M_{T_g}+M_{vh}}{0.87A_sh_0}+\sigma_{\Delta T} \tag{6-b}$$

式中：M_{T_g} 为温度梯度引起的底座板翘曲弯矩；M_{vl}、M_{vh} 为列车荷载引起的底座板纵向、横向最大弯矩；M_n 为桥梁变形产生的纵向弯矩；$s_{\Delta T}$ 为整体温降和混凝土收缩引起的底座版开裂处钢筋应力。

2.1 列车荷载引起的底座板弯矩计算

列车荷载引起的底座板弯矩通常采用有限元模型来进行求解。目前应用较多的有弹性地基梁板理论、多重叠合梁理论及梁体有限元理论，刘学毅[10]对这三种理论在同等参数下计算的底座板列车弯矩进行对比，结果表明，梁板理论计算的列车弯矩与实际情况吻合较好，采用梁板理论模型更符合无砟轨道的结构和受力特点。因此本文利用有限元软件 ANSYS 建立弹性地基梁板模型计算列车荷载下的底座板纵、横向弯矩。图 3 为无砟轨道弹性地基梁板理论分析模型，其中钢轨采用弹性点支撑梁模拟，单元类型为 BEAM188；轨道板和底座板厚度方向远小于其长、宽方向的尺寸，与薄板类似，选用板壳 SHELL63 模拟；单元扣件、CA 砂浆层以及下部弹性地基简化为不同的线性弹簧单元 COMBIN14 进行模拟，其中钢轨扣件采用三个方向的弹簧模拟，具体的刚度分配值如图 4 所示。模型的详细参数见表 1。

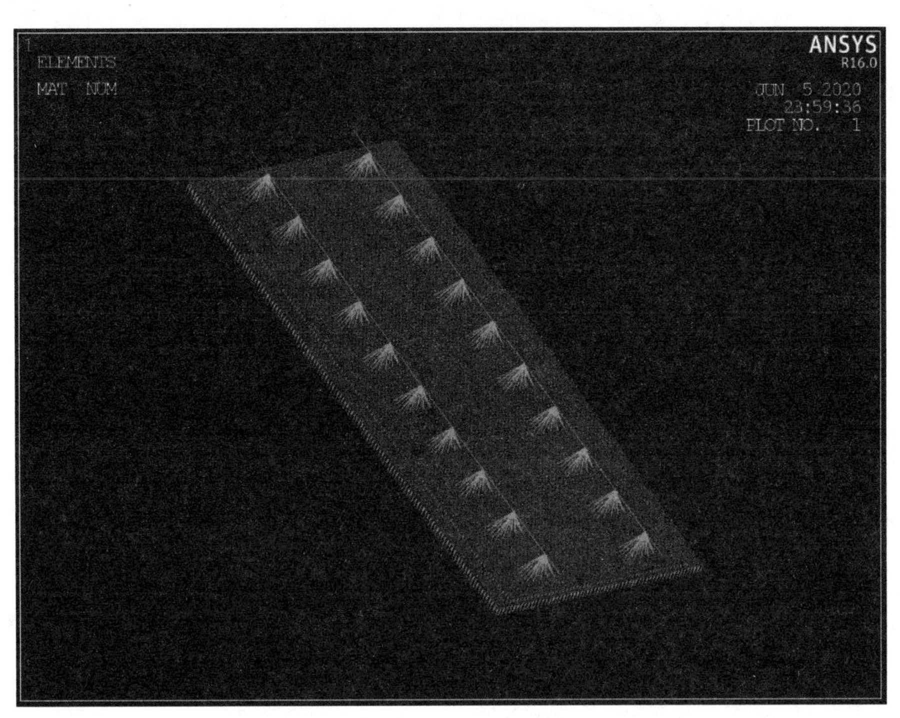

图 3 无砟轨道弹性地基梁板理论分析模型

Fig. 3 Theoretical analysis model of beam and slab onballastless track elastic foundation

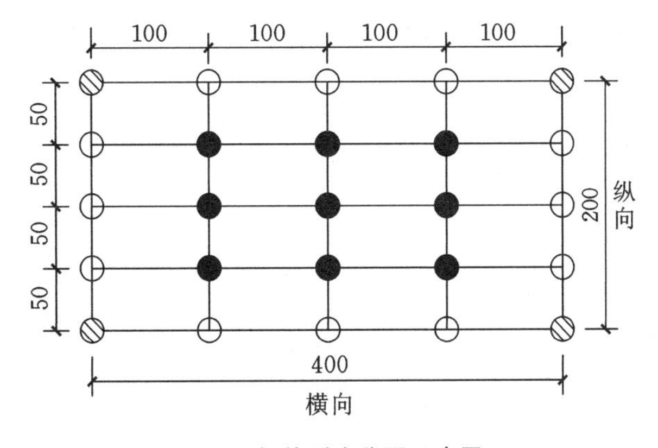

图 4 扣件刚度分配示意图

Fig. 4 Stiffness distribution diagram of coupler

表 1　弹性地基梁板有限元模型计算参数

Table 1　The finite element model of beam and slab for elastic foundation is used to calculate parameters

无砟轨道结构部件		单位	符号	数值	单元类型
钢轨	弹性模量	MPa	E_R	2.06E+05	BEAM188
	截面面积	m^2	A	7.75E-03	
	抗弯惯性矩	m^4	I	3.22E-11	
	泊松比	—	υ_R	0.3	
扣件	竖向刚度	N/m	Kz	K_z	COMBIN14
	扣件间距	M	a	0.645	
轨道板	弹性模量	MPa	E_s	3.55E+10	SHELL63
	宽度	M	B_s	2.55	
	厚度	M	h_s	0.2	
	泊松比	—	ν	0.2	
CA 砂浆	弹性模量	MPa	E_{CA}	8000	*COMBIN*14
	厚度	M	h_{CA}	0.03	
	面支承刚度	N/m^3	k_{ca}	$k_1=E_{CA}/h_{CA}$	
				$k_2=E_u/h_u$	
				$1/k_{ca}=1/k_1+1/k_2$	
底座板	弹性模量	*MPa*	*Eu*	E_u	SHELL63
	宽度	M	B_u	2.95	
	厚度	M	h_u	0.19	
	泊松比	—	ν	0.2	
桥面支承	面支承刚度	N/m^3	$k_{r橡}$	$k_{r橡}$	*COMBIN*14

列车动荷载轮载为 300 kN,按照单轴加载形式施加于上述无砟轨道弹性地基梁板模型,并将底座板弯矩数值列与表 2 中。

表 2　桥上 CRTS Ⅱ型无砟轨道理论模型底座板结构计算结果

Table 2　Structural calculation results of CRTS Ⅱ ballastless track theoretical model on the bridge

项目	数值
横向正弯矩(kN·m/m)	7.15
横向负弯矩(kN·m/m)	−3.16
纵向正弯矩(kN·m/m)	5.78
纵向负弯矩(kN·m/m)	−1.24

以上结果与文献[11]中建立的桥上 CRTSⅡ型无砟轨道结构有限元计算结果非常相近,因此,说明本文模型的正确性,可以基于本模型的计算结果进行接下来的计算。

2.2　整体温度作用和混凝土收缩引起的钢筋应力计算

CRTSⅡ型板整体纵连,整体温度变化和混凝土收缩都将在底座板内引起巨大的温度力,特别的,混凝土收缩特性指混凝土早期或硬化过程中不断收缩,对结构受力的影响可以等效为整体温降。整体温降会引起轴向拉力,对结构开裂不利。

底座板在温度变化、列车荷载耦合下受力情况较为复杂，同时受轴向力（温度轴向力）和弯矩作用（维度梯度翘曲弯矩和列车荷载弯矩），根据《公路水泥混凝土路面设计规范》[12]，整体温度作用和混凝土收缩引起的底座板开裂处钢筋应力按下式计算：

$$\sigma_s = E_s(\alpha_c \Delta T \lambda_{st} + \alpha_s \Delta T) \tag{7}$$

式中：s_s为钢筋应力；E_s为钢筋弹性模量；a_c为混凝土线膨胀系数；ΔT 为整体温度变化值；l_{st}为钢筋温度应力系数，取 $l_{st}=1.1$；a_s为钢筋线膨胀系数，取 $a_s=9\times10^{-6}$/ ℃。

2.3 温度梯度引起的底座板翘曲应力计算

文献[10]将威氏翘曲应力公式与有限元解计算的无砟轨道翘曲应力及变形比较，结果表明威氏公式与有限元解具有较好的一致性。因此弯矩对于无砟轨道底座板翘曲应力，采用按完全约束下无限大板的威氏翘曲应力公式计算。

底座板内温度梯度引起的纵、横翘曲应力为：

$$\sigma_x = \sigma_y = \frac{E_u \alpha_c T_g \alpha_h h_u}{2(1-v)} \tag{8-a}$$

底座板内温度梯度引起的单位长度纵、横向翘曲弯矩为：

$$M_{T_g} = \frac{E_u \alpha_c T_g \alpha_h h_u^3}{12(1-\nu)} \tag{8-b}$$

式中：E_u、n、a_c为底座板混凝土材料弹性模量、泊松比以及线膨胀系数；T_g为底座板的温度梯度；h_u为底座板厚度；a_h为温度梯度板厚修正系数，根据底座板厚度取为 1.08。

根据以上分析，得到桥上无砟轨道底座板纵、横向轨下裂缝宽度的极限状态函数完整式为：

$$G_i(X) = [\omega] - \alpha_{cr}\left(1.1 - 0.65\frac{f_t}{\rho_{te}\sigma_{sq}}\right)\frac{\sigma_{sqi}}{E_s}\left(1.9C_s + 0.08\frac{d_{eq}}{\rho_{te}}\right) \tag{9}$$

式中：s_{sqi}对应于纵、横向钢筋应力对应取值。（i 取值为 1、2，取 1 时对应于纵向轨下裂缝宽度极限状态函数，取 2 时对应横向轨下裂缝宽度极限状态函数。）

3 随机变量分析

可靠度分析时，为提高分析效率，将变异性较小的钢筋直径 d_{eq}、配筋率 r_{te}、钢筋弹性模量 E_s视为固定参数。桥上 *CRTS* Ⅱ 型无砟轨道底座板纵向配置直径 d_{eq}为 16 mm 的 HRB500 等级普通钢筋，钢筋布置如表 3 和图 5 所示，底座板设计配筋率 r_{te}为 2.12%（横向配筋率与纵向配筋率近似）；E_s近似取 200 GPa，其余均考虑为随机变量。

表 3　底座板钢筋布置表

Table 3　Table of reinforcement arrangement of foundation plate

项目	配筋率	主筋	箍筋		
		直径(边+中)	直径(mm)	间距(mm)	布置形式
底座板	2.12%	29Φ16+29Φ16	10	200	内箍筋

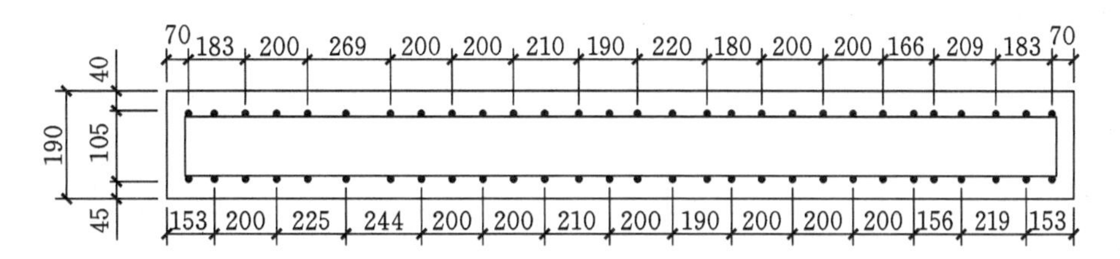

图 5　底座板配筋图

Fig. 5　Reinforcement drawing offoundation plate

在可靠度分析中，由于列车荷载、扣件刚度、桥面刚度、混凝土弹性模量及抗拉强度、保护层厚度、计算模型不确定性系数、整体温度作用、正(负)温度梯度、列车荷载弯矩、桥梁变形曲率的变异性较大，因此将这些参数看做随机变量。针对无砟轨道结构中的随机变量，总结为：①列车荷载服从均值为121.940 kN，标准差为5.39 kN的正态分布[10]；②一般情况下无砟轨道扣件刚度分布类型大致为对数正态分布[17]，其竖向刚度服从均值为30 kN/mm，标准差为$s=4.25$ kN/mm的对数正态分布[14,15,16]；③葛尔步诺夫[18]给出了无砟轨道地基系数的取值方法和参考值，根据研究本文假定桥面刚度服从均值为1000 MPa/m，标准差$s=50$ MPa/m的正态分布；④基于国内外调查和数据统计，强度等级为C30的混凝土的弹性模量服从均值为30000 MPa，变异系数为0.2的正态分布[13]；⑤由于底座板采用混凝土强度C30的混凝土，根据《铁路工程结构可靠性设计统一标准(试行)》[19]6.1.2、6.1.3规定，其抗压强度服从均值为26.6 MPa，变异系数为0.17的对数正态分布，抗拉强度服从均值为2.53 MPa，变异系数为0.14的对数正态分布；⑥混凝土结构构件保护层厚度服从均值38.45，变异系数0.3的正态分布[13]；⑦文献[13]总结了结构在不同受力形式下计算不确定系数的统计参数，给出了轴心受拉不确定性系数服从均值为1，变异系数为0.04的正态分布；轴心受压不确定性系数服从均值为1，变异系数为0.05的正态分布；受弯不确定性系数服从均值为1，变异系数为0.04的正态分布；⑧在考虑整体温度变化作用随机性对无砟轨道的影响时，选取整体温差服从均值12.5 ℃，变异系数为0.15的正态分布[13]；⑨正、负温度梯度服从均值为32.22、16.55，变异系数皆为0.2的威布尔分布[20]；⑩受到列车荷载、无砟轨道结构特性系数影响，且由于无砟轨道结构复杂，根据文献[21,22,23]的研究，基于四阶矩正态变换，通过立方正态分布对桥上CRTSⅡ型底座板结构的列车荷载作用效应的统计特征进行描述，得到纵向轨下正弯矩服从均值为2.025 kN·m/m，标准差为0.328 kN·m/m的立方正态分布，横向轨下正弯矩服从均值为2.602 kN·m/m，标准差为0.364 kN·m/m的立方正态分布，⑪文献[32]给出了桥梁变形曲率分布类型及随机参数建议值，桥梁变形曲率服从均值为1×10^{-3} mm^{-1}，变异系数为0.1的对数正态分布。

本文用到的各随机变量统计特征见表4。

表4 基本随机变量分布类型及参数取值表

Table 4 Table of distribution types and parameter values of basic random variables

基本变量	单位	分布类型	标准值	变异系数	对应符号
列车荷载	kN	正态分布	121.94	0.04	P
扣件刚度	N/m	对数正态分布	3E7	0.14	K_z
桥面刚度	MPa/m	正态分布	1000	0.05	$k_{r橡}$
底座板混凝土弹性模量	*MPa*	正态分布	3*E*4	0.20	E_u
底座板混凝土抗拉强度	MPa	对数正态分布	2.53	0.14	f_t
保护层厚度	*mm*	正态分布	38.45	0.03	C_s
整体温差	℃	正态分布	12.5	0.15	ΔT
正温度梯度	℃/m	威布尔分布	32.22	0.3	T_{g+}
负温度梯度	℃/m	威布尔分布	16.55	0.3	T_{g-}
纵向轨下正弯矩	kN·m/m	立方正态分布	2.025	0.162	M_{vl}
横向轨下正弯矩	kN·m/m	立方正态分布	2.602	0.140	M_{vh}
桥梁变形曲率	mm^{-1}	对数正态分布	1E-3	0.1	κ_d

4 *CRTS*Ⅱ型底座板开裂可靠度研究的高阶矩方法

近年来，矩法因具有其高效、准确且易与有限元结合的特点而被应用于无砟轨道结构可靠度分析[24,25]，研究表明高阶矩法在很大程度上能取代一次二阶矩法(*FORM*)、蒙特卡洛(*MCS*)等可靠度分析方法。基于高阶矩进行可靠度分析是将极限状态函数看作随机变量，求解计算该极限状态函数的前四阶矩，将前四阶矩作为描述极限状态函数的统计信息，随后求解极限状态函数小于0的概率，即失效概率，通过失效概率可以对应求解可靠指标。具体本文做法为，首先，采用点估计结合二维减维的方法进行计算极限状态函数的前四阶矩；其次，得到动能函数前四阶矩之后，在未知极限状态函数具体分布类型的情况下，通过四阶矩的正态变化实现结构的可靠度分析。

4.1 点估计结合二维减维计算极限状态函数前四阶矩的基本思想

对于极限状态函数 $Z = G(X)$，利用 Rosenblatt 逆转化，Z 的 k 阶原点矩定义为：

$$\mu_{kG} = E\{[G(\boldsymbol{X})]^k\} = \int_{-\infty}^{\infty}\cdots\int_{-\infty}^{\infty}\{G[\boldsymbol{x}]\}^k f_x(\boldsymbol{x})\mathrm{d}x = \int_{-\infty}^{\infty}\cdots\int_{-\infty}^{\infty}\{G[T^{-1}(\boldsymbol{u})]\}^k\varphi(\boldsymbol{u})\mathrm{d}\boldsymbol{u} \quad (10)$$

式中：$f_x(\boldsymbol{x})$ 为随机变量 $\boldsymbol{X}$ 联合概率密度函数；$T^{-1}(\boldsymbol{u})$ 为 Rosenblatt 逆变换(将标准估计点变成原始空间估计点)，值得注意的是若随机变量分布未知利用立方正态逆转换 u-x 实现变换；$\varphi(\boldsymbol{u})$ 为标准正态随机变量的概率密度函数。令 $L(\boldsymbol{u}) = \{G[T^{-1}(\boldsymbol{u})]\}^k$，由二维减维法得：

$$L(\boldsymbol{u}) \cong L_2 - (n-2)L_1 + \frac{(n-1)(n-2)}{2}L_0 \quad (11)$$

由于极限状态函数表示的是原始空间式中，则：

$$L_0 = G_\mu(\mu_1, \cdots, \mu_i, \cdots, \mu_n) \quad (12\text{-a})$$

$$L_1 = \sum_{i=1}^{n} G_\mu(\mu_1, \cdots, x_i, \cdots, \mu_n) \quad (12\text{-b})$$

$$L_2 = \sum_{i<j} G_{i,j}(\mu_1, \cdots, x_i, \cdots, x_j, \cdots, \mu_n) \quad (12\text{-c})$$

其中 $i,j = 1,2,\cdots,n$ 且 $i < j$。L_1 是 n 个一维函数的和，L_2 是 $[n(n-1)]/2$ 个一维函数的和。

得到

$$\mu_{kG} = E(\{G[T^{-1}(\boldsymbol{u})]\}^k) \cong E(\{L(\boldsymbol{u})\}^k) = \sum_{i<j}\mu_{L2i,j}^k - (n-2)\sum_i \mu_{L1i}^k + \frac{(n-1)(n-2)}{2}L_0^k \quad (13)$$

使用高斯-赫尔米特积分法(Gauss-Hermite)，可以得到：

$$\mu_{L2_{i,j}}^k = \int_{-\infty}^{\infty}\int_{-\infty}^{\infty}\{G_{i,j}[\mu_1, \cdots, T^{-1}(\mu_i), \cdots, T^{-1}(\mu_j), \cdots, \mu_n]\}^k \varphi(u_i)\varphi(u_j)\mathrm{d}u_i\mathrm{d}u_j \quad (14\text{-a})$$

$$\mu_{L1_i}^k = \int_{-\infty}^{\infty}\{G_i[\mu_1, \cdots, T^{-1}(\mu_i), \cdots, \mu_n]\}^k \varphi(u_i)\mathrm{d}u_i \quad (14\text{-}b)$$

$$L_0^k = [G_\mu(\mu_1, \cdots, \mu_i, \cdots, \mu_n)]^k \quad (14\text{-c})$$

结合点估计方法(标准估计点 u_r 和相应的权重 P_r 由下方给出)，可以由以下方法近似计算：

$$\mu_{L2_{i,j}}^k = \sum_{r_1=1}^{m}\sum_{r_2=1}^{m} P_{r1}P_{r2}\{G_{i,j}[(\mu_1, \cdots, T^{-1}(u_{r1}), \cdots, T^{-1}(u_{r2}), \cdots, \mu_n]\}^k \quad (15\text{-a})$$

$$\mu_{L1_i}^k = \sum_{r=1}^{m} P_r\{G_i[\mu_1, \cdots, T^{-1}(u_r), \cdots, \mu_n]\}^k \quad (15\text{-b})$$

$$L_0^k = [G_\mu(\mu_1, \cdots, \mu_i, \cdots, \mu_n)]^k \quad (15\text{-c})$$

则得到 $G(X)$ 前四阶矩可表示为：

$$\mu_G = \mu_{1G} \quad (16\text{-a})$$

$$\sigma_G = \sqrt{\mu_{2G} - \mu_{1G}^2} \quad (16\text{-b})$$

$$\sigma_{3G} = (\mu_{3G} - 3\mu_{2G}\mu_{1G} + 2\mu_{1G}^3)/\sigma_G^3 \quad (16\text{-c})$$

$$\sigma_{4G} = (\mu_{4G} - 4\mu_{3G}\mu_{1G} + 6\mu_{2G}\mu_{1G}^2 - 3\mu_{1G}^4)/\sigma_G^4 \quad (16\text{-d})$$

本文采用标准正态空间的七点估计，其估计点值 u_i 及权重 p_k[26] 为

$$u_0 = 0; p_0 = 16/35 \quad (17\text{-a})$$

$$u_{1+} = -u_{1-} = 1.1544054; p_1 = 0.2401233 \quad (17\text{-b})$$

$$u_{2+} = -u_{2-} = 2.3667594;p_2 = 3.07571 \times 10^{-2} \tag{17-c}$$

$$u_{3+} = -u_{3-} = 3.7504397;p_3 = 5.48269 \times 10^{-4} \tag{17-d}$$

4.2 四阶矩可靠指标及失效概率计算

根据4.1中步骤得到极限状态函数的前四阶矩后，将极限状态函数$G(\boldsymbol{X})$看作一个变量Z，对于标准化的极限状态函数Z_s，根据四阶矩正态变换公式可得：

$$Z_s = S_u(u) = a_1 + a_2 u + a_3 u^2 + a_4 u^3 \tag{18}$$

式中a_1,a_2,a_3,a_4通过建立$S_u(u)$与前四阶中心距与Z_s的前四阶矩相等的方程组求得：

$$2A_1 A_2^2 = \alpha_{3G}^2 \tag{19-a}$$

$$3A_1 A_3 + 3A_4 = \alpha_{4G} \tag{19-b}$$

其中

$$A_1 = 1 - a_2^2 - 6a_2 a_4 - 15a_4^2 \tag{20-a}$$

$$A_2 = 2 + a_2^2 + 24a_2 a_4 + 105a_4^2 \tag{20-b}$$

$$A_3 = 5 + 5a_2^2 + 126a_2 a_4 + 675a_4^2 \tag{20-c}$$

$$A_4 = a_2^2 + 20a_2^3 a_4 + 210a_2^2 a_4^2 + 1260a_2 a_4^3 + 3465a_4^4 \tag{20-d}$$

$$a_3 = -a_1 = \frac{\alpha_{3G}}{2A_2} \tag{20-e}$$

通过上式求解进行正态变换$Z_s - u$，可得到基于极限状态函数前四阶矩的可靠指标（对应于$Z = 0, Z_s = (Z - m_Z)/s_Z = -m_Z/s_Z$），表示为：

$$\beta_{4M} = -S_u^{-1}\left(-\frac{\mu_Z}{\sigma_Z}\right) \tag{21}$$

针对不同极限状态函数的偏度和峰度，为得到一个解的情况（即四阶矩正态变换必须具有单调性），张玄一[27]给出了不同情况下基于四阶矩正态变换的可靠度计算公式，见表5。

表5　基于完备四阶矩正态变换的可靠度计算

Table 5　Reliability calculation based on complete fourth-order moment normal transformation

参数				可靠度指标β_{4M}表达式	类型
$a_4 < 0$			$J_2^* < 0 < J_1^*$	$2r\cos[(\theta+\pi)/3] + a$	Ⅰ
$a_4 > 0$	$p < 0$	$a_{3x} \geqslant 0$	$J_1^* < 0 < J_2^*$	$-2r\cos(\theta/3) + a$	Ⅱ
			$J_2^* \leqslant 0$	$-A^{1/3} - B^{1/3} + a$	
		$a_{3x} < 0$	$J_1^* < 0 < J_2^*$	$2r\cos[(\theta-\pi)/3] + a$	Ⅲ
			$J_1^* \geqslant 0$	$-A^{1/3} - B^{1/3} + a$	
	$p \geqslant 0$			$-A^{1/3} - B^{1/3} + a$	Ⅳ
$a_4 = 0$		$a_{3x} \neq 0$	$a_2^2 + 4a_3(a_3 + Z_s) \geqslant 0$	$-[a_2^2 + 4a_3(a_3 + Z_s)]^{1/2}/2a_3 + a_2/2a_3$	Ⅴ
		$a_{3x} = 0$		$-Z_s$	Ⅵ

表中

$$A = q + \sqrt{\Delta}, B = q - \sqrt{\Delta} \tag{22-a}$$

$$\Delta = p^3 + q^2, p = \frac{3a_2 a_4 - a_3^2}{9a_4^2}, q = -a^3 + \frac{ac}{2} + \frac{3a}{2} + \frac{Z_s}{2a_4} a = \frac{a_3}{3a_4}, c = \frac{a_2}{a_4} \tag{22-b}$$

$$\theta = \arccos\left(\frac{q}{r^3}\right), r = \sqrt{-p} \tag{22-c}$$

J_1^*和J_2^*分别为当$a_4 > 0$时$S_{-1u}(u)$的极小值与极大值对应的Z取值，表示为：

$$J_1^* = \sigma_Z a_4(-2r^3 + 2a^3 - ac - 3a) + \mu_Z, J_2^* = \sigma_Z a_4(2r^3 + 2a^3 - ac - 3a) + \mu_Z \tag{22-d}$$

将$Z=0$，$Z_s=(Z-m_Z)/s_Z=-m_Z/s_Z$前四阶矩信息代入上式计算参数，根据参数情况和适用范围判别类型，再选用相应的表达式进行四阶矩可靠指标β_{4M}的计算。根据β_{4M}可以得到结构的失效概率为：

$$P_f=\Phi(-\beta_{4M}) \tag{23}$$

4.3 桥上CRTSⅡ型底座板最大裂缝宽度可靠度结果分析

根据极限状态函数中随机变量的统计特征，运用七点估计，得到随机变量在原始空间的估计点如表6所示，然后通过二维减维法得到极限状态函数的前四阶矩，最后基于高阶矩法分别在正温度、负温度情况下对底座板纵、横向裂缝宽度可靠性进行分析，结果如表7所示。

表6 七点估计原始空间中的估计点及相应权重

Table 6 Seven points are estimated in the original space and the corresponding weights

基本变量	x_{3-}	x_{2-}	x_{1-}	x_0	x_{1+}	x_{2+}	x_{3-}
E_u	7500	15800	23100	30000	36900	44200	53000
f_t	1.486	1.802	2.133	2.506	2.943	3.484	4.225
C_s	34.124	35.720	37.118	38.45	39.782	41.180	42.776
ΔT	5.468	8.062	10.335	12.5	14.665	16.938	19.532
T_{g+}	6.954	15.444	24.557	32.665	39.502	45.466	51.154
T_{g-}	3.572	7.933	12.614	16.779	20.291	23.354	26.275
M_{vl}	0.666	1.217	1.648	2.029	2.399	2.793	3.274
M_{vh}	0.905	1.649	2.183	2.618	3.010	3.404	3.872
κ_d	0.684*E*-3	0.786*E*-3	0.887*E*-3	0.995*E*-3	1.116*E*-3	1.260*E*-3	1.446*E*-3

表7 桥上CRTSⅡ型底座板裂缝宽度可靠度

Table 7 Crack width reliability of CRTS Ⅱ foundation plate on bridge

T_g		正温度梯度		负温度梯度	
极限状态函数G_i		纵向/G_1	横向/G_2	纵向/G_1	横向/G_2
前四阶矩	μ_{Gi}	0.0780	0.2506	0.1585	0.2707
	σ_{Gi}	0.0465	0.0646	0.0331	0.0052
	α_{3Gi}	−0.1570	−0.0356	−0.0936	0.2306
	α_{4Gi}	3.0566	3.0548	3.0671	3.0292
β		1.635	3.720	4.361	8.269
P_f		5.10%	9.97×10^{-5}	6.48×10^{-6}	6.73×10^{-17}

从表7可以看出，负温度梯度作用下的底座板裂缝宽度可靠度大于正温度梯度下的可靠度，说明正温度梯度作用较负温度梯度对底座板开裂影响更为不利；正温度梯度不利荷载作用下，底座板纵、横向开裂时裂缝宽度超限概率分别为5.10%、0.00997%，对应可靠指标为1.635、3.720，《铁路轨道极限状态法设计暂行规范》[28]第3.2.7条的基本要求为铁路轨道构件正常使用极限状态的可靠指标宜取1.0～2.5，故现行设计满足要求，且底座板纵向裂缝宽度超限可能性大于横向裂缝宽度超限的概率。

由于我国高速铁路覆盖地域辽阔，底座板所处环境复杂多变，因此温度作用也具有较强的变异性。温度作用是底座板开裂的主要原因，由于将混凝土收缩作用等效为整体温降，可靠度分析时考虑荷载最不利情况，因此，本文探究了底座板裂缝宽度可靠性随整体温降、正温度梯度变化的情况，底座板可靠指标和失效概率变化曲线分别如图6和图7所示，其中DT的取值范围为10～15 ℃，T_g 的取值范围为10～50 ℃/m，并将部分分析结果列于表8和表9中。

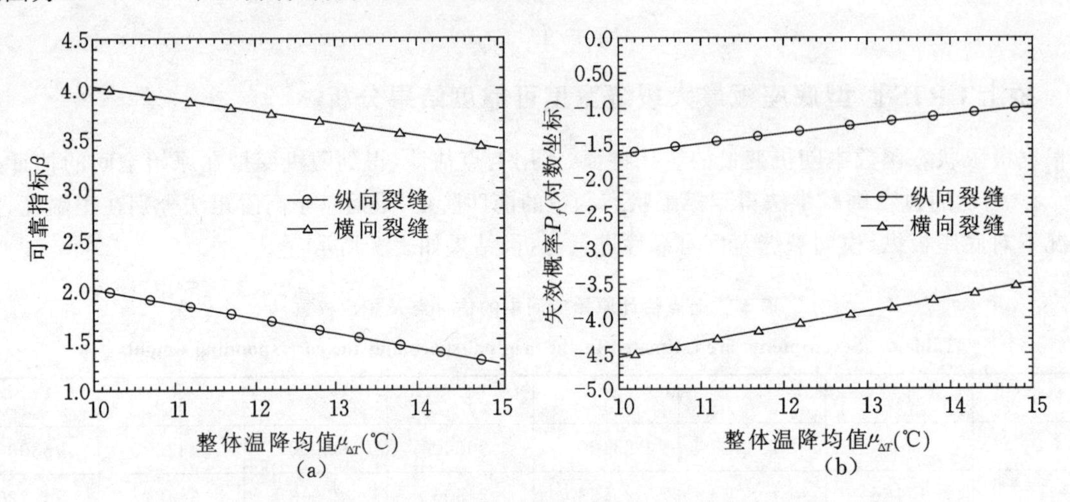

图6 桥上CRTS Ⅱ 型底座板裂缝宽度可靠性随整体温降 $\mu_{\Delta T}$ 变化示意图

(a) 可靠度指标；(b) 失效概率

Fig. 6 Bridge CRTS Ⅱ foundation plate crack width with reliability sketch temperature drop $\mu_{\Delta T}$ change as a whole

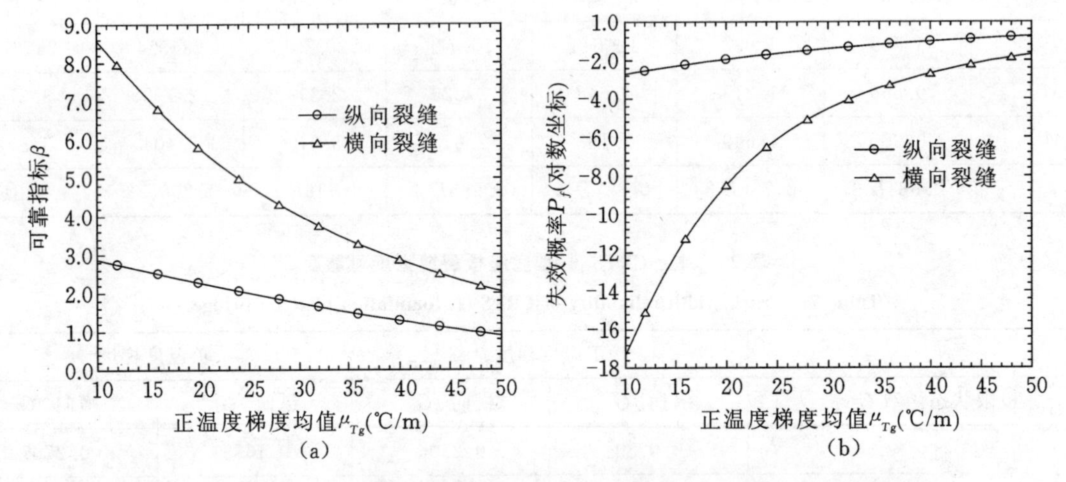

图7 桥上CRTS Ⅱ 型底座板裂缝宽度可靠性随正温度梯度 m_{T_g} 变化示意图

(a) 可靠度指标 (b) 失效概率

Fig. 7 Schematic diagram of crack width reliability of CRTS Ⅱ base plate on bridge with positive temperature gradient m_{T_g}

表8 不同 $\mu_{\Delta T}$ 时桥上CRTS Ⅱ 型底座板裂缝宽度可靠度分析结果

Table **8** Different $\mu_{\Delta T}$ CRTS Ⅱ foundation plate when the bridge crack width reliability analysis results

项目		整体温降 $\mu_{\Delta T}$/ ℃										
		10	10.5	11	11.5	12	12.5	13	13.5	14	14.5	15
纵向	β	2.008	1.934	1.860	1.785	1.710	1.635	1.560	1.485	1.410	1.335	1.260
	P_f	0.022	0.027	0.031	0.037	0.044	0.051	0.059	0.069	0.079	0.091	0.104
横向	β	4.024	3.964	3.903	3.843	3.781	3.720	3.658	3.596	3.533	3.471	3.408
	$P_f(\times 10^{-5})$	2.862	3.688	4.743	6.087	7.798	9.967	12.71	16.17	20.52	25.97	32.77

从图6及表8可以得知：①底座板裂缝宽度可靠度随整体温降的变化规律：随着整体温降的增加，

底座板最大裂缝的可靠指标呈下降趋势，裂缝超限概率增加；② 在整体温降均值变化幅度为 10 ～ 15 ℃ 时，底座板横向最大裂缝宽度可靠性水平较高(均大于3)；③ 整体温降均值位于 10 ～ 12.5 ℃ 区间内时，纵向最大裂缝宽度可靠指标$\beta\in[1.6,2.0]$，相应的失效概率在5%以内，说明底座板在正常整体温降作用范围内，裂缝超限的概率很小；整体温降幅度为 12.5 ～ 15 ℃ 时，可靠指标$\beta\in[1.3,1.6]$，相应的失效概率$P_f\in[5\%,10\%]$，底座板纵向裂缝宽度超限的概率增大，可靠度降低；整体温降幅度在 15 ℃ 以上时，底座板裂缝超限的概率达到了 10% 以上，结构可靠性偏低。

表 9　不同μ_{Tg}时桥上 CRTS Ⅱ 型底座板裂缝宽度可靠度分析结果

Table **9**　Different μ_{Tg} CRTS Ⅱ foundation plate when the bridge crack width reliability analysis results

项目		正温度梯度μ_{Tg}/ ℃/m								
		10	15	20	25	30	35	40	45	50
纵向	β	2.8750	2.5687	2.2755	1.9997	1.7431	1.5058	1.2870	1.0855	0.8997
	P_f	0.0020	0.0051	0.0114	0.0228	0.0407	0.0661	0.0990	0.1389	0.1841
横向	β	8.5801	7.0780	5.8011	4.8030	4.0174	3.3829	2.8583	2.4163	2.0383
	P_f	4.7*E*-18	7.3*E*-13	3.3*E*-09	7.8*E*-07	2.9*E*-05	0.0004	0.0021	0.0078	0.0208

从图 7 及表 9 可以看出：①底座板裂缝宽度可靠度随温度梯度的变化规律：底座板裂缝宽度可靠性与温度梯度的变化幅度相关性很大，随着正温度梯度的增加，底座板最大裂缝的可靠指标明显降低，相应失效概率攀升，其中横向可靠指标减小的幅度相比纵向更大；②在正温度梯度均值为 10～50 ℃/*m* 时，底座板横向最大裂缝宽度可靠度指标均大于 2.0，失效概率小于 3%，说明横向裂缝宽度超限的可能性很小；③正温度梯度均值为 10～30 ℃/*m* 时，纵向最大裂缝宽度可靠指标$\beta\in[1.7,2.9]$，相应的失效概率小于 5%，说明在正常梯度作用范围内纵向裂缝超限的概率较小；温度梯度幅度在 45 ℃/m 以上时，底座板裂缝超限的概率达到了 10%以上，底座板结构可靠性偏低，结构存在一定的安全隐患，随着近年来极端气候越来越频繁，裂缝宽度超限容易使钢筋腐蚀加剧，从而造成结构加速破坏，同时裂缝宽度过大会影响轨道结构的平顺性，可能会对行车安全造成影响，需引起相当重视。

5　结论

本文通过调研和分析，建立了温度作用及列车荷载共同作用下桥上 CRTSⅡ型底座板纵、横向最大裂缝宽度可靠度分析的极限状态函数。采用四阶矩可靠度方法对此极限状态函数进行了可靠度分析，探究了可靠指标随温度梯度的变化规律。分析结果表明：

(1) 本文采用的四阶矩可靠度方法具有易与结构有限元分析技术相结合、计算效率高以及计算结果准确等优点，表明该方法适用于底座板最大裂缝宽度的可靠度分析。

(2) 考虑无砟轨道结构和荷载的随机性，在承受列车荷载、温度作用及桥梁变形多种耦合作用时，CRTS Ⅱ型底座板的开裂可靠度在 1.0～2.5 范围内，满足设计要求；同时，CRTSⅡ型底座板横向裂缝宽度超限可能性略大于纵向裂缝宽度超限的概率。

(3) 通过底座板裂缝宽度可靠度计算可得环境温度变化对裂缝宽度影响较大，底座板裂缝宽度可靠指标与温度梯度的变化幅度相关性很大，正温度梯度相对负温度梯度影响更为不利，裂缝宽度超限容易使钢筋腐蚀加剧，从而造成结构加速破坏，同时裂缝宽度过大会影响轨道结构的耐久性，从而对行车安全造成影响，需引起相当重视。建议对底座板采用裂缝控制技术，以防止裂缝超限甚至断板现象的发生。

参 考 文 献

[1] 朱乾坤. 高速铁路简支梁桥与 CRTS Ⅱ型板式无砟轨道相互作用研究[D]. 长沙：中南大学，2013.
[2] 朱荷维. CRTS Ⅰ型无砟轨道底座板裂缝成因分析与预防控制[J]. 建筑工程技术与设计，2015，(01)：662-663.

[3] 罗超,黄成洋.无砟轨道底座板混凝土裂缝的研究[J].工程建设与设计,2019,408(10):200-201.
[4] 滕东宇.桥上纵连板式无砟轨道底座板耐久性研究[D].北京:北京交通大学,2009.
[5] 张国虎.基于可靠度的CRTS Ⅱ型无砟轨道轨道板耐久性研究[D].兰州:兰州交通大学,2014.
[6] CEB欧洲混凝土委员会资料通报182号,周燕翻译.CEB耐久混凝土结构设计指南[R].1989.
[7] 姜子清,王继军,江成.桥上CRTSⅡ型板式无砟轨道伤损研究[J].铁道建筑,2014(06):117-121.
[8] 国家铁路局.TG/GW 115-2012.高速铁路无砟轨道线路维修规则(试行)[S].北京:中国铁道出版社,2012.
[9] 中华人民共和国住房和城乡建设部.GB 50010—2010.混凝土结构设计规范[S].北京:中国建筑工业出版社,2010.
[10] 刘学毅,赵坪锐,杨荣山,王平.客运专线无砟轨道设计理论与方法[M].成都:西南交通大学出版社,2010.
[11] 段与芬.高速铁路板式无砟轨道结构力学特性研究[D].南京:东南大学,2012.
[12] 中交公路规划设计院有限公司.JTG D40-2011.公路水泥混凝土路面设计规范[S].北京:人民交通出版社,2011.
[13] 蔡斌.钢筋混凝土结构可靠性若干问题研究[D].吉林:吉林大学,2011.
[14] 国家铁路局.TB 10621-2014.高速铁路设计规范[S].北京:中国铁道出版社,2015.
[15] 铁道部科技司技术标准.客运专线扣件系统暂行技术条件[S].北京:中国铁道出版社,2006.
[16] 段玉振,张丽平,杨荣山.城际铁路各种行车速度下的扣件刚度选取的研究[J].铁道建筑,2012,(3):103-106.
[17] 梁淑娟.长大桥上CRTS Ⅱ型板式无砟轨道断板影响与可靠性研究[D].北京:北京交通大学,2017.
[18] M.H.葛尔布诺夫著,华东工业建筑设计院译.弹性地基上结构物的计算[M].北京:建筑工程出版社.1963.
[19] 中国铁道科学研究院.Q\CR 9007-2014.铁路工程结构可靠性设计统一标准(试行)[S].北京:中国铁道出版社,2014.
[20] 欧祖敏.板式无砟轨道结构疲劳可靠性分析方法及其应用研究[D].南京:东南大学,2016.
[21] Zhao, Y. G., Lu, Z. H. Cubic normal distribution and its significance in structural reliability[J]. Structural Engineering and Mechanics,2008,28(3):263-280.
[22] Fleishman. A method for simulating non-normal distributions[J]. Psychometrika,1978,43(4),521-532.
[23] Hong, H. P, Lind, N. C. Approximation reliability analysis using normal polynomial and simulation results[J]. Structural Safety,1996,18(4),329-339.
[24] 邹红,卢朝辉,余志武.基于矩法的CRTSⅡ型轨道板横向抗弯承载力时变可靠度研究[J].铁道学报,2018,40(10):103-110.
[25] 邹红,卢朝辉,余志武.基于三阶矩法的CRTSⅡ型轨道板横向抗裂时变可靠度研究[J].铁道学报,2019,41(04):177-185.
[26] Zhao, Y. G., Ono, T. New point estimates for probability moments[J] J. Eng. Mech.,2000,126(4):433-436.
[27] 张玄一.四阶矩可靠度方法及其在桥上CRTS Ⅱ型轨道板可靠度分析中的应用[D].长沙:中南大学,2019.
[28] 中铁第四勘察设计院集团有限公司.Q\CR 9130-2015.铁路轨道极限状态法设计暂行规范[S].北京:中国铁道出版社,2015.
[29] 周劲.基于高阶矩法CRTS Ⅱ型板式无砟轨道结构可靠度分析[D].长沙:中南大学,2018.
[30] Zhao, Y. G., Lu, Z. H. Cubic normal distribution and its significance in structural reliability[J]. Structural Engineering and Mechanics,2008,28(3):263-280.
[31] 梁淑娟.长大桥上CRTS Ⅱ型板式无砟轨道断板影响与可靠性研究[D].北京:北京交通大学,2017.
[32] 刘学毅,赵坪锐,杨荣山,等.客运专线无砟轨道设计理论与方法[M].成都:西南交通大学出版社,2010.

11. 清华大学紫荆公寓管网可靠性研究*

郑意德　张　熠　林佳瑞

（清华大学土木水利学院，北京 100084）

摘要：供水管道构件的安全对供水系统的高效运输以及输水质量具有重要意义，而腐蚀是影响埋地管道可靠度的重要因素之一。本文以清华大学紫荆公寓供水管道系统为例，通过从紫荆管网系统的 BIM（建筑信息模型）中提取出所有供水管道的基本信息，包括管道内径、管道壁厚、管道粗糙系数、管道长度以及埋深等，建立水力分析模型，计算了考虑腐蚀作用时，所有管道构件在外荷载条件件下的时变可靠度和管网系统时变可靠度的上下界。同时通过对管道构件的时变可靠度进行聚类分析，获取不同构件属性与工作特征对管道腐蚀退化量的影响。计算结果将对管网的运营维护提供数据支撑，以便更好地进行运营维护策略制定。

关键词：腐蚀；供水管道；时变可靠度；系统可靠度；聚类分析；BIM

中图分类号：TU311.4　　　**文献标识码**：A

STUDY ON THE RELIABILITY OF APARTMENT NETWORK SYSTEM IN TSINGHUA UNIVERSITY

Zheng Yide　Zhang Yi　Lin Jiarui

（School of Civil Engineering，Tsinghua University，100084，China）

Abstract：The safety of water supply pipeline components is of great significance to the operation of water supply system. Corrosion is one of the important natural phenomena causing the reduction of reliability of buried pipelines. In this paper，a reliability analysis is conducted on a Building Information Model（BIM） model of Zijing water supply pipe system considering hydrodynamics. The time-varying reliability of each pipe and the upper and lower bound of system reliability under corrosion effect is calculated. The influence of structural properties and working conditions to the pipeline corrosion degradation process is also discussed based on a clustering analysis. It is shown the calculation results provide insightful information for the maintenance of pipeline and thus making better maintenance strategy.

Keywords：corrosion；water supply pipe；time-varying reliability；system reliability；cluster analysis；BIM

引言

管道网络是日常生活、运输线等生命线工程的重要组成部分，在石油运输、给排水、能源供应等方面有着重要的意义。在 2018 年，根据中国国家统计局数据[1]，全国供水管网总长度达到 86 万公里，供水总量达到 614 亿吨。同时，随着南水北调工程的不断推进，输水规模将逐步增大，这是对管道质量以及已经建成的管道运营维护的巨大考验。然而许多管道的最初铺设时间距离当下久远，且由于

* 基金项目：自然科学基金项目（51908323）

作者简介：郑意德，清华大学博士研究生

当时铺设时材料技术的缺陷，再加上管道构件有的埋藏在地下或者铺设在人迹罕至的地区，长时间的服役状态以及未知的工作环境，使得管道更容易发生破裂泄漏，且这种情况往往无法在第一时间排查，产生维修延误的二次损失，期间就会造成经济损失并存在较大的安全隐患，因此对管道系统工作状态可视化以及可靠度研究具有重大经济价值与实际意义。

1 管网可靠度计算方法

1.1 单一构件可靠度理论

1.1.1 基于可靠度的机构设计

可靠度是度量结构可靠性[2]的指标，通常通过定义某种破坏模式下的结构功能函数来计算：

$$G(R,S) = R - S \tag{1}$$

此处 $G(R,S)$ 表示该种破坏模式下结构功能函数；R 表示结构或者构件的承载能力；S 表示荷载作用时，结构或者构件的荷载效应。

结构或者构件的荷载效应超过结构的极限承载能力时，结构失效，因此结构的失效概率有如下的定义：

$$P_{\mathrm{f}} = P[R - S \leqslant 0] = P[G(R,S) \leqslant 0] \tag{2}$$

设计时，不同概率密度分布函数模拟下的结构抗力与荷载效应会得到不同的失效概率计算公式，通过限定各种失效模式下的结构失效概率从而达到基于结构可靠度的结构设计方法。

1.1.2 时变可靠度

时变可靠度是考虑结构承载力随时间退化或者荷载效应季节性变动对结构功能函数影响提出的结构可靠度计算方法。在实际工作情况下，混凝土耐久性、钢筋的锈蚀情况以及管道的锈蚀深度等都会影响到构件完成预期功能的能力，因此在结构可靠度理论中定义结构的时变功能函数来模拟这种现象：

$$G(R,S,t) = R(t) - S(t) \tag{3}$$

此处 $G(R,S,t)$ 为时变条件下某种破坏模式的结构功能函数，$R(t)$ 表示 t 时刻下结构的承载能力；$S(t)$ 表示 t 时刻荷载作用下结构的效应。

所以 t 时刻，管道的失效概率可以用如下公式表示：

$$P_{\mathrm{f}}(t) = P[R(t) - S(t) \leqslant 0] = P[G(R,S,t) \leqslant 0] \tag{4}$$

计算时变可靠度问题的方法：解析法以及数值模拟法。解析法通过用不同概率分布函数模拟结构抗力与荷载效应，数值法则多利用蒙特卡洛模拟，根据已有的数据，考虑实际误差所得到的计算结果。

1.1.3 斯皮尔曼相关系数

斯皮尔曼相关系数是统计学中用以衡量两个变量之间相关性的指标，通常用 ρ 表示。对于一个样本容量为 n 的样本，若每个样本包含一个独立变量值 X_i 以及一个依赖变量 Y_i。将独立变量集合与依赖变量集合分别按照变量值大小进行升序或者降序排列，则原变量集中的 X_i、Y_i 都会对应排序后的一个等级编号 x_i、y_i，则斯皮尔曼相关系数的计算公式如下所示：

$$\rho = \frac{\sum_{i=1}^{n}(x_i - \bar{x})(y_i - \bar{y})}{\sqrt{\sum_{i=1}^{n}(x_i - \bar{x})^2 \sum_{i=1}^{n}(y_i - \bar{y})^2}} \tag{5}$$

其中 $\bar{x}$ 表示独立变量 X 的平均等级，$\bar{y}$ 表示依赖变量 Y 的平均等级。斯皮尔曼相关系数的值在 -1 到 1 之间，当斯皮尔曼系数为正时，独立变量与依赖变量之间呈现正相关，当斯皮尔曼系数为负时，独立变量与依赖变量之间呈现负相关，且斯皮尔曼相关系数绝对值越大相关性越强。

1.2 系统可靠度理论

假设一个系统有 K 种类型的子系统(不同类型的子系统意味着系统中的构件具有不同的时变可靠度),且子系统 k 由m_k 构件组成。令x_i 代表系统中第 i 构件的工作状态,$x_i=1$ 表示第 i 构件正常工作,反之,$x_i=0$ 表示第i构件失效。令 $\varphi=\varphi(x_1,x_2,\cdots,x_m)$ 表示系统内各个构件工作状态为 $x=(x_1,x_2,\cdots,x_m)\in\{0,1\}^m$ 下系统结构功能函数(m 代表系统中构件总数),$\varphi=1$ 代表系统正常工作。

假定l_k 表示子系统 k 中正常工作的构件数,$S_{l_1,l_2,\cdots,l_K}$ 表示满足子系统 k 中正常工作的构件数为l_k 情况下,所有状态向量 x 的集合。则 Survival Signature[5] 表示当子系统k 中正常工作的构件数为l_k 时,所有状态向量 x 集合中导致系统失效的状态向量的占比,且可用如下公式进行描述:

$$\varphi(l_1,l_2,\cdots,l_K)=\left[\prod_{k=1}^{K}\binom{m_k}{l_k}^{-1}\right]\times\sum_{x\in S_{l_1,l_2,\cdots,l_K}}\varphi(x) \tag{6}$$

假设每个构件的时变可靠度相互独立,且在相同类型的子系统中的构件具有相同的可靠度累积分布函数$F_k(t)$。$C_k(t)\in\{0,1,\cdots,m_k\}$表示$t$时刻子系统$k$ 中正常工作的构件数,则子系统k 中正常工作的构件数为l_k 情况的出现概率可以用如下的公式表示:

$$P\left(\bigcap_{k=1}^{K}\{C_k(t)=l_k\}\right)=\prod_{k=1}^{K}P(C_k(t)=l_k)=\prod_{k=1}^{K}\binom{m_k}{l_k}[F_k(t)]^{l_k}[1-F_k(t)]^{m_k-l_k} \tag{7}$$

相应系统的时变可靠度可以用如下公式进行计算:

$$P(T_s>t)=\sum_{l_1=0}^{m_1}\cdots\sum_{l_k=0}^{m_k}\varphi(l_1,l_2,\cdots,l_K)P\{\bigcap_{k=1}^{K}[C_k(t)=l_k]\} \tag{8}$$

1.3 管道锈蚀模拟

1.3.1 基于刚度的极限失效模式

对于环形管道,有如图1的四种可能存在的腐蚀情况,分别为:外部环向腐蚀、内部环向腐蚀、外部轴向腐蚀以及内部轴向腐蚀。

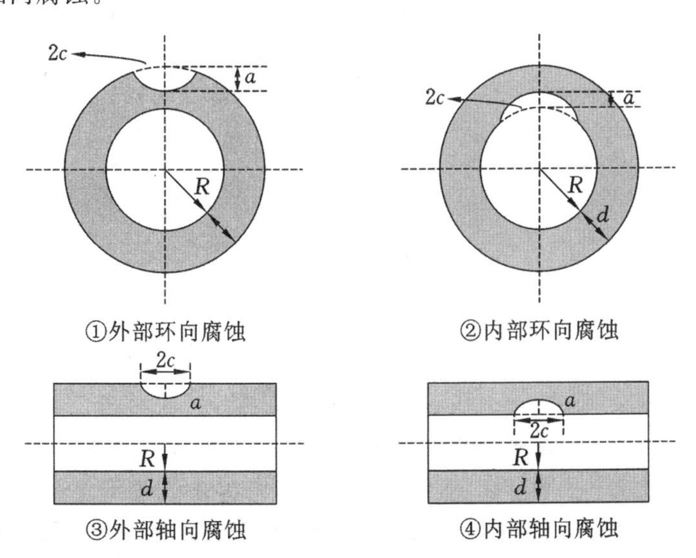

图 1 管道壁面凹坑所有可能的半椭圆裂纹坑几何形状[4]

因锈蚀诱发管道失效的机制有以下两种:① 管道承受的应力超过管道材料的极限应力(基于强度极限状态失效失效模式);② 管道承受的应力强度超过管道断裂韧性(基于刚度极限状态失效模式)。有学者已经研究发现,因为刚度损失导致的管道失效的概率是因为强度损失导致管道失效的概率三倍,基于刚度极限状态的失效模式是腐蚀导致管道的主要失效模式。因此本文在后续研究中只考虑管道基于刚度的失效概率随腐蚀程度变化的影响。在断裂力学中,外荷载条件下,环向或轴向腐蚀所需的刚度状态用应力强度因子 K 表示，*Stress intensity factor and limit load handbook* 一书中，具有上述裂纹的管道在承受环向应力以及轴向应力作用下的应力强度因子 K 计算公式如下：

$$K_{I-h} = \sqrt{\pi a}\sum_{i=0}^{3} \sigma_i f_i(a,c,d,R) \tag{9}$$

$$K_{I-a} = \sqrt{\pi a}\left(\sum_{i=0}^{3} \sigma_i f_i(a,c,d,R) + \sigma_{bg} f_{bg}(a,c,d,R)\right) \tag{10}$$

式中 K_{I-h} 在此破坏模式下由环向应力产生的纵向裂纹的应力强度因子；K_{I-a} 表示在此破坏模式下由轴向应力产生的环向裂纹的强度因子；a 表示裂纹的深度；σ_i 垂直于裂纹平面的应力；c 表示裂纹长度的一半；d 表示管道的壁厚；R 表示管道的内径；f_i 与 f_{bg} 表示由 a、c、d、R 决定的几何函数，不同腐蚀情况下的取值可以通过查表得到；σ_{bg} 表示整体的弯曲应力。

1.3.2 管道腐蚀模型

铸铁管道腐蚀速率的建模有两种不同的数学方法：确定性方法和随机性方法。

确定性管道腐蚀模型主要采用的是指数模型，它表示管道在某一时刻 t 的腐蚀深度与时间呈指数关系，通常根据经验以及已有数据预测管道的腐蚀深度确定值，该模型由 Kucera 与 Mattsson 提出，公式如下：

$$a(t) = kt^n \tag{11}$$

式中 k 与 n 是根据实验得来的经验相关系数，决定了腐蚀扩散的速度，不同的土壤环境、管道外壁腐蚀以及管道内壁腐蚀等都会影响相关系数的取值；$a(t)$ 表示腐蚀深度随时间变化函数。

随机方法是在考虑影响管道腐蚀因素情况下用概率分布函数预测管道腐蚀深度。这种分布往往是韦布尔分布和极值分布的组合，下式给出工龄为 t 年的铸铁配水管道的最大腐蚀深度的概率，腐蚀深度用所占管壁厚度百分比 $z\%$ 表示（$z \in (0,100)$）：

$$P(max\ \_corrosion\_depth > z) = (1 - F_2(z))(1 - F_1(t)) + F_1(t) \tag{12}$$

式中 $F_1(t)$ 表示在 t 时刻管道最大腐蚀深度已经达到壁厚的概率，服从带有参数 α 和 λ 的韦布尔分布；$F_2(z)$ 表示 t 时刻，在管道腐蚀深度并未达到壁厚的情况下，最大腐蚀深度小于管壁厚度百分比 $z\%$ 的概率，服从带有形状参数 k，地理参数 μ_1，μ_2 和尺度参数 σ 的极值分布，具体分布公式如下所示：

$$F_1(t) = 1 - e^{\lambda t^{\alpha}} \tag{13}$$

$$F_2(z) = \exp\left[-\left\{1 - \frac{k}{\sigma}(z - (\mu_1 \times t + \mu_2))\right\}^{\frac{1}{k}}\right] \tag{14}$$

其中 $k \neq 0$，且 $\left[1 - \frac{k}{\sigma}(z - (\mu_1 \times t + \mu_2))\right] > 0$。

2 工作案例

2.1 案例背景

清华大学紫荆公寓地下供水管网提供建筑面积达到 30 万平方米的供水，包含了清华大学所有紫荆公寓以及留学生公寓的地下管网部分，整个紫荆公寓的供水管道建筑信息模型（BIM 模型）如图 2 所示。本文计算的紫荆公寓供水管道部分具有双管运输、闭合管路的运输特点，这种管网设计方式有助于管道发生破裂时的供水运输，对供水系统起到保障作用。通过对 BIM 模型中管道属性信息提取，本次计算分析的管道共有 1366 个（不包含建筑内供水管道，仅包括地下部分），且均为球墨铸铁材料，管道内径有 200 mm、150 mm、100 mm、80 mm、65 mm、50 mm 六种类型。最长管道的长度为 191.57 m，最短的则为 0.114 m。每根管道的具体信息可以通过 Revit-dynamo 提取成 excel 表格，包括管道内径、壁厚、管道粗糙度、管道起止处埋深等。管道正常工作的内压力通过根据提取的管网信息建立相应的水力分析模型，运行计算水力分析软件 Epanet 2.0 计算得到，水力计算模型如图 3 所示。

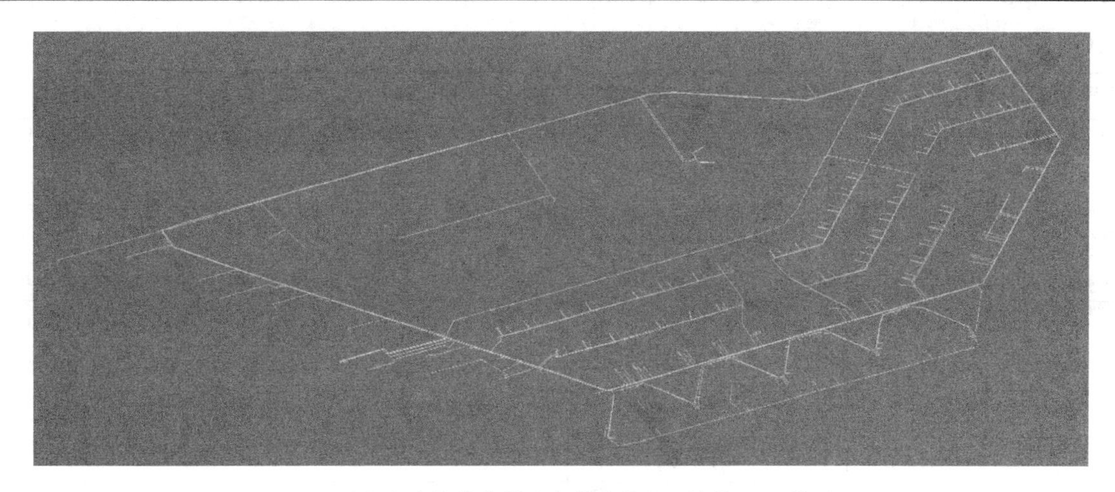

图 2　本文计算的紫荆公寓供水管网系统的 BIM 模型

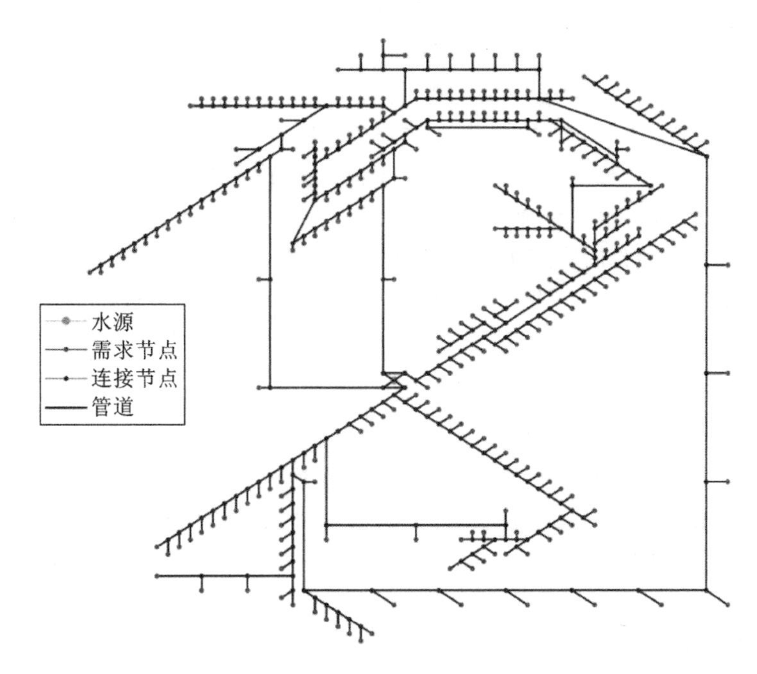

图 3　本文建立的紫荆公寓供水管网系统的水力分析模型

本案例中，外荷载条件采用我国《给水排水管道结构设计规范》(GB 50332—2002) 中相应永久荷载与可变荷载的设计取值，考虑的外荷载包括正常工作时管道内水压力、土压力、交通压力、温度压力。各个荷载作用下管道截面所受应力大小分布按照 Ahammed 与 Rajani 给出的公式进行计算，相应应力状态下腐蚀坑的应力强度因子计算按照前文公式(10) 与(11) 计算得到。同时考虑到计算公式中参数的随机性，除可直接从 BIM 模型中提取的属性信息外，其他参数通过相应的随机分布进行模拟，具体参数信息如表 1 所示。

表 1　清华大学紫荆公寓供水系统参数信息

符号	参数意义	单位	分布函数	分布均值	分布方差	参考文献
P	管道内压	MPa	—	Epanet 模型计算	—	—
D	管道内径	mm	正态分布	从 BIM 模型提取	—	—
d	管道壁厚	mm	正态分布	从 BIM 模型提取	—	—
K_m	弯矩	—	对数正态分布	0.235	0.04	Sadiq et al. (2004)
C_d	计算系数	—	对数正态分布	1.32	0.2	Sadiq et al. (2004)

续表 1

符号	参数意义	单位	分布函数	分布均值	分布方差	参考文献
B_d	沟槽开挖深度	mm	正态分布	D＋900	—	GB50268—2008
E_p	弹性模量	MPa	—	105000	—	GB50332—2002[13]
K_d	挠度系数	—	对数正态分布	0.108	0.2	Sadiq et al.(2004)
I_c	影响因子	—	正态分布	1.5	0.375	Sadiq et al.(2004)
C_t	表面荷载系数	—	对数正态分布	0.12	0.2	Sadiq et al.(2004)
F	轮荷载	N	正态分布	270000	1300	JTG D60-2015
γ	土壤容重	N/mm^2	正态分布	18×10^{-6}	18×10^{-7}	GB50332—2002
υ_P	管道材料泊松系数	—	对数正态分布	0.24	0.6	Sadiq et al.(2004)
A	管道有效长度	mm	—	300＋1.4 H	—	JTG D60-2015
H	管道埋深	mm	—	从 BIM 模型提取	—	—
K_{IC}	管道断裂韧性	$N/mm^{1.5}$	—	21.88	—	Fracture toughness test of ductile iron

值得注意的是表中提到的管道有效长度 A 并非管道的实际长度，管道有效长度是通过计算本文中的交通荷载中轮荷载通过上覆土传递至管道上表面所影响的长度，管道的有效长度与管道的埋深有关。另外，由于在管道再埋设时可能并不是水平埋置，即管道起始点与管道的终点埋深深度不一致，本文采用管道长度中点处埋深作为上述计算公式的管道平均埋深值进行计算。

2.2 案例分析

2.2.1 确定性腐蚀模型下管道时变可靠度

由于从 BIM 模型中提取的整个管网构件的管道壁厚均为 5.6 mm，且受工作环境、荷载分布等影响，管道外部腐蚀对管道构件的可靠度影响更大，与内部腐蚀相比每年腐蚀坑增长速度更快，因此本文研究中确定性腐蚀模型假设管道生命周期内只考虑外部腐蚀情况，具体公式如下：

$$a(t)=0.92\,t^{0.4} \tag{15}$$

在进行时变可靠度计算时，将计算时间点的腐蚀深度带入$K_{(I-h)_{ext}}(t)$与$K_{(I-a)_{ext}}(t)$的计算公式，通过蒙特卡洛模拟，失效样本总量除以总的样本数可以得到该时间点的失效概率。整个管网中腐蚀敏感性最高与最低的管道构件(腐蚀敏感性高：随着腐蚀深度增加，管道失效概率增加更显著)的时变可靠度如图 4 所示。而所有管道构件服役 50 年时的失效概率分布直方图如图 5 所示。

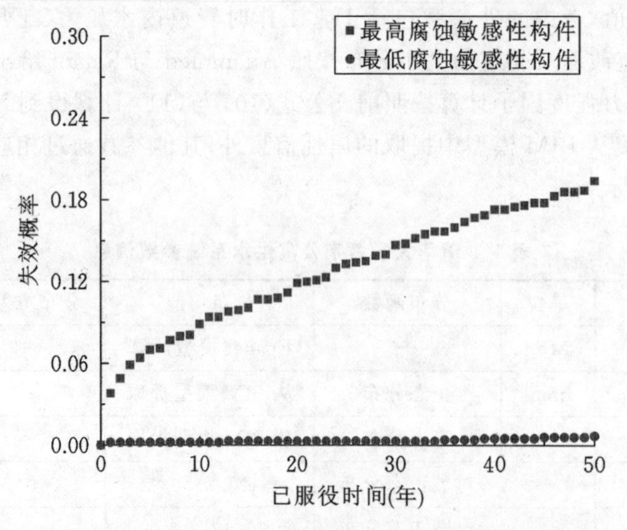

图 4 最高与最低腐蚀敏感性构件时变可靠度

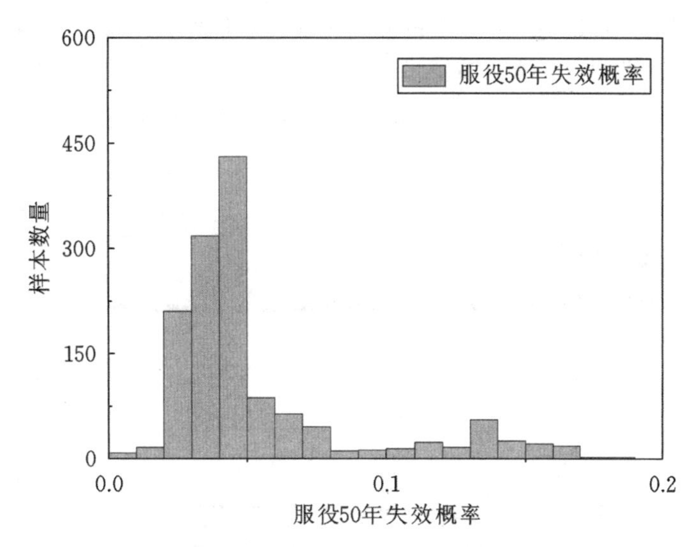

图 5　所有管件服役 50 年失效概率分布直方图

从图 4 中可以看出，腐蚀敏感性最高的构件在 50 年时失效概率高达 0.194，而腐蚀敏感性最低的构件在 50 年时的失效概率只有 0.007。且我们发现腐蚀最敏感的构件的失效概率在 0～1 年时发生突变，失效概率从 0 增加至 0.048，失效概率变化率占 50 年变化的 20.4%，这与选择的腐蚀模型有关。根据采用的腐蚀模型可以得到，最开始管道腐蚀深度为 0 mm，而第一年的腐蚀深度达到 0.92 mm，第 50 年的腐蚀深度则是 4.4 mm，第一年的腐蚀变化量占 50 年的 21%，这与这类腐蚀模型的建立的基础，前期腐蚀速率快，后期腐蚀速率变缓基本符合。加上从 BIM 模型中提取出的全部供水管道构件的壁厚只有 5.6 mm（反映到计算公式中，影响几何函数的取值，腐蚀百分比越大，应力强度因子越大），因此腐蚀深度变化大对失效概率的影响非常显著。这种现象也是确定性模型的不足之处，管道构件工作前期，可能存在低估管道可靠性的情况。

而图 5 中显示整个管网构件服役 50 年的失效概率主要集中在 0.02 至 0.08 区间内，失效概率较大的管道通过溯源，发现主要集中在水源处，这一部分管道具有工作压力大，埋深较浅，管径大等特点，将服役 50 年时管道失效概率超过 0.1 的管道反映到上述水力分析模型的示意图如图 6 所示。

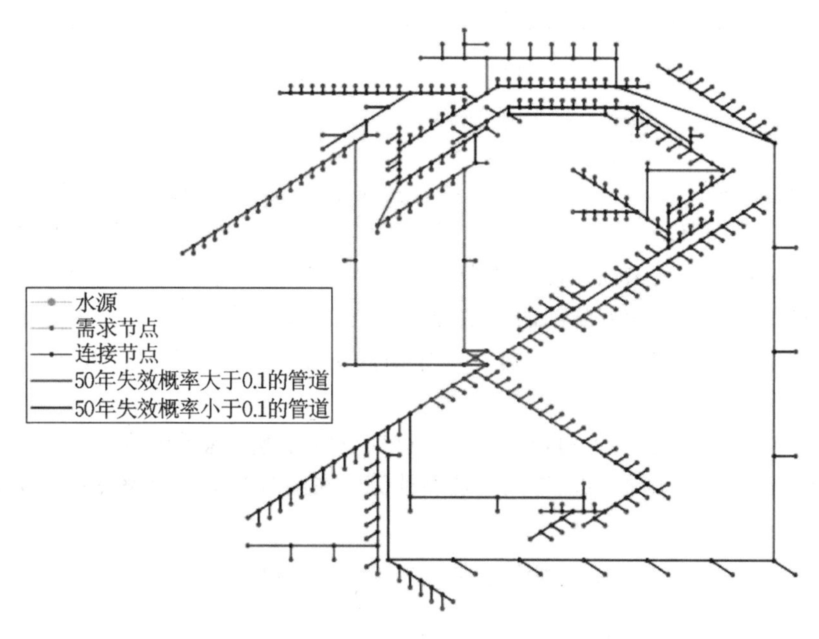

图 6　所有管件服役 50 年时失效概率地理分布图

根据计算结果，每一个管道构件中影响管道时变可靠度数值的独立变量包括管道正常工作内压力、管道内径、管道埋深。将管道不同年限下的管道可靠度数值作为依赖变量与上述三个独立变量进行斯皮尔曼系数计算可以得到图7所示的结果。

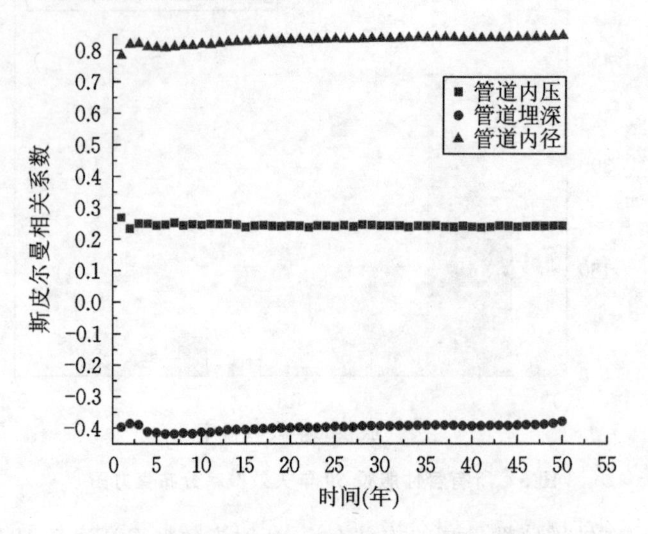

图7　最高与最低腐蚀敏感性构件时变可靠度

从图7可以看出，管道内压、管道内径与管道的时变可靠度呈现正相关性，而管道埋深与管道的时变可靠度呈现负相关性。且在三个独立变量中管道内径对管道时变可靠度的影响最大，50年平均斯皮尔曼相关系数为0.8313，而管道埋深、管道正常工作内压与管道时变可靠度的相关性相对较小，分别为－0.3980、0.2423。

2.2.2　随机性腐蚀模型下管道时变可靠度

从前一节确定性腐蚀模型得到的构件时变可靠度可以看出，结果存在可靠度突变，且确定性模型固定，容易导致不同管道埋设环境，不同土壤结构下腐蚀变化难以模拟的情况发生，因此随机性模型的出现，可以有效解决上述情况。随机性腐蚀模型对于特定的时间，管道的腐蚀深度不是特定的值，它可以是任意的值，不一样的是每一腐蚀深度的概率是不同的，正如前文提到，随机模型公式由韦布尔分布和极值分布组合而成，带入相应的系数值，公式如下：

$$\mathrm{P}(\max\_\mathrm{corrosion\_depth} > z) = (1 - F_2(z))(1 - F_1(t)) + F_1(t) \tag{16}$$

$$F_1(t) = 1 - e^{-1.2\times 10^{-7} t^{4.21}} \tag{17}$$

$$F_2(Z < z) = \exp\left[-\left\{1 - \frac{0.1515}{17.5379}(z - (0.4383\times t + 5.1804))\right\}^{\frac{1}{0.1515}}\right] \tag{18}$$

图8展示$P(\max_\mathrm{corrosion_depth} \leqslant z)$函数的三维分布（最大腐蚀深度此处指的是腐蚀深度所占管道壁厚的百分比，而非长度），管道腐蚀深度在第20年、第30年、第50年的分布如图9所示，从图9中可以发现管道在某时间点的腐蚀深度累积分布函数随腐蚀深度增加逐渐增大，且管道腐蚀深度小于等于100%的概率不为1，且随着时间的增加而减小，这与呈韦布尔分布的$F_1(t)$函数有关，这部分函数存在也说明随着工作时间的增加，管道在工作期内腐蚀深度就已经达到壁厚100%概率在逐渐增加。

从上图和公式中可以看到，得到的是管道某一时刻下管道腐蚀深度的累积分布模型，通过对该函数中的腐蚀深度变量z进行求导，可以得到管道腐蚀深度在某时刻下的概率密度函数，计算公式如公式(19)。

$$P(Z) = \frac{\partial P(\max\_\mathrm{corrosion\_depth} \leqslant z)}{\partial Z} \tag{19}$$

结合前文的时变可靠度计算方法可以发现，在数值模拟法进行计算时，得到虽然是管道失效概率随时间变化的概率密度模型，但是在求解过程实际影响失效概率变化的变量是腐蚀深度。因此我们可以通过计算不同管道在腐蚀深度从0～100%变化下的可靠度，结合上述计算的腐蚀深度的概率密

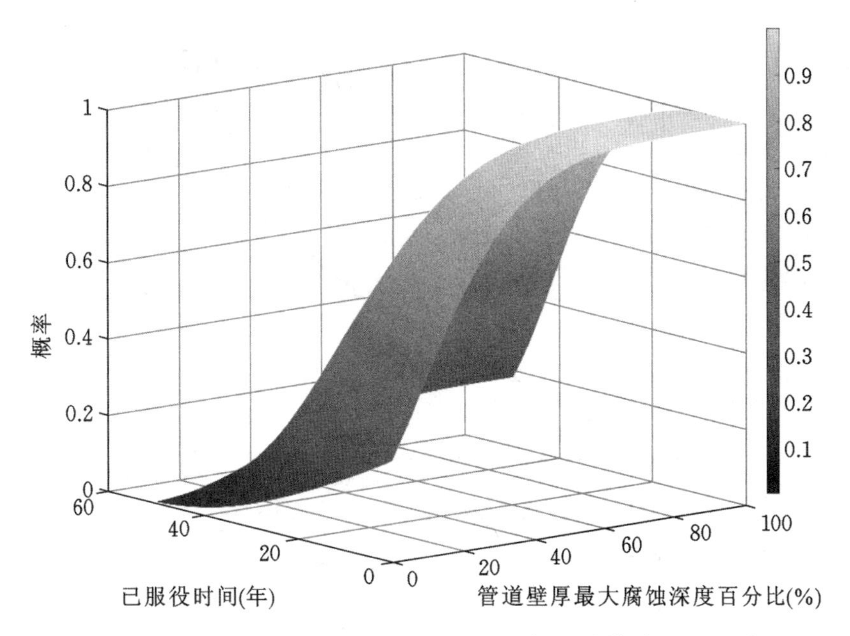

图 8　$P(\max_\mathrm{corrosion_depth} \leqslant z)$三维模型

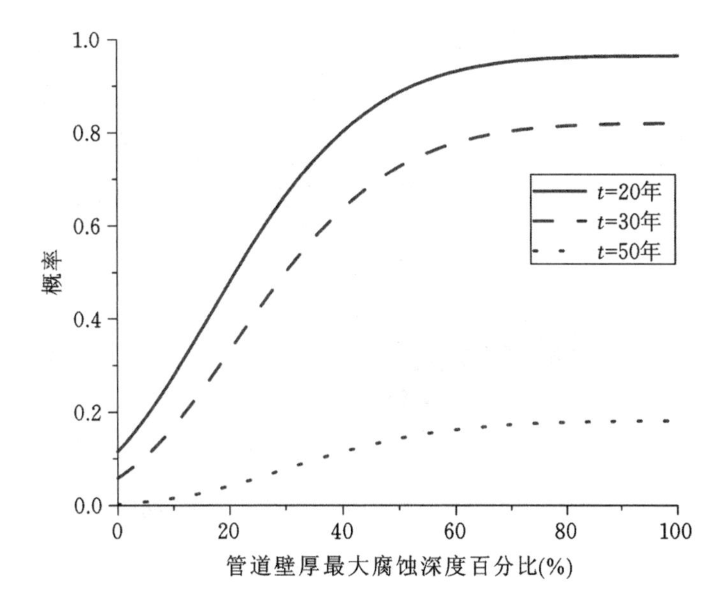

图 9　特定年限下管道最大腐蚀深度分布

度函数，可以得到管道失效概率随腐蚀深度变化的概率密度函数，计算公式如下所示。

$$P_{\mathrm{f}}(Z)=F(Z)P(Z) \tag{20}$$

其中$P_{\mathrm{f}}(Z)$是管道失效概率随腐蚀深度变化的概率密度函数，$F(Z)$表示最大腐蚀深度达到壁厚 $Z\%$ 时，管道的失效概率，通过对最高腐蚀敏感性管道与最低腐蚀敏感性管道分析，可以得到如图 10 所示的蒙特卡洛模拟结果。

管道的失效概率随腐蚀深度的概率密度函数$P_{\mathrm{f}}(Z)$对最大腐蚀深度 Z 进行积分，可以得到管道的失效概率随腐蚀深度的累计概率分布函数$P_{\mathrm{f}}(Z\leqslant z)$，然而得到的蒙特卡洛数据结果是离散的，原有的概率密度函数是连续的，因此通过梯形积分的方式得到如图 11 与图 12 所示，最高腐蚀敏感性与最低腐蚀敏感性的失效概率与最大腐蚀深度的累计概率分布函数，可以发现最高腐蚀敏感性构件在某一时刻腐蚀深度小于壁厚 100%情况下，失效概率最大约为 0.06 左右，而对于腐蚀敏感性最低的构件该值约为 0.005，且对自变量管壁损失百分比，分布呈现递增的趋势，符合实际结果，但是考虑时间变化，最大值的出现并不是在 50 年，而是在 50 年内的某一时刻。

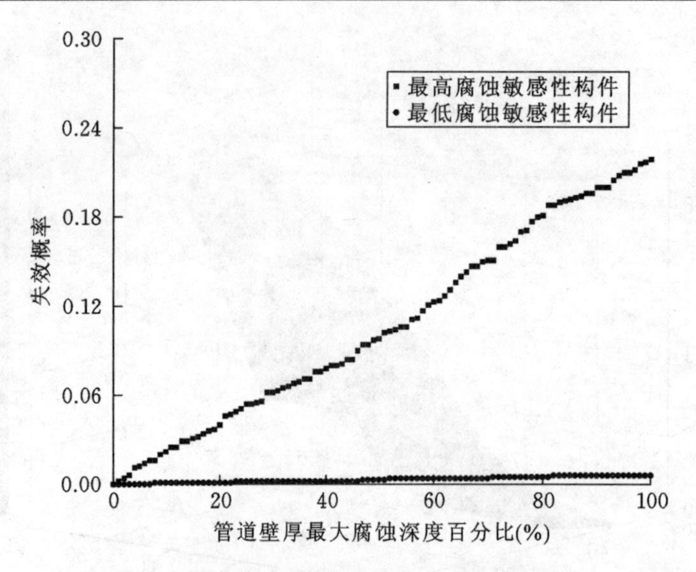

图 10　管道失效概率随管道最大腐蚀深度变化

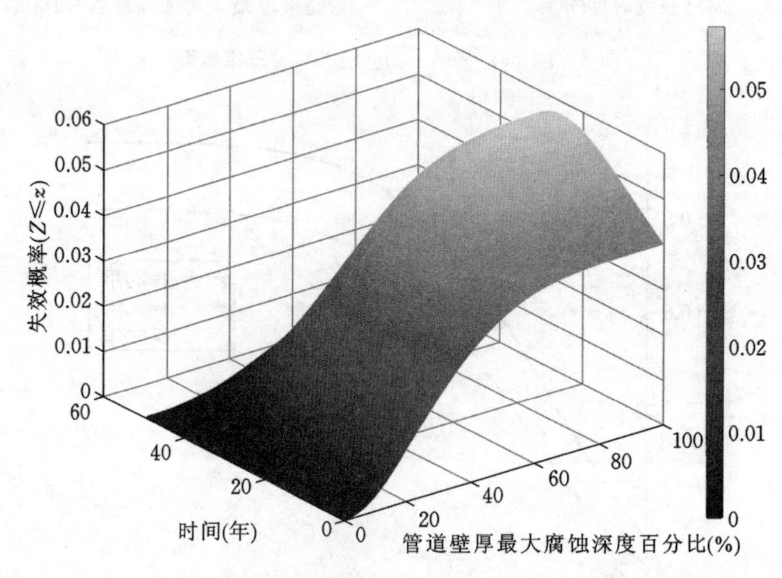

图 11　最高腐蚀敏感性构件$P_f(Z \leqslant z)$三维模型

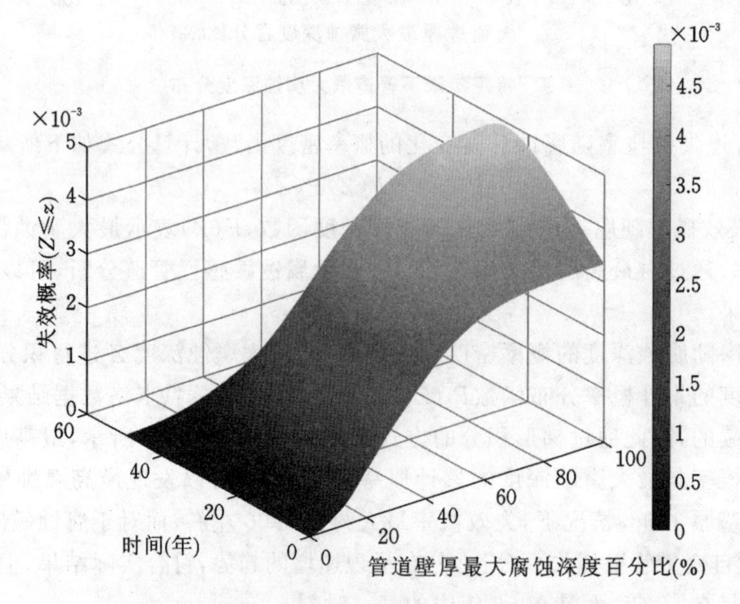

图 12　最低腐蚀敏感性构件$P_f(Z \leqslant z)$三维模型

分别截取上述最高腐蚀敏感性与最低腐蚀敏感性管道的$P_f(Z\leqslant z)$三维模型的$t=20$，$t=30$，$t=50$平面，可以得到图13与图14的结果，可以发现对于同一时间点不同腐蚀深度，失效概率呈现递增趋势，但是对于不同时间点同一最大腐蚀深度，失效概率并没有随着时间增加而增加，这是与管道最大腐蚀深度概率密度函数不一样的地方。但是随着年限的增加，管道的失效概率应该是增长趋势，所得到的图像中管道失效概率之所以没有出现该种趋势，是因为在计算该年限下失效概率没有考虑管道在该年限之前最大腐蚀深度已经达到管道壁厚的100%，也就是随机模型中$F_1(t)$部分，即管道有$F_1(t)$的概率在t时刻前最大腐蚀深度已经达到管道壁厚100%，所计算的失效概率$P_f(Z\leqslant z)$也是基于管道在t时刻以前最大腐蚀深度没有达到管道壁厚100%而计算的，而$F_1(t)$随着时间的增加而逐渐增加，可以计算在50年时，$F_1(50)=0.81$，因此管道工作时间越长，其失效概率主要由最大腐蚀深度已达到管道壁厚100%导致，且这种占比将随着时间增加，逐渐变大。

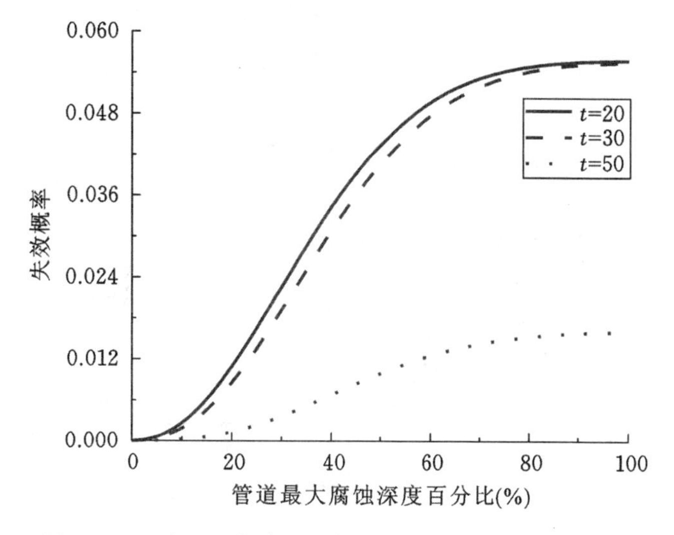

图13 不同年限下最高腐蚀敏感性管道$P_f(Z\leqslant z)$二维模型

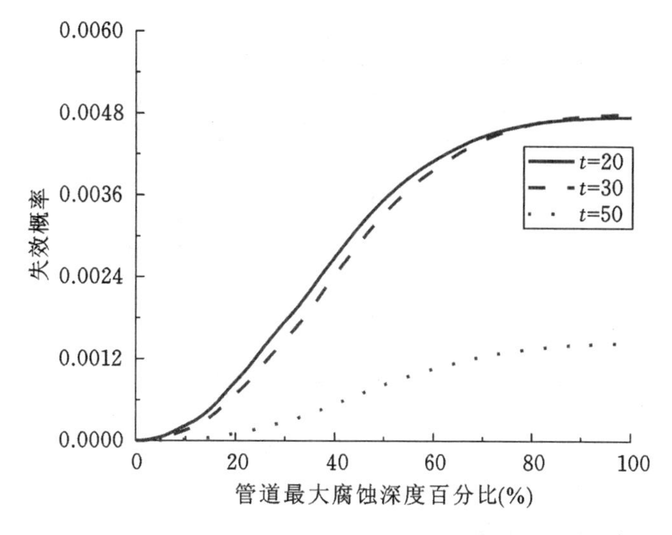

图14 不同年限下最低腐蚀敏感性管道$P_f(Z\leqslant z)$二维模型

本次进行随机性腐蚀模型进行可靠度计算过程中，$F_1(t)$与$F_2(t)$函数中的系数如k、σ、α等均是参考文献基于其特定管道试验拟合出的结果，其管道试验主要集中在内径150 mm的管道，150 mm的内径也是紫荆公寓管网系统中主要的管道直径类型。对于特定的工作环境，不同管道属性可以跟据管道的实际数据和土壤条件，得到不同的参数拟合值，以使得结果更贴近实际情况。

2.2.3 管网系统可靠度

考虑到紫荆供水管网管道数有1366个，在进行系统可靠度计算时对系统管网进行简化，提出对主流管道网络进行研究分析(如图 15 所示)。主流管道具有以下三个特点:①主流管道上没有需求节点,所有的需求节点都分布在主流管道的支流线路之上;②主流管道是形成闭环的;③主流管道的断路会引发区域性断水,区域性断水,指的是主流管道上没有水源供应的管道部分的支流路线上所有需求点无法满足。由于紫荆供水管网是双管、闭合运输,对图 15 中的主流管道进行简化,简化模型如图 16 所示,主要包含外环管道、内环管道以及连接部分。同时区域性断水的示意图如图 17 所示,图中导致圆圈部分的支流上需求节点没有水源供应。

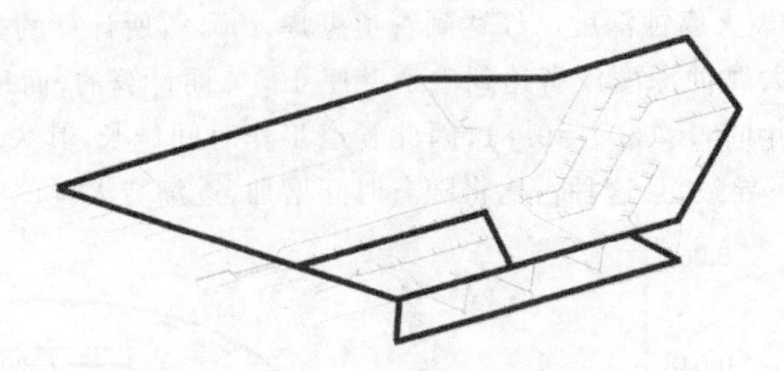

图 15　紫荆公寓主流管网示意图

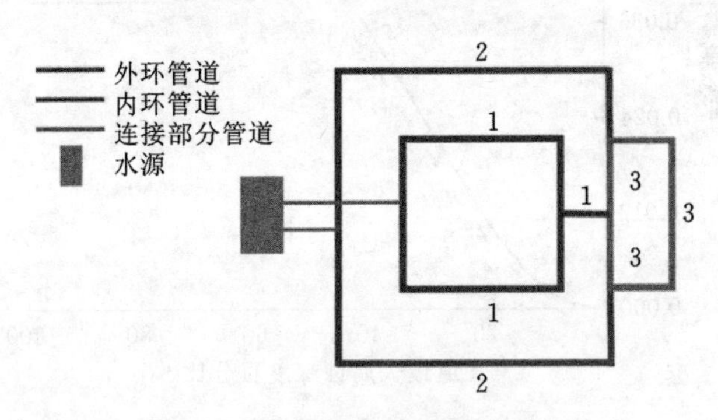

图 16　紫荆公寓主流管网简化模型

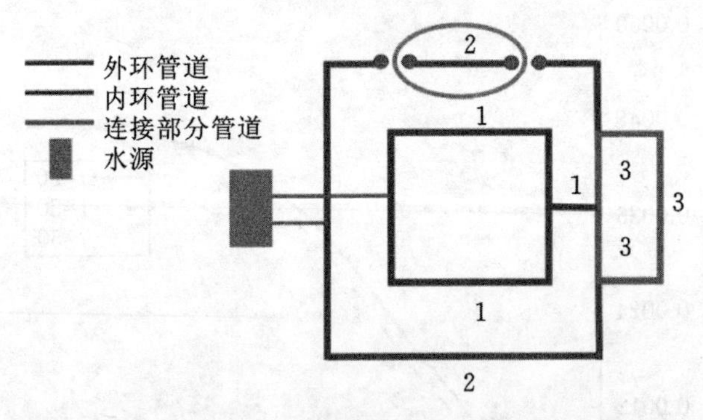

图 17　紫荆公寓管网区域性断水情况示意图

从图 17 可以发现,因为管网的闭环、双管运输的特点,单一构件的失效并不能导致管网的失效(即区域性断水)。在进行分类讨论外环管道、内环管道、连接管道三部分管道失效导致管网失效的情况时,引入前文的 Survival Signature 概念。令$m_i(i=1,2,3)$分别表示上述三个部分所含管道数,再继续将每个部分进行细分,内环管道分为三个部分,每个部分的管道构件数为$x_i(i=1,2,3)$;外环管道分为两个部分,每个部分管道构件数为$y_i(i=1,2)$;连接部分分为三个部分,每个部分管道构件数为$z_i(i=1,2,3)$。

令$l_i(i=1,2,3)$表示三个子系统中正常工作的构件数,通过分析可以发现,内环子系统最多有两个构件同时失效,外环子系统最多有两个构件同时失效,连接部分最多有三个构件同时失效,所以导致系统失效最多有 3×3×4=36 种情况,根据分类讨论以及公式(7)可以制作表 2(表中只展示可能导致系统失效的情况)。

表 2　紫荆公寓主流管道系统 Survival Signature

l_1	l_2	l_3	$\varphi(l_1,l_2,l_3)$	l_1	l_2	l_3	$\varphi(l_1,l_2,l_3)$
m_1	m_2	m_3	1	m_1-2	m_2-1	m_3-1	$\frac{x_1x_2+x_1x_3+x_2x_3}{C_{m_1}^2}$
m_1-1	m_2	m_3	1	m_1	m_2-2	m_3	$\frac{y_1y_2}{C_{m_2}^2}$
m_1	m_2-1	m_3	1	m_1-1	m_2-2	m_3	$\frac{(x_1+x_2)y_1y_2}{C_{m_1}^1C_{m_2}^2}$
m_1	m_2	m_3-1	1	m_1-1	m_2-2	m_3-1	$\frac{(x_1+x_2)y_1y_2}{C_{m_1}^1C_{m_2}^2}$
m_1	m_2-1	m_3-1	1	m_1	m_2-2	m_3-1	$\frac{y_1y_2}{C_{m_2}^2}$
m_1-1	m_2	m_3-1	1	m_1	m_2	m_3-2	$\frac{z_1z_2+z_1z_3+z_2z_3}{C_{m_3}^2}$
m_1-1	m_2-1	m_3	1	m_1-1	m_2	m_3-2	$\frac{\sum_{i,j,k=1,i\neq j}^{3} z_iz_jx_k-x_1z_1z_2}{C_{m_3}^2C_{m_1}^1}$
m_1-1	m_2-1	m_3-1	1	m_1	m_2-1	m_3-2	$\frac{m_2z_1z_2+y_2z_1z_3+y_1z_2z_3}{C_{m_3}^2C_{m_2}^1}$
m_1-2	m_2	m_3	$\frac{x_1x_2+x_1x_3+x_2x_3}{C_{m_1}^2}$	m_1-1	m_2-1	m_3-2	$\frac{x_1+x_2}{C_{m_1}^1}\varphi(m_1,m_2-1,m_3-2)$
m_1-2	m_2	m_3-1	$\frac{x_1x_2+x_1x_3+x_2x_3}{C_{m_1}^2}$	m_1	m_2	m_3-3	$\frac{z_1z_2z_3}{C_{m_3}^3}$
m_1-2	m_2-1	m_3	$\frac{x_1x_2+x_1x_3+x_2x_3}{C_{m_1}^2}$	m_1-1	m_2	m_3-3	$\frac{z_1z_2z_3}{C_{m_3}^3}\cdot\frac{x_1+x_2}{C_{m_1}^1}$

根据前文公式(7)与(8)以及前文计算的管道单一构件时变可靠度,尽管构件时变可靠度的结果是离散的,且并非失效概率的累计密度函数,但是我们可以通过假设每个子系统中的构件都具有该系统中最高腐蚀敏感性的时变可靠度$P_{f-\min}^{k}(t)$和最低腐蚀敏感性构件的时变可靠度$P_{f-max}^{k}(t)$,得到系统时变可靠度的上界与下界,此处的上界$\overline{P_{\text{system}-t}}$与下界$\underline{P_{\text{system}-t}}$是离散的,具体计算公式如公式(21)与(22)所示,且可靠度的上界与下界计算结果如图 18 与图 19 所示。

$$\overline{P_{\text{system}-t}}=\prod_{k=1}^{K}\binom{m_k}{l_k}[P_{f\text{-}\min}^{k}(t)]^{l_k}[1-P_{f-\min}^{k}(t)]^{m_k-l_k}\tag{21}$$

$$\underline{P_{\text{system}-t}}=\prod_{k=1}^{K}\binom{m_k}{l_k}[P_{f-\max}^{k}(t)]^{l_k}[1-P_{f-\max}^{k}(t)]^{m_k-l_k}\tag{22}$$

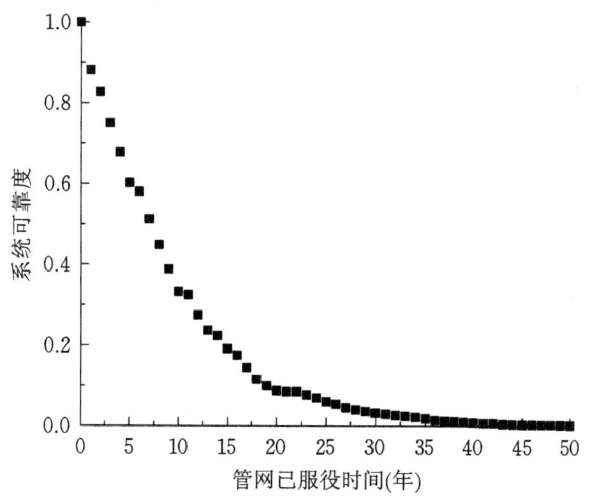

图 18　主流管网系统可靠度上界

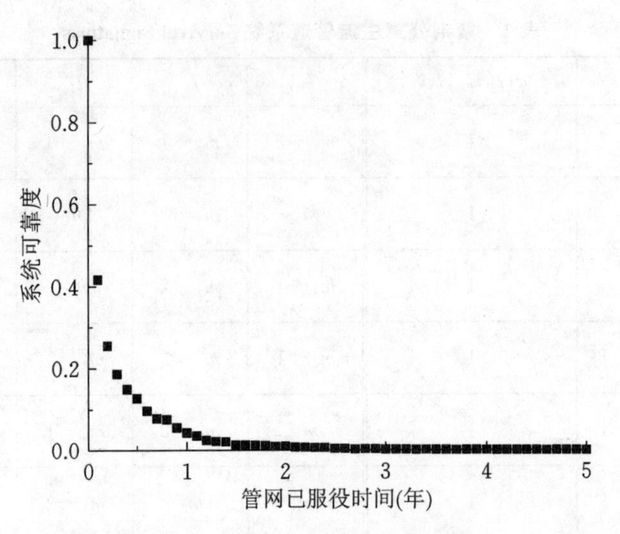

图 19　主流管网系统可靠度下界

通过图 18 与图 19 可以看出,通过假定相同子系统中构件具有相同的子系统内最高腐蚀敏感性与最低腐蚀敏感性构件的时变可靠度,系统可靠度的上下边界变化范围很大,尤其是假定具有最高腐蚀敏感性构件时变可靠度时,系统可靠度衰变非常迅速,在两年时系统可靠度已经接近 0,从计算公式也可以说明管道构件数对系统可靠度的影响是指数级的。

3　结论

本文通过从紫荆公寓管网系统的 BIM 模型中提取管网各个构件的信息,建立紫荆公寓管网水力分析模型,并对各个管道构件以及管网系统的可靠度进行计算与分析。研究发现紫荆公寓管道构件受腐蚀最严重的部分主要集中在管网水源供应处,该处的管道特点有:正常工作压力大、管道流量大、管道内径大(200 mm)等,在进行运营维护时应该进行重点排查检测;同时紫荆公寓系统构件繁多,通过计算斯皮尔曼相关系数得到在管道内径、管道埋深以及管道内压三个独立变量中,管道内径对管道可靠度影响最大;而确定性腐蚀模型在进行管道可靠度计算时具有局限性,主要表现在可能存在实际腐蚀深度与假定腐蚀深度相差较大,结果相较于随机性模型更为绝对,计算结构受模型系数影响大。而随机性腐蚀模型可以有效弥补这一不足,在考虑管道埋设条件后,将某一时刻管道的最大腐蚀深度以概率的形式表示,更好地模拟了实际情况;本文尽管计算出了管道系统可靠度的上下界,但是由于构件多,构件时变可靠度差异大,导致得到的系统可靠度上下界相差幅度大,不利于对实际管网的评估和预测。

另外本文在研究上存在一定不足,在计算管道可靠度的时候,只考虑了管道的外部腐蚀并只考虑了基于刚度的失效模式,因此在计算结果上较之真实值偏小。

参 考 文 献

[1] 中华人民共和国统计局.中国统计年鉴[M].北京:中国统计出版社,2018.

[2] 赵国藩,等.工程结构可靠度[M].北京:水利电力出版社,1984.

[3] Semenov,V. N. ,& Sokolov,S. M. Prediction of reliability and service life of pipelines without lining[J]. Research Gete,2012,100-102.

[4] Rackwitz,R. Structural reliability-analysis and prediction[J]. Structural Safety,2001,23(2),194-195.

[5] Coolen,F. P. A. ,Coolen-Maturi,T. Modelling Uncertain Aspects of System Dependability with Survival Signatures [J]. Springer,2015,19-34.

[6] Feng G. ,Patelli E. ,Beer,M. ,et al. Imprecise system reliability and component importance based on survival signature[J]. Reliability Engineering & System Safety,2016,150,116-125.

[7] Li C. Q. ,Mahmoodian M. Risk based service life prediction of underground cast iron pipes subjected to corrosion

[J]. Reliability Engineering System Safety,2013,119(Nov),102-108.

[8] Li C. Q. ,Mahmoodian M. Reliability-based service life prediction of corrosion-affected cast iron pipes considering multifailure modes[J]. Journal of Infrastructure Systems,2018.

[9] Laham S. Stress Intensity Factor and Limit Load Handbook[J]. British Energy Generation Ltd. ,1998,2,47.

[10] Rajani B. ,Makar,J. A methodology to estimate remaining service life of grey cast iron water mains[J]. Canadian Journal of Civil Engineering,2000,27(6),1259-1272.

[11] Duchesne S. ,Chahid N. ,Bouzida N. ,et al. Probabilistic modeling of cast iron water distribution pipe corrosion[J]. Aqua,2013,62,279.

[12] Rajani B. , Y. Kleiner. External and Internal Corrosion of Large-Diameter Cast Iron Mains [J]. Journal of Infastructun,Systems,201319(4):486-495.

[13] GB 50332—2002. Structure design code for pipelines of water supply and waste water engineering[S]. Building materials industrial standard of the People's Republic of China,Beijing.

[14] Prevost, R. Discussion: Reliability of Underground Pipelines Subject to Corrosion[J]. Journal of Transportation Engineering,1996,122.

[15] Rajani B. ,Makar J. ,Mcdonald S. ,et al. Investigation of grey cast iron water mains to develop a methodology for estimating service life[J]. tubulações de ferro,2000.

[16] Sadiq R. ,Rajani B. ,Kleiner Y. Probabilistic risk analyis of corrosion associated failures in cast iron water mines [J]. Reliability Engineering & System Safety,2004,86,1-10.

[17] GB50268—2008. Code for construction and acceptance of water supply and drainage pipeline projects[S]. National standards of the People's Republic of China,Beijing.

[18] JTG D60—2015. General Specifications for design of Highway Bridges and Culverts[S]. Industrial standard of the People's Republic of China,Beijing.

[19] Fracture toughness test of ductile iron[J]. International rolling stock technology,1977(01):29-45.

[20] Marshall,P. The residual structural properties of cast iron pipes- Structural and design criteria for linings for water mains[S]. London:UK Water Industry Research.

12. 输电塔在强台风荷载作用下整体倒塌及破坏规律研究

杨建宇[1]　李小芳[1]　梁龙腾[2]　叶　欣[1]　杨伟军[1]

（1. 长沙理工大学土木工程学院，长沙 410076；

2. 湖南大学土木工程学院，长沙 410076）

摘要：本文从强台风作用下输电塔倒塌破坏现场调研、110 kV 输电塔结构 ANSYS 静力分析、110 kV 输电塔结构 ANSYS 模态分析等三方面入手，探讨了在强台风荷载作用下 110 kV 输电塔的整体倒塌现象，分析出强台风作用下 110 kV 输电塔的薄弱部位。研究得出输电线路在强台风作用下的破坏规律：1）输电塔破坏部位主要集中在塔身中下部；2）输电塔塔身中下部受到了较大的轴力与弯矩作用，该部分主材与斜材容易发生局部失稳，进而造成输电塔的整体倒塌；3）因输电塔塔身中下部缺乏必要的支撑与约束，输电塔过早地出现了局部振型，不利于输电塔的抗风。进一步分析了输电塔致灾原因，提出了强台风作用下输电塔抗倒塌的建议。研究结论可供强台风作用下输电塔的设计和管理参考。

关键词：输电塔；强台风；整体倒塌；破坏规律

中图分类号：TU347　　　**文献标识码**：A

Study on the overall collapse and damage rule of transmission tower under strong typhoon

Yang Jianyu[1]　Li Xiaofang[1]　Liang Longteng[2]　Ye Xin[1]　Yang Weijun[1]

(1. School of Civil Engineering, Changsha University of Science & Technology, Changsha 410076, China;

2. School of Civil Engineering, Hunan University, Changsha 410076, China)

Abstract: This paper starts from the following three aspects: the field investigation of the collapse and damage of transmission tower under strong typhoon, the ANSYS static analysis of 110 kV transmission tower structure, and the ANSYS modal analysis of 110 kV transmission tower structure. The collapse phenomenon of 110 kV transmission tower under strong typhoon is discussed, and the weak parts of 110 kV transmission tower under strong typhoon are analyzed. The damage rule of transmission lines under strong typhoon is studied: 1) The damaged parts of transmission tower are mainly concentrated in the middle and lower part of the tower; 2) The middle and lower part of the transmission tower is subjected to great axial force and bending moment. The main and inclined parts of the tower are prone to local instability, which leads to the overall collapse of the tower. 3) Due to the lack of necessary support and constraints in the middle and lower part of the transmission tower, the local vibration mode appears prematurely, which is not conducive to the wind resistance of the tower. The causes of transmission tower disasters are further analyzed, and the Suggestions of transmission tower collapse resistance under strong typhoon are put forward. The conclusion can be used as reference for the design and management of transmission towers under strong typhoons.

Keywords: transmission tower; strong typhoon; the overall collapse; damage rule

引言

输电塔线体系通常由输电塔结构与长跨距、大负荷、高柔度的导线构成。输电塔线体系的高柔特性、导地线的几何非线性以及输电塔与输电线之间、输电塔与基础之间的耦合作用等，使得输电塔结构在强台风作用下产生较为剧烈的震荡，导致杆件产生残余变形甚至断裂，从而引发整个结构的倒塌。引起电力系统的自然灾害很多，其中风灾是最为严重的一种，历年来强风所导致的电力系统事故层出不穷。

1999年9月24日，18号台风造成了日本九州地区4条输电线路的15基输电塔的倒塌以及3条输电线路的断线事故；2005年4月20日，强风使得位于江苏盱眙的同塔双回500 kV双北线一次倒塌八基塔；2005年6月14日，江苏泗阳500 kV任上5237线同样发生了风致倒塔事故，此次事故中10基输电塔被一次性串倒；2008年，强台风“黑格比”造成了阳江110 kV平闸甲乙线10基输电塔倾斜变形、24基输电塔倒塌。2013年汕尾电网遭遇到“天兔”台风侵袭，共造成4046根10 kV电杆倾倒或者倾斜，2627根电杆发生断杆；2014年7月19日，受台风“威尔逊”影响，220 kV雷闻线＃136～＃150耐张段发生倒塔事故，整个耐张段中除＃136、＃150首尾2基耐张塔外，其余13基(运行编号为＃137～＃149)直线塔均发生倒塔事故。

输电塔的倒塌会造成大面积大范围的停电事故，这不仅给人民的生产生活造成了严重影响，同时也给国民经济发展带来了巨大损失。因此，研究强台风荷载作用下输电塔倒塌的规律十分必要，这对分析输电塔倒塌事故原因，对输电塔的加固改造都具有非常重要的意义。

1　输电塔倒塌规律研究

输电塔结构根据其所用型材的差异，分为角钢塔和钢管塔。采用不同材质作为构件，其抗风能力各不相同，强台风荷载作用下倒塌规律及致灾原因也不尽相同。本文重点讨论角钢输电塔结构的整体倒塌规律。

角钢输电塔的主要构件为角钢。角钢的优点是：连接方便；制造焊接量小，易于钻孔，而且角钢材料单价相对较低。其缺点是：体型较差，迎风面较大，属于一种对风敏感的结构系统；另外，其回转半径存在各向异性的特点，沿弱轴方向易发生压杆失稳现象。

1.1　输电塔的破坏现象

近年来，因强台风导致角钢输电塔的破坏时有发生。2012年7月受台风“韦森特”影响，江门与珠海地区，输电塔倒塌现象严重。图1中(a)、(b)为珠海线路倒塔照片，(c)、(d)为江门线路倒塔照片。从破坏部位来看，其主要在输电塔塔中下部发生破坏。

图2所示的是4基输电塔28＃、29＃、30＃、31＃倒塌现场图；倒塔导致27＃-29＃耐张段长710 m、29＃-32＃耐张段长1014 m的导线和光纤破断落地；其中28＃铁塔塔身中部扭曲破坏。

2014年7月，强台风“威尔逊” 吹袭徐闻地区。2014年7月19日，现场巡检发现距220 kV闻涛站北侧约6 km的＃136～＃150耐张段发生倒塔事故，经现场核实，整个耐张段中除＃136、＃150首尾2基耐张塔外，其余13基直线悬垂型铁塔发生倒塔，事故铁塔的运行编号为＃137～＃149。事故段受损铁塔的基础及地脚螺栓均没有受到破坏，部分导地线及金具或因倒塔发生了二次损伤，13基铁塔倒塔方向大致垂直线行倒向同一方向，铁塔主材和身部交叉斜材均有不同程度失稳破坏，基本符合大风情况下的倒塔特点。具体如图3所示。

图3中(a)、(b)两图输电杆塔损毁情况基本一致，铁塔倒向线路右侧，右侧三相导线横担垂直插入地面，铁塔主材和身部交叉斜材发生失稳破坏。输电杆塔结构并非在应力最大的受压塔腿底部发生破坏，而是塔身第一、二塔段的支撑失稳引发了塔身主材的失稳从而发生结构破坏。塔头和塔身的上部因为倒地受撞击破坏。

(a) (b)

(c) (d)

图 1 完全倒塌的输电线路现场(江门与珠海)

Fig. 1 Site of completely collapsed transmission line(Jiangmen and Zhuhai)

图 2 完全倒塌的输电线路现场(汕尾)

Fig. 2 Site of completely collapsed transmission line(Shanwei)

综合以上沿海地区输电塔倒塌的现象来看,倒塔的主要破坏部位为塔身中下部。即:角钢输电塔在强台风作用下破坏主要是支撑变形过大引起结构整体失稳导致。谢强[1]、楼文娟[2]等通过有限元及风洞试验研究同样发现大部分角钢输电塔的破坏发生在塔腿以上的塔身一二段,由于支撑失稳所引发主材失稳而造成结构的整体破坏。

通过对倒塔现场的调研与分析,可以看出角钢输电塔塔腿以上的塔身一二段易发生失稳破坏进而导致全塔的倒塌,因此,输电塔塔身一二段是输电塔结构设计的薄弱环节。

1.2 输电塔的静力分析

通过输电塔的静力分析,了解输电塔在风荷载作用下的受力特点,有助于更好地研究输电塔的倒塌规律。本文重点研究输电塔的整体倒塌规律,因此只考虑最大风荷载作用,即垂直于线路方向 90°条件下的风荷载。综上,输电塔受力包括:输电塔自重,导地线、绝缘子及金具的垂直荷载,输电塔及导线等受到的风荷载。

(a)

(b)

(c)

图 3　完全倒塌的输电线路现场(闻涛站)

(a) ＃137 倒塔现场;(b) ＃138 倒塔现场;(c) ＃139 倒塔现场

Fig. 3　Site of completely collapsed transmission line(WenTao station)

1.2.1　输电塔在风荷载作用下的静力响应

以鼓型直线输电塔为例,计算其在风荷载作用下的静力响应。将计算得到的风荷载作用在鼓型直线输电塔上,对鼓型直线输电塔加载后进行求解运算,得到了鼓型直线输电塔在风荷载作用下的静力响应。其中鼓型直线输电塔的位移图(如图 4(a)所示)、应力图(如图 4(b)所示)、轴力图(如图 4(c)所示)以及弯矩图(如图 4(d)所示)。

根据图 4(a)可知,在鼓型直线输电塔中塔头在风荷载作用下位移最大,为 208.074 mm;根据图 4(b)可知,鼓型直线输电塔最大等效应力单元位于塔腿与塔身第一段相交处,其等效应力为 163 MPa,因此,在台风荷载作用下,鼓型直线输电塔结构并未达到其极限承载应力 345 MPa;根据图 4(c)可知,输电塔迎风面杆件受拉,背风面杆件受压,且轴力最大的杆件位于塔身中下部,最大轴力值为 235208 N;根据图 4(d)可知,鼓型直线输电塔承受弯矩最大值的杆件在塔腿部位。

选取几个典型的主材与斜材轴力弯矩值进行计算,计算结果表 1 所示。根据表 1 的计算得到,鼓型直线输电塔在强台风荷载作用下,尽管主材与斜材的稳定应力满足要求,但是塔身中下部主材以及斜材的稳定应力利用率较高。输电塔在长期服役过程中,塔材基本性能有所降低,在强台风作用下,在稳定应力利用率较高的位置(即轴力弯矩较大的部位)容易出现杆件失稳现象。

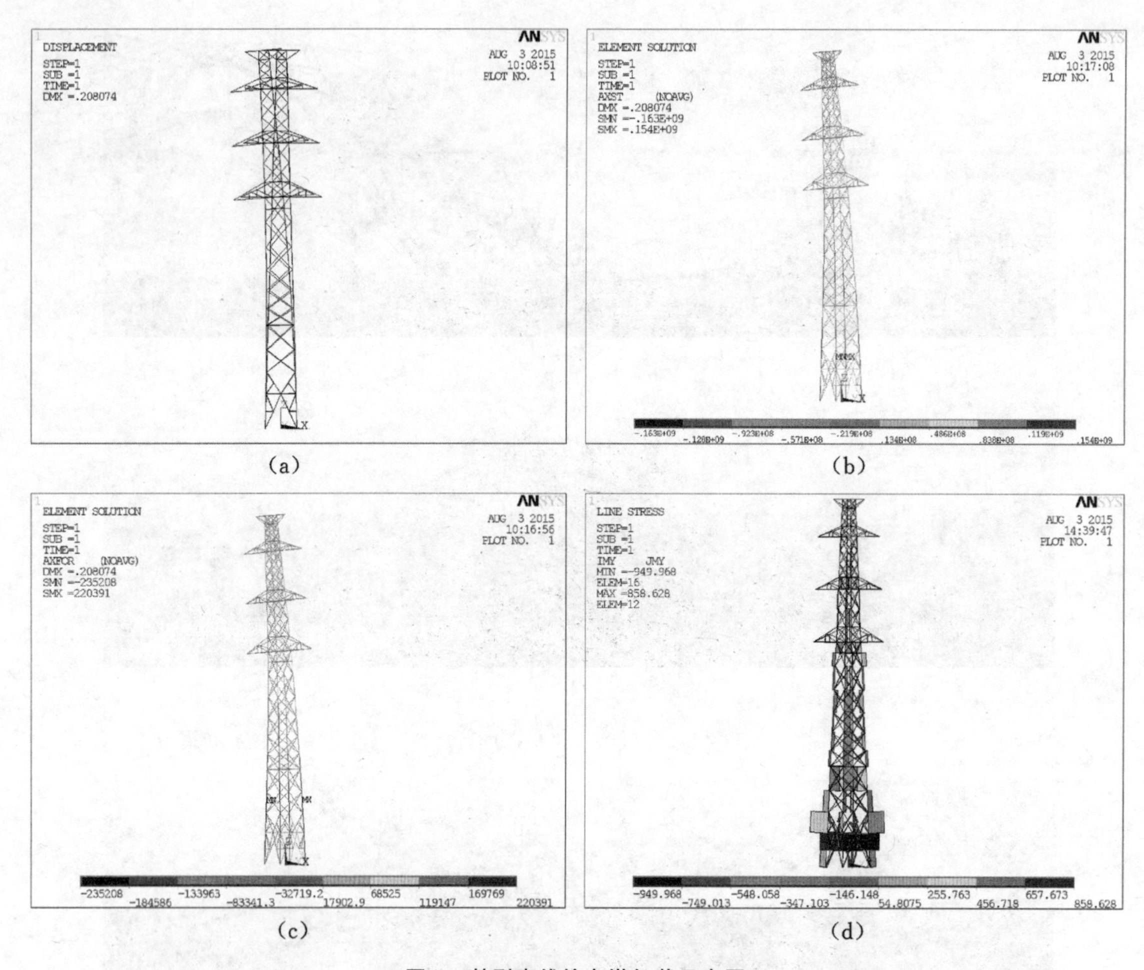

(a) (b) (c) (d)

图 4 鼓型直线输电塔加载示意图

Fig. 4 Load diagram of tower for linear transmission line

表 1 鼓型直线输电塔台风荷载作用下主材与斜材稳定应力计算表

Table 1 Calculation table of stable stress of main material and inclined material under typhoon load of tower of linear transmission line

分组	主材			斜材		
	第一组	第二组	第三组	第一组	第二组	第三组
位置	最大轴力	轴力较大	弯矩较大	抗风侧	塔腿处	抗风侧
轴力值(N)	235208	196486	224100	16749.7	28260.8	16318.7
弯矩值(N·mm)	144315	368855	448710	25972.4	12795.5	5294.14
计算长度(mm)	1430	1600	1400	1233	1258.9	1245
截面尺寸	100*8	100*8	100*8	45*4	56*5	50*4
截面面积 A(mm^2)	1564	1564	1564	349	542	390
截面抵抗矩 W(mm^3)	20470	20470	20470	2150	3970	2560
λ_x(mm)	55.714	62.338	55.545	138.539	114.445	125.757
λ_y(mm)	87.504	97.907	85.669	89.348	73.192	80.844
m_N	1	1	1	1	1	1
φ	0.64	0.575	0.655	0.353	0.442	0.406

续表 1

分组	主材			斜材		
	第一组	第二组	第三组	第一组	第二组	第三组
位置	最大轴力	轴力较大	弯矩较大	抗风侧	塔腿处	抗风侧
E(N/mm^2)	206000	206000	206000	206000	206000	206000
参数 N_{EX}(N)	931220.0	743848.3	971556.9	80799.0	186991.7	110284.9
计算稳定应力(MPa)	243.451	241.335	245.638	148.315	125.854	105.406
破坏稳定应力(MPa)	345	345	345	235	235	235
稳定应力利用率(%)	70.566	69.952	71.199	63.113	53.555	44.854

按照类似于计算鼓型直线输电塔台风荷载作用下主材与斜材稳定应力计算的方法，同样计算 1 号和 4 号猫头型直线输电塔台风荷载作用下主材与斜材稳定应力，计算结果与鼓型直线输电塔结果类似，尽管主材与斜材的稳定应力满足要求，但是塔身中下部主材以及斜材的稳定应力利用率较高，本文不再单独列出。

综合本节分析内容可知，输电塔在强台风作用下，塔身中下部在强台风吹袭时，通常受到了较大的轴力和弯矩作用，与此同时，这一部分断面内设置的横隔面相对较少，约束较少，这直接导致了输电塔塔身中下部主材与部分斜材稳定应力利用率较高。在强台风荷载作用下，输电塔塔身中下部主材与部分斜材容易发生局部失稳，进而可能出现输电塔整体倒塌现象。

2 输电塔致灾原因分析与建议

2.1 输电塔致灾原因分析

根据输电塔结构的倒塌规律，对输电塔结构致灾原因进行分析，主要有以下几点：

(1) 设计风速不足。强台风风速远大于输电塔结构的设计风速，这使得强台风荷载远大于设计风荷载。因此，应当加强对台风的监测，针对台风频发地区，适当提高输电塔设计风速。

(2) 输电塔结构设计不合理。输电塔倒塌主要发生在塔身中下部，输电塔塔身一二段通常是塔身坡度不变段，断面内设置的横隔面相对较少，约束较少，而这部分在大风吹袭时通常受到较大的弯矩和剪力作用；因此这一部分缺乏有效的支撑而承受了较大的应力，是输电塔结构薄弱部位。对于 1 号猫头型直线输电塔塔身及塔腿主材均为 Q235 钢材，屈服强度低，在强台风荷载作用下，塔身受力较大部位可能会较早地出现屈曲；因此，在输电塔结构设计过程中，对于塔身及塔腿主材应尽量采用较高强度的钢材，从根本上提高输电塔的抗风性能。

(3) 振动。输电线路的风致振动使得输电塔产生较大的位移响应，进而使得输电塔疲劳强度降低，对输电塔结构抗风能力造成了很大影响。从而必须对输电塔减振措施加以研究。

2.2 输电塔的抗倒塌建议

通过以上输电塔倒塌规律及致灾原因的分析，并对输电塔设计原理及结构措施进行分析与研究，针对沿海地区强台风作用下输电塔的抗倒塌提出几点建议：

(1) 适当提高设计风速。目前，参考设计风速为 30～35 m/s；根据风级典型的破坏程度，强台风风速为 41.5～50.9 m/s，超过了结构的设计风速，这导致线路断线、倒杆。因此，应考虑从设计方面采取适当措施，提高台风频发地区输电塔的设计风速，提高其抗灾害能力。

(2) 对已建输电塔采取相应加固措施研究。通过以上分析我们了解到输电塔结构塔身中下部为薄弱环节，增设横隔面可以有效改善其整体性能。因此，应进一步对塔身中下部进行研究。

(3) 加强风致振动控制分析，强化防灾减灾经济保障体系。目前，已有研究结果表明，质量摆、

TMD及VED等风振控制措施能够有效减小高柔度结构的振动，是一种经济、有效的风致振动控制方法。因此，可针对薄弱塔进行相应的研究及应用。

(4) 研究典型输电塔抗风方案，修建抗风试验工程。为了更好地做好在役塔的抗风加固方案的研究，需要通过理论、数值分析以及试验研究来总结、方案比选、科学评价以及综合决策，找到最合理、最优的抗风方案进行推广。

(5) 加强配网工程设计深度。根据实际地形情况与线路的走向、结构等，因地制宜地采取加固措施，如建议12米以上电杆使用加强型电杆(即加大弯矩)代替普通电杆；在无法使用拉线的地方用角钢塔或钢管塔替代；在风口地带、近海处，适当减小耐张段长度和档距，增加电杆埋深，采取整耐张段两基铁塔中间设一基电杆的排列方式，特别是水田等软土地质处；加强拉线抗拉强度、加固基础和护坡等。

(6) 加强输电线路运维和问责。建立防灾机制，制定输电塔倒塌应急预案，使配电线路状态评价工作常态化，及时发现缺陷，修补基础、护坡，更换损坏和有裂纹的钢筋混凝土电杆，尽早发现有锈蚀变形等缺陷的铁塔并及时整改。

3 结语

近年来，受气候变暖的影响，灾害性及极端恶劣性天气的发生更加频繁。沿海地区的电网抗灾防变能力受到越来越大的挑战，提高现有输电塔的抗灾能力刻不容缓。为保证输电线路的安全稳定运行，通过对输电塔线系统倒塌现象、规律及致灾原因的分析，未来输电塔设计及研究有两个重要的方向：①从输电塔本身考虑，增加塔身下部横隔面和斜撑，改善输电塔的受力性能；②从耗能减振出发考虑，研究输电塔风致振动控制系统，减轻风荷载本身对塔的作用。

参考文献

[1] 谢强，张勇，李杰.华东电网500 kV任上5237线飑线风致倒塔事故调查分析[J].电网技术，2006，05.

[2] 楼文娟，姜雄，夏亮等.长横担输电塔风致薄弱部位及加强措施[J].浙江大学学报(工学版)，2013，10.

[3] 谢强，阎启，李杰.横隔面在高压输电塔抗风设计中的作用分析[J].高电压技术，2006，04：1-4.

[4] 赵桂峰，谢强，梁枢果，等.高压输电塔线体系抗风设计风洞试验研究[J].高电压技术，2009，05：1206-1213.

[5] 龚坚刚."云娜"台风对浙江输电线路的危害分析与对策[J].浙江电力，2005，03.

[6] 张飞华，黄卫菊，武利会，等.强风作用下输电塔风致倒塌机理和抗风加固方法探讨[J].广西电力，2011，12.

[7] 王锦文，瞿伟廉.强风作用下高耸钢结构输电塔的破坏特征研究[J].特种结构，2013，02.

[8] 王亮.输电塔结构风致倒塔分析[D].武汉：武汉理工大学，2011.

[9] 李宏男，白海峰.高压输电塔线体系抗灾研究的现状与发展趋势[J].土木工程学报，2007，02.

[10] 钟万里，吴灌伦，王伟，等.一种高压输电塔在风场中的失稳与加固[J].中南大学学报(自然科学版)，2013，02.

[11] 代生丽，马超，赵震，等.风致输电线路故障问题分析[J].动力与电气工程，2011

[12] 电力规划设计总院.DL/T5154-2012.架空送电线路输电塔结构设计技术规定[S].北京：中国计划出版社，2012.

13. TMD对人行桥人致疲劳寿命的影响研究

朱前坤　孟万晨　马法荣　张　琼　杜永峰

（兰州理工大学防震减灾研究所，兰州 730050）

摘要：本文研究了TMD对人行桥人致疲劳寿命的影响。以本课题组制作的钢-玻璃人行桥为试验平台，激励源形式采用APS400电子激振器激励（APS400激振器激励可等效为行人荷载作用），利用东华DH-5921智能应变采集系统和EY501工具式表面式应变计进行现场应变测试。分别在桥梁1/2处、桥梁1/3处、桥梁2/3处布置测点，获取安装TMD前后钢-玻璃人行桥各测点的应变时程曲线，试验共进行了10天；然后结合雨流计数法统计得到钢-玻璃人行桥疲劳应力谱；再基于BS5400规范和Palmegren-Miner线性累积损伤准则进行结构疲劳寿命预估。结果表明：APS400激振器作用下应变幅值比行人作用下应变幅值大2.2%，可认为激振器模拟行人荷载作用效果较好，激振器作用下等效应力幅值和应力循环次数均大于行人荷载作用，可获得最不利作用下结构的最短寿命。因此可用激振器激励代替行人荷载作用进行疲劳测试，而且稳定输出可大大节省试验测试时间并获取准确的试验结果。安装TMD前后，设定APS400电子激振器在定频4 Hz、定幅10 Vpp的参数下进行激励，结构1/2处的加速度峰值由0.15 m/s^2减少到0.084 m/s^2，减振率为44.0%；位移峰值由2.98 mm减少到0.92 mm，减振率为69.1%；3个测点中结构跨中处等效应力幅值最大，疲劳寿命最短。安装TMD后失效概率为0.14%时，结构跨中处疲劳寿命延长近39倍，其他测点处依次延长了3.95倍、7.41倍。说明TMD不仅可以很好地降低结构响应，同时可延长结构的疲劳寿命。可作为人行桥减振效果的另一评判标准。

关键词：桥梁工程；疲劳寿命；现场应变测试；钢-玻璃人行桥；疲劳应力谱；雨流计数法

中图分类号：U446.1　文献标志码：A

Effect of TMD on Fatigue Life of Steel-Glass Footbridge

Zhu Qiankun　Meng Wanchen　Ma Farong

Zhang Qiong　Du Yongfeng

(Institute of Earthquake Prevention and Mitigation,

Lanzhou University of Technology, Lanzhou 730050)

Abstract: This paper studies the effect of TMD on the fatigue life of footbridge. Taking the steel-glass pedestrian bridge as the experimental platform, the structure is excited by pedestrian load and APS400 electronic exciter respectively (the excitation of APS400 exciter can be equivalent to pedestrian load). Using DH-5921 intelligent strain acquisition system and EY501 tool surface strain gauge for field strain testing. Measuring points are arranged at 1/2 bridge, 1/3 bridge and 2/3 bridge respectively to obtain the strain time-history curves of each measuring point of steel-glass pedestrian bridge before and after installation of TMD. A total of 10 days of experimental testing was carried out; then the fatigue stress spectrum of steel-glass pedestrian bridge is obtained by combining the rain flow counting method statistics; secondly, the fatigue life of the structure is estimated based on the BS5400 specification and the palmegren-miner linear cumulative damage criterion. The results show that the amplitude of strain under the action of APS400 exciter is 2.2% larger than that under the action of pedestrians. It is shown that the exciter exciter can be used instead of the pedestrian load for fatigue test, and the stable output can greatly save the test time and obtain the accurate experimental results. Install TMD before and after, setting the APS400 electronic exciter to be excited under the parameters of constant frequency 4Hz and fixed amplitude 10Vpp, The peak acceleration at structure 1/2 was reduced from 0.15 m/s2 to 0.084 m/s^2, and the vibration reduction rate was 44.0%. The peak displacement was reduced from 2.98 mm to 0.92 mm, and the vibration reduction rate was 69.1%. Among the three measuring points, the equivalent stress amplitude is the largest and the fatigue life is the shortest. After the installation of TMD failure probability was 0.14%, structure across the fatigue lifespan nearly 39 times, in other place, in turn, extended the measuring point 3.95 times, 7.41 times. This indicates that TMD can not only reduce the response of the structure, but also extend the fatigue life of the structure. It can be used as another criterion to evaluate the shock absorption effect of footbridge.

Keywords: bridge engineering; fatigue life; field strain test; steel-glass pedestrian bridge; fatigue stress spectrum; rain flow counting

引言

近年来，伴随着旅游资源开发项目在全国各地兴起，在许多名胜景点修建了大量的人行景观桥，钢-玻璃组合景观人行桥较一般车行桥更为纤细、质量更轻、自振频率更低、阻尼更小，在人群荷载作用下，因行人步频与人行桥基频接近而易导致共振，造成人行桥振动过大的问题[1-2]，当振动超出一定范围时，会对人行桥构件造成累积疲劳损伤，影响人行桥的安全性，甚至造成人行桥垮塌。因此开展人致振动人行桥疲劳寿命研究具有重要意义。

目前，国内外学者主要围绕人行桥在人群荷载作用下的动力响应和振动舒适度[3-6]进行了大量研究。胡隽等[7]利用有限元软件 ANSYS 建立了某人行悬索桥的有限元模型，模拟人行悬索桥在不同人行荷载作用下的动力响应，并进行了振动舒适度评估。金伟良等[8]针对多跨柔性人行桥在人行荷载作用下的振动舒适度验算问题，提出了基于振动均方根加速度响应谱的计算方法。Tubino 等[9]把人行桥看作 Euler 梁模型，利用振型叠加法计算了人行桥的动力响应，并基于不同的 TMD 模型对其振动进行了控制。陈舟等[10]根据交通流和生物力学的研究成果，将人体视为具有质量、刚度、阻尼的两自由度系统，建立了人群过桥时人群-桥梁耦合系统的动力学模型，分析了人群作用下人行桥的动力响应。Venuti 等[11]提出考虑人群-人行桥竖向动力相互作用的建模框架，框架由两部分组成，一部分是由社会力模型模拟出人行桥任意时刻每个人的位置和速度，另一部分人行桥模型和人群运动动力耦合，最后仿真出了人群荷载作用下人行桥的振动。本课题组[12]把人行桥看作 Euler 梁模型，基于振型叠加法计算了不同行走步速下人行桥的动力响应。关于桥梁疲劳研究大多集中在车行桥疲劳；叶肖伟和倪一清等[13]利用青马大桥结构健康监测系统所得数据，综合考虑交通荷载和台风影响，通过统计分析长期应变监测数据建立了标准日应力谱。Saberi 等[14]对位于马萨诸塞州的一座钢桥设计安装了健康监测系统，并进行了连续 6 个月的监测，监测到了 1225 辆卡车作用下桥梁的应变响应，进而得到疲劳危险关键部位的疲劳应力谱。吉伯海等[15]建立了世界上首座千米级三塔悬索桥泰州大桥的三维全桥模型，通过简化的车辆荷载模型，将随机车流加载于大桥有限元模型上，计算了其关键构件的动力响应。夏禾课题组[16-18]建立了基于车桥耦合振动的桥梁动应力分析方法，探讨了列车速度、轨道不平顺、横向振动、交通演变等对桥梁疲劳应力的影响。刘扬课题组[19-20]基于包含车辆多参数的概率统计特征随机车流模型，计算得到悬索桥结构细节在随机车流作用下的疲劳应力。李兆霞等[21]根据结构健康监测系统记录的钢箱梁在交通和环境载荷下的应变时程曲线，研究了润扬大桥的钢箱梁结构在正常交通载荷、重车过桥和台风经过时疲劳应力谱特征。吉伯海等[22]以江阴长江大桥钢箱梁上记录的应变数据为基础，研究钢箱梁在运营荷载作用下的疲劳应力特征。刘建等[23]以国内最大跨度的独塔自锚式悬索桥为工程背景，用桥梁健康监测系统实测数据，得到了钢箱梁的疲劳应力谱。

综上所述，目前关于人致振动研究主要集中于振动舒适度和动力响应以及振动控制；关于疲劳方面的研究主要以车行桥疲劳为主。而针对其在人群荷载下的结构振动疲劳寿命以及TMD对结构疲劳寿命影响的研究则鲜有涉及。故本文依靠课题组制作的人行桥，APS400电子激振器为激励源；利用DH-5921智能应变采集系统和EY501工具式表面式应变计进行现场应变测试，获取安装TMD前后钢-玻璃人行桥各测点的应变时程曲线，试验共进行10天；然后结合雨流计数法统计得到钢-玻璃人行桥疲劳应力谱；再基于BS5400规范和Palmegren-Miner线性累积损伤准则进行结构疲劳寿命预估，研究TMD对人行桥人致疲劳寿命的影响。

1 疲劳应变测试

1.1 试验模型简介

选用课题组自制钢-玻璃人行桥为试验对象，如图1所示。桥梁全长10 m，宽1.6 m，钢框架主体由两根10 m的20a型工字钢和六根1.6 m的20a型工字钢焊接而成，桥面由五块双层夹胶玻璃（10 mm+2.28PVB+10 mm）与钢框架采用粘接连接，钢框架搭接在支座上，支座与地面采用地脚螺栓锚固连接。

图1 钢-玻璃人行桥

Fig. 1 Steel-glass pedestrian bridge

1.2 试验设备

EY501工具式表面式应变计，如图2所示，广泛适用于在建筑物或大型结构（如混凝土、钢结构、机械设备等）使用，测量埋设点的线性变形（应变）与应力。该应变计采用高性能铝基弹性材料，经特殊的加工形成热处理，精选高精度电阻应变计作为敏感元件，经过粘贴组桥、修正等工艺制作而成。它可与静态、静动态和动态应变数据采集系统连接，即可获得被测试的应变值。具有输出灵敏度极高、线性好、稳定性好、构造简单、安装使用方便等优点。应变采集设备采用东华DH-5921型智能应变采集系统，如图3所示。德国APS400电子激振器见图4。

图 2　EY501 工具式表面式应变计

Fig. 2　EY501 Tool Surface Strain Meter

图 3　东华 DH-5921 智能应变采集系统

Fig. 3　Intelligent strain acquisition system for Donghua DH-5921

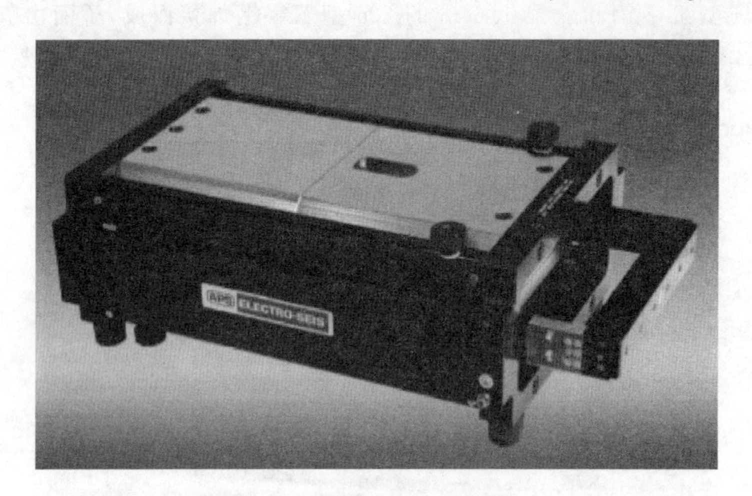

图 4　APS400 电子激振器

Fig. 4　APS400 electronic exciter

1.3　试验方案

根据《美国道路通行能力手册 HCM2000》人行道服务水平标准，按准自由状态活动进行取值，取单位面积的人数为小于 0.5 人/m^2，故该桥上行走人数为小于 8 人。在桥梁正常运营状态下对钢-玻璃人行桥测点进行 10 天的疲劳应变监测。使用东华 DH-5921 型智能应变采集系统(见图 3)，采样频率 50 Hz。选取应变最大处、最容易发生疲劳破坏的部位进行监测，故测点位置选取如下，1 号测点：桥梁 1/2 跨处；2 号测点：桥梁 1/3 跨处(左)；3 号测点：桥梁 2/3 跨处(右)；测点布置图如图 5 所示。

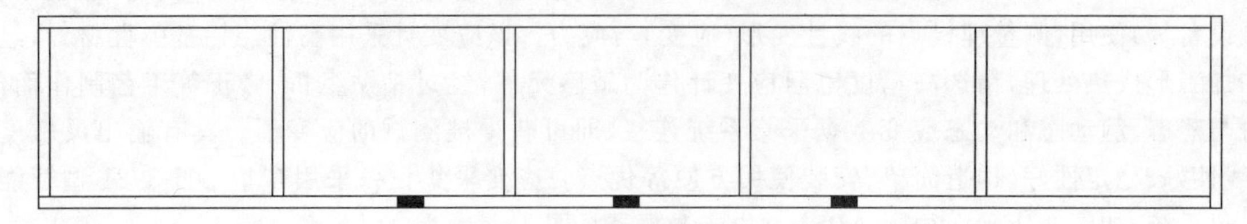

图 5　测点布置图

Fig. 5　Layout plan

1.4 应变时程分析

1.4.1 激振器模拟行人激励可行性分析

激振器激励与行人激励对比图见图 6。

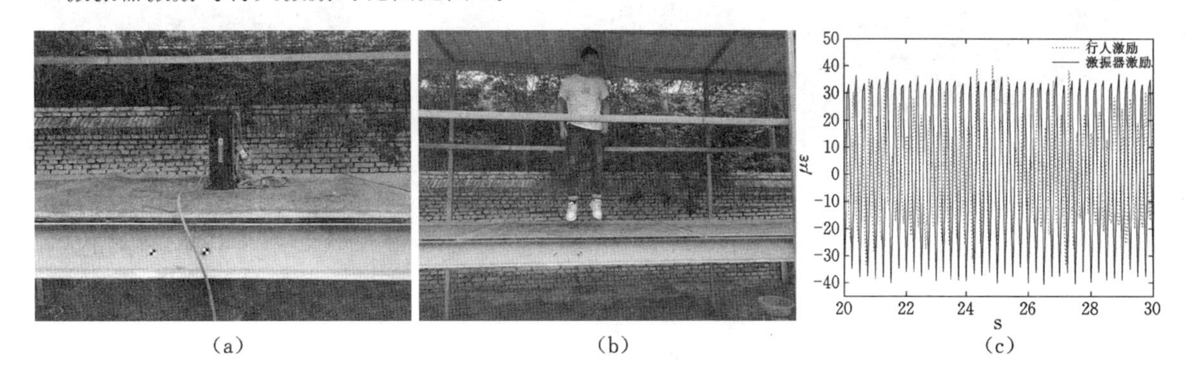

(a)　　(b)　　(c)

图 6　激振器激励与行人激励对比图

(a) 激振器激励;(b) 行人激励;(c)应变对比

Fig. 6　Comparison of excitation and pedestrian excitation

由图 6 可知,激振器输入信号设定为定频(2 Hz)定幅(10 Vpp)激励,与人在跨中以 2 Hz 跳跃激励下测点 1 应变幅值基本相似,都在 78 $\mu\varepsilon$ 左右;激振器激励下应变幅值比行人激励下应变幅值大 2.2%,可认为激振器模拟行人荷载作用效果较好。

1.4.2 APS400 电子激振器作用下应变时程分析

由于人行桥基频为 4.0 Hz,行人步行频率范围为 1.6～2.4 Hz,行人作用下无法达到结构基频,与之产生共振;因为共振作用下结构振动幅度最大、最容易发生疲劳破坏,即可确定最不利加载频率(4.0 Hz)。为了更好地测试钢-玻璃人行桥的疲劳损伤度和预估结构疲劳寿命,利用 APS400 电子激振器和 APS145 信号放大器按桥梁共振频率(4.0 Hz)对结构一阶振型处(桥梁 1/2 跨处)进行激励(即最不利位置),采用定频(4 Hz)、定幅激励,幅值设置为 10 Vpp。图 7 为现场测试图。

图 7　APS400 电子激振器作用

Fig. 7　APS400 electronic exciter

APS400 电子激振器模拟行人荷载作用的参数设定依据如下:由《美国道路通行能力手册 HCM2000》人行道服务水平标准可知,行走人数取 7 人,行人重量为 750 N/人,行人动载因子(DLF)取 0.036,则 7 人同步行走时的激振力 $F_r=7\times750\times0.036=189N$;故激振器产生的力 $F_j=F_r=ma=$ 189 N,激振器自重为 73 kg,得加速度 $a=2.589\ \mathrm{m/s^2}$;又由公式 $a=sf^2$ 可知,$f=4$ Hz 时,$s=0.16$ m;经查 APS400 电子激振器说明书可知,激振器悬臂位移 $s=161$ mm 时,幅值为 10 Vpp。故激振器模拟人行荷载的参数设定为 4 Hz、10 Vpp。

应变时程曲线见图8。

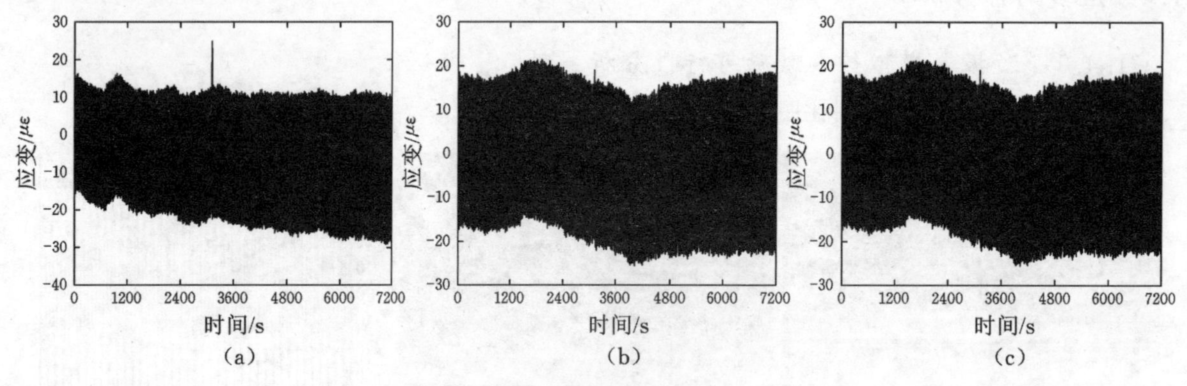

图8　应变时程曲线

(a) 1号测点应变时程曲线；(b) 2号测点应变时程曲线；(c) 3号测点应变时程曲线

Fig. 8　Strain time history curve

综合图8(a)、(b)、(c)可知，因为激振器输入信号设定为定频(4 Hz)定幅(10 Vpp)激励，故测点1、2、3应变幅值基本相似，都在50 με左右；1号测点最大应变峰值为55 με，其中3号测点受温度影响大，应变随温度的偏移量较大。但应变幅值基本不变，也保持在50 με左右。

2　疲劳应力幅值分析

2.1　雨流计数法

雨流计数法(又称塔顶法)是目前在疲劳设计和疲劳试验中用得最广泛的一种计数方法，是变程计数法的一种，可根据所研究材料的应力-应变之间的非线性关系来进行计数。雨流计数法是建立在对封闭的应力-应变迟滞回线逐个计数的基础上，因此，该方法能够比较全面地反映随机荷载的全过程。由荷载-时间历程得到的应力-应变迟滞回线与造成的疲劳损伤是等效的。

2.2　实测疲劳应力幅值

人行桥在正常运营状态下，主要受行人荷载数量，行人步频、步长、步速以及环境温度、风速等一系列的综合因素影响。其中环境温度和风速相对于行人荷载影响甚微，但对等效应力幅值(σ_{ef})有影响，故予以剔除，只保留行人荷载作用下的应力幅值。由图9可知，环境温度、风速作用下应舍弃2 MPa以下的应力幅循环。行人荷载作用下疲劳应力幅循环次数见表1，由表1可知，小于2 MPa的应力循环数占总应力循环的74%以上。APS400激振器作用下的疲劳应力幅循环次数见表2。

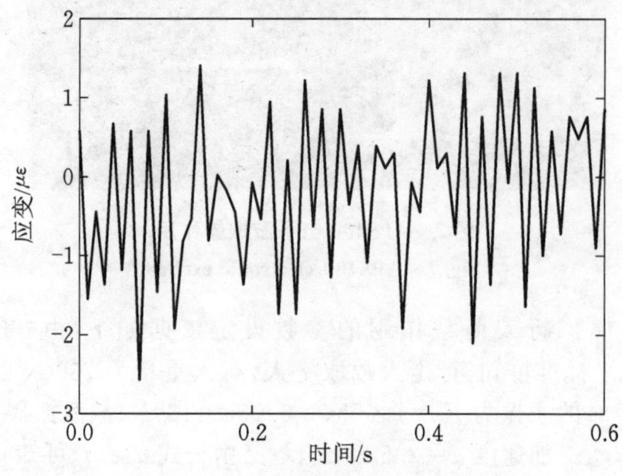

图9　环境温度、风速作用下的应变

Fig. 9　Strain of ambient temperature and wind speed

表 1　行人荷载作用下应力幅循环次数

Table 1　Number of stress amplitude cycles under pedestrian loads

应力幅/MPa	循环次数(测点 1)
0～2	184442
2～4	42814
4～6	12590
6～8	5422
8～10	2320
10～12	904
12～14	367
14～16	187
16～18	86
18～20	38
20～30	17
30～40	6
40～50	0
总计(2 MPa 以上)	64751
总计	249193

表 2　APS400 激振器作用下应力幅循环次数

Table 2　Number of stress amplitude cycles under the action of the APS400 exciter

应力幅/MPa	循环次数/次		
	测点 1	测点 2	测点 3
0～1	168861	164138	117473
1～2	4156	207705	1483
2～3	4	5	17
3～4	8	14	18
4～5	16	20	30
5～6	28	40	30
6～7	24	1211	1750
7～8	1485	7867	16253
8～9	8148	15631	20790
9～10	16625	14781	2885
10～11	14639	2399	203
11～12	987	13	4
12～18	8	2	1
18～24	0	1	1
总计(2 MPa 以上)	41972	41943	41982

由表 1 可知,行人荷载作用下的应力幅在 40 MPa 以内,且应变循环次数随着应力幅的增加逐渐

减小，2～10 MPa 以内的应力幅循环次数占 97.5%左右，说明行人荷载作用下的疲劳破环属于低周循环破坏，长时间的累积作用会使结构发生疲劳；由表 2 可知，APS400 电子激振器作用下，测点 1、2、3 的应力幅都在 24 MPa 以内，高次应力循环数大多集中在 7～11 MPa 范围内。同时，综合表 1、表 2 可得行人荷载作用下 12 小时的循环次数为 64751 次，因为 APS400 激振器具有稳定的功率输出优点，所以结构应变趋于稳定，将表 2 中的 3 小时应力循环次数换算为 12 小时下应力循环次数，依次为 167888、167772、167928 次，循环次数远大于行人荷载作用，说明激振器作用下结构更容易发生疲劳损伤直至破坏。

3　基于 BS5400 规范的疲劳寿命预估

3.1　等效应力幅值计算

国内外研究表明，变幅疲劳问题可换算成一个等效常幅疲劳进行计算；基于疲劳强度 S-N 曲线和 Miner 损伤定律，可将试验中变应力幅转化为一个等效的常应力幅，使得等效常应力幅作用下的疲劳损伤等效于变应力幅下的疲劳损伤，转化公式如下：

$$\sigma_{\mathrm{ef}} = \left[\frac{1}{N1}\sum n_i \sigma_i^m\right]^{\frac{1}{m}} \tag{1}$$

其中 σ_{ef} 为变应力幅值所对应的等效常应力幅值，σ_i 为各级变应力幅，n_i 为各级变应力幅下的循环次数，m 为特定连接构造细节下 S-N 曲线中的斜率。由公式(1)计算的行人荷载作用和 APS400 激振器作用下各测点的等效应力幅值见表 3。

表 3　等效应力幅值

Table 3　Equivalent effect force amplitude

测点	σ_{ef}/MPa	日平均循环次数(N_t)
1	9.73	335776
2	7.93	335584
3	8.10	335856

由表 3 可知，*APS*400 电子激振器作用下 3 个测点的等效应力幅值较为接近，都在 10 *MPa* 以内，其中位于桥梁跨中处的 1 号测点幅值较大，为 9.73 *MPa*；2、3 号测点的等效应力幅值较为相近。同时 3 个测点处的日平均应力循环次数也相差较小，都为 335500 左右。行人作用下的等效应力幅为 6.52 *MPa*，较激振器作用降低了 33%，日平均循环次数为 129502 次，也远小于激振器作用；说明激振器作为激励源时输出的能量具有稳定性、一致性。而行人同步作用时由于个体间步频、步速、步长的差异性，无法达到完全一致激励，导致等效应力幅值和循环次数小于激振器作用下的数值。

3.2　不同失效概率下疲劳寿命计算

3.2.1　*Miner* 线性损伤定律

基于 *Miner* 线性损伤定律和疲劳强度 *S-N* 曲线关系的指数模型对该桥梁各测点做损伤计算，原理如下：测试部位在某应力幅 $\Delta\sigma_i$ 作用下有 n_i 次循环，由 S-N 曲线计算得 $\Delta\sigma_i$ 作用下对应的疲劳寿命为 N_i，则 $\Delta\sigma_i$ 作用下的疲劳损伤率为 n_i/N_i，各级应力幅值作用下的累计损伤度计算公式为：

$$\sum \frac{n_i}{N_i} = \frac{n_1}{N_1} + \frac{n_2}{N_2} + \cdots + \frac{n_i}{N_i} + \cdots \tag{2}$$

从工程应用的角度，粗略地认为当 $\sum \frac{n_i}{N_i} = 1$ 时发生疲劳破坏。

3.2.2 疲劳寿命经验计算公式

根据BS5400规范确定各构件细节的连接类型，从而获取相应的疲劳极限计算参数K_0、Δ、m等。日平均损伤度(N_d)经验计算公式如下：

$$N_d = \frac{\sigma_{ef}^{3.5} N_t}{K_0 \Delta^d} \tag{3}$$

其中N_t为日平均损伤度，d为失效概率，取值见表5。经查BS5400规范可知1、2、3号测点所对应的构件连接类型都为C型，为非焊接构件下无连接处的母材轧制型钢，对应公式(3)中的构建连接细节参数为：$K_0 = 1.08 \times 10^{14}$、$\Delta = 0.625$、$m = 3.5$。

3.2.3 不同失效概率下的疲劳寿命

由公式(3)计算得出表4中各测点的日平均疲劳损伤度，从表中可看出，APS400电子激振器作用下测点1处的日平均损伤度最大，测点2、3处的损伤度相近，均大于行人荷载作用下结构跨中处的日平均损伤度。表5为各种失效概率下的疲劳寿命评估，由表5可知，各测点的疲劳寿命都大于100年，仅当失效概率为0.14%时，测点1的疲劳寿命为74年，说明对于简支梁桥，跨中处抗疲劳性能最差，最容易发生频率破坏。

表4 疲劳损伤度

Table 4 Fatigue damage

	测点	日平均损伤度 / $\times 10^{-6}$
APS400电子激振器作用	1	8.96
	2	4.37
	3	4.71

表5 各种失效概率下的疲劳寿命

Table 5 Fatigue life under various failure probabilities

失效概率 d		激振器作用		
		测点1	测点2	测点3
50%	0	306	627	562
31%	0.5	241	495	444
16%	1	191	391	351
2.3%	2	119	244	219
0.14%	3	74	153	137

4 TMD作用下结构疲劳寿命评估

4.1 TMD减振系统介绍

本试验所设计的TMD减振装置是由四根弹簧、电涡流阻尼原件(铜板和磁铁组成)以及质量块组成的振动系统。如图10所示。TMD在结构上的安装位置为一阶模态振型位置处(桥梁1/2跨)，试验图见图11。阻尼器频率一般调整为接近桥梁基频(4.0 Hz)，TMD频率可通过调节质量块重量来实现。减振原理如下：结构在外力作用下引起共振，调谐质量阻尼器通过振动惯性力反作用于结构本身，进而达到减小结构振动响应、结构位移、结构应变的目的，从而延长结构疲劳寿命。根据文献[24]中的Den Hartog模型最优频率比和TMD阻尼比，TMD设计参数如下：质量$m_d = 15.9$ kg；刚度$k_d = 11.4$ kN/m；阻尼$c_d = 0.052$ kN. s/m。

图 10　TMD 减振装置

Fig. 10　TMD damping device

图 11　安装 TMD 现场试验图

Fig. 11　Field experiment diagram installation of TMD

4.2　试验方案

为了更好地对比安装 TMD 前后结构疲劳寿命的变化，试验测试方案同 1.4.2 节 APS400 电子激振器作用下结构应变时程变化。在一阶模态振型处放置 TMD，同图 11。利用 APS400 电子激振器在跨中以设定 4.0 Hz、10 Vpp 的定频、定幅参数进行 3 小时的激励，测点布置同图 5，共 3 个。采集不同测点处结构应变时程。同时利用位移计和加速度传感器采集安装 TMD 前后结构的位移时程曲线和加速度时程曲线。

4.3　响应分析

图 12 为 APS400 电子激振器作用下安装 TMD 前后结构的加速度时程曲线，由图可知安装 TMD 前后结构加速度峰值由 0.15 m/s^2 减少到 0.084 m/s^2，加速度峰值降低了 0.066 m/s^2，减振率为 44.0%。图 13 为安装 TMD 前后结构的位移时程曲线变化图，结构位移峰值由 2.98 mm 减少到 0.92 mm，减振率为 69.1%。因此综合图 12、图 13 可得，TMD 对结构响应控制较好，减振效果明显。

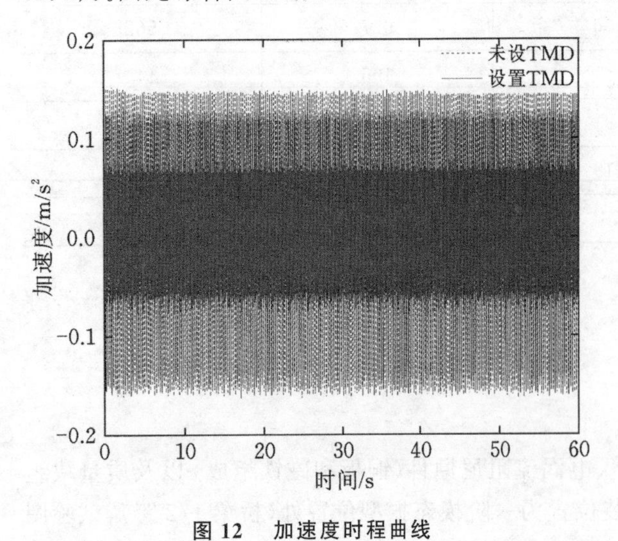

图 12　加速度时程曲线

Fig. 12　Displacement time history curve

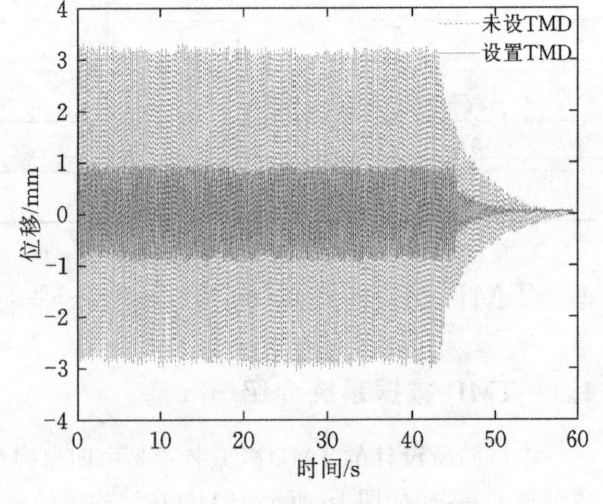

图 13　位移时程曲线

Fig. 13　Acceleration time history curve

图 14 为安装 TMD 后 1 号测点处的应变时程曲线图，由图可知安装 TMD 后 1 号测点应变幅值基本在 13 $\mu\varepsilon$ 以内，相较于图 8 中未安装 TMD 时的 50 $\mu\varepsilon$，结构应变幅值大大降低，同时安装 TMD 后结构的应变减振率可达近 74.0%。说明 TMD 对结构振动控制效果较好。

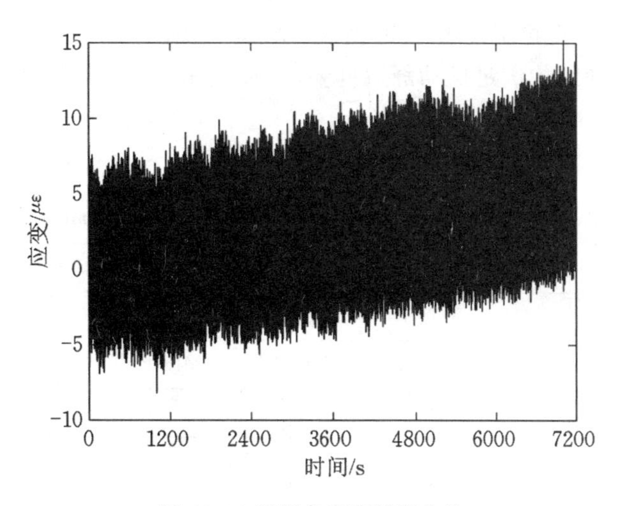

图 14 1号测点应变时程曲线

Fig. 14 Time-history curve of strain at no. 1 measuring point

4.4 疲劳寿命预估

表6为安装TMD后APS400电子激振器作用下结构各测点的疲劳应力幅循环次数统计表，由表可知，安装TMD后，测点1处应力循环次数(大于2 MPa)为54659次，远小于测点2、3处的循环次数值。3个测点处的应力幅值大多集中在2～5 MPa，小于未安装TMD时的应力幅值7～11 MPa。说明TMD对结构的减振效果较好。

表6 安装TMD后应力幅循环次数

Table 6 Number of stress amplitude cycles after installation of TMD

应力幅/MPa	循环次数/次		
	测点1	测点2	测点3
0～1	473783	145137	178387
1～2	33900	190681	279086
2～3	24831	265867	153835
3～4	28865	21979	24160
4～5	959	22916	13833
5～6	3	7728	364
6～7	0	82	17
7～8	0	8	9
8～9	0	8	4
9～10	1	5	2
10～15	0	3	3
15～20	0	2	9
总计(2 MPa以上)	54659	318598	192236
总计	562342	654416	649709

表7为安装TMD前后不同失效概率下结构的疲劳预估寿命值，由表可知，安装TMD后，失效概率为0.14%时，测点1处的疲劳寿命增加了近39倍，增加幅度明显；而测点2、3处的依次增加了3.95倍、7.41倍，增加幅度很小。这是因为此TMD的设计主要控制结构的一阶频率振型处的振动(桥梁跨

中处),对于其他位置处的振型控制较弱。同时由表中数据可知,实际工程中 TMD 作为减振装置不仅可以降低结构动力响应,使结构满足振动舒适度要求,而且还可延长结构使用疲劳寿命。这可作为减振效果评判标准之一。

表 7　安装 TMD 前后结构疲劳预估寿命

Table 7　Estimated life of TMD before and after installation

失效概率	d	疲劳预估寿命 / 年					
		测点 1		测点 2		测点 3	
		未设 TMD	设置 TMD	未设 TMD	设置 TMD	未设 TMD	设置 TMD
50%	0	306	11800	627	2482	562	4162
31%	0.5	241	9328	495	1962	444	3290
16%	1	191	7375	391	1551	351	2601
2.3%	2	119	4609	244	969	219	1625
0.14%	3	74	2880	153	605	137	1016

5　结论

基于试验室钢结构玻璃人行桥现场应变测试,分析了 TMD 对人行桥人致疲劳寿命的影响,得到以下结论:利用激振器作为激励源验证 TMD 对人行桥疲劳的影响时,具有稳定输出,方便测试,使得试验结果准确性更高,省时省力。失效概率为 0.14% 时,安装 TMD 前后结构跨中处疲劳寿命增加了近 39 倍,其他测点处依次增加了 3.95 倍、7.41 倍,说明 TMD 不仅可以控制结构动力响应,使之满足振动舒适度要求,而且可延长结构疲劳寿命,可作为人行桥减震效果的评判标准之一。此外本文安装 TMD 后的结构疲劳寿命较大的原因是只考虑了结构振动作用下的疲劳寿命,而未考虑环境腐蚀下的疲劳损伤,实际情况下钢结构更容易受环境腐蚀发生疲劳破坏,疲劳寿命将会大幅降低。

参考文献

[1] Živanovic S, Pavic A, Ingólfsson E T. Modeling spatially unrestricted pedestrian traffic on footbridges[J]. Journal of Structural Engineering, 2010, 136(10): 1296-1308.

[2] 朱前坤,蒲兴龙,惠晓丽,等. 基于人群-结构耦合作用甘肃省体育馆悬挂结构振动舒适度评估及控制[J]. 工程力学, 2018, 35(S1): 46-52. (ZHU Qiankun, PU Xinglong, HUI Xiaoli, et al. Serviceability evaluation and control of suspension structure of gansu gymnasium based on pedestrian-structure coupled vibration [J]. engineering mechanics, 2018, 35(S1): 46-52. (in Chinese))

[3] 闫畅,陈建兵,李新生. 大跨度人行钢桥动力性能测试及舒适度评估[J]. 苏州科技大学学报(工程技术版), 2019, 32(03): 15-19+62. (Yan Chang, Chen Jianbing, Li Xinsheng. dynamic performance testing and comfort assessment of long-span pedestrian steel bridges [J]. Journal of Suzhou University of Science and Technology (Engineering Technology Edition), 2019, 32(03): 15-1962. (in Chinese))

[4] 崔又文,李睿,徐征,等. 抗风缆对玻璃桥面人行悬索桥动力特性和舒适度影响分析[J]. 钢结构(中英文), 2019, 34(11): 86-90. (Cui Youwen, Li Rui, Xu Zheng, et al. Effect of wind-resistant cable on dynamic characteristics and comfort of pedestrian suspension bridge on glass deck[J]. Steel Structure (in English and Chinese), 2019, 34(11): 86-90. (in Chinese))

[5] Osama Abdeljaber, Mohammed Hussein, Onur Avci, et al. A novel video-vibration monitoring system for walking pattern identification on floors[J]. Advances in Engineering Software, 2020, 139.

[6] 朱前坤,蒲兴龙,惠晓丽,等. 考虑人-结构相互作用装配式轻质楼盖振动舒适度评估[J]. 建筑结构学报, 2019, 40(11): 220-229. (Zhu Qiankun, Pu Xinglong, Hui Xiaoli, et al. Considering the human-structure interaction assembly lightweight floor vibration comfort assessment[J]. Journal of Architectural Structures, 2019, 40(11): 220-229. (in Chinese))

[7] 曹玉贵,胡隽,李小青,等.人行索桁桥振动分析及舒适度评价[J].江苏大学学报:自然科学版,2014,35(5):605-610.(Cao Yugui,Hu Jun,Li Xiaoqing,et al. Vibration Analysis and Comfort Assessment of Pedestrian Cable Trus Bridge[J]. Journal of Jiangsu University:Natural Science,2014,35(5):605-610.(in Chinese))

[8] 何勇,金伟良,宋志刚.多跨人行桥振动均方根加速度响应谱法[J].浙江大学学报(工学版),2008,42(1):48-53.(He Yong,Jin Weiliang,Song Zhigang. Multispan footbridge Vibration RMS Acceleration Response Spectrometry [J]. Journal of Zhejiang University(Engineering Edition),2008,42(1):48-53.(in Chinese))

[9] Tubino F, Piccardo G. Tuned Mass Damper optimization for the mitigation of human-induced vibrations of pedestrian bridges[J]. Meccanica,2015,50:809-824.

[10] 陈舟,颜全胜,胡俊亮,等.人群-桥梁耦合振动研究及参数分析[J].华南理工大学学报:自然科学版,2014,42(5):75-83.(Chen Zhou, Yan Quansheng, Hu Junliang, et al. Population-bridge coupling vibration and parameter analysis[J]. Journal of South China University of Technology:Natural Science,2014,42(5):75-83.(in Chinese))

[11] Venuti F,Racic V,Corbetta A. Modelling framework for dynamic interaction between multiple pedestrians and vertical vibrations of footbridges[J]. Journal of Sound and Vibration,2016,379:245-263.

[12] 朱前坤,李宏男,杜永峰,等.不同行走步速下人行桥振动舒适度定量化评估[J].工程力学,2016,33(10):97-104.(Zhu Qiankun,Li Hongnan,du Yongfeng,et al. Quantitative evaluation of vibration comfort of pedestrian bridges at different walking speeds[J]. Engineering Mechanics,2016,33(10):97-104.(in Chinese))

[13] Ye X W,Ni Y Q,Wong K Y,etal. Statistical analysis of stress spectra for fatigue life assessment of steel bridges with structural health monitoring data[J]. Engineering Structures,2012,45:166-176.

[14] Saberi M R, Rahai A R, Sanayei M, et al. Bridge fatigue service-life estimation using operational strain measurements[J]. Journal of Bridge Engineering,2016,21(5):04016005.

[15] Fu Z,Ji B,Ye Z,et al. Fatigue evaluation of cable-stayed bridge steel deck based on predicted traffic flow growth [J]. KSCE Journal of Civil Engineering,2017,21(4):1400-1409

[16] Li H,Frangopol D M,Soliman M,et al. Fatigue reliability assessment of railway bridges based on probabilistic dynamic analysis of a coupled train-bridge system[J]. Journal of Structural Engineering,2015,142(3):04015158.

[17] 李慧乐,夏禾.基于车桥耦合随机振动分析的钢桥疲劳可靠度评估[J].工程力学,2017,34(2):69-77.(Li Huile, Xia he. Fatigue Reliability Assessment of Steel Bridge Based on Coupled Random Vibration Analysis [J]. Engineering Mechanics,2017,34(2):69-77.(in Chinese))

[18] Li H,Soliman M,Dan M F,et al. Fatigue Damage in Railway Steel Bridges:Approach Based on a Dynamic Train-Bridge Coupled Model[J]. Journal of Bridge Engineering,2017,22(11):06017006

[19] 鲁乃唯,刘扬,邓扬.随机车流作用下悬索桥钢桥面板疲劳损伤与寿命评估[J].中南大学学报:自然科学版,2015,46(11):4300-4306.(Lu Naiwei,Liu Yang,Deng Yang. Fatigue damage and life assessment of steel bridge slab under random traffic flow[J]. Journal of Central South University:Natural Science,2015,46(11):4300-4306.(in Chinese))

[20] 刘扬,李明,邓扬,等.基于随机车辆模拟的钢桥面板焊接细节疲劳可靠度研究[J].中国公路学报,2017(11):89-97.(Liu Y,Li M,Deng Y,et al. Fatigue Reliability Study of Steel Bridge Panel Welding Details Based on Random Vehicle Simulation[J]. Chinese Journal of Highway,2017(11):89-97.(in Chinese))

[21] 王滢,李兆霞,吴佰建.润扬悬索桥钢箱梁结构疲劳应力监测及其分析[J].东南大学学报(自然科学版),2007,37(2):280-286.(Wang Ying,Li Zhaoxia,Wu Baijian. Fatigue stress monitoring and analysis of steel box girder in Runyang suspension bridge[J]. Journal of Southeast University(Natural Science Edition),2007,37(2):280-286.(in Chinese))

[22] Deng Y,Li A,Feng D. Fatigue Reliability Assessment for Orthotropic Steel Decks Based on Long-Term Strain Monitoring[J]. Sensors,2018,18(1):181

[23] 刘建,桂勋,李传习.基于健康监测的自锚式悬索桥钢箱梁细节疲劳可靠度研究[J].公路交通科技,2015,32(1):69-75.(Liu Jian,Guixun,Li Chuanxi. Fatigue reliability of steel box girders for self-anchored suspension bridges based on health monitoring[J]. Highway Traffic Technology,2015,32(1):69-75.(in Chinese))

[24] 李晓玮,何斌,施卫星.TMD减振系统在人行桥结构中的应用[J].土木工程学报,2013,46(S1):245-250.(Li xiaowei,He bin,Shi shi. Application of TMD vibration reduction system in footbridge structure[J]. Chinese journal of civil engineering,2013,46(S1):245-250.(in Chinese))

14. 基于统计矩的高效显式正态变换方法*

翁叶耀　赵衍刚　卢朝辉

（北京工业大学建筑工程学院，北京 100124）

摘要：现有的结构可靠度分析方法大多数建立于正交标准正态空间，但实际工程中涉及的随机变量往往具有相关性和正态性。在解决原始空间与正交标准正态空间的转换问题时，传统的Rosenblatt变换和Nataf变换需要已知基本随机变量的概率分布信息。由于工程中样本数据的匮乏，随机变量较为准确的概率分布一般难以获得。此时，随机变量的概率信息往往以统计矩的形式来表征。本文根据随机变量的前三阶矩（均值、标准差和偏度）和相关系数矩阵，提出基于三参数对数正态分布的高效、显式正态变换方法（简称三参数对数正态变换），以实现概率信息不完备条件下相关非正态随机变量与标准正态变量间的相互转换，并发展出基于三参数对数正态变换的一次可靠度分析方法。通过数值算例，验证所提出的正态变换方法在涉及相关非正态随机变量的结构可靠度分析中的计算效率和精度。

关键词：结构可靠度；相关非正态随机变量；三参数对数正态变换

中图分类号：TU375　　　**文献标识码**：A

EFFICIENT AND EXPLICIT NORMAL TRANSFORMATION BASED ON STATISTICAL MOMENTS

Weng Yeyao　Zhao Yangang　Lu Zhaohui

(College of Architecture and Civil Engineering,

Beijing University of Technology, Beijing 100124, China)

Abstract: Current structural reliability analysis methods mostly are established in orthogonal standard normal space. However, the random variables encountered in engineering practice often exhibit correlation and non-normality. To realize the transformation between original space and orthogonal standard normal space, classic Rosenblatt transformation and Nataf transformation require the probability distributions of basic random variables. Due to lack of statistical data, the relatively accurate probability distributions of random variables are hardly obtained in practice. To this context, the probabilistic information of random variables is often expressed as the statistical moments. In accordance with the first three moments (mean, standard deviation and skewness) and correlation matrix of random variables, an efficient and explicit normal transformation based on three-parameter lognormal distribution (called 3P lognormal transformation for brevity) is proposed for transforming correlated non-normal random variables to independent standard normal variables or the opposite under incomplete probabilistic information, and a first-order reliability method (FORM) based on three-parameter lognormal transformation is developed. Several numerical examples are presented to demonstrate the efficiency and accuracy of the proposed normal transformation in

* 基金项目：国家自然科学基金资助项目（51820105014，51738001，U1934217）

作者简介：翁叶耀，博士研究生

structural reliability analysis involving correlated non-normal random variables.

Keywords: structural reliability; correlated non-normal random variables; three-parameter lognormal transformation

引言

在结构可靠度分析中，结构的输入参数（如材料强度、构件尺寸、结构荷载等）常被处理为随机变量 $X_i(i=1,2,\cdots,n)$，则结构失效概率表示为随机向量 $\boldsymbol{X}=\{X_1,X_2,\cdots,X_n\}^{\mathrm{T}}$ 的概率密度函数在失效域内的多重积分。根据定义式直接积分求得失效概率一般是不可行的。在过去数十年间，国内外学者提出各式各样的近似算法来估算结构失效概率，如一次及二次可靠度方法[1-8]（First-and Second-Order Reliability Methods，FORM and SORM）、随机模拟法[9-11]、高阶矩法[12,13]等。其中，大多数可靠度分析方法建立于正交标准正态空间，但在工程实践中遇到的随机变量往往具有非正态性、相关性。如何实现相关非正态变量与独立标准正态变量间的相互转换（简称正态变换），是结构可靠度理论中的基础性问题之一。

Rosenblatt 变换和 Nataf 变换是实现正态变换最为常用的两种方法。Rosenblatt 变换[14,15]以随机变量的联合概率分布为基础，利用条件概率建立相关随机变量与独立标准正态变量的变换关系。尽管 Rosenblatt 变换理论上是一种精确的变换方法，但实践中往往难以获取基本随机变量准确的联合概率密度分布。此外，Rosenblatt 变换中输入随机变量的变换顺序可能影响可靠度分析的结果。对于一个 n 维的随机向量 $\boldsymbol{X}$，Rosenblatt 变换将产生最多 $n!$ 种不同的变换，并最终反映到 FORM/SORM 等方法计算得到的可靠度指标上[16]。

相较之下，Nataf 变换[17,18]仅需基本随机变量的边缘分布以及相关系数矩阵，其关键在于求解非线性方程以确定相关标准正态变量间的等效相关系数 ρ_{0ij}。为了避免求解复杂的非线性方程，Liu 和 Der Kiureghian[18]给出了 54 条半经验公式，用以计算 10 种常见分布类型的等效相关系数。尽管这些经验公式的精度并不低（在适用范围内最大误差不超过 5%），但数目繁多的经验公式显然不利于其在实际工程中的应用。与此同时，对于给定分布类型外的其他分布，例如截断分布等，基于半经验公式的 ρ_{0ij} 求解将失效[19]。为了解决一般情形下等效相关系数的求解问题，李洪双等人[20]运用双变量的 Gaussian-Hermite 积分法以及牛顿迭代法，给出 ρ_{0ij} 较为精确的数值解。然而，李洪双等人所提出的数值算法需要事先消除随机变量之间的相关性以保证 Gaussian-Hermite 积分法的顺利进行，同时还需要进行迭代求解，这些步骤无疑都加重了计算负担。在求解高维随机向量的等效相关系数矩阵时，该算法计算效率低的问题将尤为明显。

近年来，Copula 理论[21]被广泛应用于结构可靠度领域，解决了多个随机变量的联合概率分布的构造问题[22-26]，亦促进了正态变换方法的发展[27,28]。然而，这些正态变换方法均是建立在随机变量的概率信息相对完善的前提下。在工程实践中由于统计信息的匮乏，有时难以获得随机变量较为准确的边缘分布信息。此时，随机变量的概率信息往往以统计矩的形式来表征，比如均值、标准差、偏度、峰度以及相关系数矩阵等。对于如何在随机变量概率信息不完备的条件下解决相关非正态随机变量的正态变换问题，多项式正态变换[29-31]提供了另一种思路。Zhao 和 Lu[32]在 2000 年提出了一种基于随机变量前三阶矩（均值、标准差和偏度）的等概率变换方法，以解决概率信息不完备条件下独立随机变量的正态化问题。在该变换中，随机变量被表示成关于标准正态变量的二次多项式，因此，该方法被称为二次多项式正态变换（Quadratic Polynomial Normal Transformation，QPNT）。2017 年，Lu 和 Cai[33]在此工作的基础上考虑了随机变量间的相关性的影响，改进了原有的 QPNT。然而，QPNT 在实际应用当中存在着一些问题：①输入随机变量的偏度 a_{3i} 需满足 $a_{3i}\in[-2\sqrt{2},2\sqrt{2}]$，这限制了 QPNT 在高偏度情形中的应用；②在某些情况下，QPNT 计算得到的等效相关系数可能存在不可忽略的计算误差。

在上述研究工作的基础上，根据随机变量的前三阶矩（均值、标准差和偏度）以及相关系数矩阵，本文提出一种基于三参数对数正态分布的高效、显式正态变换(简称三参数对数正态变换),其关键在于推导出等效相关系数的显式表达式,从而实现在概率信息不完备条件下相关非正态随机变量与独立标准正态变量间的相互转换。最后,将三参数对数正态变换与 FORM 相结合,并应用到涉及相关非正态随机变量的结构可靠度分析中。实例分析表明,本文建议的方法具有较高的计算精度和效率,便于实际工程应用。

1 三参数对数正态变换

1.1 独立随机变量的三参数对数正态变换

不失一般性地,任意独立随机变量 $X_i(i=1,2,\cdots,n)$ 可化为以下标准形式:

$$X_{is}=(X_i-\mu_i)/\sigma_i \tag{1}$$

式中,X_i 是随机向量$\boldsymbol{X}$ 的第i 个分量;X_{is} 表示X_i 的标准化变量;m_i 和s_i 分别表示X_i 的均值和标准差。

假设标准化变量 X_{is} 服从三参数对数正态分布[34],则对应的标准正态随机变量 Z_i 可表示成关于 X_{is} 的表达式[34,35]:

$$Z_i=\frac{\operatorname{sign}(\alpha_{3i})}{\sqrt{\ln A_i}}\ln\left[\sqrt{A_i}\left(1-\frac{X_{is}}{u_{bi}}\right)\right],\quad(i=1,2,\cdots,n) \tag{2}$$

式中,

$$A_i=1+1/u_{bi}^2 \tag{3a}$$

$$u_{bi}=\sqrt[3]{a_i+b_i}+\sqrt[3]{a_i-b_i}-1/\alpha_{3i} \tag{3b}$$

$$a_i=-1/\alpha_{3i}^3-1/(2\alpha_{3i}),\quad b_i=\sqrt{\alpha_{3i}^2+4}/(2\alpha_{3i}^2) \tag{3c}$$

其中,α_{3i} 分别表示 X_{is} 的偏度,其在数值上等于 X_i 的偏度。

对应地,逆正态变换(即从 Z_i 变换到 X_{is})可表示成:

$$X_{is}=u_{bi}\left[1-\frac{1}{\sqrt{A_i}}\exp(B_iZ_i)\right],\quad(i=1,2,\cdots,n) \tag{4}$$

其中,

$$B_i=\sqrt{\ln A_i}/\operatorname{sign}(\alpha_{3i}) \tag{5}$$

值得注意的是,式(3a)~(3c)中偏度 α_{3i} 能够覆盖整个实数域。特别地,当 α_{3i} 趋于零时,根据极限理论,式(4)的右侧将收敛于 Z_i,即 $X_{is}=Z_i$。

1.2 含相关随机变量的三参数对数正态变换

根据式(2),相关非正态随机变量$\boldsymbol{X}$可以一一映射为相关标准正态变量$\boldsymbol{Z}$。令 ρ_{ij} 和 ρ_{0ij} 分别表示随机变量 X_i 与 X_j,Z_i 与 Z_j 间的相关系数。假设$\boldsymbol{Z}$服从联合标准正态分布,则根据相关系数的定义,可以推导出 ρ_{ij} 和 ρ_{0ij} 满足以下变换关系:

$$\begin{aligned}\rho_{ij}&=\frac{E(X_iX_j)-E(X_i)E(X_j)}{\sigma_i\sigma_j}=E(X_{is}X_{js})\\&=E\left\{u_{bi}u_{bj}\left[1-\frac{1}{\sqrt{A_i}}\exp(B_iZ_i)\right]\left[1-\frac{1}{\sqrt{A_j}}\exp(B_jZ_j)\right]\right\}\\&=u_{bi}u_{bj}\left[x1-\frac{1}{\sqrt{A_i}}\exp\left(\frac{B_i^2}{2}\right)-\frac{1}{\sqrt{A_j}}\exp\left(\frac{B_j^2}{2}\right)+\frac{1}{\sqrt{A_iA_j}}\exp\left(\frac{B_i^2+B_j^2+2B_iB_j\rho_{0ij}}{2}\right)\right]\\&=u_{bi}u_{bj}\left[\exp(B_iB_j\rho_{0ij})-1\right]=\Psi(\rho_{0ij})\end{aligned} \tag{6}$$

式中,$E(\cdot)$ 表示期望函数。

式(6)描述了 ρ_{ij} 和 ρ_{0ij} 间的变换关系,但方程(6)的解 ρ_{0ij} 不一定总是存在的。因此,在求解方程(6)之前需要讨论清楚函数 $\Psi(\rho_{0ij})$ 的性质。不难证明,$\mathrm{d}\Psi/\mathrm{d}\rho_{0ij}$ 恒为正,故 $\Psi(\rho_{0ij})$ 是严格的单调递增函数。如果 ρ_{0ij} 存在,则方程(6)的解 ρ_{0ij} 是唯一的。

为了讨论 ρ_{0ij} 的存在性问题，首先，注意到 ρ_{ij} 和 ρ_{0ij} 应该满足以下不等式[36]：

$$|\rho_{0ij}| \geqslant |\rho_{ij}| \tag{7}$$

该不等式意味着 ρ_{ij} 必须限制在某一区间 $[\rho_{ij\text{-min}},\rho_{ij\text{-max}}]$ 内，以保证在 ρ_{ij} 转换到 ρ_{0ij} 的过程中 ρ_{0ij} 能够落在其定义域 $[-1,1]$ 内。根据上述的两条性质(即单调性和模增大)以及等式 $\Psi(0)=0$，$\rho_{ij}=\Psi(\rho_{0ij})$ 的函数图像大致如下图所示。

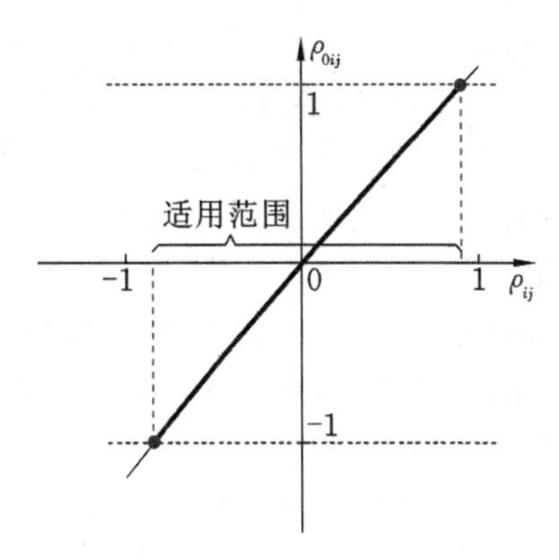

图 1　ρ_{ij} 和 ρ_{0ij} 间的关系

Fig. 1　The relationship between ρ_{ij} and ρ_{0ij}

由图 1 可知，将式(6)中 ρ_{0ij} 的数值分别置为 ± 1，即可得到原始相关系数 ρ_{ij} 的上下界：

$$\rho_{ij-\max} = \Psi(1) = u_{bi}u_{bj}[\exp(B_iB_j)-1] \tag{8a}$$

$$\rho_{ij-\min} = \Psi(-1) = u_{bi}u_{bj}[\exp(-B_iB_j)-1] \tag{8b}$$

假如 ρ_{ij} 落在其适用范围 $[\rho_{ij-\min},\rho_{ij-\max}]$ 内，则 ρ_{0ij} 必定存在且解得：

$$\rho_{0ij} = \frac{1}{B_iB_j}\ln\left(\frac{\rho_{ij}}{u_{bi}u_{bj}}+1\right) \tag{9}$$

特别地，当偏度 a_{3i} 和 a_{3j} 中只有一个等于零时，例如 $a_{3i}=0$，式(8a)、(8b)和(9)将退化为：

$$\rho_{ij-\max} = -\rho_{ij-\min} = -B_ju_{bj} \tag{10}$$

$$\rho_{0ij} = \frac{-\rho_{ij}}{u_{bj}B_j} \tag{11}$$

当偏度 a_{3i} 和 a_{3j} 均为零时，式(8a)、(8b)和(9)将退化为：

$$\rho_{ij-\max} = -\rho_{ij-\min} = 1 \tag{12}$$

$$\rho_{0ij} = \rho_{ij} \tag{13}$$

为了便于使用，表 1 总结了在不同偏度取值下 ρ_{ij} 的适用范围以及 ρ_{0ij} 的计算公式。

表 1　三参数对数正态变换的等效相关系数与其适用范围

Table 1　Equivalent correlation coefficient and applicable range for three-parameter lognormal transformation

a_3 参数	ρ_{ij} 的适用范围	ρ_{0ij}
$a_{3i}a_{3j}\neq 0$	$[u_{bi}u_{bj}\{\exp(-B_iB_j)-1\},u_{bi}u_{bj}\{\exp(B_iB_j)-1\}]$	$\ln(\rho_{ij}/u_{bi}u_{bj}+1)/B_iB_j$
$a_{3i}=a_{3j}=0$	$[-1,1]$	ρ_{ij}
$a_{3i}=0,a_{3j}\neq 0$	$[B_ju_{bj},-B_ju_{bj}]$	$-\rho_{ij}/(u_{bj}B_j)$

根据表 1，可确定相关标准正态变量 $\mathbf{Z}$ 的等效相关系数矩阵为：

$$\mathbf{C}_Z = \begin{bmatrix} 1 & \rho_{012} & \cdots & \rho_{01n} \\ \rho_{021} & 1 & \cdots & \rho_{02n} \\ \vdots & \vdots & \ddots & \vdots \\ \rho_{0n1} & \rho_{0n2} & \cdots & 1 \end{bmatrix} \tag{14}$$

在统计学中，多维联合概率分布的相关系数矩阵总是半正定的。除非有随机变量关于剩余的随机变量强线性相关，否则相关系数矩阵为正定矩阵。然而，在推导式(6)时，假定随机向量 $\boldsymbol{Z}$ 服从联合标准正态分布，这并不一定与实际情况相符，因此，通过本文建议公式计算得到的相关系数 ρ_{0ij} 在数学上并不严格等于随机变量 Z_i 与 Z_j 之间实际的相关系数。基于上述原因，等效相关系数矩阵 $\boldsymbol{C}_Z$ 不一定总是半正定矩阵。针对 $\boldsymbol{C}_Z$ 的正定性可能存在的各种情形，此处将一一进行说明并给出各自的处理方法。

当 $\boldsymbol{C}_Z$ 为正定矩阵时，根据 Cholesky 分解，可以将其分解为下三角矩阵及其转置矩阵的乘积：

$$\boldsymbol{C}_Z = \boldsymbol{L}\boldsymbol{L}^{\mathrm{T}} \tag{15}$$

式中，$\boldsymbol{L}$ 表示 Cholesky 分解得到的下三角矩阵；上角标 T 表示矩阵的转置。

当 $\boldsymbol{C}_Z$ 为半正定矩阵时，可以通过消除掉那些与其余随机变量呈现强线性相关性的随机变量，将等效相关矩阵 $\boldsymbol{C}_Z$ 由半正定转为正定。

当 $\boldsymbol{C}_Z$ 为负定矩阵时，这意味着该矩阵存在负的特征值，可以通过找寻与之最接近的正定矩阵 $\boldsymbol{C}_Z^*$ 来代替 $\boldsymbol{C}_Z$[37]，以保证 Cholesky 分解的顺利进行。其具体实施步骤如下：

(1) 根据特征值分解，将 $\boldsymbol{C}_Z$ 改写成以下形式：

$$\boldsymbol{C}_Z = \boldsymbol{V}\boldsymbol{\Omega}\,\boldsymbol{V}^{\mathrm{T}} \tag{16}$$

式中，$\boldsymbol{V}$ 表示特征向量矩阵；$\boldsymbol{\Omega}$ 表示由特征值构成的对角矩阵。

(2) 将 $\boldsymbol{\Omega}$ 中所包含的负特征值替换为一个足够小的正数(例如 0.001)得到修正后的矩阵 $\boldsymbol{\Omega}^*$，则所找寻的最接近的正定矩阵 $\boldsymbol{C}_Z^*$ 可表示为 $\boldsymbol{V}\boldsymbol{\Omega}^*\boldsymbol{V}^{\mathrm{T}}$。

当通过Cholesky分解得到下三角矩阵 $\boldsymbol{L}$，则相关标准正态变量 $\boldsymbol{Z}$ 可以进一步变换为独立标准正态变量 $\boldsymbol{U}$，如下式所示：

$$\boldsymbol{U} = \boldsymbol{L}^{-1}\boldsymbol{Z} \tag{17}$$

式中，$\boldsymbol{L}^{-1}$ 表示矩阵 $\boldsymbol{L}$ 的逆。

将下三角矩阵 $\boldsymbol{L}$ 及其逆矩阵 $\boldsymbol{L}^{-1}$ 分别记为：

$$\boldsymbol{L} = \begin{bmatrix} l_{11} & 0 & \cdots & 0 \\ l_{21} & l_{22} & \cdots & 0 \\ \vdots & \vdots & \ddots & \vdots \\ l_{n1} & l_{n2} & \cdots & l_{nn} \end{bmatrix}, \quad \boldsymbol{L}^{-1} = \begin{bmatrix} h_{11} & 0 & \cdots & 0 \\ h_{21} & h_{22} & \cdots & 0 \\ \vdots & \vdots & \ddots & \vdots \\ h_{n1} & h_{n2} & \cdots & h_{nn} \end{bmatrix} \tag{18}$$

根据式(2)，(17)和(18)，独立标准正态变量 $\boldsymbol{U}$ 的各个分量可以表示成：

$$U_i = \sum_{k=1}^{i} \frac{h_{ik}\,\mathrm{sign}(\alpha_{3k})}{\sqrt{\ln A_{\mathrm{k}}}} \ln\left[\sqrt{A_{\mathrm{k}}}\left(1 - \frac{X_{\mathrm{k}} - \mu_{\mathrm{k}}}{u_{bk}\sigma_{\mathrm{k}}}\right)\right], \quad (i = 1, 2, \cdots, n) \tag{19}$$

式(19)表示将相关非正态随机变量 $\boldsymbol{X}$ 变换为独立标准正态变量 $\boldsymbol{U}$ 的正态变换。对应地，将 $\boldsymbol{U}$ 变换到 $\boldsymbol{X}$ 的逆正态变换可以表示成：

$$X_i = \mu_i + \sigma_i u_{bi}\left[1 - \frac{1}{\sqrt{A_i}}\exp\left(\frac{\sqrt{\ln A_i}}{sign(\alpha_{3i})} \cdot \sum_{k=1}^{i} l_{ik} U_{\mathrm{k}}\right)\right], \quad (i = 1, 2, \cdots, n) \tag{20}$$

至此，一种基于三参数对数正态分布的完整正态变换方法被提出。为了简便，该正态变换被称为三参数对数正态变换(Three-parameter Lognormal Transformation，TLT)。相较于现有的正态变换方法，TLT 具有以下优势：①TLT 中随机变量偏度能够覆盖整个实数域，因此适用于涉及高偏度随机变量的结构可靠度分析；②TLT 给出了等效相关系数的显式表达式，并明确了原始相关系数的适用范围。相较于基于数值算法的 Nataf 变换，显著提升了计算效率；③ 相较于传统的 Rosenblatt 变换和 Nataf 变换，TLT 仅需要随机变量的前三阶矩以及相关系数矩阵，因此在随机变量概率分布未知的条件下仍然适用。在下节中，将结合实例分析印证上述说法，并借此阐明 TLT 在提升计算效率的同时仍保持着较高的计算精度。

2 三参数对数正态变换在结构可靠度分析中的应用

基于所提出的 TLT，现有的建立于正交标准正态空间的可靠度分析方法(如 FORM)将得以应用于涉及相关非正态随机变量的结构可靠度分析中，进而估算出结构的失效概率或可靠度指标。基于所提出的TLT的FORM其计算流程与一般的FORM基本一致，它们区别主要体现在以下两点：① 采用TLT实现验算点在 $\boldsymbol{X}$ 空间与 $\boldsymbol{U}$ 空间之间的相互转换；② 雅可比矩阵的元素可由下述式子确定：

$$\frac{\partial x_i}{\partial u_j}=\begin{cases}0, & j<i \\ \dfrac{\sqrt{\ln A_i}(X_i-\mu_{X_i}-u_{bi}\sigma_{X_i})}{h_{ji}\,\mathrm{sign}(\alpha_{3X_i})}, & j\geqslant i\end{cases},\quad (i,j=1,2,\cdots,n) \tag{21}$$

这一节将通过两个实例来说明TLT在结合FORM进行结构可靠度分析时的计算精度和效率。这些实例均考虑了随机变量间的相关性，但分别从不同的角度来检验本文建议的正态变换方法。其中，实例1研究了外部荷载的变异系数逐渐增大时，悬臂梁可靠度指标的变化规律，以此说明TLT相较于QPNT所覆盖的偏度范围更广。实例2则分析了具有隐式功能函数的桁架结构的可靠度，在概率信息不完备（仅知道基本随机变量的前三阶矩以及相关系数矩阵）的条件下，利用发展的基于TLT的FORM估算结构的失效概率，并同蒙特卡洛模拟法（Monte Carlo Simulation，MCS）的结果进行对比。

实例1：考虑了一根线弹性悬臂梁[15]，梁上作用有一个分布荷载和两个集中荷载，如图2所示。假如梁端 B 点处的竖向位移超过20 mm，则认为悬臂梁失效。该悬臂梁的功能函数可以表示为：

$$G(\boldsymbol{X})=20-\frac{qL^4}{8EI}-\frac{5F_1L^3}{48EI}-\frac{F_2L^4}{3EI} \tag{22}$$

式中，L 表示悬臂梁的长度；I 表示梁截面的惯性矩；E 表示梁材料的弹性模量；F_1 和 F_2 是作用于梁上的集中力；q 表示分布荷载。这些物理量中 L 和 I 为常量，其大小分别为3000 mm和 $5.3594\times10^8\ \mathrm{mm}^4$，而 E、q、F_1 和 F_2 则被当作非正态随机变量。表2总结了这四个随机变量的概率信息。

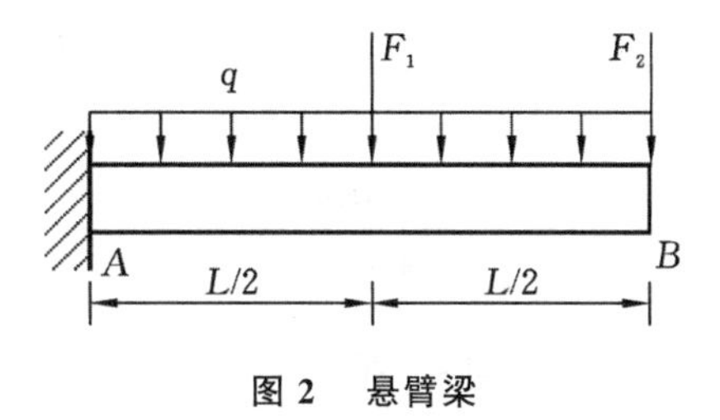

图2　悬臂梁

Fig. 2　The cantilever beam

表2　实例1中基本随机变量的概率信息

Table 2　Probability information of basic random variables for Example 1

随机变量	分布类型	均值	标准差	相关系数矩阵			
				q	F_1	F_2	E
q(N/mm)	Weibull	50.0	$V_p\times50.0$	1	0.9	0.9	0
F_1(N)	Weibull	7.0×10^4	$V_p\times7.0\times10^4$	0.9	1	0.9	0
F_2(N)	Weibull	1.0×10^5	$V_p\times1.0\times10^5$	0.9	0.9	1	0
E(MPa)	Lognormal	2.6×10^5	3.12×10^4	0	0	0	1

由于基本随机变量的联合概率分布未知，因此基于Rosenblatt变换的FORM无法应用于这个例子。但其他正态变换方法（Nataf变换、QPNT和TLT）与FORM结合可用于估计此悬臂梁的可靠度指标，其中结构荷载的变异系数 V_p 从0.1逐渐增大到1.5。悬臂梁的可靠度指随着荷载变异系数 V_p 增大的变化情况被展示在图3。由图3可看到，当 $V_p\leqslant1.2$ 时，基于Nataf变换、QPNT以及所建议TLT的FORM计算得到的可靠度指标十分接近；当 $1.3\leqslant V_p\leqslant1.5$ 时，此时荷载的偏度为2.95至3.63，超过了QPNT的偏度适用范围 $[-2\sqrt{2},2\sqrt{2}]$。相较之下，TLT所覆盖的偏度范围更广，因此其能够应用于该情况，计算得到的结果跟基于Nataf变换的FORM很好地吻合。另外，在Mathematica软件[38]中基

于 TLT 的 FORM 的平均计算时间仅为 0.16 s，远小于基于 Nataf 变换的 FORM 的 5.33 s(Nataf 变换中等效相关系数的计算采用的是数值算法[20])。

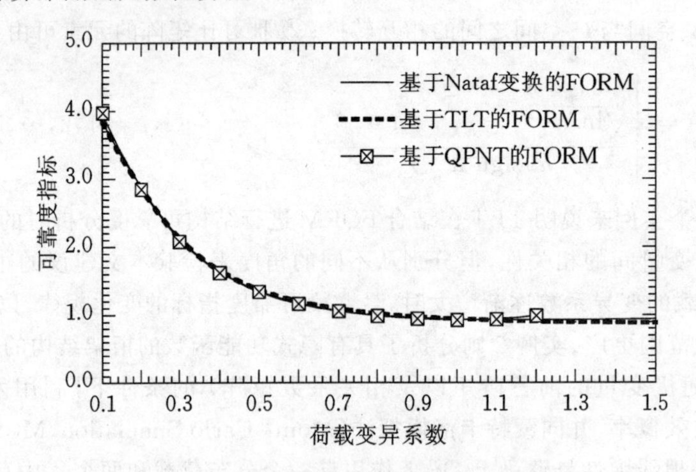

图 3　实例 1 不同方法计算结果的比较

Fig. 3　Comparison of results obtained from different methods for Example 1

实例 2：研究一个桁架结构的静力可靠度[39]，如图 4 所示。总共考虑了 10 个随机变量，它们的概率信息均在表 3 中给出，其中 E_i 和 A_i 分别表示梁的弹性模量和截面面积，P_i 表示结构荷载。现假定基本随机变量的相关系数矩阵是已知的，其表示如式(24)。

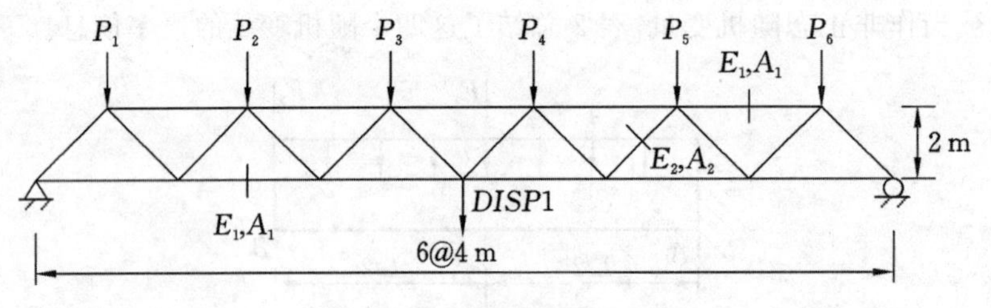

图 4　桁架结构

Fig. 4　The truss structure

假如桁架正中处的竖向位移超过容许值 $d = 0.13$ m，则认为该桁架结构失效。因此，其功能函数可以表示成：

$$G(\boldsymbol{X}) = 0.13 - DISP1 \tag{23}$$

其中，正中处的竖向位移 $DISP1$ 可由有限元法计算得到。

由于基本随机变量的联合概率密度函数和边缘概率密度函数均未知，所以基于 Rosenblatt 变换和 Nataf 变换的可靠度分析方法无法应用于该例子。取而代之，基本随机变量的前三阶矩和相关系数矩阵是已知的，因此 TLT 能够运用到该算例中，以实现将随机变量在原始空间和正交标准正态空间之间的相关转换。

表 3　桁架结构的基本随机变量

Table 3　Basic random variables in truss structure

随机变量	均值	标准差	偏度
E_1-E_2 (N/m^2)	2.1×10^{11}	2.1×10^{10}	0.3010
A_1 (m^2)	2.0×10^{-3}	2.0×10^{-4}	0.3010
A_2 (m^2)	1.0×10^{-3}	1.0×10^{-4}	0.3010
P_1-P_6 (N)	5.0×10^{4}	7.5×10^{3}	1.1396

$$
\boldsymbol{C}_X = \begin{array}{c} E_1 \\ E_2 \\ A_1 \\ A_2 \\ P_1 \\ P_2 \\ \vdots \\ P_6 \end{array}\begin{bmatrix} 1 & & & & & & & \\ 0.9 & 1 & & & & & & \\ 0 & 0 & 1 & & & & & \\ 0 & 0 & 0.13 & 1 & & & & \\ 0 & 0 & 0 & 0 & 1 & & & \\ 0 & 0 & 0 & 0 & 0.5 & 1 & & \\ \vdots & \vdots & \vdots & \vdots & \vdots & \vdots & \ddots & \\ 0 & 0 & 0 & 0 & 0.5 & 0.5 & \cdots & 1 \end{bmatrix} \tag{24}
$$

由于功能函数是隐式表达式，功能函数的梯度可以通过数值差分法来近似估计。所提出的 TLT 结合 FORM 以估计桁架结构的可靠度，其计算结果为 $\beta_{\text{T-FORM}} = 2.856$。此外，利用式(20)，根据随机变量的前三阶矩和相关系数矩阵，基本随机变量可以表示成一系列独立的标准正态变量的非线性转换。因此，可以直接通过 MCS 得到基本随机变量的样本，从而估计出该桁架结构的失效概率。基于 TLT 的 MCS 在 10^6 个样本点估计得到的失效概率为 2.819×10^{-3}，其对应的可靠度指标为 $\beta_{\text{T-MCS}} = 2.768$。在随机变量的联合分布以及边缘分布未知的情况下，TLT 仅基于随机变量的前三阶矩和相关系数矩阵，实现了随机变量在原始空间和正交的标准正态空间之间的相互转换，并结合常用的可靠度分析方法来有效地评估结构的可靠度。

结论

本文根据随机变量的前三阶矩(均值、标准差和偏度) 以及相关系数矩阵，提出一种基于三参数对数正态分布的高效、显式正态变换方法，即三参数对数正态变换，实现相关非正态随机变量与独立标准正态变量间的相互转换，为进一步进行结构可靠度分析打下基础。这项工作的核心在于推导出随机变量在非正交标准正态空间中的等效相关系数的显式表达式，明确了原始相关系数的适用范围。此外，还讨论了 Cholesky 分解中等效相关系数矩阵的正定性问题并给出各种可能情形的解决方法。最后，将三参数对数正态变换与 FORM 相结合，并应用到涉及相关非正态随机变量的结构可靠度分析中。实例分析表明，本文建议的方法具有较高的计算精度和效率，相较于现有的正态变换方法，三参数对数正态变换的优势主要体现在以下几个方面：

(1) 三参数对数正态变换中随机变量的偏度能够覆盖整个实数域。当结构可靠度分析涉及高偏度的基本随机变量时，区别于二次多项式正态变换，三参数对数正态变换方法仍然适用。

(2) 在大多数情况下，基于三参数对数正态变换的 FORM 的计算结果跟基于 Nataf 变换的 FORM 的结果是一致的。相较于基于数值算法的 Nataf 变换，三参数对数正态变换的等效相关系数具有显式计算公式，避免了数值求解等效相关系数矩阵，因此显著提升了计算效率。

(3) 三参数对数正态变换仅需要随机变量的前三阶矩以及相关系数矩阵，在基本随机变量的概率分布未知，传统的 Rosenblatt 变换和 Nataf 变换均失效的情况下，仍能够实现相关非正态随机变量与独立标准正态随机变量间的相互转换。

参考文献

[1] A. M. Hasofer, N. C. Lind. Exact and invariant second-moment code format[J]. Journal of Engineering Mechanics Division, 1974, 100: 111-121.

[2] R. Rackwitz, B. Flessler. Structural reliability under combined random load sequences[J]. Computers & Structures, 1978, 9: 489-494.

[3] M. Shinozuka. Basic analysis of structural safety[J]. Journal of Structural Engineering, 1983, 109: 721-740.

[4] L. Tvedt. Distribution of quadratic forms in normal space- application to structural reliability[J]. Journal of Engineering Mechanics, 1990, 116: 1183-1197.

[5] A. DerKiureghian, H. Z. Lin, S. J. Hwang. Second-order reliability approximations[J]. Journal of Engineering

Mechanics,1987,113:1208-1225.

[6] K. Breitung. Asymptotic approximations for multi-normal integrals[J]. Journal of Engineering Mechanics,1984,110:357-366.

[7] Y. G. Zhao,T. Ono. New approximations for SORM:Part 1[J]. Journal of Engineering Mechanics,1999,125(1):79-85.

[8] Y. G. Zhao,T. Ono. New approximations for SORM:Part 2[J]. Journal of Engineering Mechanics,1999,125(1):86-93.

[9] A. W. Marshall. The use of multistage sampling schemes in Monte Carlo computations[J]. ResearchGate,1954.

[10] M. Lemaire. Structural safety[M]. New York:John Wiley & Sons,2010.

[11] S-K Au,J. L. Beck. Estimation of small failure probabilities in high dimensions by subset simulation[J]. Probabilistic Engineering Mechanics,2001,16:263-277.

[12] Y. G. Zhao,T. Ono. Moment methods for structural reliability[J]. Structural Safety,2001,23:47-75.

[13] C. H. Cai,Z. H. Lu,J. Xu,et al. Efficient algorithm for evaluation of statistical moments of performance functions [J]. Journal of Engineering Mechanics,2019,145(1):06018007.

[14] M. Rosenblatt. Remarks on a multivariate transformation[J]. Annals of Mathematical Statistics,1952,23:470-472.

[15] M. Hohenbichler,R. Rackwitz. Non-normal dependent vectors in structural safety[J]. Journal of Engineering Mechanics Divison. ,1981,107:1227-1238.

[16] O. Ditlevsen,H. O. Madsen. Structural Reliability Methods[M]. New York:Jaohn Wiley & Sons,1996.

[17] A. Nataf. Determination des distributiondont les marges sont donnees[J]. Comptes Rendus de l'Academie des Sciences,1962,225:42-43.

[18] P. L. Liu,A. DerKiureghian. Multivariate distribution models with prescribed marginal and covariances[J]. Probabilistic Engineering Mechanics,1986,1:105-112.

[19] Q. Xiao. Evaluating correlation coefficient for Nataf transformation[J]. Probabilistic Engineering Mechanics,2014,37:1-6.

[20] 李洪双,吕震宙,袁修开. 基于 Nataf 变换的点估计法[J]. 中国科技,2008,53:627-632.

[21] R. B. Nelsen. An Introduction to Copulas[M]. New York:Springer,2006.

[22] F. Wang,H. Li. Distribution modeling for reliability analysis:Impact of multiple dependences and probability model selection[J]. Applied Mathematical Modelling,2018,59:483-499.

[23] X. S. Tang,D. Q. Li,G. Rong,et al. Impact of copula selection on geotechnical reliability under incomplete probability information[J]. Computers & Geotechnics,2013,49:264-278.

[24] D. Q. Li,L. Zhang,X. S. Tang,et al. Bivariate distribution of shear strength parameters using copulas and its impact on geotechnical system reliability[J]. Computers & Geotechnics,2015,68:184-195.

[25] X. S. Tang,D. Q. Li,C. B. Zhou,et al. Copula-based approaches for evaluating slope reliability under incomplete probability information[J]. Structural Safety,2015,52:90-99.

[26] F. Wang,H. Li. Subset simulation for non-Gaussian dependent random variables given incomplete probability information[J]. Structural Safety,2017,67:105-115.

[27] R. Lebrun,A. Dutfoy. An innovating analysis of the Nataf transformation from the copula viewpoint[J]. Probabilistic Engineering Mechanics,2009,24:312-320.

[28] R. Lebrun,A. Dutfoy. A generalization of the Nataf transformation to distributions with elliptical copula[J]. Probabilistic Engineering Mechanics,2009,24:172-178.

[29] A. L. Fleishman. A method for simulating non-normal distributions[J]. Psychometrika,1978,43:521-532.

[30] S. R. Winterstein. Nonlinear vibration models for extremes and fatigue[J]. Journal of Engineering Mechanics,1988,114:1772-1790.

[31] H. P. Hong,N. C. Lind. Approximate reliability analysis using normal polynomial and simulation results[J]. Structural Safety,1986,18:329-339.

[32] Y. G. Zhao,T. Ono. Third-moment standardization for structural reliability analysis[J]. Journal of Structural Engineering,2007,126:724-732.

[33] Z. H. Lu,C. H. Cai,Y. G. Zhao. Structural reliability analysis including correlated random variables based on third-

moment transformation[J]. Journal of Structural Engineering,2017,143:04017067.

[34] M. Tichy. Applied Methods of Structural Reliability[M]. Dordrecht:Springer,1993.

[35] Y. G. Zhao, T. Ono. An investigation on third-moment reliability indices for structural reliability analysis[J]. Journal of Structural & Construction Engineering AIJ,2001,66:21-26(in Japanese).

[36] H. O. Lancaster. Some properties of the bivariate normal distribution considered in the form of a contingency table [J]. Biometrika,1957,44:289-292.

[37] X. W. Ji, G. Q. Huang, X. X. Zhang, et al. Vulnerability analysis of steel roofing cladding: influence of wind directionality[J]. Engineering Structures,2018,156:587-597.

[38] S. Wolfram. The Mathematic Book[M]. 5th ed. Wolfram Media,2003.

[39] G. Blatman,B. Sudret. An adaptive algorithm to build up sparse polynomial chaos expansions for stochastic finite element analysis[J]. Probabilistic Engineering Mechanics,2010,25:183-197.

15. 台湾海峡台风期间波浪与风暴潮数值模拟*

田真诗怡　张　熠

（清华大学土木水利学院，北京 100084）

摘要：强台风属于小概率高损失灾害，可以导致风暴潮、大风浪等灾害现象，进而影响到沿海建筑物与构筑物的安全与可靠性。本文采用台风叠加风场驱动 SWAN＋ADCIRC 波流耦合模型模拟台湾海峡的波浪场与台风风暴潮。该方法将参数化台风风场模型与欧洲中期预报中心（ECMWF）提供的再分析风场数据进行叠加构造出驱动风场。本文采用基于非结构化三角形网格的 SWAN＋ADCIRC 波流耦合模型，模拟以台湾海峡和平潭湾为重点研究区域的大尺度海域在台风过程中的波浪及增减水情况。为验证该方法在该区域模拟的适用性和准确性，本文采用 1709 号台风“纳沙”与 1808 号台风“玛莉亚”的风场、波浪场实测数据与模拟值进行验证。研究结果表明，叠加风场模型对台风风场结构及大小的模拟效果更好。在模拟结果精度上，相比于台风最佳路径数据集数据生成的风场模拟结果，在叠加风场驱动下的 SWAN＋ADCIRC 波流耦合模型模拟结果与实测数据吻合度更好，且计算精度与速度均能满足工程实际需求。

关键词：叠加风场；波流耦合模型；波浪场；风暴潮；海洋灾害模拟

中图分类号：TU311.4　　　**文献标识码**：A

Numerical simulation oftyphoon induced waves and storm surges in the Taiwan Strait

Tian Zhenshiyi　Zhang Yi

（School of Civil Engineering& Architecture，Tsinghua University，100084，China）

Abstract：Typhoons is a natural catastrophe with low likelihood but high consequences. It is usually accompanied by storm surges，strong waves and even tsunami which are quite harmful to coastal buildings and infrastructures. In this paper，the SWAN＋ADCIRC coupled model driven by superposed wind field is adopted to simulate the wave fields and storm surges in the Taiwan Strait. The drive files of wind fields are constructed by superposing the parametric model and the reanalysis wind field data provided by European Centre for Medium-Range Weather Forecasts（ECMWF）. In this work，the SWAN＋ADCIRC coupled model is constructed based on unstructured triangular grid. The Taiwan Strait and Pingtan Bay is selected in this investigation. In order to validate this model in this simulation study，the wind and wave field measured data are compared with the simulation data for Typhoon Nesat（1709）and Typhoon Maria（1808）. The results show that the superposed wind field model is efficient in simulating the selected typhoons. Compared with the wind field simulation results generated by the optimal path data set of tropical cyclones，the simulation results of SWAN＋ADCIRC coupled model driven by superposition wind field have a better agreement with the measured data. Both calculation speed and accuracy can meet the engineering requirements.

---

* 基金项目：××基金资助项目（51578431）

作者简介：田真诗怡，清华大学博士研究生

Keywords: superimposed wind field; coupled model; wave field; storm surges; marine disaster simulation

引言

台风广义上指在西北太平洋及南海海域产生的热带气旋。台风不仅能够导致强风、强降水、巨风浪、风暴潮等自然灾害,还会影响到沿海建筑物与构筑物的安全与可靠性。进行台风期间台风与风暴潮的数值模拟对沿海城市及其周边地区的防灾减灾工程有较大的实际意义。

台湾海峡是连接中国福建省和中国台湾省之间的海峡,每年受台风影响较为频繁。9914 号台风"丹恩"在天文潮位于涨潮阶段时登陆福建省,此时潮位显著抬高。台风伴有大风、暴雨、灾害性海浪带来大量人员伤亡。有关台湾海峡在海浪、风暴潮等灾害方面的研究相较于黄海、南海等地较少。本文选取台湾海峡及其周边海域作为研究对象,模拟在极端台风灾害下的波浪与风暴潮情况。

台风风场作为输入数据,是波浪场和增减水模拟的驱动参数。经典参数化热带气旋风场模型可以刻画台风的移动分量和旋转分量:移动分量是由于台风中心运动引起,描述台风的整体运动情况;旋转分量刻画台风的旋转流场。模拟中常用到的参数化风场模型有:Holland 模型[1]、藤田-高桥模型、Jelesnianski 模型[2]、Knaff 模型[3]等。此外,再分析风场数据也能作为模拟的驱动风场。目前使用较多的再分析风场数据来源有 NCEP(National Centers for Environmental Prediction)、ECMWF(European Centre for Medium-Range Weather Forecasts)、CCMP(Cross-Calibrated Multi-Platform)等。热带气旋模型在远离热带气旋中心位置的风速一般低于实际风速,而再分析风场数据在靠近热带风暴中心的风速一般低于实际值。Pan Yi 等[4]采用叠加背景风场的方式获得更加精确的台风风场,由于背景风场的气旋中心可能与台风模型的气旋中心位置不重合,故在研究中采用几何关系转换台风风场中心的方式叠加两个风场,该方法可以解决台风模型在远离风场中心时精度不足的问题。李健等[5]通过叠加背景风场对比叠加前后模拟台风增水的结果,发现使用叠加背景后的风场进行模拟得到的结果更为合理。Li Jiangxia 等[6],在叠加台风风速与 ECMWF 提供的再分析风场风速时采用了赋予两个风场一定的权重系数的方法进行叠加。

台风、洋流、波浪三者在海洋中能够产生相互作用与影响,因而在数值模拟中需要考虑到波流耦合模型。本文采用的波浪模拟为近海岸波浪模拟模式(Simulating Waves Nearshore 简称 SWAN)属于第三代海浪数值模拟模式。台风风暴潮是台风作用下的一种海面异常升高现象。SLOSH 模型、Delft-3D 模型、ADCIRC 模型、FVCOM 模型等模型是目前常用于台风风暴潮数值模拟的模式。本文采用的 ADCIRC 模式可以计算水位与水流的两个分量,水位的计算原理是基于波浪的连续性方程(GWCE),水流的计算原理是基于垂直积分的动量方程。SWAN 与 ADCIRC 模式可以采用相同的非结构化三角形网格进行耦合运算。Dietrich 等[7]基于 SWAN 和 ADCIRC 耦合模型,使用在海岸线附近精度较大的非结构化三角网格模拟了飓风 Katrina 和 Rita 登陆期间已有测点位置处的飓风浪和风暴潮,验证了耦合模型的可靠性。本文将采用 1709 号台风"纳沙"与 1808 号台风"玛莉亚"期间台湾海峡及其附近的气压场与风场的公开数据,实现参数风场与再分析风场数据的叠加。模拟的台风风场数据视作输入数据,作为驱动风场文件输入 SWAN+ADCIRC 耦合模型。本文重点关注平潭岛及其周边海域在台风影响下的波浪,风暴增减水情况。

1 模拟方法

1.1 SWAN 波浪模拟模式

本文采用 SWAN 模式模拟台风作用下的波浪场。近海岸波浪模拟模式 SWAN(Simulating Waves Nearshore)是由荷兰代尔夫特理工大学开发的第三代波浪模型,SWAN 可以使用规则网格、曲线网格以及三角形网格等多种网格,此外还可以在直角坐标系中计算或在球面坐标系中计算。

SWAN既串行运算，即在一个处理器上运行多个SWAN程序，也可以并行运算，即在多个处理器上运行一个SWAN程序。

SWAN能够实现波浪作用密度谱 $N(\vec{x},t,\sigma,\theta)$ 在地理空间 $\vec{x}$ 和时间 t 上的演变，其中 σ 是相对频率，θ 为波方向，SWAN由作用平衡方程控制，该表达式如下：

$$\frac{\partial N}{\partial t}+\nabla_{\vec{x}}\cdot[(\vec{c}_g+\vec{U})N]+\frac{\partial c_\theta N}{\partial \theta}+\frac{\partial c_\sigma N}{\partial \sigma}=\frac{S_{tot}}{\sigma} \tag{1}$$

式中左边第一项表示波作用在时间上的变化；第二项表示波作用在 $\vec{x}$ 空间的传播(其中，$\nabla_{\vec{x}}$ 为梯度算子，$\vec{c}_g$ 表示波的群速度，$\vec{U}$ 表示周围流场矢量)；第三项表示深度和流场引起的折射和近似绕射(其中 c_θ 表示传播速度或旋转速率)；第四项表示由于流场和深度的变化而引起的 σ 偏移(其中 c_σ 表示传播速度或移动速)。右边项为源项 S_{tot}，表示风引起的波浪增长；由于白化、碎浪和底部摩擦而失去的作用；以及由于非线性效应而在深水和浅水中谱分量之间交换的作用等。

1.2 ADCIRC潮流模拟模式

ADCIRC是一个连续的、有限元的、浅水的、伽辽金模型，可以用于求解一系列尺度的水位和水流。模型的控制方程表述如下。

通过求解广义波连续方程(GWCE)得到水位：

$$\frac{\partial^2 \zeta}{\partial t^2}+\tau_0\frac{\partial \zeta}{\partial t}+\frac{\partial \tilde{J}_x}{\partial x}+\frac{\partial \tilde{J}_y}{\partial y}-UH\frac{\partial \tau_0}{\partial x}-VH\frac{\partial \tau_0}{\partial y}=0 \tag{2}$$

其中：

$$\begin{aligned}\tilde{J}_x=&-Q_x\frac{\partial U}{\partial x}-Q_y\frac{\partial U}{\partial y}+fQ_y-\frac{g}{2}\frac{\partial \zeta^2}{\partial x}-gH\frac{\partial}{\partial x}\left[\frac{P_s}{g\rho_0}-\alpha\eta\right]\\&+\frac{\tau_{sx,wind}+\tau_{sx,waves}-\tau_{bx}}{\rho_0}+(M_x-D_x)+U\frac{\partial \zeta}{\partial t}+\tau_0 Q_x-gH\frac{\partial \zeta}{\partial x}\end{aligned} \tag{3}$$

$$\begin{aligned}\tilde{J}_y=&-Q_x\frac{\partial V}{\partial x}-Q_y\frac{\partial V}{\partial y}+fQ_x-\frac{g}{2}\frac{\partial \zeta^2}{\partial y}-gH\frac{\partial}{\partial y}\left[\frac{P_s}{g\rho_0}-\alpha\eta\right]\\&+\frac{\tau_{sy,wind}+\tau_{sy,waves}-\tau_{by}}{\rho_0}+(M_y-D_y)+V\frac{\partial \zeta}{\partial t}+\tau_0 Q_y-gH\frac{\partial \zeta}{\partial y}\end{aligned} \tag{4}$$

从垂直积分动量方程得到水流：

$$\begin{aligned}\frac{\partial U}{\partial t}+U\frac{\partial U}{\partial x}+V\frac{\partial U}{\partial y}-fV=&-g\frac{\partial}{\partial x}\left[\zeta+\frac{P_s}{g\rho_0}-\alpha\eta\right]\\&+\frac{\tau_{sx,winds}+\tau_{sx,waves}-\tau_{bx}}{\rho_0 H}+\frac{M_x-D_x}{H}\end{aligned} \tag{5}$$

$$\begin{aligned}\frac{\partial V}{\partial t}+U\frac{\partial V}{\partial x}+V\frac{\partial V}{\partial y}+fU=&-g\frac{\partial}{\partial y}\left[\zeta+\frac{P_s}{g\rho_0}-\alpha\eta\right]\\&+\frac{\tau_{sy,winds}+\tau_{sy,waves}-\tau_{by}}{\rho_0 H}+\frac{M_y-D_y}{H}\end{aligned} \tag{6}$$

式中 $H=\zeta+h$ 表示总水深；ζ 表示水面与水位平均值的偏差；U 和 V 分别是 x 和 y 方向上的深度积分流；$Q_x=UH$ 和 $Q_y=VH$ 表示单位宽度的通量；f 表示科里奥利参数；g 表示重力加速度；P_{si} 为地表气压；ρ_0 为水的参考密度；η 表示牛顿平衡潮势；α 表示有效地球弹性系数；$\tau_{s,winds}$ 和 $\tau_{s,waves}$ 分别为风、浪引起的表面应力；τ_b 为底部应力；M_x、M_y 分别表示 x 方向和 y 方向上的侧向应力梯度；D 是动量弥散项；τ_0 是优化相位传播特性的数值参数。ADCIRC通过应用线性拉格朗日插值的方法，求解每个网格顶点的三个自由度，从而计算得到非结构三角形网格上的水位 ζ 和水流 U 和 V。

1.3 耦合模拟模式

在SWAN+ADCIRC耦合模型中[7]，ADCIRC计算的顶点处的风速、水位和洋流驱动SWAN。ADCIRC模型部分中的辐射应力梯度通过使用SWAN提供的信息计算。在耦合模型中需要设置

ADCIRC 读取该辐射应力梯度相关数据的间隔时间。梯度 $\tau_{s,\mathrm{waves}}$ 的计算公式如下：

$$\tau_{sx,\mathrm{waves}} = -\frac{\partial S_{xx}}{\partial x} - \frac{\partial S_{xy}}{\partial y} \tag{7}$$

$$\tau_{sy,\mathrm{waves}} = -\frac{\partial S_{xy}}{\partial x} - \frac{\partial S_{yy}}{\partial y} \tag{8}$$

上述公式中 S_{xx}、S_{xy} 和 S_{yy} 表示波辐射应力，辐射应力在网格顶点处具体的计算方法如下：

$$S_{xx} = \rho_0 g \iint \left(\left(n\cos^2\theta + n - \frac{1}{2} \right) \sigma N \right) d\sigma \mathrm{d}\theta \tag{9}$$

$$S_{xy} = \rho_0 g \iint (n\sin\theta\cos\theta\sigma N)\, \mathrm{d}\sigma \mathrm{d}\theta \tag{10}$$

$$S_{yy} = \rho_0 g \iint \left(\left(n\sin^2\theta + n - \frac{1}{2} \right) \sigma N \right) \mathrm{d}\sigma \mathrm{d}\theta \tag{11}$$

式中，n 是群速度与相速度之比，其他符号意义与之前公式相同。

在上述三个公式计算的基础上，将它们插值到连续的分段线性函数空间，并对它们进行微分，从而得到前述方程中使用辐射应力梯度。辐射应力梯度在每个单元上均为是常数。这些基于单元的辐射应力梯度通过取每个顶点附近单元区域加权平均值投影到顶点。

1.4 驱动风场

1.4.1 气压场与风场模型

Jelesnianski(1965)[2]气压模型依据最大风速半径，采用分段函数的形式进行表示，其表达式为：

$$P(r) = \begin{cases} P_0 + \frac{1}{4}\Delta P\left(\frac{r}{R_0}\right)^2 & r \leqslant R_0 \\ P_\infty - \frac{3}{4}\frac{\Delta P}{\frac{r}{R_0}} & r > R_0 \end{cases} \tag{12}$$

在台风参数模型中提供的是在梯度风高度处不计地表摩擦的情况下的台风风速。根据压力梯度力、科氏力、离心力的平衡关系能够得到台风梯度平衡方程，通过该公式得到的结果即为台风梯度风速。台风的移动分量是由于台风中心运动引起，描述台风的整体运动情况；旋转分量刻画台风的旋转流场。台风风场的矢量关系式表达如下：

$$\boldsymbol{v} = \boldsymbol{v}_\mathrm{m} + \boldsymbol{v}_\mathrm{r} \tag{13}$$

式中 $\boldsymbol{v}$ 代表台风在某一点处的风速矢量；$\boldsymbol{v}_\mathrm{m}$ 代表台风在该点处的移动风速矢量；$\boldsymbol{v}_\mathrm{r}$ 代表台风在该点处的旋转风速矢量。

本文采用宫崎正卫模型中的移动分量的计算方法，公式如下：

$$v_\mathrm{m} = v_{m0}\exp\left(-\frac{r}{5000}\right) \tag{14}$$

式中，v_m 是 v_m 的标量表示形式，该公式仅代表移动分量的大小；v_{m0} 表示台风中心的移动速度，由于数据集中未直接给出中心的移动速度，本文采用的最佳路径数据集中提供的下一时刻与该时刻六个小时的经纬度坐标进行近似计算；r 表示计算点与台风中心之间的距离。

对于台风风场的旋转分量计算方法，本文采用 Jelesnianski 模型[2]，计算公式如下：

$$v_\mathrm{r} = \begin{cases} v_0\left(\frac{r}{R_0}\right)^{3/2} & r < R_0 \\ v_0\,\frac{2R_0 r}{r^2 + R_0^2} & r \geqslant R_0 \end{cases} \tag{15}$$

式中，v_0 是最大风速的数值；r 表示计算点与台风中心之间的距离；R_0 是最大风速半径。

最大风速半径指的是台风最强风带与气旋中心之间的距离。实际台风过程中，台风的最大风速所处位置并不在台风中心处，而是距离台风中心一定距离处。最大风速半径采用 Willoughby[8] 通过飞机观测数据及最小二乘法拟合提出的公式进行计算，公式如下：

$$R_0 = 51.6\exp(-0.0223v_0 + 0.0281\varphi) \tag{16}$$

式中，φ 为台风中心在地理坐标中的纬度值，单位为°；v_0 为台风最大风速，单位为 m/s。

1.4.2 叠加风场

运用下式[9]得到笛卡尔坐标系下 x 方向（u 速度）和 y 方向（v 速度）的风速大小：

$$\begin{cases} v_x = C_1 v_m \cos\varphi + C_2 v_r \cos(90+\theta+\beta) \\ v_y = C_1 v_m \sin\varphi + C_2 v_r \sin(90+\theta+\beta) \end{cases} \tag{17}$$

式中，v_m 为笛卡尔坐标系下，台风在计算点处的移动风速大小；v_r 代表笛卡尔坐标系下，台风在计算点处的旋转风速大小；φ 表示台风移动方向与笛卡尔坐标系 x 轴正向的夹角，以逆时针方向计算；θ 表示以台风中心为坐标系原点时，该计算点与原点的连线和 x 轴正向的夹角，以逆时针方向计算；β 为已有相关研究中提出的流入角，其值为 20°。移动分量前的系数 C_1 取为 1.0，旋转分量前系数 C_2 取为 0.71。该系数是结合相关研究取台风边界层模型而采用的折减系数，结合已有相关研究近似取得[10]。

本文采用 ECMWF 提供的再分析风场 ERA-Interim 风场。台风参数模型在远离台风中心位置的风速一般低于实际风速，但是在台风中心附近的模拟较为准确，而再分析风场数据在靠近热带风暴中心的风速低于实际值但是在远离台风中心。因此，结合背景风场和台风模型的优缺点，外围台风风场数据主要来源于再分析风场，台风中心附近台风风场数据主要来源于参数化风场模型，赋予两个风场不同的权重[6]。结合已有相关研究，本文选取叠加方法如下：

$$\boldsymbol{v}_{\sup} = \boldsymbol{v}(1-\lambda) + \lambda \boldsymbol{v}_b \tag{18}$$

$$\lambda = \frac{c^4}{1+c^4} \tag{19}$$

$$c = \frac{r}{nR_0} \tag{20}$$

式中，$\boldsymbol{v}_{\sup}$ 表示叠加风场风速矢量；$\boldsymbol{v}_b$ 是再分析风场的风速矢量；λ 代表叠加权重，与计算点、台风中心距离以及最大风速半径有关；本文中 n 根据相关研究取为 10。

在实际叠加过程中，背景风场的输入值为以东为正向和以北为正向的参数。将风速分量按如下方式进行叠加：

$$u_s = u_p(1-\lambda) + \lambda u_{10} \tag{21}$$

$$v_s = v_p(1-\lambda) + \lambda v_{10} \tag{22}$$

式中，u_s、v_s 表示 E、N 方向上叠加风场的风速分量；u_p、v_p 表示 E、N 方向上的台风参数模型的风速分量；u_{10}、v_{10} 表示 E、N 方向上的再分析风场的风速分量。

2 计算区域与数据资料

2.1 计算区域

本文 SWAN 与 ADCIRC 模型采用同一个非结构化三角形网格，模拟区域包括福建省、台湾省以及广东省、浙江省等其他部分海域，网格划分情况如图 1 所示。该网格节点个数为 44215 个，网格单元数为 84948 个。在近岸地区，尤其是靠近平潭湾附近网格精细化程度较高，在远离该区域方向上网格精细化程度较低。

Global Self-consistent Hierarchical High-resolution Geography Database 可以提供高分辨率的全球地理数据集，本文所采用的海岸线数据来源于 GSHHG 数据集。GSHHG 数据集可以通过 NOAA 网站进行下载（https://www.ngdc.noaa.gov/mgg/shorelines/）。

2.2 水深数据

在图 1 所示的网格基础上，在顶点处插入水深数据，形成包含有水深信息的计算区域网格。计算

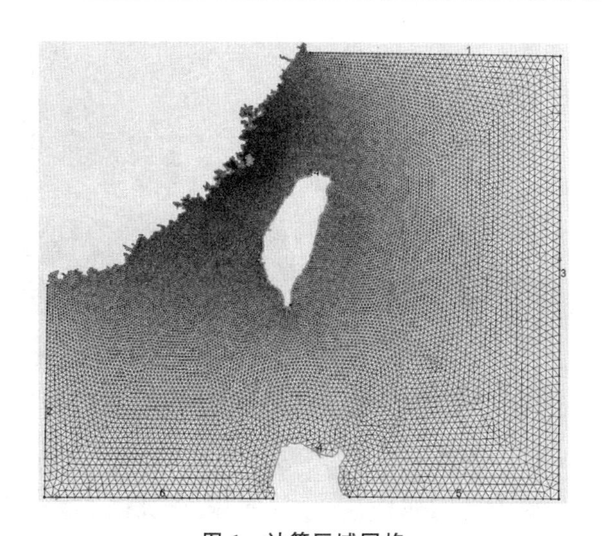

图 1　计算区域网格

Fig. 1　Grid in computational domain

区域的水深情况示意图如图 2 所示，水深数据采用 NOAA 网站提供的 ETOPO1 水深数据。

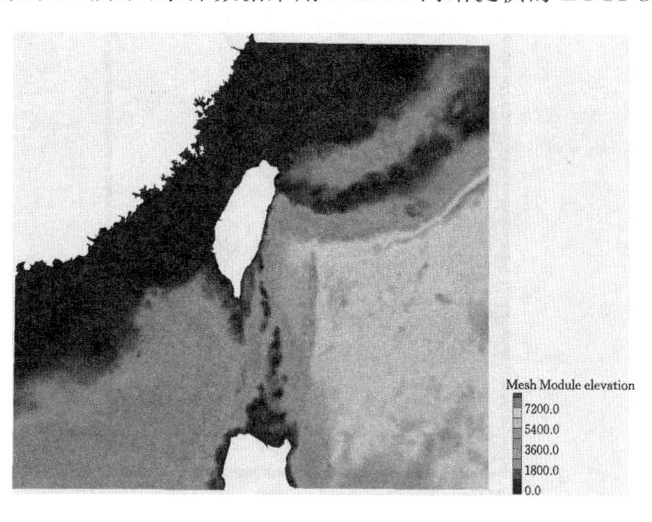

图 2　计算区域水深示意图

Fig. 2　Water depth in computational domain

2.3　耦合模型参数设置

本文采用 SWAN+ADCIRC 耦合模式进行模拟，ADCIRC 与 SWAN 的耦合模型时间步长设置为 600 s。ADCIRC 模式的时间步长取为 1 s，SWAN 时间步长取为 600 s。结合该海域已有相关模拟，底摩擦选项中参考 JONSWAP 模式，取摩擦系数为 0.067，其他选项选取默认值。GWCE 中的权重因子取为 0.005，时间加权因子分别取 0.35，0.3，0.35。潮汐模拟选取调和常数分别为 M2、S2、N2、K2、K1、O1、P1、Q1。本文将波浪、风场、气压场与潮流特征信息数据输出时间间隔设置为 3600 s。在运行中计算区域的子网格划分情况如图 3 所示。

2.4　天文潮数据

天文潮是海水周期性涨落的现象。本文选用 M2、S2、N2、K2、K1、O1、P1、Q1 分潮调和常数，模拟水位变化，并将其作为波浪风暴潮耦合模式的天文潮汐驱动。天文潮的验证数据来源于中国海事网及潮汐表。选取的验证点为福建省平潭站，其潮高基准为 403 cm，地理坐标为 25°28′N，119°50′E。其地理位置示意图标注在图 4 中。

图 3 计算区域子网格划分示意图

Fig. 3 Sub-grid division in computational domain

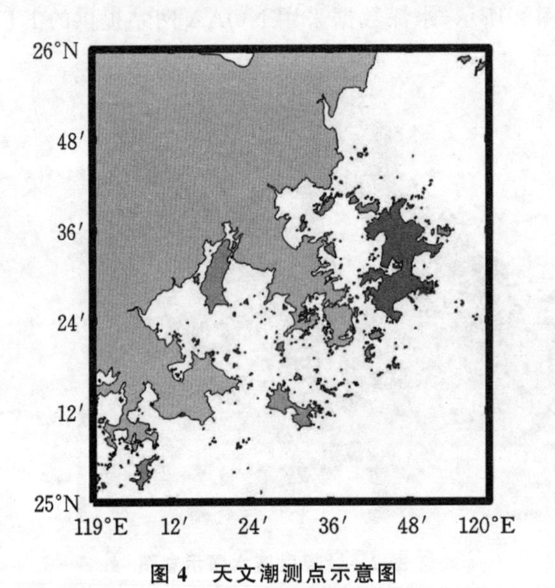

图 4 天文潮测点示意图

Fig. 4 Astronomical tide observation point

本文基于 ADCIRC 模式模拟测站当地时间 2018 年 7 月 8 日 08 时到 2018 年 7 月 12 日 00 时该验潮站的天文潮变化情况。如图 5 所示，模拟值与潮汐表提供数据整体趋势较为符合，相位上较为统一。

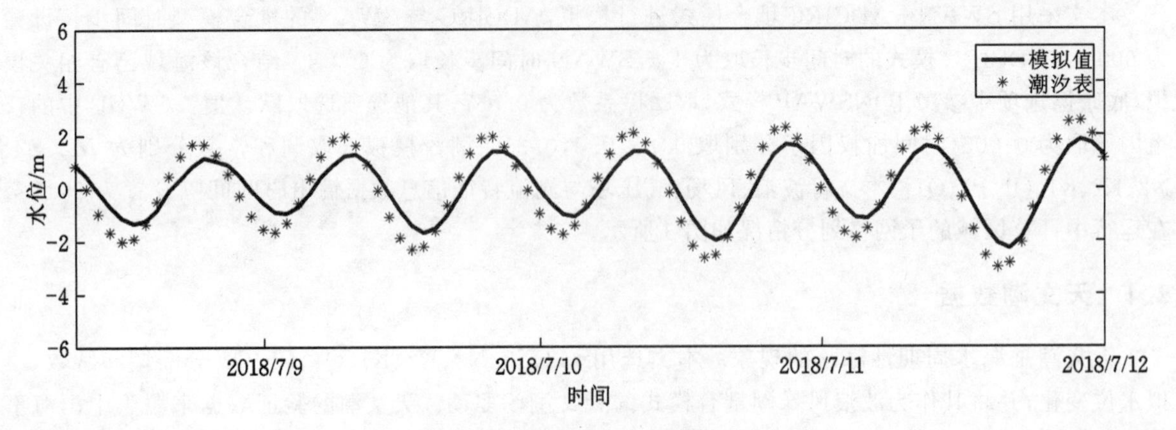

图 5 平潭站天文潮验证

Fig. 5 Pingtan Station astronomical tide verification

2.5 台风风场数据

2.5.1 风场计算区域

本文风场计算区域需要涵盖耦合模型的计算区域如图 6 所示，选取 113°E～130°E，15°N～30°N 之间的区域作为风场叠加的范围，模拟精度取为 0.25°×0.25°。

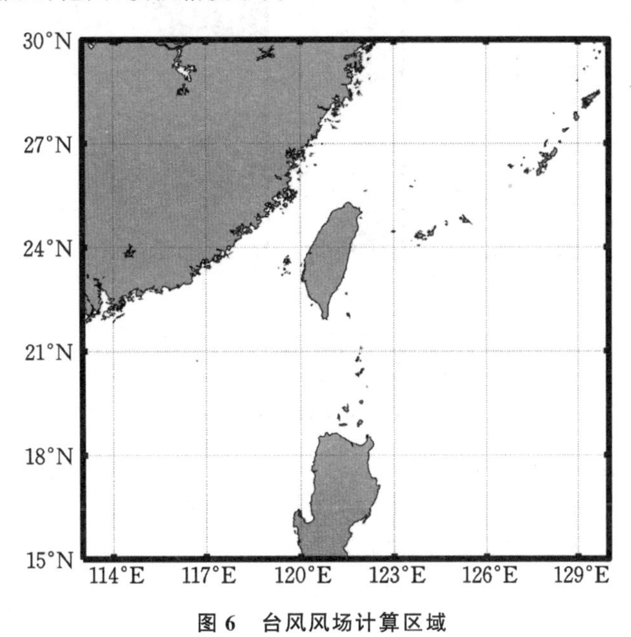

图 6 台风风场计算区域

Fig. 6 Calculation area of typhoon wind field

2.5.2 驱动风场数据

本文选取 2017 年台风“纳沙”与 2018 年台风“玛莉亚”进行模拟验证。模拟时间以世界时间(UTC)为标准，模拟台风“纳沙”在 2017 年 7 月 27 日 00 时到 2017 年 7 月 30 日 18 时，共 3.75 天的参数风场与叠加风场情况。模拟台风“玛莉亚”在 2018 年 7 月 8 日 00 时到 2018 年 7 月 11 日 12 时，共 3.5 天的参数风场与叠加风场情况。两场台风期间计算所得风场如图 7、图 8 所示。

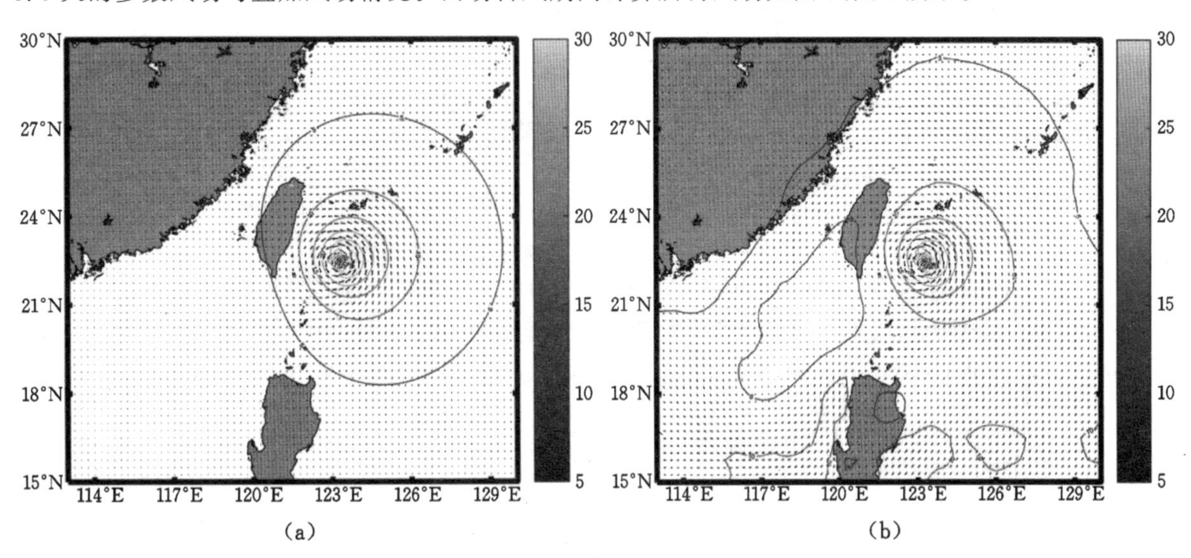

图 7 台风“纳沙”期间风场示意图

(a) 世界时间:2017/07/29 00 时参数风场示意图;(b) 世界时间:2017/07/29 00 时叠加风场示意图

Fig. 7 Wind field during Typhoon Nesat

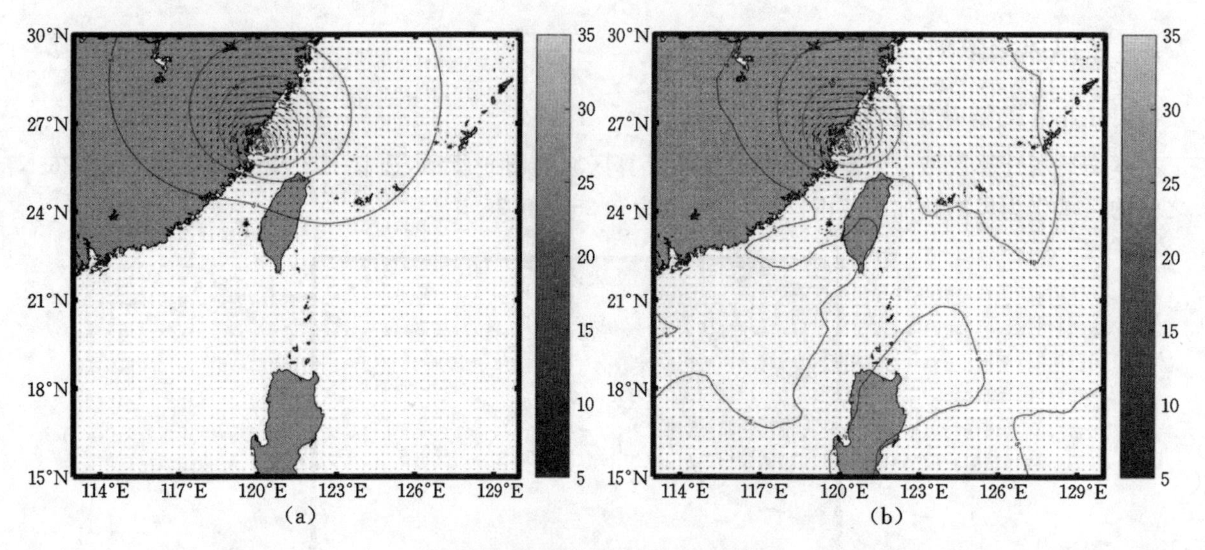

图 8 台风"玛莉亚"期间风场示意图

(a) 世界时间:2018/07/11 00 时参数风场示意图;(b) 世界时间:2018/07/11 00 时叠加风场示意图

Fig. 8 Wind field during Typhoon Maria

为验证叠加风场作为驱动风场的可靠性,选取两场台风期间的测站数据进行验证。台风"纳沙"的模拟开始时间为 2017 年 7 月 27 日 00UTC(世界时间),模拟结束时间为 2017 年 7 月 30 日 12UTC(世界时间),共计 3.5 天。台风"玛莉亚"的模拟开始时间为 2018 年 7 月 8 日 00UTC(世界时间),模拟结束时间为 2018 年 7 月 11 日 12UTC(世界时间),共计 3.5 天。两场台风期间实测风速与模拟风速比较如图 9、图 10 所示。

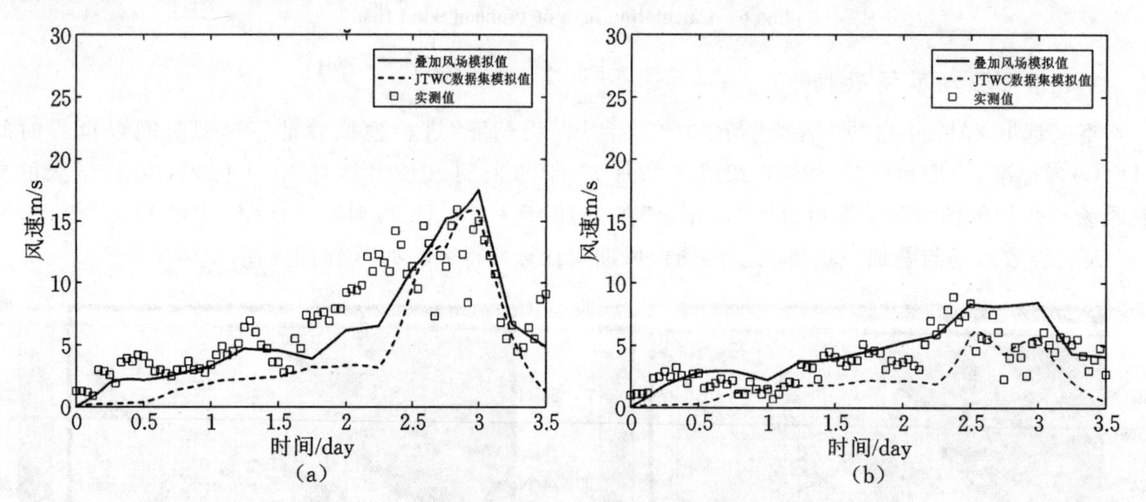

图 9 台风"纳沙"期间实测风速与模拟风速比较

(a) 台风"纳沙"期间 BeiShuang 测站风速对比;(b) 台风"纳沙"期间 DaChen 测站风速对比

Fig. 9 Comparison of the measured wind speed and simulated wind speed during Typhoon Nesat

以均方根误差 RMSE、归一化均方根误差 NRMSE 和 R^2 作为衡量指标,计算方式如下:

$$\mathrm{RMSE}=\sqrt{\frac{\sum_{i=1}^{N}(S_i-O_i)}{N}} \tag{23}$$

$$\mathrm{NRMSE}=\frac{\sqrt{\frac{1}{N}\sum_{i=1}^{N}(S_i-O_i)}}{\frac{1}{N}\sum_{i=1}^{N}O_i} \tag{24}$$

式中,S_i 为模拟所得风速,O_i 是测站实测风速值,N 为样本总数。

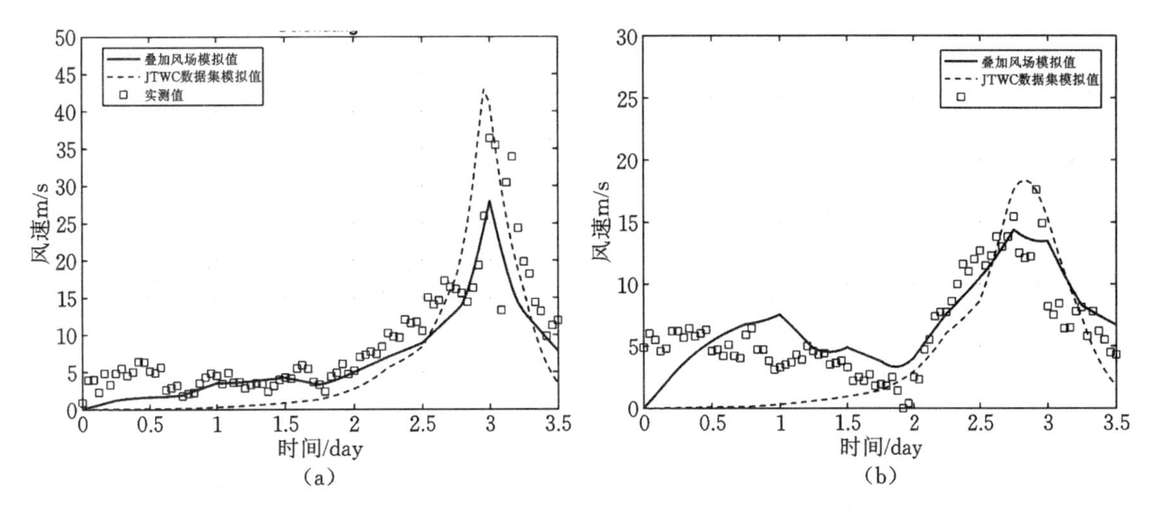

图 10　台风“玛莉亚”期间实测风速与模拟风速比较

(a) 台风“玛莉亚”期间 BeiShuang 测站风速对比；(b) 台风“玛莉亚”期间 DaChen 测站风速对比

Fig. 10　Comparison of the measured wind speed and simulated wind speed during Typhoon Maria

对两场台风期间 BeiShuang 与 DaChen 两个测站计算结果进行统计分析，计算结果如表 1、表 2 所示。

表 1　台风“纳沙”期间测站对比指标

Table 1　Comparison of station indexes during Typhoon Nesat

	RMSE		NRMSE		R^2	
	BeiShuang	DaChen	BeiShuang	DaChen	BeiShuang	DaChen
叠加风场	2.62	2.74	0.34	0.71	0.7	0.69
JTWC 模拟风场	3.94	4.77	0.52	1.23	0.55	0.38

表 2　台风“玛莉亚”期间测站对比指标

Table 2　Comparison of station indexes during Typhoon Maria

	RMSE		NRMSE		R^2	
	BeiShuang	DaChen	BeiShuang	DaChen	BeiShuang	DaChen
叠加风场	4.07	2.15	0.42	0.34	0.84	0.81
JTWC 模拟风场	5.6	3.33	0.57	0.52	0.78	0.73

3　波浪、风暴潮模拟结果

3.1　波浪模拟结果

台风“纳沙”的模拟开始时间为 2017 年 7 月 27 日 00 UTC(世界时间)，模拟结束时间为 2017 年 7 月 30 日 18 UTC(世界时间)，共计 3.75 天(90 小时)。图 11、图 12、图 13 中对比了台风期间有效波高的实测值与模拟值在三个测站之间的情况。图中所示波高模拟结果与实测结果相符程度较高，在趋势上与实际趋势较为接近，峰值处模拟情况与实测值接近，能够反映该模型计算的准确性以及该模型在模拟区域的适用性。

图 14 表示台风期间风场与波浪场的一一对应关系。台风过程中，风场经历先增强再减弱的过程，有效波高也具有相同的先逐步增大后减小的趋势。当风眼不断向西北方向移动时，模拟区域内的有效波高分布变化移动方向也相应的向西北方向移动。在全过程中最大有效波高可以达到 10.9 m。

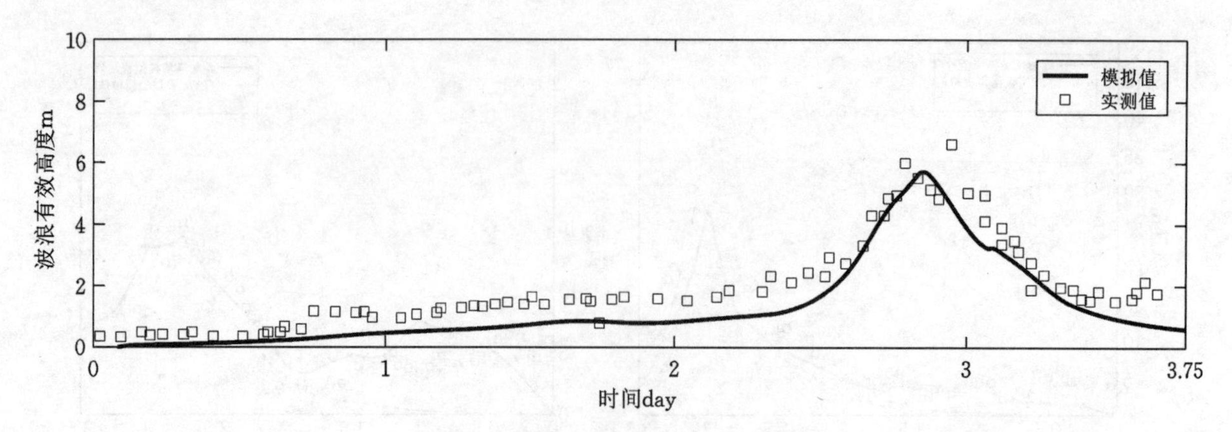

图 11　台风“纳沙”期间♯1 有效波高验证

Fig. 11　Verification of significant wave height of ♯1 during Typhoon Nesat

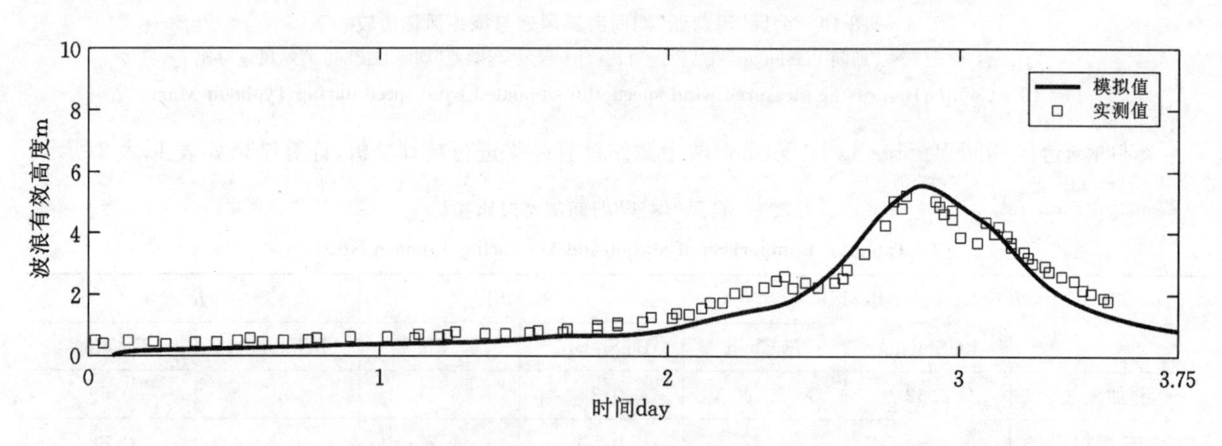

图 12　台风“纳沙”期间♯2 测站有效波高验证

Fig. 12　Verification of significant wave height of ♯2 during Typhoon Nesat

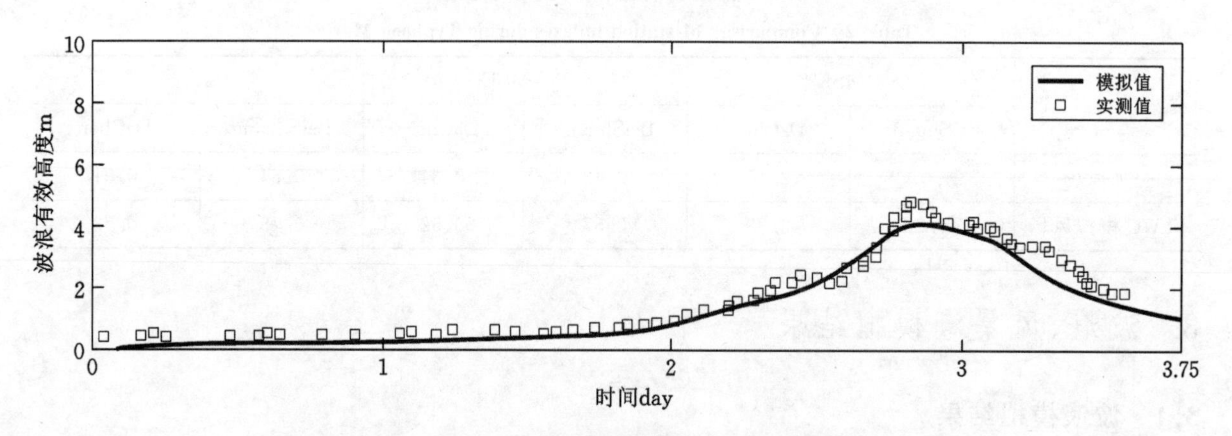

图 13　台风“纳沙”期间♯3 测站有效波高验证

Fig. 13　Verification of significant wave height of ♯3 during Typhoon Nesat

台风“玛莉亚”的模拟开始时间为 2018 年 7 月 8 日 00UTC(世界时间),模拟结束时间为 2018 年 7 月 11 日 12 UTC(世界时间),共计 3.5 天(84 小时)。

图 15、图 16 中对比了台风期间有效波高的实测值与模拟值在两个测站之间的情况。图 17 展示风场与波浪场的一一对应关系。与台风“纳沙”期间模拟的波浪有效高度相比,台风“玛莉亚”期间模拟值的波浪有效高度的峰值相对于实测值较小。主要原因是,在风场模拟时风速在达到最大值附近处的模拟结果相比于实际值偏小,进而进一步影响到波浪有效高度的模拟。由此可见,驱动风场文件的输入对波浪的模拟结果有一定的影响,风场模拟的可靠性将影响到后续波浪场的模拟的可靠性。

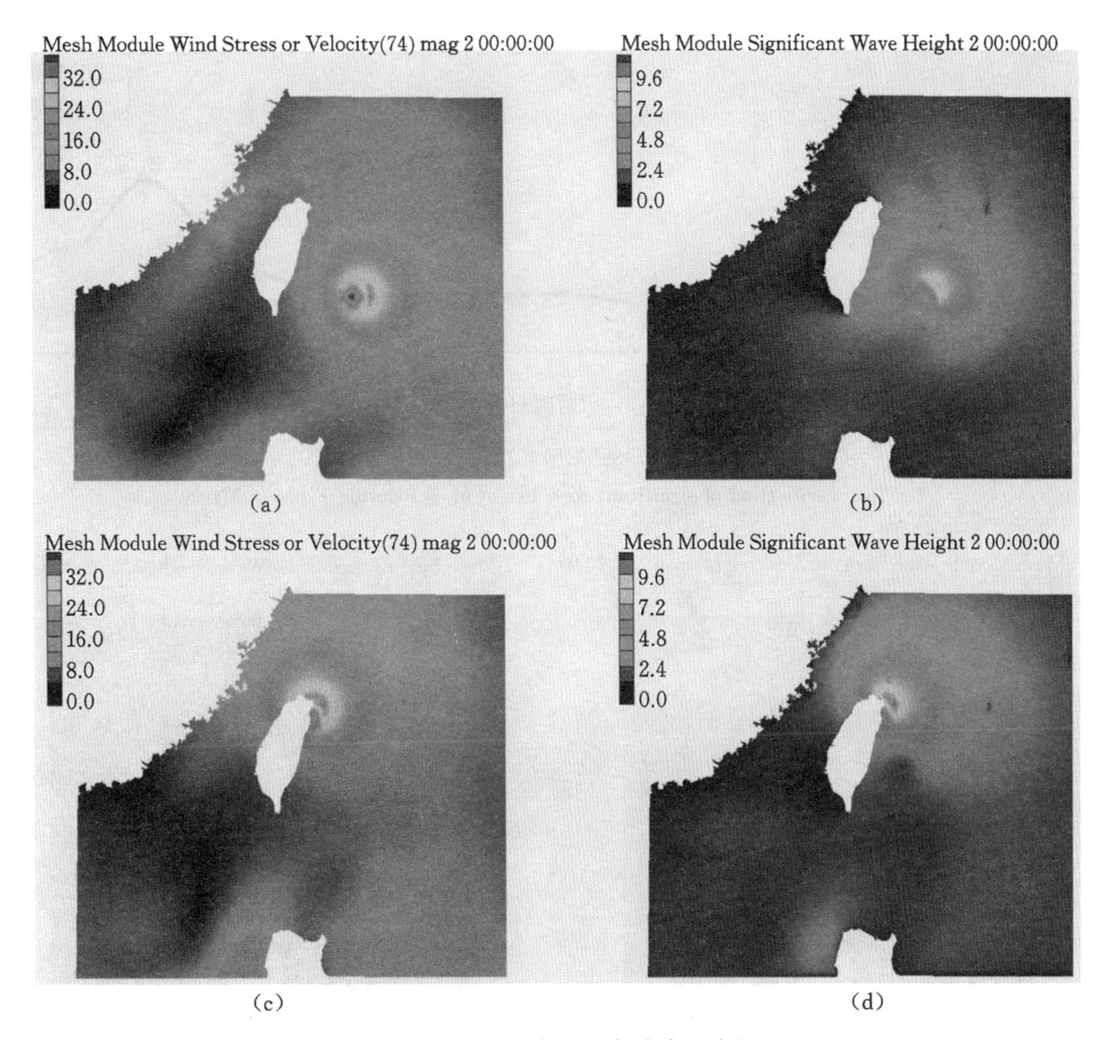

图 14　台风"纳沙"风场与波浪场对比

(a) 2017/7/29 00UTC 风场分布；(b) 2017/7/29 00UTC 波浪场分布；

(c) 2017/7/29 12UTC 风场分布；(d) 2017/7/29 12UTC 波浪场分布

Fig. 14　Comparison of the wind field and wave field during Typhoon Nesat

16
12
8
4
0
波浪有效高度m
模拟值
实测值
2018/7/8
2018/7/9
2018/7/10
2018/7/11
时间day

图 15　台风"玛莉亚"期间 #1 测站有效波高验证

Fig. 15　Verification of significant wave height of #1 during Typhoon Maria

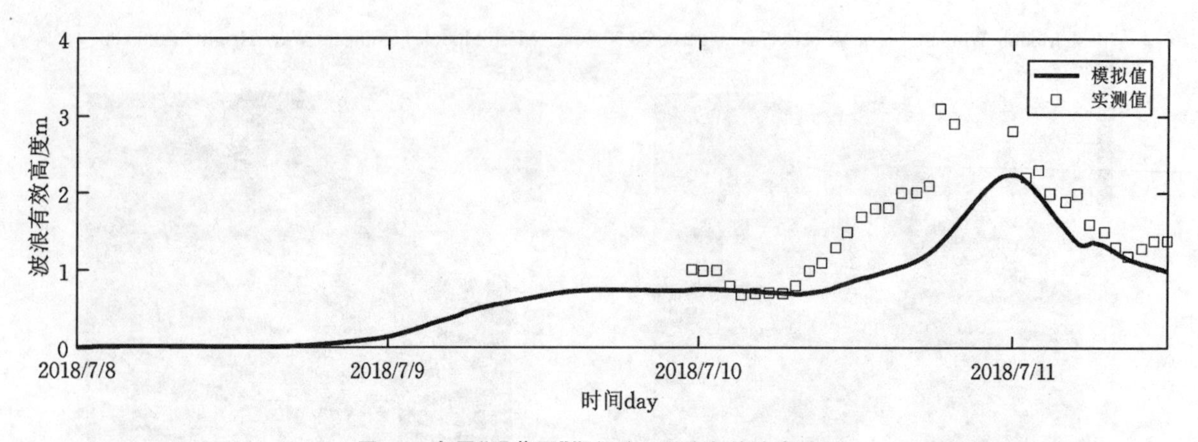

图 16　台风"玛莉亚"期间♯2 测站有效波高验证

Fig. 16　Verification of significant wave height of ♯1 during Typhoon Maria

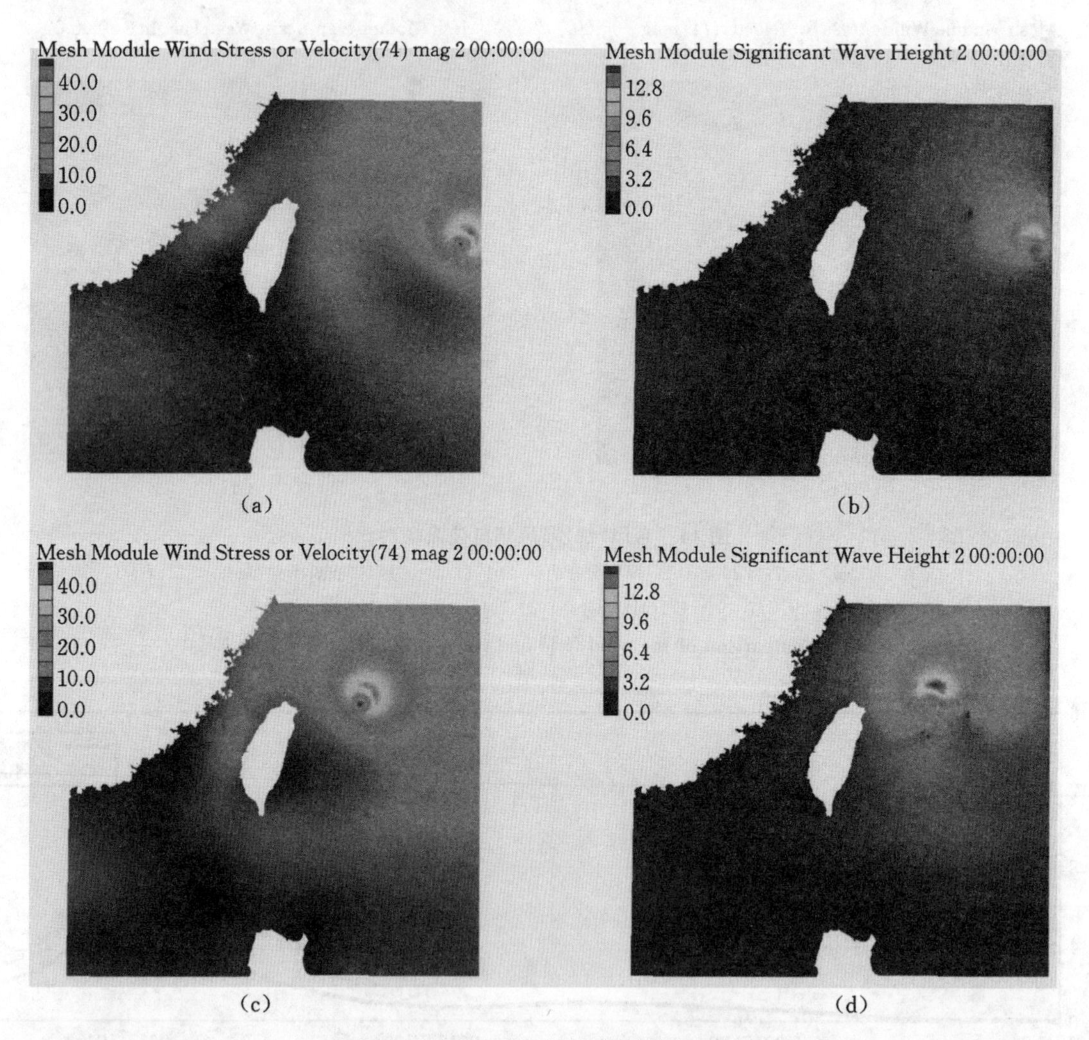

图 17　台风"玛莉亚"风场与波浪场对比

(a) 2018/7/10 00UTC 风场分布；(b) 2018/7/10 00UTC 波浪场分布；

(c) 2018/7/10 12UTC 风场分布；(d) 2018/7/10 12UTC 波浪场分布

Fig. 17　Comparison of the wind field and wave field during Typhoon Maria

模拟结果表明风场与波浪场分布情况与变化情况具有相似性。台风"玛莉亚"的最大风速相比于"纳沙"更强，同时在模拟区域内最大波高能够达到 14.4 m。

3.2 风暴潮模拟结果

台风过程中，水位在空间上会随着时间变化而发生改变。天文潮模拟与水位模拟是计算增减水的前提，模型计算水位减去天文潮潮位所得差值即为风暴潮增减水值。本文选取台风“纳沙”与台风“玛莉亚”，模拟台风期间相关测点的增减水情况。

台风“纳沙”期间，测点增减水情况如图 18 所示。＃1、＃2、＃3 三个测站的增减水发展具有相似规律，在 2017 年 7 月 29 日到 7 月 30 日开始出现明显的风暴增减水现象，其中＃3 测站最大增水达到 0.25 m。

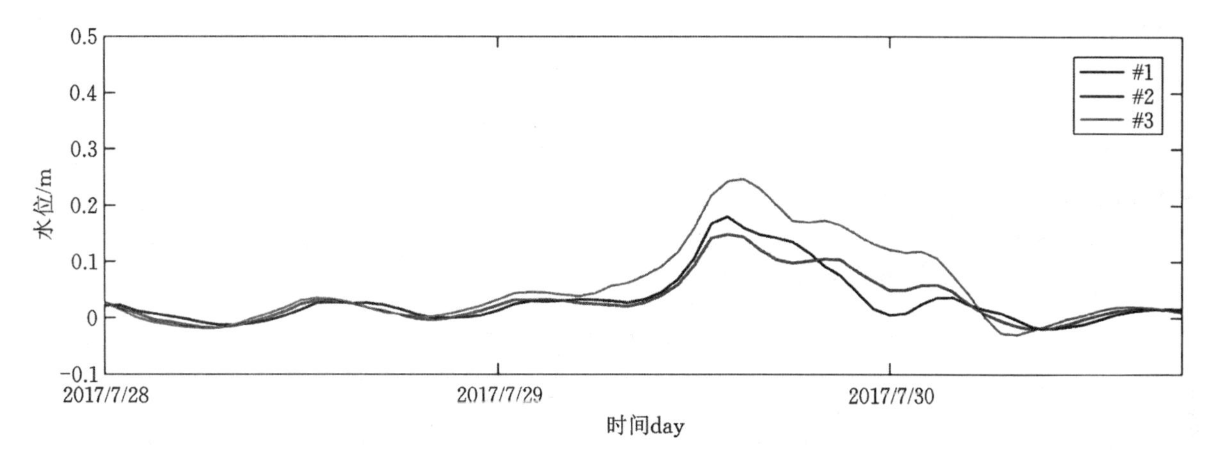

图 18　台风“纳沙”期间测站增减水情况

Fig. 18　The increase and decrease of water at the observation station during Typhoon Nesat

台风“玛莉亚”期间，增减水情况如图 19 所示。＃1、＃2 两个测站的增减水发展具有相似规律，在 2018 年 7 月 10 日到 7 月 11 日开始出现明显的风暴增减水现象，其中两个测站的最大增水均能达到 0.17 m。

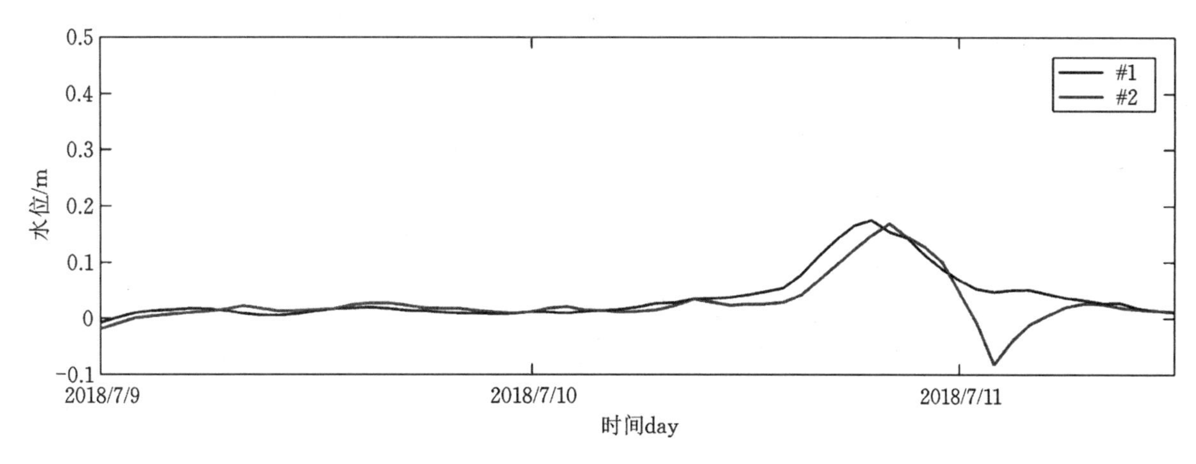

图 19　台风“玛莉亚”期间测站增减水情况

Fig. 19　The increase and decrease of water at the observation station during Typhoon Maria

4　结论

本文利用 Jelesnianski 台风风场模型和宫崎正卫移行风场模型模拟台风参数化风场并通过叠加再分析风场数据集模拟与实际地形更相适应的叠加风场。随后，本文采用 SWAN＋ADCIRC 波流耦合模型模拟台湾省、福建省及其他省份沿海附近较大尺度区域在风暴过程中的波浪情况及增减水情况。

(1) 参数风场、再分析风场与叠加风场模拟结果对比情况证明叠加风场模型能够体现地形对风场结构的影响,反映实际台风结构。同时,叠加风场能够均衡再分析风场与参数风场的优缺点,使得在接近台风中心与远离台风中心的区域的风速与实际风速更加接近。

(2) 将两场台风在不同驱动条件下的模拟值与实测值进行对比。通过 RMSE、R^2 等指标对比表明,采用叠加风场的模拟结果与实测数据在趋势与数值上吻合较好,说明该方法对该海域内台风过程的计算有较好的适应性。

(3) 本文通过叠加风场与 SWAN＋ADCIRC 耦合模型进行了两场台风的波浪场及增减水的模拟。结果表明,波浪场与风场有一定的相关性,台风"纳沙"期间,波浪有效高度最大可达 10.9 m,台风"玛莉亚"期间,波浪有效高度最大可达 14.4 m。本文选取测点处增减水变化明显,局部增水可以达到 0.25 m。

综上所述,本文的模拟方法对台湾海峡及其附近海域的波浪与风暴潮模拟具有一定可行性与有效性,可以为沿海建筑物台风期间的安全与可靠性提供依据。文中仍存在有待改进部分,本文采用的模拟网格对实际地形进行了一定的简化,且网格尺寸相对较大仅对平潭湾附近进行加密处理,海底地形数据大多基于对该区域的已有研究。此外,本文仅考虑两场台风作用下的模拟结果,更多台风引起的波浪与风暴潮的模拟和验证有待进一步研究。

参考文献

[1] Holland G. A revised hurricane pressure-wind model[J]. Mon Weather Rev,2008,136(9):3432-3445.

[2] Jelesnianski C P. A numerical calculation of storm tides induced by a tropical storm impinging on a continental shelf [J]. Mon Weather Rev,1965,93(6):343-358.

[3] Knaff J A,Sampson C R,Demaria M,et al. Statistical tropical cyclone wind radii prediction using climatology and persistence[J]. Weather Forecast,2007,22(4):781-791.

[4] Pan Y,Chen Y P,Li J X,et al. Improvement of wind field hindcasts for tropical cyclones[J]. Water Science and Engineering,2016,9(1):58-66.

[5] 李健,侯一筠,孙瑞. 台风模型风场建立及其模式验证[J]. 海洋科学,2013,37(11):95-102.

[6] Li J,Pan S,Chen Y,et al. Numerical estimation of extreme waves and surges over the northwest Pacific Ocean[J]. Ocean Engineering,2018,153:225-241.

[7] Dietrich J C,Tanaka S,Westerink J J,et al. Performance of the Unstructured-Mesh,SWAN＋ADCIRC Model in Computing Hurricane Waves and Surge[J]. Journal of Scientific Computing,2011,52(2):468-497.

[8] Willoughby H E,Rahn M E. Parametric representation of the primary hurricane vortex. Part I:Observations and evaluation of the Holland(1980) model[J]. Mon Weather Rev,2004,132(12):3033-3048.

[9] 魏凯,沈忠辉,吴联活,等. 强台风作用下近岸海域波浪-风暴潮耦合数值模拟[J]. 工程力学,2019,36(11):139-46.

[10] Fleming J G,Fulcher C W,Luettich R A,et al. A Real Time Storm Surge Forecasting System Using ADCIRC[J]. Estuarine and Coastal Modeling(2007). 2008:893-912.

16. 含概率与区间混合不确定性的水工钢闸门主梁可靠度分析*

郑鼎聪[1]　周建方[1,2]　高　冉[2]　冷　伟[3]

(1. 河海大学 机电工程学院,常州 213022;
2. 河海大学 力学与材料学院,南京 211100;
3. 四川省水利水电勘测设计研究院,成都 610072)

摘要:为更合理地分析水工钢闸门主梁可靠度,解决由于水头统计资料不足而无法得到准确的静水压力概率分布的问题,可对有限的水头数据进行区间分析,从而将闸门年最高作用水头均值与标准差用区间量表示,最终得到静水压力的区间化参数。以丹江口水库中某一深孔闸门为例,采用概率-区间混合模型对其进行可靠度分析,并与传统全概率模型所得计算结果进行比较。结果表明,概率-区间混合模型的计算结果包含了全概率模型的可靠度指标,并能给出所得结果的可信度。静水压力统计参数区间化能够很好地解决水头统计资料不足的问题。

关键词:钢闸门主梁;可靠度分析;区间化估计;概率区间混合不确定性

中图分类号:TV314　文献识别码:A

Reliability Analysis of Hydraulic Steel Gate Main Girder with Probability-interval Mixed Uncertainty

ZHENG Dingcong[1]　ZHOU Jianfang[1,2]　GAO Ran[2]　LENG Wei[3]

(1. Hohai University, Mechanical and Electrical Engineering Institute, Changzhou 213022, China;
2. Hohai University, The College of Mechanics and Material, Nanjing 211100, China;
3. Sichuan Water Resources and Hydroelectric Investigation & Design Institute, Chengdu 610072, China)

Abstract: This paper aims to analyze the reliability of main girder of hydraulic steel gate more reasonably, and to solve the problem that the accurate probability distribution of the hydrostatic pressure cannot be obtained due to the lack of the statistical data of the water head. It is feasible to carry out interval analysis on limited water head data, so that the mean value and standard deviation of annual maximum operating water head of gate is expressed by interval quantity, and finally the interval parameters of hydrostatic pressure is obtained. Taking a deep-hole gate in Danjiangkou Reservoir as an example, the reliability analysis is carried out by using the probability-interval mixed model and the traditional full-probability model, and then the results are compared. The results show that the reliability index interval obtained by the mixed probability-interval model not only includes

---

* 基金项目:国家自然科学基金(51679075)

作者简介:郑鼎聪,硕士研究生,研究方向为工程结构可靠度,E-mail:15161165276@163.com

通讯作者:周建方,博士,教授,主要从事计算力学和工程结构可靠度方面的教学和科研工作,E-mail:zhoujf101@163.com

the reliability index calculated by the full-probability model, but also can give the credibility of the interval. Therefore, the intervalization of the hydrostatic pressure statistical parameters can solve the problem of insufficient statistical data.

Keywords: main beam of hydraulic steel gate; reliability analysis; interval estimation; probability-interval mixed uncertainty

引言

对水工钢闸门主梁进行可靠性分析，首先需要确定影响闸门主梁可靠性的随机变量抗力 R 及荷载 S 的分布类型及数字特征。由文献[1-2]可知，抗力 R 一般为对数正态分布，其数字特征主要受反映闸门主梁材料强度不定性的随机变量 M、反映闸门主梁几何尺寸不定性的随机变量 F 以及反映闸门主梁抗力计算模式不定性的随机变量 P 的影响。目前，闸门主梁材料多为 Q235 及 Q345 钢，二者屈服强度的统计参数已在钢结构设计规范[3]中给出。虽然闸门主梁的几何尺寸具有一定的特殊性，但由于有关闸门主梁几何特征的数据较少，且一般而言，其应与全国钢结构水平相当[4]。因此，随机变量 F 的取值可参照文献[5]中关于钢结构几何特征统计参数的取值。随机变量 P 与闸门主梁的失效模式有关，可取文献[6]给出的闸门主梁受弯、受剪以及弯剪复合破坏时的统计参数值。至此，抗力 R 的分布类型及数字特征可知，故工作的重点在与研究主梁所受的荷载 S。

在闸门主梁所受所有荷载中，静水压力对其可靠性的影响程度最大，故本文主要针对静水压力进行分析。目前，若要直接确定静水压力的随机分布尚有困难。由文献[4]可知，作用水头与静水压力呈近似线性关系。因此，可通过对作用水头进行分析获得静水压力的统计信息。然而，对水头进行统计分析面临着数据不足的问题。基于有限的样本，难以建立水头准确的概率模型，这使得可靠度分析的结果是否能够代表真实情况存在较大争议，该问题也在一定程度上限制了可靠性分析方法在水工钢闸门上的实际应用。

为此，笔者认为可对有限的水头资料进行区间分析，将年最高水头均值及其标准差用区间量表示，并给出该区间包含参数真值的可信程度。此时，闸门可靠度分析由传统的全概率模型计算转为概率-区间混合模型计算。本文以丹江口水库某一深孔闸门为例，分别采用全概率模型及概率-区间混合模型分析主梁可靠度。结果表明，区间-概率模型分析结果包含了全概率模型的结果，并能给出相应的置信度，从而验证了静水压力的统计参数用区间变量表示的可行性。

1 静水压力统计分析

对闸门而言，最主要的荷载为静水压力，其大小通常用作用水头来描述。目前，所能得到的统计资料大多是大坝的水头信息，因此，对闸门所受静水压力进行统计分析时，需将大坝水头的统计资料转化成闸门作用水头资料。闸门的作用水头 H_{SG} 为

$$H_{SG}=H_S-H_0 \tag{1}$$

式中，H_S 为大坝水头；H_0 为闸门孔口底槛对坝底高度，当大坝水头取设计值 $H_{S设计}$ 时可得对应的闸门作用水头设计值 $H_{SG设计}$。

由于所能得到的闸门作用水头的统计资料记录年份有限，以此为子样所求得的统计参数难以精确地描述大坝水头（即母体）的概率分布。因此，可采用参数的区间值，同时此区间包含参数真值的可信程度，即统计学中的置信区间[7]。

依据中心极限定理，在子样容量充分大时，子样均值趋向正态分布。此时的母体标准差 σ 是未知的，按照文献[8]，母体标准差 σ 未知时，在置信水平为 $1-\alpha$ 时的母体均值 m 的置信区间为

$$m=\left(\overline{X}-\frac{S}{\sqrt{n}}t_{\alpha/2}(n-1),\quad \overline{X}+\frac{S}{\sqrt{n}}t_{\alpha/2}(n-1)\right) \tag{2}$$

式中，$\overline{X}$ 为子样均值；S 为子样标准差；n 为子样样本容量；$t_{\alpha/2}(n-1)$ 为具有 $(n-1)$ 自由度的 t 分布的

分位值。

置信水平为$(1-\alpha)$时母体的标准差σ的置信区间为

$$\sigma=\left(\sqrt{\frac{(n-1)S^2}{\chi^2_{\alpha/2}(n-1)}},\quad \sqrt{\frac{(n-1)S^2}{\chi^2_{1-\alpha/2}(n-1)}}\right) \tag{3}$$

式中，S、n含义同前；$\chi^2_{\alpha/2}(n-1)$与$\chi^2_{1-\alpha/2}(n-1)$为卡方分布值。

上文分析得到的是闸门作用水头的年内统计参数，进行可靠度计算时，需将其转换成50年设计基准期内的统计参数，可参考文献[9]中的公式

$$\begin{aligned} m_{X_T} &\approx m_{X_t}+3.5(1-1/\sqrt[4]{T})\sigma_{X_t} \\ \sigma_{X_T} &\approx \sigma_{X_t}/\sqrt[4]{T} \end{aligned} \tag{4}$$

式中，m_{X_T}为变量X在设计基准期内的均值；σ_{X_T}为变量X在设计基准期内的标准差；m_{X_t}为变量X在年内的均值；σ_{X_t}为变量X在年内的标准差；T为设计基准期年数。

为能够描述静水压力的不定性，结合式(1)，可采用无量纲统计参数。即

$$K=\frac{H_{SG}}{H_{SG}}=\frac{H_S-H_0}{H_S-H_0} \tag{5}$$

2 闸门主梁3种失效模式分析

2.1 荷载效应分析

按照平面钢闸门设计要求，主梁极限应力应大于危险截面的工作应力。承载能力极限状态方程为

$$g(X)=R-S \tag{6}$$

式中：R为材料的抗力；S为主梁危险截面的荷载效应。

由于主梁的失效模式包括受弯、受剪及弯剪复合破坏。为方便分析，分别将受弯失效、受剪失效及弯剪复合失效的抗力用R_1、R_2及R_3表示，相应的荷载效应用S_1、S_2及S_3表示。

2.1.1 弯曲正应力

依据钢闸门设计规范[10]，弯曲正应力计算公式为

$$S_1=\frac{M_{max}}{W_{min}} \tag{7}$$

式中：M_{max}为主梁最大弯矩，一般在主梁跨中；W_{min}为主梁跨中截面抗弯模量，取决于截面形状，其大小可用材料力学方法计算。

2.1.2 剪切应力

主梁剪切应力计算公式为

$$S_2=\frac{Q_{max}A_{max}}{I_1 t_w} \tag{8}$$

式中：Q_{max}为主梁支承断面的最大剪力；A_{max}为主梁支承断面对中性轴的最大面积矩；I_1为主梁支承断面惯性矩；t_w为主梁腹板厚度。

2.1.3 弯剪复合应力

对于弯剪复合破坏，其折算应力验算断面一般取在主梁变高度处，位置离支座的距离为(1/4～1/6)L。强度验算点取在主梁腹板高度改变处的截面内，下翼板与腹板相交点，该截面验算点的弯曲正应力σ和剪切应力τ分别为

$$\sigma=\frac{M}{W}$$
$$\tau=\frac{QA_0}{I_0 t_w} \tag{9}$$

根据第四强度理论可得弯剪复合应力为

$$S_3=\sqrt{\sigma^2+3\tau^2} \tag{10}$$

2.2 抗力分析

结构构件抗力的不确定性是材料性能、几何尺寸及构件计算模式不定性引起的，故抗力 R 的表达式为

$$R=R_k MFP \tag{11}$$

式中：R_k为结构抗力的标准值；M 反映材料强度的不确定性；F 反映几何尺寸的不确定性；P 反映构件计算模式的不确定性。

抗力的不定性用无量纲统计参数 K_R来描述：

$$K_R=\frac{R}{R_k} \tag{12}$$

K_R的统计参数可基于 M、F 及 P 的统计参数由误差传递公式推得。钢闸门主梁常用钢材为 Q235 与 Q345，由文献[3][5][6]，可得各失效模式下的抗力统计参数，见表 1。

表 1　抗力统计参数

Table 1　Statistical parameters of resistance

统计参数	钢材种类	材料强度	截面几何特性	计算模式			受弯破坏 K_R	受剪破坏 K_R	弯剪复合破坏 K_R
				受弯	受剪	弯剪复合			
λ	Q235	1.08	1.00	1.06	1.03	1.056	1.145	1.112	1.140
	Q345	1.09	1.00	1.06	1.03	1.056	1.155	1.123	1.151
δ	Q235	0.084	0.05	0.08	0.11	0.069	0.126	0.147	0.120
	Q345	0.068	0.05	0.08	0.11	0.069	0.116	0.139	0.109

注：表中 λ 为随机量均值与标准值之比，δ 为变异系数。

由文献[1-2]可知，抗力 R 一般为对数正态分布。

3　概率-区间混合模型可靠度分析

带有区间变量 Y 的随机变量 X 从原空间映射到标准正态空间为

$$U(Y)=\varphi^{-1}(F_X(X,Y)) \tag{13}$$

对应的原极限状态方程在 U 空间的表达式为

$$g(X)=G(U,Y) \tag{14}$$

式中，Y 为 m 维区间参数，$Y\in[Y_L,Y_R]$，Y_L和 Y_R分别为区间参数的上下限。

由于区间变量的存在，原空间中的极限状态方程映射到标准正态空间后，将形成一带状区域（极限状态带），此时的可靠度指标 β 为一区间范围$[\beta_L,\beta_R]$，β_L、β_R分别为原点到带状区域两边界的最短距离，见图 1。

由文献[11]可知，若某一变量的累积概率密度函数 CDF 关于其区间参数单调，则极限状态带的两边界必然对应着区间参数的上下限。区间参数可根据其对 CDF 的影响分为第 1 类区间参数和第 2 类区间参数[12]。其中，第 1 类区间参数是指 CDF 的单调性仅与其参数本身有关，与随机变量无关，如正态分布中的均值 μ；第 2 类区间参数是指 CDF 的单调性不仅与参数本身有关，且与随机变量相关，

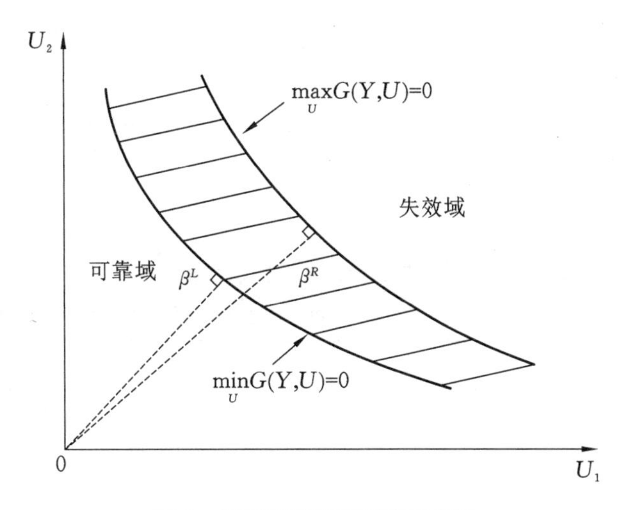

图 1　极限状态带与可靠度指标

Fig. 1　Limit state band and reliability index

如正态分布中的标准差 σ。

对于第 1 类区间参数，受该类参数影响所形成的极限状态带的边界为光滑边界，易知极限状态带的边界和区间参数上下限的对应关系与 CDF 的单调性及功能函数的梯度值 $\partial G/\partial Y$ 有关。常见的 CDF 与第 1 类区间参数的单调性关系见表 2。

表 2　常见的 CDF 与第 1 类区间参数的单调性关系

Table 2　See monotone relation between CDF and class 1 interval parameters

概率分布类型	CDF 表达式	分布参数	CDF 关于参数的单调性
对数正态分布	$\frac{1}{\sqrt{2\pi}\sigma}\int_0^X \frac{1}{t}\exp\left(-\frac{(\ln t-\mu)^2}{2\sigma^2}\right)dt$	μ	单调递减
正态分布	$\frac{1}{\sqrt{2\pi}\sigma}\int_{-\infty}^X \frac{1}{t}\exp\left(-\frac{(t-\mu)^2}{2\sigma^2}\right)dt$	μ	单调递减
极值 Ⅰ 型分布	$\exp\left[-\exp\left(-\frac{X-\mu}{\beta}\right)\right]$	μ	单调递减
指数分布	$1-\exp(-\lambda X)$	λ	单调递增

极限状态带的边界与第 1 类区间参数上下限的具体对应关系见表 3。

表 3　第 1 类区间参数上下限与极限状态带边界的对应关系

Table 3　Class 1 interval parameters correspondence between upper and lower limits of interval parameters and boundary of limit state band

$\partial G/\partial Y$	CDF 的单调性	极限状态带上界	极限状态带下界
<0	单调递减	参数下限 Y_R	参数上限 Y_L
<0	单调递增	参数上限 Y_L	参数下限 Y_R
>0	单调递减	参数上限 Y_L	参数下限 Y_R
>0	单调递增	参数下限 Y_R	参数上限 Y_L

对于第 2 类区间参数，在具体计算过程中产生交叉分段的情况。因此，需在确定第 1 类区间参数与极限状态带边界对应关系的基础上将该类区间参数的上下限代入试算，以获得可靠度指标上下限 β_L 及 β_R。

4 算例

丹江口水库一期工程的坝顶高程为162 m,最大坝高为97 m,相应的正常高水位为157 m。其中某一深孔闸门的孔口底槛高程为113 m,主梁材料为Q235钢。该水库1970～1999年共计30年的年最高水位资料见表4。

表4 丹江口水库年最高水位统计表

Table 4 Statistics of annual maximum water level of Danjiangkou Reservoir

年份	水位(m)	年份	水位(m)	年份	水位(m)
1970	147.8	1980	156.98	1990	154.91
1971	150.36	1981	156.16	1991	150.14
1972	148.73	1982	156.96	1992	154.12
1973	156.73	1983	159.97	1993	150.67
1974	157.7	1984	156.98	1994	148.16
1975	156.98	1985	155.49	1995	150.06
1976	150.29	1986	151.8	1996	156.97
1977	143.65	1987	153.28	1997	154.28
1978	146.9	1988	154.73	1998	155.36
1979	156.49	1989	156.01	1999	143.93

由于上表中所给数据为水库水位,最终需将其转化为闸门作用水头数据。结合式(1)可知,闸门作用水头=水位－闸门孔口底槛高程。这样即可直接对闸门作用水头进行统计分析。由于可靠度分析中常见的分布类型包括正态分布、对数正态分布及极值Ⅰ型分布,故假设闸门作用水头服从上述三种分布,并在$\alpha=0.05$的置信度下采用K-S检验法进行检验。检验结果见表5。

表5 闸门年最高作用水头分布检验

Table 5 Inspection of the distribution of the annual maximum acting waterhead of the hydraulicgate

分布类型	统计量D_n	临界值$D_{(30,0.05)}$	检验结果
正态分布	0.1638	0.2417	不拒绝
对数正态分布	0.1829	0.2417	不拒绝
极值Ⅰ型分布	0.6326	0.2417	拒绝

上表中的结果表明,该深孔闸门年最高作用水头不拒绝正态分布及对数正态分布,但拒绝极值Ⅰ型分布。其中,正态分布的统计量小于对数正态。因此,采用正态分布对闸门年最高作用水头分布进行拟合的效果最佳。

由于样本数量的限制,难以精确地得到闸门年最高作用水头均值与标准差。因此,采用参数的区间估计。依据式(2)及式(3)可求得该闸门在置信水平为0.95时,年最高作用水头均值$m_{H_{SG}}$的区间及年最高水位标准差$\sigma_{H_{SG}}$的区间为

$$m_{H_{SG}}\in(38.5,41.65)$$

$$\sigma_{H_{SG}}\in(3.346,5.648)$$

按式(4)将其转换成50年设计基准期内闸门年最高作用水头的均值$m_{H_{SGT}}$的区间及标准差$\sigma_{H_{SGT}}$的区间为

$$m_{H_{SGT}} \in (45.81, 53.98)$$

$$\sigma_{H_{SGT}} \in (1.4297, 2.4133)$$

根据水利水电工程结构可靠度设计统一标准[13]，可知静水压力的分项系数为1，因此设计水位即为正常高水位。据此可推得闸门作用水头设计值＝正常水位－孔口底槛高程＝44 m。

按式(5)可得静水压力的无量纲统计参数K，其均值m_K的区间及标准差σ_K的区间为

$$m_K \in (1.041, 1.227)$$

$$\sigma_K \in (0.0325, 0.0548)$$

由于闸门作用水头用正态分布的拟合效果最佳，因此，可认为静水压力服从正态分布。

抗力的统计参数见表2。参考文献[6]，大型工程中的工作闸门受弯及受剪破坏时的安全系数γ=1.67，弯剪复合破坏时γ=1.51。依据上文中的概率-区间混合模型可靠度分析方法，可知m_K=1.041对应极限状态带下界；m_K=1.227对应极限状态带上界。见表6。

表6 闸门主梁混合模型可靠度计算结果

Table 6 Reliability calculation results of mixed model of gate girder

极限状态带	区间参数	受弯破坏	受剪破坏	弯剪复合破坏
上界	m_K=1.227 σ_K=0.0548	β_L=3.286	β_L=2.650	β_L=2.609
下界	m_K=1.041 σ_K=0.0325	β_R=4.648	β_R=3.805	β_R=4.019

上表中计算的是置信水平为0.95时的可靠度指标区间，为探究置信度大小对结果区间范围的影响。本文同时计算了置信水平为0.97及0.99时的可靠度指标，见表7。

表7 不同置信水平下的闸门主梁混合模型可靠度计算结果

Table 7 Reliability calculation results of mixed model of gate girder under different confidence levels

置信水平	极限状态带	区间参数	受弯破坏	受剪破坏	弯剪复合破坏
0.97	上界	m_K=1.241 σ_K=0.0567	β_L=3.193	β_L=2.571	β_L=2.513
	下界	m_K=1.034 σ_K=0.0317	β_R=4.705	β_R=3.852	β_R=4.078
0.99	上界	m_K=1.269 σ_K=0.0607	β_L=3.010	β_L=2.416	β_L=2.325
	下界	m_K=1.018 σ_K=0.0304	β_R=4.833	β_R=3.961	β_R=4.211

对比表6及表7可知，随着置信水平的增大，所得可靠度指标的区间扩张。因此，在进行区间估计时中需结合实际，选择合适的置信水平。

若使用传统的全概率模型进行计算，则m_K=1.1196，σ_K=0.0408，基于式(6)中的极限状态方程。求得闸门主梁受弯破坏对应的可靠度指标β=4.046，受剪破坏β=3.294，弯剪复合破坏β=3.394。对比表6及表7中的结果表明，对静水压力统计参数进行区间估计后按概率-区间混合模型计算出的可靠度指标包含了全概率模型计算时的可靠度指标结果。且相较于全概率模型，区间概率混合模型能给出结果在该区间内的置信水平，可信度更高。

5 结语

通过对有限的水头数据进行区间分析，可将静水压力统计参数用区间量表示。采用概率-区间混

合的可靠度分析方法，以丹江口水库中的深孔闸门为例，对其主梁进行了可靠度分析。计算结果表明，用区间-概率混合模型计算的结果不仅包含了采用传统全概率模型计算所得的可靠度指标，且能给出可靠度指标在该区间内的置信水平，有效地解决了由于样本数据不足而无法得到静水压力精确的概率分布的问题。

参考文献

[1] 李典庆，张圣坤. 平面钢闸门主梁可靠度评估[J]. 中国农村水利水电，2002(3)：19-22.

[2] Li D Q, Zhou J F. Reliability assessment and acceptance criteria for hydraulic gates considering corrosion deterioration[J]. HKIE Transactions, 2007, 14(2): 19-25.

[3] 中华人民共和国住房和城乡建设部. GB 50017—2017 钢结构设计标准[S]. 北京：中国建筑工业出版社，2017.

[4] 周建方.《水利水电工程钢闸门设计规范》可靠度初校[J]. 水利学报，1995(11)：24-30.

[5] 夏正中. 钢结构可靠度分析[J]. 冶金建筑，1981(12)：43-46.

[6] 周建方，李典庆. 水工钢闸门结构可靠度分析[M]. 北京：中国水利水电出版社，2008.

[7] 张明，金峰. 结构可靠度计算[M]. 北京：科学出版社，2015.

[8] 程慧燕. 概率论与数理统计[M]. 北京：北京理工大学出版社，2018.

[9] 赵国藩. 工程结构可靠性理论与应用[M]. 大连：大连理工大学出版社，1996.

[10] 中华人民共和国水利部. SL74—2013 水利水电工程钢闸门设计规范[S]. 北京：中国水利水电出版社，2013.

[11] Jiang C, Li W X, Han X, et al. Structural Reliability Analysis Based on Random Distribution with Interval Parameter[J]. Computers & Structures, 2011, 89: 2292-2302.

[12] 程井，李培聪，李同春，等. 含概率与区间混合不确定性的重力坝可靠性分析[J]. 水电能源科学，2019，37(4)：76-79.

[13] 中华人民共和国水利部. GB 50199—2013 水利水电工程结构可靠性设计统一标准[S]. 北京：中国计划出版社，2013.

17. 超高层异型结构长悬臂观景平台风振安全性控制理论分析*

徐家云[1,2]　唐　慧[1]　孙其凯[3]　罗璐昕[1]　龙海芳[1]

（1. 贵州民族大学人文科技学院，贵阳，550025；
2. 武汉理工大学道路桥梁与结构工程湖北省重点实验室，武汉，430070；
3. 中建三局城市投资运营有限公司，武汉，430070）

摘要：为研究超高层异型结构的长悬臂观景平台的风振响应，首先进行刚性测压模型风洞试验，测得缩尺模型的实际脉动风压系数，进而由理论公式计算得到实际结构的风荷载；然后用 ANSYS 软件建立结构有限元模型，计算结构及观景平台的风振响应；在观景平台的风振响应很大情况下，用非线性粘滞阻尼器控制观景平台的风振响应，并推导非线性粘滞阻尼器等效线性化公式，用 ANSYS 软件计算结构风振控制响应。分析表明：在非线性粘滞阻尼器控制下，长悬臂观景平台的竖向风振响应显著减小，有效提高了长悬臂观景平台使用的舒适度和安全性。

关键词：长悬臂观景平台；风洞试验；结构风振控制；非线性粘滞阻尼器；舒适度

WIND VIBRATION CONTROL THEORY AND STRUCTURAL CONTROL ANALYSIS OF THE LONG CANTILEVER VIEWING PLATFORM OF SUPER HIGH-RISE SHAPED STRUCTURE

XU Jia-yun[1,2]　TANG Hui[1]　SUN Qi-kai[3]
LUO Lu-xin[1]　LONG Hai-fang[1]

(1. College of Humanities &Sciences of Guizhou Minzu University, Guiyang, 550025, China;
2. Hubei Key Laboratory of Road Bridge & Structure Engineering, Wuhan University of Technology, Wuhan, 430070, China;
3. City Investment& Operation CO., Ltd. of Ccteb, Wuhan, 430070, China)

Abstract: In order to study the wind-induced response of the long cantilever viewing platform of the super high-rise shaped structure, the rigid pressure measurement model wind tunnel test is carried out at the first place to measure the actual fluctuating wind pressure coefficients of the scale model. Then, the wind load of the actual structure is calculated by the theoretical formula. Next, ANSYS is used to establish the finite element model and calculate the wind-induced response of the structure and platform. When the wind-induced response is very large in the viewing platform, nonlinear viscous damper is used to control the wind-induced response of the platform. After that, the equivalent linearization formula of the nonlinear viscous damper can be deduced. At last, calculate the wind-induced vibration control response of structures using ANSYS. Analysis shows: under the

---

* 基金项目：国家自然科学基金(51578434)

作者简介：徐家云(1953—)，男，教授，博导，E-mail：xjy13871384868@126.com

control of nonlinear viscous dampers, the vertical wind-induced vibration response of the long cantilever viewing platform decreases significantly, which effectively improves the comfort and the safety of the long cantilever viewing platform.

Keywords: long cantilever observation platform; wind tunnel test; structural wind vibration control; nonlinear viscous damper; comfort degree

近年来，在大跨屋盖结构的振动控制方面，国内外学者作了少量研究。顾明[1]等通过对强风区的大型体育场风洞试验研究，分析挑篷的平均风压和脉动风压，并对干扰影响进行了讨论；薛素铎[2]等通过 ANSYS 软件建立有限元模型，模拟脉动风压，分析了粘滞和粘弹性阻尼器对体育场悬挑屋盖风振控制效果；徐家云[3]等基于鄂东长江大桥实际工程背景，采用连续型和间断型的 TMD 对桥梁竖向抖振进行控制；H. Kawai[4]等研究了大悬挑屋盖结构的质量、俯仰角和阻尼比等参数对屋盖风致振动的影响。但是在超高层异型建筑的长悬臂结构风振分析研究资料尚为不足，所以本文以广东省江门市海逸酒店为背景，基于风洞试验[5]，在分析超高层异型结构的长悬臂观景平台风振作用的基础上，采用非线性粘滞阻尼器对长悬臂结构风振响应进行控制。

1 长悬臂观景平台风洞试验

海逸酒店地处广东省江门市外海大桥西北方，几何外观不规则，俯视与鱼类似，侧面又如一艘起航的帆船，其整体效果图和平面图如图 1、图 2 所示。该酒店占地面积 1 万多平方米，实际建筑面积 7 万多平方米；建筑楼层分为地上二十六层和地下一层；长悬臂观景平台位于结构的二十六层，宽度 4.8 m，悬挑长 9 m。为保证悬挑梁的受力以及减轻自重，在悬挑梁内加了钢管，形成钢骨混凝土悬挑梁。

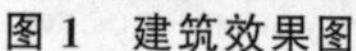

图 1 建筑效果图

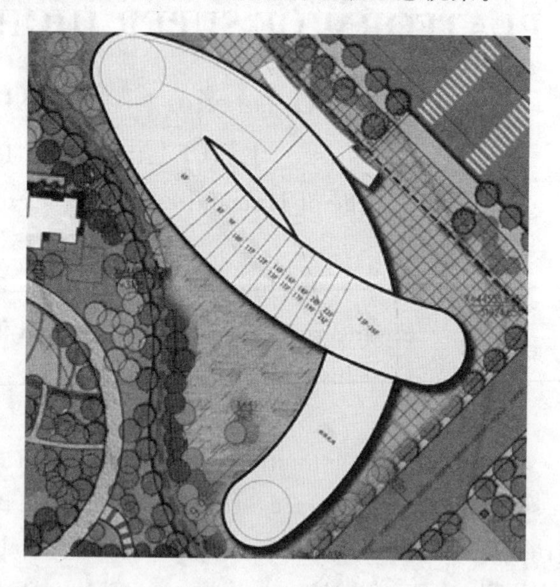

图 2 建筑投影图

试验在武汉大学 WD-1 风洞试验室完成。海逸酒店刚性测压模型材料为透明的有机玻璃，缩尺比采用 1:150，测压点数量为 252 个。模型与连接板固定成为整体，连接板与风洞试验段工作转盘固连，如图 3 所示。在距离地面 0.75 米高度处安装眼镜蛇三维脉动风速探头，模型测压的同时测量该高度处的参考风速，模型表面的风压测量通过电子扫描阀测压系统完成；表面脉动压力为 90 秒的采样时间，所有测点的采样频率均为 331 Hz，试验参考点风速为 9.73 m/s。本试验通过旋转工作转盘，模拟 0°～360°风向角的情况，其角度间隔为 15°，共 24 个试验风向角，如图 4 所示。

模型与原型的相似系数如表 1 所示，气动弹性模型试验模型及风向角如图 5 和图 6 所示。

图 3 海逸酒店测压模型

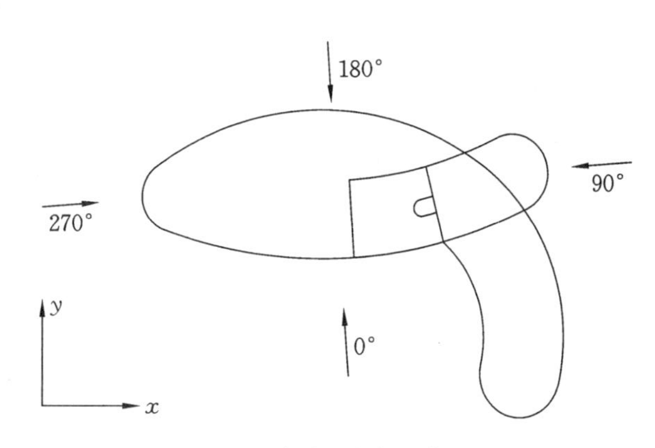

图 4 试验风向角示意图

表 1 模型与原型的相似系数

参数名称	相似参数	相似关系
几何尺寸	λ_L	1/150
风速	λ_V	1/6.12
时间	λ_t	1/24.49
频率	λ_f	24.49/1
质量	λ_m	1/1503
加速度	λ_a	4/1
位移	λ_d	1/150

图 5 气动弹性模型试验模型

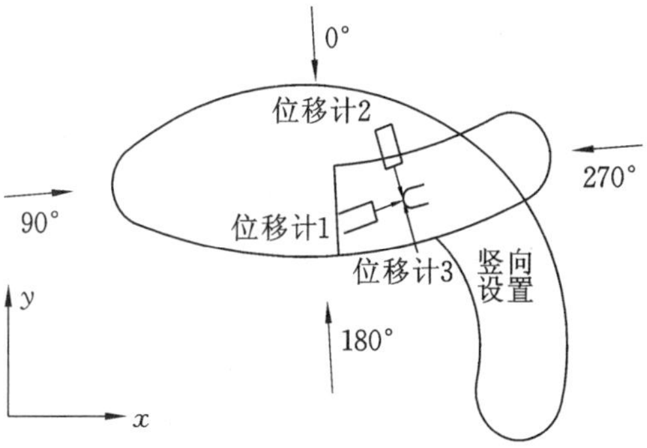

0°
位移计2
270°
90°
位移计1
位移计3
竖向
设置
y
180°
x

图 6 气动弹性模型试验风向角

气动弹性试验结构前 4 阶频率对照表见表 2。

表 2 结构频率对照表

振型号	实际频率(Hz)	相似频率(Hz)	实测频率(Hz)	相对误差(%)
1	0.540396	13.2343	12.11	9.28
2	0.587748	14.39395	13.51	6.54
3	0.706243	17.29589	17.01	1.68
4	0.867954	21.2561	20.375	4.32

前四阶振型分别为 y 向平动、x 向平动、长悬臂观景平台的竖向振动以及结构扭转，误差在 10%以内，证明气动弹性试验所测结果较好。

长悬臂观景平台结构在 8 个方向角下位移以及加速度响应如图 7、图 8 所示。

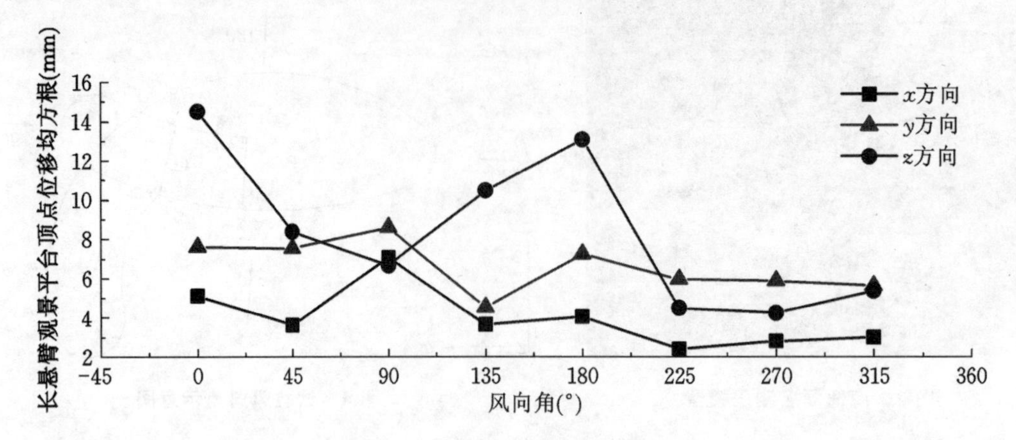

图 7　各方向角下位移均方根值

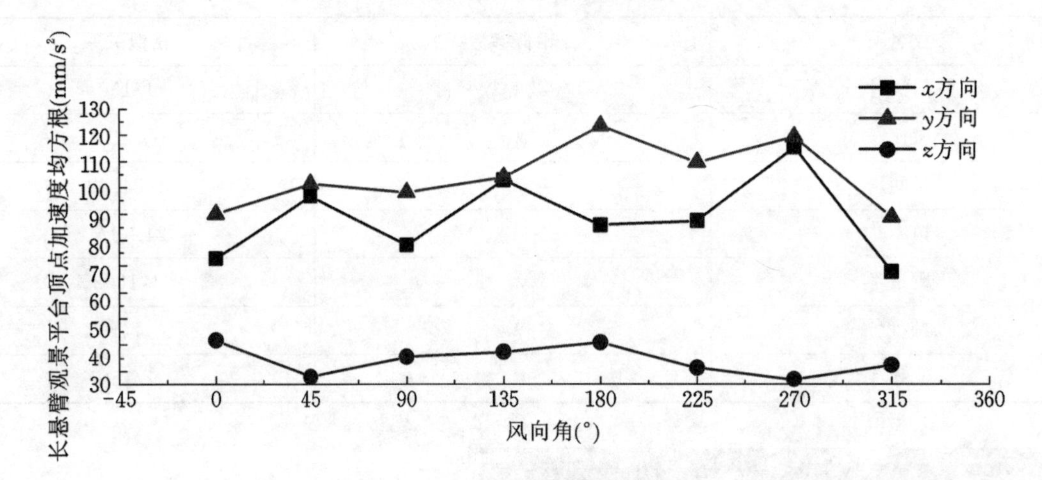

图 8　各方向角下加速度均方根值

由图 8 可以看出：长悬臂结构 x 向和 y 向加速度均方根值在 270°时最大，故 270°为 x 向和 y 向最不利风向角；z 向(竖向)加速度均方根值在 0°时达到峰值，故 0°为 z 向最不利风向角。由于 x 向和 y 向位移与加速度和长悬臂本身联系很小，主要受到主体结构的影响，故本文在控制长悬臂风致响应时，不予考虑 x 向和 y 向的影响，同时取 0°风向角为长悬臂结构的 z 向最不利风向角。

2　结构实际风荷载

由《建筑结构荷载规范》(GB 50009—2012)中规定可知，作用在建筑物表面某一点 i 的静风压 W_i 计算公式为：

$$W_i = \mu_{si}\mu_{zi}W_0 \tag{1}$$

式(1)中：W_0 为标准地貌的基本风压，实际取 0.35 kPa；μ_{si} 为 i 点的风载体型系数；μ_{zi} 为 i 点的风压高度变化系数。由风洞试验得出的风压计算公式为：

$$W_i(t) = C_{pi}(t)W_r \tag{2}$$

式(2)中：$C_{pi}(t)$是建筑物表面某一测点 i 在 t 时刻的风压系数；W_r 为试验参考点所对应的实际结构上的风压。

模型试验中各测点风压系数按式(3)计算：

$$C_{pi}(t) = \frac{P_i(t) - P_\infty}{0.5\rho V_\infty^2} \tag{3}$$

式(3)中:$P_i(t)$是测点 i 在 t 时刻风压值,P_∞、V_∞是参考点静压力值和风速,本次试验参考风速取 9.73 m/s;ρ 为空气密度。

据风压与风速的关系及风速随高度变化的公式,可得参考点对应的实际结构的风压为:

$$W_r = \left(\frac{Z_r}{Z_0}\right)^{2\alpha} W_{0\alpha} = \left(\frac{Z_r}{Z_0}\right)^{2\alpha} \left(\frac{H_{T0}}{Z_0}\right)^{2\alpha_0} \left(\frac{H_{T\alpha}}{Z_0}\right)^{-2\alpha} W_0 \tag{4}$$

式(4)中:Z_r 是试验时参考风速点的高度,试验中模型参考点高度为 0.75 m,实际结构中对应高度为 112.5 m;$W_{0\alpha}$为地面粗糙度指数为 α 时的基本风压;Z_0 为确定基本风压的高度,我国取 10 m;α 为地面粗糙度指数,本试验中 $\alpha=0.22$;α_0 为标准地面粗糙度指数,规范规定 $\alpha_0=0.16$;H_{T0}为标准粗糙度指数的大气梯度高度,$H_{T0}=350$ m;$H_{T\alpha}$取值 450 m。

由式(4)可求出实际结构中每个测点的实际风压,结合对应每个测点等效面积,则实际结构中风荷载可表示为:

$$F_i(t) = B_i H_i W_i(t) \tag{5}$$

式(5)中 B_i、H_i 分别为所属 i 测点的对应宽度和对应高度。

3 长悬臂观景平台的风振分析及风振控制

整体结构属于平面不规则、刚度和质量偏心的结构,不能将结构简化为多自由度的“糖葫芦串模型”。本文从空间结构模型入手,将整体结构分割成有限个单元体,分别计算结构质量矩阵、刚度矩阵以及荷载向量,建立结构动力方程如式(6)。

$$[M]\{\ddot{x}(t)\} + ([C]+[C_d])\{\dot{x}(t)\} + [K]\{x(t)\} = \{P(t)\} \tag{6}$$

式(6)中:$[M]$、$[C]$、$[C_d]$、$[K]$ 分别为结构的质量矩阵、阻尼矩阵、等效粘滞阻尼矩阵和刚度矩阵;$\{\ddot{x}(t)\}$、$\{\dot{x}(t)\}$、$\{x(t)\}$分别为结构的节点的加速度、速度和位移向量;$\{P(t)\}$为外荷载向量。

采用 ANSYS 建立结构模型,共有 1354 个节点,每个空间单元具有六个自由度,包括 x、y、z 三向的平动和绕这三轴的转动,每个单元的刚度矩阵与质量矩阵分别为:

$$[M]_i = \begin{bmatrix} m_{ix} & & & & & \\ & m_{iy} & & & & \\ & & m_{iz} & & & \\ & & & m_{i\theta x} & & \\ & & & & m_{i\theta y} & \\ & & & & & m_{i\theta z} \end{bmatrix} \quad [K]_i = \begin{bmatrix} k_{xx} & k_{xy} & k_{xz} & k_{x\theta_x} & k_{x\theta_y} & k_{x\theta_z} \\ k_{yx} & k_{yy} & k_{yz} & k_{y\theta_x} & k_{y\theta_y} & k_{y\theta_z} \\ k_{zx} & k_{zy} & k_{zz} & k_{z\theta_x} & k_{z\theta_y} & k_{z\theta_z} \\ k_{\theta_x x} & k_{\theta_x y} & k_{\theta_x z} & k_{\theta_x\theta_x} & k_{\theta_x\theta_y} & k_{\theta_x\theta_z} \\ k_{\theta_y x} & k_{\theta_y y} & k_{\theta_y z} & k_{\theta_y\theta_x} & k_{\theta_y\theta_y} & k_{\theta_y\theta_z} \\ k_{\theta_z x} & k_{\theta_z y} & k_{\theta_z z} & k_{\theta_z\theta_x} & k_{\theta_z\theta_y} & k_{\theta_z\theta_z} \end{bmatrix} \tag{7}$$

式(6)中阻尼矩阵,可由质量矩阵和刚度矩阵计算得到 Rayleigh 阻尼:

$$[C] = a_0[M] + a_1[K] \tag{8}$$

其中系数 a_0 和 a_1 由下列式子求出:

$$a_0 = \zeta \frac{2\omega_i\omega_j}{\omega_i+\omega_j}, \quad a_1 = \zeta \frac{2}{\omega_i+\omega_j} \tag{9}$$

式(9)中 ω_i、ω_j 为结构前两阶频率;ζ 为结构阻尼比,取值 0.05。

本文采用两个非线性粘滞阻尼器控制长悬臂观景平台的风振响应,具体布置如图 9 所示。

由于非线性粘滞阻尼器在结构中处于空间三维状态,则等效粘滞阻尼矩阵为:

$$[C_d]_i = C_{eq} \begin{bmatrix} -\cos^2 x & -\cos x\cos y & -\cos x\cos z & 0 & 0 & 0 \\ -\cos x\cos y & -\cos^2 y & -\cos y\cos z & 0 & 0 & 0 \\ -\cos x\cos z & -\cos y\cos z & -\cos^2 z & 0 & 0 & 0 \\ 0 & 0 & 0 & 0 & 0 & 0 \\ 0 & 0 & 0 & 0 & 0 & 0 \\ 0 & 0 & 0 & 0 & 0 & 0 \end{bmatrix} \tag{10}$$

$$[C_d]_j = -[C_d]_i \tag{11}$$

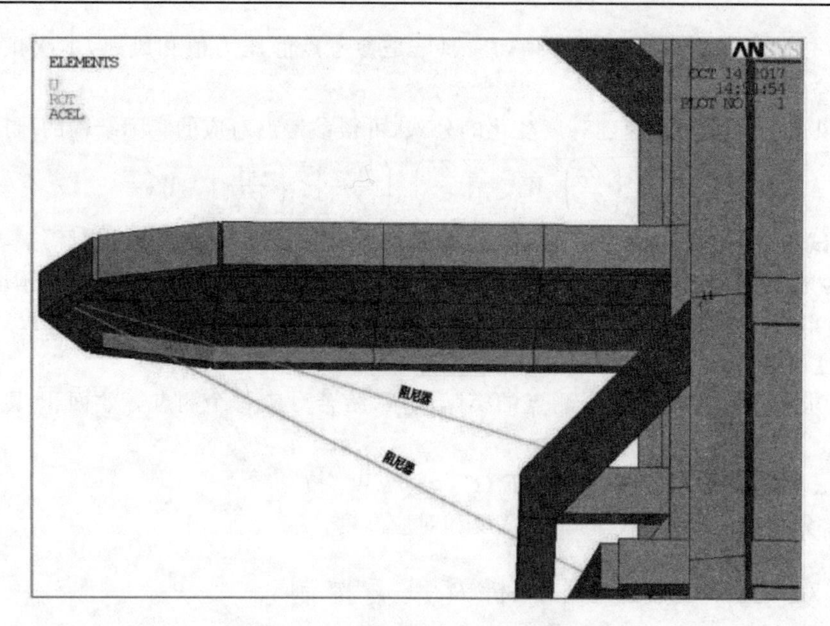

图 9　非线性粘滞阻尼器安放位置图

其中 i、j 分别为粘滞阻尼器两端对应的节点；$\cos x$、$\cos y$、$\cos z$ 分别为粘滞阻尼器与 x、y、z 轴的夹角余弦值；C_{eq} 为等效粘滞阻尼系数，如式(12)。

$$C_{\mathrm{eq}}=\frac{c u_0^{\alpha-1}\omega^{\alpha-1}\lambda}{\pi},\quad \lambda=2^{2+\alpha}\frac{\Gamma^2(1+\alpha/2)}{\Gamma(2+\alpha)} \tag{12}$$

ω 为荷载频率，此时令悬臂结构自振频率相等，即 $\omega=2\pi f=4.4375$ rad/s；对于非线性粘滞阻尼器最大位移 u_0，取结构在最不利风向角状态下两端相对位移时程的最大值，由图 10 可知 $u_0=0.031433$ m。

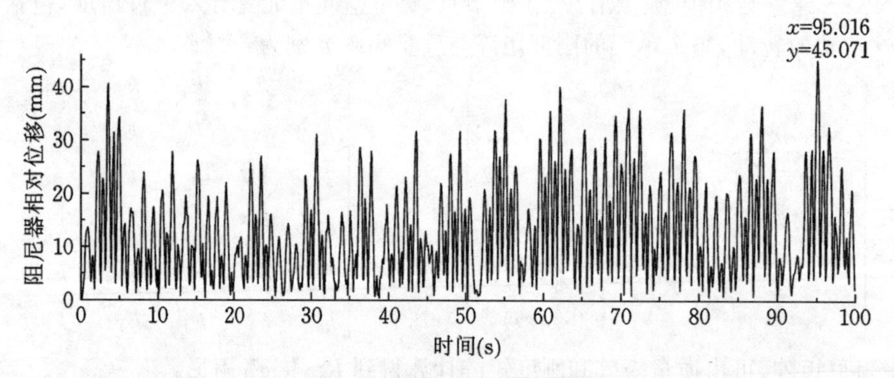

图 10　阻尼器的相对位移

采用 Newmark 法计算结构风致响应，其中取 $\alpha=0.5$，$\beta=0.25$。

通过风洞试验长悬臂观景平台在 8 个风向角作用下风致响应实测对比分析，本节选取 0°最不利风向角作为研究对象，附加非线性粘滞阻尼器，分析长悬臂观景平台在不同参数的非线性粘滞阻尼器作用下结构的位移、加速度以及内力的控制效果，从中获得最合适粘滞阻尼器参数。

工况一：非线性粘滞阻尼器的阻尼系数和支撑刚度为定值，研究长悬臂观景平台减振效果与速度指数之间的关系，粘滞阻尼器参数和支撑刚度见表 3，长悬臂观景平台风致响应控制效果与速度指数的关系见图 11。

表 3　不同速度指数的非线性粘滞阻尼器

速度指数 α	0.1	0.3	0.5	0.7	0.9
阻尼系数(10^6 N·(s/m)$^{\alpha}$)			3.5		
斜支撑刚度(10^8 N·m^{-1})			2.5		

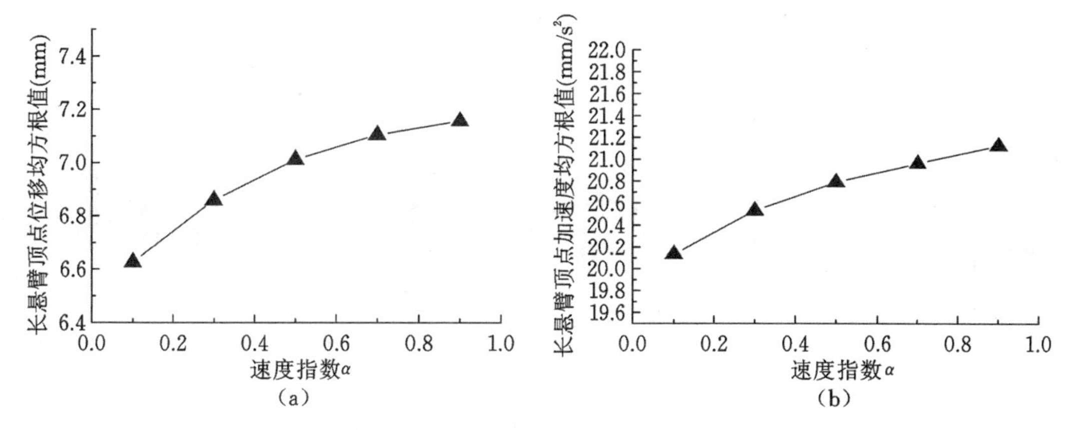

图 11　长悬臂观景平台风致响应控制效果与速度指数的关系

(a) 位移与速度指数的关系；(b) 加速度与速度指数的关系

由图 11 看见：在粘滞阻尼器的阻尼系数和斜支撑刚度一定时，长悬臂观景平台顶点的位移、加速度均方根值随粘滞阻尼器的速度指数的增大而增大；当速度指数增加到 1 时，粘滞阻尼器变为线性粘滞阻尼器。

工况二：非线性粘滞阻尼器的速度系数和斜支撑刚度为定值，研究长悬臂观景平台减振效果与阻尼系数之间的关系；粘滞阻尼器参数和支撑刚度见表 4，长悬臂观景平台风致响应控制效果与阻尼系数的关系见图 12。

表 4　不同阻尼系数的非线性粘滞阻尼器

速度指数 α	0.3				
阻尼系数(10^6 N・$(s/m)^\alpha$)	0.5	2	3.5	5	6.5
斜支撑刚度(10^8 N・m^{-1})	2.5				

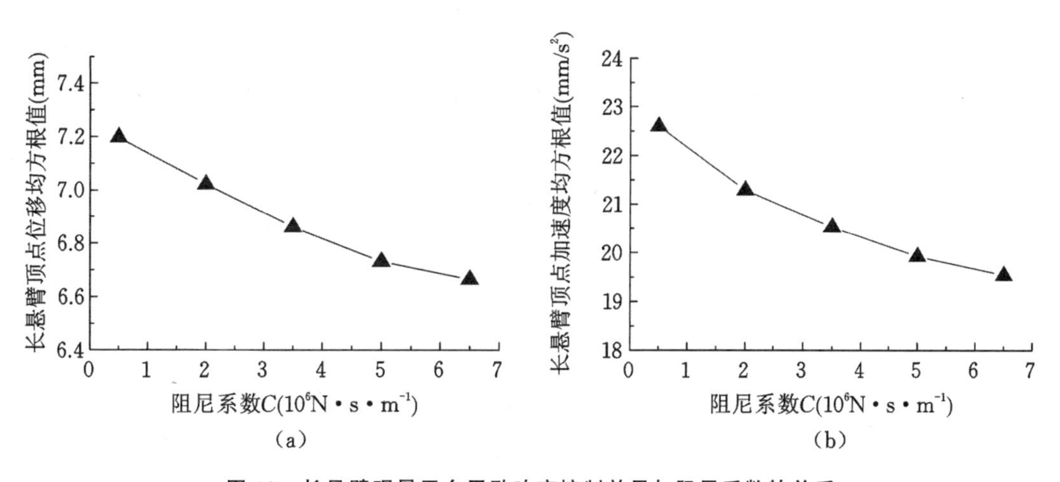

图 12　长悬臂观景平台风致响应控制效果与阻尼系数的关系

(a) 位移与阻尼系数的关系；(b) 加速度与阻尼系数的关系

由图 12 可见：当粘滞阻尼器的速度指数和斜支撑刚度不变时，随着粘滞阻尼器的阻尼系数的增大，长悬臂观景平台顶点的位移、加速度的均方根值逐渐减小，但后期减小幅度趋于平缓。

综上所述，结合长悬臂观景平台减振控制效果分析和粘滞阻尼器的经济性，本文选取非线性粘滞阻尼器的参数为：$C_\alpha = 3.5\times10^6$ N(s/m^α)，$\alpha=0.3$；支撑刚度 $k=2.5\times10^8$ N・m^{-1}。附加非线性粘滞阻尼器后，长悬臂观景平台有控和无控时程的位移、加速度对比分别见图 13 和图 14。

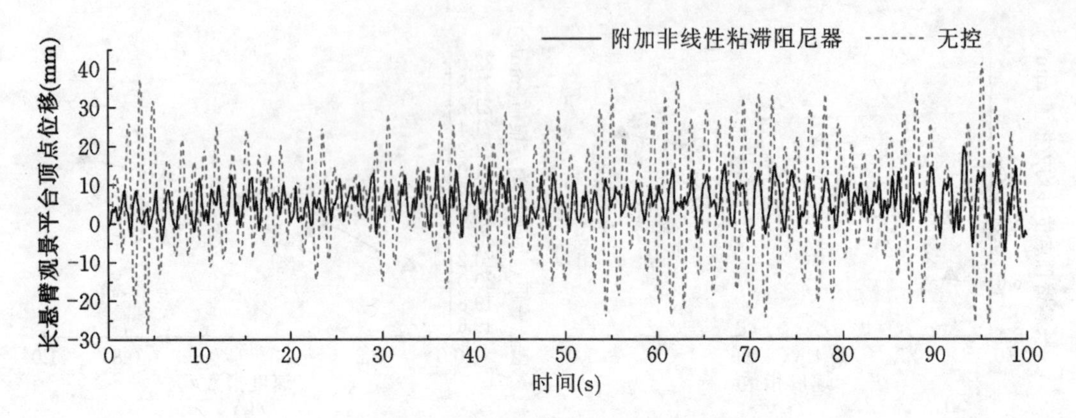

图 13　长悬臂观景平台位移响应时程对比分析

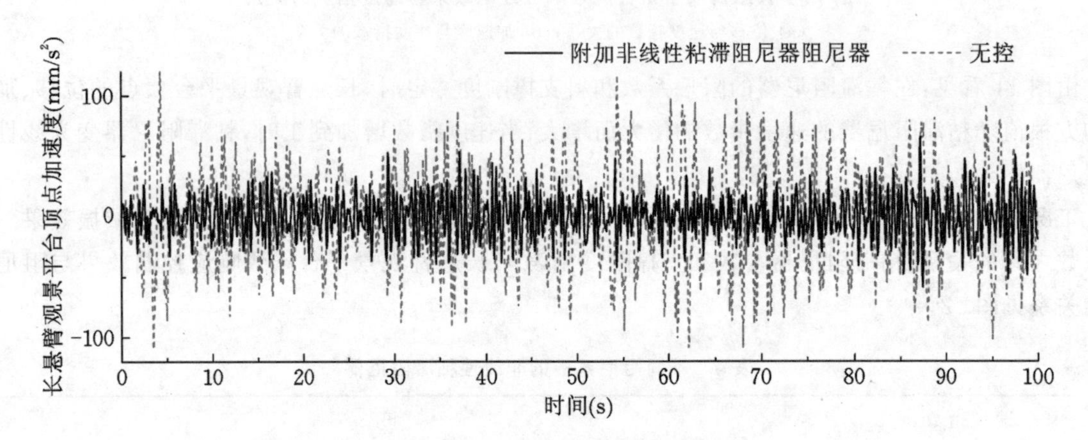

图 14　长悬臂观景平台加速度响应时程对比分析

由图 13 和图 14 可见：长悬臂结构在加设非线性阻尼器之后，结构的位移幅值以及加速度幅值均得到较好控制。

《高层建筑混凝土结构技术规程》中 3.7.7 条规定：楼盖结构应具有适宜的舒适度。楼盖结构的竖向振动频率不宜小于 3 Hz，竖向振动加速度峰值不应超过表 5 竖向振动加速度的限值，长悬臂观景平台的顶点位移峰值见表 6。

表 5　竖向振动加速度峰值

人员活动环境	峰值加速度限值(m/s^2)	
	竖向自振频率不大于 2 Hz	竖向自振频率不小于 4 Hz
住宅、办公	0.07	0.05
商场及室内连廊	0.22	0.15

表 6　长悬臂观景平台顶端响应控制效果

	位移幅值(m)	加速度幅值(mm/s^2)
无控	0.045	0.121
有控	0.020	0.066
控制效果	55.90%	45.29%

由表 6 可见：附加设非线性粘滞阻尼器后，长悬臂观景平台的顶点位移峰值从控制前的 0.045 m 降至 0.02 m，顶点位移峰值控制效果为 55.90%；顶点加速度峰值从控制前的 0.121 m/s^2 降至 0.066 m/s^2，顶点加速度峰值控制效果为 45.29%，满足了规范要求竖向振动加速度的限值 0.07 m/s^2

的舒适度要求。

4 结论

通过超高层异型结构的长悬臂观景平台风致振动分析及风振控制，可得到以下结论：

(1) 基于风洞试验，采用刚性测压模型，模拟建筑物周边实际风场环境，通过理论推导得到实际脉动风压系数时程；由气动弹性试验测得结构的风致响应，并得知长悬臂观景平台最不利风向角为0°。

(2) 长悬臂观景平台在无控状态下的风振响应虽不影响结构使用的安全性，但超出了规范规定的舒适度限值0.07 m/s^2，所以必须采取有效的减振措施加以控制。

(3) 设置非线性粘滞阻尼器(速度指数为0.3)之后，不仅降低了长悬臂观景平台的根部内力，增加了结构的安全性，同时也将结构的加速度减小到舒适度限值以下，控制效果显著。

参考文献

[1] 顾明，朱川海.大型体育场主看台挑篷的风压及其风干扰影响[J].建筑结构学报，2002，(04)：20-26.

[2] 薛素铎，胡斌，李雄彦，等.粘滞和粘弹性阻尼器在体育场悬挑屋盖风振控制中的应用研究[C].第九届全国现代结构工程学术研讨会，2011：828-834.

[3] 徐家云，陈吉，郑会华，等.大跨度桥梁风致竖向抖振控制研究[J].武汉理工大学学报，2014，36(01)：112-115.

[4] H. Kawai, R. Yoshie, R. Wei, et al. Wind-induced response of a large cantilevered roof[J]. Journal of Wind Engineering & Industrial Aerodynamics，1999，83(1-3)：263-275.

[5] 李秋胜，陈凡.高层建筑气动弹性模型风洞试验研究[J].湖南大学学报(自然科学版)，2016，(01)：20-28.

[6] 符龙彪，钱基宏.大跨度空间结构风振响应计算分析[J].建筑科学，2005，21(1)：49-54.

[7] 赵广鹏，娄宇，李培彬，等.粘滞阻尼器在北京银泰中心结构风振控制中的应用[J].建筑结构，2007，(11)：8-10.

18. 基于多变量幂多项式展开的随机结构静力响应计算*

李烨君[1]　黄　斌[2]　张　衡[3]

（1. 湖北理工学院土木建筑工程学院，黄石 435000；
2. 武汉理工大学土木工程与建筑学院，武汉，430070；
3. 长江大学城市建设学院，荆州，434023）

摘要：本文提出了一种计算基于多变量幂多项式展开的随机结构静力响应的新方法。首先借助 Karhunen-Loéve 级数展开和摄动法，可获取静力作用下响应表达式的待定系数。再利用伽辽金投影技术，获取该随机响应表达式的最终表达式。通过算例表明，该方法计算精确率高，而且和传统的直接蒙特卡洛模拟相比效率高出很多。

关键词：多变量幂多项式；Karhunen-Loéve 级数展开；摄动法；伽辽金投影技术
中图分类号：TU311.4　　　**文献标识码**：A

CALCULATION OF STATIC RESPONSE OF RANDOM STRUCTURE BASED ON MULTIVARIABLE POWER POLYNOMIAL EXPANSION

Yejun Li[1]　Bin Huang[2]　Heng Zhang[3]

(1. School of Civil Engineering and Architecture,
Hubei Polytechnic University, Huangshi, 435003, China;
2. School of Civil Engineering and Architecture,
Wuhan University of Technology, Wuhan, 430070, China;
3. School of Urban Construction, Yangtze University, Jingzhou, 434023, China)

Abstract: This paper presents a new method for calculating the static response of random structures based on the expansion of multivariable power polynomials. First, with the help of Karhunen-Loéve series expansion and perturbation method, the undetermined coefficients of the response expression under static force can be obtained. Then use Galerkin projection technology to obtain the final expression of the random response expression. The calculation examples show that this method has high calculation accuracy and much higher efficiency than traditional direct Monte Carlo simulation.

Keywords: Multivariable power polynomials; Karhunen-Loéve series expansion; Perturbation method; Galerkin projection technology

引言

由于结构所用的材料或者外部荷载等的不确定导致结构响应也随机，故利用随机参数的模型会更符合实际，目前衡量结构是否安全的一个关键指标就是结构可靠度，也就是失效概率的计算，但计

---

* 基金项目：国家自然科学基金（51978545）；湖北省教育厅中青年人才项目（Q20194503）；湖北理工学院人才引进项目（18xjz12R）

作者简介：李烨君（1988—），女，博士，副教授；黄斌（1968—），男，博士，教授；张衡（1987—），男，博士，讲师

算时会由于功能函数的非线性或者随机变量概率分布的非高斯性变得十分困难[1,2]。

在本文中,基于多变量幂多项式展开,基于文献[3-6],提出了随机结构可靠度分析的新方法。借助Karhunen-Loéve级数展开和摄动法,可获取静力作用下响应表达式的待定系数。再利用伽辽金投影技术,获取该随机响应表达式的最终表达式。通过算例表明,该方法计算精确率高,而且和传统的直接蒙特卡洛模拟相比效率高出很多。

1 随机响应的多变量幂多项式解

1.1 随机平衡方程

在外界荷载影响下,某一线弹性结构发生小变形时,其有限元平衡方程方程可以表达如下:

$$\boldsymbol{Kd} = \boldsymbol{f} \tag{1}$$

其中 $\boldsymbol{K}$ 是结构的刚度矩阵;$\boldsymbol{d}$ 是节点的位移向量;$\boldsymbol{f}$ 是节点的荷载向量。

1.2 Karhunen-Loéve 级数展开

利用 Karhunen-Loéve 级数展开表示任意分布形式的随机场,如下式:

$$M = \sum_{i=1}^{\infty} \lambda_i \xi_i \varphi_i \tag{2}$$

式中,ξ_i 表示一组正交随机变量,λ_i 和 φ_i 是以 M 的协方差矩阵为核的积分方程的特征值和特征向量,该积分方程如下:

$$\int_{\Omega} COV_{MM}(x_1, x_2)\varphi_i(x_1)\mathrm{d}x_1 = \lambda_i \varphi_i(x_2) \tag{3}$$

式中,特征函数是符合下列方程的一个集合,该集合是完备正交的:

$$\int_{\Omega} \Phi_i(x)\Phi_j(x)\mathrm{d}x_1 = \delta_{ij} \tag{4}$$

式中,δ_{ij} 为 Kronecker 积分。

随机变量 $P(x)$ 可表达为如下 Karhunen-Loéve 级数展开式:

$$P(x) = \overline{P}(x) + \sum_{i=1}^{\infty} \xi_i \sqrt{\lambda_i} \Phi_i(x) \tag{5}$$

1.3 静力问题的递推求解

随机位移响应向量 $\boldsymbol{d}$ 可以定义为收敛的含有 n 个独立随机变量的多变量幂多项式展开:

$$\boldsymbol{d} = \boldsymbol{d}_0 \chi_0 + \sum_{i=1}^{n} \boldsymbol{d}_i \chi_1(x_i) + \sum_{i=1}^{n}\sum_{j=1}^{i} \boldsymbol{d}_{ij} \chi_2(x_i \quad x_j) + \cdots \tag{6}$$

其中,$\chi_n(x_i \quad x_j \quad \cdots \quad)$ 表示多维非正交多项式基。

根据 Karhunen-Loéve 分解,不确定的刚度矩阵可以表示为:

$$\boldsymbol{K} = \boldsymbol{K}_0 + \sum_{i=1}^{n_1} x_i \boldsymbol{K}_i \tag{7}$$

其中,$\boldsymbol{K}_0$ 为对应均值参数的 $N \times N$ 维确定性矩阵;$\boldsymbol{K}_i$ 表示和独立随机变量 α_i 对应的 $N \times N$ 维矩阵。

同理,当外部荷载含有 l 个随机变量时,可被表示为:

$$\boldsymbol{f} = \boldsymbol{f}_0 + \sum_{i=n_1+1}^{n} \boldsymbol{f}_i x_i \quad (n = n_1 + l) \tag{8}$$

其中，$\boldsymbol{f}_0$ 为对应均值参数的 $N \times 1$ 维确定性矩阵；$\boldsymbol{f}_i$ 表示和独立随机变量 α_i 对应的 $N \times 1$ 维矩阵。

将方程(7)、(8) 代入方程(6)，可有

$$\left(\boldsymbol{K}_0 + \sum_{i=1}^{n} x_i \boldsymbol{K}_i\right)\left(\boldsymbol{d}_0 \varphi_0 + \sum_{i=1}^{n} \boldsymbol{d}_i \varphi_1 + \cdots\right) = \boldsymbol{f}_0 + \sum_{i=1}^{n} \boldsymbol{f}_i x_i \tag{9}$$

其中，$\boldsymbol{K}_i = 0\ (i = n_1 + 1, \cdots n)$；$\boldsymbol{f}_i = 0\ (i = 1, \cdots, n_1)$。

随机向量 $\boldsymbol{x}$ 的每个样本需要满足方程(9)，故方程两边同阶次的多项式系数之和必须等于零。这时候，可以获得一系列的确定性递推方程，从而可以方便地得到未知系数 $\boldsymbol{d}_0$、$\boldsymbol{d}_i$、$\boldsymbol{d}_{ij}$ …。

1.4 多变量幂多项式展开收敛率的修正

通常以上方法得到的响应表达式的精度不能满足要求，所以接下来将运用伽辽金投影技术来修正式(9) 中的响应表达式，在式(9) 的基础上加上修正系数可得：

$$\boldsymbol{d} = \upsilon_0\, \boldsymbol{d}_0 \chi_0 + \upsilon_1 \left(\sum_{i=1}^{n} \boldsymbol{d}_i \chi_1\right) + \upsilon_2 \left(\sum_{i=1}^{n}\sum_{j=1}^{i} \boldsymbol{d}_{ij} \chi_2\right) + \upsilon_3 \left(\sum_{i=1}^{n}\sum_{j=1}^{i}\sum_{k=1}^{j} \boldsymbol{d}_{ijk} \chi_3\right) + \cdots = \sum_{i=0}^{\infty} \upsilon_i\, \Phi_i \tag{10}$$

其中，$\upsilon_i (i = 0, 1, \cdots)$ 是未知修正系数；而 $\boldsymbol{\Phi}_0, \boldsymbol{\Phi}_1 \cdots$ 则分别表示 $d_0 \varphi_0, \sum_{i=1}^{n} \boldsymbol{d}_i \varphi_1 (\alpha_i)$ 等。

将 Φ_i 看作以上展开式的多项式基，并取前 m 项，然后方程(10) 则变成：

$$\sum_{i=0}^{n} x_i \boldsymbol{K}_i \sum_{j=0}^{m} \beta_j \boldsymbol{\Phi}_j = \sum_{i=0}^{n} \boldsymbol{f}_i x_i \tag{11}$$

其中 $x_0 = 0$；将方程两边在基向量 $\boldsymbol{\Phi}_i$ 上进行伽辽金投影并取期望，可得：

$$\sum_{j=0}^{m}\sum_{i=0}^{n} < x_i\, \boldsymbol{\Phi}_k^{\mathrm{T}}\, \boldsymbol{K}_i \Phi_j > \upsilon_j = \sum_{i=0}^{n} < x_i\, \boldsymbol{\Phi}_k^{\mathrm{T}}\, \boldsymbol{f}_i > \quad (k = 0, \cdots, m) \tag{12}$$

其中 $<\cdot>$ 表示数学期望，通过求解上述方程组，可以方便得到 υ_i 的解。从而得到响应的最终表达式。

2 算例

如图1所示，在某长4米悬臂梁作用6 kN竖向集中荷载，假定抗弯刚度为随机量，均值为4900 kN · m^2，简图。

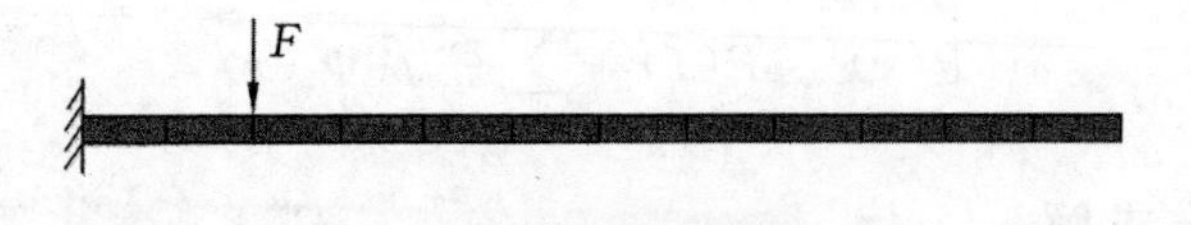

图 1 随机悬臂梁

Fig. 1 Random cantilever beam

随机变量抗弯刚度可以写成：

$$EI = EI_0 (1 + \sqrt{5} \cdot x \cdot \delta) \tag{13}$$

其中 x 为贝塔分布的随机变量，概率密度函数可被写成：

$$f(x) = \frac{3}{4}(1 + x)(1 - x)(-1 \leqslant x \leqslant 1) \tag{14}$$

利用本文方法计算出悬臂梁端竖向位移的前四阶矩，分别详见表 1 ～ 表 4。为了验证本文方法的准确性，还运用直接蒙特卡洛法进行了对比。

表 1　不同方法计算出的响应均值

Table 1　Mean of the structure from different methods

方法	δ_{EI}			
	0.1	0.2	0.3	0.4
本文方法	1.0388e-04	1.0738e-04	1.1458e-04	1.3039e-04
直接蒙特卡洛法	1.0388e-04	1.0738e-04	1.1458e-04	1.3073e-04

表 2　不同方法计算出的响应均方差

Table 2　Mean square of the structure from different methods

方法	δ_{EI}			
	0.1	0.2	0.3	0.4
本文方法	1.0567e-05	2.3152e-05	4.1797e-05	8.1830e-05
直接蒙特卡洛法	1.0567e-05	2.3152e-05	4.1856e-05	8.5479e-05

表 3　不同方法计算出的偏度均值

Table 3　Skewness of the structure from different methods

方法	δ_{EI}			
	0.1	0.2	0.3	0.4
本文方法	0.3509	0.7580	1.3224	2.2484
直接蒙特卡洛法	0.3509	0.7591	1.3525	2.8921

表 4　不同方法计算出的峰度均方差

Table 4　Kurtosis of the structure from different methods

方法	δ_{EI}			
	0.1	0.2	0.3	0.4
本文方法	2.3151	2.9479	4.5426	8.6398
直接蒙特卡洛法	2.3152	2.9570	4.7714	14.9255

通过表 1～表 4 可知:本文的计算方法和直接的蒙特卡洛结果吻合度非常好,尤其是变异系数不大的时候基本上一样,这说明了利用本文提出的新方法精度高。

在计算时间方面,本文的方法只需要直接蒙特卡洛法的两百分之一。说明本文方法在计算精度与直接蒙特卡洛法相近的情况下,计算效率比直接蒙特卡洛法高很多。

3　结论

本文提出了一种计算基于多变量幂多项式展开的随机结构静力响应的新方法。首先借助Karhunen-Loéve级数展开和摄动法,可获取静力作用下响应表达式的待定系数。再利用伽辽金投影技术,获取该随机响应表达式的最终表达式。通过算例表明,该方法计算精确率高,而且和传统的直接蒙特卡洛模拟相比效率高出很多。

参 考 文 献

[1] K. Breitung. Asymptotic approximations for multinormal integrals[J]. Journal of Engineering Mechanics, 1984, 110(3): 357-366.

[2] G. Q. Cai, I. Elishakoff. Refined second-order reliability analysis[J]. Structural Safety, 1994, 14(4): 267-276.

[3] B. Huang, Q. S. Li, A. Y. Tuan et al. Zhu. Recursive approach for random response analysis using non-orthogonal polynomial expansion[J]. Computational Mechanics, 2009, 44(3): 309-320.

[4] B. Huang, R. F. Seresh, L. Zhu. Statistical analysis of basic dynamic characteristics of large span cable-stayed bridge based on high order perturbation stochastic FEM[J]. Advances in Structural Engineering, 2013, 16(9): 1499-1512.

[5] 黄斌. 随机结构有限元分析的递推求解方法的改进[J]. 计算力学学报, 2010, 27(1): 202-206. (HUANG Bin. Improvement on recursive stochastic finite element method[J]. Chinese journal of computational mechanics, 2010, 27(1): 202-206. (in Chinese))

[6] 黄斌, 索建臣, 毛文筠. 随机杆系结构几何非线性分析的递推求解[J]. 力学学报, 2007, 6: 835-842. (HUANG Bin, SUO Jian-chen, MAO Wen-jun. Geometrical nonlinear analysis of truss structures with random parameters utilizing recursive stochastic finite element method[J] Chinese Journal of Theoretical and Applied Mechanics, 2007, 6: 835-842. (in Chinese))

19. 基于同伦随机有限元法的结构弹性屈曲荷载求解

张　衡[1]　黄　斌[2]　刘宇浩[1]

(1. 长江大学，湖北荆州 434023；2. 武汉理工大学，湖北武汉 430070)

摘要：针对含随机参数结构的弹性稳定性分析，提出了一种新的随机有限元法——同伦随机有限元法。该方法将结构的随机屈曲荷载和屈曲模态以关于随机变量的同伦级数形式进行表达，利用同伦分析方法得到同伦级数中各阶确定性系数的递推表达式，同时引入能够控制级数收敛性的趋近函数。为了确定趋近函数中的参数 h，提出了概率残差最小化法。数值算例表明，同伦随机有限元法适用于随机参数变异性较大时结构随机屈曲荷载的求解，与蒙特卡洛模拟法相比，新方法的求解效率大大提高。

关键词：同伦分析法；随机弹性屈曲荷载；摄动法

Solution of elastic buckling load based on thehomotopy stochastic finite element method

Zhang Heng[1]　Huang Bin[2]　Liu Yuhao[1]

(1. Yangtze University, Jingzhou 434023, China;

2. Wuhan University of Technology, Wuhan 430070, China)

Abstract: A new stochastic finite element method, which is named homotopy stochastic finite element method(HSFEM), is proposed for the elastic stability analysis of random structure. In this method, the random buckling load and corresponding buckling mode are expressed in the form of homotopy series, the deterministic coefficients in the homotopy series are derived through the homotopy analysis method, and an approaching function which can affect the convergence of the series is introduced. The random residual error minimization method is developed to obtain the optimal value of h in the approaching function. The numerical examples indicate that, HSFEM is suitable for stability analysis of structure involving random variables with large fluctuation, and its computational efficiency is much better than that of the Monte-Carlo simulation.

Keywords: homotopy analysis method; random buckling load; perturbation method

引言

结构失稳意味着外部荷载作用下，结构将不再保持平衡状态，结构受一小的扰动时，将会有一个很大的变形。此种情况下结构失效时所受荷载常远小于结构材料本身的破坏荷载，近年来由于结构形式的不断发展和高强度建筑材料的应用，涌现了许多轻质薄壁型的结构，这类结构比较容易发生失稳，这在实际工程设计中早已引起了工程师的重视。有两类稳定问题。第一类叫作平衡分支问题；第二类实质上是结构的极限荷载。现实工程结构分析时，遇到的稳定问题应为后一类。但由于第一类稳定问题的力学模型简单明确，可直接转化为广义特征值问题，求得的屈曲特征值可以当做结构极限荷载的上限值，故其有着重要的理论分析价值[1]。对于确定性结构的稳定性分析，人们早已有了较深入地研究[2]，如经典的欧拉柱稳定性分析。然而，现实结构中总是存在着不确定性，显然考虑结构参数或者外荷载随机性的结构稳定性分析会更加合理。有许多研究集中在随机初始几何缺陷对结构稳定性的影响[3]，结构材料参数或是几何截面尺寸对结构弹性屈曲荷载影响的研究也具有十分重要的意义[2]，目前可用于进行随机参数结构弹性屈曲分析的方法主要包括蒙特卡洛模拟方法[4]，摄动法[5,6]和其他方法[7,8]。

Song 和 Ellingwood[4]利用迭代法结合蒙特卡洛法研究了随机参数结构的最小屈曲特征值和相应屈曲模态，同时，他们也讨论了最低的两阶屈曲荷载相近，即密屈曲特征值的情况；尽管利用蒙特卡洛模拟法能够得到十分精确的统计值，但是通常其计算工作量较大。Zhang 和 Ellingwood[5]利用二阶摄动技术，计算了随机参数结构屈曲荷载的均值和均方差，同时他们也讨论了随机场相关长度和变异系数值对结构屈曲荷载的影响；Kamiński 和 Swita[9]利用广义随机有限元方法，采用高阶摄动技术（最高可取十阶泰勒级数）来计算随机屈曲荷载和应力的前四阶统计矩值。除了上述方法外，还有一些其他的可用于求解随机屈曲荷载的方法。Wu 和 Gao[10]考虑结构不确定信息的不完整性，提出了基于区间不确定性参数的结构弹性稳定性分析方法；Xu 和 Bai[8]用概率密度演化法分析了具有材料不确定性的大型冷却塔的屈曲承载能力。

总的来说，以上介绍的这些方法都试图找到一种可以高效且准确地获得屈曲荷载和屈曲模态统计特性的途径，但是大多数方法只适用于随机参数变异性较小或随机变量服从高斯分布的情况。本文将利用同伦随机有限元方法来进行随机参数结构的弹性稳定性分析，其中随机参数可以具有大变异性且可以是非高斯分布。

1 随机结构弹性屈曲控制方程的同伦构造与求解

对于确定性结构，其弹性屈曲荷载可通过求解如下广义特征方程得到：

$$(\boldsymbol{K}-F\boldsymbol{K}_{\mathrm{g}})\boldsymbol{D}=0 \tag{1}$$

式中，$\boldsymbol{F}$ 和 $\boldsymbol{D}$ 分别是结构的屈曲荷载和屈曲模态，$\boldsymbol{K}$ 和 $\boldsymbol{K}_{\mathrm{g}}$ 分别是结构的整体弹性刚度矩阵和几何刚度矩阵。

若采用含随机变量的 Karhunen-Loève 展开来模拟结构弹性模量随机场，则结构的刚度矩阵可表示为：

$$\boldsymbol{K}(\xi)\doteq\boldsymbol{K}_0+\sum_{i=1}^{n}\xi_i\boldsymbol{K}_i \tag{2}$$

式中，$\boldsymbol{K}_0$ 为结构随机参数在均值处对应的整体刚度矩阵，$\boldsymbol{K}_i$ 是 $N\times N$ 维矩阵。$\xi=\{\xi_1,\xi_2,\cdots\xi_n\}$ 是一组相互独立的随机变量。那么，结构的屈曲荷载和屈曲模态自然也是随机变量的函数。

基于同伦分析方法的概念，该随机结构特征值的零阶变形方程可构造成如下式的形式

$$\begin{aligned}&(1-p)[\boldsymbol{K}_0\Theta(\xi;h,p)-\Gamma(\xi;h,p)\boldsymbol{K}_{\mathrm{g}}\Theta(\xi;h,p)-(\boldsymbol{K}_0D_0-F_0\boldsymbol{K}_{\mathrm{g}}D_0)]\\&=ph\Big[(\boldsymbol{K}_0+\sum_{i=1}^{n}\boldsymbol{K}_i\xi_i)\Theta(\xi;h,p)-\Gamma(\xi;h,p)\boldsymbol{K}_{\mathrm{g}}\Theta(\xi;h,p)\Big]\end{aligned} \tag{3}$$

式中，$p\in[0,1]$，$h\neq 0$。$\boldsymbol{K}_0$、$\boldsymbol{F}_0$ 和 $\boldsymbol{D}_0$ 分别为弹性刚度矩阵、屈曲荷载和屈曲模态的均值。$\Gamma(\xi;h,p)$ 和 $\Theta(\xi;h,p)$ 分别表示特征值和特征向量的同伦近似，它们都是随机变量 ξ_i、辅助参数 h 和 p 的函数。

将方程(3)两边对参数 p 求导 m 次可得到方程(3)的 m 阶变形方程，然后，令 $p=1$ 便可得到屈曲荷载 $F(\xi,h)$ 和屈曲模态 $\boldsymbol{D}(\xi,h)$ 的级数表达式：

$$\boldsymbol{F}(\xi)=\sum_{m=0}^{\infty}\frac{\boldsymbol{F}_{\mathrm{m}}}{m!}\quad \boldsymbol{D}(\xi)=\sum_{m=0}^{\infty}\frac{\boldsymbol{D}_{\mathrm{m}}}{m!} \tag{4}$$

其中，

$$\boldsymbol{F}_{\mathrm{m}}=m(1+h)\sum_{j=0}^{m-2}\binom{m-1}{j}\boldsymbol{D}_0^{\mathrm{T}}\boldsymbol{F}_{m-1-j}\boldsymbol{K}_{\mathrm{g}}\boldsymbol{D}_j-\sum_{j=1}^{m-1}\binom{m}{j}\boldsymbol{D}_0^{\mathrm{T}}F_{m-j}\boldsymbol{K}_{\mathrm{g}}\boldsymbol{D}_j-mh\boldsymbol{D}_0^{\mathrm{T}}\Delta\boldsymbol{K}\boldsymbol{D}_{m-1} \tag{5}$$

$$\begin{aligned}\boldsymbol{D}_{\mathrm{m}}=\eta\Big\{&m(1+h)\Big[(\boldsymbol{K}_0-F_0\boldsymbol{K}_{\mathrm{g}})\boldsymbol{D}_{m-1}-\sum_{j=0}^{m-2}\binom{m-1}{j}\boldsymbol{F}_{m-1-j}\boldsymbol{K}_{\mathrm{g}}\boldsymbol{D}_j\Big]\\&+mh\Delta\boldsymbol{K}\boldsymbol{D}_{m-1}+\sum_{j=0}^{m-1}\binom{m}{j}F_{m-j}\boldsymbol{K}_{\mathrm{g}}\boldsymbol{D}_j\Big\}\end{aligned} \tag{6}$$

$\boldsymbol{F}_{\mathrm{m}}$ 和 $\boldsymbol{D}_{\mathrm{m}}$ 的具体推导过程可参见文献[11]。在得到屈曲荷载和屈曲模态的显式表达式后，就可以直接通过该表达式对屈曲荷载的统计特征值进行计算。

2 数值算例

考虑一 6 m 长变截面悬臂梁结构，如图 1 所示，在梁的端点 C 处有轴向力 $\boldsymbol{P}$。该梁分为 AB 和 BC 两段，该梁结构划分为 12 个单元，节点考虑侧向位移和转角两个自由度。两段抗弯刚度分别为 EI_{AB} 和 EI_{BC}。假定 AB 段的抗弯刚度为确定性的 $EI_{AB}=16\ \mathrm{kN\cdot m^2}$。考虑 BC 段中单元的随机性，BC 段每个单元的 $\overline{EI}_i^e$ 都分别包含一个服从对数正态分布的随机变量。

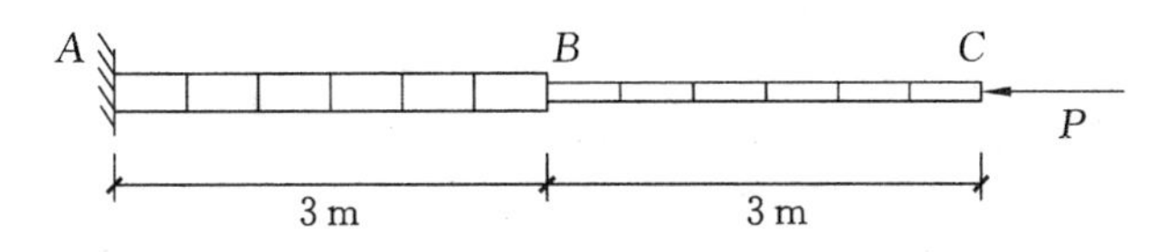

图 1 变截面悬臂梁结构

$$EI_i^e=\overline{EI}_i^e(1+\alpha\cdot\xi_i)\ (i=1,\cdots,6) \tag{7}$$

每个单元抗弯刚度的均值为 $\overline{EI}_i^e=14\ \mathrm{kN\cdot m^2}$，$\alpha$ 是一确定性的参数，它的值可以控制单元抗弯刚度 EI_i^e 变异性的大小。$\xi_i(i=1,\cdots,6)$ 是六个相互独立的对数正态分布随机变量，其均值为 0.1，均方差 0.1。本算例中，参数 α 的值从 0.1 逐渐增加到 1，意味着 BC 段梁的抗弯刚度的变异性逐渐增大，利用 Ellingwood[5] 的方法，四阶摄动法（4th-PSFEM），HSFEM-1，HSFEM-2 以及蒙特卡洛模拟法（10 万样本）（DMC）计算屈曲荷载的前四阶统计矩。

图 2 是各种方法得到的屈曲荷载的前四阶统计矩值，可以看到：随着结构随机变量变异性的增大，Ellingwood 方法仅对均值和均方差给出了较好的计算结果，在 α 大于 0.3 后，该方法得到的偏度和峰度值已经出现了明显的计算误差。由于 Ellingwood 方法采用的是二阶摄动技术，故也给出了高阶摄动法（四阶泰勒展开）的结果，通过图 2 发现，本工况中高阶摄动并没有改善低阶摄动的计算精度问题，甚至在均方差上不如低阶摄动的结果。通常情况下，高阶摄动是可以有效地改进低阶摄动的求解精度，因为它可以适用于随机参数具有较大变异性的情形。本算例的结果表明，在某些特殊条件下（如本例中的对数正态分布随机变量），情况并非如此。

图 3 画出了当 $\alpha=0.8$ 时各方法得到的屈曲荷载的概率密度函数图，从此概率密度函数图中可以清楚地找到 Ellingwood 方法，四阶摄动法在其高阶统计矩发散的原因：这两种方法均有样本处于左侧尾部，且这些样本远远超出了 DMC 结果的样本边界，这说明由 Ellingwood 方法和四阶摄动法得到的屈曲荷载表达式，在远离均值点处的函数曲面出现了发散现象。反观本文提出的 HSFEM-1 和 HSFEM-2，在参数 α 增大的情况下均能给出满意的结果（这里需要注意的是，对于 HSFEM-1 的偏度计算结果，并没有像工况一中那样出现明显的误差）。这说明屈曲特征值同伦级数表达式中的趋近函数对级数的收敛域的改变起到了关键作用。

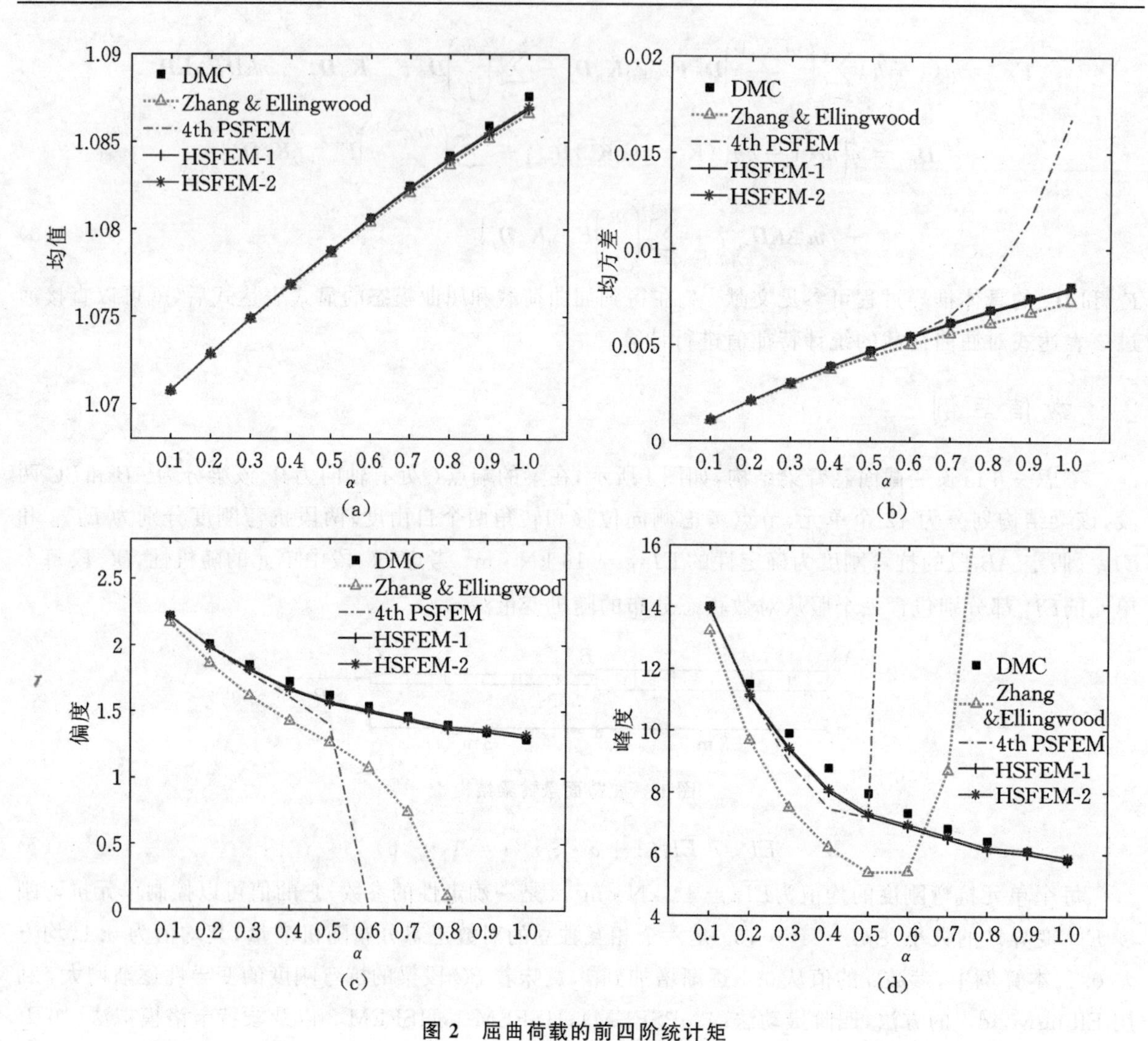

图 2　屈曲荷载的前四阶统计矩

(a) 屈曲荷载均值;(b) 屈曲荷载均方差;(c) 屈曲荷载偏度;(d) 屈曲荷载峰度

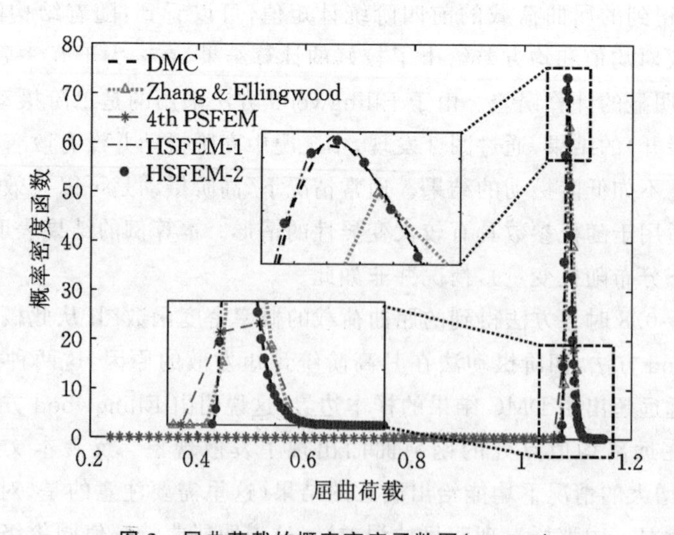

图 3　屈曲荷载的概率密度函数图($\alpha=0.8$)

3　结语

利用同伦随机有限元法求解随机参数结构的弹性屈曲荷载,与摄动法相比而言,同伦随机有限元法可适用于随机参数服从对数正态分布且变异性较大的情况，并且能够有效避免利用高阶摄动法求解屈曲荷载出现的发散现象。

参考文献

[1] 林道锦，秦权. 一座现有拱桥面内失稳的可靠度随机有限元分析[J]. 工程力学，2005，22(6).

[2] Elishakoff I. Uncertain buckling: its past, present and future[J]. International Journal of Solids & Structures, 2000, 37(46): 6869-6889.

[3] Elishakoff I. Probabilistic resolution of the twentieth century conundrum in elastic stability[J]. Thin-Walled Structures, 2012, 59(4): 35-57.

[4] Song D, Ellingwood B R, Cox J V. Solution methods and initialization techniques in SFE analysis of structural stability[J]. Probabilistic Engineering Mechanics, 2005, 20(2): 179-187.

[5] Zhang J, Ellingwood B. Effects of uncertain material properties on structural stability[J]. Journal of Structural Engineering-ASCE, 1995, 121(4): 705-716.

[6] Altus E, Totry E M. Buckling of stochastically heterogeneous beams, using a functional perturbation method[J]. International Journal of Solids & Structures, 2003, 40(23): 6547-6565.

[7] Li K Y, Wu D, Gao W. Spectral stochastic isogeometric analysis for linear stability analysis of plate[J]. Computer Methods in Applied Mechanics & Engineering, 2019, 352: 1-31.

[8] Xu Y, Bai G. Random buckling bearing capacity of super-large cooling towers considering stochastic material properties and wind loads[J]. Probabilistic Engineering Mechanics, 2013, 33(10): 18-25.

[9] Kamiński M, Swita P. Generalized stochastic finite element method in elastic stability problems[J]. Computers & Structures, 2011, 89(11): 1241-1252.

[10] Wu D, Gao W, Song C, et al. Probabilistic interval stability assessment for structures with mixed uncertainty[J]. Structural Safety, 2016, 58: 105-118.

[11] 张衡. 基于同伦随机有限元方法的结构力学行为分析[D]. 武汉：武汉理工大学，2019.

20. 基于交叉模型交叉模态的随机模型修正方法研究

陈 辉 黄 斌

（武汉理工大学土木工程与建筑学院，武汉 4430030）

摘要：通过随机有限元方法将改进的交叉模型交叉模态模型修正方法（ICMCM）扩展到随机领域。首先，考虑到测量的不确定性导致的结构参数的不确定性，将确定性的ICMCM模型修正方程中的修正系数用非正交多项式展开，同时代入随机测量误差。建立了一组随机模型修正方程。然后通过随机有限元方法中的递推关系来求解修正系数的各阶摄动系数，并通过伽辽金投影进一步改进结构参数的修正系数。最后得到修正系数的统计特性。数值算例表明提出的方法能有效修正结构参数，使修正后的结构响应与随机测量结果一致。钢筋混凝土梁的修正结果也显示了该方法在实际工程中的有效性。

关键词：ICMCM；随机有限元；伽辽金法；正则化；模型修正

中图分类号：TU311.4　　　**文献标识码**：A

Research on Stochastic ModelUpdating method based on Cross Model Cross Mode

Chen Hui　Huang Bin

(School of civil engineering and architecture, Wuhan University of Technology, Wuhan, China)

Abstract: The improved cross-modal model updating method (ICMCM) is extended to the stochastic domain by stochastic finite element method. First of all, considering the uncertainty of the structural parameters caused by the uncertainty of the measurement, the update coefficients in the updated equation of the deterministic ICMCM model are expanded by non-orthogonal polynomials and enter the stochastics measurement error at the same time. A set of stochastic model update equations are established. Then each order perturbation coefficient of the updating coefficient is solved by the recurrence relation in the stochastic finite element method, and the updating coefficient of the structural parameters is further improved by Galerkin projection. Finally, the statistical characteristics of the updating coefficient are obtained. Numerical examples show that the proposed method can effectively modify the structural parameters and make the modified structural response consistent with the random measurement results. The updating results of RC beams also show the effectiveness of this method in practical engineering.

Keywords: ICMCM; stochastic finite element method; Galerkin projection; regularization; model updating

引言

通过结构有限元模型来预测结构响应，是目前工程界的主要方法之一。但是由于一些因素的影响，如施工、运输、环境或者运营等，有限元模型与实际结构相比会存在差异，为了减少这种差异，需要基于实际的测量数据来进行有限元模型修正[1-4]，使结构计算响应与测量结果一致，这是目前结构健康监测的主要研究方向之一。文献[5]对结构损伤识别中常用的模型修正方法做了详细的介绍，这其中有确定性的和随机的模型修正方法。其中交叉模型交叉模态方法(CMCM)[6-10]及其改进的ICMCM方法[11]有诸多优点而受到广泛关注,但该方法目前还是属于确定性的模型修正方法。考虑到测量结果不可避免存在不确定性,那么由随机的测量结果修正得到的结构参数也应该是随机的。因此包括ICMCM方法在内的一系列模型修正方法都有必要在概率范畴内进行。当然目前的CMCM和ICMCM方法中都采用了蒙特卡洛模拟(MCS)来研究测量误差的随机性[11]。但对于大型工程结构而言MCS过于耗时,因此限制了CMCM和ICMCM方法在随机领域的应用。本文考虑用随机有限元方法[12]将CMCM和ICMCM方法拓展到随机领域,并通过一个数值算例和钢筋混凝土梁实验算例来验证该方法的有效性。

1 理论

1.1 交叉模型交叉模态方法及其改进方法

考虑一个无阻尼结构,其名义刚度矩阵和质量矩阵分别用$\boldsymbol{K}$和$\boldsymbol{M}$表示。相应的真实结构的刚度矩阵和质量矩阵分别用$\boldsymbol{K}^*$和$\boldsymbol{M}^*$表示。提取初始有限元模型前s阶模态,其中第i阶模态特征方程可以表示为

$$\boldsymbol{K}\Phi_i = \lambda_i \boldsymbol{M}\Phi_i \quad (i = 1,2\cdots s) \tag{1}$$

其中λ_i和$\boldsymbol{\Phi}_i$分别是有限元模型的第i阶特征值和第i阶模态振型。提取真实结构前t阶模态,其中第j阶模态特征方程可以表示为

$$\boldsymbol{K}^*\Phi_j^* = \lambda_j^* \boldsymbol{M}^* \boldsymbol{\Phi}_j^* \quad (j = 1,2\cdots t) \tag{2}$$

其中λ_j和$\boldsymbol{\Phi}_j$分别是真实结构的第j阶特征值和第j阶模态振型。

通常来说,结构实际刚度和质量与其名义值往往有一定的误差,可以表示为

$$\boldsymbol{K}^* = \boldsymbol{K} + \sum_{n=1}^{N_e} \alpha_n \boldsymbol{K}_n \tag{3}$$

$$\boldsymbol{M}^* = \boldsymbol{M} + \sum_{n=1}^{N_e} \beta_n \boldsymbol{M}^* \tag{4}$$

其中N_e为结构单元总数;$\boldsymbol{K}_n$和$\boldsymbol{M}_n$分别为第n个单元的名义上的刚度矩阵和质量矩阵;α_n和β_n分别为第n个单元的刚度矩阵和质量矩阵的修正系数。

将式(2)左乘$(\boldsymbol{\Phi}_i)^{\mathrm{T}}$,然后代入式(3)和式(4),可得

$$\sum_{n=1}^{N_e} \alpha_n C_{n,ij}^+ + \sum_{n=1}^{N_e} \beta_n E_{n,ij}^+ = f_{ij}^+ \tag{5}$$

其中$C_{n,ij}^+ = (\boldsymbol{\Phi}_i)^{\mathrm{T}} \boldsymbol{K}_n \boldsymbol{\Phi}_j^*$,$E_{n,ij}^+ = -\lambda_j^* (\boldsymbol{\Phi}_i)^{\mathrm{T}} \boldsymbol{M}_n \boldsymbol{\Phi}_j^*$,$f_{n,ij}^+ = \lambda_j^* (\boldsymbol{\Phi}_i)^{\mathrm{T}} \boldsymbol{M}\boldsymbol{\Phi}_j^* - (\boldsymbol{\Phi}_i)^{\mathrm{T}} K \boldsymbol{\Phi}_j^*$。

在式(5)基础上,引入改进的CMCM方法(ICMCM),用式(2)左乘$(\boldsymbol{\Phi}_i^*)^{\mathrm{T}}$,然后代入式(3)和式(4)可以得到

$$\sum_{n=1}^{N_e} \alpha_n C_{n,ij} + \sum_{n=1}^{N_e} \beta_n E_{n,ij} = f_{ij} \tag{6}$$

其中$C_{n,ij} = (\boldsymbol{\Phi}_i^*)^{\mathrm{T}} \boldsymbol{K}_n \boldsymbol{\Phi}_j^*$,$E_{n,ij} = -\lambda_j^* (\boldsymbol{\Phi}_i^*)^{\mathrm{T}} \boldsymbol{M}_n \Phi_j^*$,$f_{ij} = \lambda_j^* (\boldsymbol{\Phi}_i^*)^{\mathrm{T}} \boldsymbol{M}\boldsymbol{\Phi}_j^* - (\boldsymbol{\Phi}_i^*)^{\mathrm{T}} \boldsymbol{K}\boldsymbol{\Phi}_j^*$。式(6)中独立方程的数量预计为$t^2$,可使欠定方程满秩。

将式(6)和式(5)分别写成矩阵形式

$$\boldsymbol{C}\alpha + \boldsymbol{E}\beta = \boldsymbol{f} \tag{7}$$

和

$$\boldsymbol{C}^+ \alpha + \boldsymbol{E}^+ \beta = \boldsymbol{f}^+ \tag{8}$$

其中$\boldsymbol{C}$和$\boldsymbol{E}$都是$(t \times t) \times N_e$矩阵,$\boldsymbol{C}$和$\boldsymbol{E}$都是$N_m \times N_e$矩阵;$\boldsymbol{\alpha}$和$\boldsymbol{\beta}$是维数为N_e的修正系数列向量;$\boldsymbol{f}$和$\boldsymbol{f}^+$分别是维数为$t \times t$和$s \times t$的列向量;$N_m = s \times t$。

联立式(7)和式(8),可得

$$\boldsymbol{G}\gamma = \boldsymbol{F} \tag{9}$$

其中$G=\begin{bmatrix} C & E \\ C^+ & E^+ \end{bmatrix}$，$\gamma=[\alpha \quad \beta]^{\mathrm{T}}$，$F=[f \quad f^+]^{\mathrm{T}}$。式(9)较式(7)有更多的独立方程。文献[11]结果显示式(9)在测量模态较少的情况下比式(7)效果更好。

1.2 随机的 ICMCM 方法

在实际模态试验中，测量误差往往是不可避免的，可以用随机量来描述。将测量的结构特征值λ_j^*和振型Φ_j^*表示为

$$\lambda_j^* = \lambda_{0j}^* + \xi_j \lambda_{1j} \tag{10}$$

$$\Phi_j^* = \Phi_{0j}^* + \xi_j \Phi_{1j} \tag{11}$$

其中λ_{0j}^*和Φ_{0j}^*分别是测量得到的第j阶特征值和振型的均值部分；λ_{1j}和Φ_{1j}分别是第j阶特征值和振型的标准差；ξ_j是与测量误差对应的随机变量；由于随机变量ξ_j是随机的，所以实测模态是个随机量，其逆向传播得到的修正系数α_n也是随机变量ξ_j的函数，则可以将α_n展开为

$$\alpha_n(\xi_j) = \alpha_{n0} + \alpha_{n1}\xi_j + \alpha_{n2}\xi_j^2 + \alpha_{n3}\xi_j^3 + \cdots \tag{12}$$

其中α_{ni}是级数第i阶展开系数。

将式(10)、式(11)和式(12)代入式(5)，令β_n为0，同时认为测量结果完全相关，即令$\xi_j=\xi$，展开得到

$$\sum_{n=1}^{N_e} \alpha_n(\xi)\,(\Phi_i)^{\mathrm{T}} \boldsymbol{K}_n (\Phi_{0j}^* + \xi\Phi_{1j}) = \left(\frac{\lambda_{0j}^* + \xi\lambda_{1j}}{\lambda_i} - 1\right)(\Phi_i)^{\mathrm{T}} \boldsymbol{K} (\Phi_{0j}^* + \xi\Phi_{1j}) \tag{13}$$

采用高阶摄动法求解式(13)，首先，对于零阶多项式的基ξ^0，式(13)写为

$$\sum_{n=1}^{N_e} \alpha_{n0}\,(\Phi_i)^{\mathrm{T}} \boldsymbol{K}_n \Phi_{0j}^* = \left(\frac{\lambda_{0j}^*}{\lambda_i} - 1\right)(\Phi_i)^{\mathrm{T}} \boldsymbol{K} \Phi_{0j}^* \tag{14}$$

将式(14)改写为矩阵形式为

$$\boldsymbol{S}^{(0)} \boldsymbol{\alpha}^{(0)} = \boldsymbol{R}^{(0)} \tag{15}$$

其中，$\boldsymbol{S}^{(0)}$是$N_m \times N_e$矩阵，矩阵元素$\boldsymbol{S}_{h,n}^{(0)} = (\Phi_i)^{\mathrm{T}} \boldsymbol{K}_n \Phi_{0j}^*$；$\boldsymbol{R}^{(0)}$是维数为$N_e$的列向量，矩阵元素$\boldsymbol{R}_h^{(0)} = \left(\frac{\lambda_{0j}^*}{\lambda_i} - 1\right)(\Phi_i)^{\mathrm{T}} \boldsymbol{K} \Phi_{0j}^*$；其中$h=i+(j\text{-}1)\times s$；$i=1,\cdots,s$；$j=1,\cdots,t$；$n=1,\cdots,N_e$；$\boldsymbol{\alpha}^{(0)}$是维数为$N_e$的列向量，其组成元素为$\boldsymbol{\alpha}_{n0}$，由式(15)可求解出$\boldsymbol{\alpha}^{(0)}$。

对于一阶多项式的基ξ^1

$$\boldsymbol{S}^{(0)} \boldsymbol{\alpha}^{(1)} + \boldsymbol{S}^{(1)} \boldsymbol{\alpha}^{(0)} = \boldsymbol{R}^{(1)} \tag{16}$$

其中，$\boldsymbol{S}^{(1)}$是$N_m \times N_e$矩阵，矩阵元素$\boldsymbol{S}_{h,n}^{(1)} = (\Phi_i)^{\mathrm{T}} \boldsymbol{K}_n \Phi_{1j}$；$\boldsymbol{R}^{(1)}$是维数为$N_e$的列向量，矩阵元素$\boldsymbol{R}_h^{(1)} = (\Phi_i)^{\mathrm{T}} \boldsymbol{K}\left[\left(\frac{\lambda_{0j}^*}{\lambda_i} - 1\right)\Phi_{1j} + \frac{\lambda_{1j}}{\lambda_i}\Phi_{0j}^*\right]$；$\boldsymbol{\alpha}^{(1)}$是维数为$N_e$的列向量，其组成元素为$\boldsymbol{\alpha}_{n1}$，由式(16)可求得$\boldsymbol{\alpha}^{(1)}$。

同理，一阶多项式的基ξ^2可写为

$$\boldsymbol{S}^{(0)} \boldsymbol{\alpha}^{(2)} + \boldsymbol{S}^{(1)} \boldsymbol{\alpha}^{(1)} = \boldsymbol{R}^{(2)} \tag{17}$$

其中，$\boldsymbol{R}^{(2)}$是维数为$N_m \times N_e$的列向量，其矩阵元素$\boldsymbol{R}_h^{(2)} = (\Phi_i)^{\mathrm{T}} \boldsymbol{K}\left(\frac{\lambda_{1j}}{\lambda_i}\Phi_{1j}\right)$；$\boldsymbol{\alpha}^{(2)}$是维数为$N_e$的列向量，其组成元素为$\boldsymbol{\alpha}_{n2}$，由式(17)可求得$\boldsymbol{\alpha}^{(2)}$。

三阶多项式可写为

$$\boldsymbol{S}^{(0)} \boldsymbol{\alpha}^{(3)} + \boldsymbol{S}^{(1)} \boldsymbol{\alpha}^{(2)} = 0 \tag{18}$$

其中，$\boldsymbol{\alpha}^{(3)}$是维数为$N_e$的列向量，其组成元素为$\boldsymbol{\alpha}_{n3}$，由式(17)可求得$\boldsymbol{\alpha}^{(3)}$。

考虑到精度和效率之间的平衡，本文仅使用了四阶扩展，就可以得到比较精确的随机修正系数向量$\boldsymbol{\alpha}$的四阶摄动解。特别注意，当式(15)为欠定方程(秩不足)时，采用式(9)即ICMCM方法来求解$\boldsymbol{\alpha}^{(0)}$，$\boldsymbol{\alpha}^{(1)}-\boldsymbol{\alpha}^{(3)}$仍采用CMCM中的方法来获得。在此基础上，利用伽辽金(Garlekin)投影技术[12]，式(13)可以重写为

$$\begin{aligned} &\boldsymbol{S}^{(0)}(\boldsymbol{\alpha}^{(0)} + \boldsymbol{\alpha}^{(1)}\xi + \boldsymbol{\alpha}^{(2)}\xi^2 + \boldsymbol{\alpha}^{(3)}\xi^3 + \cdots) + \boldsymbol{S}^{(1)}(\boldsymbol{\alpha}^{(0)} + \boldsymbol{\alpha}^{(1)}\xi + \boldsymbol{\alpha}^{(2)}\xi^2 + \boldsymbol{\alpha}^{(3)}\xi^3 + \cdots)\xi \\ &= \boldsymbol{R}^{(0)} + \boldsymbol{R}^{(1)}\xi + \boldsymbol{R}^{(2)}\xi^2 \end{aligned} \tag{19}$$

将修正系数向量 $\boldsymbol{\alpha}$ 改写为

$$\boldsymbol{\alpha}=\sum_{i=0}^{m}\beta_i\Gamma_i \tag{20}$$

其中 $\Gamma_i=\boldsymbol{\alpha}^{(i)}\xi^i$ 是新的多项式(20) 的伽辽金投影基；β_i 为第 i 阶多项式系数，m 为展开的阶数。

为了求解 β_i，将式(20) 代入式(19)，并将式(19) 两边同时左乘向量 $(\boldsymbol{S}^{(0)}\Gamma_k)^{\mathrm{T}}(k=0,1,\cdots m)$，并取数学期望，由此导出 $m+1$ 个代数方程组

$$\sum_{i=0}^{m}\overline{\boldsymbol{S}}_{ki}^{(0)}\beta_i+\sum_{i=0}^{m-1}\overline{\boldsymbol{S}}_{ki}^{(1)}\beta_i=\overline{\boldsymbol{R}}_k \tag{21}$$

其中$\overline{\boldsymbol{S}}_{ki}^{(0)}=\langle\Gamma_k^{\mathrm{T}}\boldsymbol{S}^{(0)^{\mathrm{T}}}\boldsymbol{S}^{(0)}\Gamma_i\rangle$，$\overline{\boldsymbol{S}}_{ki}^{(1)}=\langle\Gamma_k^{\mathrm{T}}\boldsymbol{S}^{(0)^{\mathrm{T}}}\boldsymbol{S}^{(1)}\Gamma_i\xi\rangle$，$\overline{\boldsymbol{R}}_k=\sum_{i=0}^{2}\langle\Gamma_k^{\mathrm{T}}\boldsymbol{S}^{(0)^{\mathrm{T}}}\boldsymbol{R}^{(i)}\xi^i\rangle$，$\langle\cdot\rangle$ 表示数学期望的算子。很明显在$\overline{\boldsymbol{S}}_{ki}^{(0)}$，$\overline{\boldsymbol{S}}_{ki}^{(1)}$，$\overline{\boldsymbol{R}}_k$ 均是标量。式(21) 包含了 $m+1$ 个待定系数 β_i。因此式(21) 为适定方程。求解该方程可以得到 $\boldsymbol{\alpha}$ 的各阶修正系数 $\beta_0,\beta_1,\cdots,\beta_m$。最终得到新的修正系数向量 $\boldsymbol{\alpha}$。

在求解式(15) ～ 式(18) 时，由于测量模态有限以及不可避免的测量误差，可能导致这些方程呈现病态。本文通过引入奇异值截断正则化方法[13] 来得到修正方程的最优解。

首先对式(15) 的系数矩阵 $\boldsymbol{S}^{(0)}$ 进行奇异值分解(SVD)：

$$\boldsymbol{U}_{N_m\times N_m}\Sigma_{N_m\times N_e}(\boldsymbol{V}_{N_e\times N_e})^{\mathrm{T}}\boldsymbol{\alpha}^{(0)}=\boldsymbol{R}^{(0)} \tag{22}$$

其中 $\Sigma=\begin{bmatrix}\Sigma_1\\0\end{bmatrix}$和$[\Sigma_1\quad 0]$，$\Sigma_1=\mathrm{diag}(\sigma_1,\sigma_2,\cdots,\sigma_r)$，$r=\min[N_m\quad N_e]$。

计算误差，令$\bar{\sigma}_i=\sigma_i/\|\boldsymbol{R}^{(0)}\|$，其中 $i=(1,2,\cdots,r)$，保留k个最大的奇异值，可以得到新的奇异值矩阵 $\Sigma'=\mathrm{disg}(\sigma_1,\sigma_2,\cdots,\sigma_k)$。

仅保留与 Σ' 所对应的 $\boldsymbol{U}$、$\boldsymbol{V}$ 的列向量，得到 $\boldsymbol{U}'$ 和 $\boldsymbol{V}'$，式(22) 可以改写为

$$\boldsymbol{U}'_{N_m\times k}\Sigma'_{k\times k}(\boldsymbol{V}'_{k\times N_e})^{\mathrm{T}}\boldsymbol{\alpha}^{(0)}=\boldsymbol{R}^{(0)} \tag{23}$$

由式(23)就可以求解出 $\boldsymbol{\alpha}^{(0)}$。值得注意的是，当用式(9)时，即用 ICMCM 方法求解 $\boldsymbol{\alpha}$ 时，该方法同样适用。本文将提出的方法记为 HPG-CMCM 方法，当用式(9)时记为 HPG-ICMCM 方法。

2　数值算例

首先用一个两跨连续梁的数值模型对本文提出的方法进行验证。梁的结构如图 1 所示。长 12 m，总共划分为 12 个相同的二维梁单元，平均每个梁单元长 1 m。每个梁单元都有两个节点，每个节点都有两个自由度(忽略它的轴向自由度(x 方向))：分别是横向的平动自由度 υ_i 和转动自由度 θ_i。梁材料取钢筋混凝土，初始模型中梁的弹性模量取为 $E_1=2.8\times10^9$ Pa，密度取为 $\rho_1=2.5\times10^3\mathrm{kg/m^3}$。在本次实验中，假定第 3、5、9、10、11 号梁单元的实际弹性模量分别降低了 30％、40％、35％、30％、20％，而其他梁单元的弹性模量不发生变化。一般来讲，结构质量通常不变。将结构真实响应作为测量结果的均值，并认为测量的随机误差服从有界的 β 分布，频率和振型的变异系数均取 0.02。在本节中分别采用 HPG-CMCM 方法和 HPG-ICMCM 方法对连续梁进行修正，并且将两种方法的计算结果与预设值进行对比。

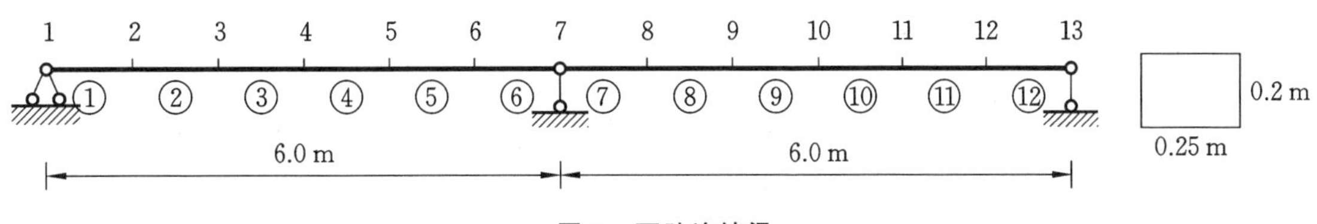

图 1　两跨连续梁

2.1　HPG-CMCM 随机模型修正方法

首先取 II=6，JJ=4，结合正则化方法和 L 曲线法取奇异截断值为 10，最后将 HPG-CMCM 方法和 MCS 方法的计算结果进行对比。从图 2 和图 3 可以看出，由 HPG-CMCM 方法计算得到的随机模

型修正系数均值和标准差与 MCS 方法的计算结果以及预设值都很接近；图 4 是简支梁前四阶模态频率概率密度函数图。从图中可以看出 HPG-CMCM 方法修正后的频率概率密度函数曲线与 MCS 模拟的结果相当吻合。

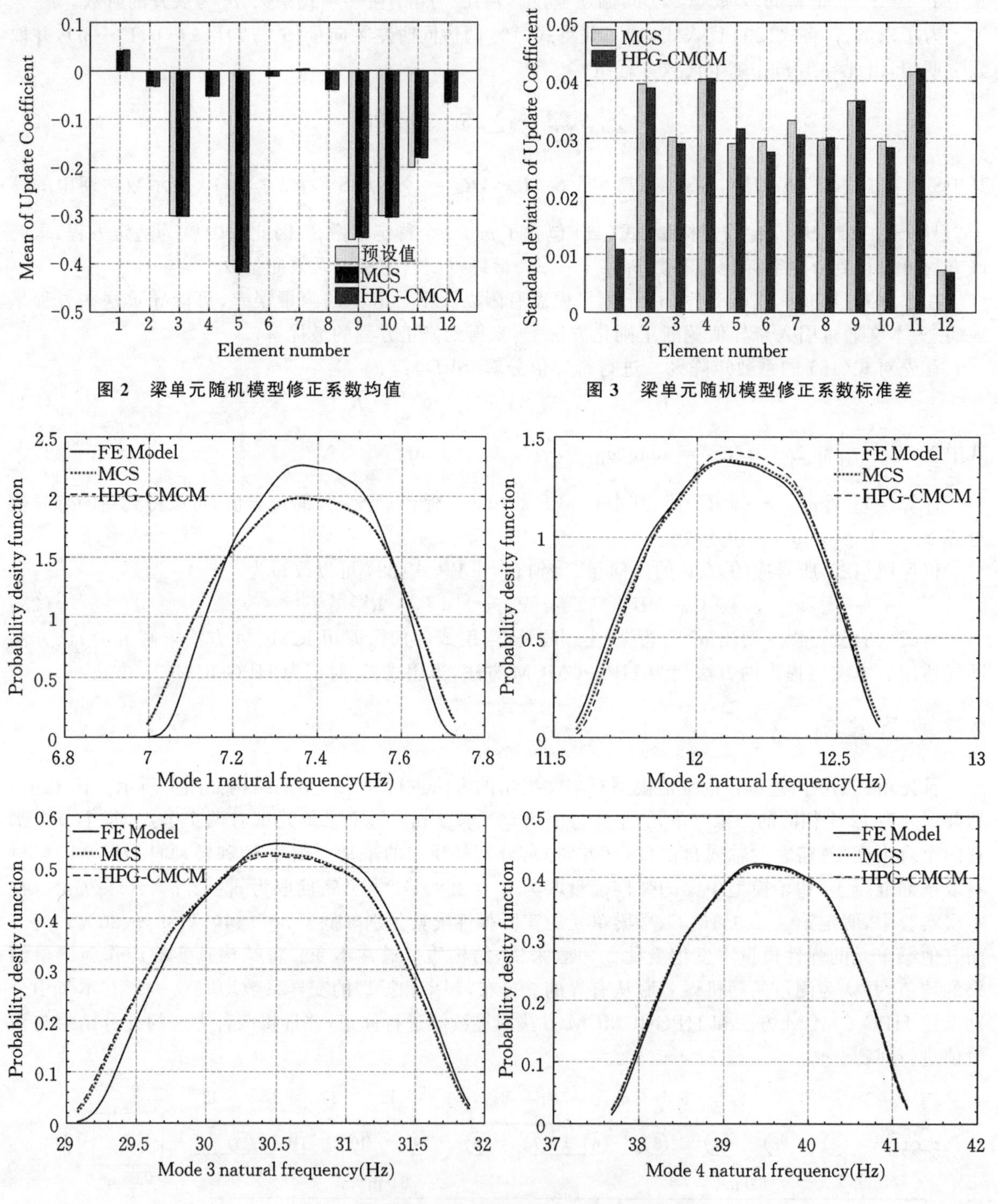

图 2　梁单元随机模型修正系数均值

图 3　梁单元随机模型修正系数标准差

图 4　简支梁前四阶模态频率概率密度函数图

为了进一步验证本文方法的有效性，求解出前四阶模态振型的均值和标准差如图 5 和图 6 所示。在图 5 和图 6 中可以看出，在前四阶模态中，通过 HPG-CMCM 方法和 MCS 得到的模态振型均值和标准差均与有限元模型的模拟结果非常吻合。以上的结构响应对比均可以表明 HPG-CMCM 随机模型修正方法精度很高，与 MCS 模拟的结果吻合；另外从计算效率上看，HPG-CMCM 方法的计算时间为 11.27 s，而十万次的 MCS 模拟时间为 2234 s。

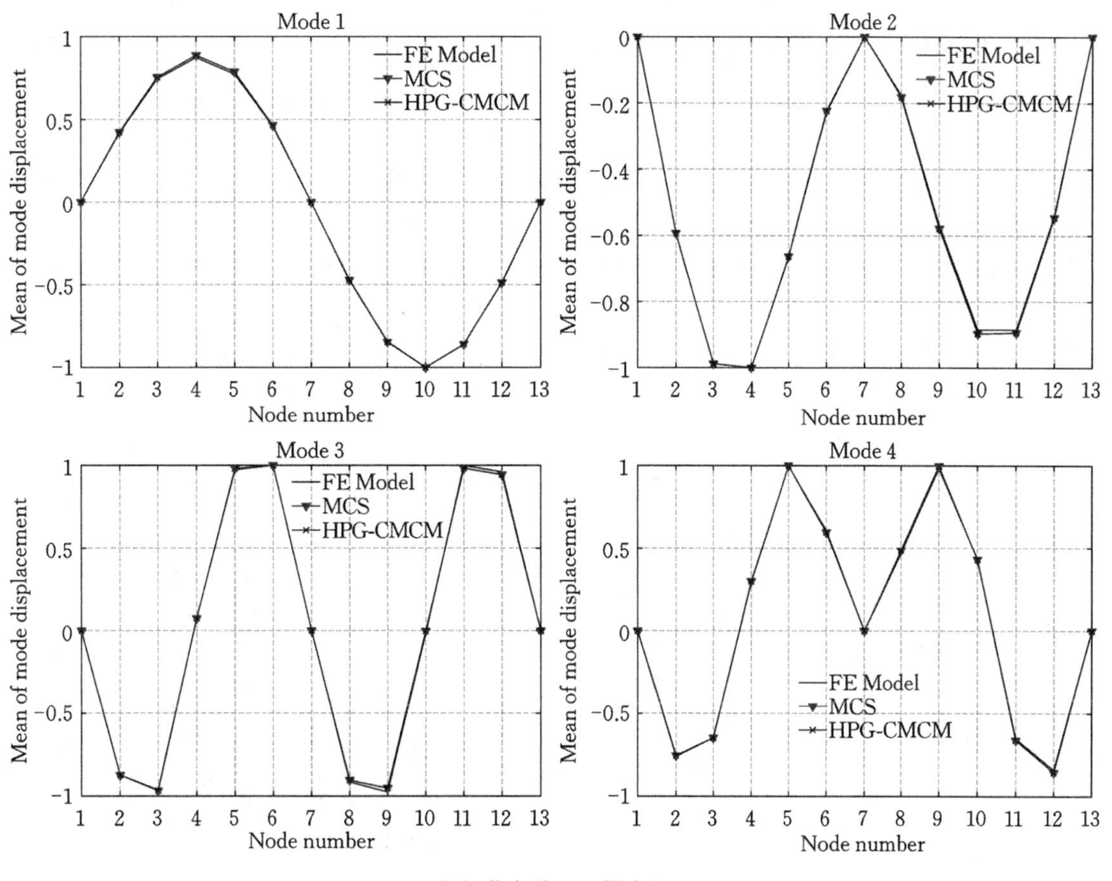

图 5　各梁节点前四阶模态振型均值

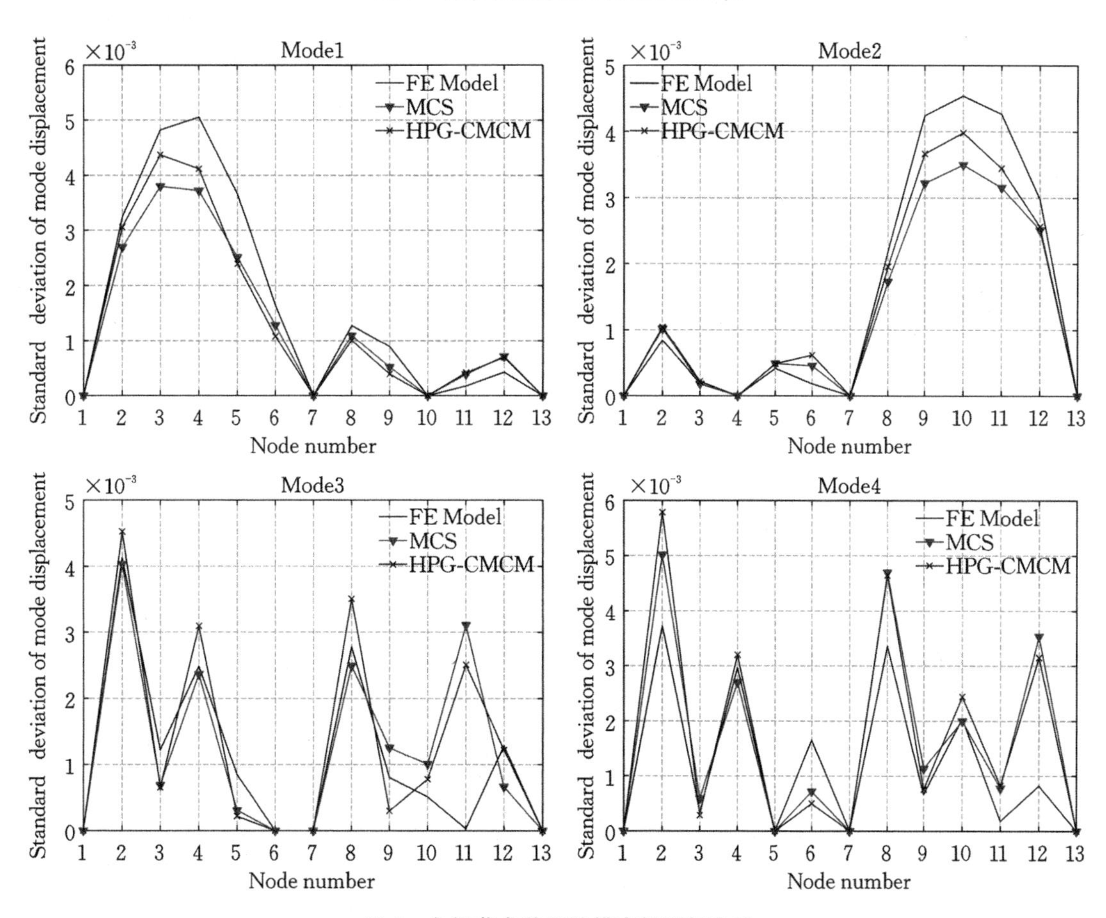

图 6　各梁节点前四阶模态振型标准差

2.2 HPG-ICMCM 随机模型修正方法

从 2.1 节中可以看出 HPG-CMCM 方法的计算结果非常精确。但当测量的模态阶数有限时，CMCM 方法得到的线性方程组会经常出现欠定问题。考虑将 ICMCM 方法用于本算例。取 II=4，JJ=2。按照 L 曲线理论，取拐点附近的截断数进行正则化，即 HPG-CMCM 方法中的奇异截断值取 7，HPG-ICMCM 方法中的奇异截断值为 10。计算得到的修正系数均值和标准差如图 7 和图 8 所示。可以看出，HPG-ICMCM 方法的计算结果与 MCS 方法基本一致，且修正系数均值与预设值相近，而 HPG-CMCM 方法的误差稍大。另外，在图 9 中也可以看出，与 HPG-CMCM 方法相比，HPG-ICMCM 方法修正的频率概率密度曲线与 MCS 模拟结果更接近。以上结果均表明，HPG-CMCM 方法能有效地复现随机测量结果。当由于测量信息较少导致方程欠定时，HPG-ICMCM 方法的计算结果能进一步改进 HPG-CMCM 方法的结果。

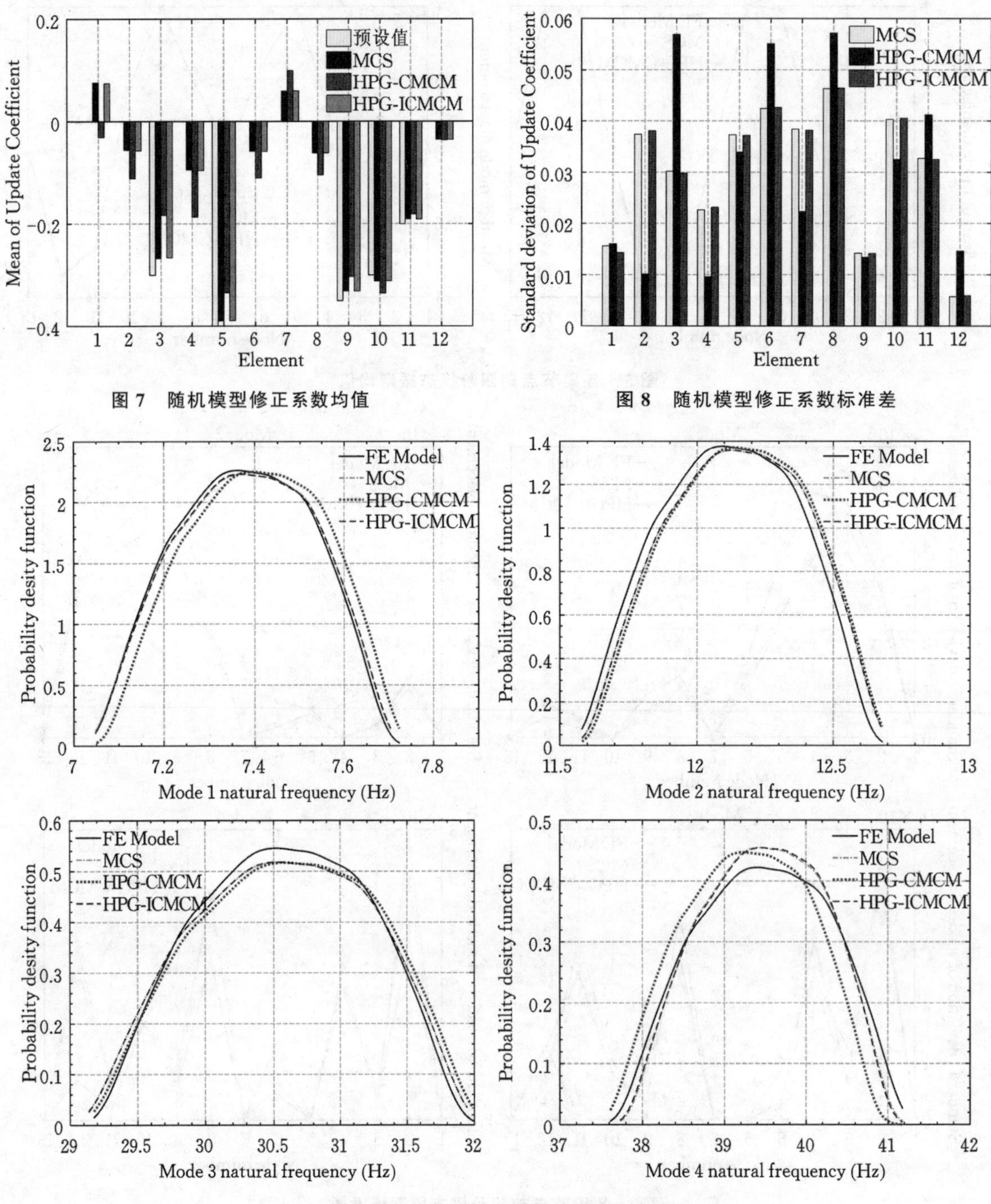

图 7　随机模型修正系数均值

图 8　随机模型修正系数标准差

图 9　简支梁前四阶模态频率概率密度函数对比图

3 结语

本文通过随机有限元方法将近期发展的改进的交叉模型交叉模态(ICMCM)模型修正方法拓展到随机领域，提出了一种基于混合摄动伽辽金的随机模型修正方法。数值算例表明，HPG-CMCM方法的精度很高，与MCS方法相当，但是计算效率较高。而HPG-ICMCM方法能在仅有少量低阶测量模态信息的情况下达到较好的效果，且计算效率同样较高。

参考文献

[1] Huang B,Chen H. A new approach for stochastic model updating using the hybrid perturbation-Garlekin method [J]. Mechanical Systems and Signal Processing,2019,129:1-19.

[2] 郭勤涛，张令弥，费庆国. 结构动力学有限元模型修正的发展——模型确认[J]. 力学进展，2006,36(1):36-42.

[3] 朱安文，曲广吉，高耀南，等. 结构动力模型修正技术的发展[J]. 力学进展，2002(03):19-30.

[4] 李辉，丁桦. 结构动力模型修正方法研究进展[J]. 力学进展，2005,35(2):170-180.

[5] Sehgal S, Kumar H. Structural dynamic model updating techniques: A state of the art review[J]. Archives of Computational Methods in Engineering,2016,23(3):515-533.

[6] Hu S L J,Li H,Wang S. Cross-model cross-mode method for model updating[J]. Mechanical Systems and Signal Processing,2007,21(4):1690-1703.

[7] Li H,Wang J,Hu S L J. Using incomplete modal data for damage detection in offshore jacket structures[J]. Ocean Engineering,2008,35:1793-1799.

[8] 李伟明，洪嘉振，张以帅. 新的模型修正与模态扩展迭代方法[J]. 振动与冲击，2010,29(6):4-7.

[9] Wang S,Li Y,Li H. Structural model updating of an offshore platform using the cross model cross mode method: An experimental study[J]. Ocean Engineering,2015,97:57-64.

[10] 李剑，洪嘉振，李伟明. 模型修正的正交模型-正交模态改进法[J]. 动力学与控制学报，2008,6(1):61-65.

[11] Liu K,Yan R J,Soares C G. An improved model updating technique based on modal data[J]. Ocean Engineering, 2018,154:277-287.

[12] Huang B,Seresh R F,Zhu L. Statistical analysis of basic dynamic characteristics of large span cable-stayed bridge based on high order perturbation stochastic FEM[J]. Advances in Structural Engineering,2013,16(9):1499-1512.

[13] Ren W X,DeRoeck G. Structural damage identification using modal data. I: Simulation verification[J]. Journal of Structural Engineering,2002,128(1):87-95.

21. 考虑施工及运营荷载作用的部分斜拉桥索力优化方法

曹鸿猷[1],黄鑫[1],康俊涛[1],霍学晋[2]

(1. 武汉理工大学土木工程与建筑学院,武汉,430070;

2. 中铁大桥勘测设计院集团有限公司,武汉,430056)

摘要:本文提出了一种考虑施工及运营荷载及其极限状态组合的部分斜拉桥索力优化方法。通过正装分析模拟建立可近似考虑混凝土材料非线性及结构几何非线性的施工索力与结构响应间的影响矩阵,基于线性叠加原理计算考虑运营荷载作用下结构在承载能力极限状态和正常使用极限状态下的性能评估,以结构在运营阶段的安全余量为目标利用粒子群算法搜索具有全局最优的施工索力。最后通过一个工程实例验证了该方法的可行性,其结果表明,所提出方法不仅极大地改善了结构的应力状态,还具有很高的精度和计算效率,方便应用于工程实际。

关键词:部分斜拉桥;运营荷载;索力优化;叠加原理

中图分类号:TU311.4　　**文献标识码:**A

Cable force optimization of partial cable-stayed bridge considering constructional and operational loads

Cao Hongyou[1]　Huang Xin[1]　Kang Juntao[1]　Huo Xuejin[2]

(1. School of Civil Engineering & Architecture, Wuhan University of Technology, Wuhan 430070, China;

2. China Railway Major Bridge Reconnaissance & Design Institute Co., Ltd, Wuhan 430056, China)

Abstract: This study proposes a cable force optimization approach for partial cable-stayed bridges considering the combination of code-based operating load and its limit states. The influence matrix between the cable constructional forces and the structural responses, which includes the nonlinear effect of the concrete and the geometric nonlinear of the structure approximately, has been established using the forward analysis model. The structural performance evaluation of the bridge under the ultimate limit state and the service limit state can be analyzed according to the superposition principle. The particle swarm optimization is utilized to identify the global optimal cable constructional forces to maximize the safety margin of the bridge. An application example is used to examine the feasibility of the proposed method. The results show that the proposed method only not substantially improves the stress state of the bridge but also owns high computational accuracy and efficiency, which can be applied to the practical design.

Keywords: partial cable-stayed bridges; operational loads; optimizing the cable force; superposition principle;

E-mail: caohongyou0625@163.com

引言

自从2000年我国建成第一座部分斜拉桥——芜湖长江大桥以来,部分斜拉桥在国内开始迅速发展。就结构受力特性而言,部分斜拉桥是介于连续梁(刚构)桥与斜拉桥之间的一种新桥型,其刚度介于两者之间，经济性单孔跨径在 100～300 m 的范围[1]。部分斜拉桥的总体特点是塔矮、梁刚、索集中，主要通过主梁受弯承受大部分竖向荷载，斜拉索竖向分力承担部分竖向荷载，同时其水平分力对主梁起体外预应力的作用，从而达到改善主梁性能的目的[2]。因此斜拉索索力大小对结构在整个运营期内的内力分布具有重大影响，对斜拉索索力进行优化设计也具有重要的工程价值。

根据对结构合理状态的定义不同，现有斜拉桥成桥索力的优化方法可分为：零位移法[3-5]、刚性支承连续梁法[6-7]、弯曲能量最小法[10-13]，内(应)力平衡法[14-17]等。其中，零位移法理论上只适用于一次落架成桥的斜拉桥。对于悬臂拼装和悬臂现浇的斜拉桥来说，施工过程中可以在可控范围内任意调整拼装角度和浇筑的立模标高，且此时的结构恒载内力与一次落架完全不同，因而零位移法的应用范围有限。部分斜拉桥的竖向荷载主要由主梁抗弯来承受，一般来说，斜拉索竖向荷载承担率不大于 30%[18]，这种情况下将拉索在主梁上锚固点等效为刚性支承点来求得成桥索力也是不合适的。弯曲能量最小法是求出一组索力使结构在恒载作用下的弯曲应变能最小，在求解过程可通过改变结构的计算模式而快速求得索力，但获得索力往往不均匀，需要后期根据经验人为调整最终索力。从另一方面来说，由于部分斜拉桥斜拉索较为集中，无索区梁端较长，以上几种方法求得的索力往往是与无索区相邻的斜拉索索力极大，中间位置的斜拉索索力较小甚至为负值，索力大小呈两极分化。内力平衡法适用于一般意义上的钢主梁斜拉桥。应力平衡法适用于预应力混凝土主梁斜拉桥，且可以考虑活载作用，以恒载加活载作用下主梁截面上下缘应力为控制条件。但求解过程较为烦琐，需多次手动迭代求解。

上述几种索力优化方法均是基于某种预先指定的合理成桥状态确定成桥索力。但由于部分斜拉桥多采用预应力混凝土主梁，在混凝土收缩徐变和预应力钢束的作用下由成桥索力反推施工索力后进行正装分析时往往无法实现闭合，难以达到按一次落架优化时的内力分布。而且部分斜拉桥由于兼顾有斜拉桥和梁桥的特点，主梁受力也较为复杂，达到上述几种合理成桥状态后在考虑运营荷载作用时也未必能满足规范对于结构应力和承载能力的要求。

基于部分斜拉桥结构受力的复杂性及已有优化方法的对于部分斜拉桥索力优化的不足，本文提出一种考虑运营荷载作用的部分斜拉桥索施工索力优化方法。该方法考虑了基于桥梁设计规范的所有运营荷载及其极限状态组合，运用粒子群算法对施工索力进行寻优设计，最大化主梁在运营阶段承载能力或正常使用极限状态下的安全余量。

1 索力优化策略

相较于现有的索力优化方法仅考虑恒载或者指定的几种恒活载组合来说，基于规范承载力需求的索力优化所需要考虑的荷载工况及其组合要多很多，若采用传统的方法，由此带来的结构分析计算量将大大提高，使优化模型的求解效率极低，甚至不可能实现。因此，本节将根据索力优化过程中桥梁的结构参数不变点和部分斜拉桥结构几何非线性较弱的特点，基于线性叠加原理和影响矩阵法，提出一种可考虑多种复杂荷载工况及其组合的高效部分斜拉桥斜拉索施工索力优化方法。其目标是在保证施工过程安全且无须二次调索的前提下，使桥梁在运营阶段荷载作用下，结构在承载能力或正常使用极限状态下具有最高的安全性能。

1.1 极限状态组合下索力解耦

《公路桥涵设计通用规范》(JTGD60—2015)[20]对于验算承载能力极限状态的基本组合如下：

$$S_{ud} = \gamma_0 \left(\sum_{i=1}^{m} G_{id} + Q_{1d} + \sum_{j=2}^{n} Q_{jd} \right) \tag{1}$$

其中，S_{ud} 为基本组合的效应设计值，γ_0 为代表结构重要性系数，G_{id} 为第 i 个永久作用设计值，Q_{1d} 代表汽车荷载设计值，Q_{jd} 为除汽车荷载外的第 j 个可变作用设计值。

当结构参数在优化过程中保持不变且不计结构几何非线性时，式(1)中后两项即汽车荷载和其他可变作用效应设计值为定值，与斜拉索施工张拉索力大小无关。因此可做如下变换：

$$S_{\mathrm{ud}} = \gamma_0 \sum_{i=1}^{m} G_{id} + \gamma_0 \left(Q_{1d} + \sum_{j=2}^{n} Q_{jd} \right) \tag{2}$$

其中,上式右边第一项永久作用效应设计值受施工张拉索力影响,右边第二项可变作用效应设计值不受施工张拉索力影响。由于式(2) 中第二项在索力优化过程中不受斜拉索张拉力大小的影响,因此可在优化前计算得到并作为数据存储,优化过程中直接调用,而不需要在优化过程中反复计算这部分荷载效应,这种索力解耦方法可大大减少优化过程中的计算时间。同样,对于其他的极限荷载组合也分为受施工索力影响的永久作用组合和不受施工索力影响的可变作用组合。

实际上,对于大跨度斜拉桥而言,是存在结构几何非线性效应的,施工张拉索力与可变作用效应并非是不相关的。从本质上来说,斜拉桥施工张拉索力与可变作用效应的相关性是由于施工张拉索力会影响后续可变作用分析的结构刚度。对于部分斜拉桥而言,结构刚度较大,结构变形较小,因此结构几何非线性效应影响不大。因此,当有必要时,可以按照经验或其他方法初拟各施工阶段的张拉索力,考虑非线性效应进行施工阶段分析,以施工阶段结束后的结构状态作为分析计算可变作用的初始结构状态。此时,在索力改变不大时,可认为永久作用效应与施工张拉索力是相互独立不相关的。

1.2 施工索力影响矩阵

部分斜拉桥施工一般采用的是悬臂拼装和悬臂浇筑,这就使得结构在不同施工阶段的刚度矩阵是变化的,因而施工结构分析属于非线性分析。然而,在不考虑结构几何非线性和混凝土材料非线性时,结构在任意某个施工阶段都是线弹性体系,结构响应满足线性叠加原理。

以在张拉第 i 对斜拉索对主梁某个截面在某个永久作用效应组合下的结构响应 S_{d} 为例,假设在 s 施工阶段斜拉索 i 单位施工张拉力对 S_{d} 的增量为 a,同时对 m 个临时约束反力的贡献值分别为 $b_1, b_2, \cdots, b_{\mathrm{m}}$。假设释放 m 个临时约束的单位反力对 S_{d} 的增量分别为 $c_1, c_2, \cdots, c_{\mathrm{m}}$。那么,第 i 对索张拉至 T_i 对 S_{d} 的增量 ΔS_{d} 计算公式如下:

$$\Delta S_{\mathrm{d}} = \left(a + \sum_{p=1}^{m} b_{\mathrm{p}} \times c_{\mathrm{p}} \right) \times T_i \tag{3}$$

考虑 k 对索施工张拉力对 S_{d} 的影响:

$$\Delta S_{\mathrm{d}} = \sum_{i=1}^{k} \left(a + \sum_{p=1}^{m} b_{p,i} \times c_{p,i} \right) \times T_i = A \times T \tag{4}$$

其中,A 为总影响行向量,T 为索力列向量。

结构的几何非线性效应实际上就是在不同变形和内力作用下表现出结构刚度的变化。而混凝土的材料非线性效应由收缩和徐变构成,在施工过程确定的情况下,收缩效应是一个不变的量,而徐变效应与结构应力相关。因此,在施工步骤和其他施工阶段荷载(预加力,自重,挂篮荷载等) 确定的情况下,考虑结构几何非线性及混凝土材料非线性作用时,结构在施工结束后的结构响应 S_{d} 可用下式表达:

$$S_{\mathrm{d}} = A \times T + F(T) + C \tag{5}$$

其中,右边第一项为索力影响项;第二项为非线性影响项;第三项为预加力、结构重力、收缩作用等其余确定的永久作用影响项。

对于式(5) 中的非线性项,可采用线性逼近的方法来计算,具体步骤如下:

① 根据经验初步拟定拉索合理施工张拉力 T_0;

② 按照实际施工步骤和永久作用建立施工阶段分析模型,考虑非线性效应进行施工正装分析;

③ 提取出上一步计算出的所需的结构关心截面永久作用效应组合下的结构响应 S_{d}^{0};

④ 在 T_0 的基础上,分别依次将每组索力调整为初始值的 1.1 倍进行施工正装分析,计算每组索力对结构关心截面所需的永久作用效应组合下的结构响应修正影响矩阵 A'。这样可以在一个较大的索力变化区间内近似考虑结构的非线性效应。

由此可以得出,当索力变化时,可以近似地认为:

$$S_d = S_d^0 + A' \times \Delta T \tag{6}$$

其中，A' 为考虑非线性效应的修正影响矩阵，ΔT 为相对于初始索力的索力变化向量。

1.3 作用组合叠加

在以初拟合理施工张拉索力 T_0 建立施工阶段分析的模型中考虑各种运营阶段的可变作用并进行各种极限状态组合。通过有限元软件分析计算，即可提取在施工张拉索力为 T_0 时结构关心截面各种极限状态组合下的结构响应包络值。假设在所有运营荷载的某个极限状态组合下，关心截面的结构响应包络值为 S_0，则可变作用组合包络值为：

$$S_1 = S_0 - S_d \tag{7}$$

联合式(6)，即可得到在任意一组施工张拉索力增量 ΔT 作用下，关心截面在所有运营荷载的极限状态组合下的结构响应包络值为：

$$S = S_d^0 + A' \times \Delta T \tag{8}$$

通过公式(8)不仅使优化过程可以考虑所有规范规定的荷载及其组合，而且优化过程不再需要依赖于有限元分析。因此采用所提出的方法具有很高的计算效率，适用于工程应用。

1.4 约束条件的设置

与无约束的简单数学优化问题不同，实际工程问题的优化往往都是需要考虑实际约束条件的。就本文所提出的部分斜拉桥索力优化问题而言，在关注结构运营阶段的安全性的同时，也必须兼顾到结构在施工阶段安全性以及斜拉索成桥索力均匀性等。

其中，可以通过限制 ΔT 的下限保证主梁在施工阶段的安全性，限制 ΔT 的上限保证斜拉索在施工阶段的安全性。而索力均匀性则需要在每次变化 ΔT 时由式(6)得到斜拉索的成桥索力，再通过限制成桥索力变异系数控制其均匀性。其他关于结构在运营阶段结构响应的约束则可以由式(8)得到相关结构响应的包络值，通过限制其大小进行控制。

1.5 安全余量的计算

对于连续梁(刚构)桥而言，其设计主要是由主梁正截面上下缘拉压应力和正截面抗弯承载能力控制的。而部分斜拉桥兼有斜拉桥和梁桥的特点，因此在运营阶段极限状态下的安全余量应着重考虑这两点。利用求得的修正影响矩阵，可以不经有限元计算，通过式(8)得出结构任意施工索力下的极限状态组合值。

当除索力外的其余设计参数确定时，在正常使用极限状态下混凝土主梁正截面上下缘拉压应力限值是确定的[21]，通过下式就可以计算出任意截面的应力安全余量。

$$\Delta\sigma = [\sigma] - \sigma \tag{9}$$

其中，$\Delta\sigma$ 为应力安全余量，$[\sigma]$ 为规范规定的应力限值，σ 为根据式(8)计算的应力包络值。

对于承载能力验算，必须求出结构关键截面的设计抗力与设计内力包络值。结构设计抗力，实际上主要与混凝土强度、截面尺寸、配筋有关。虽然张拉索力的改变在施工阶段一定程度上会影响预应力损失进而影响设计抗力，但是总的来说影响很小，当索力变化不大时可以认为设计抗力不变，因此在初拟各施工阶段的张拉索力时可以通过桥梁专业设计软件求出所需的截面设计抗力并保存。当索力变化时，按照下式计算正截面弯矩承载能力安全系数。

$$\beta = \frac{M_R}{\gamma_0 M} \tag{10}$$

其中，β 为截面承载能力安全系数，M_R 为正截面弯矩设计抗力，γ_0 为桥涵结构重要性系数，M 为根据式(8)计算的正截面弯矩包络值。

1.6 粒子群优化算法

影响矩阵只是表达了自变量和因变量之间的规律，它本身不会自行取得最优方案。根据1.1～1.4节所述可得出在任意施工索力组合下结构在运营阶段极限状态下的最小安全余量,如要使结构各个截面的最小安全余量最大化则需借助于优化算法。由于该问题变量多且多为非凸优化,为了得到其全局最优解,需借助于具有全局搜索能力的智能优化算法。在众多的智能算法中,粒子群算法因全局搜索能力强、收敛速度快而被广泛运用。其最初是由 Kennedy 和 Eberhart 于 1995 年提出的,通过模拟鸟群捕食的行为来搜索最优解。该算法采用以下两个公式来模拟在搜索过程中鸟群中每个个体位置的变化:

$$v_{k+1}^{i} = wv_{k}^{i} + c_1 r_1 (p_{k}^{i} - x_{k}^{i}) + c_2 r_2 (p_{k}^{g} - x_{k}^{i}) \tag{11}$$

$$x_{k+1}^{i} = x_{k}^{i} + v_{k+1}^{i} \tag{12}$$

其中,向量 v_{k+1}^{i} 和 x_{k+1}^{i} 表示第 i 个粒子在第$(k+1)$次迭代步时的速度和位置;在搜索过程中,每一个粒子都会根据自身最佳位置 p_{k}^{i} 和群体最佳位置 p_{k}^{g},来调整自己的速度和位置; c_1 和 c_2 称为学习因子,通常取 $c_1 = c_2 = 2$; W 为惯性权重,其值越大,全局搜索能力越强,局部搜索能力越弱,其值越小则反之,一般采用在搜索过程中线性变化来提高搜索能力; r_1 和 r_2 代表大小在 0 和 1 之间的随机向量。

原始的粒子群算法只能运用于无约束问题,为了能处理有约束的问题,引入以下两个准则:

① 对于变量的区间约束:在每次更新粒子位置后检查是否超出可行区间,如超出则将粒子位置向量中超出可行区间的项强制移到最近的边界上,并且按修正后的粒子位置更新粒子速度;

② 对于约束函数:通过在目标函数中加上罚函数加以处理。

图1描述了本文提出的部分斜拉索索力优化方法的基本流程。粒子群优化过程中运用影响矩阵计算结构在各个极限状态的结构响应包络,从而计算出粒子的适应度,故迭代过程不依赖于有限元计算。

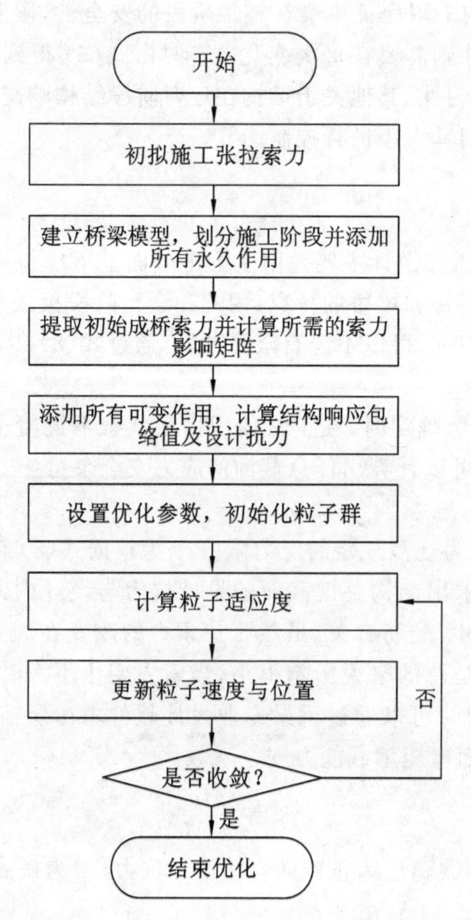

图 1 部分斜拉桥索力优化流程图

Fig. 1 Flowchart of optimizing the cable force for partial cable-stayed bridges

2 工程实例

2.1 桥梁概况

本节通过将所提出的优化方法运用于一座部分斜拉桥来验证其可行性和有效性。如图 2 所示，此桥为三跨预应力混凝土部分斜拉桥，跨径组合为(110＋180＋105)m，半漂浮体系。主梁采用单箱单室箱梁，3.2～6.0 m 按 1.8 次抛物线变高，桥面全宽 15.65 m。索塔为双柱式塔，两塔柱净距 12.75 m 采用混凝土结构，主梁顶面以上高 30 m，截面形式为实心多边形，顺桥向长度为 5.0 m，横桥向长度为 2.0 米。斜拉索采用双索面布置，全桥共设 4×10 对斜拉索，编号如图 2 所示；两个主塔外侧 4×3 对斜拉索规格为 37Φ^s15.2，内侧 4×7 对斜拉索规格为 31Φ^s15.2，主梁横向两端设置专用锚固区；索塔支点处无索区长度为 76.3 m，跨中无索区长度 13 m。主梁合拢段标准横断面图见图 3。

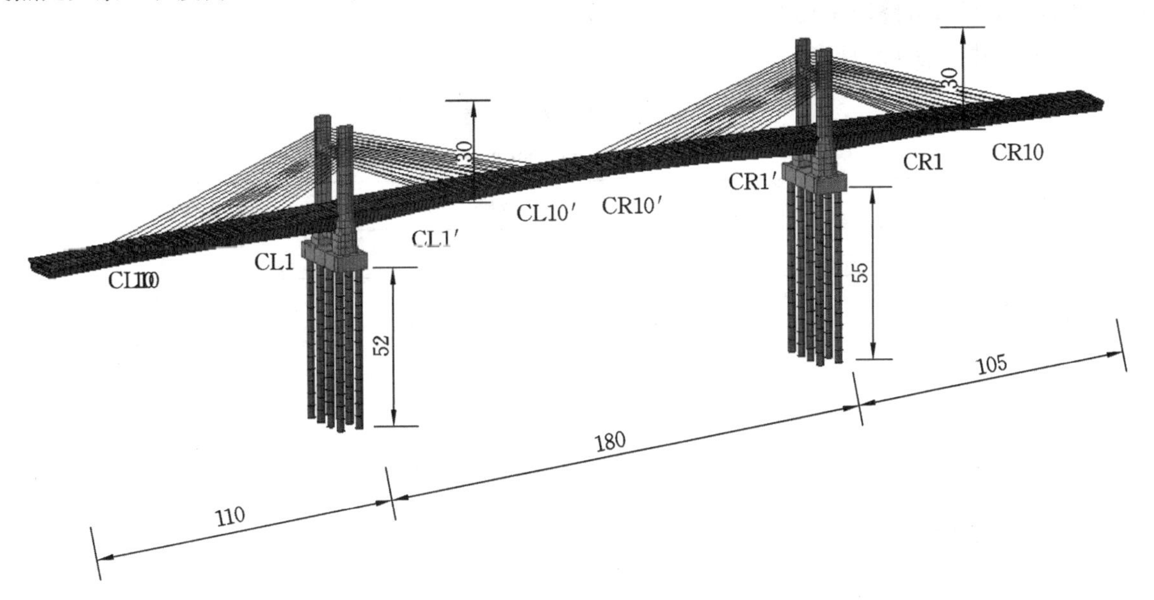

图 2　桥型总体布置图(m)

Fig. 2　overall layout sketch of background bridge(m)

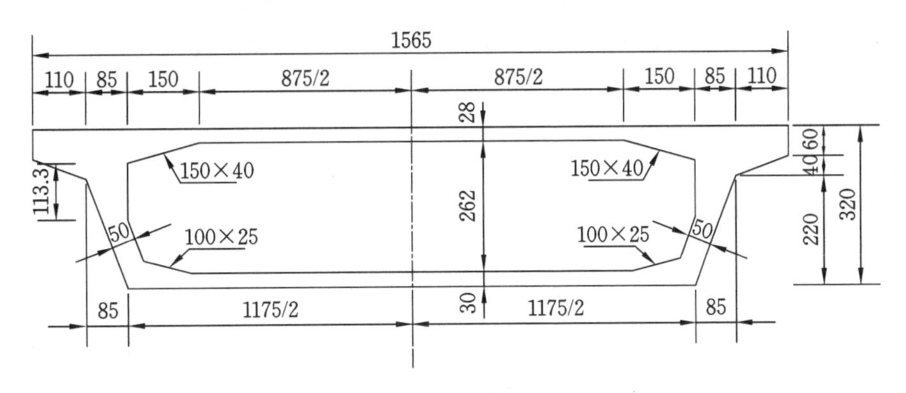

图 3　主梁合拢段标准横断面图(cm)

Fig. 3 Standard cross-sectional view of the main beam closing section(cm)

考虑结构的对称性，CLi、CLi′、CRi′、CRi(i=1，2，…，10) 4 对拉索施工张拉力取相同值，故全桥共计 10 个设计变量。主梁采用 C55 混凝土，主塔采用 C50 混凝土，预应力钢筋分为 Strand 1860 钢绞线和 Steelbar785 螺纹钢筋。采用 Midas/Civil 进行结构分析。《公路斜拉索设计细则》(JTG_D65-01—2007-T)中第 6.2.1 条指出，跨径小于 200 m 的混凝土斜拉桥可以不考虑结构非线性影响[22]。故在结构分析时用桁架单元模拟斜拉索且不考虑结构梁柱效应与大位移效应。模型共计 774 个节点、80 个桁架单元、615 个梁单元。

2.2 作用和作用组合

根据《公路桥涵设计通用规范》(JTGD60—2015)[20]，考虑永久作用及 4 种类型可变作用，并进行相应的极限状态组合。

(1) 永久作用：有结构重力(包括结构附加重力)，预加力，收缩效应，徐变效应。

(2) 汽车荷载：按公路-Ⅰ级进行三车道加载。

(3) 基础沉降：按两个中支点沉降 2 cm，两个边支点沉降 1 cm，取包络效应。

(4) 风荷载：根据《公路桥梁抗风设计规范》(JTG/T-01—2004)[23]及桥位所处地区基本风速值对主梁和主塔进行加载。

(5) 温度作用：考虑整体升温 20 ℃，整体降温－25 ℃，主梁梯度升降温作用，索塔梯度升降温作用，以及斜拉索局部升降温±15 ℃。

桥梁主要材料特性表见表 1。

表 1　主要材料特性表

Table 1　Main material properties

构件	弹性模量(MPa)	线膨胀系数	容积密度(kN/m^3)
主梁 C55	3.55×10^4	1×10^{-5}	25
主塔 C50	3.45×10^4	1×10^{-5}	25
钢绞线	1.95×10^5	1.2×10^{-5}	78.5
螺纹钢筋	2.00×10^5	1.2×10^{-5}	78.5
斜拉索	1.95×10^5	1.2×10^{-5}	78.5

2.3 目标函数和约束条件

该桥在设计过程中发现，根据现有的结构参数和配筋情况，在承载能力极限状态下主梁的抗弯承载能力较容易满足，而在正常使用极限状态下的应力较难满足要求。因此根据本文所提方法，对施工索力优化的目的是使主梁按全预应力构件设计原则，各截面在正常使用极限状态的上下拉压应力的最小安全余量最大化。由于主梁在纵向左右两端支点附近的内力受索力影响较小，而受预应力钢筋布置影响较大，故梁端的安全性应由合理配置预应力钢筋保证。本例中，优化截面为除左右梁端各 4 个截面外的其余全部主梁截面。初拟施工张拉索力 $T_0=[3500,3500,3500,3500,3500,3500,3500,35003500,3500]^T$(kN)。

优化过程中考虑以下约束：

(1) 为了保证施工阶段主梁的安全性，限制设计变量变化区间下限 $\Delta T_{\text{lower}}=[-700,-700,-700,-700,-700,-700,-700,-700,-700,-700]^T$。

(2) 根据《公路斜拉索设计细则》(JTG_D65-01—2007-T)第 3.4.2 条规定，施工阶段斜拉索安全系数不小于 2.0[22]，由此此规定设计变量变化区间上限 $\Delta T_{\text{upper}}=[250,250,250,250,250,250,250,700,700,700]^T$。

(3) 根据《公路斜拉索设计细则》(JTG_D65-01—2007-T)第 4.3.3 条规定，运营阶段矮塔(部分)斜拉桥斜拉索安全系数不小于 1.67[22]，限制斜拉索在标准组合下的最大索力不大于 1113 MPa。

(4) 考虑各组斜拉索成桥索力的均匀性，每次优化时利用影响矩阵求出考虑十年混凝土收缩徐变后拉索的成桥索力，计算成桥索力的变异系数，限制变异系数不超过 0.05。

(5) 主梁考虑全部预应力钢筋及一半的普通钢筋提供的抗力，按一级桥涵结构设计，在承载能力极限状态下正截面弯矩承载力的安全系数不小于 1.1。

2.4 优化结果

在优化过程中，粒子群优化参数如下：种群大小为20，学习因子 $c_1=c_2=2.0$，惯性权重 w 从0.9到0.4线性变化，迭代步数为300。Matlab优化程序在Intel i7-7700HQ，8.00 GB的笔记本上运行，单次优化运行时间小于10 s。

表2比较了本文所提出的优化方法与传统的弯曲能量最小法和刚性支承连续梁法三种方法计算得到的成桥索力。由表中可得，弯曲能量最小法与刚性支承连续梁法求得的成桥索力极不均匀，短索与长索索力很大，特别是最短索，而中间位置的斜拉索索力相对较小。此外，中间位置的斜拉索索力分布也很不均匀，大小相差很大。弯曲能量最小法求出的索力甚至还出现了负值。

表2 三种方法求得的成桥索力(kN)

Table 2 The optimal cable force under bridge finished state obtained by three approaches(kN)

斜拉索编号	弯曲能量最小法	刚性支承连续梁法	当前方法
CL10	10296	7258	3980
CL9	6423	2464	3709
CL8	3814	1568	3553
CL7	1568	2913	3504
CL6	253	1261	3503
CL5	−672	3484	3499
CL4	−756	643	3500
CL3	1142	3429	3388
CL2	7998	1179	3528
CL1	28946	16126	3554
CL1′	25664	16652	3539
CL2′	9397	1517	3528
CL3′	1826	1367	3400
CL4′	−668	2365	3525
CL5′	−703	1800	3534
CL6′	207	2787	3547
CL7′	1503	1424	3554
CL8′	3793	4050	3618
CL9′	6493	4405	3775
CL10′	9993	1195	4045

这主要是由于部分斜拉桥自身的构造特点导致的。部分斜拉桥斜拉索比较集中、无索区梁端较长，而这两种具有代表性的传统优化方法优化目标就是需要斜拉索分担绝大部分的竖向恒载，主梁仅充当一个传力构件，因此与无索区梁段相邻的最短索与最长索的索力自然就会很大，中间位置的斜拉索索力相对较小。而部分斜拉桥一般而言斜拉索分担的竖向荷载不超过30%[18]，意味着需要斜拉索分担绝大部分竖向恒载的索力优化方法从理论上是不适用于部分斜拉桥的。

图4给出了本文所提出的优化方法获得的成桥索力，由图可知优化后的成桥索力分布较均匀，总体呈现短索索力小、长索索力大的规律，桥塔两侧对称的斜拉索索力也基本一致，索力大小分布较为理想。

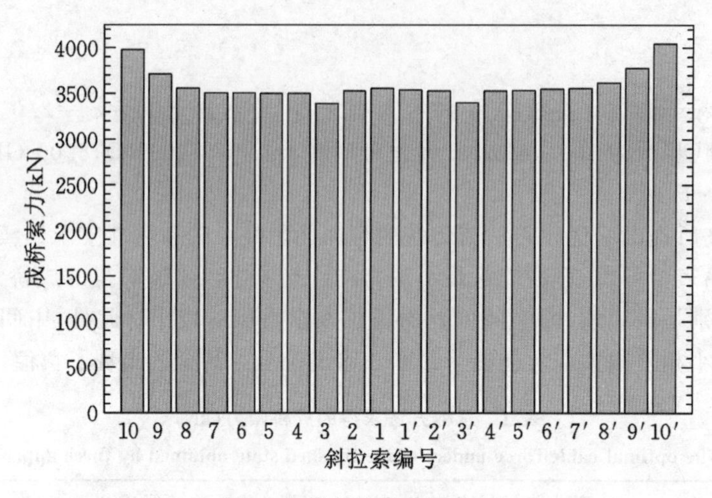

图 4 左塔斜拉索成桥索力

Fig. 4 The obtained constructional cable force of left tower

如图 5～图 8 所示，主梁在施工阶段上下缘最大拉应力为 0.43 MPa，最大压应力为 13.75 MPa，满足《公路钢筋混凝土及预应力混凝土桥涵设计规范》(JTG 3362—2018)[21] 对施工阶段短暂状况的要求。

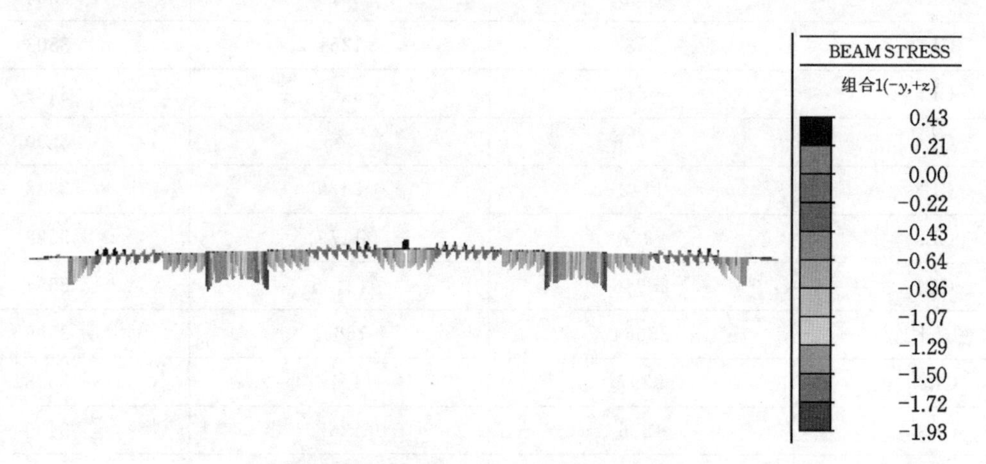

图 5 施工阶段主梁上缘最大应力包络图(MPa)

Fig. 5 Maximum stress envelope diagram of upper edge of main beam during construction(MPa)

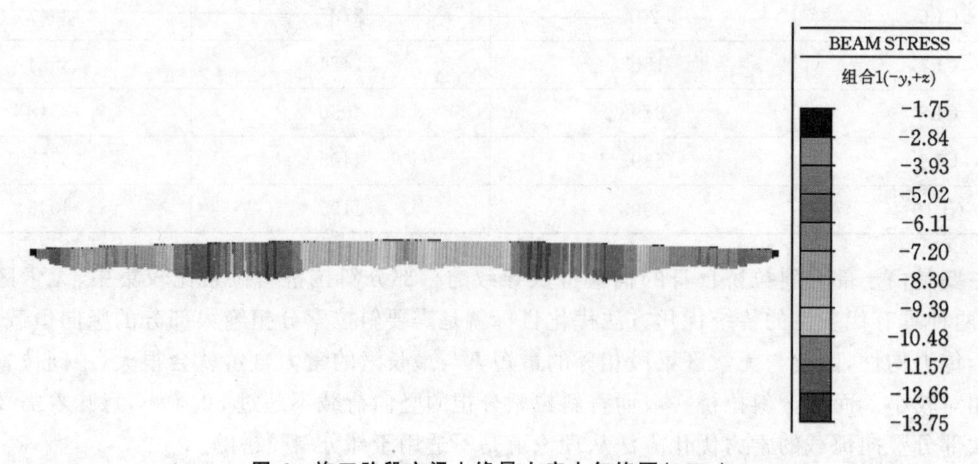

图 6 施工阶段主梁上缘最小应力包络图(MPa)

Fig. 6 Minimal stress envelope diagram of upper edge of main beam during construction(MPa)

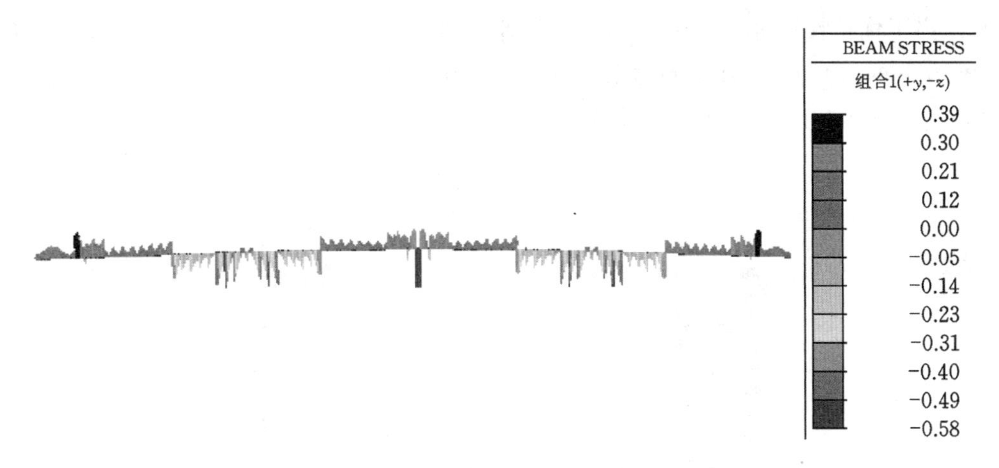

图 7　施工阶段主梁下缘最大应力包络图(MPa)

Fig. 7　Maximum stress envelope diagram of upper edge of main beam during construction(MPa)

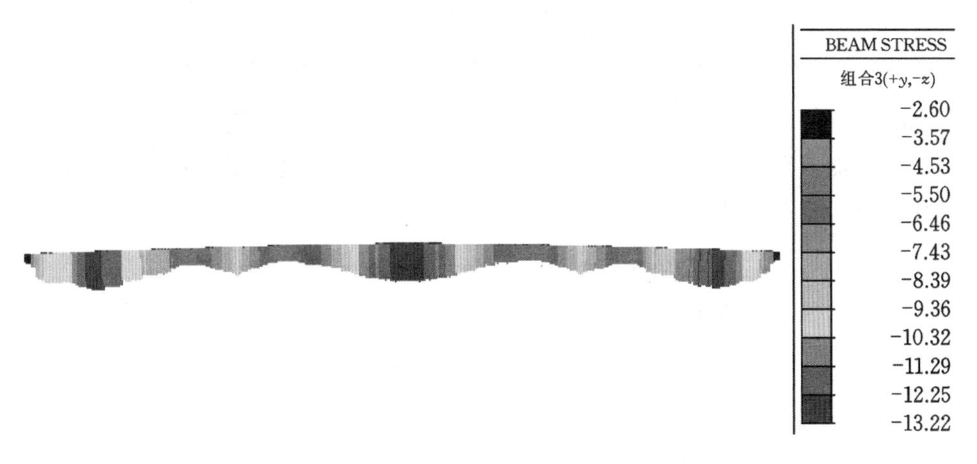

图 8　施工阶段主梁下缘最小应力包络图(MPa)

Fig. 8　Minimal stress envelope diagram of lower edge of main beam during construction(MPa)

如图 9 所示,斜拉索在施工阶段的最大应力为 924.35 MPa,满足《公路斜拉索设计细则》(JTG_D65-01—2007-T)第 3.4.2 条对斜拉索施工阶段短暂状况的要求。

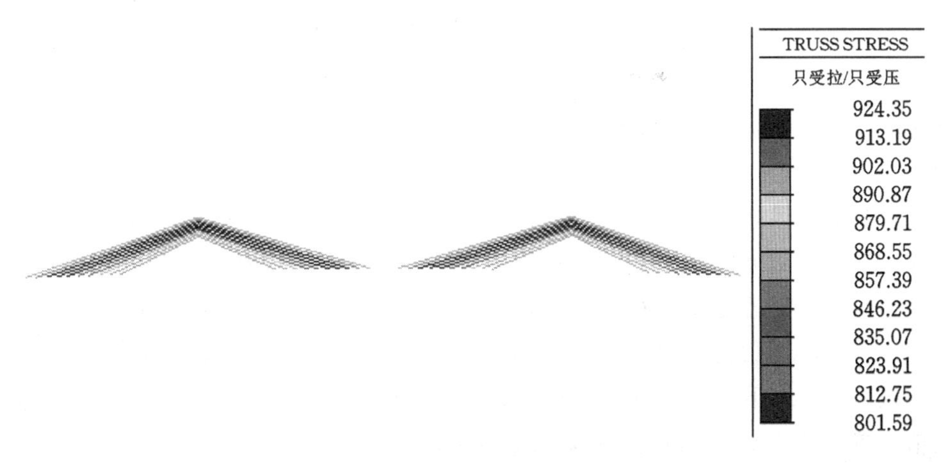

图 9　施工阶段斜拉索最大应力包络图(MPa)

Fig. 9　Maximum stress envelope diagram of cable during construction(MPa)

图 10 给出了优化收敛曲线。由图可知，主梁各关键截面在运营阶段的最小应力安全余量由初始粒子张拉索力下的－1.709 MPa（超过规范限值 1.709 MPa），经过 300 次的迭代优化后，变成了 0.484 MPa（有 0.484 MPa 的应力安全储备）。

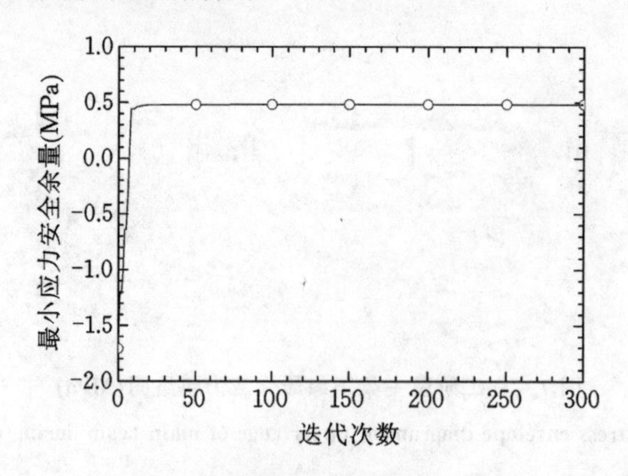

图 10　最小应力安全余量迭代优化图

Fig. 10　Iterative optimization graph of minimum stress safety margin

图 11 为在承载能力极限状态下主梁截面抗弯承载能力安全系数在优化过程中的变化。主梁各关键截面最小承载能力安全系数由初始的 1.137，随着迭代过程的进行最终稳定在约束的限值 1.10，总体随着优化的进行呈下降趋势。

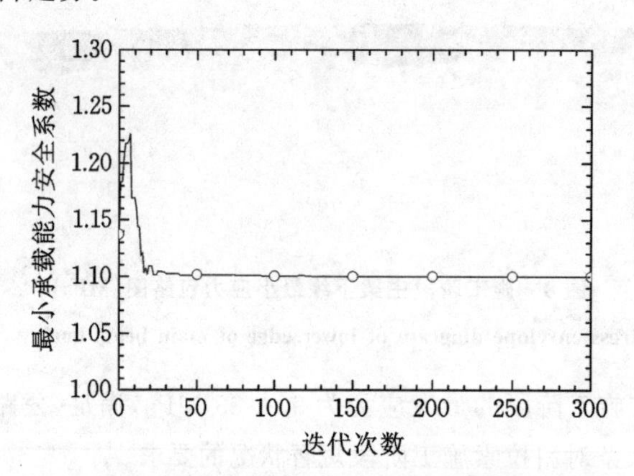

图 11　最小承载能力安全系数迭代图

Fig. 11　Iterative graph of minimum load capacity safety factor

以上优化结果是建立在第 1 节荷载解耦方法和索力影响矩阵得到的，故需对其有效性及计算精度进行验证。

将最终得到的最优施工索力值取整后输入 Midas/Civil 中，将有限元结构分析计算结果与本文所采用的计算方法所得结果进行比较。如图 12、图 13 所示，两种方法计算得到的频遇组合主梁下缘最大应力与基本组合主梁最大弯矩在所有关键截面的弯矩值是完全吻合的。其中，绝大多数应力的相对误差都在 10^{-4} 数量级以内，只有在应力接近零的位置相差误差稍大，最大为 2.4×10^{-3}。弯矩计算的相对误差较应力整体小得多，绝大多数位置相对误差在 10^{-7} 数量级以内，相对误差较大位置也出现在弯矩数值接近零的位置。弯矩最大相对误差仅为 8.1×10^{-5}。

表 3 对比了按本文方法基于影响矩阵和基于有限元模型所得的成桥索力值。由表可知，由影响矩阵计算的标准组合下最大索力值具有很高的精度，所有的相对误差均在 10^{-4} 以内。

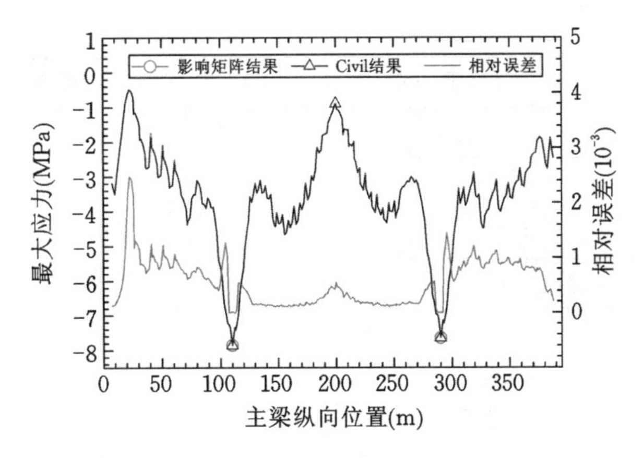

图 12　频遇组合下主梁下缘最大应力

Fig. 12　Maximum stress at the lower edge of the main beam from frequent combination

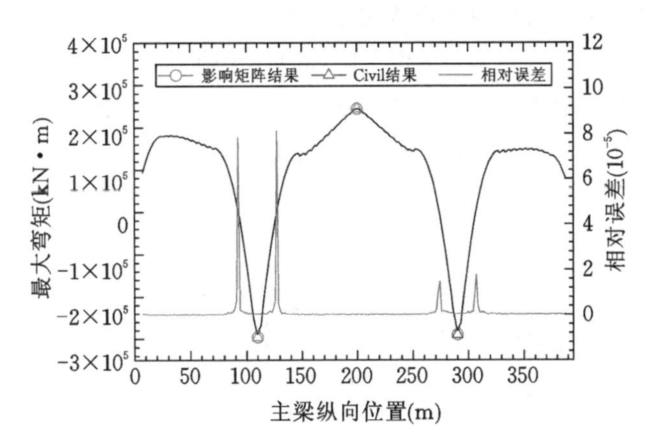

图 13　基本组合下主梁最大弯矩

Fig. 13　Maximum moment of main beam from fundamental combination

表 3　斜拉索成桥索力对比

Table 3　Comparison of the maximum cable force of the left tower at midspan of the standard combination

斜拉索编号	影响矩阵计算结果(kN)	Midas/Civil 计算结果(kN)	相对误差(10^{-4})
CL10	3980	3979	2.5
CL9	3709	3709	0
CL8	3553	3552	2.8
CL7	3504	3504	0
CL6	3503	3502	2.9
CL5	3499	3498	2.9
CL4	3500	3499	2.9
CL3	3388	3387	3
CL2	3528	3527	2.8
CL1	3554	3553	2.8
CL1′	3539	3540	2.8
CL2′	3528	3528	0

续表 3

斜拉索编号	影响矩阵计算结果(kN)	Midas/Civil 计算结果(kN)	相对误差(10^{-4})
CL3′	3400	3400	0
CL4′	3525	3525	0
CL5′	3534	3534	0
CL6′	3547	3547	0
CL7′	3554	3554	0
CL8′	3618	3618	0
CL9′	3775	3775	0
CL10′	4045	4045	0

综上所述,使用本文所采用的影响矩阵法用于代替结构优化过程中所需要的有限元分析是可行的。当计算的精度不满足要求时,只需要将优化所得的最佳施工索力作为初始施工索力输入 Midas/Civil 中,重新计算索力影响矩阵与可变作用结构响应包络值,然后重新运行程序进行优化。因此,本文提出的方法实际上也可运用于非线性效应明显的大跨度常规斜拉桥。

3 结论

针对部分斜拉桥索力设计过程中合理索力的确定问题,本文讨论了现有的几种主要索力优化方法对于部分斜拉桥索力优化问题的局限性和不足之处,提出了一种考虑基于规范的运营荷载及相应荷载组合的部分斜拉桥索力优化方法。将其运用于某部分斜拉桥,验证了该方法的可行性和有效性。主要结论如下:

(1) 对于几何非线性效应较小的部分斜拉桥而言,运营阶段的可变作用效应在拉索索力变化不大的情况下可看作常量。由此可将结构的永久作用效应和可变作用效应分开,在索力优化时仅考虑永久作用效应的变化,提高了优化效率,且可以考虑所有基于规范的可变作用及作用组合。

(2) 考虑施工阶段的部分斜拉桥索力优化所得的结果即是各施工阶段的索力张拉值,无须从合理成桥状态逆推得到合理施工状态。

(3) 运用影响矩阵来建立索力变化与结构响应变化之间的线性关系,在寻优过程中无须花费大量时间进行有限元计算。再结合全局搜索能力强、收敛速度快的粒子群算法,可在较短时间内获得全局最优解。

(4) 在优化算法的选择上,根据优化问题的不同,粒子群算法也可由其他元启发算法代替,以提高优化效率。

参 考 文 献

[1] 姚博强. 矮塔斜拉桥合理成桥状态下索力优化方法研究[D]. 北京:北京建筑大学,2016.

[2] 陈亨锦,王凯,李承根. 浅谈部分斜拉桥[J]. 桥梁建设,2002(01):44-47.

[3] 叶梅新,韩衍群,张敏. ANSYS二次开发技术在确定斜拉桥初始恒载索力中的应用[J]. 铁道科学与工程学报,2005(05):56-59.

[4] 叶梅新,韩衍群,张敏. 基于 ANSYS 平台的斜拉桥调索方法研究[J]. 铁道学报,2006(04):128-131.

[5] Lonetti P, Pascuzzo A. Optimum design analysis of hybrid cable-stayed suspension bridges[J]. Advances in Engineering Software,2014,73:53-66.

[6] 陈德伟,范立础. 确定预应力混凝土斜拉桥恒载初始索力的方法[J]. 同济大学学报(自然科学版),1998(02):

120-124.
[7] 冯大鹏. 桃夭门大桥合理成桥状态索力的确定[J]. 黄石理工学院学报，2008(03)：40-42+70.
[8] 吴祖根. 矮塔斜拉桥设计综述[J]. 市政技术，2010，28(01)：66-69.
[9] 张力文，夏睿杰，肖汝诚，等. 部分地锚式斜拉桥合理成桥状态二阶段确定法[J]. 深圳大学学报(理工版)，2012，29(01)：51-55.
[10] 王勋文，辛学忠，潘家英，等. 确定 PC 斜拉桥合理恒载索力方法的探讨[J]. 桥梁建设，1996(04)：3-7.
[11] 梁鹏，肖汝诚，张雪松. 斜拉桥索力优化实用方法[J]. 同济大学学报(自然科学版)，2003(11)：1270-1274.
[12] 刘崭，董越. 用弯曲能量法确定斜拉桥成桥状态的参数研究[J]. 筑路机械与施工机械化，2008(11).
[13] 周银，张雪松. 基于最小弯曲能的结合梁斜拉桥恒载索力优化计算方法[J]. 中外公路，2018，38(04)：177-180.
[14] 宁平华，张靖，陈加树. 广州鹤洞大桥斜拉桥合理索力设计[C]. 中国土木工程学会桥梁及结构工程学会第十二届年会，1996：5.
[15] 颜东煌，李学文，刘光栋，等. 用应力平衡法确定斜拉桥主梁的合理成桥状态[J]. 中国公路学报，2000(03)：51-54.
[16] 颜东煌. 斜拉桥合理设计状态确定与施工控制[D]. 长沙：湖南大学，2001.
[17] 孙志伟，邬晓光. 基于应力平衡法的系杆拱桥吊杆力的优化[J]. 武汉大学学报(工学版)，2017，50(05)：704-707+713.
[18] 陈从春，周海智，肖汝诚. 矮塔斜拉桥研究的新进展[J]. 世界桥梁，2006(01)：70-73+80.
[19] 戴杰，秦凤江，狄谨，等. 斜拉桥成桥索力优化方法研究综述[J]. 中国公路学报，2019，32(05)：17-37.
[20] 中交公路规划设计院有限公司. JTG D60-2015 公路桥涵设计通用规范[S]. 北京：人民交通出版社，2015.
[21] 中交公路规划设计院有限公司. JTG 3362—2018 公路钢筋混凝土与预应力混凝土桥涵设计规范[S]. 北京：人民交通出版社，2018.
[22] 陈凯，李长坤. 顺桥向圆环塔斜拉桥拉索布置与受力分析[J]. 绿色环保建材，2020(05)：111-112.
[23] 廖海黎，马存明，李明水，等. 港珠澳大桥的结构抗风性能[J]. 清华大学学报(自然科学版)，2020，60(01)：41-47.

22. 基于Gamma过程的氯盐侵蚀钢筋混凝土结构耐久性寿命预测

张振浩　牛箐蕾　刘　鑫
（长沙理工大学土木工程学院，长沙 410000）

摘要：本文提出了一种基于Gamma过程的氯盐侵蚀环境下钢筋混凝土结构耐久性寿命预测的新方法，基于钢筋混凝土结构钢筋表面氯离子浓度仿真数据建立了Gamma过程模型并进行了钢筋混凝土结构的寿命预测。首先，根据氯离子扩散理论，通过MATLAB软件利用本文提出的考虑多因素作用下的氯离子有限差分数值扩散模型仿真了一组钢筋混凝土结构钢筋表面氯离子浓度数据，并采用蒙特卡洛方法模拟了钢筋混凝土结构耐久性寿命数据。其次，基于仿真数据进行了Gamma过程建模并预测了钢筋混凝土结构的寿命。最后，通过将Gamma过程耐久性寿命概率密度函数理论曲线与蒙特卡罗模拟得到的耐久性寿命频率直方图进行对比分析验证其正确性。

关键词：氯离子扩散理论；Gamma过程；耐久性退化；寿命预测；可靠性建模
中图分类号：TU311.4　　**文献标识码**：A

Durability life prediction of reinforced concrete structurescorroded by chlorine based on the Gamma process

ZhangZhenhao　Niu Qinglei　Liuxin
(School of Civil Engineering, Changsha University of Science & Technology, Changsha 410000, China)

Abstract: In this paper, a new method for durability life prediction of reinforced concrete structures in chlorine-eroded environment is presented based on Gamma process. The Gamma process model is established based on the simulation data of chloride ion concentration on the surface of reinforced concrete structures and the life of reinforced concrete structures is predicted. Firstly, according to the chloride diffusion theory, through using the finite difference chloride diffusion model proposed in this paper under the action of multiple factors, a group of reinforced concrete reinforcement surface chloride concentration data are simulated by Matlab. Similarly, the durability life data of reinforced concrete structures are simulated by monte Carlo method. Furthermore, the durability life data, making use of Gamma process, are simulated and the lifetime of reinforced concrete structures is predicted. Finally, the correctness of the proposed method is verified through comparing the probability density function of the durability life of the Gamma process and the frequency histogram of the durability life obtained by monte Carlo simulation

Keywords: Chloride diffusion theory; Gamma process; Durability degradation; life predection; reliability modeling

引　言

在自然环境以及使用条件等因素的长期作用下的结构耐久性一直是学者们致力于研究的课题。

混凝土结构在设计使用年限内出现耐久性失效，不仅影响建筑物的正常使用功能，也会造成巨大的经济损失。随着钢筋混凝土结构工程向海洋环境发展，氯盐侵蚀环境下的钢筋混凝土结构耐久性成为当前混凝土耐久性研究的热点之一。减少钢筋混凝土结构内部的氯离子或者延缓其传输速率能提高钢筋混凝土结构的耐久性寿命，因此研究氯离子作用下钢筋混凝土结构耐久性寿命预测有着重要的现实意义和经济价值。

钢筋混凝土结构处在氯盐侵蚀环境中时，氯离子通过混凝土保护层到达钢筋表面的方式存在吸附、扩散、结合、渗透、毛细作用和弥散六种传输过程，因氯离子浓度梯度引起的扩散过程是最主要的迁移方式。目前基于扩散理论计算模拟氯离子侵入混凝土的模型几乎都是基于 Fick 第二定律。近年来，将 Fick 第二定律应用于混凝土结构中取得了很大的突破，文献[6]基于 Fick 第二扩散定律，推导出综合考虑混凝土的氯离子结合能力、混凝土结构微缺陷影响和氯离子扩散系数的时间依赖性的新扩散方程，得到了混凝土的氯离子扩散理论基准模型。该模型解决了 Fick 第二定律在混凝土的适应性问题。另外，对于多因素作用下的钢筋混凝土氯离子扩散系数也进行了研究分析。文献[5]建立了多因素作用下氯离子侵蚀模型，得到了考虑边界条件的侵蚀模型数学解。该模型不仅反映了结构在受氯盐侵蚀时的发展趋势和构件不同深度处的氯离子浓度，而且预测了不同时期钢筋的氯离子含量以及钢筋锈蚀的时间。此外，还可以利用统计学的方法对该类问题进行研究分析。文献[14] 建立了预测除冰盐环境下混凝土桥面板首次需要修复时间的统计模型，该模型综合了考虑了影响氯离子扩散过程因素的统计性质，该模型运用统计重采样技术扩展了目前已有的确定性模型。

Gamma 过程具有良好的计算特性并且能够较好地描述单调系统，是在统计、通信工程及生物等领域常用模型之一。但 Gamma 过程在土木工程领域应用较少，是目前氯盐侵蚀环境下钢筋混凝土结构耐久性研究的新方向之一。1975 年，文献[18]首先提出使用伽玛过程作为时间上随机退化的退化模型。文献[22]基于 Gamma 过程对混凝土的蠕变过程进行建模，并且提出了两种基于试验数据估计 Gamma 过程参数的方法。文献[21]在考虑随机效应的前提下，利用 Gamma 过程对疲劳裂纹扩展进行建模，对裂纹扩展数据进行了拟合，并进行了相应的拟合优度试验。文献[20]提出了一种贝叶斯决策模型来确定未知退化条件下的最优检测方案，利用 Gamma 过程对腐蚀过程建模，并利用贝叶斯定理更新未知退化条件下腐蚀速率的先验参数。文献[15]基于 Gamma 过程对钢结构表面有机涂层的劣化过程进行建模，并且给出了一种通过专家判断数据来估计 Gamma 过程参数的方法。文献[14]利用性能退化数据建立了动量轮性能退化 Gamma 过程模型，同时给出了模型参数估计的矩估计和极大似然估计以及 Gamma 过程首达时间分布计算方法，并在此基础上预测了动量轮的寿命。文献[13]针对加速老化试验的产品，提出了利用 Gamma 过程参数的非共轭试验分布进行 Bayesian 统计推断的剩余寿命预测方法。

本文在已有方法的基础上，提出了一种根据钢筋混凝土结构表面氯离子浓度仿真数据建立的 Gamma 过程模型对结构进行寿命预测的新方法。根据氯离子扩散理论，建立了由 MATLAB 软件利用多因素作用下的氯离子有限差分法数值扩散模型仿真出的结构钢筋表面氯离子浓度数据和由蒙特卡罗方法模拟出的结构耐久性数据。并对于仿真数据进行了 Gamma 过程建模，预测了结构寿命。最后将由这两组数据建立出的耐久性寿命概率密度函数理论曲线与耐久性频率直方图进行了对比分析，验证了该方法的可行性。为氯盐侵蚀环境下混凝土结构耐久性寿命的评估提供科学的方法和依据。

1 基于 Gamma 过程的寿命分布建模

1.1 Gamma 过程的定义

如果存在一个随机变量 X 满足形状参数为 v、尺度参数为 u 的伽玛分布，则该随机变量的期望和方差为 $v(t)/u$、$v(t)/u^2$，概率密度函数为：

$$G\alpha(x|v,u)=\frac{u^v}{\Gamma(v)}x^{v-1}\exp\{-ux\}I_{(0,\infty)}(x) \tag{1}$$

式中，$I_A(x)=1$ 对于 $x\in A$，$I_A(x)=0$ 对于 $x\notin A$，$\Gamma(a)=\int_{z=0}^{\infty}z^{a-1}e^{-z}dz$ 是 $a>0$ 的伽马分布函数。

此外，令 $v(t)>0$，$t\geqslant 0$ 是一个非递减右连续的实值函数，且 $v(0)=0$；具有形状函数 $v(t)>0$ 和尺度参数 $u>0$ 的伽马过程是连续时间的随机过程 $\{X(t),t\geqslant 0\}$，且伽玛过程 $X(t)$ 具有以下性质：

(1) $X(0)=0$（以概率 1）；

(2) 对于 $\forall s\geqslant 0,t>0$，有 $X(s+t)-X(s)\sim G\alpha(v(s+t)-v(s),u)$；

(3) $X(t)$ 是独立增量过程。

1.2 Gamma 过程的寿命分布建模

在实际工程中，由于系统性能发生故障而导致的许多不符合规定标准的物理破坏和性能破坏均属于首次超越问题的范畴；一旦结构或者构件的性能退化过程 $X(t)$ 达到某个临界水平 l，该结构或者构件就会失效。由此，可以将结构发生故障的寿命时间 T 定义为 $X(t)$ 的退化路径第一次超过固定界限 l 时的时间，即首次超越时间。从而，我们可以得到

$$T=\inf\{X(t)\geqslant l\}=\{t|X(t)\geqslant l,X(s)<l for 0\leqslant s<t\} \tag{2}$$

当结构的耐久性退化过程 $X(t)$ 为非平稳的伽玛过程时，其退化是符合伽马分布的，故第一次通过固定界限时间 l 的时间（寿命 T）分布为

$$F(t)=P(T\leqslant t)=P(X(t)\geqslant l)=\frac{\Gamma(v(t),lu)}{\Gamma(v(t))} \tag{3}$$

式中，$\Gamma(a,x)$ 是 $a\geqslant 0$ 和 $x\geqslant 0$ 的不完全伽马函数，为：

$$\Gamma(a,x)=\int_{z=x}^{\infty}z^{a-1}e^{-z}\mathrm{d}z \tag{4}$$

利用链式法则求微分，寿命的概率密度函数为

$$f(t)=\frac{v'(t)}{\Gamma(v(t)}\int_{lu}^{\infty}\{\log(z)-\psi(v(t))\}z^{v(t)-1}e^{-z}\mathrm{d}z \tag{5}$$

式中，函数 $\psi(a)$ 是伽马函数对数的导数：

$$\psi(a)=\frac{\Gamma'(a)}{\Gamma(a)}=\frac{\partial\log\Gamma(a)}{\partial a} \tag{6}$$

1.3 Gamma 过程的参数估计

由于在实际的工程中预期退化与时间的关系通常是符合幂律，所以形状参数可以进一步建模为幂函数 $v(t)=ct^b$，从而转化为对 c、u、b 的估计。假设我们对每一个样本进行了 n 次检查，检查了 m 个样本，每个样本都是在不同的时间点检查的，然后我们得到 $(x_{ij},t_{ij})(i=1,\cdots,n,j=1,\cdots,m)$ 形式的退化数据，其中 x_{ij} 代表时间 t_{ij} 处样本的累积退化数据。根据伽马过程的独立增量假设，通过考虑多个独立分量，第 j 个样本的似然函数可以表示为：

$$L_i(c,u,b)=\prod_{i=1}^{n_j}GA(\delta x_{ij}|c(\delta t_{ij}),u) \tag{7}$$

式中，$\delta x_{ij}=x_{ij}-x_{i-1j}$，$\delta t_{ij}=t_{ij}{}^{b}-t_{i-1j}{}^{b}$，完整的对数似然函数表示为：

$$l(c,u,b)=\sum_{j=1}^{m}\sum_{i=1}^{n_j}[c\delta t_{ij}lnu+(c\delta t_{ij}-1)ln\delta x_{ij}-ln\Gamma(c\delta t_{ij})-u\delta x_{ij}] \tag{8}$$

2 算例分析

2.1 氯离子扩散数值模型

混凝土作为一种多孔材料，其孔隙内部存在着大量的孔隙液，而氯离子侵蚀混凝土的过程就是氯

离子在混凝土孔隙液中传输的过程；当钢筋混凝土结构处在氯盐侵蚀环境中时，氯离子通过混凝土保护层到达钢筋表面的方式有吸附、扩散、结合、渗透、毛细作用和弥散六种传输过程。其中，由氯离子浓度梯度引起的扩散过程是主要的迁移方式，因而基于菲克第二定律的扩散理论是预测钢筋混凝土结构在氯盐环境中使用寿命的理论基础。

菲克第二定律为：

$$\frac{\partial C}{\partial t} = D\frac{\partial^2 C}{\partial^2 x}, x \in [0, L], t \in [0, T] \tag{9}$$

式中，氯离子扩散系数 D 为常数。

边界条件为：

$$\begin{aligned} C(x,0) &= f(x), x \in [0, L] \\ C(0,t) &= a(t), t \in [0, T] \end{aligned} \tag{10}$$

采用有限差分法求解已知边界条件的氯离子扩散偏微分方程，首先要对求解区域用网格划分，如图 1 所示。用时间间隔为 Δt、空间间隔为 Δx 的两组平行于坐标轴的直线将求解区域网格化，两组直线的交点称为网格点或者结点。

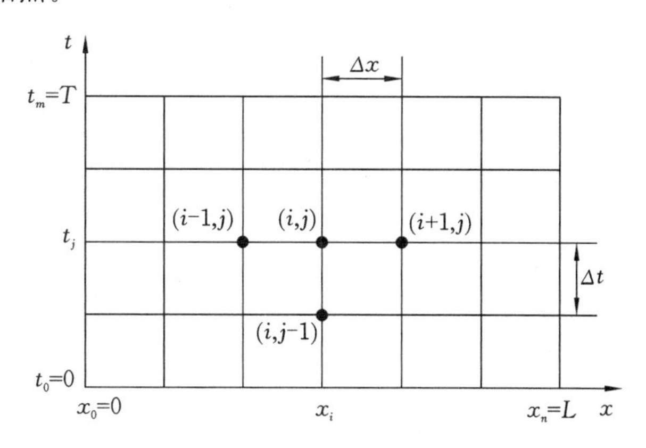

图 1　求解区域网格划分示意图

Fig. 1　Solve the schematic diagram of regional grid planing

以 x 轴表示混凝土构件沿方向的深度，以 y 轴表示混凝土构件暴露的时间，$C_{i,j}$ 表示深度为 x_i 时间为 t_j 的氯离子浓度近似值，记为 $C_{i,j}$。接着对式(10) 进行近似，注意：

$$\begin{aligned} x_i &= i \cdot h, i = 0, 1, \cdots, m \\ t_j &= j \cdot g, j = 0, 1, \cdots, n \end{aligned} \tag{11}$$

式中：$h = L/m, g = T/n$。

$$\frac{\partial C(x,t)}{\partial t} = \lim_{\Delta t \to 0} \frac{C(x,t) - C(x, t - \Delta t)}{\Delta t} \tag{12}$$

所以 $\partial C(i,j)/\partial t$ 的近似值为：

$$\frac{\partial C(i,j)}{\partial t} \approx \frac{C(i,j) - C(i, j-1)}{\Delta t} \tag{13}$$

类似的，在结点(i,j) 处近似 $\partial^2 C/\partial x^2$，即：

$$\frac{\partial^2 C(i,j)}{\partial^2 x} \approx \frac{C(i+1,j) - 2C(i,j) + C(i-1,j)}{\Delta x^2} \tag{14}$$

因此，氯离子扩散的偏微分方程在点(i,j) 可以近似为：

$$\frac{C(i,j) - C(i,j-1)}{\Delta t} = D \cdot \frac{C(i+1,j) - 2C(i,j) + C(i-1,j)}{\Delta x^2} \tag{15}$$

即：

$$C(i,j) = C(i,j+1) - D \cdot \frac{\Delta t}{\Delta x^2} \cdot (C(i+1,j+1) - 2C(i,j+1) + C(i-1,j+1)) \tag{16}$$

根据式(16)，代入边界条件$C(x,0)=C_0$，$C(0,t)=C_s$，即可逐层求出$C(i,j)$，得到不同暴露时间混凝土截面上的氯离子浓度分布。

2.2 多因素作用的表观氯离子扩散系数

在式(16)的解析扩散方程中假定氯离子扩散系数D为常量，但在实际情况中由于混凝土水化过程需要经过很长时间才能完成，因此D是一个随时间、氯离子浓度等因素而变化的量。本文在已有研究的基础上给出一种综合考虑水灰比、相对湿度、时间、温度、混凝土材料等因素作用下的氯离子扩散系数模型。

(1) 水灰比的影响

由水灰比决定的水泥石毛细孔影响着氯离子在混凝土中的扩散，扩散随着水灰比的降低而减缓。但由于扩散系数与水灰比的关系比较复杂，目前没有统一的公式。本文以标准养护28 d试件实测的氯离子扩散系数作为标准表观氯离子扩散系数D_0，反映结构水灰比的不同。D_0采用与水灰比有关的经验公式[17]，即：

$$D_0=10^{-12.06+2.4(w/c)} \tag{17}$$

式中，w/c为水灰比。

(2) 相对湿度的影响

由相对湿度决定的混凝土内部的水通道的尺寸以及数量影响着氯离子在混凝土中的扩散，扩散速度随相对湿度的降低而减小，并存在临界相对湿度。采用的与考虑相对湿度对扩散系数影响的计算公式[16]，为：

$$D(h)=D_0\cdot\left(1+\frac{(1-h)^4}{(1-h_c)^4}\right)^{-1} \tag{18}$$

式中，h为混凝土中的相对湿度；h_c为临界相对湿度，一般取0.75。

(3) 时间因素的影响

随时间的延续，水泥水化程度越高，则混凝土的密实度越高，从而阻碍氯离子的扩散。采用扩散系数随时间衰减的数学表达式[19]，为：

$$D(t)=D_0\cdot\left(\frac{t_0}{t}\right)^n \tag{19}$$

式中，t_0为混凝土的参考龄期，一般为28 d；n为混凝止的龄期衰减系数。

(4) 龄期衰减系数的影响

时间因素影响的主要参数为龄期衰减系数n，其取值与混凝止制备的材料等因素有关，反映氯离子扩散系数随混凝土龄期增长而逐渐衰减的程度，氯离子在混凝土中的扩散速度随龄期衰减系数的增加而增加。本文采用龄期衰减系数计算公式[12]，为：

$$n=0.2+0.4(R_{FA}/50+R_{SG}/70) \tag{20}$$

式中，R_{SG}为矿渣的掺量百分比，R_{FA}为粉煤灰的掺量百分比；一般来说粉煤灰掺量不超过50%，矿渣掺量不超过70%。

(5) 温度因素的影响

温度对扩散系数有显著的影响，扩散系数随着温度的上升而变大，同时结合性能又随着温度的升高而降低。本文采用考虑温度因素的计算公式[12]，为：

$$D(T)=D_0\cdot\exp\left[\frac{U}{R}\left(\frac{1}{T_0}-\frac{1}{T}\right)\right] \tag{21}$$

式中，T_0为养护28 d时的参照温度，一般取293 K；U为扩散过程的激活能量，一般取3500 J/mol；R为气体常数，一般取8.314 J/(mol·K)。

综上所述，考虑水灰比、相对湿度、温度、时间等因素影响下的表观氯离子扩散系数为：

$$D_d=D_0\cdot\left(1+\frac{(1-h)^4}{(1-h_c)^4}\right)^{-1}\cdot\left(\frac{t_0}{t}\right)^n\cdot\exp\left[\frac{U}{R}\left(\frac{1}{T_0}-\frac{1}{T}\right)\right] \tag{22}$$

故考虑多因素作用下氯离子扩散的数值模型可以写为：

$$C(i,j) = C(i,j+1) - D_d \cdot \frac{\Delta t}{\Delta x^2} \cdot (C(i+1,j+1) - 2C(i,j+1) + C(i-1,j+1)) \quad (23)$$

2.3 钢筋混凝土结构仿真寿命预测

本文基于模型(23)，利用MATLAB软件对氯离子扩散过程进行仿真，编写了多因素作用下氯离子扩散数值程序(CLSZ)。

基于CLSZ程序模拟了钢筋混凝土结构一组钢筋表面氯离子浓度数据，包括1～50年不同年限从600个钢筋混凝土结构模拟获得的钢筋表面氯离子浓度的900个浓度值，假设年限t时刻的钢筋表面氯离子浓度视为在年限t时刻对钢筋混凝土结构检测一次。基于实际工程考虑，在浪溅区和潮汐区钢筋混凝土结构保护层厚度中选择了3种保护层厚度：50 mm、60 mm、70 mm。表1详细列出了钢筋混凝土构件的相关参数。

表1 钢筋混凝土结构的相关参数

Table 1 Relevant parameters of reinforced concrete structures

分组	1	2	3	4	5	6
表面氯离子浓度	0.74%	0.74%	0.74%	0.83%	0.83%	0.83%
保护层厚度	50	60	70	50	60	70
氯离子扩散系数	10E-11	10E-11	10E-11	10E-11	10E-11	10E-11
临界氯离子浓度	0.09%	0.09%	0.09%	0.09%	0.09%	0.09%
龄期衰减系数	0.4	0.4	0.4	0.4	0.4	0.4
暴露区域	浪溅区	浪溅区	浪溅区	潮汐区	潮汐区	潮汐区

基于仿真数据，通过最大化式(8)中的对数似然函数估计Gamma过程的三个参数。参数的最大似然估计结果如表2所示。

表2 参数的最大似然估计值

Table 2 The maximum likelihood estimate of the parameter

分组	1	2	3	4	5	6
c	0.2459	0.1187	0.0701	0.2420	0.1397	0.08116
b	1.0278	0.9857	1.0097	0.9645	1.0184	1.0293
u	79.3963	64.3509	67.0096	60.3179	73.9793	74.8558

基于对仿真数据的参数估计的结果，将浪溅区和潮汐区每组钢筋混凝土结构钢筋表面氯离子浓度变化过程(即耐久性退化过程)以及表2基于仿真数据对浪溅区和潮汐区每组钢筋混凝土结构钢筋表面氯离子浓度变化过程的参数估计值分别代入式(5)，得到了浪溅区和潮汐区设计保护层厚度分别为50 mm、60 mm、70 mm钢筋混凝土结构的耐久性寿命累积分布函数。

3 模型验证

3.1 基于蒙特卡洛方法的钢筋混凝土结构寿命预测

本文主要基于《既有结构混凝土耐久性评定标准》(GB/T 51355—2019)[2]、《混凝土结构耐久性设计与施工指南》[3]的相关条文规定利用蒙特卡洛方法对水下区和潮汐区环境下钢筋混凝土结构的使用寿命进行预测，暂不考虑温湿度的影响。在3.2节考虑多因素作用下的有限差分数值模型的基础上，利用 MATLAB 软件编写了基于蒙特卡洛算法的钢筋混凝土结构耐久性寿命预测程序 CLMC，CLMC 的计算程序如图 2 所示。各寿命影响因素的概率分布特征如表 3 所示。

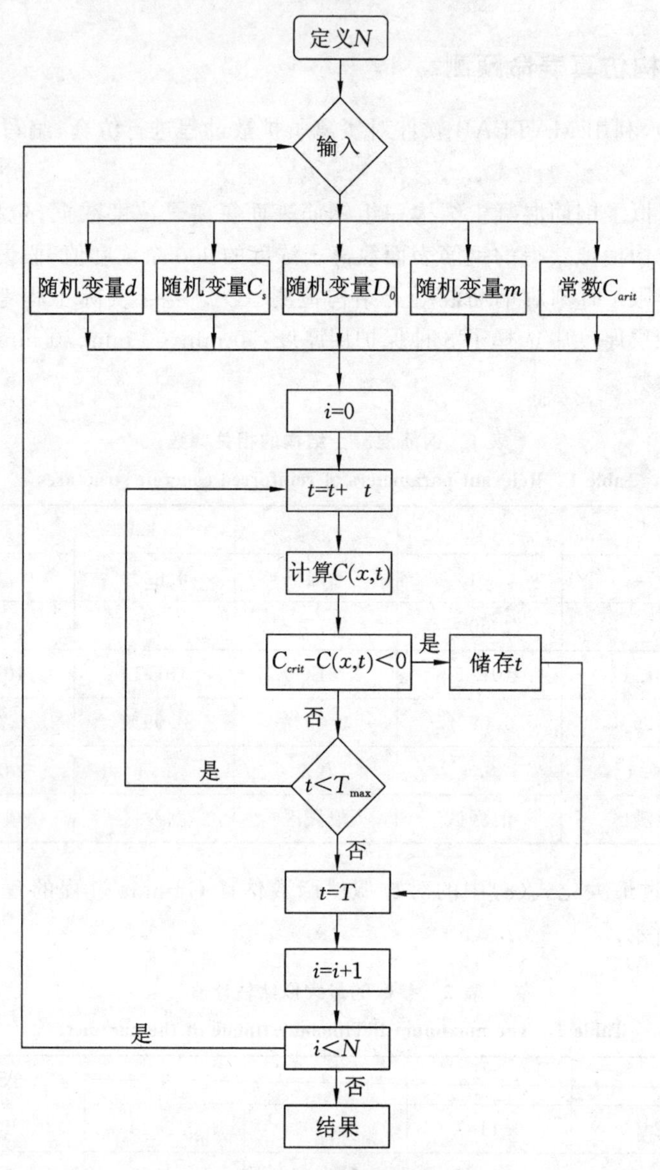

图 2　CLMC 程序流程图

Fig. 2　CLMC program flow chart

表 3　钢筋混凝土结构寿命影响因素的概率分布

Table 3　Probability distribution of factors affecting the life of reinforced concrete structures

参数	统计属性	浪溅区	潮汐区	分布类型
表面氯离子浓度	均值	0.74%	0.83%	正态分布
	标准差	0.22%	0.25%	
	变异系数	30%	30%	
保护层厚度	50/60/70	50/60/70		正态分布
	标准差	3.5/3.6/4.9	3.5/3.6/4.9	
	变异系数	7%	7%	

续表3

参数	统计属性	浪溅区	潮汐区	分布类型
氯离子扩散系数	均值	10E-11	10E-11	正态分布
	标准差	2.5E-11	2.5E-11	
	变异系数	25%	25%	
临界氯离子浓度	均值	0.09%	0.09%	/
	标准差	/	/	
	变异系数	/	/	
龄期衰减系数	均值	0.4	0.4	正态分布
	标准差	0.1	0.1	
	变异系数	25%	25%	

3.2 对比验证

基于表3中各寿命影响因素的统计分布特征值产生相应分布的随机数，将这些独立的随机数作为输入参数，计算暴露时间下钢筋表面的氯离子浓度 $C(x,t)$，通过计算钢筋表由氯离子浓度 $C(x,t)$ 超过临界氯离子浓度 C_{crit} 的时间 t，得到钢筋混凝土结构的耐久性寿命时间 T；通过设置产生抽样数目 N，钢筋混凝土结构耐久性寿命预测程序CLMC可以得到 N 个钢筋混凝土结构耐久性寿命值 T，本文为确保具有足够的计算精度，抽样数目 N 取为5000；为模拟得到的5000个钢筋混凝土结构耐久性寿命值 T，计算绝对频率 f_i 和相对频率 $f_i/N(N-5000)$，将类别宽度 W 设置为1，然后构建钢筋混凝结构寿命直方图。基节对仿真数据的参数估计的结果，将表2的参数估计值分别代入式(5)，得到了钢筋混凝土结构耐久性寿命概率密度函数理论曲线；从而将钢筋混凝土结构耐久性寿命概率密度函数理论曲线与通过蒙特卡罗构建的钢筋混凝土结构耐久性寿命直方图进行对比分析验证，准确的耐久性寿命的概率密度函数理论曲线应该与通过蒙特卡洛模拟获得的钢筋混凝土结构寿命直方图接近。如图3所示，可以看出通过蒙特卡洛模拟获得的钢筋混凝土结构寿命直方图与耐久性寿命的概率密度函数理论曲线非常吻合。

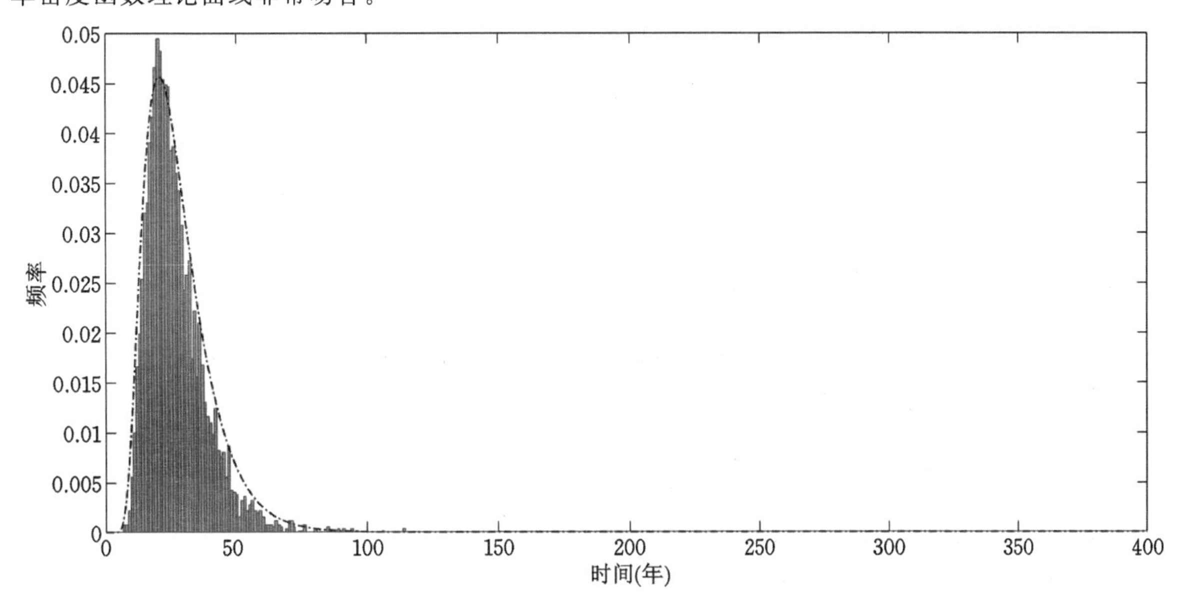

图3 耐久性寿命概率密度函数曲线与直方图对比

Fig. 3 Durability life probability density function curve and histogram comparison

4 结论

在氯盐侵蚀下的钢筋混凝土耐久性问题是研究结构可靠性的重要课题之一。本文利用MATLAB软件仿真了氯离子的扩散过程，得出了不同时刻钢筋混凝土结构表面的氯离子浓度值。利用钢筋混凝土表面的氯离子浓度仿真数据建立了基于Gamma过程的模型并进行了寿命预测。并基于该仿真数据参数估计的结果，得到了钢筋混凝土结构的耐久性寿命累积分布函数；将基于Gamma过程建立的钢筋混凝土结构耐久性寿命概率密度函数理论曲线与由蒙特卡罗模拟出的钢筋混凝土结构耐久性寿命直方图进行了对比分析。二者的曲线轨迹高度吻合，同时也验证了运用Gamma过程对结构进性寿命预测的可行性。

参考文献

[1] 武炳洁，金光. 基于Gamma过程的动量轮可靠性建模与分析[J]. 价值工程，2010(01)：25-27.

[2] 中华人民共和国住房和城乡建设部. GB/T 51355—2019既有结构混凝土耐久性评定标准[S]. 北京：中国建筑工业出版社，2019.

[3] 中国土木工程学会. CCES 01—2004混凝土结构耐久性设计与施工指南[S]. 北京：中国建筑工业出版社，2005.

[4] 王浩伟，徐廷学，刘勇. 基于随机参数Gamma过程的剩余寿命预测方法[J]. 浙江大学学报：工学版，2015.

[5] 滕海文，舒正昌，黄颖，等. 多因素作用下钢筋混凝土构件氯离子扩散系数模型[J]. 土木建筑与环境工程，2011，33(001)：12-16.

[6] 余红发，孙伟，鄢良慧，等. 混凝土使用寿命预测方法的研究[J]. 硅酸盐学报，2002，30(6)：686-690.

[7] 李奎，李正广，段宇，等. 基于Gamma过程的交流接触器剩余电寿命仿真预测[J]. 电测与仪表，2018.

[8] 王建秀，秦权. 考虑氯离子侵蚀与混凝土碳化的公路桥梁时变可靠度分析[J]. 工程力学，2007(07)：86-93.

[9] 张建仁，王华，彭建新. 多因素腐蚀环境下混凝土结构的初锈时间模型及其可靠度分析[J]. 长沙理工大学学报(自然科学版)，2012(01)：34-40.

[10] 余红发，孙伟，麻海燕，等. 混凝土在多重因素作用下的氯离子扩散方程[J]. 建筑材料学报，2002(03)：38-45.

[11] 刘荣桂，陈妤，曹大富. 预应力混凝土结构的氯离子二维扩散理论[J]. 江苏大学学报：自然科学版，2009，030(001)：86-89.

[12] Life-365 Service Life Prediction Model[CP/OL] http://www. life-365. org/download. html.

[13] Wang H, Li J, Li L, et al. Service life of underground concrete pipeline with original incomplete cracks in chlorinated soils: Theoretical prediction[J]. Construction and Building Materials, 2018, 188(NOV. 10): 1166-1178.

[14] Kirkpatrick T J, Weyers R E, Anderson-Cook C M, et al. Probabilistic model for the chloride-induced corrosion service life of bridge decks[J]. Cement & Concrete Research, 2002, 32(12): 1943-1960.

[15] Robin Nicolai, Rommert Dekker, Jan van Noortwijk. A comparison of models for measurable deterioration: An application to coatings on steel structures[C]//IEEE Conference on Decision & Control. IEEE Xplore, 2007.

[16] M. Bitaraf, S. Mohammadi. Analysis of chloride diffusion in concrete structures for prediction of initiation time of corrosion using a new meshless approach[J]. Construction & Building Materials, 2006, 22(4): 546-556

[17] Bentz E C, Thomas M D A, Life-365 Service life prediction model and computer program for predicting the service life and life-cycle costs of reinforced concred to chlorides[R]. 2008.

[18] Abdel-Hameed M. A Gamma wear Process[J]. Energy Conversion, IEEE Transaction on, 1975, 24(2): 152-153.

[19] Ha-Won Song, Hyun-Bo Shim, Aruz Petcherdchoo, et al. Service life prediction of repaired concrete structures under chloride environment using finite difference method[J]. Cement & Concrete Composites, 2008, 31(2): 120-127.

[20] Kallen M J, Noortwijk J M V. Optimal maintenance decisions under imperfect inspection[J]. Reliability Engineering & System Safety, 2005, 90(2/3): 177-185.

[21] Lawless J, Crowder M. Covariates and Random Effects in a Gamma Process Model with Application to Degradation and Failure[J]. Lifetime Data Analysis, 2004, 10(3): 213-227.

[22] Cinlar E, Bazant Z P, Osman E M. Stochastic Process for Extrapolating Concrete Creep[J]. Journal of the Engineering Mechanics Division, 1977, 103(6): 1069-1088.

23. 基于抗冲击性能的新型泥石流格栅坝横梁可靠性分析*

王永胜[1,2]　吕宝宏[1,2]　张岩鉴[1,2]　金　禧[1,2]

(1. 兰州理工大学 西部土木工程防灾减灾教育部工程研究中心，甘肃 兰州 730050；

2. 兰州理工大学 甘肃省土木工程防灾减灾重点实验室，甘肃 兰州 730050)

摘要：大块石冲击是造成泥石流防治结构破坏的主要原因，冲击作用下防治结构的可靠性研究是目前的难点。利用 ANSYS/LS-DYNA 有限元软件建立新型泥石流格栅坝冲击仿真模型，分析其在大块石作用下的抗冲击性能。考虑横梁抗冲击性能影响因素的随机性，构建了横梁承载能力极限状态方程和正常使用极限状态方程，求解抗弯承载力、抗剪承载力和最大裂缝宽度可靠度指标，并对影响可靠度指标的重要因素进行了探讨。结果表明：横梁为局部破坏，可将其简化为两端固支梁；大直径块石冲击作用下横梁容易产生裂缝，并快速发展到接近或超过裂缝限值，且横梁破坏模式从弯曲延性破坏向剪切脆性破坏转化；受拉区配筋面积较小时，横梁易发生弯曲延性破坏，受拉区配筋面积较大时，横梁易发生剪切脆性破坏，受拉钢筋的增加有效地控制了裂缝的发展；增加截面高度是提高横梁抗弯承载力的有效手段，而对于抗剪承载力计算和最大裂缝宽度控制时应严格限制截面的高宽比。

关键词：新型泥石流格栅坝；抗冲击性能；可靠性；中心点法

中图分类号：P642.23　　　**文献标识码**：A

Reliability Analysis of Beam of New Type Debris Flow Grille Dam Based on Impact Resistance

WANG Yong-sheng[1,2]　LV Bong-hong[1,2]　ZHANG Yan-jian[1,2]　JIN Xi[1,2]

(1. Western Center for Disaster Mitigation in Civil Engineering of Ministry of Education, Lanzhou University of Technology, Lanzhou, Gansu 730050, China;

2. Key Laboratory of Disaster Prevention and Mitigation in Civil Engineering of Gansu Province, Lanzhou University of Technology, Lanzhou 730050, China)

Abstract: large blocks of stone impact are the main cause of debris flow control structure damage. The reliability study of debris flow control structure under impact is the difficulty at present. ANSYS/LS-DYNA finite element software is used to establish the impact simulation model of a new type of debris flow grille dam, and its impact resistance performance under the action of large blocks of stone is analyzed. Considering the randomness of the factors affecting the impact performance of the beam, the ultimate limit state equations and serviceability limit state equations of the beam are established, the reliability indexes of the flexural bearing capacity, shear bearing capacity and maximum crack width are solved, and the important factors influencing the reliability indexes are discussed. The results show that the beam is locally damaged and can be simplified to the

---

* 基金项目：教育部长江学者创新团队支持计划项目(2017IRT17_51)，国家自然科学基金项目(51768039)，兰州理工大学红柳优秀青年人才支持计划资助。

作者简介：王永胜，男，1985 年生，副教授，硕士生导师，主要从事滑坡泥石流防治技术研究，E-mail：wys591888@163.com

beam with fixed supports at both ends of the span. Under the impact of large diameter block stone, the beam is easy to produce cracks, which rapidly develop to close to or exceed the limit value of crack, and the beam failure mode changes from flexural ductility failure to shear brittle failure. When the area of reinforcement in the tensile zone is small, the beam is prone to flexural ductility failure, and when the area of reinforcement in the tensile zone is large, the beam is prone to shear brittle failure. The increase of reinforcement effectively controls the development of cracks. Increasing the section height is an effective means to improve the flexural bearing capacity of the beam, but the aspect ratio of the section should be strictly limited when calculating the shear bearing capacity and controlling the maximum crack width.

Keywords: New type of debris flow grille dam; Impact resistance performance; Reliability; Center point method

引言

我国是世界上泥石流分布最广、数量最多和危害最重的国家之一[1]。尤其是西部地区泥石流灾害频发,造成人民生命财产损失严重。目前,工程防治结构是减轻泥石流灾害最有效的手段,学者对其进行了大量研究。周勇等[2]采用结构动力学方法,建立了泥石流冲击荷载与重力式拦挡坝之间的动力方程,分析了拦挡坝的动力响应;冉永红等[3]等通过试验研究了冲击荷载作用下钢管混凝土桩林的动力性能;陈紫云等[4]就鱼嘴式穹隆格栅坝型泥石流水石分离结构的空间形态、结构和设计要点进行了初步探讨;徐江等[5]运用流固耦合理论对泥石流冲击重力式拦挡坝进行了模拟,得到拦挡坝的应力和位移分布规律;姚令侃[6]建立了一种以可靠度理论为指导的泥石流防治优化设计方法;钟卫等[7]推导了谷坊工程的可靠度计算方法。综上所述,目前针对泥石流防治结构的研究主要集中在新型耗能防冲结构、冲击荷载作用下结构的动力响应数值模拟、室内模型试验和静力可靠性等方面。而实际泥石流发生过程中大块石的瞬时冲击往往是造成结构破坏的主要原因,需综合考虑大块石冲击作用下泥石流防治结构的动力可靠性。文献[8]中提出新型地锚扶壁式泥石流格栅坝(下称新型泥石流格栅坝),研究其基础冲刷、力学计算模型、拉锚体系抗拔力和位移变形的基础上,利用 ANSYS/LS-DYNA 有限元软件建立了新型泥石流格栅坝结构的冲击仿真模型,分析其在大块石作用下的抗冲击性能。基于可靠度分析理论,采用考虑随机变量分布类型的一次二阶矩法,计算了承载能力极限状态和正常使用极限状态下新型泥石流格栅坝横梁的可靠度指标,对影响二者可靠度指标的重要因素进行了探讨,并给出工程应用建议。

1 新型泥石流格栅坝简介

新型泥石流格栅坝由格栅框架(格栅柱和横梁组成)、基础桩、扶壁墙、拉索、锚墩、底板和底板梁组成,结构形式见图 1[8]。基础桩嵌固在地基中,与格栅柱牢靠连接,格栅柱和横梁形成格栅框架,能够有效拦截泥石流中的块石,排走泥石流浆体,减小泥石流浆体对结构产生的动压力。锚索与锚墩相连,提高了结构的整体稳定性。扶壁墙的存在增加了结构的功能性,在避免块石直接冲击格栅柱的同时,能够起到分流的作用,使结构受泥石流冲击的作用更加均匀。

2 新型泥石流格栅坝抗冲击性能分析

通过 ANSYS/LS-DYNA 有限元软件,模拟分析新型泥石流格栅坝横梁受块石多点冲击作用的动力响应和抗冲击性能。将基础桩与格栅柱、扶壁墙与底板之间的连接视为固接,锚索底部定义为全方向约束,有限元模型见图 2。混凝土和刚性撞击石球选用 solid164 单元,钢筋选用 beam161 单元,锚索选用 link160 单元。此外,选用 mesh200 划分单元辅助进行网格划分。混凝土本构关系采用 HJC 模型,钢筋采用随动硬化模型,块石采用钢性体模型。

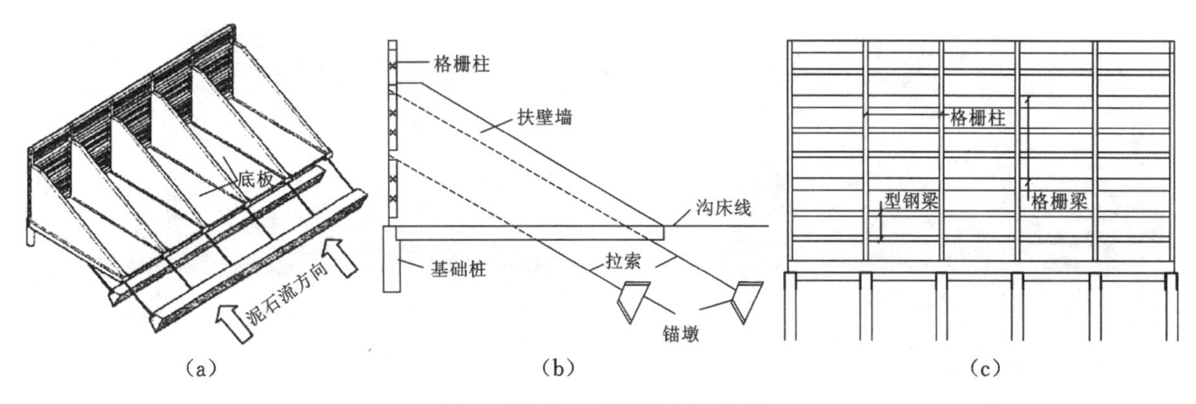

图 1　新型泥石流格栅坝示意图

(a) 斜视图;(b) 侧视图;(c) 正视图

Fig. 1　Schematic diagram of new debris flow grille dam

新型泥石流格栅坝中格栅柱受扶壁墙和拉索的保护不容易发生破坏,只对横梁抗冲击性能进行了分析。图 3 为横梁冲击点附近多个单元的压应变时程曲线对比图,可以看出冲击中心点处单元的压应变值最大,距离冲击点 5 cm、10 cm、15 cm、20 cm 处四个单元的最大应变值分别为 0.0267 mm、0.0072 mm、0.0024 mm 和 0.0009 mm,其量值分别是冲击中心点的 1/2、1/8、1/25 和 1/63 倍。距离冲击中心点 20 cm 外其余单元的应变值较小,与中心点单元的最大应变值相比差几个数量级,且远处单元的应变分布较为均匀。块石冲击下坝体应变最大值发生在冲击中心点位置,且影响范围有限,属于局部受力和破坏。

图 2　新型泥石流格栅坝有限元模型

Fig. 2　Simplified model of new debris flow grille dam

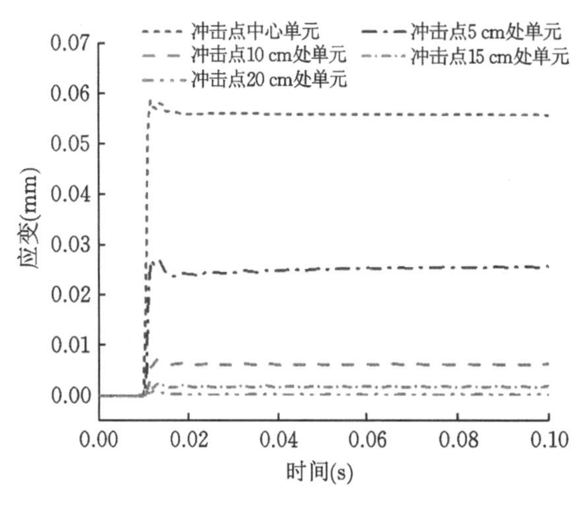

图 3　冲击点附近单元应变时程曲线对比图

Fig. 3　Strain comparison diagram of element strain time history curve near the impact point

图 4 为块石冲击下新型泥石流格栅坝横梁的应力云图。可以看出块石在 $t=10.33$ ms 分别撞击边跨和中跨横梁,横梁冲击点处混凝土应力较大,超过混凝土抗压强度,发生小范围破坏;当 $t=12.33$ ms 时格栅框架节点出现明显的应力集中。这是由于两块石分别冲击在两跨同一高度处,从两横梁传播过来的应力在中部格栅框架节点汇集,使得格栅框架节点在 $t=14.66$ ms 时的应力较强烈。$t=17.66$ ms 时,应力范围继续扩大,向四周不断扩散,此时两块石冲击位置中间的格栅柱和扶壁墙应力变化较强烈,而边跨横梁变化较小。

从以上应力和应变分析结果可知,块石冲击下新型泥石流格栅坝横梁在冲击点处的应力和应变最为集中,有小范围破坏的情况发生,冲击能量主要耗散在此处。而框架梁端和节点处应力传递较小,应变分布均匀,扩散范围有限。因此,块石冲击作用下新型格栅坝横梁的破坏表现为局部破坏的

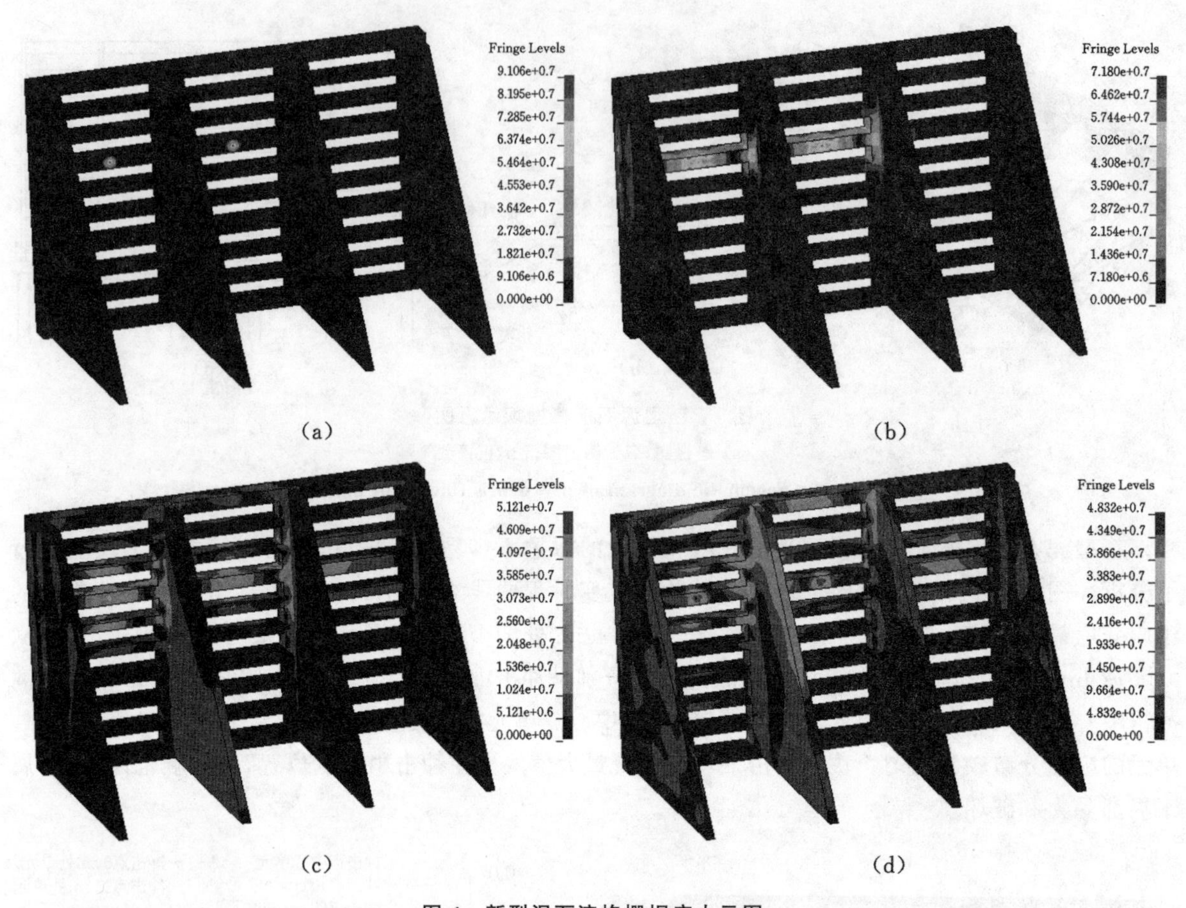

图 4 新型泥石流格栅坝应力云图

(a) $t=10.33$ ms;(b) $t=12.33$ ms;(c) $t=14.66$ ms;(d) $t=17.66$ms

Fig. 4 Stress cloud diagram of new type debris flow grille dam

特征。横梁是整个结构中最为薄弱的构件,以后工程应用中应重点进行局部加强,避免发生因横梁局部破坏引起的结构整体破坏。横梁在泥石流冲击作用下的力学计算模型可简化为两端固支梁处理。

3 基于抗冲击性能的新型泥石流格栅坝横梁可靠性分析

3.1 可靠度分析方法

可靠性分析理论在结构工程中的应用很广泛,它是以概率论为基础,引入结构可靠度的概念,用概率论的方法描述结构可靠性的问题[9]。考虑到基本随机变量的任意分布和功能函数的形式,本文拟采用将非线性功能函数展开成 Taylor 级数并取至一次项的一次二阶矩中心点法。具体步骤是先将横梁承载能力极限状态和正常使用极限状态的概率功能函数在随机变量的平均值处用泰勒级数展开,并取线性项,然后近似计算功能函数的平均值和标准差。可靠度指标等于功能函数的平均值和标准差的比值。设横梁概率模型的功能函数为:

$$Z = g(X) \tag{1}$$

其中,基本随机向量 $X_i = (i = 1,2,\cdots,n)^{\mathrm{T}}$ 的各个分量相互独立,其均值为 $\mu_{x_i} = (i = 1,2,\cdots,n)$,标准差为 $\sigma_{x_i} = (i = 1,2,\cdots,n)$。

将功能函数 Z 在均值点 X 处展开为 Taylor 级数并保留至一次项,即

$$Z \approx g(X) + \sum_{i=1}^{n} \frac{\partial g(X)}{\partial X_i}(X_i - \mu_{x_i}) \tag{2}$$

则 Z 的均值和方差可表示为

$$\mu_z \approx g(\mu_X) \tag{3}$$

$$\sigma_Z^2 \approx \sum_{i=1}^{n}\left(\frac{\partial g(\mu_X)}{\partial X_i}\right)^2 \sigma_{x_i}^2 \tag{4}$$

可靠度指标为

$$\beta = \frac{\mu_z}{\sigma_Z} = \frac{\partial g(\mu_X)}{\sqrt{\sum_{i=1}^{n}\left(\frac{\partial g(\mu_X)}{\partial X_i}\right)^2 \sigma_{x_i}^2}} \tag{5}$$

3.2 横梁承载能力可靠度分析

结构承载能力可靠度理论认为可以将影响结构可靠性的因素归纳为两个综合变量，即结构或构件的荷载效应 S 和抗力 R，结构状态通过极限状态方程 $Z = g(R,S)$ 描述，即

$$Z = g(R,S) = R - S \tag{6}$$

式中：R 为横梁抵抗块石冲击破坏的能力；S 为块石冲击破坏横梁的荷载效应。

本文主要考虑横梁的正截面抗弯和斜截面抗剪，即

$$Z_{\mathrm{M}} = M - S_{\mathrm{M}} \tag{7}$$

$$Z_{\mathrm{V}} = V - S_{\mathrm{V}} \tag{8}$$

式中：M 和 V 为横梁的弯曲抗力和剪切抗力；S_{M} 和 S_{V} 为大块石作用下的弯曲荷载效应和剪切荷载效应。

3.2.1 横梁荷载效应模型

块石与横梁撞击过程中复杂的非线性特征使块石冲击力的精确解难以获得。目前，国内外计算泥石流大块石冲击力的主要有：吴积善等[10] 在公式中考虑时间效应采用了冲量 - 动量模型。Yamaguchi[11] 以 Hertz 弹性碰撞理论为基础，采用修正系数的方法来综合考虑系统材料、冲击过程中摩擦、断裂等因素对冲击力的综合影响。本文采用何思明[12] 基于 Hertz 接触理论的弹塑性碰撞提出的块石作用于拦挡坝的冲击力公式进行荷载效应计算。

$$P = c\left[\frac{mv^2(n+1)}{2c}\right]^{\frac{n+1}{n}} \tag{9}$$

式中：c，n 为大块石材料特性参数，可取 $c = 1.5\times10^5$，$n = 1.5$；$m = \pi R^3\rho 4/3$，为大块石的质量；v 为大块石的速度，可近似替代为 $\alpha\sqrt{R}$，α 为摩擦系数。

假设大块石均作用于横梁跨中的最不利位置，则横梁弯曲荷载效应和剪切荷载效应可表示为：

$$S_{\mathrm{M}} = \frac{Pl}{8} \tag{10}$$

$$S_{\mathrm{v}} = \frac{P}{2} \tag{11}$$

式中：l 为横梁的计算跨度。

3.2.2 横梁抗力模型

矩形截面钢筋混凝土梁弯曲抗力可表示为[13]：

$$M = f_y A_s\left(h_0 - \frac{f_y A_s}{2f_c b}\right) \tag{12}$$

式中：f_y 为钢筋抗拉强度设计值；h_0 为截面有效高度；f_c 为混凝土的轴心抗压强度设计值；b 为矩形梁的宽度；A_s 为钢筋的截面面积。

矩形截面钢筋混凝土梁剪切抗力可表示为[14]：

$$V = \frac{1.75}{\lambda + 1.0} f_t b h_0 + 1.0 f_{yv} \frac{A_{sv}}{s} h_0 \tag{13}$$

式中：λ 为计算截面剪跨比，取 $\lambda = a/h_0$（a 为计算截面至支座截面或节点边缘的距离，计算截面取集中荷载作用点的截面）；当 $\lambda > 3$ 时，取 $\lambda = 3$；当 $\lambda < 1.5$ 时，取 $\lambda = 1.5$；f_t 为混凝土的轴心抗压强度设计值；A_{sv} 为配置在同一截面内箍筋各肢的全部截面面积，$A_{sv} = nA_{sv1}$，其中，n 为同一界面内箍筋的肢数，A_{sv1} 为单肢箍的截面面积；f_{yv} 为箍筋的抗拉强度设计值；s 为箍筋间距。

3.3 横梁正常使用可靠度分析

新型泥石流格栅坝横梁采用钢筋混凝土材料，服役期内除受泥石流的强烈冲击作用外，也有干湿交替和冰冻的现象发生，横梁不可避免地会产生裂缝，常处于带裂缝工作的状态，且随着裂缝发展到一定宽度后，必然会对结构构件的受力产生影响。本文将最大裂缝宽度视为荷载作用下钢筋混凝土横梁正常使用极限状态下的可靠度指标，其极限状态方程为：

$$[\delta_{fmax}] - \delta_{fmax} = 0 \tag{14}$$

式中：$[\delta_{fmax}]$ 为使构件正常使用（适用性或耐久性）失效的最大裂缝宽度，本文将其视为常数，由规范[14] 可知取 $[\delta_{fmax}] = 0.2\ mm$；$\delta_{fmax}$ 为荷载作用下构件产生的最大裂缝宽度，是随机变量。文献[15] 中 δ_{fmax} 计算公式为：

$$\delta_{fmax} = c_1 c_2 c_3 \frac{\sigma_g}{E_g}\left(100 + \frac{0.1d}{\mu}\right) \tag{15}$$

式中：c_1 为考虑构件受力特征的系数，受弯构件取 $c_1 = 1.0$；c_2 为考虑钢筋粘结特征的系数，螺纹钢筋取

$c_2 = 1.0$；c_3 为考虑长期或重复荷载影响的系数，短期荷载取 $c_3 = 1.0$；$\sigma_g = M/0.87A_s h_0$，为裂缝截面受拉钢筋应力，其中 M 为构件所受的弯矩；d 为受拉钢筋直径；$\mu = A_S/bh_0$，其中 b 为截面宽度；E_g 为钢筋弹性模量。

4 算例及参数分析

4.1 算例

新型泥石流格栅坝横梁截面尺寸为 $b \times h = 300\ \text{mm} \times 600\ \text{mm}$，计算跨度 $l = 3000\ \text{mm}$；混凝土等级为 C30，保护层厚度为 25 mm；受拉区配置 2 根 HRB400 钢筋，直径 $d = 16$ mm；箍筋采用 HRB335 双肢箍，直径 6 mm，间距 200 mm；大块石直径统计结果见表 1，算例中块石取均值为 1.4 m。新型泥石流格栅坝横梁可靠性分析时，以下列随机变量作为基本变量：大块石直径(R)、混凝土抗压强度标准(f_{tk})、混凝土抗压强度标准值(f_{ck})、钢筋屈服强度标准值(f_{yk})、钢筋弹性模量(E_g)、箍筋抗拉强度标准(f_{yvk})、截面宽度(b)、截面有效高度(h_0)、钢筋直径(d)、受拉区钢筋面积(A_s)、箍筋面积(A_{sv}) 和箍筋间距(s)。各变量的统计参数见表 2。

表 1 块石统计表[16]

Table 1 Stone statistics table

块石等效半径(m)	<1.2	1.2～1.3	1.3～1.4	1.4～1.5	1.5～1.6	>1.6
发生次数	32	35	50	59	27	10

表 2　变量统计参数

Table 2　Variable statistical parameters

随机变量	块石直径 R	混凝土抗拉强度 f_{tk}	混凝土抗压强度 f_{ck}	钢筋屈服强度 f_{yk}	钢筋弹性模量 E_g	箍筋抗拉强度 f_{yvk}	截面宽度 b	截面有效高度 h_0	钢筋直径 d	钢筋面积 A_s	箍筋截面面积 A_{sv}	箍筋间距 s
标准值	1.4	2.01	20.1	400	2.1×10^5	300	300	560	16	402	57	200
平均值/标准值	1.0	1.194	1.412	1.899	1.0	1.1	1.0	1.02	1.0	1.0	1.0	1.0
变异系数	0.2	0.08	0.21	0.07	0.06	0.075	0.02	0.02	0.0175	0.05	0.03	0.06
参考文献	20	17	18	18	19	17	17	17	19	18	17	17

由表中数据可求得抗弯承载力可靠度指标为 $\beta=6.977$，抗剪承载力可靠度指标为 $\beta=12.436$，最大裂缝宽度可靠度指标为 $\beta=6.998$。由规范[14]可知安全等级为二级结构发生延性破坏的可靠度指标为 $\beta=3.2$；由文献[21]可知最大裂缝宽度可靠度指标 β 应在 1～2 之间。本算例符合要求。

4.2　参数分析

采用控制变量法对影响横梁抗弯承载力、抗剪承载力和最大裂缝宽度可靠度指标的受拉区钢筋面积 A_s、截面有效高度 h_0 和大块石直径 R 等因素进行探讨，结果见表 3。

表 3　各参数对可靠度的影响

Table 3　The influence of parameters on reliability

受拉区钢筋面积 A_s	截面有效高度 h_0	截面宽度 b	大块石直径 R	抗弯可靠度 β	抗剪可靠度 β	最大裂缝宽度可靠度 β
402	560	300	0.7	7.028	12.57	786.120
402	560	300	1.4	6.977	12.436	6.998
402	560	300	2	5.674	8.052	−0.0289
402	760	300	1.4	6.983	12.02	7.267
402	560	400	1.4	6.973	12.995	5.253
804	560	300	1.4	12.28	12.436	26.729
804	560	400	1.4	12.16	12.995	21.096
804	560	300	2	10.522	8.052	1.801
1206	560	300	1.4	15.496	12.436	54.91
1206	560	400	1.4	15.370	12.955	44.344
1206	560	300	2	13.779	8.05	4.404

由表中计算可知，随着块石直径增大，最大裂缝宽度可靠度指标降幅最大，其次为抗剪可靠度指标和抗弯可靠度指标。这说明在大直径块石冲击作用下横梁容易产生裂缝，并快速发展接近或超过裂缝限值，且横梁破坏模式从弯曲延性破坏向剪切脆性破坏转化；随着受拉区配筋面积增大，抗弯可靠度指标增加，抗剪可靠度指标不变。配筋面积较小时，横梁易发生弯曲延性破坏，配筋面积较大时，横梁易发生剪切脆性破坏，受拉钢筋的增加有效地控制了裂缝的发展。横梁高度增大，宽度不变时，抗弯可靠度指标和最大裂缝宽度可靠度指标增大，抗剪可靠度指标减小；横梁高度不变，宽度增大时，

抗弯可靠度指标几乎没有变化,抗剪可靠度指标增大,最大裂缝宽度可靠度指标降低。由此可见增加截面高度是提高横梁抗弯承载力的有效手段,而抗剪承载力计算和最大裂缝宽度控制时应严格限制截面的高宽比。

5 结论

本文采用 ANSYS/LS-DYNA 有限元数值模拟技术和一次二阶矩可靠度理论分析方法,对新型泥石流格栅坝横梁在块石作用下的抗冲击性能和可靠性进行了分析,得到以下结论:

(1) 利用 ANSYS/LS-DYNA 有限元软件建立了新型泥石流格栅坝结构的冲击仿真模型,分析其在块石作用下的抗冲击性能,发现横梁冲击点处的应力和应变最为集中,有小范围破坏的情况发生,结构有明显的局部破坏特征,可将横梁在泥石流冲击作用下的力学计算模型简化为两端固支梁处理。

(2) 考虑横梁抗冲击性能影响因素的随机性,构建了横梁承载力极限状态方程和正常使用极限状态方程,求解了抗弯承载力、抗剪承载力和最大裂缝宽度可靠度指标,并对影响可靠度指标的重要因素进行了探讨。

(3)大直径块石冲击作用下横梁容易产生裂缝,并快速发展到接近或超过裂缝限值,且横梁破坏模式从弯曲延性破坏向剪切脆性破坏转化;受拉区配筋面积较小时横梁易发生弯曲延性破坏,配筋面积较大时横梁易发生剪切脆性破坏,受拉钢筋的增加有效地控制了裂缝的发展;增加截面高度是提高横梁抗弯承载力的有效手段,而抗剪承载力计算和最大裂缝宽度控制时应严格限制截面的高宽比。

参考文献

[1] 王永胜,朱彦鹏,王亚楠.近场高烈度区新型地锚扶壁式泥石流格栅坝地震响应分析[J].水利学报,2012,42(s2):162-167.

[2] 周 勇,刘贞良,王秀丽,等.泥石流冲击荷载下拦挡坝的动力响应分析[J].振动与冲击,2015,34(8):117-122.

[3] 冉永红,王秀丽,王朋,等.冲击荷载下钢管混凝土桩林动力性能试验研究[J].岩土工程学报,2018,(s1):81-86.

[4] 陈紫云,王希宝,夏磊,等.鱼嘴式穹隆格栅坝型泥石流水石分离拦挡结构[J].中国水土保持,2020,(4):39-43.

[5] 徐江,朱彦鹏.上卓沟泥石流流动特性及流体—结构流固耦合数值模拟研究[J].水利学报,2015,46(s1):248-254.

[6] 姚令侃.泥石流防治工程优化设计方案初探[J].中国地质灾害与防治学报,1995,6(4):1-9.

[7] 钟卫,陈晓清.泥石流谷坊防治工程的可靠性分析[J].水利学报,2012,(z2):155-161.

[8] 王永胜.新型地锚扶壁式泥石流格栅坝的理论分析方法研究[D].兰州:兰州理工大学,2013.

[9] 刘佑荣,唐辉明.岩体力学[M].北京:中国地质大学出版社,2005.

[10] 吴积善,康志成,田连权.云南蒋家沟泥石流观测研究[M].北京:科学出版社,1990.

[11] YAMAGUCHI L. Erosion control engineering[M]. Tokyo:Society of Erosion Control Engineering,1985.

[12] 何思明,吴永,沈均.泥石流大块石冲击力的简化计算[J].自然灾害学报,2009,18(5):51-56.

[13] 王建秀,秦权.考虑氯离子侵蚀与混凝土碳化的公路桥梁时变可靠度分析[J].工程力学,2007,24(7):86-93.

[14] 中华人民共和国住房和城乡建设部.GB 50010—2010 混凝土结构设计规范[S].北京:中国建筑工业出版社,2010.

[15] 变形裂缝专题研究组.钢筋混凝土构件的抗裂度及裂缝宽度问题[J].工业建筑,1983,(3):52-56.

[16] 李又绿,徐文彬,陈华燕,等.滚石冲击作用下埋地高压输气管道的可靠性分析[J].中国安全生产科学技术,2012,8(4):29-33.

[17] 张彦玲,李运生,戴运良.钢筋混凝土梁承载能力极限状态可靠度分析[J].石家庄铁道学报,1998,11(4):64-68.

[18] 袁苗苗,刘祖华.钢筋混凝土构件承载能力极限状态可靠度分析[J].山西建筑,2010,36(4):78-79.

[19] 史志华,胡德炘,陈基发,等.混凝土结构构件正常使用极限状态可靠度的研究[J].建筑科学,2000,16(6):4-11.

[20] 周晓宇,马如进,陈艾荣.钢筋混凝土柱式墩落石冲击抗剪性能可靠性分析[J].振动与冲击,2017,36(7):262-270.

[21] 中国建筑科学研究院有限公司.GB 50068—2018 建筑结构可靠性设计统一标准[S].北京:中国建筑工业出版社,2018.

24. 基于耐震时程法的框架结构地震易损性分析*

龙晓鸿[1,2]　陈兴望[1,*]　马永涛[1]　艾合买提江·吐尔洪[1]

(1. 华中科技大学土木工程与力学学院，湖北 武汉 430074；

2. 华中科技大学 控制结构湖北省重点实验室，湖北 武汉 430074)

摘要：耐震时程法可以生成随时间增加，地震动强度逐渐增大的地震加速度时程曲线，一次分析便可捕捉结构从弹性进入弹塑性，至结构倒塌的全过程性能，能够预测结构在不同强度下的地震响应。基于耐震时程法对9层benchmark钢框架和6层钢筋混凝土框架结构分别进行了地震易损性分析，并使用增量动力分析(IDA)进行结果对比。结果表明，耐震时程法能较好地预测结构的地震响应且计算效率高，结构的地震易损性分析结果基本一致。

关键词：耐震时程法；钢筋混凝土框架结构；钢框架；增量动力分析；地震易损性

中图分类号：TU311.4　　　**文献标识码**：A

Fragility Analysis of Frame Structures Based on Endurance Time Analysis

LONG Xiao-hong[1,2]　CHEN Xing-wang[1]

MA Yong-tao[1]　Turgun Ahmed[1]

(1. School of Civil Engineering and Mechanics,

Huazhong University of Science and Technology, Wuhan 430074, China;

2. Hubei Key Laboratory of Control Structure,

Huazhong University of Science and Technology, Wuhan 430074, China)

Abstract: The endurance time analysis (ETA) can generate seismic acceleration time-history curve that the ground motion intensity increases with time. Only one seismic time history analysis is needed. It captures the full process performance of the structure from elastic to elastoplastic to structural collapse. The seismic response of the structure under different intensities can be predicted. Based on the endurance time analysis, the seismic fragility analysis of 9-story benchmark steel frame and 6-story reinforced concrete frame was carried out, and the results were compared using incremental dynamic analysis (IDA). The results show that the endurance time analysis can predict the seismic response of the structure and the calculation efficiency is high. The seismic fragility analysis results of the structure are basically the same.

Keywords: Endurance time analysis; Reinforced concrete frame; Steel frame; Incremental dynamic analysis; Seismic fragility analysis

---

* 基金项目：国家自然科学基金(51978306)

作者简介：龙晓鸿(1975—)，男，湖北人，教授，博士，主要从事桥梁结构抗震与减隔震研究(E-mail: xhlong@hust.edu.cn)。

通讯作者：马永涛(1994—)，男，河南人，博士研究生，主要从事建筑结构抗震与减隔震研究(E-mail: yongtaoma@hust.edu.cn)。

建筑结构的地震易损性是指在不同强度地震作用下结构达到或超过某种极限状态的条件概率，是对建筑物所有极限状态概率分布的描述，能够定量地评估结构的抗震性能，并宏观地描述结构破坏程度和地震动强度之间的关系。美国太平洋地震工程研究中心在提出基于性能的抗震设计之后，制订了统一考虑地震动强度参数(IM)、工程需求参数(EDP)、破坏指标(DM)以及损失变量(DV)四个方面的地震工程概率决策框架，这个框架包括四个阶段：危险性分析、结构反应分析、损伤分析以及损失决策评估，其中结构反应分析即为建筑结构的易损性分析[1-3]。结构反应分析的目的是得到在指定的地震动强度作用下，结构的工程需求参数达到某一极限状态的条件概率[4,5]。当采用工程需求参数为指标对结构的极限状态进行量化时，实质上就是结构的地震易损性分析，其结果可表示为矩阵形式和曲线形式，表示地震动强度和超越概率之间关系的曲线称为地震易损性曲线。地震易损性分析是建筑结构地震灾害估计的前提，是预测地震破坏和损失的关键技术。

增量动力分析法(IDA方法)是地震易损性分析中经常采用的一种方法，其能够评价在不同地震强度作用下结构的抗震性能，还可以较精确地反映在地震作用下结构的强度、刚度和变形能力变化过程。IDA方法作为模拟结构抗震倒塌性能的有效手段，已经得到了广泛的应用，同时基于IDA方法的地震易损性分析也广泛应用于抗震研究中[6]。但是，IDA方法需要进行大量时程分析计算，结构的计算效率不高，特别是对于大型复杂结构。

为了提高结构抗震性能评估效率，H. E. Estekanchi提出了耐震时程分析[7,8](Endurance Time Analysis，ETA)。耐震时程分析方法的核心是产生耐震加速度时程曲线，其特征是随着时间的增加，地震动强度逐渐增大，将该时程曲线作为地震动，一次输入就可以预测结构在不同地震强度作用下结构的抗震性能[16,17]。目前ETA在地震易损性方面的研究较少，研究表明ETA在评价钢结构倒塌易损性方面效果良好[9,10]，但是在其他结构以及地震易损性分析方面的研究还很少。

本文根据耐震时程法的原理，并基于中国抗震规范反应谱合成了6条耐震时程加速度曲线。建立了6层钢筋混凝土框架结构和9层benchmark钢框架，使用ETA进行了抗震性能评估，同时选取10条天然地震动，采用IDA分析对比研究了不同地震动强度下结构的最大层间位移角响应。使用最大层间位移角作为损伤指标，进行地震易损性分析，并进行结构地震风险评估。研究表明，ETA能够很好地预测钢结构与钢筋混凝土结构的抗震性能，与IDA结果基本一致，且计算效率较高。通过两种方法对结构的地震易损性分析对比，易损性曲线大致吻合，在一定误差内，预测结果基本一致。

1 耐震时程法及耐震时程曲线的合成

耐震时程法的关键是合成一条既符合中国抗震规范反应谱，同时又要具有地震动强度随时间不断增大的特征的耐震时程加速度曲线，如图1所示。耐震时程法要求在地震动的某个时间段内，能够使耐震时程加速度反应谱的大小与持续时间t成线性关系[7]：

$$S_{aT}(T,t)=\frac{t}{t_{Target}}\times S_{aC}(T) \tag{1}$$

式中：t_{Target}是目标时间点，$S_{aC}(T)$为规范反应谱，T是结构的自振周期，$S_{aT}(T,t)$为时刻t的目标加速度反应谱(即耐震时程加速度反应谱)。

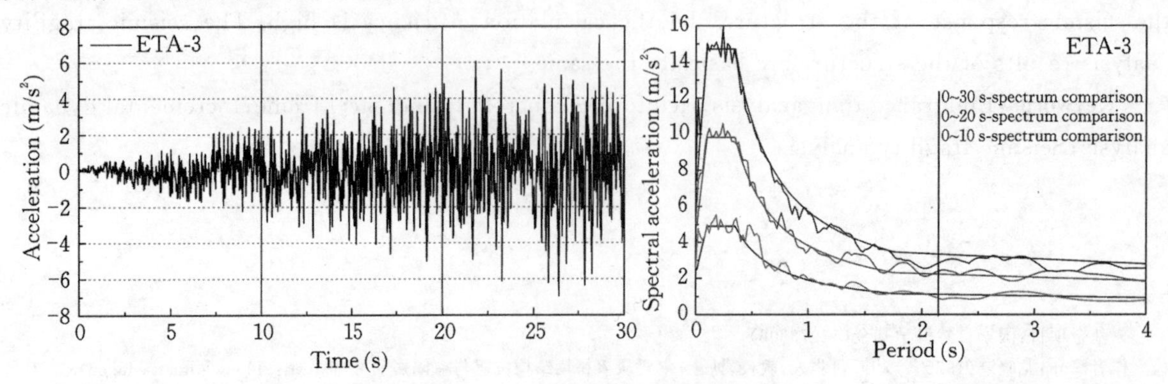

图1 ETA-3耐震时程加速度曲线及其反应谱

位移和加速度具有很强的相关性，由位移反应谱和加速度反应谱的关系，可得出相应时程的位移反应谱：

$$S_{uT}(T,t)=\frac{t}{t_{\text{Target}}}\times S_{aC}(T)\times\frac{T^2}{4\pi^2} \tag{2}$$

式中，$S_{uT}(T,t)$ 为 t 时刻的目标位移反应谱。要在任意时刻同时满足式(1) 和式(2)，是很困难的。但是在一定精度内满足两个式子的要求是可以做到的，这就将问题变为一个无约束变量优化问题：

$$\min F(a_g)=\int_0^{T_{\max}}\int_0^{t_{\max}}\{[S_a(T,t)-S_{aT}(T,t)]^2+\alpha[S_u(T,t)-S_{uT}(T,t)]^2\}\mathrm{d}t\mathrm{d}T \tag{3}$$

式中，a_g 为需要合成的耐震加速度时程曲线，α 为优化权重系数，代表位移谱的权重，从加速度谱和位移谱的关系来看，对于周期较长的结构，位移影响大，α 应该取较大值，结构为短周期时应取较小值，本文中 α 取为 0。

根据《建筑抗震设计规范》[11] 规定的反应谱来合成耐震时程加速度曲线，采用优化算法求解公式(3) 无约束优化方程。式中目标时间点取为 10 s，地震影响系数根据规范取 $\alpha_{\max}=0.5$，特征周期 $T_g=0.35$ s，阻尼比 $\xi=0.05$，合成了 6 条持时 30 s 的耐震时程加速度曲线 ETA-1 ～ ETA-6，其中 ETA-1、ETA-2、ETA-3 是以原有 3 条不同的耐震时程曲线为初始输入进行合成的，ETA-4、ETA-5、ETA-6 是以 3 条不同的人工波作为初始输入进行合成的，该人工波符合规范反应谱，且仅有上升段。ETA-3 曲线及反应谱如图 1 所示。为了体现出耐震时程曲线地震动强度随时间不断增大的特征，给出了 0 ～ 10 s、0 ～ 20 s、0 ～ 30 s 对应的加速度反应谱，从图中可以看出其地震波强度随时间增加而增大，且与规范谱吻合较好。

虽然每条耐震时程曲线均能很好地与目标规范反应谱吻合，但可以发现各条耐震时程曲线频谱特性有一定差异，而且耐震时程曲线的强度线性增大是按照其反应谱来定义的，但 PGA 并非严格线性增大。因此，为了提高耐震时程法的精度，采用多条耐震时程曲线作为输入，取分析结果的平均值作为结构抗震响应的预测值。

2　结构模型

选取 9 层 benchmark 钢框架和 6 层钢筋混凝土框架结构为研究对象，分别进行地震响应分析以及地震易损性分析，钢框架采用 ANSYS 软件进行建模，RC 框架结构采用 SAP2000 进行建模。

2.1　九层 benchmark 钢框架

9 层 benchmark 钢结构高 37.19 m，共有 5 跨，每跨跨距为 9.15 m，结构立面及梁柱材料与截面参数如图 2 所示[12]。采用有限分析软件 ANSYS[13] 进行建模，梁柱均采用 BEAM188 单元，质量采用 MASS21 单元，钢材弹性模量取 2.1×10^5 MPa，切线模量取 2.1×10^3 MPa，柱屈服应力为 345 MPa，梁应力为 248 MPa。时程分析时，阻尼均采用 Rayleigh 阻尼，阻尼比取 5%。模态分析显示结构前三周期分别为 2.27 s、0.85 s、0.49 s。

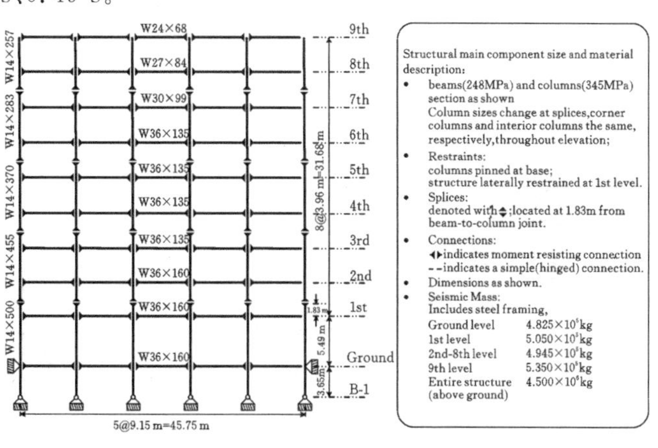

图 2　9 层 benchmark 钢框架

2.2 六层钢筋混凝土框架结构

6层钢筋混凝土框架结构，跨度为6 m、2.7 m、6 m，底层高5 m，其余层高3.6 m，梁、柱纵筋均采用HRB400钢筋，箍筋采用HPB300钢筋，混凝土均为C30，结构尺寸及材料参数如图3所示。结构的抗震设防烈度7度(0.10g)，场地类别Ⅱ类，设计地震分组为第一组。采用SAP2000建立有限元模型，对结构进行弹塑性地震时程分析。SAP2000中通过离散铰来反应结构的弹塑性行为，本模型梁使用M3耦合铰，柱使用P-M2-M3耦合铰。时程分析时，阻尼均采用Rayleigh阻尼，阻尼比取5%。模态分析显示结构的前三周期为1.52 s、0.47 s、0.25 s。

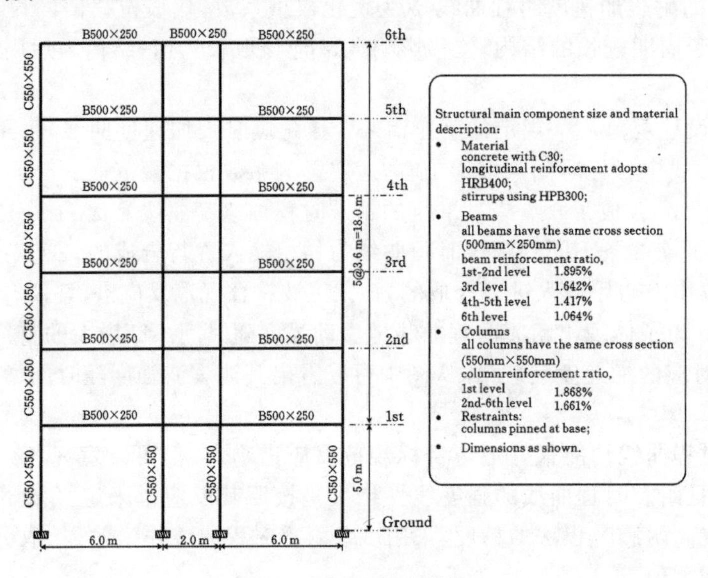

图3 6层RC框架结构

3 ETA与IDA地震响应对比分析

为了研究耐震时程法在建筑结构中的应用，首先使用6条耐震时程曲线进行耐震时程分析，另一方面选取10条天然地震动作为输入，进行IDA分析，对比两种分析方法结果，评估耐震时程法预测结构抗震性能的可靠性。

3.1 地震动的选取

根据规范反应谱，从PEER地震波库中选择10条地震波，地震波信息如表1所示。地震波的反应谱对比如图4所示。使用该10条地震波对结构进行IDA分析，分析结构的抗震性能。

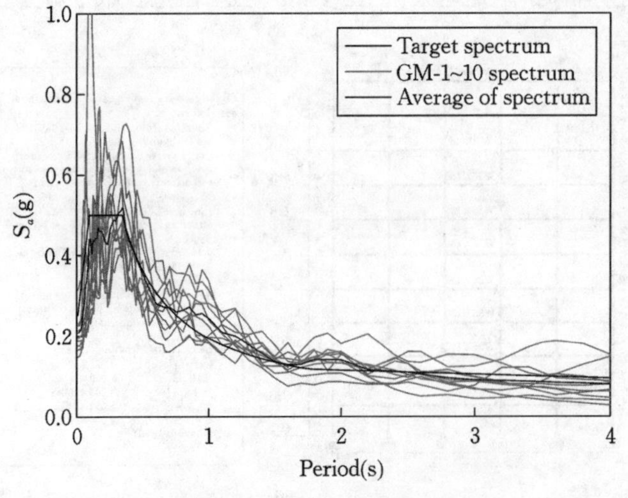

图4 10条地震波反应谱与规范谱对比($\zeta=5\%$)

表 1　输入的 10 条地震波信息

GM	地震名称	震级	台站	分量	PGA/g	调幅系数
1	Imperial Valley-02	6.95	El Centro Array #9	180	0.281	0.67
2	Borrego	6.5	El Centro Array #9	000	0.066	3.44
3	Parkfield	6.19	Cholame-Shandon Array #12	050	0.060	3.78
4	Borrego Mtn	6.63	San Onofre-So Cal Edison	033	0.041	5.48
5	San Fernando	6.61	Borrego Springs Fire Sta	135	0.009	21.86
6	San Fernando	6.61	Buena Vista-Taft	090	0.012	17.58
7	San Fernando	6.61	Maricopa Array #2	130	0.012	14.81
8	San Fernando	6.61	Maricopa Array #3	130	0.008	18.79
9	San Fernando	6.61	San Onofre-So Cal Edison	033	0.013	12.61
10	San Fernando	6.61	Santa Felita Dam(Outlet)	172	0.155	2.02

3.2　ETA 结果提取与换算

耐震时程是动力时程分析方法，对结构进行输入分析所得到的响应是往复滞回的，因此使用式(4)确定分析结果：

$$f(t)^{EDP} = \mathrm{Max}(Abs(f(\tau),\tau \in [0,t])) \tag{4}$$

其中，$f(t)^{EDP}$ 为 t 时刻的工程需求参数。$f(\tau)$ 为时间$[0,t]$内的结构响应，对其绝对值取最大值即为所要得到的工程需求参数 $f(t)^{EDP}$。此式相当于对时程曲线取包络值，这使得获得的结果呈现为锯齿形。为了使耐震时程结果连续化和光滑化，在此对耐震时程分析结果采用移动平均法进行曲线平滑，ETA 结果提取及处理如图 5 所示。

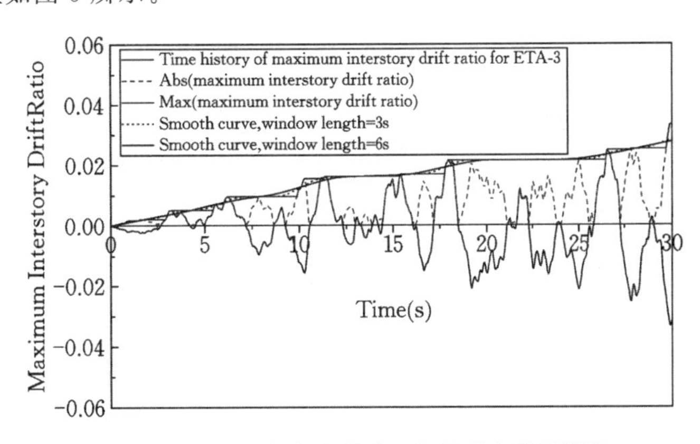

图 5　ETA-3 时钢框架最大层间位移角结果提取

在进行 IDA 分析时一般采用地震加速度峰值 PGA 或者结构第一周期的谱加速度 $S_a(T_1)$ 作为 IM，但是 ETA 分析结果的 IM 为时间，不能与 IDA 分析结果直接进行对比，因此需要进行参数转换。从图 1 中可以看到，耐震时程波的 PGA 是随时间不断增大的，因此可以使用类似公式(4)的方法，将时间与 PGA 进行一一对应。当使用 $S_a(T_1)$ 作为 IM 时，根据公式(1)，理论上结构第一周期的反应谱加速度 $S_a(T_1)$ 与时间 t 是线性关系，两者可以进行计算转换。但是，由图 1 可以看出，两者并不是严格的线性关系，因此采用 Matlab 编程直接计算 t 时刻的反应谱，并将结构第一周期 T_1 对应的该反应谱值作为 t 时刻的反应谱加速度 $S_a(T_{1,t})$，计算出每一个 t 时刻的 $S_a(T_{1,t})$ 与时间 t 对应，即可精确地将时间 t 转换为 $S_a(T_1)$。$S_a(T_1)$ 与时间 t 的两种转换方法的对比，如图 6 所示。

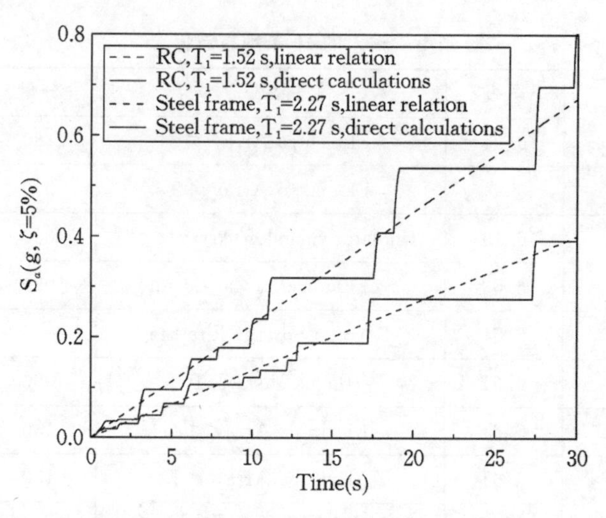

图 6　ETA-3 时钢框架与 RC 框架的谱加速度与拟合谱加速度的对比

3.3　钢框架及 RC 框架地震响应分析

采用 6 条耐震时程加速度曲线 ETA-1～ETA-6 作为输入，考虑到结构的不同，分析钢框架时，将耐震时程波的 PGA 扩大 2 倍进行计算分析，而钢筋混凝土框架输入的耐震时程波不进行调幅。同时使用表 1 中 10 条地震波对结构进行 IDA 分析，采用最大层间位移角作为地震需求参数。已有研究表明 $S_a(T_1)$ 不仅与结构周期有关，且采用其作为指标时，分析结果的离散性更小[14]，为此本文选用 $S_a(T_1)$ 作为 IM 进行对比分析。

ETA 分析与 IDA 分析的 9 层钢框架的最大层间位移角结果如图 7 所示，为了对比两种方法的结果，对 ETA 分析结果曲线进行了光滑处理，并分别计算两种方法的平均值。

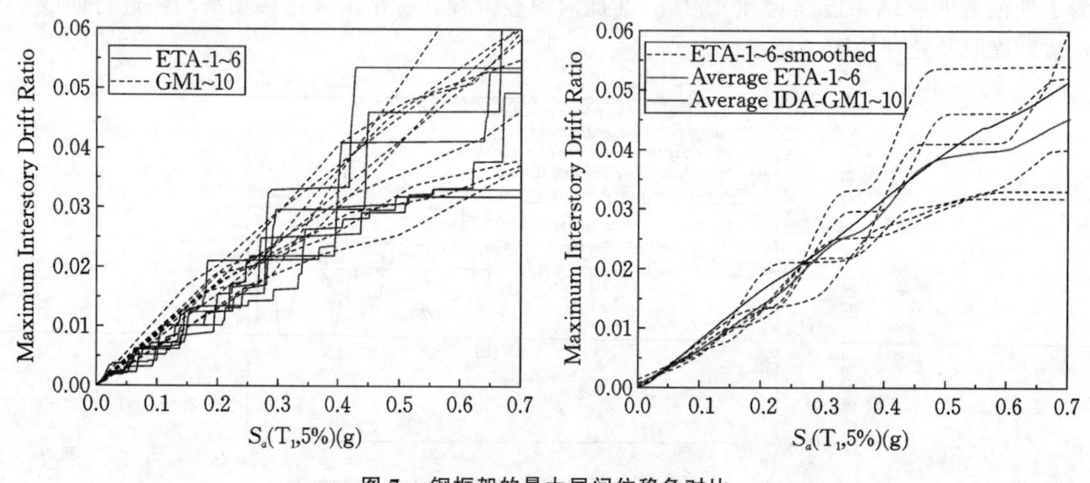

图 7　钢框架的最大层间位移角对比

最大层间位移角是结构抗震设计最重要的指标之一，其值大小直接与结构的抗倒塌性能相关。从图 7 中，6 条 ETA 曲线与 10 条 IDA 曲线吻合良好，趋势一致，且处在相同范围内。从平均值分析，ETA 最大层间位移角响应比 IDA 略小，$S_a(T_1) < 0.3g$ 时，层间位移角平均值差距最大时达到 -16%；$S_a(T_1) > 0.5g$ 时，两者结构响应出现离散型，ETA 结果明显比 IDA 大。抗震设计规范中规定的多、高层钢结构的弹性层间位移角限值为 1/250，此时 $\overline{S}_a(T_1)_{IDA} = 0.0619g$，$\overline{S}_a(T_1)_{ETA} = 0.0593g$，ETA 分析值比 IDA 小 4.4%，基本吻合。规范中定义的结构倒塌最大位移角限值为 1/25，此时 $\overline{S}_a(T_1)_{IDA} = 0.594g$，$\overline{S}_a(T_1)_{ETA} = 0.513g$，ETA 分析值比 IDA 小 16%，且差距越来越大，在一定程度上低估了结构最大层间位移角响应。

从图 7 中可以看出，ETA 方法在分析钢结构抗震性能方面，总体与 IDA 结果相符，在结构弹性阶段，两者基本吻合，在进入弹塑性阶段后，两者均出现离散型，且差距逐渐增大，但是这种差距在一定误差范围内是可以接受的。

图 8 为 ETA 分析与 IDA 分析的 6 层 RC 框架的最大层间位移角结果。结构在 $S_a(T_1) < 0.15g$ 时，ETA 与 IDA 结果一致，而在 $0.15g < S_a(T_1) < 0.20g$ 时，ETA 分析结果偏小，在 $S_a(T_1) > 0.20g$ 时，ETA 分析结果比 IDA 结果大，但是差距并没有呈现逐渐增大的趋势，保持了较好的一致性。抗震设计规范中规定 RC 框架结构的弹性层间位移角限值为 1/550，此时 $\overline{S}_a(T_1)_{IDA} = 0.0381g$，$\overline{S}_a(T_1)_{ETA} = 0.0394g$，ETA 分析值比 IDA 大 3.4%，基本一致。规范中定义的 RC 框架结构倒塌最大位移角限值为 1/50，此时 $\overline{S}_a(T_1)_{IDA} = 0.318g$，$\overline{S}_a(T_1)_{ETA} = 0.30g$，ETA 分析值比 IDA 小 5.7%，评估结果一致性良好。总体来说，两种方法分析结果差距较小且基本稳定，说明 ETA 方法在预测 RC 框架结构最大层间位移角方面具有较高的准确度。

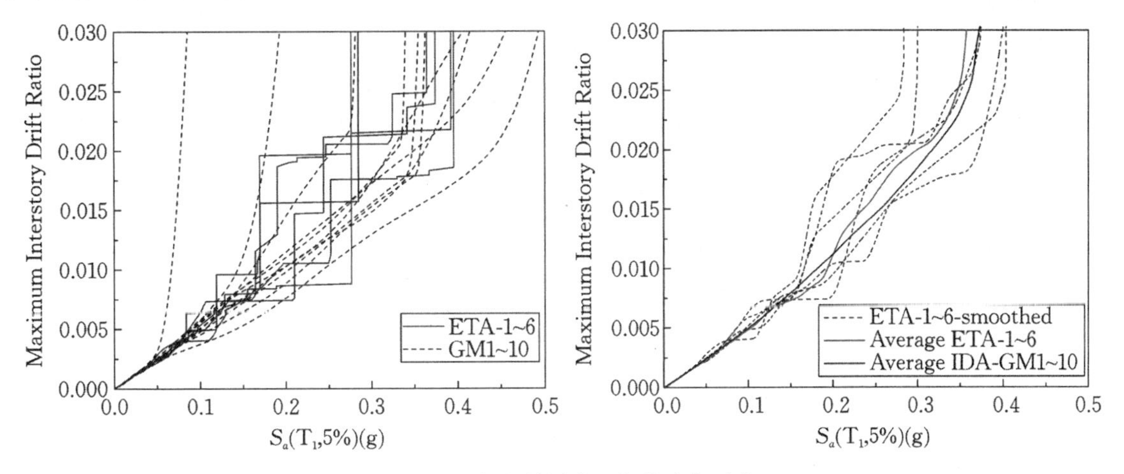

图 8 RC 框架的最大层间位移角对比

以 6 条耐震时程加速度曲线 ETA-1 ～ ETA-6 作为输入，从分析结果看，虽然每一条耐震时程波均能很好地与目标规范反应谱吻合，但是分析结果存在较大差异，具有一定的不确定性。ETA 在预测结构弹性阶段的地震响应时，结果与 IDA 高度一致，这说明 ETA 能够准确评估小震及中震时结构的抗震性能。当结构进入弹塑性至倒塌阶段时，ETA 与 IDA 分析结果均出现发散现象，且地震动强度越大现象越明显，但是两者平均值能够保持一致，误差基本控制在 15% 以内，特别是在预测 RC 框架结构倒塌方面，效果明显。虽然 ETA 方法存在一定误差，但是必须看到，ETA 方法的高效性，IDA 方法选用 10 条天然地震动，平均要进行 70 ～ 100 次时程分析，而 ETA 方法仅用了 6 次时程分析就达到了较准确评估结构抗震性能的目的，分析效率大大提高，这对于大型复杂结构的分析将具有很大的吸引力。

4 基于 ETA 的结构地震易损性分析

4.1 地震易损性概率模型

通过分析地面运动强度（IM）与结构失效概率之间的关系，可以评估结构的地震易损性，得到易损性曲线。地震易损性反映的是结构在地震作用下发生不同等级破坏的概率，一般采用对数正态模型作为地震易损性的解析函数。由以上地震响应分析可以看出，在结构从完好至倒塌状态，结构的变形呈现随地震动强度的微小增加而无穷增大的动力失稳特性，因此，本文中地震易损性函数采用基于地震动强度（IM）的概率模型[15]，其表达式为：

$$P[LS_i \mid IM = im] = \varphi\left(\frac{\ln(im) - \mu}{\beta}\right) \tag{5}$$

式中，$P[LS_i \mid IM = im]$ 表示在地震强度参数 $IM = im$ 时，结构响应达到某一极限状态（Limit State）LS_i 的概率，本文中选用结构第一周期谱加速度作为 IM。μ 和 β 分别表示 $IM = im$ 时，结构需求参数 EDP 的对数平均值和对数标准差，函数 $\varphi(\cdot)$ 表示标准正态累计分布函数。

概率模型确定以后，根据数值模拟分析数据，采用统计学方法对分布参数μ和β进行估计，本文中采用极大似然估计法对对数平均值μ和标准差β进行优化计算，计算方法如公式(6)所示。

$$\{\hat{\mu},\hat{\beta}\}=\max_{\mu,\beta}\prod_{j=1}^{m}\binom{n_j}{z_j}\varphi\left(\frac{\ln x_j-\mu}{\beta}\right)^{z_j}\left(1-\varphi\left(\frac{\ln x_j-\mu}{\beta}\right)\right)^{n_j-z_j} \tag{6}$$

公式(6)中，$\hat{\mu}$,$\hat{\beta}$分别表示估计的对数平均值和标准差，n_j表示地震动的总数目(地震波总条数)，z_j表示达到相应需求参数的地震动数目，x_j表示IM的级别，m表示强度等级的数目。

4.2 结构性能水准

在建筑结构的性能评估时必须预先定义结构的损伤极限状态。建筑在地震动作用下的极限状态可分为4种：轻微破坏、中等破坏、严重破坏、完全破坏，相应的性能水准分别为：立即居住(IO)、生命安全(LS)、防止倒塌(CP)、开始倒塌(IC)。建筑的破坏等级可根据结构的最大层间位移角是否达到损伤指标为标准来评判。建筑结构的破坏等级及破坏的描述如表2所示。θ_e为弹性层间位移角限值，对于以最大层间位移角表示的结构概率反应函数，则以规范给出的多、高层钢结构与钢筋混凝土结构的弹性层间位移角限值为标准值，两种结构的最大层间位移角性能指标如表2所示。

表2 结构的抗震性能等级划分

破坏等级	功能描述	损伤指标 最大层间位移角	钢框架性能指标 最大层间位移角	RC框架性能指标 最大层间位移角
基本完好	功能完好：结构无破坏，功能完好或基本无损伤，人员安全，居住安全。	$<[\theta_e]$	<0.004	<0.0018
轻微破坏	功能连续：功能基本不受扰或轻度受扰，结构破坏轻微，非重要设施稍作修理可继续使用。	$[\theta_e]\sim2[\theta_e]$	$0.004\sim0.008$	$0.0018\sim0.004$
中等破坏	控制破坏：功能受扰，非结构构件部分有中等破坏，结构破坏但不会威胁到生命安全。	$2[\theta_e]\sim4[\theta_e]$	$0.008\sim0.016$	$0.004\sim0.008$
严重破坏	保证安全：功能严重受扰，结构与非结构部分破坏严重，但结构的竖向承重系统不致倒塌。	$4[\theta_e]\sim10[\theta_e]$	$0.016\sim0.04$	$0.008\sim0.02$
倒塌	功能损失：功能完全丧失，主体结构系统倒塌。多有严重伤亡事故，不可修复。	$>10[\theta_e]$	>0.04	>0.02

4.3 钢框架与钢筋混凝土框架易损性曲线

依据上述地震易损性概率模型，分别采用ETA方法与IDA方法进行结构地震易损性分析，并得到相应极限状态下的超越概率，如图9、图10所示，分别为钢框架与RC框架在两种方法下的地震易损性曲线对比。

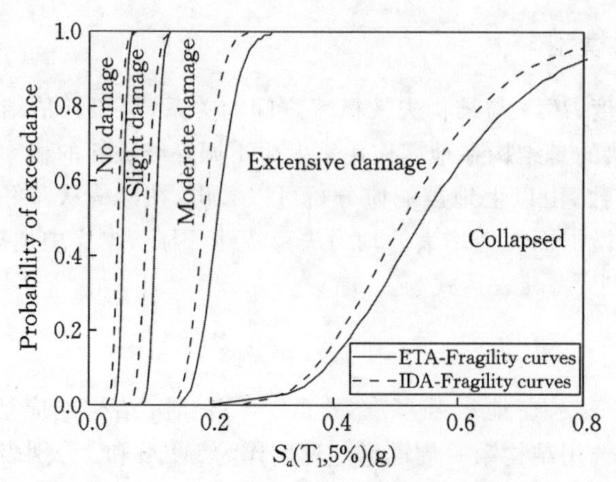

图9 ETA与IDA分析钢框架的易损性曲线对比

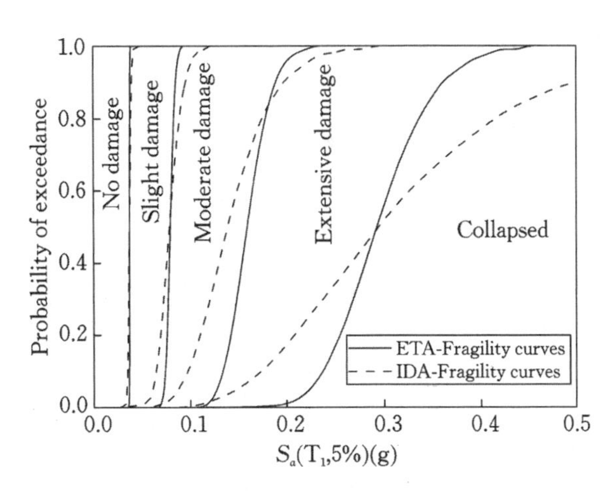

图 10　ETA 与 IDA 分析 RC 框架的易损性曲线对比

对于图 9，ETA 与 IDA 预测的钢框架各破坏状态下的概率有一定的差别。当结构处于严重破坏状态的超越概率为 50% 时，ETA 分析的 $S_a(T_1)=0.21g$，而 IDA 分析的 $S_a(T_1)=0.19g$，相差 10.5%。当结构倒塌状态超越概率为 50% 时，ETA 与 IDA 分析的 $S_a(T_1)$ 值分别为 0.54g 与 0.52g，相差仅 3.4%。罕遇地震作用下，其 $S_a(T_1)$ 值约为 0.35g，结构倒塌的概率 ETA 分析为 4.9%，IDA 分析为 6.4%，两者预测概率只相差 1.5%，误差允许范围内可以接受。但是也应看到在结构轻微破坏及中等破坏时，两种方法的预测概率相差较大。

图 10 所示为 RC 框架地震易损性曲线，对比发现，在结构轻微破坏及中等破坏时超越概率几乎一致，中等破坏超越概率 50% 时，ETA 与 IDA 的 $S_a(T_1)$ 值分别为 0.079g 与 0.078g，相差 1.3%，基本吻合。在分析结构严重破坏状态时，ETA 与 IDA 分析结果有较大差别，分别在 0.16g 与 0.14g 时到达 50% 的超越概率，相差 14.3%。当结构倒塌状态超越概率为 50% 时，ETA 与 IDA 分析的 $S_a(T_1)$ 值分别为 0.293g 与 0.294g，相差仅 0.34%，结果几乎相同，这表明 ETA 方法可以准确预测结构倒塌能力中位值。

从不同结构下 ETA 方法与 IDA 方法地震易损性分析结果看，两者存在一定的差异，ETA 方法在预测钢结构损伤超越概率时，小震及中震下误差较大，而在大震及预测结构倒塌能力中位值时，结果吻合，预测效果较好。ETA 方法在分析 RC 框架结构时，易损性分析结果与 IDA 方法基本吻合，预测的结构倒塌中位值与 IDA 方法几乎相同。整体来看，ETA 方法进行地震易损性分析时，能够较准确预测结构不同损伤时的超越概率，误差在 15%以下，预测的倒塌能力中位值几乎相同，对于预测发生轻微破坏、中等破坏及严重破坏的能力相差在 15%以下，这在误差范围内是可以接受的。

5　结论

本文采用 ETA 方法对钢结构和 RC 框架结构分别进行了抗震性能分析与地震易损性分析，并使用 IDA 方法对比分析了 ETA 方法在建筑结构抗震性能评估与易损性分析中应用的可行性和准确性，得出如下结论：

使用 ETA 分析钢结构地震响应时，对比最大层间位移角响应值发现，两者趋势保持一致，ETA 略低估了响应值，但是误差总体在 15%以内，在一定误差范围内是可以接受的。

ETA 分析 RC 框架结构地震响应时，ETA 与 IDA 结果依然是在结构弹性阶段一致，而在弹塑性阶段，ETA 分析结果整体偏大，但是误差在 10%以内。对结构处于完好状态（弹性状态）及倒塌状态的分析显示，与 IDA 结果相差 5%左右，基本吻合。

通过对两种结构的地震易损性分析，可以看出，ETA 在预测结构倒塌能力中位值方面优势明显，但在预测结构发生轻微破坏、中等破坏及严重破坏的能力方面存在一定的误差（误差在 15%以下）。整体来看 ETA 方法适用于结构的地震易损性分析，并且结果较为准确。虽然存在一定的误差，但是误差较小，而且 ETA 可以明显提高结构的分析效率，快速评估结构的抗震性能，对于大型复杂结构的分析优势明显。

参考文献

[1] Cornell C A, Krawinkler. Progress and challenges in seismic performance assessment[J]. PEER Center News, 2000, 3(2): 1-4.

[2] Moehle J, Deierlein G G. A framework for performance-based earthquake resistive design[C]. Proceedings of the 13th World Conference on Earthquake Engineering, Vancouver, B. C., Canada, 2004.

[3] Ellingwood B R. Earthquake risk assessment of building structures[J]. Reliability Engineering and System Safety, 2001, 74: 251-262.

[4] Dagang L, Xiaopeng L, Guangyuan W. Global seismic fragility analysis of structures based on reliability and performance[J]. Journal of Natural Disasters, 2006, 15(2): 107-117.

[5] Dagang L, Xiaohui Y, Pengyan S, et al. Simplified fragility analysis methods for optimal protection level decision-making and minimum life-cycle cost design of aseismic structures[J]. Journal of Earthquake Engineering and Engineering Vibration, 2009, 29(4): 23-32.

[6] Vamvatsikos D, Coruell C A. Incremental dynamic analysis[J]. Earthquake Engineering and Structural Dynamics, 2002, 31: 491-514.

[7] Estekanchi H E, Valamanesh V, Vafai A. Application of endurance time method in linear seismic analysis[J]. Engineering Structure, 2007, 29(10): 2551-2562.

[8] Estekanchi H E, Vafai A, Sadeghazar M. Endurance time method for seismic analysis and design of structures[J]. Scientia Iranica, 2004, 11(4): 361-370.

[9] Hariri-Ardebili M A, Sattar S, Estekanchi H E. Performance-based seismic assessment of steel frames using endurance time analysis[J]. Engineering Structures, 2014, 69(2014): 216-234.

[10] Rahimi E, Estekanchi H E. Collapse assessment of steel moment frames using endurance time method[J]. Earthquark Engineering and Engineering Vibration, 2015, 14(2): 347-360.

[11] 中华人民共和国住房和城乡建设部. GB 50011—2010 建筑抗震设计规范[S]. 北京：中国建筑工业出版社，2010.

[12] Ohtori Y, Christenson R E, Spencer B F, et al. Benchmark Control Problems for Seismically Excited Nonlinear Buildings[J]. Journal of Engineering Mechanics, 2004, 130(4): 366-385.

[13] ANSYS User's Manual Version(15)[M]. Swanson Analysis Systems, ANSYS, Canonsburg, PA, USA, 2015.

[14] Hariri-Ardebili M A, Zarringhalam Y, Yahyai M. A comparative study of IDA and ETA methods on steel moment frames using different scalar intensity measures[J]. J Seismol Earthq Eng, 2013, 15(1): 69-79.

[15] Zareian F, Krawinkler H, Ibarra L, et al. Basic concepts and performance measures in earthquake ground motions[J]. The Structural Design of Tall and Special Buildings, 2010, 19: 167-181.

[16] 白久林，杨乐，欧进萍. 结构抗震分析的耐震时程方法[J]. 地震工程与工程振动，2014, 34(1): 8-18.

[17] 白久林，欧进萍. 基于耐震时程法的钢筋混凝土框架结构抗震性能评估[J]. 工程力学，2016, 10: 86-96.

25. 基于强度匹配的架空输电线路可靠性设计方法研究*

吴 静[1] 韩军科[1] 安旭文[2] 李茂华[1] 侯建国[2]
(1 中国电力科学研究院有限公司,北京 100055;
2 武汉大学土木建筑工程学院,湖北 430072)

摘要:本文根据我国现行输电线路各组件的安全度水平,综合考虑各组件建造成本、破坏修复时间和费用以及IEC强度准则,提出了输电线路系统各组件5种推荐的失效顺序,计算得到了对应于5种失效顺序的强度匹配调整系数。基于强度匹配理念提出了输电线路系统可靠性设计方法,在各组件原有设计方法的基础上,通过强度匹配系数实现系统各组件按各顺序失效的系统设计,并给出了相应的匹配系数取值表。通过本文方法与我国现行设计方法的对比分析表明,除个别组件的安全度水平因失效顺序而波动外,大部分组件可与现行规范的水平保持一致。

关键词:架空输电线路;机械强度;匹配设计;失效顺序;系统可靠性

中图分类号:TU311.4　　**文献标识码:**A

Research ondesign method for system reliability of overhead transmission line based on strength match

Wu Jing[1], Han Junke[1], An Xuwen[2], Li Maohua[1], Hou Jianguo[2]
(1 China Electric Power Research Institute, Beijing 10055, China;
2 School of Civil Engineering & Architecture, Wuhan University, Hubei 430072, China)

Abstract: In this paper, based on the safety level of each component of the current transmission line in China, comprehensively considering the construction cost, damage repair time and cost of each component, and the IEC strength criteria, five recommended failure sequences for each component of the transmission line system are proposed. The adjustment coefficients of strength for five failure sequences are also calculated. According to the strength matching concept, the reliability design method of transmission line system is proposed. Based on original design methods of each component, the system design of the system components failing in each order is realized through strength matching coefficients, and the corresponding matching coefficients are given. The comparative analysis of the method in this paper with the current design method in China shows that, except for the safety level of individual components fluctuating due to the failure sequence, most of the components can be kept in line with the current standard level of the reliability.

Keywords: overhead transmission line, mechanical strength, matching design, failure sequence, system reliability

引言

架空输电线路系统通常由杆塔、基础、导地线、金具和绝缘子这5种组件构成。我国现行输电线

---

* 基金项目:国家电网公司科技项目资助(GCB17201700149)

作者简介:吴静,博士,高级工程师

路相关规范对杆塔及基础采用了以概率理论为基础的极限状态设计方法[1~3]，而对于导地线、金具和绝缘子等组件则依然沿用安全系数法，在设计方法上不统一。目前我国输电线路设计偏重于单个组件分别设计，对线路整体可靠性能的把握则通常依靠经验。由此，将输电线路作为整体进行基于机械强度匹配的系统可靠性设计研究，对于我国输电线路设计将具有创新性意义。

1 输电线路系统组件的失效顺序

输电线路系统是由杆塔、基础、导地线、金具和绝缘子组成的，其中任何一个组件失效，整个输电线路系统即为失效。通常可能发生的失效有如下几种模式：杆塔失效、基础失效、导地线断裂破坏、绝缘子和金具断裂破坏等。有些事故或者失效的修复相对比较容易，如断线、掉串、铁塔部分损坏等；有些事故的修复就很困难，如倒塔、基础损坏等。

国际电工协会标准 IEC 60826:2016“Design criteria of overhead transmission lines”[4]和欧洲电工标准 BS EN 50341-1:2012“Overhead Electrical Lines Exceeding AC 1 kV”[5]规定，输电线路系统各组件具有不同的强度变化及荷载效应。在给定荷载作用下，当荷载超过任意组件的强度时，组件可能产生连续破坏。为了确定合适的强度匹配，IEC 60826:2016 和 BS EN 50341-1:2012 推荐以下准则：

a）第一个失效的组件应选择为当该组件破坏后在其他组件上产生的二次荷载效应（动态或静态）最小，从而使得连续破坏的可能性减到最低。

b）破坏后的修复时间和成本应保持在最低水平。

c）理想情况下，第一个发生破坏的组件，其损伤极限（对应于正常使用极限状态）与破坏极限（对应于承载能力极限状态）的比值应在 1.0 附近，当最不可靠的组件的承载力变化很大时，线路组件将很难进行强度匹配。

d）如果低成本组件的失效后果与主要组件的失效后果相同，则与高成本组件串联设计的低成本组件至少应与主要组件一样坚固、可靠。但当组件有意设计为一个荷载控制设备，该准则例外。在这种情况下，低成本组件的强度与受保护组件的承载力应能很好地匹配。

根据上述准则对杆塔（含直线塔、耐张塔）、导线、基础、绝缘子、金具等线路组件进行分析可以得出：

（1）根据准则 a）、b）和 c），导线不应是最弱的组件；

（2）根据准则 d），金具不应是最弱的组件；

（3）根据准则 a）、b），耐张塔不应是最弱的组件；

（4）根据准则 b）、c），基础不应是最弱的组件。

按照上述结果的逻辑推论，杆塔中的直线塔应为强度最低的组件，即首先失效。强度准则可适用于大多数输电线路系统；然而在某些情况下，可能使用不同的准则而导致另一个失效顺序。例如，跨越河流的特殊杆塔可以设计得比导线更坚固；在雪崩地区或杆塔施工非常困难的地区，如果该地区的杆塔设计是由导线失效所产生的纵向力控制，导线也可以被选为最弱的组件；如果线路是由能够承受断裂导线全部张力的终端塔组成，在这种情况下也可以设计成导线最弱。

本文选取了我国典型的 500 kV 输电线路系统，考虑两种常见荷载组合工况来计算输电线路系统组件相当安全系数，如表 1 所示，由此可评估我国 500 kV 输电线路系统各组件的总体安全度水平。其中，工况 1 为最大风荷载＋无覆冰荷载＋未断线；工况 2 为最大覆冰荷载＋相应风速的风荷载＋未断线。

表 1 我国 500 kV 输电线路系统各组件的相当安全系数

Table 1 Safety factors of the components of 500 kV transmission line system in China

系统组件	杆塔	基础	导地线	金具	盘型绝缘子	棒型绝缘子
工况 1	1.548	3.120	2.500	2.500	2.700	3.000
工况 2	1.950	4.166	2.674	2.674	2.888	3.209
平均值	1.749	3.643	2.587	2.587	2.794	3.105

根据表1中我国输电线路系统各组件相当安全系数的计算结果可反映我国现行输电线路设计时各组件的安全度水平；综合考虑各组件的建造成本、破坏后的修复时间和费用以及IEC 60826的强度准则，本文提出输电线路系统各组件5种推荐的失效顺序(左侧先失效)，如表2所示。

表2 本文推荐的我国输电线路系统各组件5种失效顺序

Table 2 Five recommended failure sequences for components of the transmission line system in China

失效组号	失效顺序	失效情况	备注
1	杆塔、金具、导地线、绝缘子、基础	杆塔部分破坏、金具失效、导地线被拉断、绝缘子破坏、基础完好	现行规范的安全度
2	杆塔、导地线、金具、绝缘子、基础	杆塔部分破坏、导地线被拉断、金具失效、绝缘子破坏、基础完好	现行规范的安全度
3	金具、杆塔、导地线、绝缘子、基础	金具破坏，导地线掉落，杆塔、绝缘子、基础完好	降低金具安全度
4	导地线、杆塔、金具、绝缘子、基础	导地线被拉断，杆塔、金具、绝缘子、基础完好	特殊杆塔
5	金具、导地线、杆塔、绝缘子、基础	金具破坏、导地线掉落，杆塔、绝缘子、基础完好	特殊杆塔

2 系统组件的强度匹配

2.1 强度匹配计算方法

强度匹配是从设计环节上减少输电线路系统可能的失效后果，一般是通过匹配系数来实现。强度匹配系数取决于实现失效顺序的目标概率和两种组件的变异系数。参考IEC 60826的强度准则，基于组件R_2不先于组件R_1失效具有90%的目标置信度水平。如果组件R_2的强度超过组件R_1的强度的目标概率已设定，则有

$$P[(R_2-R_1)>0]=0.90=P_{(\mathrm{sof})} \tag{1}$$

式中，R_2、R_1分别为两种组件的强度；$P_{(\mathrm{sof})}$为失效顺序的概率或强度匹配的概率。

如果按照IEC 60826:2016和CIGRE Technical Brochure 178[6]建议，取两种组件的强度超越概率均为$e\%$，则两种组件的强度匹配调整系数g_{m}可按下式计算。

$$\gamma_{\mathrm{m}}=\frac{(e\%)R_1}{(e\%)R_2} \tag{2}$$

假定组件强度R_1和R_2均服从正态分布且相互独立，则达到强度匹配的可靠指标β_{sof}可由下式计算：

$$\beta_{\mathrm{sof}}=\frac{\mu_{\mathrm{R1}}-\mu_{\mathrm{R2}}}{\sqrt{\sigma_{\mathrm{R1}}^2+\sigma_{\mathrm{R2}}^2}} \tag{3}$$

式中，$\sigma_{\mathrm{R_1}}$、$\sigma_{\mathrm{R_2}}$分别为组件R_1和R_2的强度标准差；

$\mu_{\mathrm{R_1}}$、$\mu_{\mathrm{R_2}}$分别为组件R_1和R_2的强度平均值。

引入中心安全系数α：

$$\alpha=\mu_{\mathrm{R2}}/\mu_{\mathrm{R1}} \tag{4}$$

则式(3)可变为：

$$\beta_{\mathrm{sof}}=\frac{1-\alpha}{\sqrt{\alpha^2\delta_{\mathrm{R2}}^2+\delta_{\mathrm{R1}}^2}} \tag{5}$$

由式(6)可求得中心安全系数α。

$$\alpha^2[1-(\beta_{\mathrm{sof}}\delta_{\mathrm{R2}})^2]-2\alpha+1-(\beta_{\mathrm{sof}}\delta_{\mathrm{R1}})^2=0 \tag{6}$$

如果假定组件强度 R_2 和 R_1 均服从对数正态分布，同理可由式(7)求得中心安全系数 α。

$$(\ln\alpha)^2+\ln\left(\frac{1+\delta_{R1}^2}{1+\delta_{R2}^2}\right)\ln\alpha+\frac{1}{4}\left[\ln\left(\frac{1+\delta_{R1}^2}{1+\delta_{R2}^2}\right)\right]^2-\beta_{sof}^2\ln[(1+\delta_{R1}^2)(1+\delta_{R2}^2)]=0 \tag{7}$$

若组件强度的超越极限 e 取为 10%，则由式(2)可得：

$$\gamma_m=\frac{(10\%)R_1}{(10\%)R_2}=\frac{(1-1.28\delta_{R1})\mu_{R1}}{(1-1.28\delta_{R2})\mu_{R2}}=\frac{(1-1.28\delta_{R1})}{(1-1.28\delta_{R2})}\frac{1}{\alpha} \tag{8}$$

因此，由式(6)或式(7)计算出中心安全系数 a 之后，即可由式(8)确定两种组件的强度匹配调整系数 γ_m。

2.2 对应于 5 种失效顺序的强度匹配调整系数

本文通过所在项目组收集统计得到的我国输电线路各组件的抗力均值系数和变异系数汇总于表3。根据输电线路系统各组件强度的变异系数，考虑合适的强度匹配设计的目标置信度水平[7~9]，采用第 2.1 节中的计算公式，即可求得表 2 组件失效顺序中相邻组件失效的超越概率为 $e\%$ 所对应的强度匹配调整系数 γ_m。

表 3 我国输电线路系统各组件抗力的统计特征

Table 3 Statistical characteristics for resistance of components in transmission line system in China

组件	均值系数	变异系数	概率分布类型
杆塔构件	1.148	0.101	
导地线	1.139	0.119	
金具	1.056	0.105	对数正态分布
绝缘子	1.344	0.132	
基础	0.937～0.993	0.15/0.2/0.3	

2.2.1 第 1 种失效顺序的调整系数

第 1 种失效顺序是根据我国现行相关规范计算的各组件安全度设置水平提出的。输电线路系统各组件在置信度水平为 90% 的强度匹配调整关系计算结果如表 4 所示。其中，组件 2 的 K_2 是由组件 1 的 K_2 与相邻组件调整系数 γ_m 的乘积得到的。

表 4 第 1 种失效顺序时各组件的强度匹配调整系数

Table 4 Coefficients for strength matchingadjustment of components in the 1st failure sequence

组件失效顺序 1	杆塔	金具	导地线	绝缘子	基础		
组件抗力变异系数	0.101	0.105	0.119	0.132	0.15	0.20	0.30
相邻组件的 α	1.205						
		1.227					
			1.257				
				1.293			
				1.371			
				1.563			
相邻组件的匹配调整系数 γ_m	1.000	1.198	1.201	1.232	1.257	1.227	1.158
匹配设计安全系数 K_2	1.749	2.095	2.517	3.101	3.899	3.806	3.591
我国现行规范的安全度 K_1	1.749	2.587	2.587	2.794	3.643	3.643	3.643
变化幅度(%)	0.0	−19.0	−2.7	11.0	7.0	4.5	−1.4

由计算结果可以看出，当按建议的第 1 种失效顺序设计输电线路系统各组件，且保证相邻组件中前一种组件先于后一种组件失效的目标置信度水平为 90%时，金具的安全度水平应较杆塔结构的安全度设置水平提高 1.198 倍，相应地其匹配安全系数为 2.095，较现行规范规定的相当安全系数2.587降低约 19%；绝缘子的安全度水平则在现行规范的基础上提高约 11%；杆塔、导地线、基础的安全度水平与现行规范基本相当。

2.2.2　第 2～5 种失效顺序的调整系数

与第 2.2.1 节同理可计算得到第 2～5 种失效顺序的调整系数，汇总于表 5。分析 5 种失效顺序的各组件强度匹配调整系数的计算结果可知：

(1) 第 1 种失效顺序除金具的安全度水平较我国现行规范降低较大外，其余组件的安全度可基本维持在现行规范的水平；第 2 种失效顺序除导地线的安全度水平较现行规范降低较大外，其余可基本维持现行水平。综合比较两种顺序并考虑导地线破坏后果的严重性，推荐优先采用第 1 种失效顺序进行匹配设计。

(2) 在第 3 种失效顺序中，有意将金具设计为第一个失效的组件。为避免金具的安全度水平降低偏大，建议将金具先于杆塔失效的目标置信度水平调整为 70%，其余组件的目标置信度水平仍保持 90%。

(3) 在某些特殊情况下，如跨越河流或高铁的特殊杆塔、在雪崩地区或施工困难地区的杆塔或承受断裂导线全部张力的终端塔，可采用第 4 种或第 5 种失效顺序进行匹配设计。

表 5　第 2～5 种失效顺序时各组件的强度匹配调整系数

Table 5　Coefficients for strength matchingadjustment of components for the 2nd ～5th failure sequences

组件失效顺序 2	杆塔	导地线	金具	绝缘子	基础		
相邻组件的匹配调整系数 γ_m	1.000	1.191	1.249	1.194	1.257	1.227	1.158
匹配设计安全系数 K_2	1.749	2.082	2.600	3.106	3.906	3.812	3.597
我国现行规范的安全度 K_1	1.749	2.587	2.587	2.794	3.643	3.643	3.643
变化幅度(%)	0.0	−19.5	0.5	11.2	7.2	4.6	−1.3
组件失效顺序 3	金具	杆塔	导地线	绝缘子	基础		
相邻组件的匹配调整系数 γ_m	1.211	1.000	1.191	1.232	1.257	1.227	1.158
匹配设计安全系数 K_2	1.444	1.749	2.082	2.566	3.226	3.149	2.971
我国现行规范的安全度 K_1	2.587	1.749	2.587	2.794	3.643	3.643	3.643
变化幅度(%)	−44.2	0.0	−19.5	−8.2	−11.4	−13.6	−18.5
组件失效顺序 4	导地线	杆塔	金具	绝缘子	基础		
相邻组件的匹配调整系数 γ_m	1.000	1.094	1.077	1.079	1.101	1.101	1.109
匹配设计安全系数 K_2	2.587	2.830	3.048	3.289	3.623	3.623	3.649
我国现行规范的安全度 K_1	2.587	1.749	2.587	2.794	3.643	3.643	3.643
变化幅度(%)	0.0	61.8	17.8	17.7	−0.6	−0.6	0.1
组件失效顺序 5	金具	导地线	杆塔	绝缘子	基础		
相邻组件的匹配调整系数 γ_m	1.080	1.00	1.094	1.076	1.101	1.101	1.109
匹配设计安全系数 K_2	2.396	2.587	2.830	3.044	3.353	3.353	3.377
我国现行规范的安全度 K_1	2.587	2.587	1.749	2.794	3.643	3.643	3.643
变化幅度(%)	−7.4	0.0	61.8	9.0	−8.0	−8.0	−7.3

3 输电线路系统可靠性设计方法

3.1 设计方法

输电线路系统可靠性设计方法是在输电线路系统各组件原有设计方法的基础上，将各组件的荷载值乘以相应的强度匹配系数 γ_{mc}，再按照各自的设计表达式进行设计。其中，强度匹配系数 γ_{mc} 由各失效顺序中不同组件的匹配安全系数 K_2 除以现行规范相应组件的相当安全系数 K_1 获得，即

$$\gamma_{mc}=\frac{K_2}{K_1} \tag{9}$$

确定了各组件的强度匹配系数 γ_{mc} 之后，输电线路系统中杆塔结构、基础、导地线、金具和绝缘子可分别按下列表达式进行设计。

对于杆塔：

$$\gamma_{mc}\gamma_0(\gamma_G S_{Gk}+\psi\cdot\sum\gamma_{Qi}S_{Qik})\leqslant R \tag{10}$$

对于基础：

$$\gamma_{mc}\gamma_f T_E\leqslant\gamma_E\gamma_\theta R_T \tag{11}$$

对于导地线、金具和绝缘子：

$$\gamma_{mc}KT_{max}\leqslant T_u \tag{12}$$

上述计算公式中，除强度匹配系数 γ_{mc} 需要根据各组件的失效顺序、目标置信度水平和变异系数计算的匹配安全系数 K_2 和现行规范各组件的安全度设置水平 K_1 确定外，其余分项系数或安全系数的取值仍按我国现行相关规范的规定取值[10～12]，在实际工程设计中使用方便。基于此方法进行的输电线路系统可靠性设计，各组件能够满足强度匹配设计的目标置信度水平。

基于上述设计方法，计算了第 1 种失效顺序下各组件强度匹配系数 γ_{mc} 取值，如表 6 所示；同理可求得第 2～5 种失效顺序下各组件强度匹配系数。汇总 5 种失效顺序的强度匹配系数 γ_{mc} 取值，如表 7 所示。

表 6 输电线路系统各组件在第 1 种失效顺序下的强度匹配系数

Table 6 Coefficients for strength matching of components for the 1st failure sequence

顺序号	组件失效顺序	杆塔	金具	导地线	绝缘子	基础		
	抗力变异系数	0.101	0.105	0.119	0.131	0.150	0.20	0.30
	现行规范安全系数 K_1	1.749	2.587	2.587	2.794	3.643	3.643	3.643
第 1 种失效顺序	匹配设计安全系数 K_2	1.749	2.095	2.517	3.102	3.893	3.799	3.586
	计算 γ_{mc}	1.00	0.810	0.973	1.110	1.068	1.043	0.984
	建议 γ_{mc}	1.0	0.8	1.0	1.1	1.0		

表 7 输电线路系统各组件在不同失效顺序下的强度匹配系数

Table 7 Coefficients for strength matching of components for 5 failure sequences

失效顺序	杆塔	金具	导地线	绝缘子	基础
第 1 种	1.0	0.8	1.0	1.1	1.0
第 2 种	1.0	1.0	0.8	1.1	1.0
第 3 种	1.0	0.6	0.8	0.9	0.85
第 4 种	1.6	1.2	1.0	1.2	1.0
第 5 种	1.6	0.9	1.0	1.1	0.9

3.2 方法对比

本文设计方法是在我国输电线路系统各组件现行规范设计方法的基础上，将各组件的荷载值乘以相应的强度匹配系数 γ_{mc} 进行计算。根据不同失效顺序中强度匹配系数以及其他计算条件，可求得不同匹配方案和不同失效顺序中各组件的相当安全系数，并与我国现行相关规范相比较。选取我国典型的 500 kV 输电线路系统组件为例进行比较，并取两种常见荷载组合进行计算：工况 1，最大风荷载＋无覆冰荷载＋未断线；工况 2，最大覆冰荷载＋相应风速的风荷载＋未断线。

设 K_1 为我国现行相关规范的相当安全系数，K_2 表示本文设计方法在两种荷载组合工况下的相当安全系数，由此，在不同失效顺序下本文方法与我国现行相关规范各自的相当安全系数的差值百分比可按式(13)计算：

$$D=\frac{K_2-K_1}{K_1}(\%) \tag{13}$$

通过上述计算分析和比较，分别得到 5 种失效顺序下的比较结果如表 8 所示。

表 8　不同失效顺序中各组件承载力匹配的相当安全系数比较

Table 7　Coefficients for strength matching of componentsfor 5 failure sequences

组件名称		杆塔	金具	导地线	绝缘子	基础
现行规范的相当安全系数 K_1		1.749	2.587	2.587	2.794	3.643
第 1 种失效顺序	承载力匹配系数 γ_{mc}	1.00	0.80	1.00	1.10	1.00
	匹配设计的相当安全系数 K_2	1.749	2.070	2.587	3.073	3.643
	D_m(%)	0.0	−20.0	0.0	10.0	0.0
第 2 种失效顺序	承载力匹配系数 γ_{mc}	1.00	1.00	0.80	1.10	1.00
	匹配设计的相当安全系数 K_2	1.749	2.587	2.070	3.073	3.643
	D_m(%)	0.0	0.0	−20.0	10.0	0.0
第 3 种失效顺序	承载力匹配系数 γ_{mc}	1.00	0.60	0.80	0.90	0.85
	匹配设计的相当安全系数 K_2	1.749	1.682	2.070	2.515	3.097
	D_m(%)	0.0	−35.0	−20.0	−10.0	−15.0
第 4 种失效顺序	承载力匹配系数 γ_{mc}	1.60	1.20	1.00	1.20	1.00
	匹配设计的相当安全系数 K_2	2.799	3.104	2.587	3.353	3.643
	D_m(%)	60.0	20.0	0.0	20.0	0.0
第 5 种失效顺序	承载力匹配系数 γ_{mc}	1.60	0.90	1.00	1.10	0.90
	匹配设计的相当安全系数 K_2	2.799	2.328	2.587	3.073	3.279
	D_m(%)	60.0	−10.0	0.0	10.0	−10.0

由计算结果可以看出，在第 1 种失效顺序中，本文设计方法得到的金具总体安全度约降低 20%、绝缘子安全度约提高 10%，其他组件的安全度水平可基本维持在现行规范的水平；其他失效顺序规律相似。由此可见，按本文提出的方法进行输电线路系统各组件的匹配设计，可以实现系统各组件按各顺序失效的强度匹配设计，且前一种组件比后一种组件先失效的目标置信度水平达到 90%。

本文方法是基于现行规范设计、通过强度匹配系数来调节输电线路系统组件的失效顺序；在实际工程设计中使用较为方便，可根据工程实际情况、各组件的建造成本、破坏后的修复时间和费用等综合影响因素，由设计人员自行调节设计。

4 结论

本文将架空输电线路作为整体开展了系统可靠性设计方法研究，得到主要结论如下。

(1) 根据我国现行输电线路各组件的安全度水平，综合考虑各组件的建造成本、破坏后的修复时间和费用以及 IEC 60826 的强度准则，提出了输电线路系统各组件 5 种推荐的失效顺序。

(2) 按照 IEC 60826 的强度准则，计算得到了对应于 5 种失效顺序的强度匹配调整系数。

(3) 基于强度匹配理念提出了输电线路系统可靠性设计方法，即在输电线路系统各组件原有设计方法的基础上，通过强度匹配系数 γ_{mc} 实现系统各组件按各顺序失效的系统可靠性匹配设计，并给出了相应的匹配系数取值表。本文方法在实际工程设计中使用较为方便，可根据工程实际情况由设计人员自行调节设计。

(4) 通过本文方法与我国现行设计方法的对比分析表明，除个别组件的安全度水平因失效顺序而波动外，大部分组件可与现行规范的水平保持一致。

参考文献

[1] 中国电力企业联合会. GB 50545—2010 110 kV～750 kV 架空输电线路设计规范[S]. 北京：中国计划出版社，2010.

[2] 中国电力企业联合会. GB 50790—2013 ±800 kV 直流架空输电线路设计规范[S]. 北京：中国计划出版社，2013.

[3] 中国电力企业联合会. GB 50665—2011 1000 kV 架空输电线路设计规范[S]. 北京：中国计划出版社，2012.

[4] IEC 60826：2016. Design criteria of overhead transmission lines [S]. International Electrotechnical Commission，2016.

[5] EN 50341-1：2012. Overhead electrical lines exceeding AC 1 kV-Part 1：General requirements Common specifications [S]. BSI Standards Publication.

[6] CIGRE Technical Brochure 178：Probabilistic Design of Overhead Transmission Lines[S]. Working Group 22.06.

[7] 赵国藩. 工程结构可靠性理论与应用[M]. 大连：大连理工大学出版社，1996.

[8] 高谦，吴顺川，万林海，等. 土木工程可靠性理论及其应用[M]. 北京：中国建材工业出版社，2007.

[9] 董聪. 现代结构系统可靠性理论及其应用[M]. 北京：科学出版社，2001.

[10] 中华人民共和国住房和城乡建设部. GB 50153—2008 工程结构可靠性设计统一标准[S]. 北京：中国建筑工业出版社，2009.

[11] 中国建筑科学研究院有限公司. GB 50068—2018 建筑结构可靠度设计统一标准[S]. 北京：中国建筑工业出版社，2018.

[12] 中华人民共和国住房和城乡建设部. GB 50009—2012 建筑结构荷载规范[S]. 北京：中国建筑工业出版社，2012.

26. 基于新型响应面法的RC框架结构的抗震可靠性分析

王　鑫[1]　徐晨浩[1,2]　黄　斌[1]

（1. 武汉理工大学土木工程与建筑学院,430070;

2. 中建三局集团有限公司工程总承包公司,430064）

摘要:针对结构可靠性分析中计算响应面对结构响应面的逼近问题,提出了一种新型响应面法。该方法首先求出了结构响应的二阶泰勒展开,并用广义泰勒展开中的趋近函数和空间旋转变换分别调整二阶泰勒展开曲面的开口程度和方向,使得最后的近似响应面可以较好地逼近结构响应面。通过时程分析法和ANSYS相结合,利用COMBIN40单元模拟塑性铰,建立非线性力学模型,在选择输入地震波的基础上进行动力分析,保证了结果的合理性。将新型响应面法应用至RC结构抗震可靠性分析时,响应面与结构实际响应之间的逼近效果很好。计算结果表明,影响RC框架结构抗震性能的两大因素为梁、柱的弹模,国家规范规定的阈值对失效概率的影响十分明显,在设计时必须预留冗余安全度,且充分保证计算结果的精确度,否则一旦有细微的误差,都将会对结构可靠度产生极大影响。

关键词:结构系统;可靠性分析;广义泰勒展开;空间旋转变换;新型响应面法;塑性铰;RC框架结构

中图分类号:TU311.4　　　**文献标识码**:A

Seismic reliability analysis of RC frame structures based on the new response surface method

Wang Xin[1]　Chen-hao Xu[1,2]　Bin Huang[1]

(1. School of Civil Engineering and Architecture, Wuhan University of Technology, 430070, China;

2. China Construction Third Engineering Bureau Group Co., LTD. Engineering General Contracting Company., 430064, China)

Abstract: Aiming at the problem of the approximation of the calculated response to the structural response surface in the structural reliability analysis, a new response surface method is proposed. Firstly, the second order Taylor expansion of structural response is obtained by this method, and using the approach function and spatial rotation transformation in the generalized Taylor expansion to adjust the opening degree and direction of the second-order Taylor expansion surface. So that the final approximate response surface can better approximate the structural response surface. Through the combination of Time history analysis method and ANSYS, the COMBIN40 element is used to simulate the plastic hinge to establish the nonlinear mechanical model. Based on the selection of input seismic waves, dynamic analysis is performed to ensure the rationality of the results. When the New response surface method is applied to the seismic reliability analysis of RC structures, the approximation effect between the response surface constructed and the structural response is very good. The calculation results show that the two major factors affecting the seismic performance of RC frame structures are the elastic modulùs of beams and columns, and the influence of the threshold specified by the national regulations on the probability of failure is very obvious. Redundancy safety must be reserved in the design, and the accuracy of calculation results should be fully guaranteed. Otherwise, any slight error will have a great impact on the reliability of the structure.

Keywords: Structural system; Reliability analysis; Generalized Taylor expansion; Spatial rotation transformation; New response surface method; The plastic hinge; RC frame structure

1 引言

在土木工程结构中，利用一次二阶矩方法（FORM）或二次二阶矩方法（SORM）计算结构失效概率较常见[1-5]，当结构的真实响应或功能函数非线性不强时，它们可以较为准确地计算出结构的安全可靠度。但当结构变形或应力在荷载作用下呈较强非线性时，用 FORM 与 SORM 法评估结构的可靠性往往误差较大，直接的蒙特卡洛法是一个解决办法，但该方法耗时多。于是有许多研究者提出了不同的响应面法[6-7]。其中，应用较广的是基于二次多项式的响应面法，该方法对非线性有一定的适应性。后来又有学者提出了改进的响应面方法，如基于高阶 Hermite 随机多项式的响应面法及向量型层递响应面法等[8-11]。如何保证响应面对强非线性功能函数的逼近效果，同时拥有较好的计算精度和效率一直是响应面法亟需解决的难点。

基于以上，本文提出了一种计算结构可靠性的新型响应面法。该方法首先求出结构响应的二阶泰勒展开，再基于广义泰勒展开技术对响应面做开口程度的修正，然后利用空间旋转变换调整曲面的方向，最后采用蒙特卡洛模拟方法直接计算结构系统的失效概率。该方法的特点：①计算结构响应的低阶导数和样本点少，计算效率高；②提高了计算响应面对非线性真实响应面的逼近效果；③能和有限元软件如 ANSYS 的非线性计算功能相结合。通过对 RC 框架结构的抗震可靠性分析，证明新型响应面法的精度和效率较高。

2 响应面的二阶泰勒展开

假设工程结构的真实响应为 $F(x,y)$，对其进行二阶泰勒展开，得到式(1)：

$$T(x,y)=F(x^*,y^*)+(X-x^*)\nabla F(x^*)+(Y-y^*)\nabla F(y^*)$$
$$+1/2({}^{X}-x^*)2\,\nabla^2F(x^*)+1/2({}^{Y}-y^*)2\,\nabla^2F(y^*) \tag{1}$$

式中，(x^*,y^*)为初始计算点；$\nabla F(x^*)$和$\nabla F(y^*)$为初始计算点处的一阶偏导；$\nabla^2F(x^*)$和$\nabla^2F(y^*)$为 $F(x)$在展开计算点处的二阶偏导。当将自变量 x 和 y 看作随机量时，展开的初始点取为随机量 x 和 y 的均值点。因有限元计算软件（如 ANSYS、FLAC3D 等）并不具备求取结构响应对参数求偏导数的功能，计算精度与效率难以保证，故本文采用的泰勒展开二阶，且可用差分法获取。

3 基于广义泰勒展开的响应面修正

以随机参数均值点为初始点的二阶泰勒展开描述的响应曲面，其曲面开口可能会对真实响应面有较大偏离，因而采用广义泰勒展开来对其做修正。将单变量的广义泰勒展开[12]推广到了多维情况[13]。以二维函数为例，在式(1)基础上，应用广义泰勒展开，引入趋近函数，将式(1)表示为：

$$T(x,y,h)=F(x^*,y^*)+(-2h-h^2)[(X-x^*)\nabla F(x^*)+(Y-y^*)\nabla F(y^*)]$$
$$+h^2/2[({}^{X}-x^*)2\,\nabla^2F(x^*)+({}^{Y}-y^*)2\,\nabla^2F(y^*)] \tag{2}$$

式中，h 是广义泰勒展开中的辅助参数，其取值范围为$(-2,0)$。

由于二阶泰勒展开的曲面属抛物线型，虽然二阶广义泰勒展开可以控制曲面开口的程度，但它不能调整曲面的方向，从而对真实非线性函数的逼近效果不太理想。鉴于此，提出对式(2)再进行空间旋转变换，较好地解决二阶泰勒展开对于非线性函数逼近效果不理想的问题。下面将以平面旋转变换为基础，阐述响应曲面空间旋转变换的推导过程。

4 响应面的旋转变换

4.1 平面内的旋转变换

这里采用的关于几何图形的空间旋转变换是基于空间解析几何的对称性原理实现的。要实现空间的旋转变换，首先要推导出平面上旋转变换的公式。给定一个平面直角坐标系，如图1所示，假设函数 $f(x)$ 所表示的曲线绕点 $G(u,v)$ 顺时针旋转了 2θ 度，从而得到旋转后的函数 $f'(x)$。其变换可分为两步完成，过程如下：

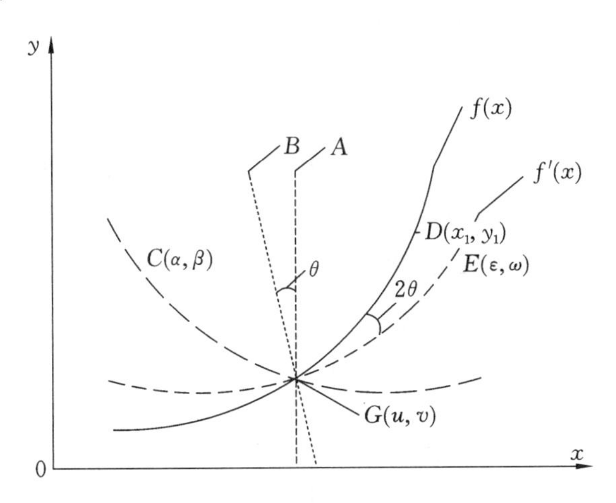

图1 平面旋转变换示意图

(1) 曲线的斜对称

过点 G 作垂直于 x 轴的直线 A：$x=u$，直线 A 逆时针旋转 $\theta°$，旋转后的直线为 B，可设直线 B 的解析式为：

$$y=-x\cot\theta+v+u\cot\theta \tag{3}$$

在 $f(x)$ 上取点 $D(x_1,y_1)$，$D(x_1,y_1)$ 对称于直线 B 的点为 $C(\alpha,\beta)$，则可求得直线 CD 的解析式为：

$$y=x\tan\theta+y_1+x_1\tan\theta \tag{4}$$

由于 C、D 两点坐标分别为 $((\alpha,\alpha\tan\theta+y_1-x_1\tan\theta))$ 和 (x_1,y_1)，且到直线 B 距离相等，则根据距离公式可得：

$$\frac{|\alpha\cot\theta+\alpha\tan\theta+y_1-x_1\tan\theta-v-u\cot\theta|}{\sqrt{1+\cot\theta^2}}=\frac{|x_1\cot\theta+y_1-v-u\cot\theta|}{\sqrt{1+\cot\theta^2}} \tag{5}$$

由式(5)得：

$$\alpha=-x_1\cos2\theta-y_1\sin2\theta+(v+u\cot\theta)\sin2\theta \tag{6}$$

α 为 x_1 经斜对称后的横坐标。同理可确定 β 为：

$$\beta=y_1-\begin{bmatrix}x_1+x_1\cos2\theta+y_1\sin2\theta- \\ (v+u\cot\theta)\sin2\theta\end{bmatrix}\tan\theta \tag{7}$$

β 为 y_1 经斜对称后的纵坐标。到此，完成了曲线 $f(x)$ 的斜对称处理。

(2) 曲线斜对称后的正对称

接着再对斜对称后的曲线作关于 $x=u$ 的正对称，设正对称后的点为(ε,ω)，则：

$$\varepsilon=2u-\alpha \tag{8}$$

$$\omega=y_1-[x_1-2u+\alpha]\tan\theta \tag{9}$$

式(6)代入式(8)得横坐标表达式为：

$$\varepsilon=2u+x_1\cos2\theta+y_1\sin2\theta-(v+u\cot\theta)\sin2\theta \tag{10}$$

式(6)代入式(9)得纵坐标表达式为：

$$\omega=y_1-\begin{bmatrix}x_1-2u-x_1\cos2\theta-y_1\sin2\theta+\\(v+u\cot\theta)\sin2\theta\end{bmatrix}\tan\theta \tag{11}$$

ε 为原函数绕点 $G(u,v)$ 顺时针旋转 $\theta°$ 后的横坐标，ω 为该点对应的纵坐标。

旋转点 $G(u,v)$ 为初始计算点，因为原函数曲线和近似的二阶泰勒展开曲线，二者一直交于初始点，所以绕初始点进行旋转就可以最大程度地逼近原函数曲线，不必再对旋转变换后的函数进行平移。到此，平面内的旋转变换公式已推导完毕。

4.2 空间旋转变换

假设原函数为二维函数 $F(x,y)$，$F(x,y)$ 曲面绕点 $d(u,v,w)$ 旋转(如图 2 所示)，且有面 A、B 和 C 分别垂直于面 X-Z、X-Y 与 Y-Z 并经过点 d，想要实现二阶泰勒展开曲面在空间内的旋转变化，只须让其围绕面 A、B 和 C 分别作三次旋转变换即可，过程如下：

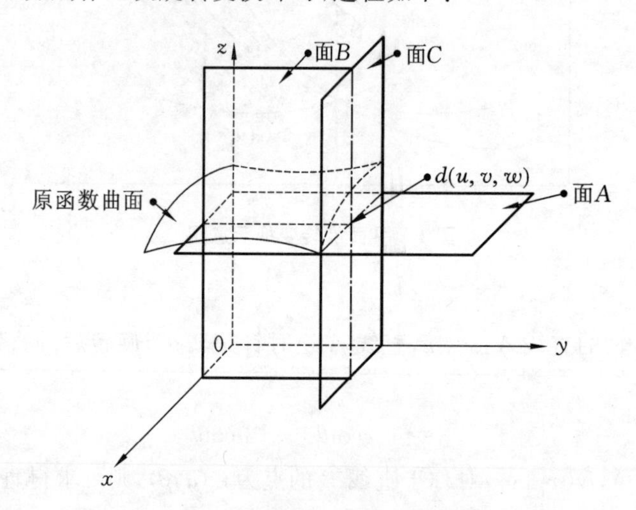

图 2　空间旋转变换示意图

(1) 绕面 A 的顺时针(视角为从函数曲面看向面 X-Z)旋转变换 $2a°$

当原函数曲面绕面 A 旋转时，Z 轴坐标不变，可将其曲面投影于面 X-Y。设点(x_0,y_0,z_0)为 $F(x,y)$ 曲面上一点，坐标 z_0 不变，应用式(10)和式(11)，可得变换后点的 X 和 Y 轴坐标 x_1 和 y_1 的表达式如下：

$$x_1=2u+x_0\cos2a+y_1\sin2a-(v+u\cot a)\sin2a\quad y_1=y_0-\begin{bmatrix}x_0-2u-x_0\cos2a-y_0\sin2a+\\(v+u\cot a)\sin2a\end{bmatrix}\tan a$$

(2)同理绕面 B 的顺时针(视角为从函数曲面看向面 Y-Z)旋转变换$2b°$，绕面 C 的顺时针(视角为从函数曲面看向面 X-Y)旋转变换$2c°$，经过旋转变换后的坐标，得到式(12)为旋转变化后的新函数解析式。

用上述方法对广义二阶泰勒展开式(2)作空间旋转变换，可得到式(12)：

$$\begin{aligned}
&S(x,y,h)=F(x^*,y^*)+(h^2(\nabla^2F(x^*)(x^*-x)2+\nabla^2F(y^*)(y^*-y)2))/2-\tan(b)(\sin(2b)(w+u\cot(b))\\
&+y\sin(2a)-\cos(2b)(2u+y\sin(2a)-\sin(2a)(v+u/\tan(a))+x\cos(2a))-\sin(2b)(F(x^*,y^*)+\\
&(h^2(\nabla^2F(x^*)(x^*-x)2+\nabla^2F(y^*)(y^*-y)2))/2+\nabla F(x^*)(s-x)(h^2+2h)+\nabla F(y^*)(y^*-y)(h^2+2h))\\
&-\sin(2a)(v+u/\tan(a))+x\cos(2a))+\tan(c)(2v-y-\sin(2c)(w+v\cot(c))+\cos(2c)(y+\tan(a)\\
&(2u-x+y\sin(2a)-\sin(2a)(v+u/\tan(a))+x\cos(2a)))+\sin(2c)(F(x^*,y^*)+(h^2((y+\tan(a)\\
&(2u-x+y\sin(2a)-\sin(2a)(v+u/\tan(a))+x\cos(2a)))+\sin(2c)(F(x^*,y^*)+(h^2(\nabla^2F(x^*)(x^*-x)2\\
&+\nabla^2F(y^*)(y^*-y)2))/2-\tan(b)(\sin(2b)(w+u\cot(b))+y\sin(2a)-\cos(2b)(2u+y\sin(2a)-\sin(2a)\\
&(v+u/\tan(a))+x\cos(2a))-\sin(2b)(F(x^*,y^*)+(h^2(\nabla^2F(x^*)(x^*-x)2+\nabla^2F(y^*)(y^*-y)2))/2+\\
&\nabla F(x^*)(x^*-x)(h^2+2h)+\nabla F(y^*)(y^*-y)(h^2+2h))-\sin(2a)(v+\nabla^2F(x^*)(x^*-x)2+\nabla^2F(y^*)\\
&(y^*-y)2))/2-\tan(b)(\sin(2b)(w+u\cot(b))+y\sin(2a)-\cos(2b)(2u+y\sin(2a)-\sin(2a)\\
&(v+u/\tan(a))+x\cos(2a))-\sin(2b)(F(x^*,y^*)+(h^2(\nabla^2F(x^*)(x^*-x)2+\nabla^2F(y^*)(y^*-y)2))/2\\
&+\nabla F(x^*)(x^*-x)(h^2+2h)+\nabla F(y^*)(y^*-y)(h^2+2h))-\sin(2a)(v+u/\tan(a))+x\cos(2a))\\
&+\nabla F(x^*)(x^*-x)(h^2+2h)+\nabla F(y^*)(y^*-y)(h^2+2h))-\tan(a)(2u-x+y\sin(2a)-\sin(2a)\\
&(v+u/\tan(a))+x\cos(2a)))+\nabla F(x^*)(x^*-x)(h^2+2h)+\nabla F(y^*)(y^*-y)(h^2+2h)
\end{aligned}\tag{12}$$

其中，u、v 和 w 为旋转点 d 的坐标；a、b 和 c 为旋转角度。

这里，可将角度参数 a、b、c 和辅助参数 h 一起确定，确定方法为：假定随机量 x 和 y 是有界分布，取 4 个样本点$[d_1,0]$，$[0,d_2]$，$[d_3,0]$和$[0,d_4]$。其中，d_1 和 d_2 分别取随机量 x 在 3σ 处的上下界值；对于随机量 y，d_3 和 d_4 的取值方法类似。以这四点的真实函数值 $T_i(i=1,\cdots,4)$作为目标值，通过对目标函数的最小化来获得角度参数和辅助参数。

$$Obj_{\min}=(T_1-s_1)^2+(T_2-s_2)^2+(T_3-s_3)^2+(T_4-s_4)^2 \tag{13}$$

其中，$S_i(i=1,\cdots,4)$为用式(12)计算得到的近似值。按照上述步骤，这个方法可以推广到 n 维随机变量情况，而且为获得角度参数的样本点取为 $2n$ 个。目标函数的优化可以通过全局优化的遗传算法获得。

到此，利用空间旋转变换技术，通过对二阶广义泰勒展开的响应面进行旋转，达到了较好地逼近真实响应面的目的，而且这种变换对不同形式的非线性曲面具有较好的适应性。此方法为新型响应面法。

5 结构系统失效概率的计算

为了获取结构系统的失效概率，首先要确定结构系统满足某种安全功能的功能函数，如式(14)所示：

$$Z(X)=R(X)-S(X) \tag{14}$$

式(14) 中 R 表示抗力效应，可参考国家规范中相关规定或工程需要取值；S 为荷载效应，由式(12) 计算。X 为结构系统的随机向量。以此功能函数为基础，结合计算结构可靠度的直接 MonteCarlo 模拟法，通过式(15) 可求得失效概率。

$$P_{\mathrm{FP}}=\frac{1}{N_{\mathrm{f}}}\sum_{i=1}^{N_{\mathrm{f}}}\Omega[Z(X^{(i)})<0] \tag{15}$$

这里，N_{f} 为模拟样本数；$X^{(i)}$ 为随机向量的第 i 个样本；$\Omega[\cdot]$ 为记数函数；当 $Z(X)$ 在失效域内时，$\Omega[\cdot]=1$，否则，$\Omega[\cdot]=0$

6 RC 框架结构的抗震可靠性分析

6.1 梁、柱弹模分别变化时结构的响应分析

选取两跨三层的规则 RC 框架模型为分析对象，说明新型响应面法在 RC 框架结构抗震可靠度计

算中的应用。跨长为 6 m，层高为 3 m，梁柱截面均为矩形截面，宽 b 为 300 mm，高 h 为 500 mm，梁的弹模取 $E_b = 2.0 \times 10^7\ \mathrm{kN/m^2}$，柱的弹模取 $E_c = 2.2 \times 10^7\ \mathrm{kN/m^2}$。在 ANSYS 建模时，梁柱单元用 BEAM188 单元模拟，BEAM188 单元的弹模在定义时需要求得钢筋与混凝土结合时对应的等效弹模。鉴于弹簧单元可较好地模拟构件在受弯时的转动过程，本文采用 COMBIN40 单元模拟塑性铰，如图 3 所示。设计阶段采用 EI Centro 地震波作为输入荷载进行计算分析。

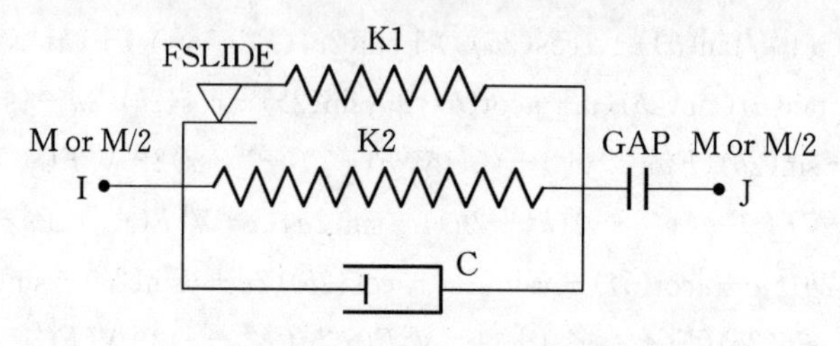

图 3　COMBIN40 单元示意图

首先计算柱的弹模在 $1.4 \times 10^7\ \mathrm{kN/m^2}$ 至 $2.8 \times 10^7\ \mathrm{kN/m^2}$ 的区间内变化，梁的弹模固定为 $2.2 \times 10^7\ \mathrm{kN/m^2}$ 时，在地震波作用下框架的底层层间位移角的变化趋势，计算结果如图 4 所示。

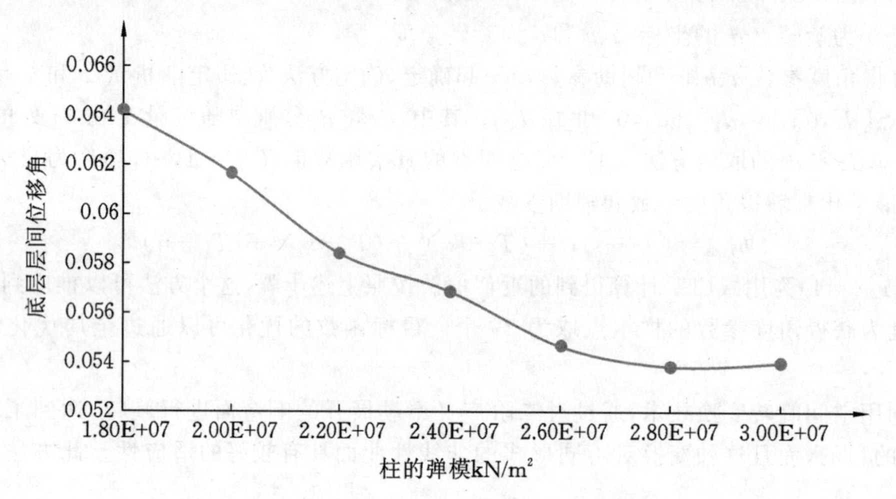

图 2　柱的弹模变化引起的底层层间位移角变化

由图 4 可知：柱的弹模在 $1.8 \times 10^7\ \mathrm{kN/m^2}$ 至 $3 \times 10^7\ \mathrm{kN/m^2}$ 这个变化过程中，层间位移角急剧下降，而在之后的变化中，层间位移角的变化相对较小，呈较强的非线性关系。在弹模为 $2.2 \times 10^7\ \mathrm{kN/m^2}$ 处作为展开计算点通过差分求导法得偏导构造出二阶泰勒展开式

$$z = 0.05845 - 4.2975 \times 10^{-10}(x - 2.2 \times 10^7) - 1.26625 \times 10^{-16}(x - 2.2 \times 10^7)^2/2 \quad (16)$$

将二阶泰勒展开式与结构真实响应作对比，如图 5 所示。

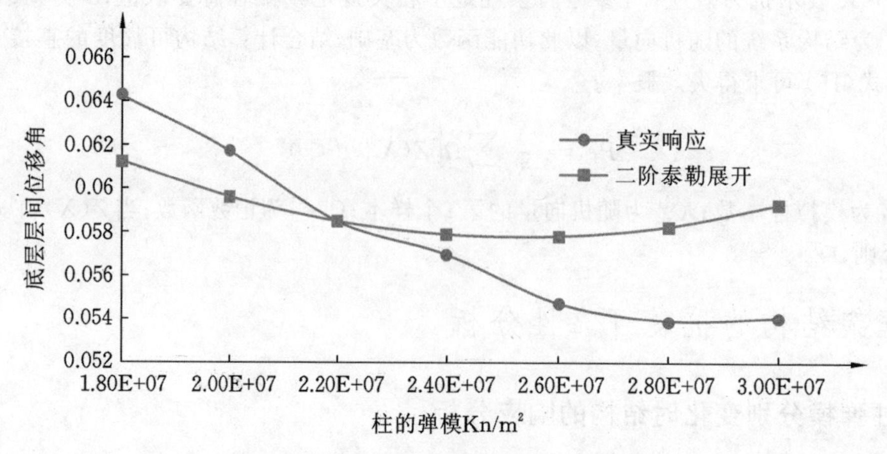

图 5　真实响应和二阶泰勒展开对比图

由图 5 可知：二阶泰勒展开拟合结构响应误差较大，因为二阶泰勒展开本质上为抛物线，结构响应非线性较强，导致二阶泰勒展开与结构响应之间的逼近效果不好，为此，对其进行基于广义泰勒展开的旋转变换得到下式

$$z = 0.05845 - 4.2975 \times 10^{-10}(-2h - h^2)(x - 2.2 \times 10^7) - 1.26625 \times 10^{-16}h^2(x - 2.2 \times 10^7)2/2 \\ - x - 2u - x\cos 2\theta - [0.05845 - 4.2975 \times 10^{-10}(-2h - h^2)(x - 2.2 \times 10^7) - 1.26625 \times 10^{-16}h^2 \\ (x - 2.2 \times 10^7)2/2]\sin 2\theta + (v + u\cot\theta)\sin 2\theta\tan\theta \tag{17}$$

其中，h 为同伦分析辅助参数，θ 为旋转角度，以顺时针为正，u 为旋转点的横坐标，v 为纵坐标。通过最小二乘法原理求得当旋转点为(2.2e7，0.0584)时，θ 为 23° 且 $h = -0.95$ 时改进效果最为明显，如图 6 所示。

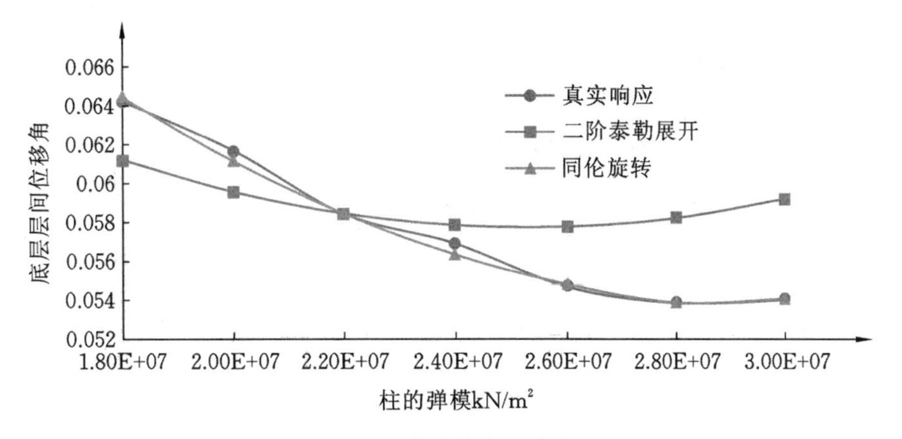

图 6　同伦旋转改进对比图

由图 6 可知：对原二阶泰勒式进行同伦改进与空间旋转变换后响应函数与结构响应之间的逼近程度显著提升。同理，计算梁的弹模在 1.4×10^7 kN/m² 至 2.4×10^7 kN/m² 的区间内变化，柱的弹模固定为 2.2×10^7 kN/m² 时，在地震波作用下框架的底层层间位移角的变化趋势，计算结果对比如图 7 所示。由图 7 可知：二阶泰勒展开与结构响应之间逼近效果不好，通过同伦改进和旋转变化，再结合最小二乘法求得当旋转点为(2e7，0.0584)时，θ 为 13.7° 且 $h = -0.86$ 时改进效果明显。

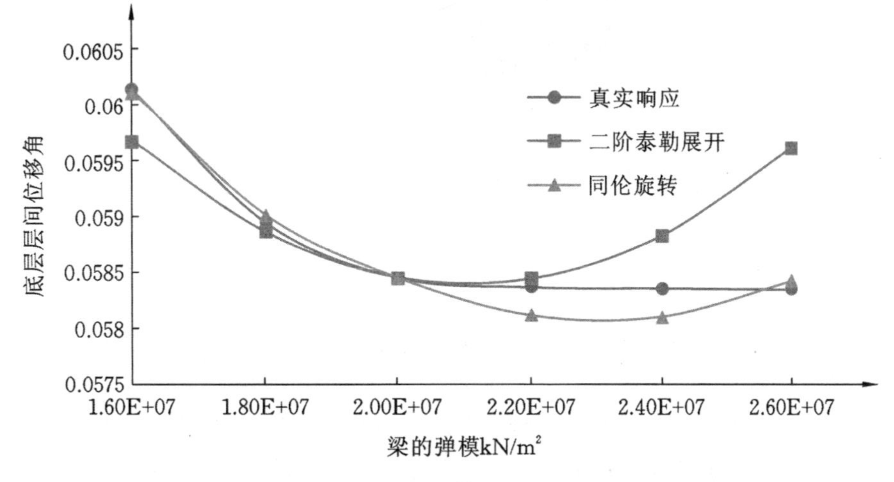

图 7　同伦旋转改进对比图

6.2　梁、柱弹模共同变化时结构的响应分析

对梁、柱弹模共同变化时框架结构在水平地震作用下的底层最大层间位移角进行可靠度分析，利用 COMBIN40 单元模拟塑性铰，建立非线性力学模型，通过 ANSYS 软件的计算结果如图 8 所示。

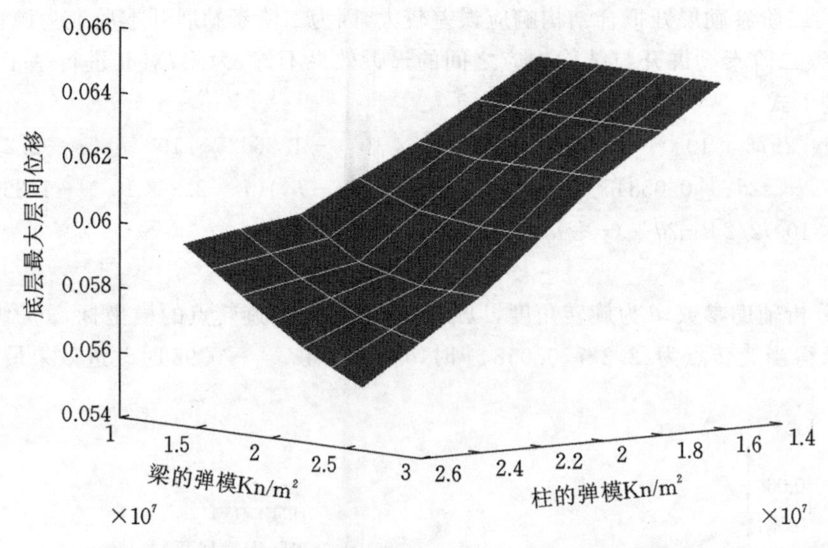

图 8　梁、柱弹模共同变化时底层最大层间位移角计算结果

由图 8 可知：随着梁、柱弹模的增加，底层的最大层间位移角会有着不同程度的下降，整个响应面非线性较强。对其在均值点处进行二阶泰勒展开，并进行基于广义泰勒展开的空间旋转变换，旋转点为$(2.2\times10^7, 2\times10^7, 0.05845)$，通过对目标函数的最小化来获得角度参数和辅助参数。目标函数的优化可以通过全局优化的遗传算法获得。最终算得 $a=0°$，$b=7°$，$c=11°$，$h=0.7$ 时为最优解，其结果对比分析如图 9 所示。

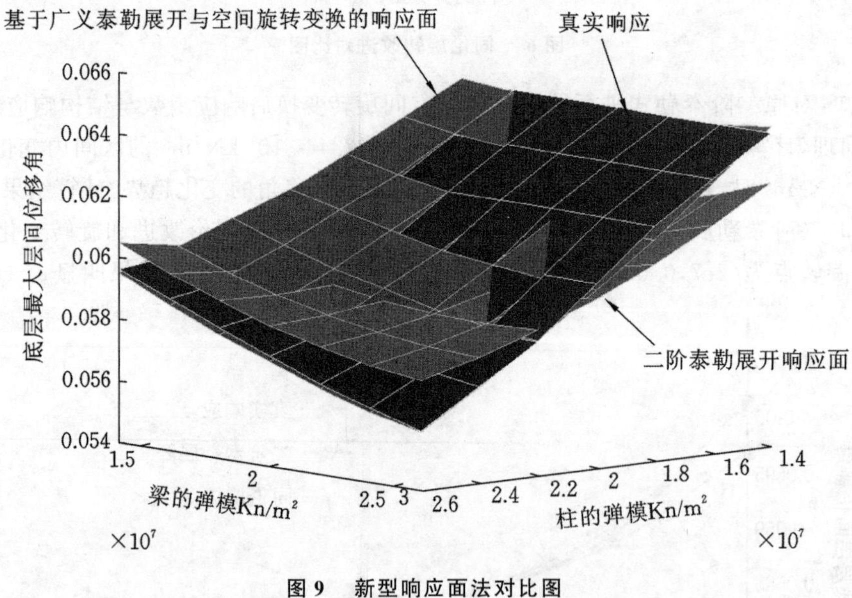

图 9　新型响应面法对比图

由图 9 可知：① 旋转变换前梁的弹模变化对响应的影响会夸大，采用新型响应面法可改变二阶泰勒展开响应曲面的平滑程度；② 采用新型响应面法，旋转后新响应函数与结构响应之间的逼近程度接近；③ 在面 X-Y 内不需对投影进行平面的旋转变换就可以得出最优解，结合工程情况只对变量和因变量的维度作旋转变换，可以推断实际工程为多个变量时，在保证精度的同时节省计算时间。

6.3　梁、柱弹模共同变化时结构的失效概率分析

为了获取结构系统的失效概率，首先要确定结构系统满足某种安全功能的功能函数。

采用二次二阶矩法，其计算步骤如下：

(1) 采用一次二阶矩法中设计验算点法来计算结构的可靠指标 β，根据相互独立正态分布随机变

量线性组合的性质，得到 Z_L 的期望和标准差，确定结构的可靠指标

$$\beta = \frac{\mu_{Z_L}}{\sigma_{Z_L}} = \frac{F(x^*) + \sum_{i=1}^{n} \frac{\partial F(x^*)}{\partial X_i}(\mu_{X_i} - x^*)}{\sqrt{\sum_{i=1}^{n} \left[\frac{\partial F(x^*)}{\partial X_i}\right]^2 \sigma_{X_i}^2}}$$

(2) 定义单位向量 $\alpha_X = -\frac{\nabla F(x^*)}{\| \nabla F(x^*) \|}$。

(3) 确定正交矩阵 H。

(4) 计算 $Q = \frac{\nabla^2 F(x^*)}{\| \nabla F(x^*) \|}$。

(5) 计算失效概率 $p_{fQ} = \frac{\varphi(-\beta)}{\sqrt{det[I - \beta(H^T QH)_{n-1}]}}$。

以规范所定的底层最大层间位移角(s/h) 为变化量，用两种方法分别计算结构失效概率，得出图 10。

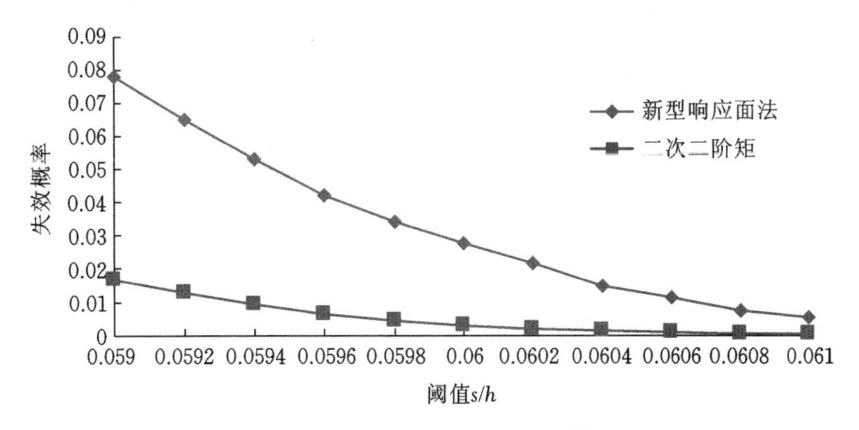

图 10　不同阈值下结构失效概率计算结果

由图 10 可知：① 当阈值取 0.06 时，结构尚处于安全范围，但是倘若发生任何一点误差，即使是 0.0002 的差别，失效概率都会出现较大波动；②新型响应面法的计算结果与二次二阶矩法的计算结果有着较大差异，前者精度更高；③对于 RC 框架结构，柱的弹模变化相较于梁的弹模变化对抗震性能的影响更大，弹模的变化又会引起塑性铰本构关系的变化，故采用 COMBIN40 单元来模拟塑性铰就显得尤为重要，这种建模方法值得推广。

7　结论

将广义泰勒展开和空间旋转变换相结合，提出了一种分析结构安全可靠性的新型响应面法。该方法以结构响应的二阶泰勒展开为基础，用广义泰勒展开中的趋近函数和空间旋转变换分别调整二阶泰勒展开曲面的开口程度和方向，使得最后的近似响应面可以较好地逼近真实响应面。新型响应面法具有以下特点：

(1) 当实际工程变量达到 4 个以上时，旋转变换的计算过程将会变得较为繁杂，可进行简化：一是适当省去偏导数的交叉项；二是在做旋转变换时，只在变量与因变量构成的维度上作旋转变换，省去变量与变量之间维度上的旋转变换，在保证计算精度下大大节省计算时间。在后期的研究中，会与实际工程相结合，使其能推广应用于工程结构的可靠度分析。

(2) 和传统的一次二阶矩方法及基于二次多项式的响应面法相比，新方法可以较大地提高结构系统失效概率的计算精度，而且计算量不大。本方法为高效地分析结构的安全可靠性提供了一个新的工具。

参考文献

[1] 白冰,张清华,李乔.结构二次二阶矩可靠度指标的回归分析预测算法[J].工程力学,2013,30(10):219-226.

[2] Lee O S,Dong H K. The reliability estimation of pipeline using FORM,SORM and Monte Carlo Simulation with FAD[J]. Journal of Mechanical Science & Technology,2006,20(12):2124-2135.

[3] Zhang C,Song L,Fei C,et al. Advanced multiple response surface method for sensitivity analysis for turbine blisk reliability with multi-physics coupling[J]. Chinese Journal of Aeronautics,2016,29(4):962-971.

[4] 吕大刚,于晓辉,王光远.基于 FORM 有限元可靠度方法的结构整体概率抗震能力分析[J].工程力学,2012,29(2):1-8.

[5] 郭彪,顾德华,董玉革,等.可靠性分析的 FORM 和 SORM 组合法[J].合肥工业大学学报:自然科学版,2013,3(9):30-33.

[6] 桂劲松,康海贵.结构可靠度分析的全局响应面法研究[J].建筑结构学报,2004,25(4):100-105.

[7] Goswami S,Ghosh S,Chakraborty S. Reliability analysis of structures by iterative improved response surface method [J]. Structural Safety,2016,60:56-66.

[8] Yong-hua Su,Peng Zhang,Ming-hua Zhao. Improved response surface method and its application in stability reliability degree analysis of tunnel surrounding rock[J]. Journal of Central South University of Technology,2007,14(6):870-876.

[9] 胡冉,李典庆,周创兵,等.基于随机响应面法的结构可靠度分析[J].工程力学,2010,27(9):192-200.

[10] 杨绿峰,李朝阳,杨显峰.结构可靠度分析的向量型层递响应面法[J].土木工程学报,2012(7):105-110.

[11] 李广博. Fourier 正交基神经网络加权响应面法的结构可靠性分析[D].长春:吉林大学,2014.

[12] 廖世俊.超越摄动:同伦分析方法基本思想及其应用[J].力学进展,2008,38(1):1-34.

[13] 张衡.随机特征值递推法的同伦改进[D].武汉:武汉理工大学,2014.

27. 基于模态柔度矩阵和鲸鱼算法的两阶段结构损伤识别方法

成希豪　程仁慧　黄民水

（武汉工程大学，湖北 武汉 430773）

摘要：本文提出了一种两阶段的方法来识别结构中损伤的位置和程度。在第一阶段，提出了叠加模态柔度差曲率(SMFC)识别指标，用于精确定位结构的损伤位置。首先，对模态柔度矩阵识别指标进行了改进，采用低阶的模态参数，利用结构损伤前、后的模态柔度矩阵，并对其逐列累加形成新的列矩阵，然后对其中心差分后计算两者之差，求得模态柔度矩阵差，并将其作为结构损伤检测的指标。同时，在对板结构进行损伤识别时，基于叠加模态柔度差曲率指标，提出了削弱"临近效应"的方法，消除了板结构损伤单元的周围单元的影响。在第二阶段，构建基于柔度矩阵的目标函数，并利用第一阶段的损伤定位的结构，通过改进的鲸鱼算法来确定实际损伤的程度。最后通过两个不同的数值算例验证了该方法的有效性。

关键词：结构损伤识别；板结构；模态柔度矩阵；鲸鱼算法

中图分类号：TU311.4　　**文献标识码**：A

Two stage structural damage identification method based on modal flexibility matrix and whale algorithm

Cheng Xihao　Cheng Renhui　Huang Minshui

(School of Civil Engineering and Architecture, Wuhan Institute of Technology, Wuhan, Hubei 430073, China)

引言

结构健康监测主要目的是持续跟踪和评估可能影响结构运行、可用性或安全可靠性的退化或损坏症状[1]。那么损伤识别的基础是，当结构发生损伤时，结构的物理参数(如截面积等)会发生变化，进而使结构的模态参数发生相应的改变[2]。因此，模态参数(频率、振型和阻尼)的改变可作为反演分析结构损伤的依据，并以此确定损伤的发生位置及对应的损伤程度。在这类损伤识别中，一般情况下需要根据预设的损伤工况，分析并记录选用的损伤特征参数变化，建立与损伤工况相对应的动力参数数据集合[3,4]。其中，频率、模态振型、灵敏度矩阵、曲率模态和模态柔度常应用于损伤检测[5,6]。

整体的特征参数对局部损伤极其不敏感，损伤识别的精度低，且局部区域的损伤对结构整体安全影响大。Farrar[7]对美国I-40桥的报告称，当其连续梁断裂引起前三阶频率变化为7.7%、4.1%、0.3%。Robert和John[8]对一个主支撑梁出现裂缝的在役公路桥梁进行了连续监测。当裂纹扩展到梁的纵深的2/3时，其最大频率变化近为4.2%。Maeck[9]对瑞士的Z24桥进行损伤评估时，其在17种工况下逐渐受损直到最严重的损坏情况，其前五阶最大频率降低为5.9%。在对大型复杂结构进行损伤识别时，需要选择一种对局部损伤敏感的指标才能很好地识别出损伤。Raghavendrachar和Aktan[10]进行了大量桥梁模态试验，发现模态柔度以及模态柔度的变化能很好地评估桥梁结构和性能；De Wolf和Zhao[11]将固有频率、模态振型和模态柔度对损伤的敏感性进行对比分析，表明模态柔度比固有频率、模态振型对损伤更敏感；Pandey和Biswas[12]研究发现柔度矩阵差比固有频率或振型对局部损伤更敏感。

目前已提出了几种识别结构损伤位置和损伤的方法。Seyedpoor[13]提出了一种基于模态应变能确定结构损伤位置的两阶段损伤识别方法,并采用粒子群优化算法(PSO)计算损伤严重程度。Torkzadeh 等[14]提出了一种基于动能和模态应变能,结合启发式粒子群优化(HPSO)算法的结构损伤识别方法。Fu 等[15]提出了一种基于模态应变能和响应灵敏度分析的结构损伤识别方法。

本文通过改进的模态柔度矩阵和改进的灰狼优化算法,提出了一种结构损伤定位与方法。该方法首先通过计算损伤前、后模态柔度矩阵,并对矩阵每行元素求和,再对其进行中心差分,进而得到叠加模态柔度差曲率来判断损伤发生的位置,在对板结构进行识别时,消除了板单元间的临近效应。然后通过改进的鲸鱼算法对损伤的位置计算损伤程度。

1 改进模态柔度方法

1.1 基本理论

无阻尼自由系统,其微分方程式表示为

$$[M]\{\ddot{x}\}+[K]\{x\}=0 \tag{1}$$

式中,$[M]$和$[K]$分别为系统的质量矩阵和刚度矩阵,$\{x\}$为位移向量。质量矩阵和刚度矩阵关于模态振型$[\varphi]$正交化,可得

$$[\varphi]^{\mathrm{T}}[K][\varphi]=[\Lambda] \tag{2}$$

$$[\varphi]^{\mathrm{T}}[M][\varphi]=[I] \tag{3}$$

式中,$[\Lambda]$为系统特征值的对角矩阵,$[I]$为单位矩阵。

对式子(2)做一次变换,可将刚度矩阵$[K]$表示为

$$[K]=[\varphi]^{-T}[\Lambda][\varphi]^{-1}=([\varphi][\Lambda]^{-1}[\varphi]^{\mathrm{T}})^{-1} \tag{4}$$

柔度矩阵定位为刚度矩阵的逆,表示为

$$[D]=[K]^{-1} \tag{5}$$

将式子(4)带入式子(5)中,可以得到

$$[D]=[\varphi][\Lambda]^{-1}[\varphi]^{\mathrm{T}}=\sum_{i=1}^{n}\frac{1}{\omega_i^2}\varphi_i\varphi_i^{\mathrm{T}} \tag{6}$$

式中,φ_i 为第 i 阶振型,ω_i 为第 i 阶固有频率。

本文基于现有的柔度差曲率矩阵法[16](Flexibility Curvature Matrix Based on Mode,简称FCMD)、模态柔度改变率(Rate of Modal Flexibility,简称 RMF)、模态柔度改变率曲率[17](Rate of Modal Flexibility Curvature,简称 RMFC),提出了叠加模态柔度差曲率(Superposition of Modal Flexibility Curvature,简称 SMFC),计算步骤如下:

(1) 对模态柔度矩阵的各行元素求和

$$\begin{aligned} F^u&=sum(D^u,2)\\ F^d&=sum(D^d,2) \end{aligned} \tag{7}$$

式中,D^u 和 D^d 分别为损伤前、后模态柔度矩阵,$sum(,2)$表示对矩阵的各行元素求和。

(2) 计算叠加模态柔度差曲率(SMFC)

将式(7)中得到的 F^u、F^d 列阵进行中心差分法,即

$$\begin{aligned} MF^uC(i)&=\frac{F^u(i-1)+F^u(i+1)-2F^u(i)}{l^2}\\ MF^dC(i)&=\frac{F^d(i-1)+F^d(i+1)-2F^d(i)}{l^2} \end{aligned} \tag{8}$$

然后计算叠加模态柔度差曲率(SMFC)

$$SMFC=MF^uC-MF^dC \tag{9}$$

SMFC(i)与节点的位置一一对应,其大小反映结构损伤后柔度差变化的快慢。当结构某个部位出现损伤时,该部位的刚度下降,柔度随之增加,模态柔度改变率曲率也增大。通过绘制模态柔度改变率曲率 SMFC(i)随节点变化的曲线,曲线突变处即为结构损伤的位置。

1.2 数值算例

为了充分说明 SMFC 指标在结构发生损伤后对损伤区域定位的可行性,本节建立简支梁和四边简支板的模型进行数值算例分析计算,综合考虑结构分别发生单个单元、多个单元、对称单元等各种位置的损伤,以 SMFC 指标对结构不同损伤区域进行识别,同时采用 FCMF、RMF 和 RMFC 指标进行识别,对比三者之间的优劣性,说明所剔除的指标有效性和适用性。

(1) 简支梁模型

通过 MATLAB 建立如图 1 所示的简支梁有限元模型。梁全长为 5 m,共划分为 10 个单元,每个单元长 0.5 m,所用单元为 2 结点 6 自由度单元。其中圆圈内数字为单元编号,其余为节点编号。结构的弹性模量为 30 GPa,横截面面积为 0.072 m^2,材料密度为 2360 kg/m^3,截面惯性矩为 $8.64\times 10^{-5} m^4$。用降低单元的弹性模量来模拟损伤,且设置了 2 种损伤工况,见表 1。其损伤定位结果与上节所述 FCMD、RMF、RMFC 指标进行对比,见图 2、图 3。

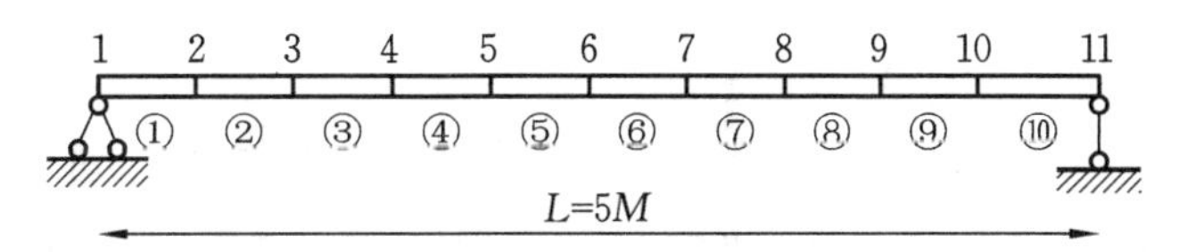

图 1　简支梁有限元模型

Fig. 1　Finite element model of simply-supported beam

表 1　简支梁损伤工况

Table1　Damage Case of simply-supported beam

损伤工况	损伤单元号	损伤程度
1	3	20%
2	3,7	20%,15%

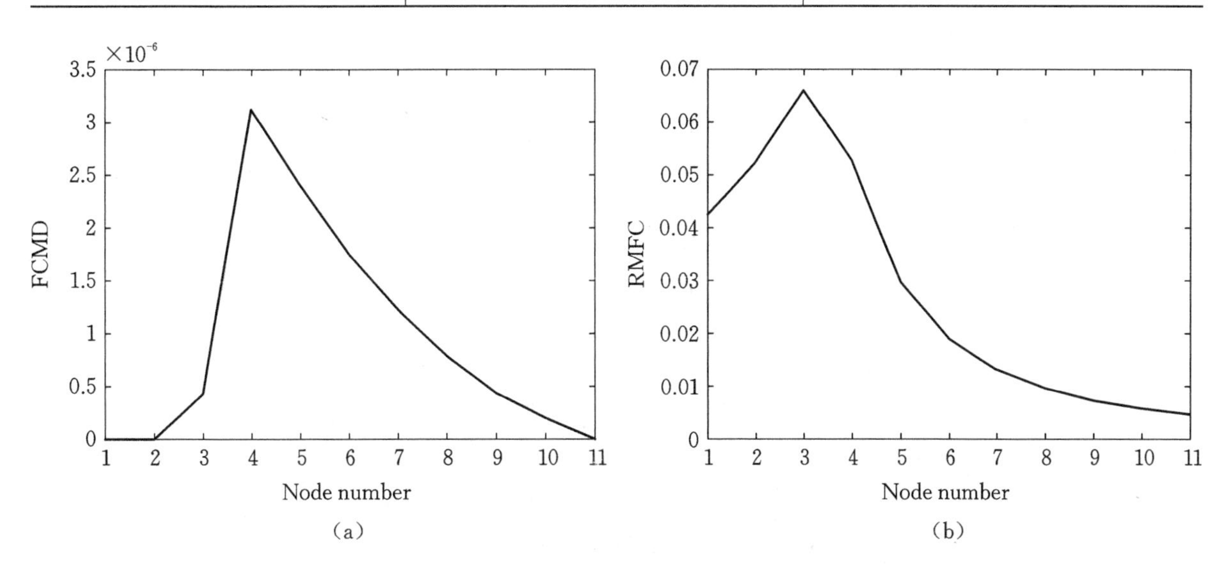

图 2　工况 1 下简支梁损伤识别参数对比情况

(a)FCMD;(b) RMF;(c) RMFC;(d) SMFC

Fig. 2　Comparison of damage identification parameters of simply supported beam under case 1

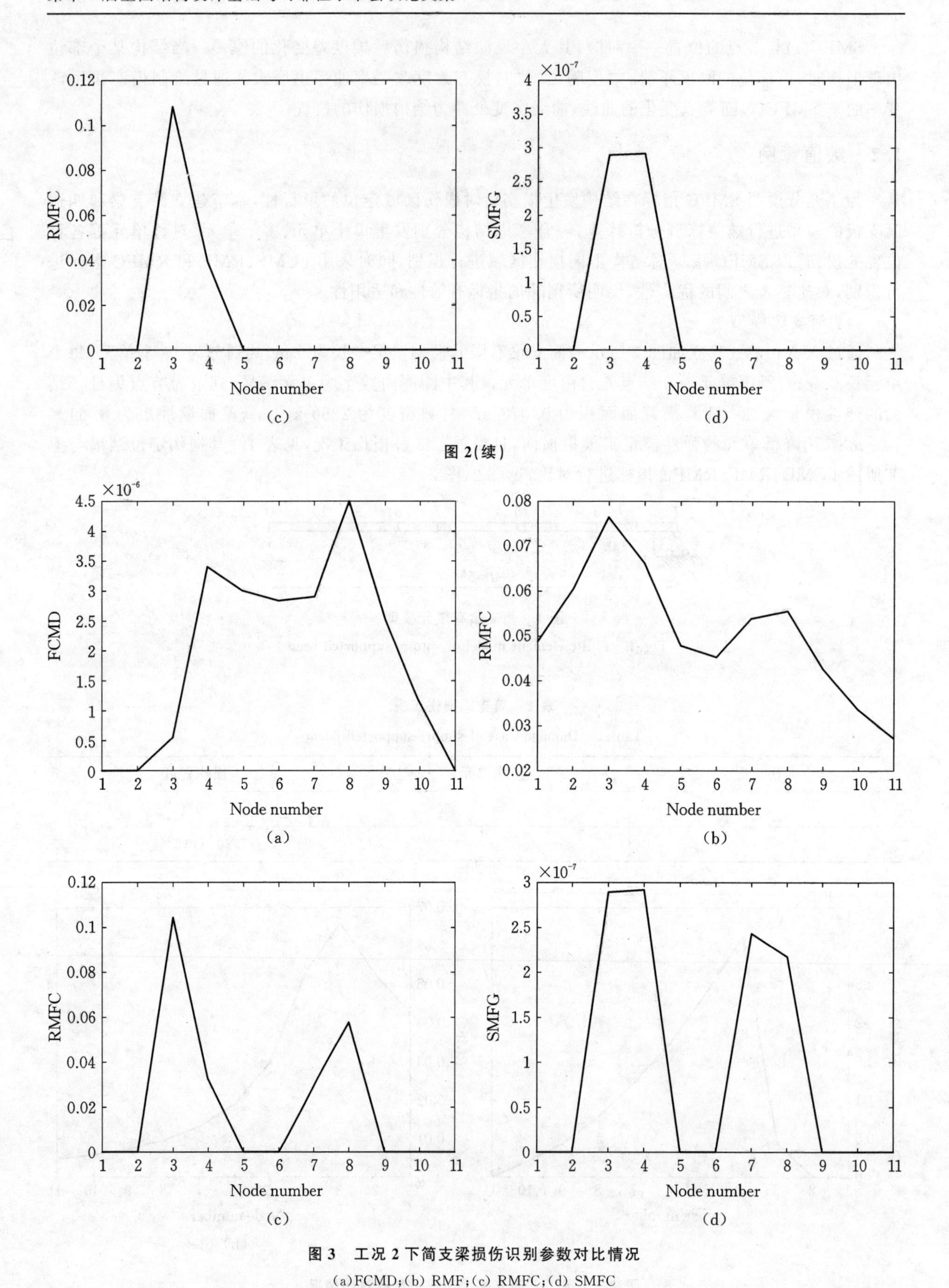

图 3　工况 2 下简支梁损伤识别参数对比情况

(a)FCMD;(b) RMF;(c) RMFC;(d) SMFC

Fig. 3　Comparison of damage identification parameters of simply supported beam under case 2

图 2、图 3 中以单元节点编号表示横坐标，指标函数值表示纵坐标。在损伤单元处，SMFC 曲线存在明显的突变，凭借 SMFC 曲线突变的节点号可以准确地判断出结构损伤的单元，而且在未损伤的区域曲线剧变为零直线。由图 2(a)(b)和图 3(a)(b)可知 FCMD 和 RMF 能以最大值的方式判断出损伤单元的位置，与损伤的位置完全一致，但是周边未损伤单元的指标值仍然很大，那么当损伤很小时就会影响损伤单元的判断，由图 2(c)和图 3(c)可知，RMFC 指标能较好地定位出损伤，但是会造成周边单元的误判。

综上所述，SMFC 指标可以有效地识别出结构损伤区域位置所在，现有指标 FCMD、RMF 和 RMFC 指标也能够识别出损伤位置，但还是劣于 SMFC 指标。

(2) 简支板模型

利用 MATLAB 建立了四边简支的弹性薄板有限元模型，如图 4 所示。板尺寸选为长 3 m，宽 3 m，厚 0.03 m。将板的长和宽等间距划分为 10 个单元，即每个单元的尺寸为 0.3 m×0.3 m。结构的弹性模量取为 7.31×10^{10} N/m^2，密度取为 2821 kg/m^3，泊松比为 0.3。将有限元模型中的某个单眼弹性模量减小来模拟损伤，并设置了 3 种损伤工况，见表 2。

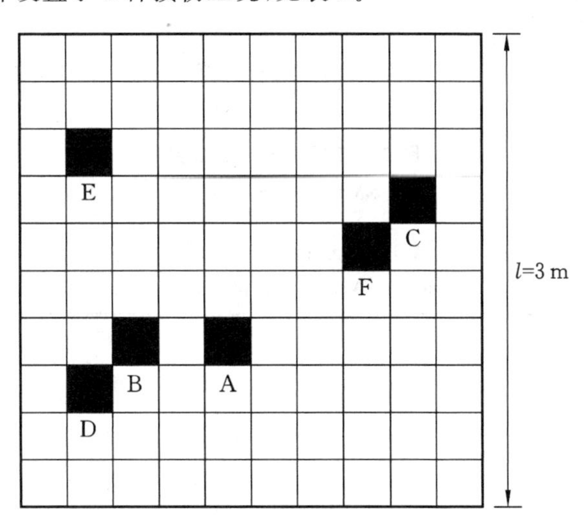

图 4 四边简支板有限元模型

Fig. 4 The four-side simply supported plate finite element model

表 2 四边简支板损伤工况

Table 2 Damage Case of the four-side simply supported plate

损伤工况	损伤单元	损伤程度
1	A	30%
2	B,C	20%,40%
3	D,E,F	30%,40%,50%

本文对板进行损伤定位时，先计算板的每行的节点损伤定位指标，进而获得整个结构的损伤定位指标，即将整个板每行独立进行计算，然后整合成整个结构。由上节可知，SMFC 指标较其他三个指标具有更好的损伤定位效果，因此，本节采用 SMFC 指标对四边简支板进行损伤定位。

以损伤工况 1 为例，验证叠加模态柔度差曲率(SMFC)指标对板结构损伤定位的有效性。损伤单元 A 位于第 4 行和第 5 行。损伤定位情况如图 5 所示，部分节点的叠加模态柔度差曲率(SMFC)值见表 3。

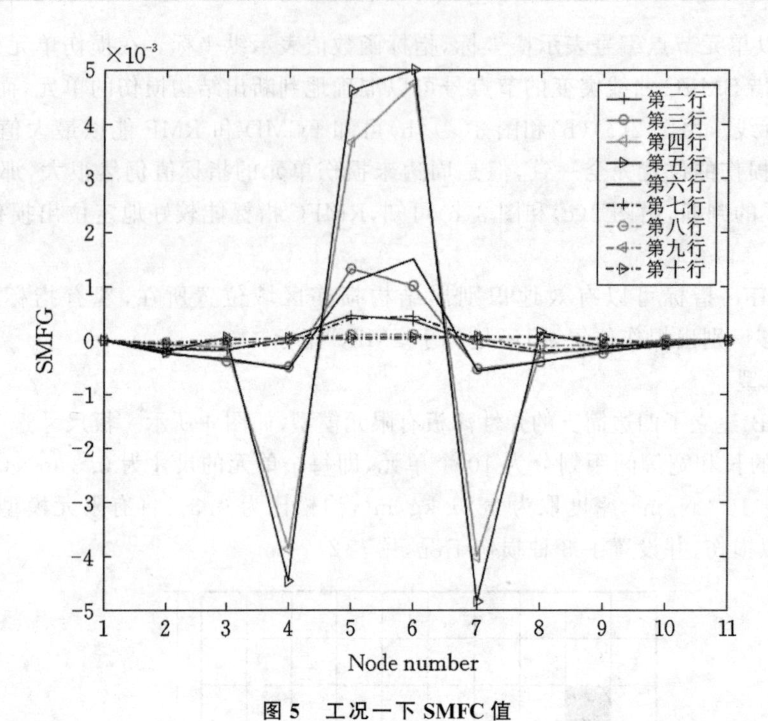

图 5　工况一下 SMFC 值

Fig. 5　SMFC value under case 1

表 3　部分节点的 SMFC 值

Table 3　SMFC value of some nodes

行号	节点					
	3	4	5	6	7	8
第二行	－1.808E-04	－4.587E-04	4.587E-04	3.592E-04	－7.804E-05	－2.242E-04
第三行	－3.836E-04	－4.912E-04	1.322E-03	1.010E-03	－5.298E-04	－3.945E-04
第四行	－1.326E-04	－3.849E-03	3.657E-03	4.736E-03	－3.998E-03	－2.361E-04
第五行	5.152E-05	－4.452E-03	4.611E-03	4.999E-03	－4.829E-03	1.500E-04
第六行	－3.396E-04	－5.370E-04	1.072E-03	1.501E-03	－5.688E-04	－4.010E-04
第七行	－1.612E-04	－4.370E-05	3.940E-04	4.439E-04	－1.403E-05	－1.914E-04

由于损伤后的结构的刚度减小，柔度增大，则损伤后的模态柔度比未损伤情况下的变大了，根据式(9)，曲率 F^d 比无损伤状态时变小了，所以根据式(10)，损伤处的曲率差应该是正值[18]。那么剔除负值后的叠加模态柔度差曲率图如图 6 所示。

根据图 6，可以更加直观地判断出单元 A 是损伤单元，同时误识别出了单元 A 附近的单元。基于此本文提出了一种削弱"临近效应"方法，从而减小损伤定位中的误判。结合图 3 和表 3 可知，损伤单元被一组相邻单元所包围，这些单元节点的 SMFC 值与损伤单元相比相对较小，但与远离算上单元的单元相比仍然很大，而且在相邻单元节点的周围存在一些 SMFC 值为负数的节点，利用这种特性可以来削弱"临近效应"，具体步骤如下：

① 找到所选节点的临近节点的最小值

$$Minnum=\min\begin{bmatrix} SMFC_{upl} & SMFC_{up} & SMFC_{upr} \\ SMFC_{left} & SMFC & SMFC_{r缃ght} \\ SMFC_{lowl} & SMFC_{low} & SMFC_{lowr} \end{bmatrix} \tag{10}$$

式中，下标 $upl,up,upr,left,right,lowl,lowr$，分别表示所选节点的左上，上，右上，左，右，左下，下，右下。

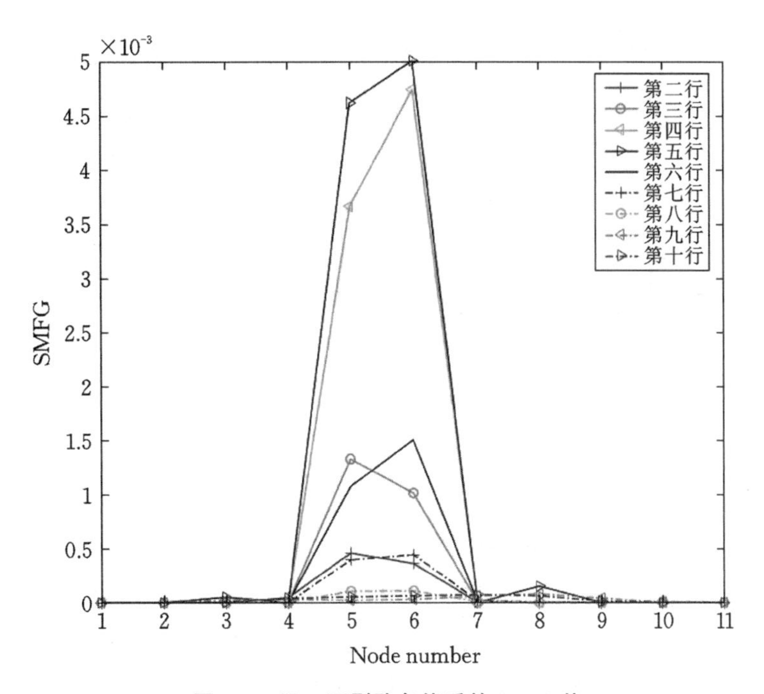

图 6　工况一下剔除负值后的 SMFC 值

Fig. 6　SMFC Value after negative exclusion under case 1

② 计算所选节点的新 SMFC 值，用 $SMFC_{new}$ 表示

$$SMFC_{new}=w\times SMFC+(1-w)\times SMFC \tag{11}$$

式中，w 表示 0 到 1 之间的权重因子，本文中 w 取 0.015；

以工况 1 为例，采用上述方法削弱“临近效应”。由表 3 可知部分节点 SMFC 值，黄底的数值表示损伤单元各节点的 SMFC 值，标红的数值为产生“临近效应”的单元节点。由图 3 可知，SMFC 值最小的节点，即表 3 中的第三、四、五和六行的第 4 和 7 个节点，这些节点，正位于损伤单元节点的临近节点，为了减小表 3 中标红的数值，同时保证损伤单元节点 SMFC 值不随这临近节点的值同步减小，将图 3 中的 SMFC 值最小的节点取绝对值，即

$$\begin{bmatrix} SMFC_{upl} & SMFC_{up} & SMFC_{upr} \\ SMFC_{left} & SMFC & SMFC_{r绡ght} \\ SMFC_{lowl} & SMFC_{low} & SMFC_{lowr} \end{bmatrix}=abs\left(\begin{bmatrix} SMFC_{upl} & SMFC_{up} & SMFC_{upr} \\ SMFC_{left} & SMFC & SMFC_{r绡ght} \\ SMFC_{lowl} & SMFC_{low} & SMFC_{lowr} \end{bmatrix}\right) \tag{12}$$

式中，$abs()$，表示取绝对值。

根据式(11)削弱“临近效应”，工况一的精确损伤定位如图 7 所示。工况二、三的识别结果如图 8 所示。削弱“临近效应”后，即改进后的 SMFC 指标能够很好地去除周边单元的影响，同时也能精准地定位出损伤位置。

2　鲸鱼算法

2.1　基本鲸鱼算法

鲸鱼优化算法(whale optimization algorithm，WOA)是由 Mirjalili 等人[19]于 2016 年提出的一种模拟座头鲸捕猎行为的新型群体智能优化算法，该算法的主要思想是通过模仿鲸鱼的捕食行为实现对目标问题的求解。相较于其他种类鲸鱼，座头鲸具有独特的捕食方式，即泡泡网补食法，如图 9 所示。WOA 算法即是源于座头鲸泡泡网捕食行为的启发而衍生出的一种新型仿生群体智能算法。因此，根据座头鲸的泡泡网捕食法的特点，WOA 算法主要可分为包围猎物、泡泡网攻击以及搜索猎物三个不同阶段。

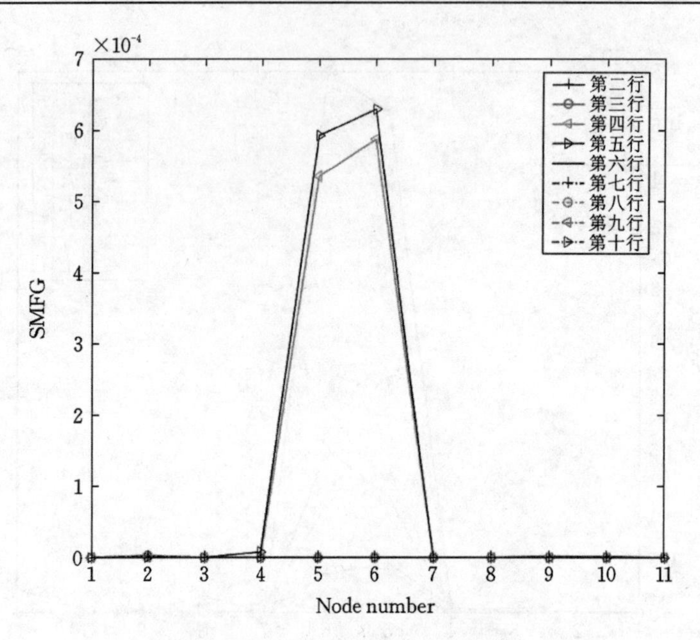

图 7　工况一下改进的 SMFC 值

Fig. 7　Improved SMFC value under case 1

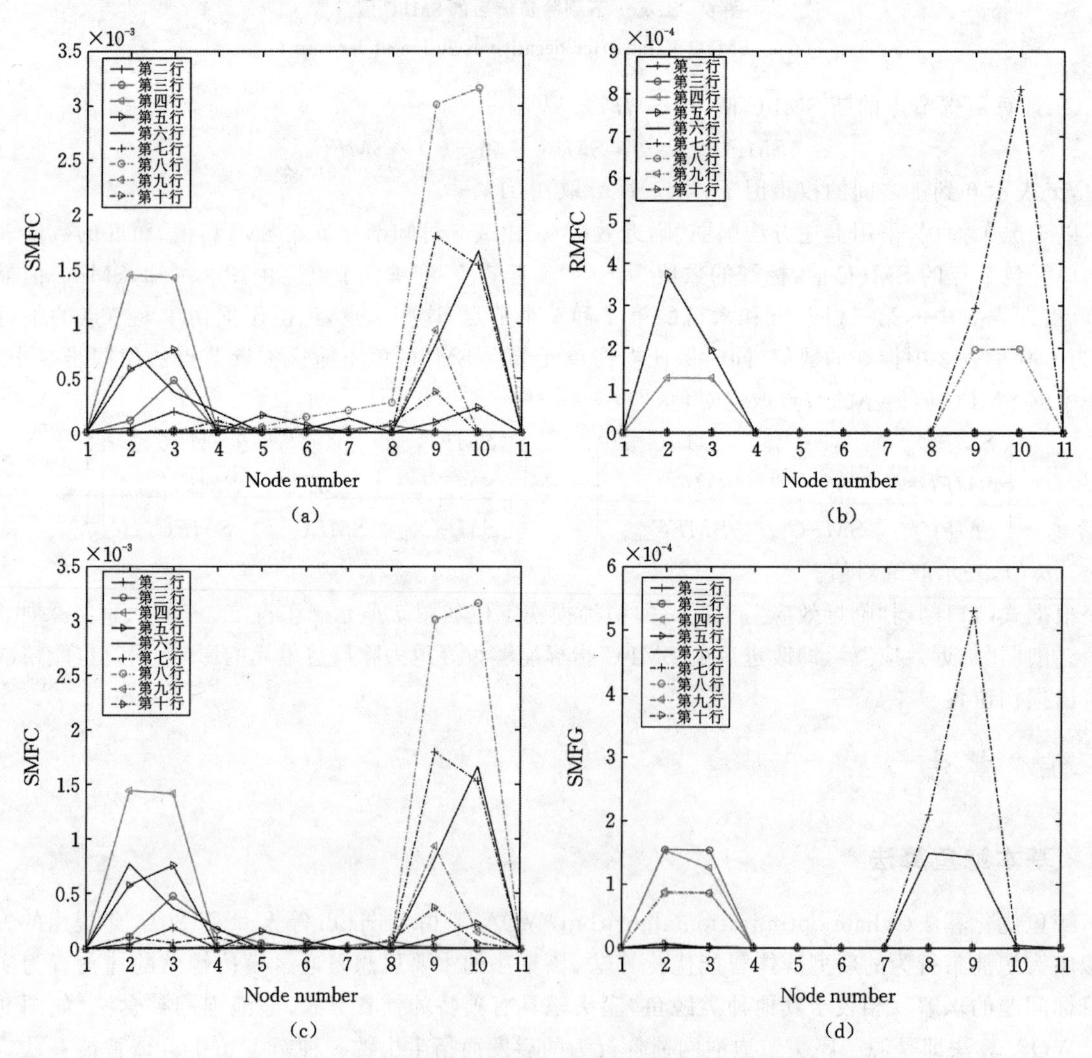

图 8　工况二、三下基本 SMFC 值与改进 SMFC 值对比

(a) 工况二下 SMFC 值;(b) 工况二下改进的 SMFC 值;(c) 工况三下 SMFC 值;(d)工况三下改进 SMFC 值

Fig. 8　Comparison of Basic SMFC Value and Improved SMFC Value under cases 2 and 3

图 9　泡泡网捕食法

Fig. 9　Bubble-net attacking method

(1) 包围猎物阶段

鲸鱼在捕食的过程中，首先需确定猎物的位置才能包围捕获猎物，在面对实际优化问题时，由于搜索空间中猎物的位置往往是未知的，所以 WOA 算法假设当前种群中的最优解为目标猎物；在确定猎物之后，种群中的其他鲸鱼将根据当前猎物的位置来更新自身位置，如下所示：

$$\vec{D}=|\vec{C}\cdot\vec{X}^*(t)-\vec{X}(t)| \tag{13}$$

$$\vec{X}(t+1)=\vec{X}^*(t)-\vec{A}\cdot\vec{D} \tag{14}$$

式中，t 表示当前迭代次数；$\vec{X}^*$ 为当前群体中最优解的位置向量；$\vec{X}(t)$ 表示鲸鱼当前所在位置；$\vec{A}\cdot\vec{D}$ 表示包围步长；$\vec{A}$ 和 $\vec{C}$ 为系数向量并按下式定义：

$$\vec{A}=2\vec{a}\cdot r_1-\vec{a} \tag{15}$$

$$\vec{C}=2\cdot r_2 \tag{16}$$

式中，r_1 与 r_2 为[0,1]的随机数；$\vec{a}$ 为随迭代次数增加取值由 2 线性递减为 0 的控制参数，可表示为：

$$a=2-2t/Max\_iter \tag{17}$$

式中：Max_iter 为最大迭代次数。

(2) 泡泡网攻击阶段

座头鲸的泡泡网觅食特点是在收缩的包围圈内沿着螺旋路径朝着猎物移动，因此 WOA 算法设计了收缩包围机制以及螺旋更新位置两种策略来模拟座头鲸独特的泡泡网捕食行为。

① 收缩包围机制通过降低式(15)中的 $\vec{a}$ 值实现。由式(15)可知，$\vec{A}$ 的值随 $\vec{a}$ 的降低而降低，当 a 由 2 线性递减为 0 时，$\vec{A}$ 的取值为$[-a,a]$；因此，当 $\vec{A}$ 在$[-1,1]$内取值时，更新位置后的鲸鱼必定处于原始位置与猎物之间，即使得每条鲸鱼由原来的位置向猎物靠近，完成对猎物的包围。

② 螺旋更新位置首先需计算鲸鱼与猎物之间的距离，然后在鲸鱼与猎物之间创建螺旋方程以模仿座头鲸的螺旋运动状态，如下式：

$$\vec{X}(t+1)=\vec{D}'\cdot e^{bl}\cdot\cos(2\pi l)+\vec{X}^*(t) \tag{18}$$

式中，$\vec{D}'=|\vec{X}^*(t)-\vec{X}(t)|$ 为鲸鱼与猎物之间的距离；b 为用于定义螺旋形状的常数；l 为$[-1,1]$间的随机数。

由于鲸鱼在收缩包围圈的同时，还需沿着螺旋路径向猎物移动，为了模拟这种同步过程，WOA 算法假设鲸鱼在进行狩猎的过程中选择两种策略的概率都为 0.5，其数学模型可表示为

$$\vec{X}(t+1)=\begin{cases}\vec{X}^*(t)-\vec{A}\cdot\vec{D} & p<0.5\\ \vec{D}'\cdot e^{bl}\cdot\cos(2\pi l)+\vec{X}^*(t) & p\geqslant 0.5\end{cases} \tag{19}$$

(3) 搜索猎物阶段

收缩包围机制相反，在搜索猎物阶段，当 $\vec{A}$ 满足 $|\vec{A}|>1$ 时，鲸鱼通过彼此的位置随机地搜索猎物，因此不再选择猎物来更新自身位置，而是在群体中随机地选择一个个体来代替原猎物的作用，迫使鲸鱼远离猎物所在位置，以增强 *WOA* 算法的全局寻优能力。其数学模型表示如下：

$$\vec{D}=|\vec{C}\cdot\vec{X}_{rand}-\vec{X}| \tag{20}$$

$$\vec{X}(t+1)=\vec{X}_{rand}-\vec{A}\cdot\vec{D} \tag{21}$$

式中，$\vec{X}_{rand}$ 即为从当前群体中随机选择鲸鱼的位置向量。

2.2 改进鲸鱼算法

由于基本 WOA 算法仍然存在早熟收敛，求解精度低，容易陷入局部最优等缺点，本文基于基本 WOA 算法的三个阶段对其进行了改进。

由式子(15)可知，$\vec{A}$ 的值是由控制参数 $\vec{a}$ 来调节的，则可以引入一个随着迭代次数变化的权重因子来控制 $\vec{a}$ 的变化，进而调节 $\vec{A}$ 的大小。由于 *WOA* 算法在优化过程中是非线性化的，本文提出了一种非线性自适应权重系数，其定义如下：

$$\omega=\begin{cases}\omega_{\min}+t\cdot(\omega_{\max}-\omega_{\min})/Max\_iter & t\leqslant Max\_iter/2\\ \omega_{\max}-t\cdot(\omega_{\max}-\omega_{\min})/Max\_iter & t>Max\_iter/2\end{cases} \tag{22}$$

式中，$\omega_{\max}$ 为最大非线性权重，$\omega_{\min}$ 为最小非线性权重，t 为当前迭代次数。

而且，由文献[20]可知，算法中因子 $\vec{D}$ 和 $\vec{D}'$ 控制着当前个体与目标个体之间的距离，可以通过调节 $\vec{D}$ 和 $\vec{D}'$ 改变的速率和大小，来优化 WOA 算法的寻优精度和速度。则引入非线性自适应权重系数后的式子(14)、式子(18)和式子(21)，更新为

$$\vec{X}(t+1)=\vec{X}^*(t)-\omega\cdot\vec{A}\cdot\vec{D} \tag{23}$$

$$\vec{X}(t+1)=\vec{X}_{rand}-\omega\cdot\vec{A}\cdot\vec{D} \tag{24}$$

$$\vec{X}(t+1)=\omega\cdot\vec{D}'\cdot e^{bl}\cdot\cos(2\pi l)+\vec{X}^*(t) \tag{25}$$

在 WOA 算法的第二阶段中，主要是根据式子(13)和式子(14)来更新自己的位置，在算法的求解过程中不断在最优解周围产生新的可行解，随着迭代过程的不断进行，种群多样性会不断损失，算法也容易出现早熟收敛现象。针对该一缺点，引入了一个差分变异微扰因子，其定义如下

$$\lambda=F\cdot(\vec{X}^*(t)-\vec{X}(t)) \tag{26}$$

式中，F 为变异尺度因子。

则，引入差分变异微扰因子的式子(14)更新为

$$\vec{X}(t+1)=\vec{X}^*(t)-\omega\cdot\vec{A}\cdot\vec{D}+\lambda \tag{27}$$

在鲸鱼的收缩包围阶段通过引入差分变异微扰因子，可以使得鲸鱼个体更容易跳出局部最优，增加群体多样性，提高局部寻优时的求解精度。

基本 WOA 算法在螺旋更新位置阶段，鲸鱼个体在向当前最佳鲸鱼个体位置前进时采取的是对数螺旋更新方式，文献[21]指出对数螺旋搜索方式并不一定是最佳的，如果螺旋步进间距超过搜索范围，会使得算法不能遍历整个搜索空间，从而降低了算法寻优的各态历经性。本文取消式子(25)中对数项改为常数项，则式(25)更新为

$$\vec{X}(t+1)=\omega\cdot\vec{D}'\cdot b\cdot l\cdot\cos(2\pi l)+\vec{X}^*(t) \tag{28}$$

综上所述，改进后的 *WOA* 算法，具体的数学模型为

$$\begin{cases}p<0.5\begin{cases}|A<1| & \vec{X}(t+1)=\vec{X}^*(t)-\omega\cdot\vec{A}\cdot\vec{D}+\lambda\\ |A\geqslant1| & \vec{X}(t+1)=\vec{X}_{rand}-\omega\cdot\vec{A}\cdot\vec{D}\end{cases}\\ p\geqslant0.5\quad \vec{X}(t+1)=\omega\cdot\vec{D}'\cdot b\cdot l\cdot\cos(2\pi l)+\vec{X}^*(t)\end{cases} \tag{29}$$

2.3 算法性能评价

为评价改进后的鲸鱼优化算法(WOA)的实际优化性能,引入部分常见的优化算法测试函数对其进行测试。相关测试函数为:

$$f_1(x) = \sum_{i=1}^{30} x_i^2, x_i \in [-100,100] \tag{30}$$

$$f_2^{i+1}(x) = f_2^i(x) + \left(\sum_{i=1}^{100} x_i\right)^2, f_2^1(x) = 0, x_i \in [-100,100] \tag{31}$$

$$f_4(x) = \sum_{i=1}^{30}[x_i^2 - 10\cos(2\pi x_i) + 10], x_i \in [-5.12,5.12] \tag{32}$$

$$f_4(x) = -20 \times e^{-0.2\times\sqrt{\sum_{i=1}^{80} x_i^2/80}} - e^{\sum_{i=1}^{80}\cos(2\pi x_i)/80} + 20 + e \tag{33}$$

设种群大小为 100,最大迭代次数为 500 次,取最大非线性权重和最小非线性权重分别为 $\omega_{max} = 0.9$,$\omega_{min} = 0.4$,变异尺度因子 $F = 0.6$,分别对以上测试函数进行寻优测试,每个函数计算 7 次取最佳,其迭代曲线分别如图 10、11 所示。

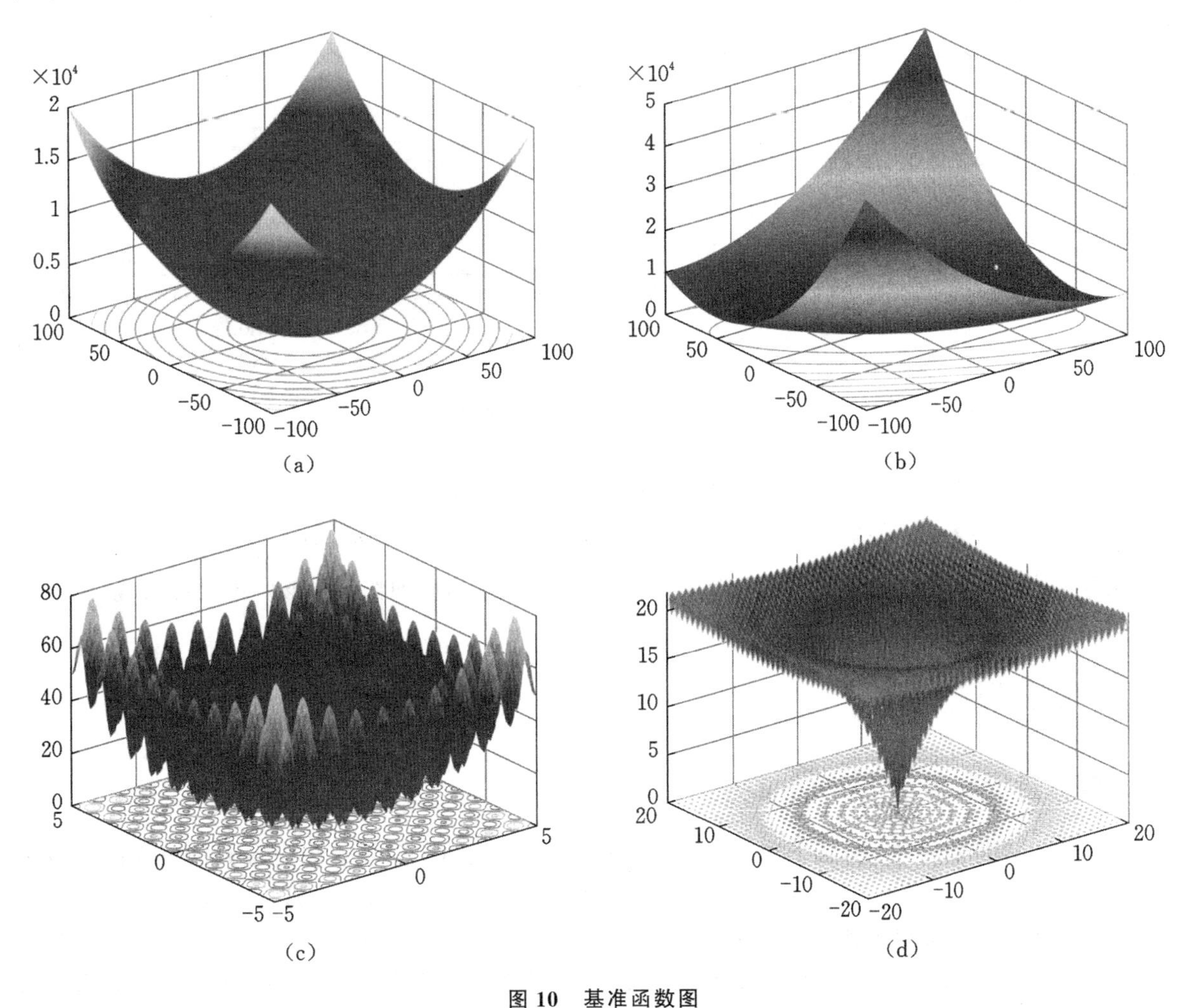

图 10 基准函数图

(a) $f_1(x)$;(b) $f_2(x)$;(c) $f_3(x)$;(d) $f_4(x)$

Fig. 10 Graphs of benchmark functions

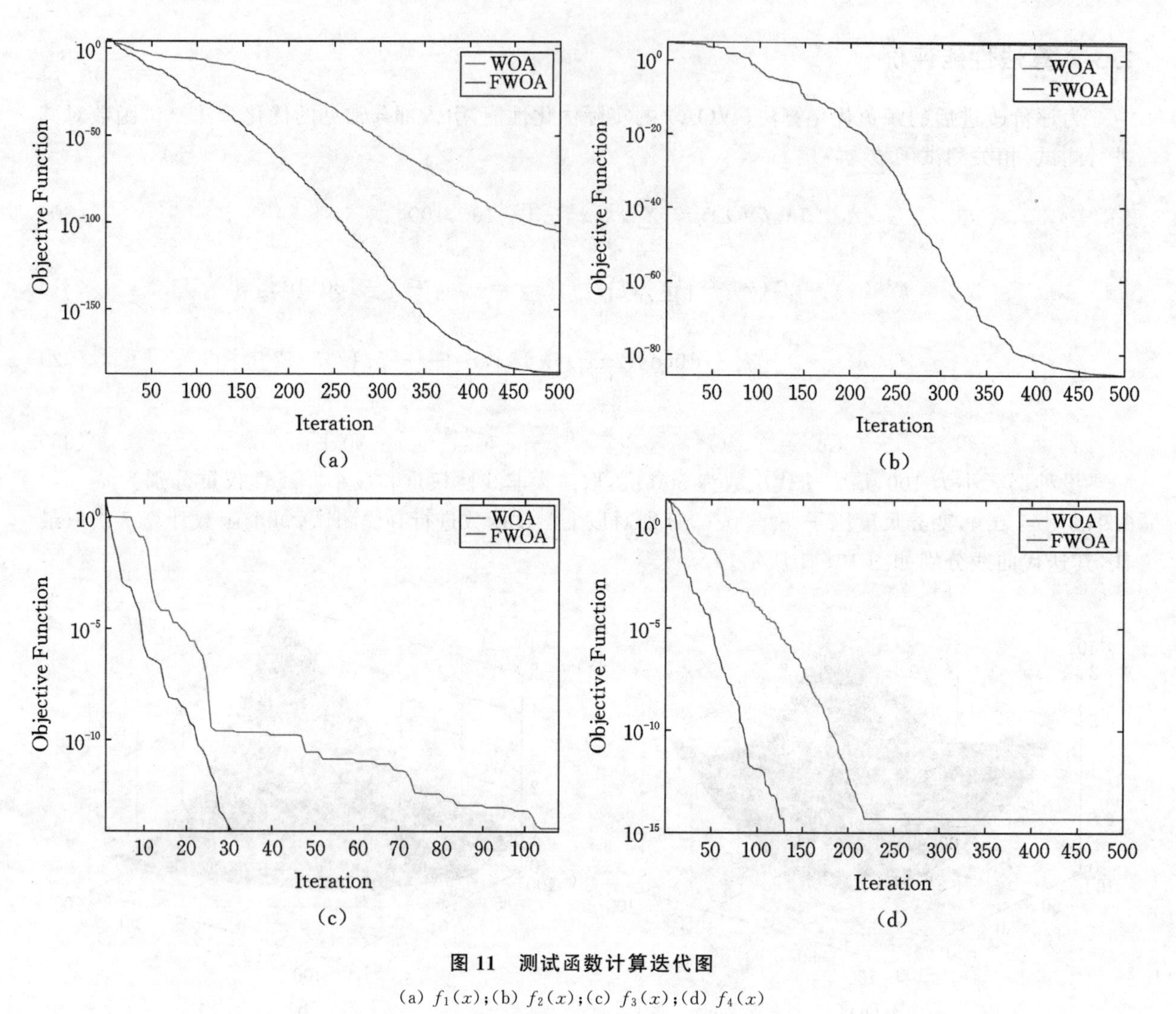

图 11　测试函数计算迭代图

(a) $f_1(x)$;(b) $f_2(x)$;(c) $f_3(x)$;(d) $f_4(x)$

Fig. 11　Iteration Process of Test Functions

从以上多维复杂测试函数的计算结果及迭代曲线图可知，改进后的鲸鱼优化算法相对于基本鲸鱼优化算法在计算效率与计算精度上均有一定的改善，其收敛速度加快且能够跳出局部最优，实现全局寻优求解。

3　损伤识别流程

3.1　目标函数

在优化损伤识别问题的框架下，损伤识别的过程通常是通过基于系统模态参数的目标函数最小化来实现的。因此，目标函数的选择在很大程度上影响着损伤检测过程的成败。在此背景下，使用不同的基于模态的参数提出了各种目标函数，如固有频率[22,23]、固有频率和振型[9,24]、振型曲率[25]、模态应变能[26,27]和模态柔度矩阵[28-30]。在所有这些参数中，柔度矩阵被认为是最合适的，因为它只需使用最低的振动模态就可以精确地估计，并且对损伤非常敏感，而且，模态柔度对损伤的响应较频率和振型更为灵敏，更加适用于结构损伤识别。因此在大型复杂结构损伤识别中，相应的目标函数应该更加注重局部损伤的识别。基于这些优点，本文提出了一个目标函数，通过测量柔度矩阵与用数值模型计算的相应柔度矩阵之间的差异来建立目标函数，其表达式如下：

$$f(x)=\frac{\| F^E-F^A(x) \|^2}{\| F^E \|^2} \tag{34}$$

式中，F^* 表示柔度矩阵，通过式子(6)求得。上标 E 和 A 分别表示损伤模型和数值模型，$\|\ \|$ 表示矩阵的 Frobenius 范数，$x=(x_1,\cdots,x_N)\in[0,1]^N$ 表示为设计变量向量，其数值为 N 个单元的损伤程度。

3.2 损伤识别步骤

基于模态柔度矩阵和改进鲸鱼算法的两阶段结构损伤识别方法的主要步骤总结如下：

(1) 运用叠加模态柔度差曲率(SMFC)判断结构的可能发生损伤的位置

① 计算整个结构的 SMFC 值；

② 计算削弱“临近效应”后改进的 SMFC 值。

(2) 运用改进鲸鱼优化算法(EWOA)对目标函数进行若干次优化迭代，从而计算出上步骤定位出的损伤位置的程度。

4 损伤识别

对本文第一部分的简支梁梁模型和四边简支板模型进行损伤识别，且采用文中第三部分提到的损伤识别方法对这两个结构进行损伤识别，其中设置算法的种群大小为 100，最大迭代次数为 50 次，取最大非线性权重和最小非线性权重分别为 $\omega_{max}=0.9$，$\omega_{min}=0.4$，变异尺度因子 $F=0.6$。目标函数基于柔度矩阵构成，即式(34)，同时将本文中第三部分所提出的两步法和直接法(即不用叠加模态柔度差曲率指标进行损伤定位，直接运用改进的鲸鱼算法对所有单元进行损伤程度的识别)进行对比，对比结果如图 12 和表 4 所示。由于板的单元数过多，为了节省算法迭代时间，选取板的 A,B,C,D,E,F 单元进行损伤识别。

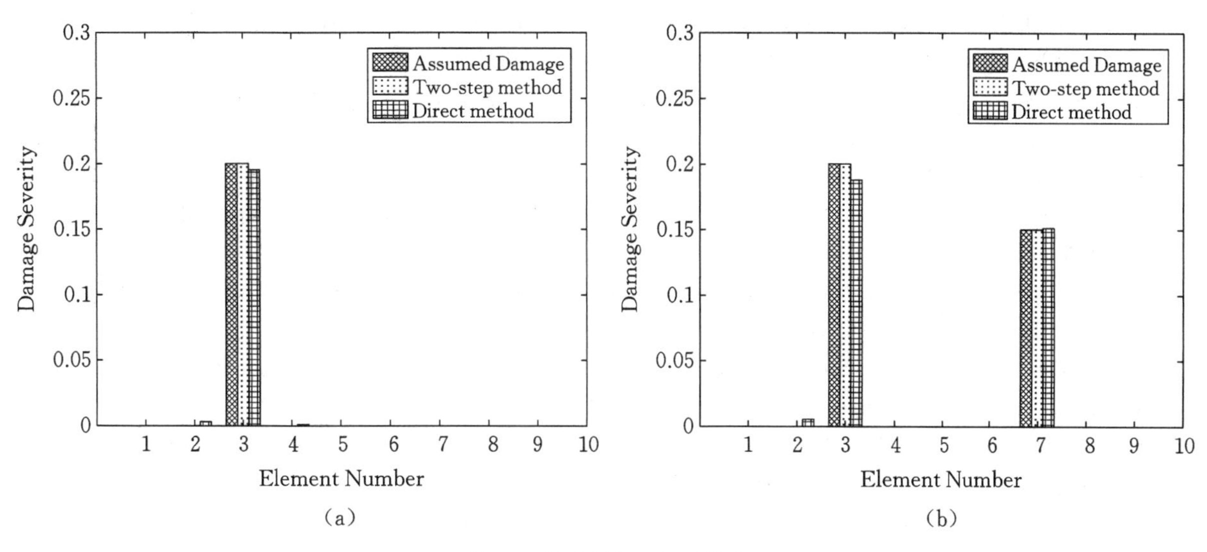

图 12 简支梁损伤识别结果

(a) 简支梁工况一；(b) 简支梁工况二

Fig. 12 Damage identification results of simply supported beam

表 4 四边简支板的损伤识别结果

Table 4 Damage identification results of simply supported plates on four sides

损伤工况	损伤程度	损伤单元	两步法损伤识别结果	识别单元	直接法损伤识别结果
工况一	30%	A	30%	A,B,C,D,E,F	30.1%,0%,0%,0%,0%,0%
工况二	20%,40%	B,C	20%,40%	A,B,C,D,E,F	0%,21.80%,39.38%,0%,1.463%
工况三	30%,40%,50%	D,E,F	30%,40%,50%	A,B,C,D,E,F	0.465%,0%,0%,29.69%,39.79%,49.78%

由识别结构可知，无论对于单点损伤还是多点损伤，本文提出的方法对梁结构及板结构均能够实现准确识别与定位。在单点损伤情况下，直接法对梁结构的损伤识别有 1.14%的误差，对板结构的识别效果较好，在多点损伤情况下，直接法均不能有较好的识别效果，最高误差高达 2.5%。

5 结论

本文提出了一种先由叠加模态柔度差曲率指标定位出损伤位置，进而通过改进后的鲸鱼算法计算出损伤程度的两步损伤方法。第一步，提出模态柔度差曲率指标的损伤定位。利用结构损伤前、后的模态柔度矩阵，并对矩阵每行元素求和，再对其进行中心差分，进而得到叠加模态柔度差曲率，用它作为结构损伤的新指标，并在对单个单元损伤和多个单元损伤情况下的简支梁模型与柔度差曲率矩阵法、模态柔度改变率和模态柔度改变率曲率等指标进行对比分析，结果能更好地进行损伤识别。随后，运用叠加模态柔度差曲率指标对四边简支板进行损伤识别，对该指标进一步改进，提出了减少损伤单元周围的"临近效应"的方法。第二步，运用改进的鲸鱼算法对上一步定位出的损伤位置进行损伤程度识别。在基础的鲸鱼算法上加入了非线性权重系数，同时引入差分变异微扰因子，可以使得鲸鱼个体更容易跳出局部最优，增加群体多样性，提高局部寻优时的求解精度。通过四个基本测试函数证明改进后的算法在计算效率与计算精度上均有一定的改善。本文中研究的两个数值算例证明了该方法，在对识别梁和板的单个和多个损伤方面的有效性，表明该方法可以运用于工程实际。

参考文献

[1] Farrar C R, Worden K. An introduction to structural health monitoring[J]. Philosophical Transactions of the Royal Society A: Mathematical, Physical and Engineering Sciences, 2007, 365(1851): 303-315.

[2] Beygzadeh S, Salajegheh E, Torkzadeh P, et al. An improved genetic algorithm for optimal sensor placement in space structures damage detection[J]. International Journal of Space Structures, 2014, 29(3): 121-136.

[3] Goyal D, Pabla B S. The vibration monitoring methods and signal processing techniques for structural health monitoring: a review[J]. Archives of Computational Methods in Engineering, 2016, 23(4): 585-594.

[4] Fan W, Qiao P. Vibration-based Damage Identification Methods: A Review and Comparative Study[J]. Structural Health Monitoring-an International Journal, 2011, 10(1): 83-111.

[5] NASER A SS, Salajegheh J, Salajegheh E, et al. An improved genetic algorithm using sensitivity analysis and micro search for damage detection[J]. Asian J Civil Eng, 2010.

[6] Kim J B, Lee E T, Rahmatalla S, et al. Non-baseline damage detection based on the deviation of displacement mode shape data[J]. Journal of Nondestructive Evaluation, 2013, 32(1): 14-24.

[7] Farrar C R, Jauregui D A. Comparative study of damage identification algorithms applied to a bridge: I. Experiment [J]. Smart materials and structures, 1998, 7(5): 704.

[8] Lauzon R G, DeWolf J T. Ambient vibration monitoring of a highway bridge undergoing a destructive test[J]. Journal of Bridge Engineering, 2006, 11(5): 602-610.

[9] Maeck J, De Roeck G. Damage assessment using vibration analysis on the Z24-bridge[J]. Mechanical systems and signal processing, 2003, 17(1): 133-142.

[10] Raghavendrachar M, Aktan A E. Flexibility by multireference impact testing for bridge diagnostics[J]. Journal of Structural Engineering, 1992, 118(8): 2186-2203.

[11] Zhao J, DeWolf J T. Sensitivity study for vibrational parameters used in damage detection[J]. Journal of structural engineering, 1999, 125(4): 410-416.

[12] Pandey A K, Biswas M. Damage detection in structures using changes in flexibility[J]. Journal of sound and vibration, 1994, 169(1): 3-17.

[13] Seyedpoor S M. A two stage method for structural damage detection using a modal strain energy based index and particle swarm optimization[J]. International Journal of Non-Linear Mechanics, Cancer Research, 2012, 47(1): 1-8.

[14] Torkzadeh P, Goodarzi Y, Salajegheh E. A two-stage damage detection method for large-scale structures by kinetic and modal strain energies using heuristic particle swarm optimization[J]. Cancer Research, 2013.

[15] Fu Y Z, Liu J K, Wei Z T, et al. A two-step approach for damage identification in plates[J]. Journal of Vibration and Control, 2016, 22(13): 3018-3031.

[16] 唐催. 基于曲率模态变化率的桥梁损伤识别[D]. 长沙:长沙理工大学, 2017.

[17] 刘小燕,姜太新,王光辉. 基于模态柔度矩阵识别结构损伤方法研究[J]. 长沙大学学报, 2017, 31(02): 15-19.

[18] 安永辉,欧进萍. 随机激励下用分形维数曲率差概率法定位损伤[J]. 振动. 测试与诊断, 2014, 34(03): 426-432+586.

[19] Mirjalili S, Lewis A. The whale optimization algorithm[J]. Advances in engineering software, 2016, 95: 51-67.

[20] 褚鼎立,陈红,宣章健. 基于改进鲸鱼优化算法的盲源分离方法[J]. 探测与控制学报, 2018, 40(05): 76-81

[21] Sun W, Wang J, Wei X. An improved whale optimization algorithm based on different searching paths and perceptual disturbance[J]. Symmetry, 2018, 10(6): 210.

[22] Hasan W M. Crack detection from the variation of the eigenfrequencies of a beam on elastic foundation[J]. Engineering Fracture Mechanics, 1995, 52(3): 409-421.

[23] Friswell M I, Penny J E T, Garvey S D. A combined genetic and eigensensitivity algorithm for the location of damage in structures[J]. Computers & Structures, 1998, 69(5): 547-556.

[24] Kim J T, Ryu Y S, Cho H M, et al. Damage identification in beam-type structures: frequency-based method vs mode-shape-based method[J]. Engineering structures, 2003, 25(1): 57-67.

[25] Pandey A K, Biswas M, Samman MM. Damage detection from changes in curvature mode shapes[J]. Journal of sound and vibration, 1991, 145(2): 321-332.

[26] Alvandi A, Cremona C. Assessment of vibration-based damage identification techniques[J]. Journal of sound and vibration, 2006, 292(1-2): 179-202.

[27] Cornwell P, Doebling S W, Farrar C R. Application of the strain energy damage detection method to plate-like structures[J]. Journal of sound and vibration, 1999, 224(2): 359-374.

[28] Nobahari M, Seyedpoor S M. An efficient method for structural damage localization based on the concepts of flexibility matrix and strain energy of a structure[J]. Structural Engineering and Mechanics, 2013, 46(2): 231-244.

[29] Hosseinzadeh A Z, Amiri G G, Razzaghi S A S, et al. Structural damage detection using sparse sensors installation by optimization procedure based on the modal flexibility matrix[J]. Journal of Sound and Vibration, 2016, 381: 65-82.

[30] Stutz L T, Castello D A, Rochinha F A. A flexibility-based continuum damage identification approach[J]. Journal of Sound and Vibration, 2005, 279(3-5): 641-667.

28. 色噪声与确定性谐波联合激励下 Bouc-Wen 动力系统响应的统计线性化方法*

孔　凡[1]　韩仁杰[1]　张远进[2]　李书进[1]

（1 武汉理工大学土木工程与建筑学院，武汉，430070；

2 武汉理工大学安全科学与应急管理学院，武汉，430070）

摘要：本文提出了一种用于求解色噪声和确定性谐波联合作用下单自由度 Bouc-Wen 系统响应的统计线性化方法。首先，基于系统响应可分解为确定性谐波和零均值随机分量之和的假定，将原滞回运动方程等效地化为两组耦合的且分别以确定性和随机动力响应为未知量的非线性微分方程。随后，利用谐波平衡法求解确定性运动方程，利用统计线性化方法求解色噪声激励下的随机运动方程。由此，可导出关于确定性谐波响应分量 Fourier 级数和随机响应分量二阶矩的非线性代数方程组。利用牛顿迭代法对上述耦合的代数方程组进行求解。最后，数值算例验证此方法的适用性和精度。

关键词：Bouc-Wen 滞回模型；统计线性化；谐波平衡法；联合激励；牛顿迭代法

中图分类号：TU311.4　　　**文献标识码**：A

Stochastic response of a hysteresis system subjected to combined periodic and colored noise excitation via the statistical linearization method

KONG Fan[1]　HAN Renjie[1]　ZHANG Yuanjin[2]　LI Shujin[1]

(1. School of Civil Engineering & Architecture,

Wuhan University of Technology, Wuhan 430070, China;

2. School of Safety Science and Emergency Management,

Wuhan University of Technology, Wuhan 430070, China)

Abstract: A statistical linearization method is proposed for determining the response of a single-degree-of-freedom Bouc-Wen system subjected to combined colored noise and harmonic loads. The proposed method is based on the assumption that the system response can be decomposed into deterministic harmonic and zero-mean random components. Specifically, first, the equation of motion is decomposed into two sets of nonlinear differential equations governing deterministic response and stochastic response, respectively. Next, harmonic balance method is used to solve the equation of motion with deterministic excitation, whereas the statistical linearization method is utilized to obtain the variance of stochastic response. These treatments lead to a set of coupled algebraic equations in terms of the Fourier coefficients of the deterministic response and the stochastic response variance. Standard numerical schemes such as Newton's iteration method is adopted to solved the preceding

* 基金项目：国家自然科学基金面上项目(51678464)，国家自然科学基金面上项目(51978253)

作者简介：孔凡(1984—)，男，博士，副教授，硕士生导师，E-mail：kongfan@whut.edu.cn

韩仁杰(1996—)，男，硕士生，E-mail：HanRenjie@whut.edu.cn

张远进(1988—)，男，博士，讲师，E-mail：ylzhyj@126.com

李书进(1967—)，男，博士，教授，博士生导师，E-mail：sjli@whut.edu.cn

non-linear algebraic equations. Finally, pertinent numerical examples demonstrate the applicability of the proposed method.

Keywords: Bouc-Wen hysteresis model, statistical linearization, harmonic balance method, combined excitation, Newton iteration.

引言

随机振动分析方法已被广泛地应用于工程科学的各个领域。由 Booton[1] 和 Caughey[2] 同时提出的统计线性化(Statistical Linearization, SL)方法是解决非线性系统随机振动最常用的方法之一[3]。该方法同样适用于分数阶非线性系统[4]。最近，基于小波分析时域-频域联合分辨的概念，作者与其合作者提出了时域-频域等效线性化方法，并将其应用于完全非平稳随机过程激励下的非线性系统[5,6]。关于 SL 方法最新进展的综述，可参阅文献[7]。

然而，某些情况下，工程结构会同时受到确定性周期和随机激励作用。例如，旋转式飞机[8]经常受到色噪声和谐波激励联合作用；风力发电机的叶片对湍流[9]的响应；湍流边界层越过高层结构后导致的旋涡脱落等。因此，谐波与随机激励联合作用下非线性系统响应的研究越来越受到广大学者的关注[10,11]。在此背景下，为获得非线性系统的响应，人们提出了几种解析和数值方法。这些方法通常利用各种确定性方法与随机方法的组合求解耦合的确定性与随机微分方程。其中，包括确定性线性化和高斯线性化或矩截断方法的组合[12,13,14]；多尺度法与高斯线性化或矩截断方法的组合[15]；多尺度法与随机平均法的组合[16]；谐波平衡法与随机平均法的组合[17,18]；确定性平均法和统计线性化或高斯矩截断方法的组合[19]；谐波平衡法与高斯线性化或矩截断方法的组合[20,21,22,23]；随机平均法与统计线性化的组合[24]。此外，还可利用基于马氏随机过程的方法求解响应概率密度函数，以及考察联合激励下非线性系统的跳跃、分岔现象。即通过数值方法(如有限差分法[25,26,27]和路径积分法[28])或解析方法[29]求解随机平均法得到的 FPK 方程；抑或直接根据原随机动力系统的 Itô 随机微分方程，用路径积分法[30,31,32]或胞映射法[33,34]求解响应的概率密度函数。

从前面的文献综述可以看出，几乎所有研究者都关注多项式非线性系统。例如 Duffing[28,21]，Van der Pol[17,14] 和 Duffing-Rayleigh[32,31,15] 振子。然而，非线性多项式并不能准确地描述材料在大变形情况下的滞回现象，即材料或构件的本构关系或力-位移曲线依赖于它的加载历程。就本文作者所知，极少有研究者关注滞回系统在随机与谐和联合激励作用下的响应。然而，在很多工程实际中却会出现这种情况，如近断层地震作用下的铅芯橡胶隔震支座结构。

本文提出一种求解色噪声和确定性谐波联合作用下单自由度 Bouc-Wen 系统响应的统计线性化方法。该方法基于系统响应可分解为确定性谐波和零均值随机分量之和的假定。基于该假定，可将原滞回运动方程等效地化为两组耦合的非线性微分方程，即以确定性和随机动力响应为未知量的非线性微分方程。随后，利用谐波平衡法求解确定性运动方程，并利用统计线性化方法求解色噪声激励下的随机运动方程。由此，可导出关于确定性谐波响应分量 Fourier 级数和随机响应分量二阶矩的非线性代数方程组。利用牛顿迭代法对上述耦合的代数方程组进行求解。最后，数值算例验证此方法的适用性。

1 动力学方程

单自由度 Bouc-Wen 系统在确定性谐波和随机色噪声联合激励下的运动方程为

$$m\ddot{x}(t) + c\dot{x}(t) + \alpha kx(t) + (1-\alpha)kz(t) = f(t) + F_0 \sin\omega_0 t \tag{1}$$

式中，$x(t)$，$\dot{x}(t)$，$\ddot{x}(t)$ 分别为结构的位移、速度和加速度；F_0 和 ω_0 分别为谐波激励的振幅和频率；$f(t)$ 为零均值色噪声；$z(t)$ 为 Bouc-wen 系统的滞回位移，可由如下方程描述

$$\dot{z}(t) = \dot{x}[A - |z|^n(\gamma \mathrm{sgn}(\dot{x})\mathrm{sgn}(z) + \beta)] \tag{2}$$

式中，A，n，γ 和 β 均为 Bouc-Wen 系统参数。特别地，当 $n=1$ 时方程(2) 化为

$$\dot{z}(t)=A\dot{x}-\gamma z|\dot{x}|-\beta\dot{x}|z| \tag{3}$$

假设式(1) 的稳态响应 $x(t)$、$z(t)$ 均可分解为确定性分量和随机分量组合，即

$$x(t)=\hat{x}(t)+\mu_{x}(t) \tag{4}$$

$$z(t)=z(t)+\mu_{z}(t) \tag{5}$$

式中，$\hat{x}(t)$ 和 $\hat{z}(t)$ 均为零均值高斯随机过程；$\mu_{x}(t)$ 和 $\mu_{z}(t)$ 为确定性过程，可写为频率为 ω_0 的谐波函数

$$\mu_{x}(t)=C_0\cos\omega_0 t+D_0\sin\omega_0 t \tag{6}$$

$$\mu_{z}(t)=U_0\cos\omega_0 t+V_0\sin\omega_0 t \tag{7}$$

其中，C_0，D_0 和 U_0，V_0 分别为 $\mu_{x}(t)$ 和 $\mu_{z}(t)$ 的 Fourier 系数。将式(4)、式(5) 带入式(1) 中得

$$m(\ddot{\mu}_{x}+\ddot{\hat{x}})+c(\dot{\mu}_{x}+\dot{\hat{x}})+\alpha k(\mu_{x}+\hat{x})+(1-\alpha)k(\mu_{z}+\hat{z})=f(t)+F_0\sin\omega_0 t \tag{8}$$

对式(8) 两边求期望得

$$m\ddot{\mu}_{x}(t)+c\dot{\mu}_{x}(t)+\alpha k\mu_{x}(t)+(1-\alpha)k\mu_{z}=F_0\sin\omega_0 t \tag{9}$$

用式(8) 减去式(9) 得

$$m\ddot{\hat{x}}(t)+c\dot{\hat{x}}(t)+\alpha k\hat{x}+(1-\alpha)k\hat{z}(t)=f(t) \tag{10}$$

同样的，将式(4)、式(5) 带入式(3) 中得

$$\dot{\hat{z}}+\dot{\mu}_{z}=A(\dot{\hat{x}}+\dot{\mu}_{x})-\gamma(\mu_{z}+\hat{z})|\dot{\mu}_{x}+\dot{\hat{x}}|-\beta(\dot{\mu}_{x}+\dot{\hat{x}})|\mu_{z}+\hat{z}| \tag{11}$$

对式(11) 两边求期望得

$$\dot{\mu}_{z}=A\dot{\mu}_{x}-\gamma E[z|\dot{x}|]-\beta E[\dot{x}|z|] \tag{12}$$

用式(11) 减式(12) 得

$$\dot{\hat{z}}(t)=A\dot{\hat{x}}-\gamma z|\dot{x}|-\beta\dot{x}|z|+(\gamma E[z|\dot{x}|]+\beta E[\dot{x}|z|]) \tag{13}$$

因此，谐波和随机联合激励下的原运动方程(式(1)) 和滞回方程(式(2)) 可转化为确定性微分方程(式(9) 和式(12)) 和随机微分方程(式(10) 和式(13))，且二者之间是耦合的。下节中，将利用谐波平衡法求解确定性分量的 Fourier 系数。

2 谐波响应分量的谐波平衡法

用谐波平衡法求解式(9) 和式(12)。$\dot{\mu}_{x}$ 与 $\ddot{\mu}_{x}$ 可表示为

$$\dot{\mu}_{x}=-C_0\omega_0\sin\omega_0 t+D_0\omega_0\cos\omega_0 t \tag{14}$$

$$\ddot{\mu}_{x}=-C_0\omega_0^2\cos\omega_0 t-D_0\omega_0^2\sin\omega_0 t \tag{15}$$

将式(14)、式(15) 带入式(9) 中得

$$-mC_0\omega_0^2+cD_0\omega_0+\alpha kC_0+(1-\alpha)kU_0=0 \tag{16}$$

$$-mD_0\omega_0^2-cC_0\omega_0+\alpha kD_0+(1-\alpha)kV_0=F_0 \tag{17}$$

同样地，对式(12) 使用谐波平衡法，首先需将 $E[z|\dot{x}|]$、$E[\dot{x}|z|]$ 写成多项式的形式。假定 $\dot{x}$、z 服从高斯分布后，经推导可得近似表达式(见附录)

$$E[z|\dot{x}|]=\sqrt{\frac{2}{\pi}}\left(\rho\mu_{\dot{x}}\sigma_{\hat{z}}+\mu_{z}\sigma_{\dot{\hat{x}}}+\frac{\mu_{z}\mu_{\dot{x}}^{2}}{2\sigma_{\dot{\hat{x}}}}\right) \tag{18}$$

$$E[\dot{x}|z|]=\sqrt{\frac{2}{\pi}}\left(\rho\mu_{z}\sigma_{\dot{\hat{x}}}+\mu_{\dot{x}}\sigma_{\hat{z}}+\frac{\mu_{\dot{x}}\mu_{z}^{2}}{2\sigma_{z}}\right) \tag{19}$$

式中，$\mu_{\dot{x}}$、μ_{z} 分别为 $\dot{x}$ 和 z 的均值；$\sigma_{\dot{\hat{x}}}$、$\sigma_{\hat{z}}$ 分别为 $\dot{\hat{x}}$ 和 $\hat{z}$ 的标准差；ρ 为 $\dot{\hat{x}}$ 和 $\hat{z}$ 之间的相关系数。将式(6)、式(7) 和式(18)、式(19) 带入式(12) 中得

$$
\begin{aligned}
&-U_0\omega_0\sin\omega_0 t+V_0\omega_0\cos\omega_0 t=\\
&(-C_0\omega_0\sin\omega_0 t+D_0\omega_0\cos\omega_0 t)\left[A-\sqrt{\frac{2}{\pi}}\sigma_{\hat{z}}(\rho\gamma+\beta)\right]\\
&-\sqrt{\frac{2}{\pi}}\sigma_{\dot{\hat{x}}}(\gamma+\rho\beta)(U_0\cos\omega_0 t+V_0\sin\omega_0 t)\\
&-\sqrt{\frac{2}{\pi}}\frac{\gamma}{2\sigma_{\dot{\hat{x}}}}(M\cos\omega_0 t+N\sin\omega_0 t)\\
&-\sqrt{\frac{2}{\pi}}\frac{\beta}{2\sigma_{\hat{z}}}(P\cos\omega_0 t+Q\sin\omega_0 t)
\end{aligned}
\tag{20}
$$

式中,

$$M=\frac{U_0C_0^2\omega_0^2}{4}-\frac{V_0C_0D_0\omega_0^2}{2}+\frac{3D_0^2U_0\omega_0^2}{4}\tag{21}$$

$$N=\frac{V_0D_0^2\omega_0^2}{4}-\frac{U_0C_0D_0\omega_0^2}{2}+\frac{3C_0^2V_0\omega_0^2}{4}\tag{22}$$

$$P=\frac{D_0V_0^2\omega_0}{4}-\frac{U_0C_0V_0\omega_0}{2}+\frac{3U_0^2D_0\omega_0}{4}\tag{23}$$

$$Q=-\frac{C_0U_0^2\omega_0}{4}+\frac{U_0D_0V_0\omega_0}{2}-\frac{3V_0^2C_0\omega_0}{4}\tag{24}$$

是 μ_x 和 μ_z Fourier 系数的三次多项式,由 $\mu_z\mu_{\dot{x}}^2$、$\mu_{\dot{x}}\mu_z^2$ 的傅里叶级数展开得到,即

$$\mu_z\mu_{\dot{x}}^2=M\cos\omega_0 t+N\sin\omega_0 t+(\cdots)\cos 3\omega_0 t+(\cdots)\sin 3\omega_0 t\tag{25}$$

$$\mu_{\dot{x}}\mu_z^2=P\cos\omega_0 t+Q\sin\omega_0 t+(\cdots)\cos 3\omega_0 t+(\cdots)\sin 3\omega_0 t\tag{26}$$

其中,省略了高频项。对式(20) 使用谐波平衡法得

$$
\begin{aligned}
&-V_0\omega_0+D_0\omega_0\left[A-\sqrt{\frac{2}{\pi}}\sigma_{\hat{z}}(\rho\gamma+\beta)\right]\\
&-\sqrt{\frac{2}{\pi}}\sigma_{\dot{\hat{x}}}(\gamma+\rho\beta)U_0-\sqrt{\frac{1}{2\pi}}\left(\frac{\gamma}{\sigma_{\dot{\hat{x}}}}M+\frac{\beta}{\sigma_{\hat{z}}}P\right)=0
\end{aligned}
\tag{27}
$$

$$
\begin{aligned}
&-U_0\omega_0+C_0\omega_0\left[A-\sqrt{\frac{2}{\pi}}\sigma_{\hat{z}}(\rho\gamma+\beta)\right]\\
&-\sqrt{\frac{2}{\pi}}\sigma_{\dot{\hat{x}}}(\gamma+\rho\beta)V_0-\sqrt{\frac{1}{2\pi}}\left(\frac{\gamma}{\sigma_{\dot{\hat{x}}}}N+\frac{\beta}{\sigma_{\hat{z}}}Q\right)=0
\end{aligned}
\tag{28}
$$

结合式(16)、式(17) 和式(27)、式(28) 可求解确定性响应 *Fourier* 级数 C_0,D_0,U_0,V_0。然而,需要利用未知随机响应特征值 $\rho,\sigma_{\dot{\hat{x}}}$ 和 $\sigma_{\hat{z}}$。因此,还需要更多代数方程使上述方程组完备。下节中,将对式(10) 和式(13) 使用统计线性化方法以得到 $\rho,\sigma_{\dot{\hat{x}}},\sigma_{\hat{z}}$ 与 C_0,D_0,U_0,V_0 之间的另外其他代数关系。

3　随机响应分量的统计线性化方法

令 $\boldsymbol{q}=\{\hat{x},\hat{z}\}^{\mathrm{T}}$,则式(10) 和式(13) 可以写为

$$\boldsymbol{M}\ddot{\boldsymbol{q}}(t)+\boldsymbol{C}\dot{\boldsymbol{q}}(t)+\boldsymbol{K}\boldsymbol{q}(t)+\boldsymbol{\Phi}(\boldsymbol{q},\dot{\boldsymbol{q}})=\boldsymbol{Q}(t)\tag{29}$$

式中

$$\boldsymbol{M}=\begin{bmatrix}m&0\\0&0\end{bmatrix},\boldsymbol{C}=\begin{bmatrix}c&0\\0&1\end{bmatrix},\boldsymbol{K}=\begin{bmatrix}\alpha k&(1-\alpha)k\\0&0\end{bmatrix},\boldsymbol{Q}=\begin{bmatrix}S(t)\\0\end{bmatrix},$$

分别为质量、阻尼、刚度矩阵和激励向量;$\boldsymbol{\Phi}=[\varphi_1,\varphi_2]^{\mathrm{T}}$,其中 $\varphi_1=0$,且

$$
\begin{aligned}
\varphi_2=&-A\dot{\hat{x}}+\gamma(\hat{z}+\mu)_z|\dot{\hat{x}}+\mu_{\dot{x}}|\\
&+\beta(\dot{\hat{x}}+\mu_{\dot{x}})|\hat{z}+\mu_z|-\gamma E[z|\dot{x}|]+\beta E[\dot{x}|z|]
\end{aligned}
\tag{30}
$$

式(29) 可线性化为

$$\boldsymbol{M}\ddot{\boldsymbol{q}}(t)+(\boldsymbol{C}+\boldsymbol{C}_e)\dot{\boldsymbol{q}}(t)+(\boldsymbol{K}+\boldsymbol{K}_e)\boldsymbol{q}(t)=\boldsymbol{Q}(t) \tag{31}$$

式中

$$\boldsymbol{C}_e=\begin{bmatrix}0 & 0\\ c_e & 0\end{bmatrix}=E\left[\frac{\partial\boldsymbol{\Phi}}{\partial\dot{\boldsymbol{q}}^{\mathrm{T}}}\right]\boldsymbol{K}_e=\begin{bmatrix}0 & 0\\ 0 & k_e\end{bmatrix}=E\left[\frac{\partial\boldsymbol{\Phi}}{\partial\boldsymbol{q}^{\mathrm{T}}}\right]$$

分别为等效阻尼和等效刚度矩阵。其中，

$$c_e=-E\left[\frac{\partial g}{\partial\dot{q}_1}\right]=-A+\gamma E[z\mathrm{sgn}(\dot{x})]+\beta E[|z|] \tag{32}$$

$$k_e=-E\left[c\frac{\partial g}{\partial q_2}\right]=\gamma E[|\dot{x}|]+\beta E[\dot{x}\mathrm{sgn}(z)] \tag{33}$$

假定响应 $\dot{x}$,z 均服从正态分布,则式(32)、式(33) 可以近似写为(见附录)

$$E[z\mathrm{sgn}(\dot{x})]=\sqrt{\frac{2}{\pi}}\rho\sigma_z\left(1-\frac{\mu_{\dot{x}}^2}{2\sigma_{\dot{x}}^2}\right)+\sqrt{\frac{2}{\pi}}\left(\frac{\mu_z\mu_{\dot{x}}}{\sigma_{\dot{x}}}\right) \tag{34}$$

$$E[\dot{x}\mathrm{sgn}(z)]=\sqrt{\frac{2}{\pi}}\rho\sigma_{\dot{x}}\left(1-\frac{\mu_{\dot{x}}^2}{2\sigma_{\dot{x}}^2}\right)+\sqrt{\frac{2}{\pi}}\left(\frac{\mu_z\mu_{\dot{x}}}{\sigma_z}\right) \tag{35}$$

$$E[|z|]=\sqrt{\frac{2}{\pi}}\sigma_z\left(1+\frac{\mu_z^2}{2\sigma_z^2}\right)$$

$$E[|\dot{x}|]=\sqrt{\frac{2}{\pi}}\sigma_{\dot{x}}\left(1+\frac{\mu_{\dot{x}}^2}{2\sigma_{\dot{x}}^2}\right) \tag{36}$$

将式(34) ～ 式(37) 带入式(32)、式(33),可知等效线性参数是随时间呈谐和变化的,因为其中含有均值过程 $\mu_{\dot{x}}$ 和 μ_z(见式(14) 和式(7))。考虑到当 $t\to\infty$ 时标准差 $\sigma_{\dot{x}}$ 与 σ_z 趋于平稳,且 $\mu_{\dot{x}}$ 和 μ_z 与之相比是快变量。所以,等效线性化参数可近似取一个周期($T_0=2\pi/\omega_0$) 内的平均值,即

$$\bar{c}_e=\frac{\gamma}{T_0}\int_0^{T_0}E[z\mathrm{sgn}(\dot{x})]\mathrm{d}t+\frac{\beta}{T_0}\int_0^{T_0}E[|z|]\mathrm{d}t-A \tag{38}$$

$$\bar{k}_e=\frac{\gamma}{T_0}\int_0^{T_0}E[|\dot{x}|]\mathrm{d}t+\frac{\beta}{T_0}\int_0^{T_0}E[\dot{x}\mathrm{sgn}(z)]\mathrm{d}t \tag{39}$$

结合式(34) ～ 式(37) 可知式(38)、式(39) 等号右边的平均值可以近似为

$$E[z\mathrm{sgn}(\dot{x})]\approx\sqrt{\frac{2}{\pi}}\rho\sigma_z\left[1-\frac{(C_0^2+D_0^2)\omega_0^2}{4\sigma_{\dot{x}}^2}\right]+\sqrt{\frac{2}{\pi}}\left[\frac{(D_0U_0-C_0V_0)\omega_0}{2\sigma_{\dot{x}}}\right] \tag{40}$$

$$E[\dot{x}\mathrm{sgn}(z)]\approx\sqrt{\frac{2}{\pi}}\rho\sigma_{\dot{x}}\left(1-\frac{U_0^2+V_0^2}{4\sigma_z^2}\right)+\sqrt{\frac{2}{\pi}}\left[\frac{(D_0U_0-C_0V_0)\omega_0}{2\sigma_z}\right] \tag{41}$$

$$E[|z|]\approx\sqrt{\frac{2}{\pi}}\sigma_z\left(1+\frac{U_0^2+V_0^2}{4\sigma_z^2}\right) \tag{42}$$

$$E[|\dot{x}|]=\sqrt{\frac{2}{\pi}}\sigma_{\dot{x}}\left[1+\frac{(C_0^2+D_0^2)\omega_0^2}{4\sigma_{\dot{x}}^2}\right] \tag{43}$$

从上述分析可见,等效线性参数 c_e 和 k_e 由 7 个未知量 C_0,D_0,U_0,V_0,$\sigma_{\dot{x}}$,σ_z 和 ρ 确定。可通过随机振动的状态空间法得出随机参数 $\sigma_{\dot{x}}$,σ_z,ρ 与等效线性化参数 c_e 和 k_e 的联系。

作为演示,假定随机激励的功率谱密度为

$$S_f(\omega)=\frac{1+4\zeta_g^2\dfrac{\omega^2}{\omega_g^2}}{\left(1-\dfrac{\omega^2}{\omega_g^2}\right)^2+4\xi_g^2\dfrac{\omega^2}{\omega_g^2}}\cdot S_0 \tag{44}$$

式中,ω_g 和 ξ_g 分别为过滤器的自振频率和阻尼比,S_0 为白噪声强度。首先,将色噪声激励的功率谱化为

$$S_A(\omega)=\frac{1}{1-\dfrac{\omega^2}{\omega_g^2}+2i\xi_g\dfrac{\omega}{\omega_g}}S_0\left(1+4\zeta_g^2\frac{\omega^2}{\omega_g^2}\right)\frac{1}{1-\dfrac{\omega^2}{\omega_g^2}-2i\xi_g\dfrac{\omega}{\omega_g}} \tag{45}$$

进而,可得其成型滤波器

$$\frac{1}{\omega_g^2}\ddot{v}+\frac{2\xi_g}{\omega_g}\dot{v}+v=w(t) \tag{46}$$

$$f(t)=v(t)+\frac{2\xi_g}{\omega_g}\dot{v}(t) \tag{47}$$

式中,$w(t)$ 为功率谱密度为 S_0 的零均值白噪声。式(46)、式(47) 可进一步化为

$$\dot{\boldsymbol{V}}(t)=\overline{\boldsymbol{C}}\boldsymbol{V}(t)+\boldsymbol{W}(t) \tag{48}$$

$$f(t)=\overline{\boldsymbol{D}}\boldsymbol{V}(t) \tag{49}$$

其中

$$\boldsymbol{V}(t)=\{v(t),\dot{v}(t)\}^{\mathrm{T}},\overline{\boldsymbol{D}}=[1,2\xi_g/\omega_g],$$

$$\boldsymbol{W}(t)=\{w(t),0\}^{\mathrm{T}},\overline{\boldsymbol{C}}=\begin{bmatrix}0 & 1\\ -\omega_g^2 & -2\xi_g\omega_g\end{bmatrix}$$

将式(31) 与式(48)、式(49) 结合写为状态空间形式:

$$\dot{\boldsymbol{Y}}=\boldsymbol{G}\boldsymbol{Y}+\boldsymbol{f} \tag{50}$$

式中,$\boldsymbol{Y}=[\hat{x}\quad \dot{\hat{x}}\quad \hat{z}\quad v\quad \dot{v}]^{\mathrm{T}}$,$\boldsymbol{f}=[0\quad 0\quad 0\quad 0\quad \omega_g^2 w(t)]$ 且

$$\boldsymbol{G}=\begin{bmatrix}0 & 1 & 0 & 0 & 0\\ -\frac{\alpha k}{m} & -\frac{c}{m} & \frac{(\alpha-1)k}{m} & \frac{1}{m} & \frac{2\xi_g}{m\omega_g}\\ 0 & -c_e & -k_e & 0 & 0\\ 0 & 0 & 0 & 0 & 1\\ 0 & 0 & 0 & -\omega_g^2 & -2\xi_g\omega_g\end{bmatrix}$$

当响应趋于稳态时,由 Lyapunov 方程

$$\boldsymbol{G}\boldsymbol{\Gamma}^{\mathrm{T}}+\boldsymbol{\Gamma}\boldsymbol{G}^{\mathrm{T}}+\boldsymbol{D}=\boldsymbol{0} \tag{51}$$

求得响应二阶矩。式(51) 中,$\boldsymbol{\Gamma}$ 是响应 $\boldsymbol{Y}$ 的协方差矩阵;$\boldsymbol{D}$ 是激励 $\boldsymbol{f}$ 的协方差矩阵,即 $\boldsymbol{\Gamma}=[\Gamma_{i,j}]$ 且

$$\boldsymbol{D}=\begin{bmatrix}0_{4\times4} & 0_{4\times1}\\ 0_{1\times4} & 2\pi\omega_g^4 S_0\end{bmatrix}$$

考虑到 $\boldsymbol{\Gamma}$ 是对称阵,且 $\Gamma_{12}=\Gamma_{21}=0$,$\Gamma_{45}=\Gamma_{54}=0$,则可将式(51) 化为 13 个独立未知量($\Gamma_{11}$,$\Gamma_{13}$,$\Gamma_{14}$,$\Gamma_{15}$,$\Gamma_{22}$,$\Gamma_{23}$,$\Gamma_{24}$,$\Gamma_{25}$,$\Gamma_{33}$,$\Gamma_{34}$,$\Gamma_{35}$,$\Gamma_{44}$,$\Gamma_{55}$) 的 13 个耦合代数方程

$$\Gamma_{22}-\frac{\alpha k}{m}\Gamma_{11}+\frac{(\alpha-1)k}{m}\Gamma_{13}+\frac{1}{m}\Gamma_{14}+\frac{2\xi_g}{m\omega_g}\Gamma_{15}=0 \tag{52}$$

$$\Gamma_{23}-k_e\Gamma_{13}=0 \tag{53}$$

$$\Gamma_{24}+\Gamma_{15}=0 \tag{54}$$

$$\Gamma_{25}-\omega_g^2\Gamma_{14}-2\xi_g\omega_g\Gamma_{15}=0 \tag{55}$$

$$-\frac{c}{m}\Gamma_{22}+\frac{(\alpha-1)k}{m}\Gamma_{23}+\frac{1}{m}\Gamma_{24}+\frac{2\xi_g}{m\omega_g}\Gamma_{25}=0 \tag{56}$$

$$-\frac{\alpha k}{m}\Gamma_{13}-(\frac{c}{m}+k_e)\Gamma_{23}-c_e\Gamma_{22}+\frac{(\alpha-1)k}{m}\Gamma_{33}+\frac{1}{m}\Gamma_{34}+\frac{2\xi_g}{m\omega_g}\Gamma_{35}=0 \tag{57}$$

$$-\frac{\alpha k}{m}\Gamma_{14}-\frac{c}{m}\Gamma_{24}+\frac{(\alpha-1)k}{m}\Gamma_{34}+\frac{1}{m}\Gamma_{44}+\Gamma_{25}=0 \tag{58}$$

$$-\frac{\alpha k}{m}\Gamma_{15}-(\frac{c}{m}+2\xi_g\omega_g)\Gamma_{25}+\frac{(\alpha-1)k}{m}\Gamma_{35}+\frac{2\xi_g}{m\omega_g}\Gamma_{55}-\omega_g^2\Gamma_{24}=0 \tag{59}$$

$$-2c_e\Gamma_{23}-2k_e\Gamma_{33}=0 \tag{60}$$

$$\Gamma_{35}-c_e\Gamma_{24}-k_e\Gamma_{34}=0 \tag{61}$$

$$-c_e\Gamma_{25}-(k_e+2\xi_g\omega_g)\Gamma_{35}-\omega_g^2\Gamma_{34}=0 \tag{62}$$

$$\Gamma_{55}-\omega_g^2\Gamma_{44}=0 \tag{63}$$

$$-4\xi_g\omega_g\Gamma_{55}+2\pi\omega_g^4S_0=0 \tag{64}$$

将式(52)～式(64)与式(16)、式(17)和式(27)、式(28)联立可得关于17个独立未知量($C_0,D_0,U_0,V_0,\Gamma_{11},\Gamma_{13},\Gamma_{14},\Gamma_{15},\Gamma_{22},\Gamma_{23},\Gamma_{24},\Gamma_{25},\Gamma_{33},\Gamma_{34},\Gamma_{35},\Gamma_{44},\Gamma_{55}$)的17个耦合方程，用牛顿迭代法求解，并提取所需的未知量$C_0,D_0,U_0,V_0,\Gamma_{11},\Gamma_{22},\Gamma_{23},\Gamma_{33}$。

4 牛顿迭代法

上述17个未知数($C_0,D_0,U_0,V_0,\Gamma_{11},\Gamma_{13},\Gamma_{14},\Gamma_{15},\Gamma_{22},\Gamma_{23},\Gamma_{24},\Gamma_{25},\Gamma_{33},\Gamma_{34},\Gamma_{35},\Gamma_{44},\Gamma_{55}$)中，$\Gamma_{22}=\sigma_{\dot{\hat{x}}}^2,\Gamma_{23}=\rho\sigma_{\dot{\hat{x}}}\sigma_{\dot{\hat{z}}},\Gamma_{33}=\sigma_{\dot{\hat{z}}}^2$。这些参数依赖于$c_e$和$k_e$，同时$c_e$与$k_e$又由参数($C_0,D_0,U_0,V_0,\rho,\sigma_{\dot{\hat{x}}},\sigma_{\dot{\hat{z}}}$)确定(可见式(32)、式(33))。因此，本文所提方法的具体求解过程如下：

① 不考虑土结相互作用，色噪声的统计量可直接写出，$\Gamma_{44}=\pi\omega_gS_0/2\xi_g$，$\Gamma_{55}=\pi\omega_g^3S_0/2\xi_g$。以相应的线性系统仅在白噪声激励作用下的响应作为初值条件。假设零均值随机响应$\hat{z}=\hat{x}$，且所有相关系数均为零，则牛顿迭代的初始值为$\Gamma_{11}=\pi S_0/2\xi\omega_n^3$，$\Gamma_{22}=\pi S_0/2\xi\omega_n$，$\Gamma_{33}=\pi S_0/2\xi\omega_n^3$。设其余未知量的初始值均为零，其中$\omega_n=\sqrt{k/m}$，$\xi=c/2m\omega_n$。

② 用给定的初始值由式(32)、式(33)确定参数c_e和k_e，用牛顿迭代法求解式(52)～式(64)、式(16)、式(17)和式(27)、式(28)，每次迭代完成后用式32)、式(33)更新c_e和k_e的值。

③ 重复第二步直到达到一定的收敛准则。

为使用第二步中的牛顿迭代法，需要求解如下矩阵方程：

$$\boldsymbol{K}(\boldsymbol{\alpha}^{(i)})+\boldsymbol{J}(\boldsymbol{\alpha}^{(i)})(\boldsymbol{\alpha}^{(i+1)}-\boldsymbol{\alpha}^{(i)})=\boldsymbol{0} \tag{65}$$

式中上标(i)表示第i次迭代数；$\boldsymbol{\alpha}$为

$$\boldsymbol{\alpha}=[C_0,D_0,U_0,V_0,\Gamma_{11},\Gamma_{13},\Gamma_{14},\Gamma_{15},\Gamma_{22},\Gamma_{23},\Gamma_{24},\Gamma_{25},\Gamma_{33},\Gamma_{34},\Gamma_{35},\Gamma_{44},\Gamma_{55}]^{\mathrm{T}}$$

列向量$\boldsymbol{K}$可以写作：

$$K_1(\boldsymbol{\alpha})=-mC_0\omega_0^2+cD_0\omega_0+\alpha kC_0+(1-\alpha)kU_0 \tag{66}$$

$$K_2(\boldsymbol{\alpha})=-mD_0\omega_0^2-cC_0\omega_0+\alpha kD_0+(1-\alpha)kV_0-F_0 \tag{67}$$

$$K_3(\boldsymbol{\alpha})=-V_0\omega_0+D_0\omega_0\left[A-\sqrt{\frac{2}{\pi}}\sigma_{\dot{\hat{z}}}(\rho\gamma+\beta)\right]-\sqrt{\frac{2}{\pi}}\sigma_{\dot{\hat{x}}}(\gamma+\rho\beta)U_0-\sqrt{\frac{1}{2\pi}}\left(\frac{\gamma}{\sigma_{\dot{\hat{x}}}}M+\frac{\beta}{\sigma_{\dot{\hat{z}}}}P\right) \tag{68}$$

$$K_4(\boldsymbol{\alpha})=-U_0\omega_0+C_0\omega_0\left[A-\sqrt{\frac{2}{\pi}}\sigma_{\dot{\hat{z}}}(\rho\gamma+\beta)\right]-\sqrt{\frac{2}{\pi}}\sigma_{\dot{\hat{x}}}(\gamma+\rho\beta)V_0-\sqrt{\frac{1}{2\pi}}\left(\frac{\gamma}{\sigma_{\dot{\hat{x}}}}N+\frac{\beta}{\sigma_{\dot{\hat{z}}}}Q\right) \tag{69}$$

$$K_5(\boldsymbol{\alpha})=\Gamma_{22}-\frac{\alpha k}{m}\Gamma_{11}+\frac{(\alpha-1)k}{m}\Gamma_{13}+\frac{1}{m}\Gamma_{14}+\frac{2\xi_g}{m\omega_g}\Gamma_{15} \tag{70}$$

$$K_6(\boldsymbol{\alpha})=\Gamma_{23}-k_e\Gamma_{13} \tag{71}$$

$$K_7(\boldsymbol{\alpha})=\Gamma_{24}+\Gamma_{15} \tag{72}$$

$$K_8(\boldsymbol{\alpha})=\Gamma_{25}-\omega_g^2\Gamma_{14}-2\xi_g\omega_g\Gamma_{15} \tag{73}$$

$$K_9(\boldsymbol{\alpha})=-\frac{c}{m}\Gamma_{22}+\frac{(\alpha-1)k}{m}\Gamma_{23}+\frac{1}{m}\Gamma_{24}+\frac{2\xi_g}{m\omega_g}\Gamma_{25} \tag{74}$$

$$K_{10}(\boldsymbol{\alpha})=-\frac{\alpha k}{m}\Gamma_{13}-(\frac{c}{m}+k_e)\Gamma_{23}+\frac{(\alpha-1)k}{m}\Gamma_{33}+\frac{1}{m}\Gamma_{34}+\frac{2\xi_g}{m\omega_g}\Gamma_{35}-c_e\Gamma_{22} \tag{75}$$

$$K_{11}(\boldsymbol{\alpha})=-\frac{\alpha k}{m}\Gamma_{14}-\frac{c}{m}\Gamma_{24}+\frac{(\alpha-1)k}{m}\Gamma_{34}+\frac{1}{m}\Gamma_{44}+\Gamma_{25} \tag{76}$$

$$K_{12}(\boldsymbol{\alpha})=-\frac{\alpha k}{m}\Gamma_{15}-(\frac{c}{m}+2\xi_g\omega_g)\Gamma_{25}+\frac{(\alpha-1)k}{m}\Gamma_{35}+\frac{2\xi_g}{m\omega_g}\Gamma_{55}-\omega_g^2\Gamma_{24} \tag{77}$$

$$K_{13}(\boldsymbol{\alpha})=-2c_e\Gamma_{23}-2k_e\Gamma_{33} \tag{78}$$

$$K_{14}(\boldsymbol{\alpha})=\Gamma_{35}-c_e\Gamma_{24}-k_e\Gamma_{34} \tag{79}$$

$$K_{15}(\boldsymbol{\alpha}) = -c_e\Gamma_{25} - (k_e + 2\xi_g\omega_g)\Gamma_{35} - \omega_g^2\Gamma_{34} \tag{80}$$

$$K_{16}(\boldsymbol{\alpha}) = \Gamma_{55} - \omega_g^2\Gamma_{44} \tag{81}$$

$$K_{17}(\boldsymbol{\alpha}) = -4\xi_g\omega_g\Gamma_{55} + 2\pi\omega_g^4 S_0 \tag{82}$$

$\boldsymbol{J}(\boldsymbol{\alpha}^{(i)})$ 为雅可比矩阵

$$\boldsymbol{J} = \frac{\partial \mathbf{K}}{\partial \boldsymbol{\alpha}^{\mathrm{T}}} \tag{83}$$

5 数值算例

取正归化 Bouc-Wen 滞回系统的参数 $m = 1, \xi = 0.1, \omega_n = 1$；随机色噪声激励的参数为 $\omega_g = 1$，$\xi_g = 0.4, S_0 = 2\xi/\pi$；确定性谐波激励参数为 $F_0 = 1, \omega_0 = 1$，为共振情况。此时，运动方程为：

$$\ddot{x}(t) + 2\xi\dot{x}(t) + \alpha x(t) + (1-\alpha)z(t) = f(t) + F_0\sin\omega_0 t \tag{84}$$

本文利用软化和硬化 Bouc-Wen 系统验证所提出方法的适用性。软化 Bouc-Wen 系统的滞回参数取为 $A = 1, \gamma = 0.5, \beta = 0.5, n = 1, \alpha = 0.1$；硬化 Bouc-Wen 系统 $\beta = -0.35, \gamma = 0.65$。本文所提方法与 Monte Carlo 模拟(Monte Carlo simulation，MCS)的结果对比如图 1 ～ 图 4 所示。其中，MCS 中，样本激励由谱表现方法生成。图 1 ～ 图 2 是软化 Bouc-Wen 系统响应的对比结果，可见本文提出方法得到的响应均值和标准差与 10000 个样本的 MCS 所得结果总体吻合良好。注意到，MCS 的方差在达到平稳后仍出现类似简谐的抖动，这是由于确定性和随机响应耦合效应造成的，其中还包含响应样本统计的随机性因素。对达到平稳后的 MCS 方差进行若干整数周期上的时间平均可得到响应方差呈现谐波变化的基线值，以下误差分析均以该基线值为标准。图 1(a) 所示的位移响应对比中，二者所得均值幅值相差 −2.65%；图 1(b) 中，方差达到平稳后呈谐和变化的幅值较小，所建议方法得到的平稳方差与 MCS 估计的平稳方差相差约 −13.85%。图 2(a)、(b) 所示的滞回位移响应对比中，二者得到的均值幅值相差 −16.46%，而平稳方差相差 −13.02%。值得注意的是，滞回位移的 MCS 值呈明显的谐波变化，且振动频率刚好为均值的两倍。这可由式(34) ～ 式(37) 解释，即等效刚度和阻尼系数为均值 μ_x，μ_z 的二次函数，而谐波的二次函数可使振动频率加倍。本文提出的方法涉及对等效线性参数的时间平均，抹去了响应方差的谐波变化特征，值得进一步改进。试算表明：谐波频率一定时，幅值越大，或谐波幅值一定时，频率越接近共振频率，响应方差的谐波变化特征越明显。

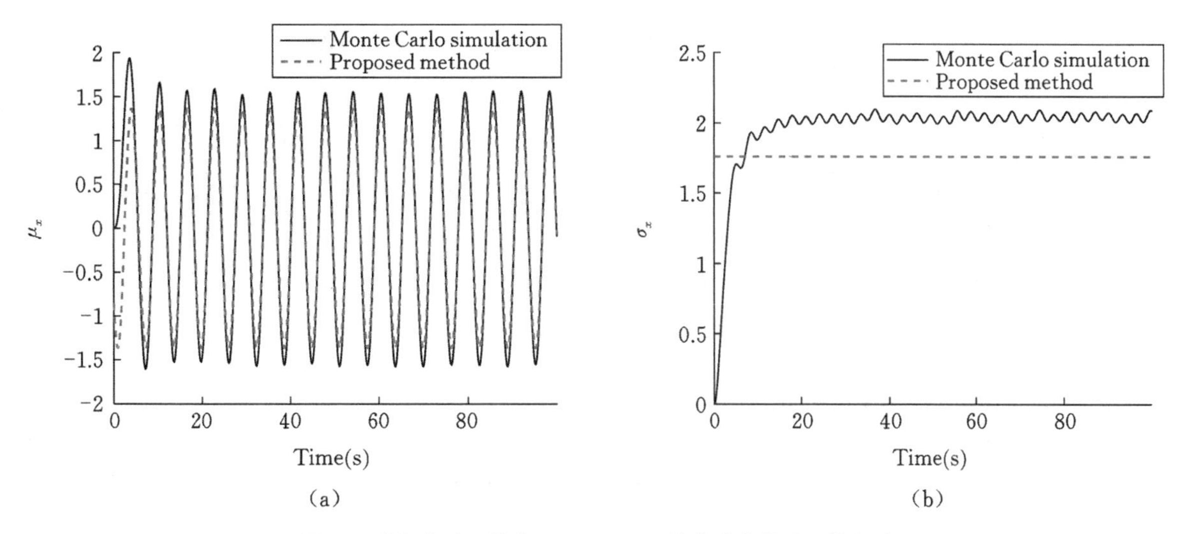

图 1 联合激励下软化 Bouc-Wen 系统在联合激励下的位移

(a) 均值；(b) 标准差

Fig. 1 Displacement of a softening Bouc-Wen system subjected to combined excitation

(a) Mean value; (b) Standard deviation

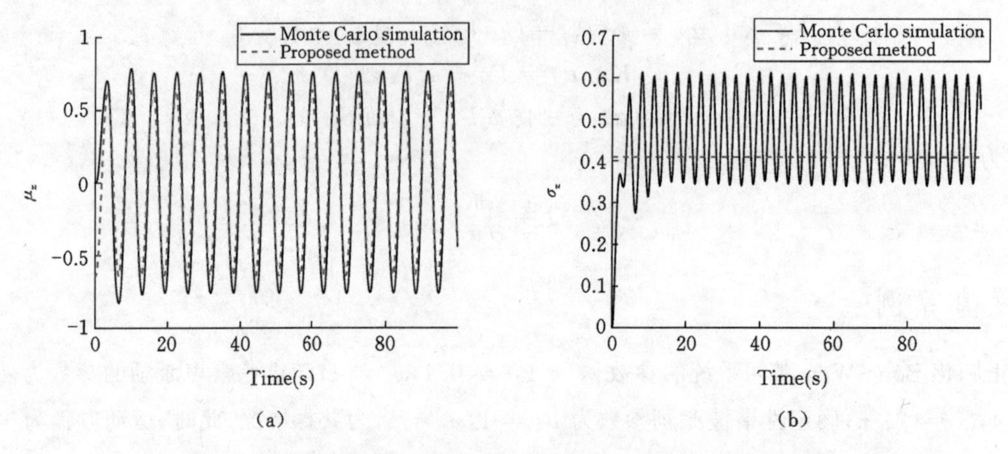

图 2　联合激励下软化 Bouc-Wen 系统在联合激励下的滞回位移

(a) 均值;(b) 标准差

Fig. 2　Hysteretic displacement of a softening Bouc-Wen system subjected to combined excitation

(a) Mean value; (b) Standard deviation

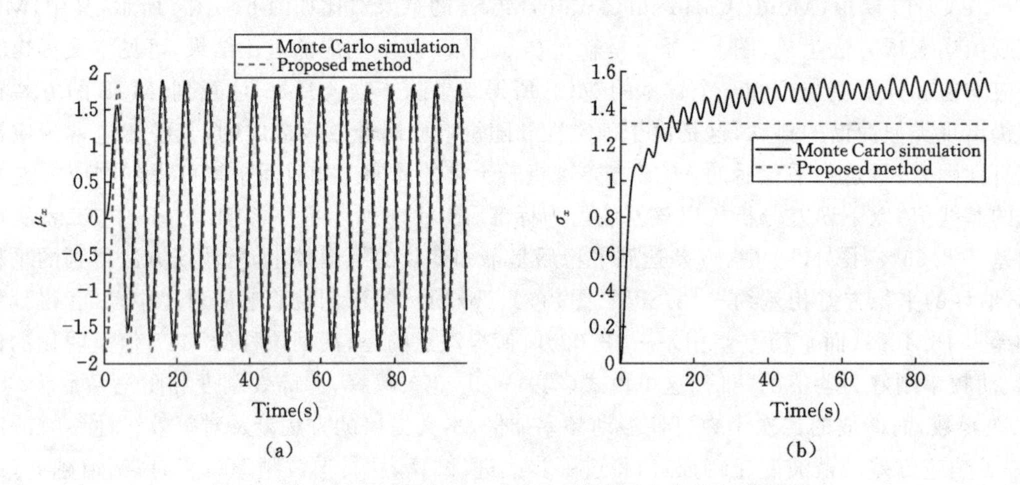

图 3　联合激励下硬化 Bouc-Wen 系统在联合激励下的位移

(a) 均值;(b) 标准差

Fig. 3　Displacement of a hardening Bouc-Wen system subjected to combined excitation

(a) Mean value; (b) Standard deviation

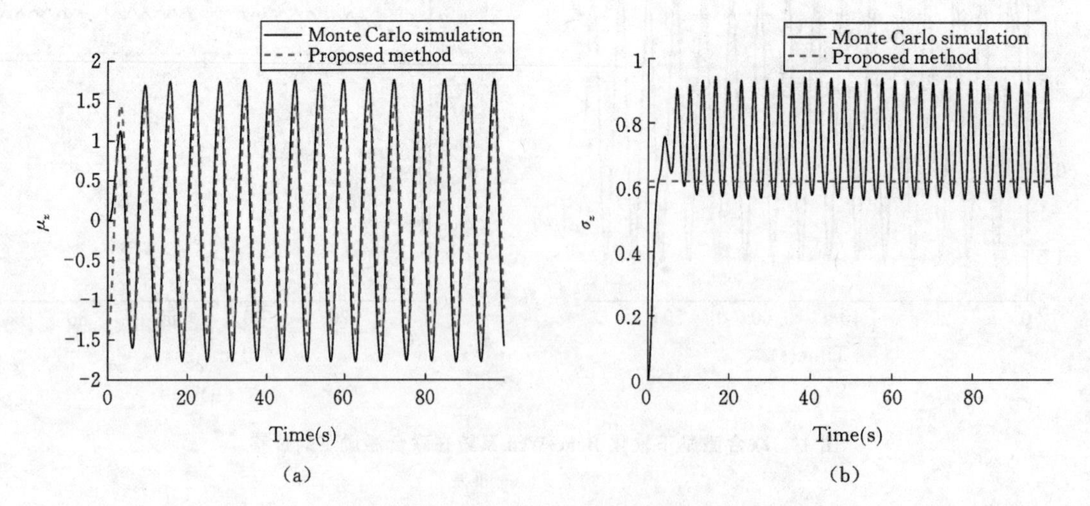

图 4　联合激励下硬化 Bouc-Wen 系统在联合激励下的滞回位移

(a) 均值;(b) 标准差

Fig. 4　Hysteretic displacement of a hardening Bouc-Wen system subjected to combined excitation

(a) Mean value; (b) Standard deviation

同样的，所建议方法对硬化系统也有很好的计算精度，如图 3 和图 4 所示。具体而言，位移响应均值的幅值相差－0.43%，平稳方差相差－12.19%；滞回位移均值相差－18.48%，平稳方差相差－14.48%。以上误差均在一般统计线性化方法的合理误差范围之内。

本文的参数选择均使滞回曲线饱满，呈明显非线性。软化 Bouc-Wen 系统和硬化 Bouc-Wen 系统在谐波与随机激励样本联合作用下的滞回曲线如图 5(a)、(b) 所示。可见，随机扰动使滞回环不能稳定于平衡位置。

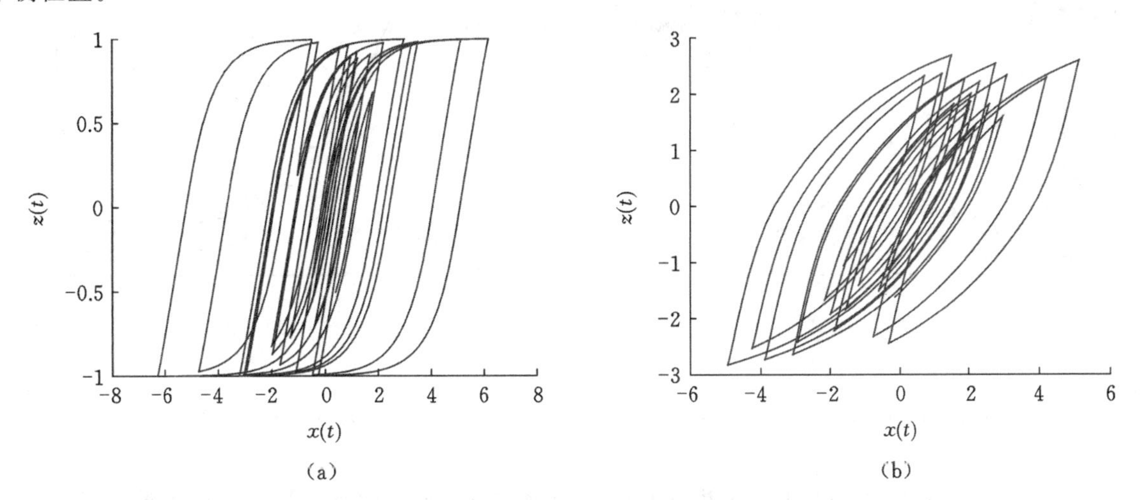

图 5　联合激励下 Bouc-Wen 系统在联合激励下的滞回环

(a) 软化系统；(b) 硬化系统

Fig. 5　Hysteresis loop of two Bouc-Wen models subjected to combined excitation

(a) Softening system; (b) Hardening system

需要注意的是，在推导式(18)、式(19) 和式(34) ～ 式(37) 的过程中，假定了 $\mu_{\dot{x}}/\sqrt{2}\sigma_{\hat{\dot{x}}}$ 和 $\mu_z/\sqrt{2}\sigma_{\hat{z}}$ 的值为小量。当 $\mu_{\dot{x}}/\sqrt{2}\sigma_{\hat{\dot{x}}}$ 或 $\mu_z/\sqrt{2}\sigma_{\hat{z}} = 1$ 时，式(18)、式(19) 和式(34) ～ 式(37) 的近似值与其精确值之间相差如附图 1 ～ 附图 33 所示。当谐波激励频率接近系统自振频率时，或谐波激励幅值增大时，谐波响应分量 $\mu_{\dot{x}}$，μ_z 会增大。因此，讨论谐波激励在不同幅值与频率下方法的适用性是非常重要的。图 6(a)、(b) 所示分别为响应标准差($\sigma_{\hat{x}}$，$\sigma_{\hat{\dot{x}}}$，$\sigma_{\hat{z}}$) 在激励幅值为 $F_0 = 0.3$ 和 $F_0 = 1$ 时，随简谐激励频率的变化曲线。可见，该情况下由本文所建议方法求得的响应标准差与 10000 个样本 Monte Carlo 模拟所得到的结果符合较好。

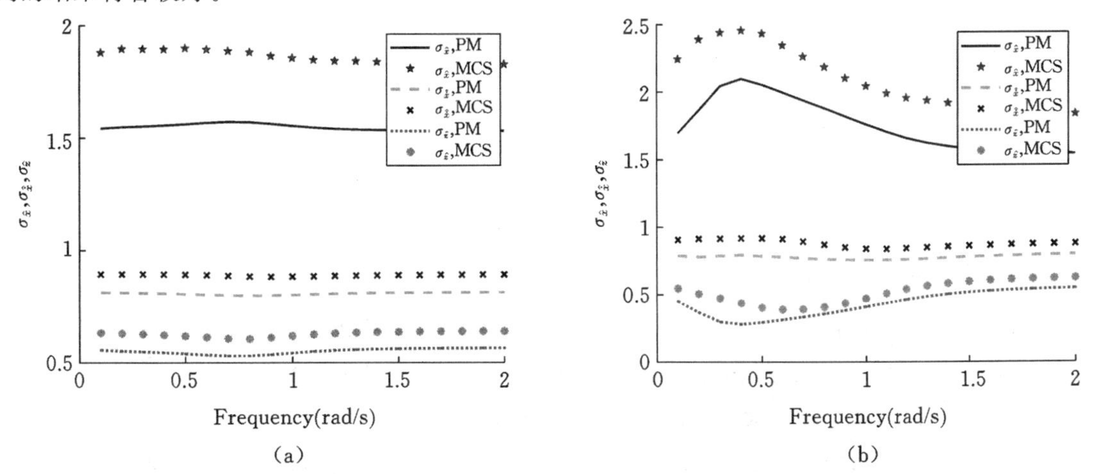

图 6　联合激励下软化 Bouc-Wen 系统随机响应分量的标准差与谐和激励频率之间的关系

(a) $F_0 = 0.3$；(b) $F_0 = 1$

Fig. 6　Standard deviation of the stochastic response component of a softening Bouc-Wen system subjected to combined stochastic excitation and harmonic excitation with different frequencies

当激励的幅值分别为 $F_0 = 0.3$ 和 $F_0 = 1$ 时，由本文提出方法和 Monte Carlo 模拟得到的确定性响应幅值对比如图 7(a)、(b) 所示。由图可见，当激励幅值为 $F_0 = 0.3$ 时结果拟合较好；而当激励幅值为 $F_0 = 1$ 时，大多数频率点吻合较好($0.5 \leqslant \omega_0 \leqslant 2$)，只有少数频率点吻合欠佳。

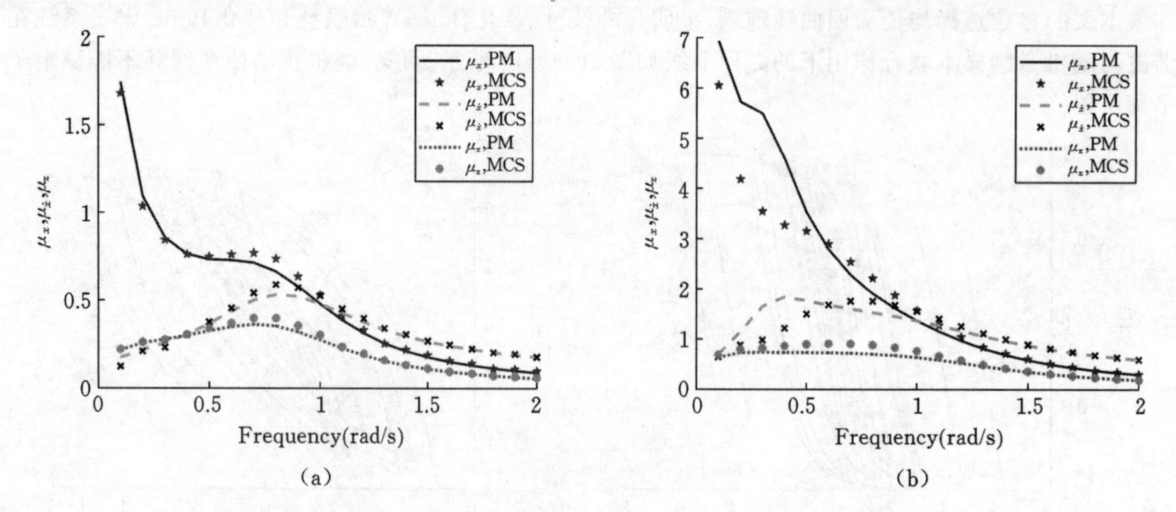

图 7　联合激励下软化 Bouc-Wen 系统均值响应分量幅值与谐和激励频率之间的关系

(a) $F_0 = 0.3$；(b) $F_0 = 1$

Fig. 7　Amplitude of the deterministic response component of a softening Bouc-Wen system subjected to combined stochastic excitation and harmonic excitation with different frequencies

标准差 $\sigma_{\hat{x}}$ 和 $\sigma_{\hat{z}}$ 仅反映了随机响应分量的概率特征，而均值 μ_x 和 μ_z 仅反映了谐波分量。可选用均方值(Mean Squared Values, MSVs)$E[x(t)^2]$ 和 $E[z(t)^2]$ 代表总响应特征，即：

$$\begin{aligned} E[x^2] &= E[\mu_x^2 + \hat{x}^2 + 2\mu_x \hat{x}] \\ &= E[(C_0 \cos\omega_0 t + D_0 \sin\omega_0 t)^2] + E[\hat{x}^2] \\ &= E[C_0^2 \cos^2\omega_0 t + D_0^2 \sin^2\omega_0 t + 2C_0 D_0 \sin\omega_0 t \cos\omega_0 t] + \sigma_{\hat{x}}^2 \end{aligned} \tag{85}$$

对上式在一个周期($T_0 = 2\pi/\omega_0$) 内取平均得近似值：

$$E[x^2] = \frac{C_0^2 + D_0^2}{2} + \sigma_{\hat{x}}^2 \tag{86}$$

同理

$$E[\dot{x}^2] = \frac{(C_0^2 + D_0^2)\omega_0^2}{2} + \sigma_{\hat{\dot{x}}}^2 \tag{87}$$

$$E[z^2] = \frac{U_0^2 + V_0^2}{2} + \sigma_{\hat{z}}^2 \tag{88}$$

图 8(a)、(b) 所示为由本文建议方法和 Monte Carlo 模拟得出的均方根(Root of mean square, RMS) 曲线对比。结果表明，仅在低频时二者有一定差异，高频处大部分结果吻合较好。

Monte Carlo 模拟结果表明，当激励的频率等于非线性结构的自振频率时，$\mu_{\dot{x}}/\sqrt{2}\sigma_{\hat{\dot{x}}}$ 和 $\mu_z/\sqrt{2}\sigma_{\hat{z}}$ 达到峰值。当 $F_0 = 0.3$ 时，二者的峰值分别为 0.89 和 0.57；当 $F_0 = 1$ 时，分别为 3.61 和 3.43。如附图 1 ～ 附图 3 所示，当以上两个比值大于 1 时，近似解与精确解存在一定差别。因此，$F_0 = 1$ 时式(18)、式(19) 和式(34) ～ 式(37) 已不再适用，即本文提出方法已超出了本文假定的应用范围。这个推论也被图 6(a)、(b)，图 7(a)、(b) 和图 8(a)、(b) 证实。其中，两种方法得出的响应最大差别如表 1 所示。由表可知，在整个频率范围内，$F_0 = 0.3$ 时，所建议方法的最大误差小于 $F_0 = 1$ 时的最大误差，且均在一般统计线性化方法的合理误差范围内。

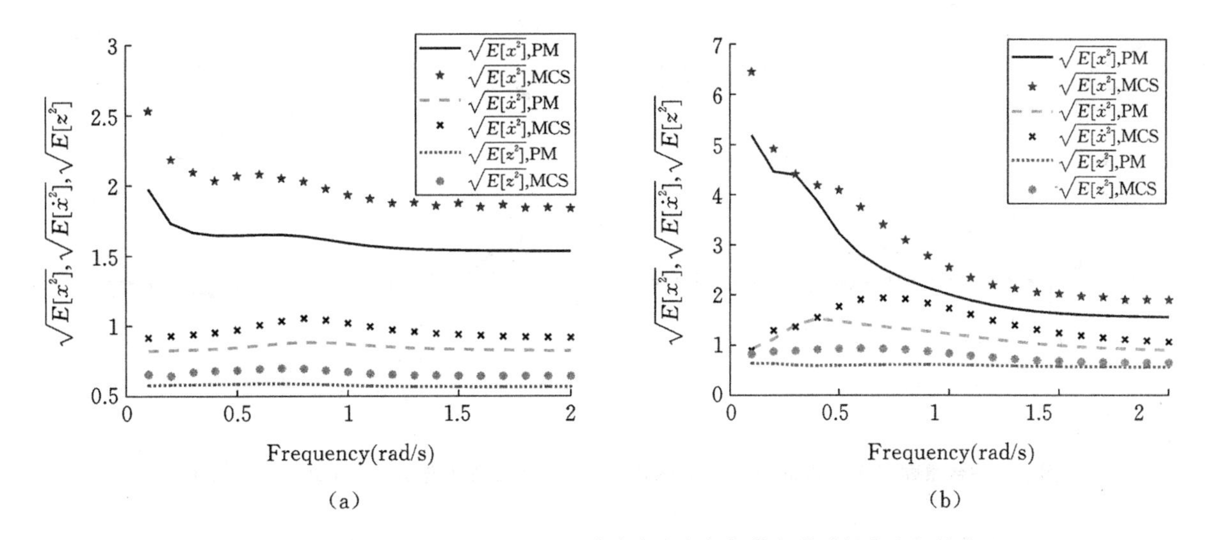

图 8　联合激励下软化 Bouc-Wen 系统响应均方根与谐和激励频率之间的关系

(a) $F_0 = 0.3$;(b) $F_0 = 1$

Fig. 8　Response RMS of a softening Bouc-Wen system subjected to combined stochastic excitation and harmonic excitation with different frequencies

表 1　简谐激励频率不同时,软化 Bouc-Wen 系统响应的近似解析解与 MCS 估计值之间的最大误差

Table 1　Maximum errors of the approximate analytical solution of a softening Bouc-Wen system comparared to the pertinent Monte Carlo estimates, when the harmonic excitation component with different frequencies is considered.

响应分量	谐波激励幅值	最大误差值 /%	谐波激励幅值	最大误差值 /%
$\sqrt{E[x^2]}$	$F_0 = 0.3$	−21.97	$F_0 = 1.0$	−25.85
$\sqrt{E[\dot{x}^2]}$		−16.18		−31.06
$\sqrt{E[z^2]}$		−15.60		−35.87
$\sigma_{\hat{x}}$		−18.28		−24.39
$\sigma_{\hat{\dot{x}}}$		−9.78		−14.60
$\sigma_{\hat{z}}$		−12.78		−37.04
μ_x		−9.77		54.94
$\mu_{\dot{x}}$		−10.87		67.96
μ_z		−11.15		−20.56

进一步研究此方法对于硬化 Bouc-Wen 系统的适用性。同样地,图 9(a)、(b) 所示为两种方法所得的随机响应分量标准差($\sigma_{\hat{x}}, \sigma_{\hat{\dot{x}}}, \sigma_{\hat{z}}$)随简谐激励频率变化的曲线;图 10(a)、(b) 所示为两种方法所得的谐和响应分量幅值随简谐激励频率变化的曲线;图 11(a)、(b) 所示为两种方法所得响应均方根随简谐激励频率的变化曲线。图 9(a)、(b)、图 10(a)、(b) 和图 11(a)、(b) 均给出了所建议方法和 Monte Carlo 模拟值在简谐激励幅值为 $F_0 = 0.3$ 和 $F_0 = 1$ 时所得结果的对比。

可见,本文所建议方法与 Monte Carlo 模拟值在多数情况下吻合较好。当 $F_0 = 0.3$ 时 $\mu_{\dot{x}}/\sqrt{2}\sigma_{\hat{\dot{x}}}$ 和 $\mu_{\hat{z}}/\sqrt{2}\sigma_{\hat{z}}$ 的峰值分别为 0.93 和 0.96;$F_0 = 1$ 时,二者的峰值分别为 2.99 和 1.59。类比软化 *Bouc-Wen* 系统的数值算例,可知在 $F_0 = 1$ 的某些频率点处时,本文提出的解析方法已超过了其假定的应用范围。因此,$F_0 = 1$ 时,所建议方法的精度低于 $F_0 = 0.3$ 时。两种方法所得结果的最大误差列于表 2 中。结果表明,$F_0 = 0.3$ 时的最大误差较 $F_0 = 1$ 时的小,且在一般统计线性化方法误差的合理范围内。

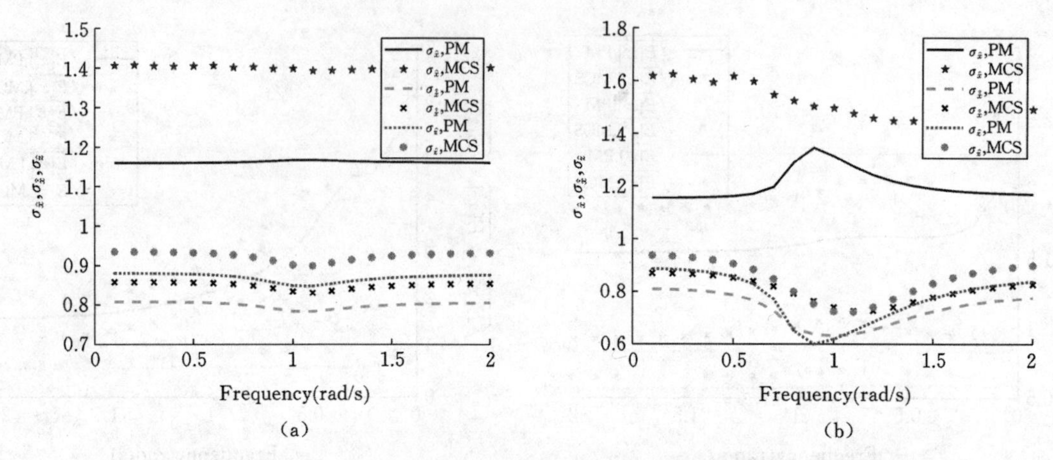

图 9　联合激励下硬化 Bouc-Wen 系统随机响应分量的标准差与谐和激励频率之间的关系

(a) $F_0=0.3$;(b) $F_0=1$

Fig. 9　Standard deviation of the stochastic response component of a hardening Bouc-Wen system subjected to combined stochastic excitation and harmonic excitation with different frequencies

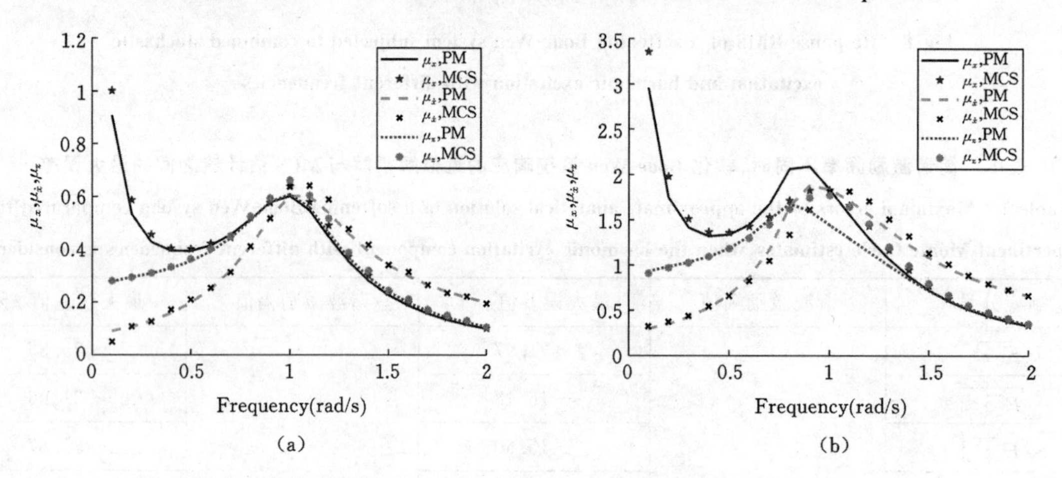

图 10　联合激励下硬化 Bouc-Wen 系统响应均方根与谐和激励频率之间的关系

(a) $F_0=0.3$;(b) $F_0=1$

Fig. 10　Amplitude of the deterministic response component of a hardening Bouc-Wen system subjected to combined stochasticexcitation and harmonic excitation with different frequencies

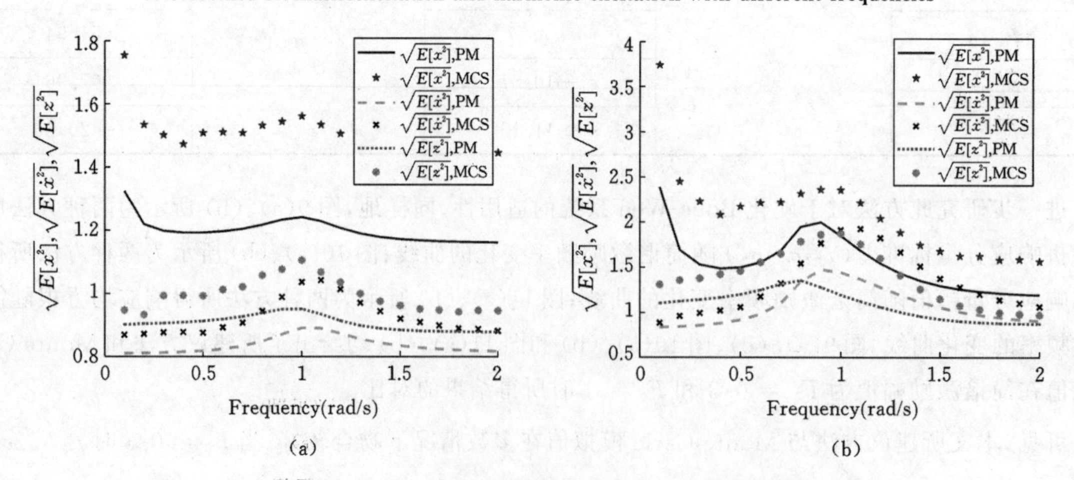

图 11　联合激励下硬化 Bouc-Wen 系统响应均方根与谐和激励频率之间的关系

(a) $F_0=0.3$;(b) $F_0=1$

Fig. 11　Response RMS of a hardening Bouc-Wen system subjected to combined stochastic excitation and harmonic excitation with different frequencies

表 2　简谐激励频率不同时，硬化 Bouc-Wen 系统响应的近似解析解与 MCS 估计值之间的最大误差

Table 2　Maximum errors of the approximate analytical solution of a hardening Bouc-Wen system compared to the pertinent Monte Carlo estimates, when the harmonic excitation component with different frequencies is considered

响应分量	谐波激励幅值	最大误差值 /%	谐波激励幅值	最大误差值 /%
$\sqrt{E[x^2]}$		−24.50		−36.11
$\sqrt{E[\dot{x}^2]}$		−14.50		−29.80
$\sqrt{E[z^2]}$		−13.88		−36.23
$\sigma_{\hat{x}}$		−17.64		−28.87
$\sigma_{\hat{\dot{x}}}$	$F_0 = 0.3$	−6.17	$F_0 = 1.0$	−16.61
$\sigma_{\hat{z}}$		−5.96		−20.24
μ_x		−9.38		−23.40
$\mu_{\dot{x}}$		−8.63		−23.40
μ_z		−10.53		−21.19

显然，谐波激励的幅值影响了 $\mu_{\dot{x}}/\sqrt{2}\sigma_{\hat{\dot{x}}}$ 和 $\mu_{\hat{z}}/\sqrt{2}\sigma_{\hat{z}}$ 的值，从而进一步所建议方法的精度。就此，采用 $\omega_0 = 1$（共振）和 $\omega_0 = 2$（非共振）两种情况，讨论所建议方法精度与简谐激励幅值的关系。对软化 Bouc-Wen 系统，图 12(a)、(b) 所示为两种方法所得随机动力响应分量的标准差($\sigma_{\hat{x}}, \sigma_{\hat{\dot{x}}}, \sigma_{\hat{z}}$) 在简谐激励频率为 $\omega_0 = 1$ 和 $\omega_0 = 2$ 时，随简谐激励幅值变化的曲线；图 13(a)、(b) 所示为两种方法所得的谐和响应分量幅值在简谐激励频率为 $\omega_0 = 1$ 和 $\omega_0 = 2$ 时，随简谐激励幅值变化的曲线；图 14(a)、(b) 所示为两种方法所得 MSVs 在简谐激励频率为 $\omega_0 = 1$ 和 $\omega_0 = 2$ 时，随简谐激励幅值的变化曲线。

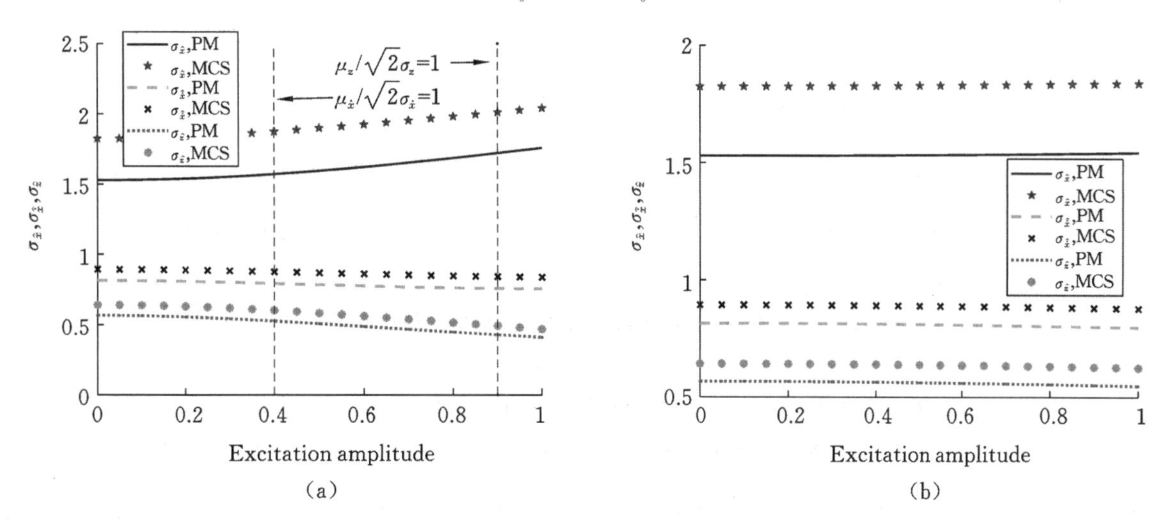

图 12　联合激励下软化 Bouc-Wen 系统随机响应分量方差与谐和激励幅值之间的关系

(a) $\omega_0 = 1$；(b) $\omega_0 = 2$

Fig. 12　Standard deviation of the stochastic response component of a softening Bouc-Wen system subjected to combined stochastic excitation and harmonic excitation with different amplitudes

计算表明，指标 $\mu_{\dot{x}}/\sqrt{2}\sigma_{\hat{\dot{x}}}$ 和 $\mu_{\hat{z}}/\sqrt{2}\sigma_{\hat{z}}$ 随着简谐激励幅值单调变化。当 $\omega_0 = 1$ 时，二指标最大值分别为 2.52 和 1.05；当 $\omega_0 = 2$ 时，最大值分别为 0.91 和 0.48。表明共振时所建议方法的计算误差较非共振时更大。图 12(a) 给出了共振频率下，指标小于阈值 1 时，简谐激励幅值的范围；图 12(b) 中，所有激励幅值对应的指标均小于预定阈值。当二指标均小于预定阈值时，可视为满足本文所设假定条件。此时，将所建议方法得到的结果与 Monte Carlo 模拟之间最大相对误差列于表 3 中；其中，括号内的数

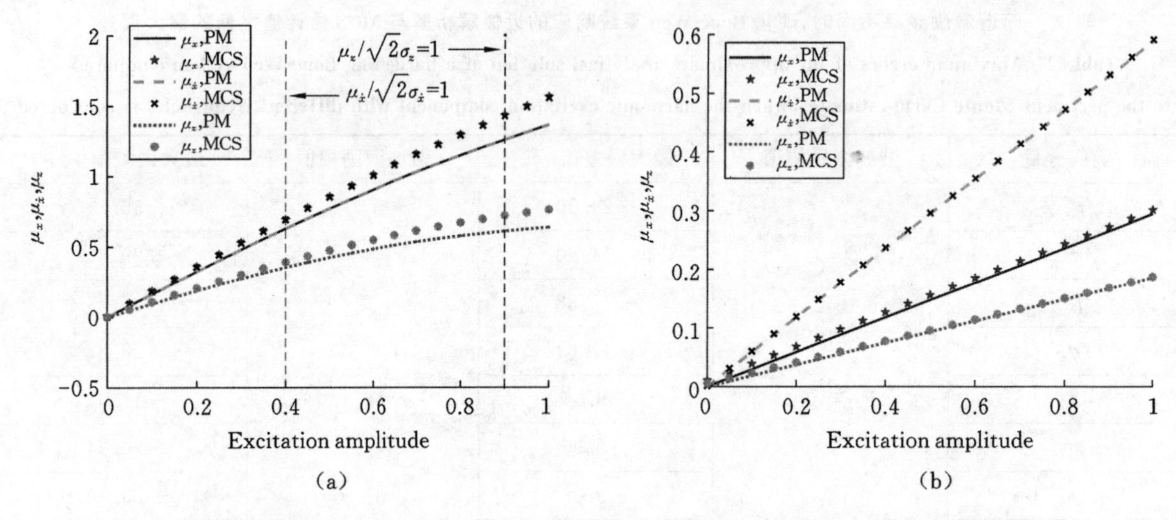

图 13　联合激励下软化 Bouc-Wen 系统均值响应分量幅值与谐和激励幅值之间的关系

(a) $\omega_0=1$;(b) $\omega_0=2$

Fig. 13　Amplitude of the deterministic response component of a softening Bouc-Wen system subjected to combined stochastic and harmonic excitation with different amplitudes

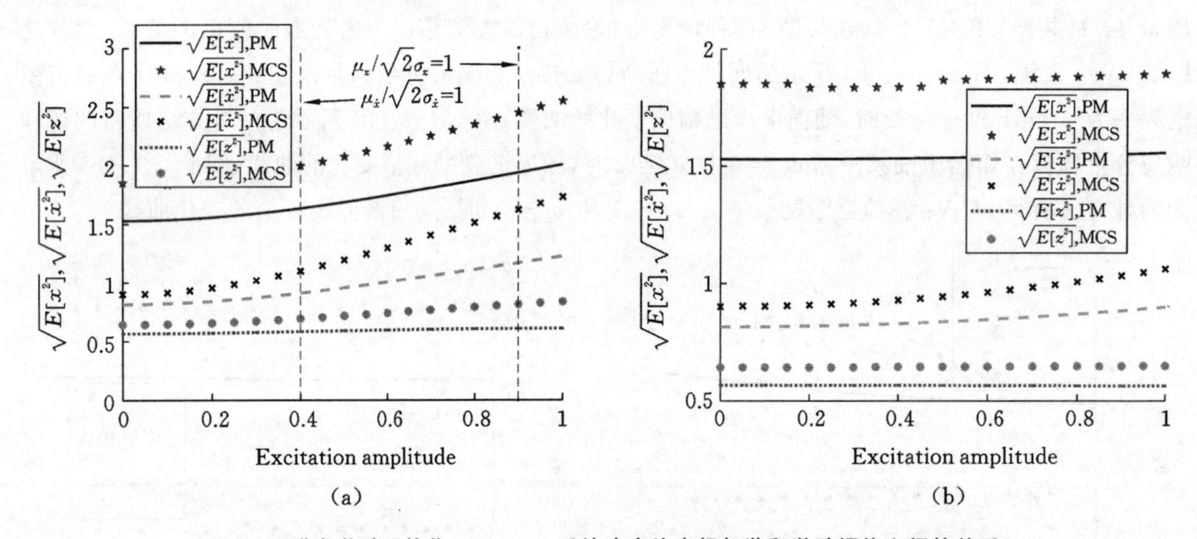

图 14　联合激励下软化 Bouc-Wen 系统响应均方根与谐和激励幅值之间的关系

(a) $\omega_0=1$;(b) $\omega_0=2$

Fig. 14　Response RMS of a softening Bouc-Wen system subjected to combined stochastic excitation and harmonic excitation with different amplitudes

值为不考虑应用范围时的最大误差。结果表明，满足本文所设假定条件时，建议方法的误差均在一般统计线性化方法误差的合理范围内。此外，简谐激励幅值等于 0 时，对应系统处于完全随机激励的情况。由图 12(a) 可知，$\omega_0=1$ 时，系统随机位移分量标准差随着简谐激励幅值增大而增大，随机速度和滞回位移响应分量随简谐激励幅值增大而减小；由图 12(b) 可知，$\omega_0=2$ 时，响应标准差不随简谐激励幅值变化而变化。两种情况下，即使简谐激励幅值超过假定应用范围，本文所建议方法准确地捕捉了上述趋势。由图 13(a) 可知，$\omega_0=1$ 时确定性总位移、速度和滞回位移幅值随简谐激励幅值增大而增大；由图13(b) 可知，$\omega_0=2$ 时确定性响应幅值与谐和激励幅值间有线性关系。当简谐激励幅值处于假定应用范围时，本文所建议方法和 MC 模拟所得确定性响应幅值之间的差别极小；简谐激励幅值不处于假定应用范围时，本文所建议方法也能准确地捕捉上述趋势。

表 3 简谐激励幅值不同时，软化 Bouc-Wen 系统响应的近似解析解与 MCS 估计值之间的最大误差

Table 3 Maximum errors of the approximate analytical solution of a softening Bouc-Wen system compared to the pertinent Monte Carlo estimates, when the harmonic excitation component with different amplitudes is considered

响应分量	谐波激励频率	最大误差值 /%	谐波激励频率	最大误差值 /%
$\sqrt{E[x^2]}$	$\omega_0=1$	−18.14(−21.36)	$\omega_0=2$	−17.82
$\sqrt{E[\dot{x}^2]}$		−17.35(−29.12)		−15.37
$\sqrt{E[z^2]}$		−15.76(−27.33)		−13.21
$\sigma_{\hat{x}}$		−16.19(−16.19)		−16.17
$\sigma_{\hat{\dot{x}}}$		−9.41(−10.02)		−9.17
$\sigma_{\hat{z}}$		−12.59(−13.32)		−12.23
μ_x		−11.44(−12.65)		−17.81
$\mu_{\dot{x}}$		−10.88(−12.20)		−4.90
μ_z		−11.38(−16.46)		−13.25

同样地，对于硬化 Bouc-Wen 系统，图 15(a)、(b) 所示为随机响应分量标准差($\sigma_{\hat{x}}$,$\sigma_{\hat{\dot{x}}}$,$\sigma_{\hat{z}}$) 随简谐激励幅值的变化曲线；图 16(a)、(b) 所示为确定性响应幅值随简谐激励幅值的变化曲线；图 17(a)、(b) 所示为响应 MSV 随激励幅值的变化曲线。图中，均给出了两种方法在激励频率为 $\omega_0=1$ 和 $\omega_0=2$ 下的响应对比。

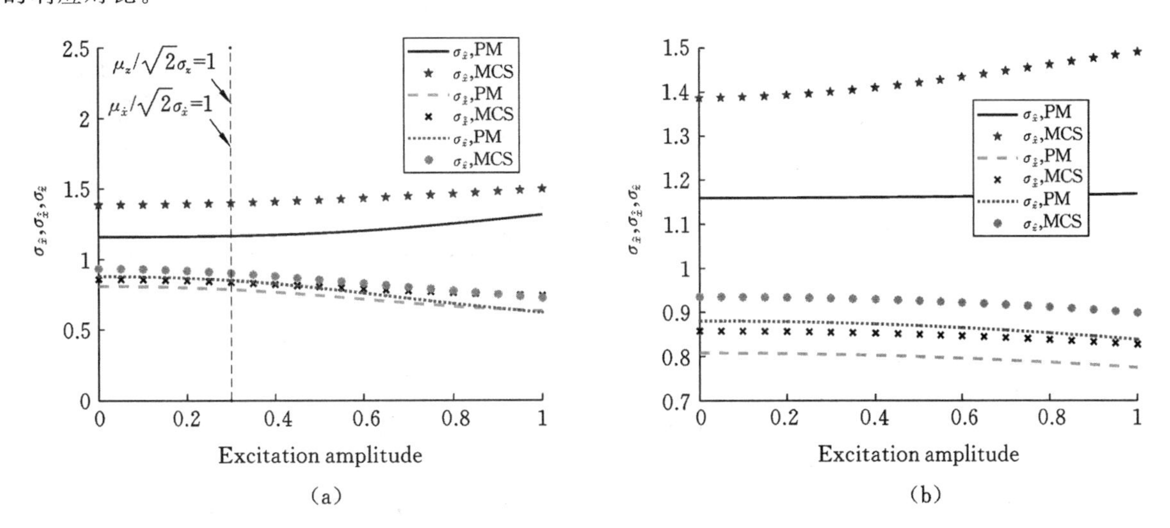

图 15 联合激励下硬化 Bouc-Wen 系统随机响应分量方差与谐和激励幅值之间的关系

(a) $\omega_0=1$;(b) $\omega_0=2$

Fig. 15 Standard deviation of the stochastic response component of a hardening Bouc-Wen system subjected to combined stochastic excitation and harmonic excitation with different amplitudes

指标 $\mu_{\dot{x}}/\sqrt{2}\sigma_{\hat{\dot{x}}}$ 和 $\mu_{z}/\sqrt{2}\sigma_{\hat{z}}$ 的值随简谐激励幅值增大而增大，相应地，所建议方法的精度变差。当 $\omega_0=1$ 时，指标最大值分别为 3.50 和 3.43；当 $\omega_0=2$ 时，分别为 0.97 和 0.74，即共振时的误差应大于非共振时的误差。同样地，图 15(a)、图 16(a) 和图 17(a) 给出了指标满足预定阈值时的简谐激励幅值区间。此时，将两种方法所得结果的最大相对误差列于表 4 中，其中括号内的数值为不考虑假定适用范围的误差最大值。结果表明，$\omega_0=2$ 时大部分误差较 $\omega_0=1$ 时小。此外，指标满足本文所做假定时，建议方法与 Monte Carlo 对比的相对误差在一般统计线性化方法的合理误差范围内。同样地，随机响应

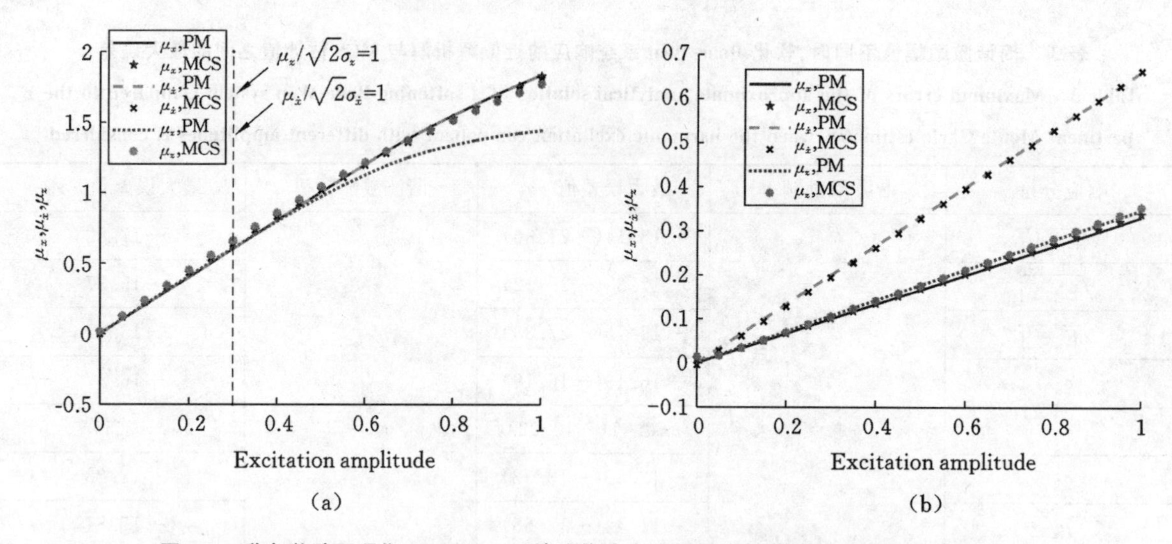

图 16　联合激励下硬化 Bouc-Wen 系统均值响应分量幅值与谐和激励幅值之间的关系

(a) $\omega_0 = 1$;(b) $\omega_0 = 2$

Fig. 16　Amplitude of the deterministic response component of a hardening Bouc-Wen system subjected to combined stochastic excitation and harmonic excitation with different amplitudes

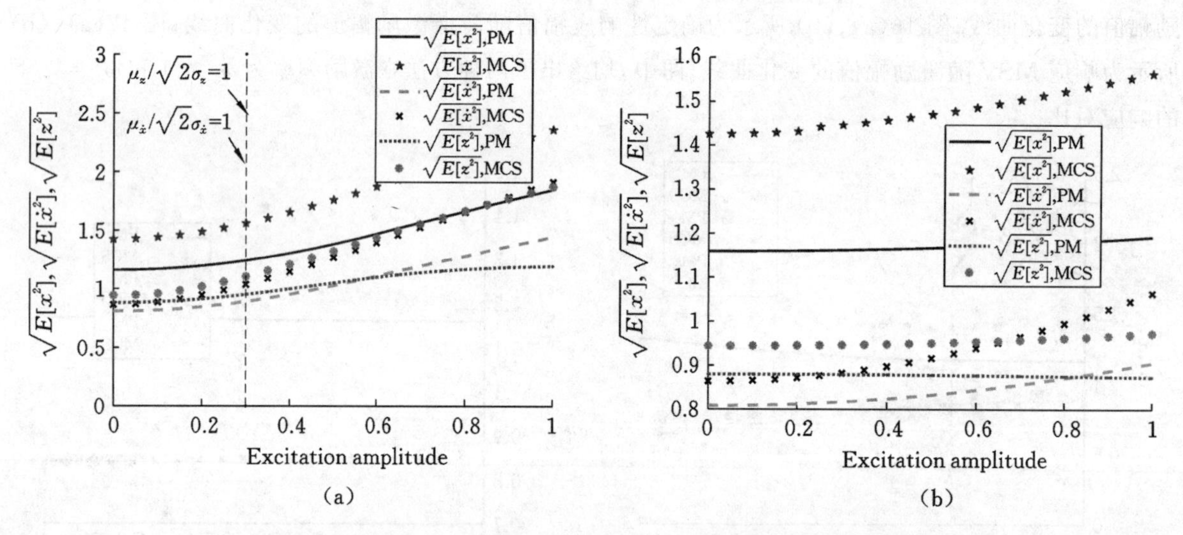

图 17　联合激励下硬化 Bouc-Wen 系统响应均方根与谐和激励幅值之间的关系

(a) $\omega_0 = 1$;(b) $\omega_0 = 2$

Fig. 17　Response RMS of a hardening Bouc-Wen system subjected to combined stochastic excitation and harmonic excitation with different amplitudes

分量标准差和确定性响应分量幅值均随简谐响应幅值有各自的变化趋势，本文所建议方法均能在假定适用范围内较好地捕捉这一趋势。

表 4　简谐激励频率不同时，硬化 Bouc-Wen 系统响应的近似解析解与 MCS 估计值之间的最大误差

Table 4　Maximum errors of the approximate analytical solution of a softening Bouc-Wen system compared to the pertinent Monte Carlo estimates, when the harmonic excitation component with different amplitudes is considered

响应分量	谐波激励频率	最大误差值 /%	谐波激励频率	最大误差值 /%
$\sqrt{E[x^2]}$		−20.48(−21.36)		−23.71
$\sqrt{E[\dot{x}^2]}$		−13.93(−24.47)		−14.86
$\sqrt{E[z^2]}$		−13.88(−36.23)		−10.16
$\sigma_{\hat{x}}$		−16.59(−16.62)		−21.60
$\sigma_{\hat{\dot{x}}}$	$\omega_0=1$	−6.06(−14.60)	$\omega_0=2$	−6.30
$\sigma_{\hat{z}}$		−5.83(−14.48)		−6.72
μ_x		−10.47(−10.47)		−3.67
$\mu_{\dot{x}}$		−11.29(−11.29)		8.69
μ_z		−12.94(−18.48)		2.86

6　结论

本文提出了一种求解 Bouc-Wen 滞回系统在确定性谐波与色噪声联合激励作用下的统计线性化方法。该方法基于系统响应可分解为确定性谐波和零均值随机分量之和的假定。基于该假定，将原滞回运动方程等效地化为了以确定性和随机动力响应为未知量的两组耦合的非线性微分方程。随后，利用谐波平衡法求解了确定性运动方程，并利用统计线性化方法求解了色噪声激励下的随机运动方程。由此，导出了关于确定性谐波响应分量 Fourier 级数和随机响应分量二阶矩的非线性代数方程组。利用牛顿迭代法求解了上述耦合的代数方程组。最后，数值算例验证了此方法的适用性。考察了软化 Bouc-Wen 系统和硬化 Bouc-Wen 系统在不同激励幅值和共振与非共振情况下的响应。结果表明几乎在所有满足适用性条件的情况下，此方法都有合理的精度。注意到，本文提出采用统计线性方法求解联合激励下滞回系统的随机动力响应，与基于马尔可夫过程的方法相比，在牺牲了一定精度的情况下，大大拓展该方法的适用性范围。因此，更适合于求解工程随机动力系统响应。

可进一步将上述方法拓展应用于多自由度、非平稳随机激励和分数阶滞回系统等方面。

附录

假定零均值随机过程 x、y 服从高斯分布，则通过积分可得期望 $E[x|y|]$ 为

$$E[x|y|]=erf\left(\frac{\mu_y}{\sqrt{2}\sigma_y}\right)(\rho_{xy}\sigma_x\sigma_y+\mu_x\mu_y)+\sqrt{\frac{2}{\pi}}\mu_x\sigma_y\exp\left(-\frac{\mu_y^2}{2\sigma_y^2}\right) \tag{89}$$

将式(89)中的误差和指数函数利用 Mclaulin 级数展开，并取前两项，可将上式化为

$$E[x|y|]=\sqrt{\frac{2}{\pi}}\left(\rho_{xy}\sigma_x\mu_y+\mu_x\sigma_y+\frac{\mu_x\mu_y^2}{2\sigma_y}\right) \tag{90}$$

因此，式(18)、式(19)近似成立的条件是 $\mu_x/(\sqrt{2}\sigma_{\hat{\dot{x}}})$ 和 $\mu_z/(\sqrt{2}\sigma_z)$ 为小量。附图 1 给出了式(89)精确解、MCS 估计值与近似解式(90)之间的关系。

同样地，期望 $E[x\mathrm{sgn}(y)]$ 的精确解为

$$E[x\mathrm{sgn}(y)]=\sqrt{\frac{2}{\pi}}\rho_{xy}\sigma_x\exp\left(-\frac{\mu_y^2}{2\sigma_y^2}\right)+\mu_x\mathrm{erf}\left(\frac{\mu_y}{\sqrt{2}\sigma_y}\right) \tag{91}$$

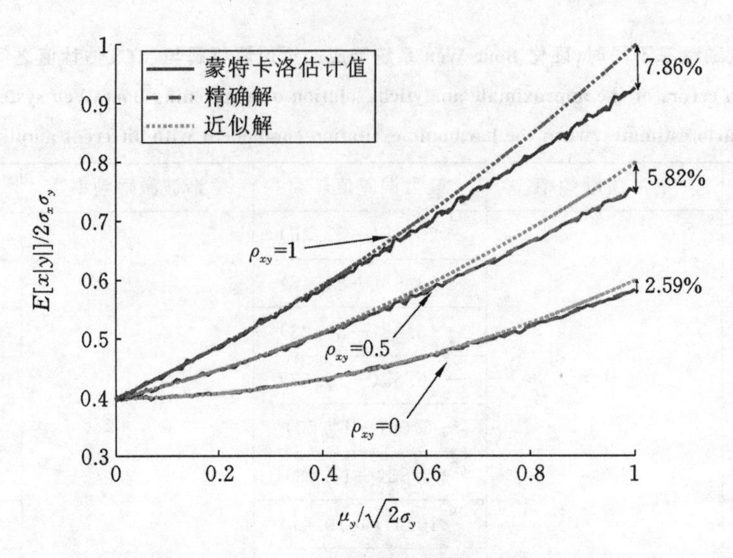

附图 1　$E[x\mid y\mid]$ 的精确解、估计值与近似解

Appendix Fig. 1　Accurate solution, simulated solution and analytical approximate solution of $E[x\mid y\mid]$

近似解为

$$E[x\mathrm{sgn}(y)]=\sqrt{\frac{2}{\pi}}\rho_{xy}\sigma_x\left(1-\frac{\mu_y^2}{2\sigma_y^2}\right)+\sqrt{\frac{2}{\pi}}\frac{\mu_x\mu_y}{\sigma_y}\tag{92}$$

它的精确解、MCS 估计值与近似解如附图 2 所示

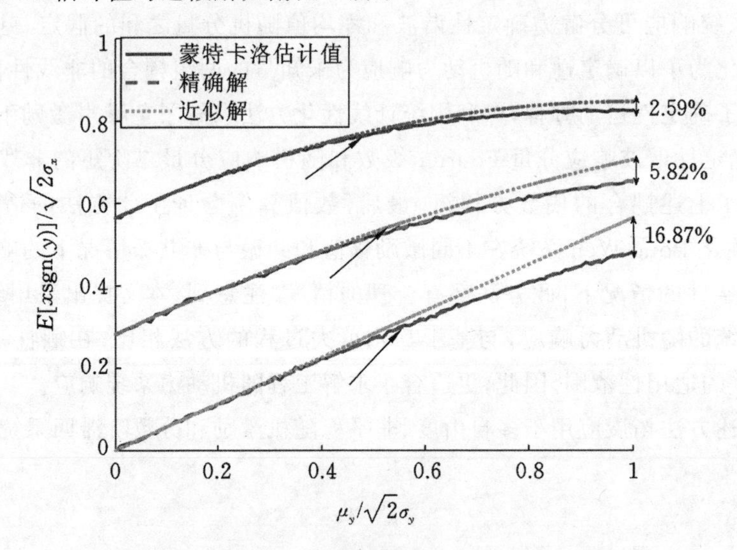

附图 2　$E[x\mathrm{sgn}(y)]$ 的精确解、估计值与近似解

Appendix Fig. 2　Accurate solution, simulated solution and analytical approximate solution of $E[x\mathrm{sgn}(y)]$

最后，给出 $E[\mid x\mid]$ 的精确解为

$$E(\mid x\mid)=\sqrt{\frac{2}{\pi}}\sigma_x e^{-\frac{u_x^2}{2\sigma_x^2}}+u_x\mathrm{erf}\left(\frac{u_x}{\sqrt{2}\sigma_x}\right)\tag{93}$$

近似解为

$$E[\mid x\mid]=\sqrt{\frac{2}{\pi}}\sigma_x\left(1+\frac{\mu_x^2}{2\sigma_x^2}\right)\tag{94}$$

如附图 3 所示。

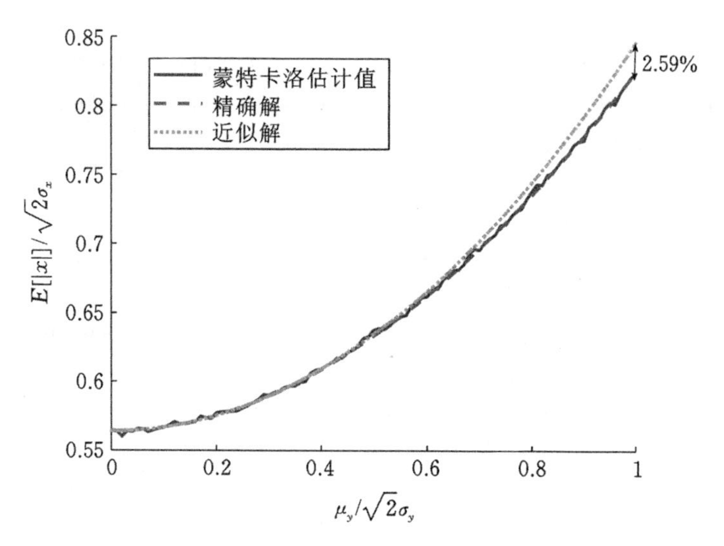

附图 3　$E[|x|]$ 的精确解、估计值与近似解

Appendix Fig. 2　Accurate solution, simulated solution and analytical approximate solution of $E[|x|]$

参 考 文 献

[1] Booton R C. The analysis of nonlinear control systems with random inputs[J]. Proceedings of the Symposium on Nonlinear Circuit Analysis,1953:369-391.

[2] Caughey T K. Equivalent Linearization Techniques[J]. Journal of the Acoustical Society of America,1962,35(11): 1706-1711.

[3] Spanos P D. Stochastic linearization in structural dyna-mics[J]. Applied Mechanics Reviews,1981,34(1):1-8.

[4] Spanos P D, Evangelatos G I. Response of a non-linear system with restoring forces governed by fractional derivatives-Time domain simulation and statistical linearization solution [J]. Soil Dynamics and Earthquake Engineering,2010,30(9):811-821.

[5] Kougioumtzoglou I A,Spanos P D. Harmonic wavelets based response evolutionary power spectrum determination of linear and non-linear oscillators with fractional derivative elements[J]. International Journal of Non-Linear Mechanics,2016,80(11):66-75.

[6] Kong F,Kougioumtzoglou I A,Spanos P D,et al. Nonlinear system response evolutionary power spectral density determination via a harmonic wavelets based galerkin technique [J]. International Journal for Multiscale Computational Engi-neering,2016,14(3):255-272.

[7] Crandall,Stephen,Isaac,et al. Sixty years of stochastic linearization technique[J]. Meccanica,2017,(1-2):299-305.

[8] Hatchell B K,Mauss F J,Amaya I A,et al. Missile captive carry monitoring and helicopter identification using a capacitive microelectromechanical systems accelerometer[J]. Structural Health Monitoring,2012,11(2):213-224.

[9] Megerle B,Stephen Rice T,McBean I,et al. Numerical and experimental investigation of the aerodynamic excitation of a model low-pressure steam turbine stage operating under low volume flow[J]. Journal of Engineering for Gas Turbines and Power,2013,135(1).

[10] Harne R L, Dai Q. Characterizing the robustness and susceptibility of steady-state dynamics in post-buckled structures to stochastic perturbations[J]. Journal of Sound and Vibration,2017,395(2):258-271.

[11] Dai Q,Harne R L. Investigation of direct current power delivery from nonlinear vibration energy harvesters under combined harmonic and stochastic excitations[J]. Journal of Intelligent Material Systems and Structures,2018,29(4):514-529.

[12] Ellermann K. On the Determination of Nonlinear Response Distributions for Oscillators with Combined Harmonic and Random Excitation[J]. Nonlinear Dynamics,2005,43(3):305-318.

[13] Budgor A B. Studies in nonlinear stochastic processes. iii. approximate solutions of nonlinear stochastic differential equations excited by gaussian noise and harmonic disturbances[J]. Journal of Statistical Physics,1977,17(1): 21-44.

[14] Bulsara A R, Lindenberg K, Shuler K E. Spectral analysis of a nonlinear oscillator driven by random and periodic forces. I. Linearized theory[J]. Journal of Statistical Physics, 1982, 27(4): 787-808.

[15] Nayfeh A H, Serhan S J. Response statistics of non-linear systems to combined deterministic and random excitations[J]. Pergamon, 1990, 25(5): 493-509.

[16] Rong H., Wang X, Xu W, et al. Resonant response of a non-linear vibro-impact system to combined deterministic harmonic and random excitations[J]. International Journal of Non-Linear Mechanics, 2010, 45(5): 474-481.

[17] Manohar C S, Iyengar R N. Entrainment in van der Pol's oscillator in the presence of noise[J]. International Journal of Non-linear Mechanics, 1991, 26(5): 679-686.

[18] Haiwu R, Wei X, Guang M, et al. Response of a duffing oscillator to combined deterministic harmonic and random excitation[J]. Journal of Sound and Vibration, 2001, 242(2): 362-368.

[19] Anh N D, Hieu N N. The Duffing oscillator under combined periodic and random excitations[J]. Probabilistic Engineering Mechanics, 2012, 30(2): 27-36.

[20] Iyengar R N. A nonlinear system under combined periodic and random excitation[J]. Journal of Statistical Physics, 1986, 44(5-6): 907-920.

[21] Zhu H, Guo S. Periodic Response of a Duffing Oscillator Under Combined Harmonic and Random Excitations[J]. Journal of Vibration and Acoustics, Transactions of the ASME, 2015, 137(4): 041015.

[22] Spanos P D, Zhang Y, Kong F. Formulation of Statistical Linearization for M-D-O-F Systems Subject to Combined Periodic and Stochastic Excitations[J]. Journal of Applied Mechanics, 2019, 86(10): 101003.

[23] Spanos P D, Malara G. Nonlinear vibrations of beams and plates with fractional derivative elements subject to combined harmonic and random excitations[J]. Probabilistic Engineering Mechanics, 2020, 59: 103043.

[24] Anh N D, Zakovorotny V L, Hao D N. Response analysis of Van der Pol oscillator subjected to harmonic and random excitations[J]. Probabilistic Engineering Mechanics, 2014, 37(5): 51-59.

[25] Zhu W Q, Wu Y J. First-Passage Time of Duffing Oscillator under Combined Harmonic and White-Noise Excitations[J]. Nonlinear Dynamics, 2003, 32(3): 291-305.

[26] Wu Y J, Zhu W Q. Stochastic Averaging of Strongly Nonlinear Oscillators Under Combined Harmonic and Wide-Band Noise Excitations[J]. Journal of Vibration and Acoustics, 2008, 130(5): 051004.

[27] Chen L, Zhu W Q. Stochastic averaging of strongly nonlinear oscillators with small fractional derivative damping under combined harmonic and white noise excitations[J]. Nonlinear Dynamics, 2009, 56(3): 231-241.

[28] Huang Z L, Zhu W Q, Suzuki Y. Stochastic averaging of strongly nonlinear oscillators under combined harmonic and white-noise excitations[J]. Journal of Sound and Vibration, 2000, 238(2): 233-256.

[29] Cai G O, Lin Y K. Nonlinearly damped systems under simultaneous broad-band and harmonic excitations[J]. Nonlinear Dynamics, 1994, 6(2): 163-177.

[30] Yu J S, Lin Y K. Numerical path integration of a non-homogeneous Markov process[J]. International Journal of Non-Linear Mechanics, 2004, 39(9): 1493-1500.

[31] Narayanan S, Kumar P. Numerical solutions of Fokker-Planck equation of nonlinear systems subjected to random and harmonic excitations[J]. Probabilistic Engineering Mechanics, 2011, 27(1): 35-46.

[32] Xie W X, Xu W, Cai L. Path integration of the Duffing-Rayleigh oscillator subject to harmonic and stochastic excitations[J]. Applied Mathematics and Computation, 2005, 171(2): 870-884.

[33] Xu W, He Q, Fang T, et al. Stochastic bifurcation in duffing system subject to harmonic excitation and in presence of random noise[J]. International Journal of Non-linear Mechanics, 2004, 39(9): 1473-1479.

[34] Han Q, Xu W, Sun J. Stochastic response and bifurcation of periodically driven nonlinear oscillators by the generalized cell mapping method[J]. Physica A-statistical Mechanics and Its Applications, 2016, 458(4): 115-125.

29. 基于模态应变能和小波变换的桩承框架结构上下部损伤共同识别方法*

周振纲

(嘉兴学院建筑工程学院,嘉兴 314001)

摘要:为了对桩承框架结构上下部损伤位置进行共同识别,提出了一种基于模态应变能和小波变换的桩承框架结构损伤识别方法。首先,确定对桩承框架结构损伤敏感的高效模态。其次,计算损伤前后高效模态的单元模态应变能差值函数。最后,通过对各阶高效模态的单元模态应变能差值函数的小波变换系数绝对值的平均值来识别损伤位置。本研究通过数值模拟对该方法的有效性进行了验证,结果表明:应用该方法能较好识别桩承框架结构中可能存在的单一损伤或多损伤的损伤位置。虽存在邻近效应的影响,但均能有效地锁定桩承框架结构中的损伤区域。同时,该方法亦可对隐蔽的桩基础的损伤位置进行有效识别。

关键词:框架结构;桩;损伤识别;振动;模态应变能;小波变换

中图分类号:O327;TU311.3;TU375.4;TU473.1　　　**文献标识码**:A

Damage joint identification method for upper and lower parts of piles-supported frame structure based on the modal strain energy and wavelet transformation

Zhou　Zhengang

(College of Civil Engineering and Architecture,Jiaxing University,314001,China)

Abstract:In order to jointly identify the damage locations of the upper and lower parts of the piles-supported frame structures,a damage identification method based on the modal strain energy and wavelet transformation is proposed. Firstly,the high-efficiency modes which are sensitive to the damages of the piles-supported frame structure are determined. Then, the element modal strain energy difference functions of the high-efficiency modes are calculated before and after the damage, and finally the damage locations are identified by the average values of absolute values of the wavelet transform coefficients of the element modal strain energy difference functions of high-efficiency modes. The effectiveness of the method is studied by numerical simulation. Numerical results show that the method can identify the damage location of the single damage or multiple damages of the piles-supported frame structures. Although the adjacent effect exists, the damage areas can be effectively locked. At the same time,the method can effectively identify the damage positions of the hidden pile foundation.

Keywords: frame structure; pile; damage identification; vibration; modal strain energy; wavelet transformation

---

* 基金项目:浙江省教育厅科研项目(Y201635213);浙江省自然科学基金项目(LQ20E080025)

作者简介:周振纲,博士,讲师

引言

由于受荷载长期效应、环境腐蚀、材料老化、地震作用、台风等众多因素的影响，工程结构在服役期间不断累积损伤，进而造成工程事故的例子已屡见不鲜。

传统的结构损伤静力检测方法一般只能检测局部结构表面及其附近的损伤，不能对结构的健康状况进行整体和实时监控，且工作量大、费用高。因此，发展整体的、实时的工程结构损伤检测方法已成为国内外学者广泛关注的热点问题。

基于振动的结构损伤识别方法是解决这一难题的有效方法之一，其基本原理是结构损伤会使得结构物理参数发生变化，从而导致结构的动力特性和动力响应等发生变化[1-5]。因此，可以通过测量结构振动响应值，并根据振动响应值或由振动响应值间接计算得到的指标（如自振频率[6]、模态振型[7]、模态曲率[8]、残余力[9]、柔度矩阵[10-11]、模态应变能[12]等），应用一定的识别技术对结构进行损伤识别。

框架结构是一种广泛应用多高层建筑和场馆建筑的工程结构形式。近三十年来，对基于振动的框架结构损伤识别方法研究已取得一定成果。

Yao 等[13]提出了一种基于应变模态振型的 2D 框架结构损伤定位方法。该方法通过振动信号分析获得框架结构应变模态振型，进而识别框架结构的构件损伤位置。Morassi 和 Rovere[14]提出了一种基于实测模态频率、实测位移模态振型和有限元模型修正方法的 2D 框架结构损伤定位方法。李国强等[15]提出了一种基于结构刚度矩阵的 2D 框架结构损伤识别方法。该方法首先利用结构的前几阶模态频率和位移模态振型，识别框架结构的结构刚度矩阵；然后应用线性规划方法，由所识别的结构刚度矩阵，识别框架结构构件的损伤。Lam 等[16]提出了一种以实测位移模态振型变化量与模态频率变化比值作为损伤指标的 2D 框架结构的损伤定位方法。王柏生等[17]提出了一种基于神经网络并以框架结构的前几阶固有频率和少数点模态振型分量构成的组合参数作为输入向量的 2D 框架结构节点损伤的识别方法。Yun 等[18]提出了一种基于实测模态数据和反向传播神经网络的 2D 钢框架结构节点损伤的识别方法。Zapico 等[19]提出了一种基于模型修正法和多层感知神经网络的 3D 钢框架结构损伤识别方法。Shi 等[20]提出了一种基于改进的模态应变能方法的 2D 框架结构损伤识别方法。陈素文和李国强[21]提出了一种基于模态频率和 BP 网络的 3D 框架结构损伤识别的多重分步识别方法。该方法首先确定有损伤的结构层，再确定层内有损伤的杆件位置，最后确定杆件损伤程度。瞿伟廉等[22]提出了一种基于神经网络的 2D 框架结构节点损伤识别方法。该方法首先根据结构前几阶模态频率变化比和概率神经网络确定损伤区域，再根据损伤区域内应变模态变化量和径向基神经网络确定损伤节点的位置和损伤程度。Ovanesova 和 Sua'rez[23]提出了一种基于实测位移响应和小波变换方法的 2D 框架结构损伤定位方法。Li[24]提出一种基于敏感性分析和神经网络的 3D 框架结构损伤识别方法。该方法先对结构的模态参数进行敏感性分析，然后结合敏感性分析的结果，仅仅利用结构一阶振型斜率的改变确定损伤位置，最后利用神经网络方法对结构的损伤程度进行识别。李林等[25]提出了一种用于 3D 框架结构损伤定位的模态应变能分解方法。Park 等[26]对损伤指标法识别 3D 框架结构损伤进行了盲测检验。Ji 等[27]提出了一种用于 3D 框架结构损伤识别的方法，该方法首先采用损伤指标法或损伤定位向量法进行损伤定位，再采用二阶特征灵敏度近似方法估计损伤程度。孙增寿等[28]提出了一种基于实测加速度响应和提升小波分析方法的 3D 框架结构损伤定位方法。Chellini 等[29]提出了一种基于实测模态参数和有限元模型修正方法的 3D 框架结构损伤识别方法。Shiradhonkar 和 Shrikhande[30]提出了一种基于实测加速度响应和有限元模型修正方法的 2D 框架结构损伤识别方法。Xu 等[31]提出了一种基于实测位移响应和神经网络的 2D 框架结构节点损伤识别方法。Döhler 和 Hille[32]提出了一种基于实测加速度响应和子空间理论的 2D 框架结构节点损伤识别方法。秦阳等[33]提出了一种基于实测加速度响应和区间分析原理的 2D 框架结构不确定性损伤识别方法。Zhou 等[34]提出了一种基于实测数据传递相关函数的 3D 框架结构损伤识别方法，该方法首先根据实测数据计算传递相关函数,再利用传递相关函数构造相应损伤指标进行框架结构损伤识别。Loh 等[35]提出了一种利用实测全局响应、实测局部响应和信号处理技术的 2D 框架结构基于响应信号的损伤识别方法。Yatim 等[36]提出了一种基于约束逆向路径法的 3D 框架结构损伤识别方法。Pathirage 等[37]提出了一种基于自编码神经网络和深度学习的 2D 框架结构损伤识别方法。Ding 等[38]提出了一种基于聚类的树种子算法,提出了一种 2D 框架结构损伤识别方法,该方法考虑了建模误差和测量噪声的不确定性。

已有基于振动的框架结构损伤识别方法研究主要为对框架结构梁柱构件或梁柱节点损伤的研究,尚未考虑框架结构中楼板的损伤识别。同时,已有的基于振动的框架结构损伤识别方法都是在刚性基底假定下提出的,未考虑下部地基和基础对框架结构损伤识别方法效果的影响,而地基-基础-结构的相互作用(SSI 效应)会使得结构体系的动力特性和动力响应与刚性基础假定下的结构动力特性和动力响应产生较大差别,其势必会影响基于振动的结构损伤识别效果。另外,已有的框架结构损伤识别方法通常仅适用对其上部结构构件损伤的识别,对其下部隐蔽部位的基础结构的损伤无能为力。因此,有必要将地基-基础-框架结构作为一个整体对框架结构损伤识别方法进行研究,以期实现对上下部结构损伤的共同识别。

本文拟对基础型式为桩基础的框架结构,提出一种基于模态应变能和小波变换的上下部结构损伤位置共同识别的识别方法。该方法首先确定对桩承框架结构损伤敏感的高效模态,其次计算损伤前后高效模态的单元模态应变能差值函数,最终通过对各阶高效模态的单元模态应变能差值函数的小波变换系数绝对值的平均值来识别损伤位置。

1 损伤识别方法简介

以下从损伤识别流程、高效模态确定、单元模态应变能及应变能差值函数计算、小波变换、损伤识别指标等方面对本文损伤识别方法进行介绍。

1.1 损伤识别流程

本文损伤识别方法的识别流程如图 1 所示。

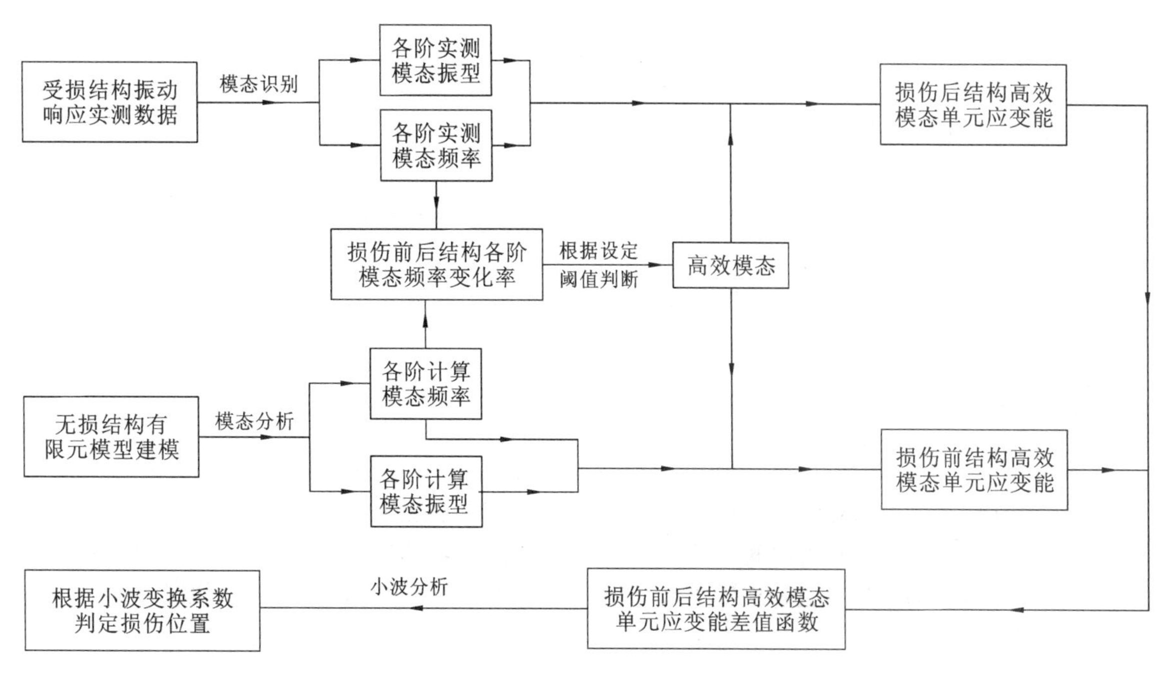

图 1 桩承框架结构损伤识别流程图

Fig. 1 Flow chart of damage identification of pile-supported frame structure

具体识别步骤如下：

(1) 根据已有工程资料，建立无损桩承框架结构有限元模型，通过模态分析得到无损桩承框架结构的各阶模态频率及振型；

(2) 通过环境激励获得运行状态下受损结构振动响应实测数据，经模态识别得到受损桩承框架结构的各阶实测模态频率及振型；

(3) 计算损伤前后桩承框架结构的各阶模态频率的变化率，确定高效模态阶次；

(4) 分别计算无损桩承框架结构和受损桩承框架结构相应高效模态的单元模态应变能，并计算损伤前后高效模态单元模态应变能差值函数；

(5) 通过对各阶高效模态单元模态应变能差值函数经小波分析得到的小波变换系数绝对值的平均值判断相应构件(梁、柱、板、桩)的损伤位置。

1.2 高效模态确定

根据损伤前后结构模态频率变化率来选择进行结构损伤识别的高效模态。损伤前后第 i 阶结构模态的模态频率变化率 δ_i 可按下式进行计算：

$$\delta_i=\frac{f_i^d f_i^u}{f_i^u}\times 100\% \tag{1}$$

式中，f_i^u 和 f_i^d 分别为损伤前和损伤后结构的第 i 阶模态的模态频率，单位为 Hz。

根据 δ_i 可判断结构损伤是否存在，其值越大说明该阶模态对结构损伤越灵敏。本文方法中选取 δ_i 较大的 n 阶模态作为高效模态进行后续的损伤识别。

1.3 单元模态应变能及应变能差值函数计算

在本研究中，通过模态振型和刚度矩阵计算得到单元模态应变能。由于单元模态应变能能够反映结构局部特性的变化，且对局部结构损伤的敏感性大大高于模态振型。因此，以单元模态应变能作为结构损伤位置判定的基本量。

损伤前和损伤后第 j 单元第 i 阶高效模态的单元模态应变能 $MSE_{i,j}^u$ 和 $MSE_{i,j}^d$ 可按下式计算[39-44]：

$$MSE_{i,j}^u=(\boldsymbol{\varphi}_i^u)^{\mathrm{T}}\,\boldsymbol{K}_j^u\,\boldsymbol{\varphi}_i^u \tag{2}$$

$$MSE_{i,j}^d=(\boldsymbol{\varphi}_i^d)^{\mathrm{T}}\,\boldsymbol{K}_j^d\,\boldsymbol{\varphi}_i^d \tag{3}$$

式中，$MSE_{i,j}^u$ 和 $MSE_{i,j}^d$ 分别为损伤前和损伤后第 j 单元的第 i 阶高效模态的单元应变能；$\boldsymbol{\varphi}_i^u$ 和 $\boldsymbol{\varphi}_i^d$ 分别为损伤前和损伤后第 i 阶高效模态振型向量；$\boldsymbol{K}_j^u$ 为损伤前第 j 单元刚度矩阵；$\boldsymbol{K}_j^d$ 为损伤后第 j 单元刚度矩阵，由于受损后单元刚度是无法测得的，故其一般采用受损前的单元刚度矩阵 $\boldsymbol{K}_j^u$ 代替受损后的单元刚度矩阵 $\boldsymbol{K}_j^d$。

结构损伤前后第 j 单元第 i 阶高效模态应变能差 $MSEC_{i,j}$ 可表示为：

$$MSEC_{i,j}=MSE_{i,j}^d MSE_{i,j}^u \tag{4}$$

1.4 小波分析

结构一旦发生损伤，损伤部位的单元模态应变能差值将出现微小突变，即 $MSEC$ 值突变处。

本文以第 i 阶高效模态对应的第 j 单元 $MSEC_{i,j}$ 值构成的应变能差值函数序列作为输入信号，以单元编号(对应着单元位置)作为时间变量，利用小波变换得到第 i 阶高效模态第 j 单元的模态应变能差值函数的小波变换系数绝对值 $MSECD_{i,j}$。根据 $MSECD_{i,j}$ 值随单元位置的突变情况，来判断结构损伤发生的位置。

1.5 损伤识别指标

为了降低随机噪声的影响，本文采用 n 阶高效模态来识别结构的损伤位置。损伤识别指标采用单元的各阶高效模态的模态应变能差值函数的小波变换系数绝对值的平均值。第 j 单元的各阶高效模态的模态应变能差值函数的小波变换系数绝对值的平均值 $MSECM_j$ 可按式(5)计算。根据上述损伤指标值随单元位置的突变情况来识别结构损伤位置。

$$MSECM_j = \frac{1}{n}\sum_{i=1}^{n} MSECD_{i,j} \tag{5}$$

2 损伤识别数值模拟研究

2.1 桩承框架结构试验模型的数值建模

数值模拟研究以后续将开展的模型试验研究的试验模型(如图 2、图 3 所示)为模拟对象,建立其无损及受损桩承框架结构的有限元数值模型。

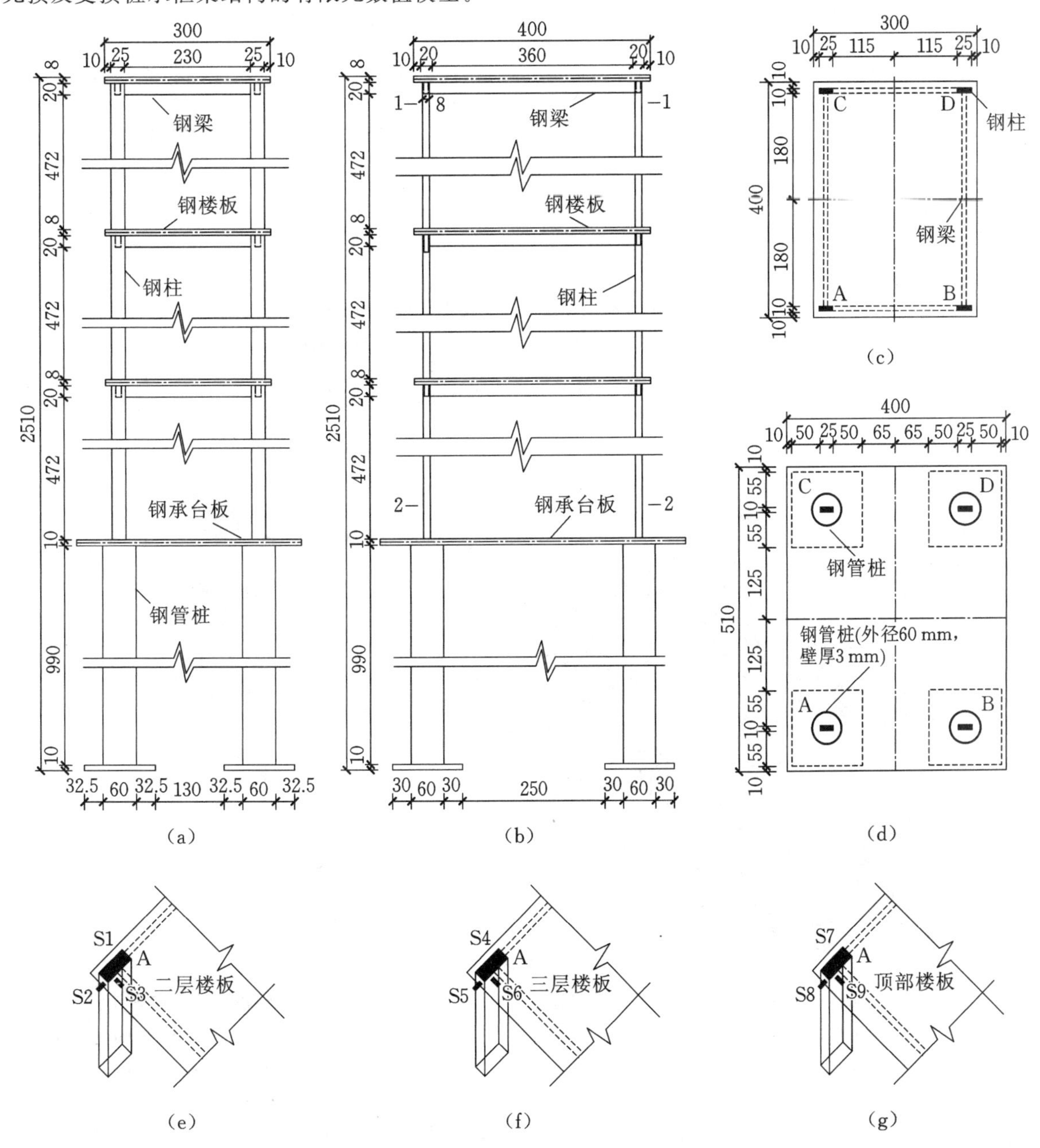

图 2 试验模型设计(单位:mm)

Fig. 2 The design of test model(unit:mm)

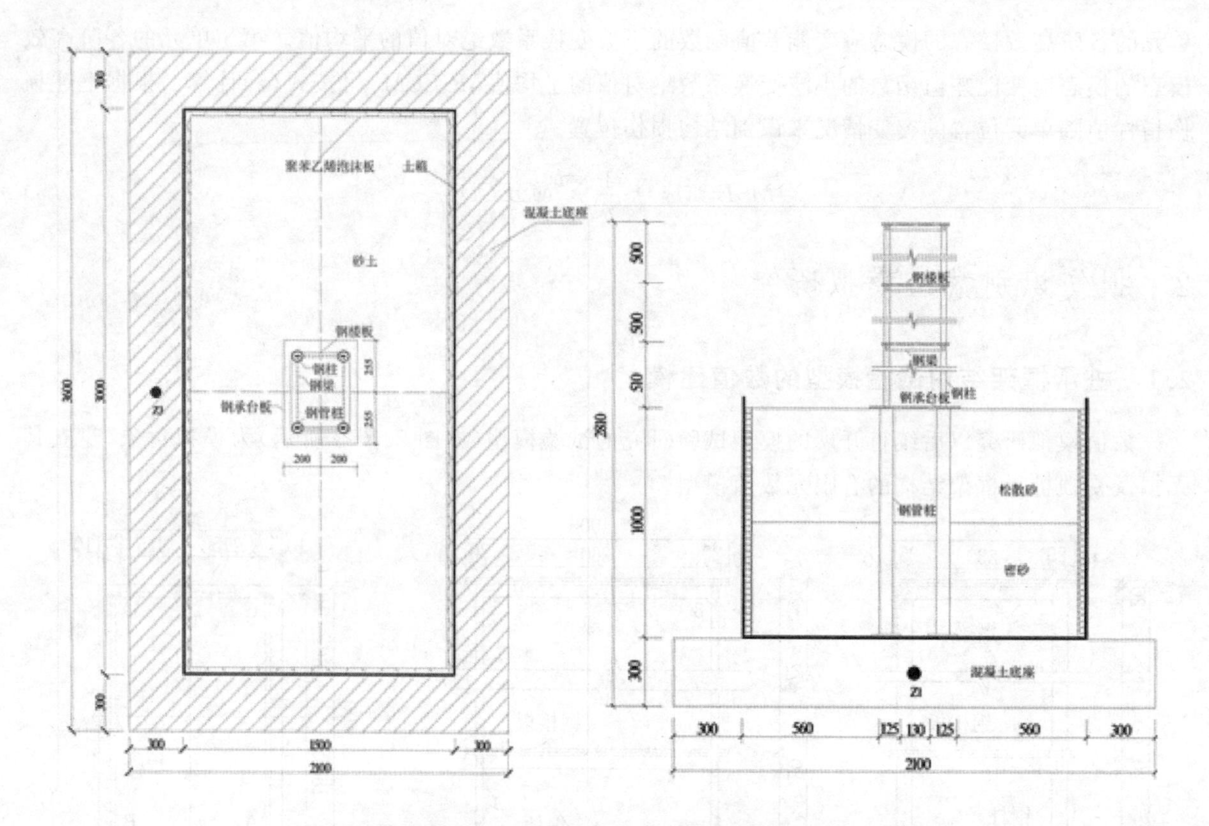

图 3 试验土箱设计及试验模型布置(单位:mm)

Fig. 3 The design of test soil box and the test model layout(unit:mm)

应用 Ansys 建立无损情况下土-桩-框架结构整体有限元模型,如图 4 所示。其中,桩基础-框架结构部分的有限元模型如图 5 所示。

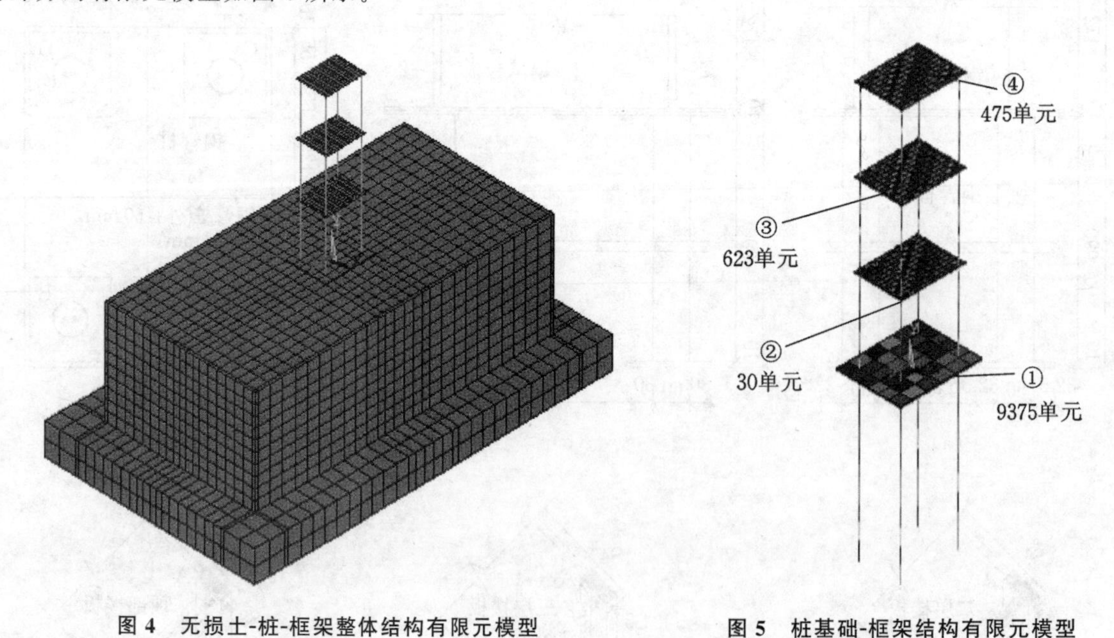

图 4 无损土-桩-框架整体结构有限元模型

Fig. 4 The finite element model of the undamaged soil-pile-frame structure system

图 5 桩基础-框架结构有限元模型

Fig. 5 The finite element model of pile foundation-frame structure system

梁、柱、桩、板、承台和土体域相应尺寸同试验模型设计。钢构件钢材的弹性模量为 2.1×10^5 MPa,密度为 7850 kg/m^3,泊松比为 0.33。混凝土的弹性模量为 3×10^4 MPa,密度为 2500 kg/m^3,泊松比为 0.2。聚苯乙烯泡沫的弹性模量为 7 MPa,密度为 30 kg/m^3,泊松比为 0.3。土体参数如下:①

松散砂的弹性模量为 25 MPa，密度为 1900 kg/m³，泊松比为 0.35；②密砂的弹性模量为 120 MPa，密度为 2000 kg/m³，泊松比为 0.3。钢梁、钢柱和钢管桩均采用 Beam188 三维梁单元模拟，钢楼板和钢土箱采用 Shell63 壳单元模拟，钢承台板、土体和混凝土底座采用 Solid45 实体单元模拟。每一根钢梁、钢柱和钢管桩均划分为 10 个单元，每层钢楼板单元划分为 144 个单元，钢承台板、聚丙乙烯泡沫单元和土体单元分别划分为 36 个单元、880 个单元和 4680 个单元。混凝土底座底部采用固支边界约束。由于环境激励作用下结构响应较小，土体的非线性效应和桩土间的分离滑移效应对结构响应的影响不明显，故数值模拟时忽略上述非线性的影响。

2.2 损伤识别数值模拟工况

数值模拟研究的损伤工况如表 1 所示，损伤位置编号如图 5 所示，其中①表示桩顶端部单元损伤，②表示一层柱顶端部单元损伤，③表示二层边梁端部单元损伤，④表示三层板跨中单元损伤。

数值模拟采用降低相应损伤单元刚度模拟结构损伤，具体可通过降低损伤单元的弹性模量来模拟单元刚度降低。根据不同损伤工况，仅需在无损桩承框架结构整体有限元模型基础上修改相应损伤单元处的材料参数(降低弹性模量)，即可得到相应损伤工况时的受损结构有限元模型。

表 1　损伤识别数值模拟工况

Table 1　Damage identification numerical simulation cases

工况编号	损伤位置	损伤程度
1	①	10%
2	②	10%
3	③	10%
4	④	50%
5	①、②	25%、10%
6	①、③	25%、10%

2.3 模态分析及高效模态选取

6 种损伤工况模型计算得到的模态振型与无损模型类似，模态阶次一一对应。各损伤工况的前 50 阶模态的模态频率变化率，如图 6 所示。根据图 6 确定的 6 种损伤工况进行损伤识别时的高效模态如表 2 所示。

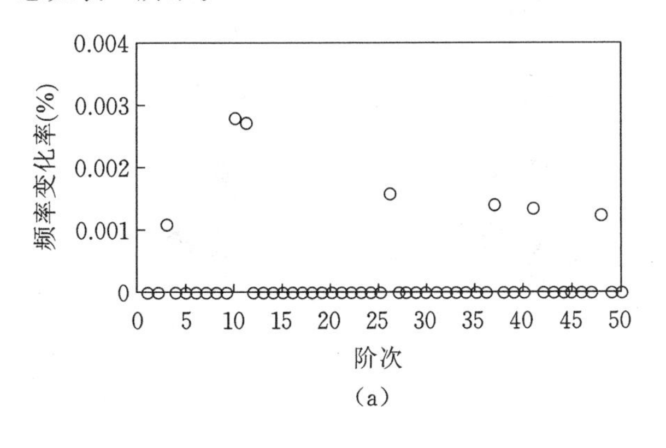

(a)

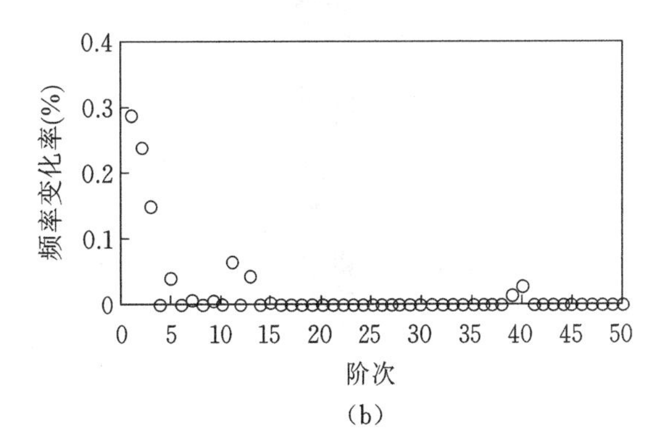

(b)

图 6　各损伤工况前 50 阶模态的频率变化率 δ_i

(a) 工况 1；(b) 工况 2；(c) 工况 3；(d) 工况 4；(e)工况 5；(f) 工况 6

Fig. 6　The frequency change rateδ_i of the first 50 modes for each damaged case

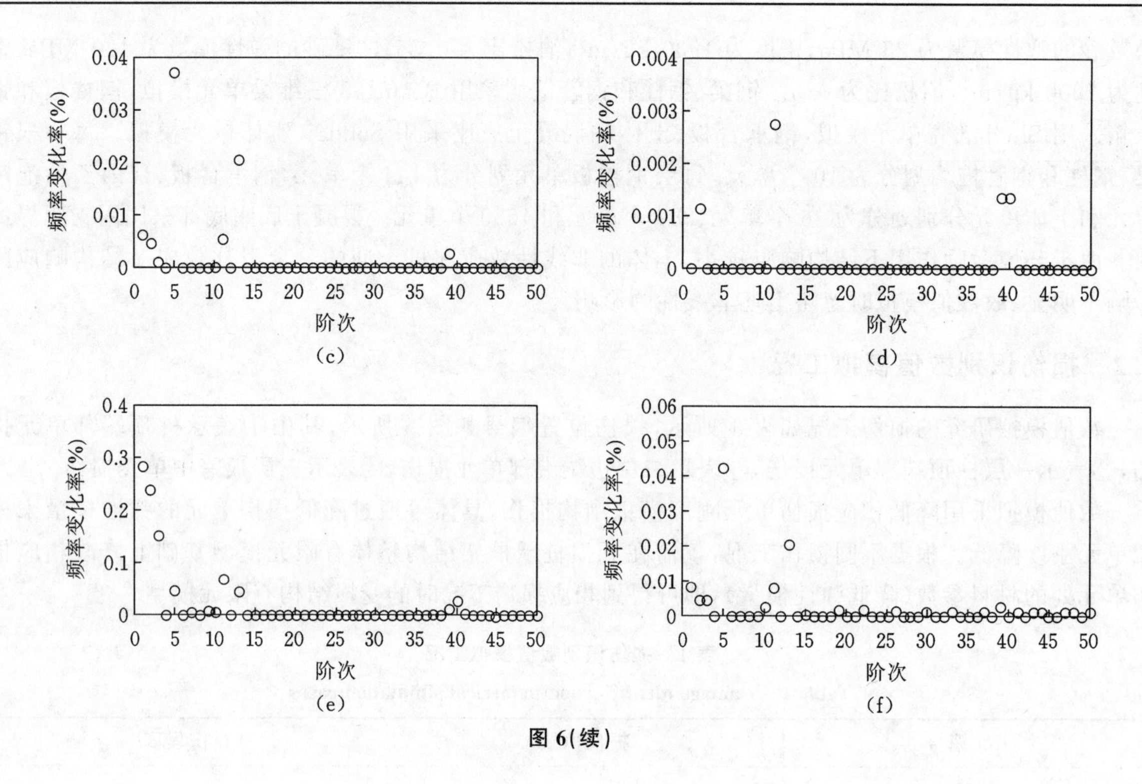

图 6(续)

表 2 各损伤工况高效模态选择

Table 2 Selection of high-efficiency modes for damaged cases

工况编号	高效模态阶次
1	3、10、11、26、37、41、48
2	1、2、3、5、11、13
3	5、13
4	2、11、39、40
5	1、2、3、5、11、13
6	5、13

表 2 中确定的高效模态振型如图 7 所示(未显示土体)。无损模型和各有损工况模型计算得到的与图 7 对应模态的频率如表 3 所示。

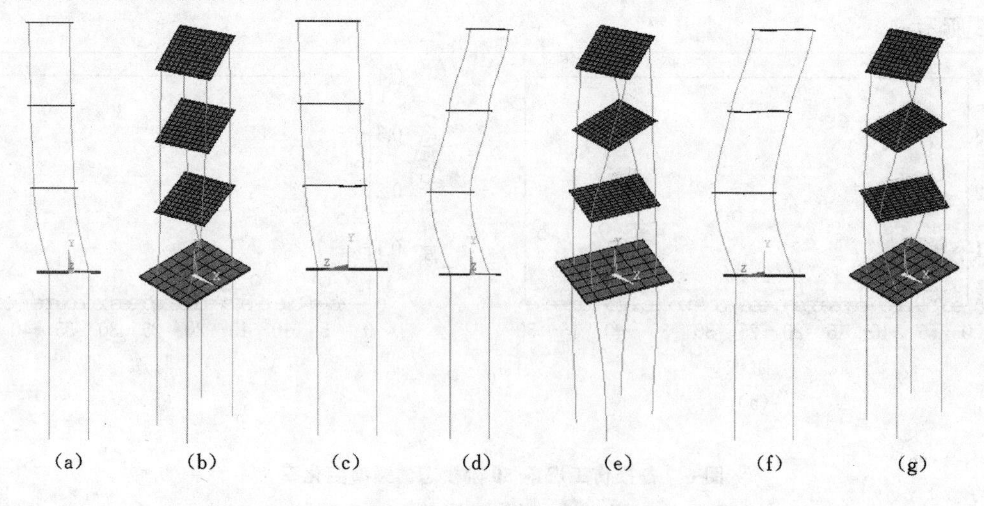

图 7 高效模态振型

(a)1 阶;(b) 2 阶;(c) 3 阶;(d) 5 阶;(e) 10 阶;(f) 11 阶;(g) 13 阶;(h) 26 阶;(i) 37 阶;(j) 39 阶;(k) 40 阶;(l) 41 阶;(m) 48 阶

Fig. 7 The mode shapes of high-efficiency modes

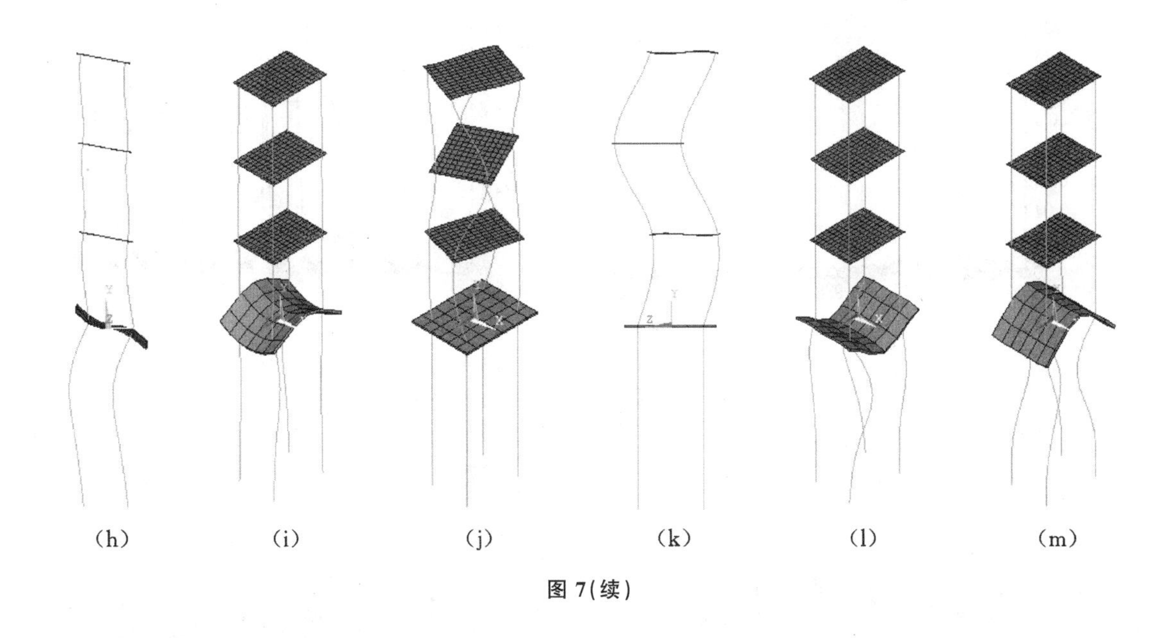

图 7(续)

表 3　无损和有损模型高效模态频率(单位:Hz)

Table 3　The mode frequencies of the high-efficiency modes of undamaged and damaged models(unit:Hz)

模态阶次	无损模型	有损工况模型					
		工况 1	工况 2	工况 3	工况 4	工况 5	工况 6
1	4.7482	4.7482	4.7347	4.7479	4.7482	4.7347	4.7478
2	8.9094	8.9094	8.8883	8.9090	8.9093	8.8882	8.9090
3	9.0356	9.0355	9.0223	9.0355	9.0356	9.0220	9.0352
5	18.9900	18.9900	18.9820	18.9830	18.9900	18.9810	18.9820
10	35.6360	35.6350	35.6360	35.6360	35.6360	35.6350	35.6350
11	36.5940	36.5930	36.5700	36.5920	36.5930	36.5690	36.5910
13	38.8460	38.8460	38.8290	38.8380	38.8460	38.8290	38.8380
26	62.6420	62.6410	62.6420	62.6420	62.6420	62.6410	62.6410
37	71.8310	71.8300	71.8310	71.8310	71.8310	71.8300	71.8300
39	74.0460	74.0460	74.0360	74.0440	74.0450	74.0360	74.0440
40	74.3600	74.3600	74.3400	74.3600	74.3590	74.3400	74.3600
41	74.7620	74.7610	74.7620	74.7620	74.76200	74.7610	74.7610
48	80.6010	80.6000	80.6010	80.6010	80.6010	80.6000	80.6000

2.4 数值模拟损伤识别结果及分析

2.4.1 单一损伤识别结果及分析

为了检验本文方法对单一损伤的损伤位置识别效果,采用前述损伤识别算法对损伤工况 1～工况 4 进行了损伤识别计算,上述 4 种工况损伤位置识别结果如图 8～图 11 所示。

由工况 1 损伤识别结果(图 8)可知:9375 号桩单元及其相邻的 9376 号桩单元以及 31 号柱单元的各阶高效模态的单元模态应变能差值函数的小波变换系数绝对值的平均值(即 MSECM 值)存在明显突变,而梁和板单元的 MSECM 值变化均较小,且 9375 号桩单元的 MSECM 值最大,故可知 9375 号桩单元处及附近可能存在损伤。

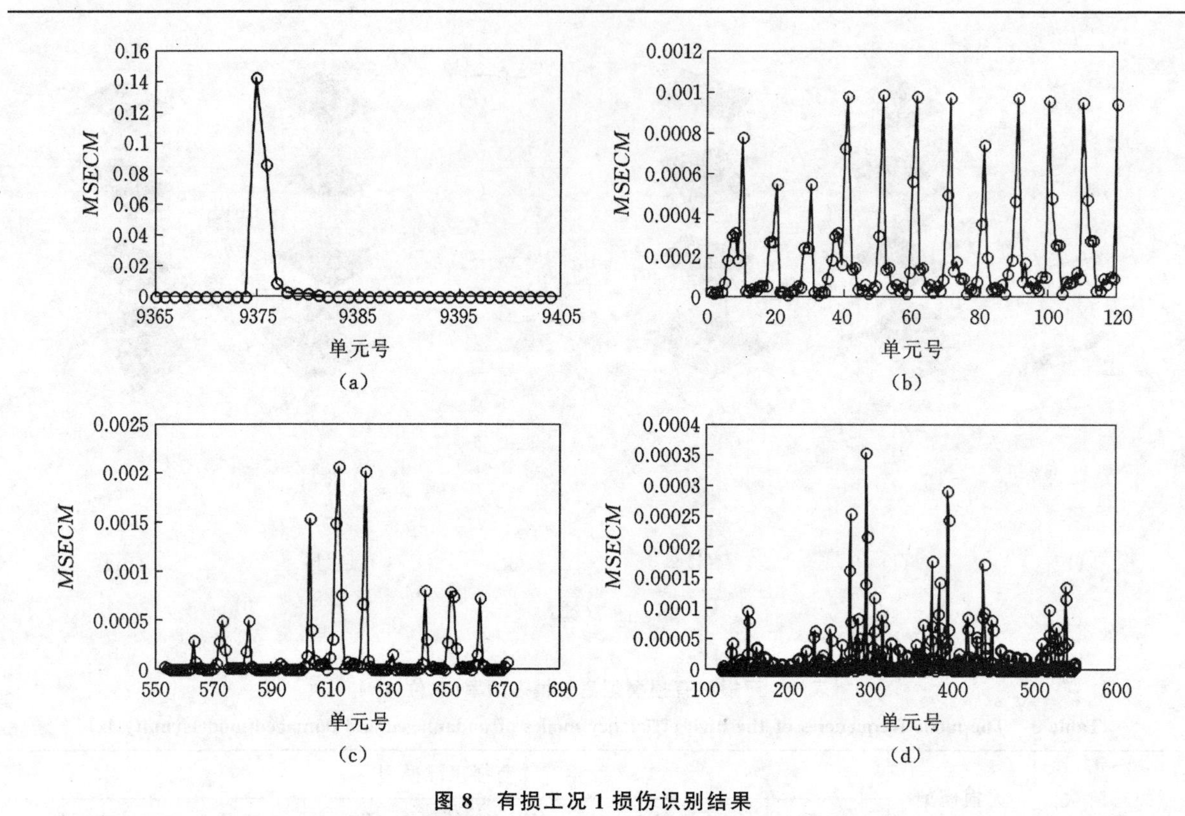

图 8 有损工况 1 损伤识别结果

(a) 桩单元;(b) 柱单元;(c)梁单元;(d)板单元

Fig. 8 The identification results of the damaged case 1

由工况 2 损伤识别结果(图 9)可知:30 号柱单元及其相邻的 29 号柱单元的 MSECM 值存在明显突变,而桩、梁和板单元的 MSECM 值变化均较小,且 30 号柱单元的 MSECM 值最大,故可知 30 号柱单元处及附近可能存在损伤。

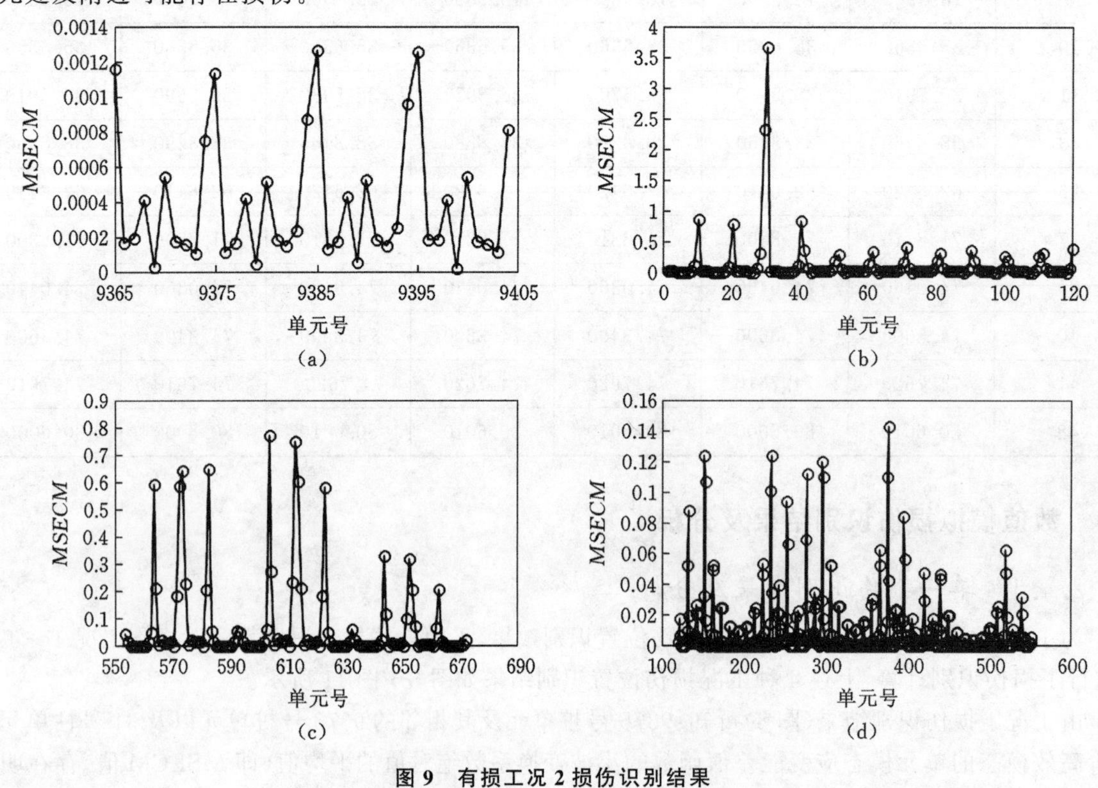

图 9 有损工况 2 损伤识别结果

(a) 桩单元;(b) 柱单元;(c) 梁单元;(d) 板单元

Fig. 9 The identification results of the damaged case 2

由工况 3 损伤识别结果(图 10)可知:623 号梁单元及其相邻的 624 号梁单元以及 385～387、406～408 号板单元的 MSECM 值存在明显突变,而桩单元和柱单元的 MSECM 值变化均较小,且 623 号梁单元的 MSECM 值最大,故可知 623 号梁单元处及附近可能存在损伤。

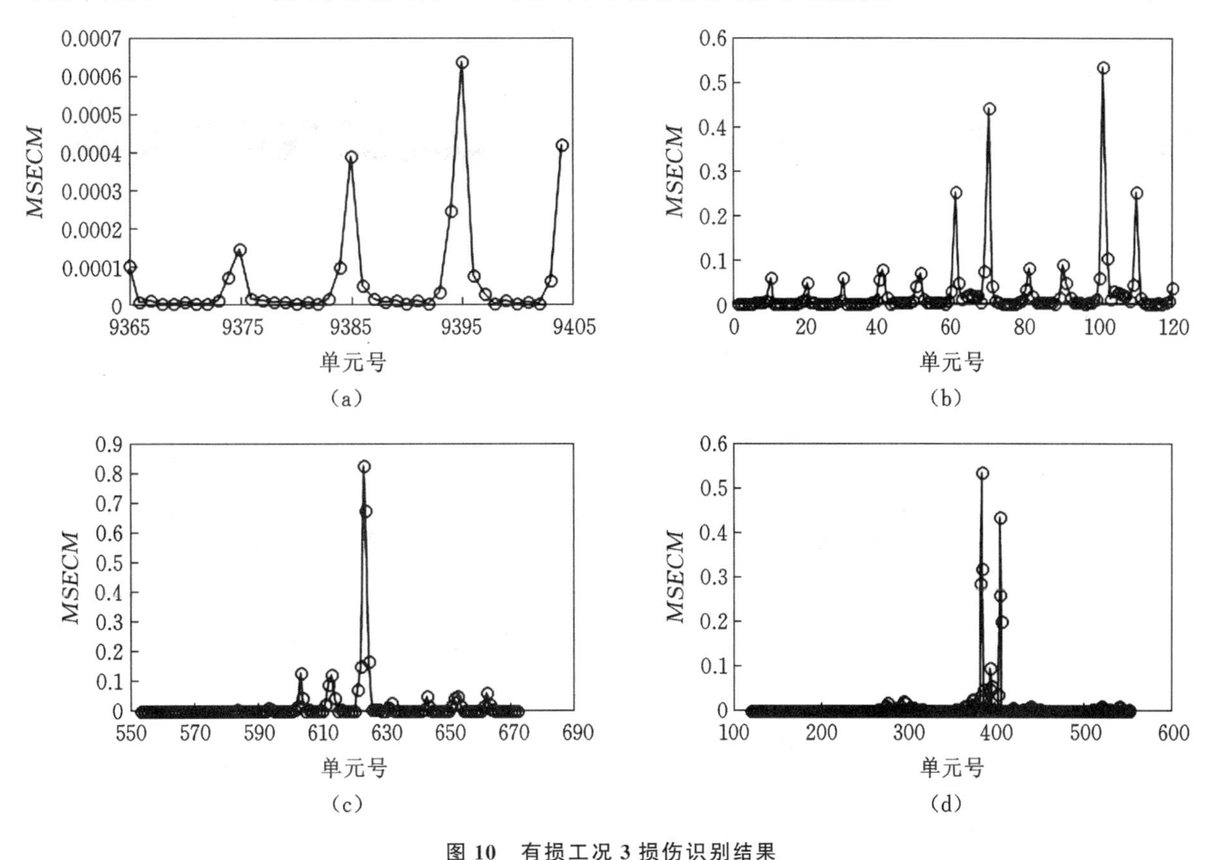

图 10 有损工况 3 损伤识别结果

(a) 桩单元;(b) 柱单元;(c) 梁单元;(d) 板单元

Fig. 10 The identification results of the damaged case 3

由工况 4 损伤识别结果(图 11)可知:475 号板单元及其相邻的 474 和 476 号板单元处 MSECM 值存在明显突变,而桩单元、柱单元和梁单元的 MSECM 值变化均较小,故可知 475 号板单元处及附近可能存在损伤。

通过对上述 8 种有损工况的数值模拟结果可知,本文损伤位置识别方法对桩承框架结构不同部位可能存在的单一损伤的损伤位置能较好地识别,虽存在邻近效应的影响,但均能有效锁定所在的损伤区域。

2.4.2 多损伤识别结果及分析

为了检验本文方法对多处损伤的损伤位置识别效果,采用前述损伤识别算法对损伤工况 5 和工况 6 进行了损伤识别计算,上述 2 种工况损伤位置识别结果如图 12～图 13 所示。

由工况 5 损伤识别结果(图 12)可知,MSECM 值存在明显突变的位置主要两处:①9375 号桩单元和与其相邻的 9376 号桩单元;②30 号柱单元和与其相邻的 29 号柱单元。梁和板单元的 MSECM 值变化均较小。桩单元中 9375 号桩单元 MSECM 值较大,柱单元中 30 号柱单元的 MSECM 值最大,故可知 9375 号桩单元处和 30 号柱单元处及其附近可能存在损伤。

由工况 6 损伤识别结果(图 13)可知,MSECM 值存在明显突变的位置主要两处:①9375 号桩单元和与其相邻的 9376 号桩单元;②623 号梁单元和与其相邻的 624 号柱单元。柱和板单元的 MSECM 值变化均较小。桩单元中 9375 号桩单元 MSECM 值较大,梁单元中 623 号梁单元的 MSECM 值最大,故可知 9375 号桩单元处和 623 号梁单元处及其附近可能存在损伤。

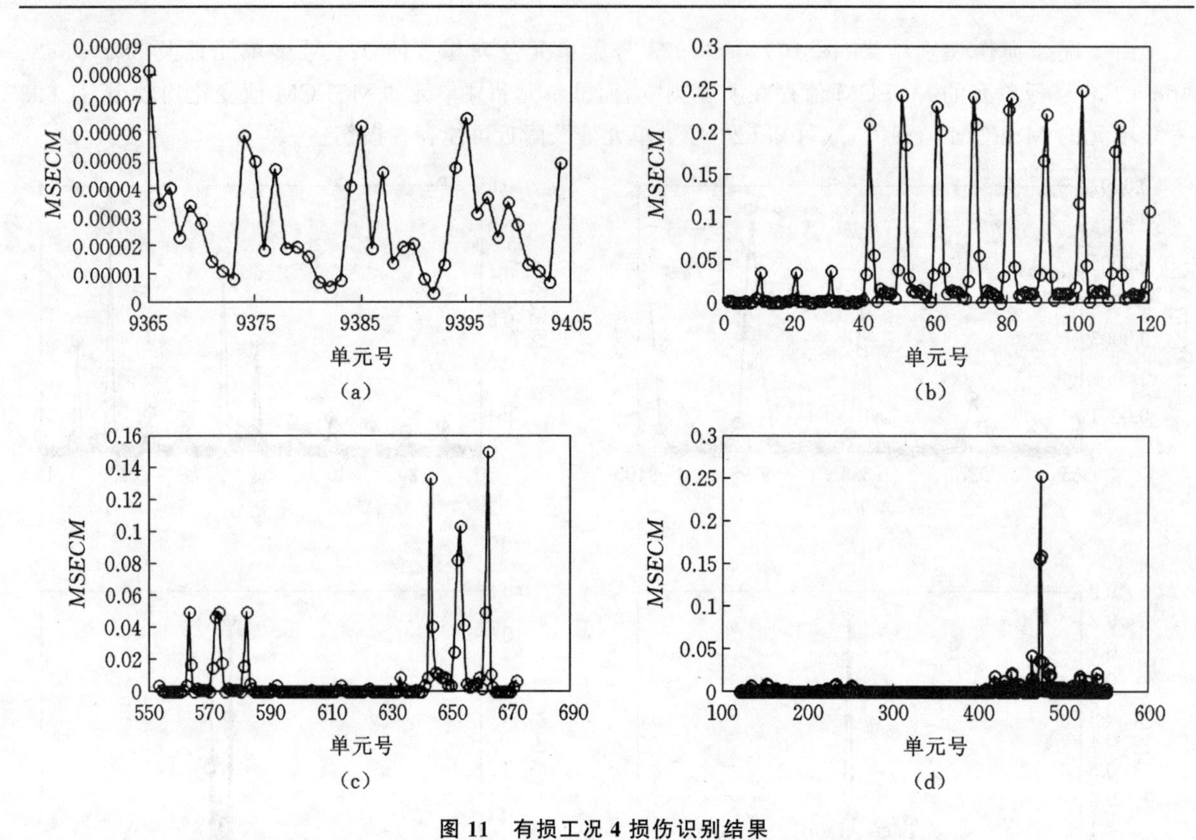

图 11　有损工况 4 损伤识别结果

(a) 桩单元;(b) 柱单元;(c) 梁单元;(d) 板单元

Fig. 11　The identification results of the damaged case 4

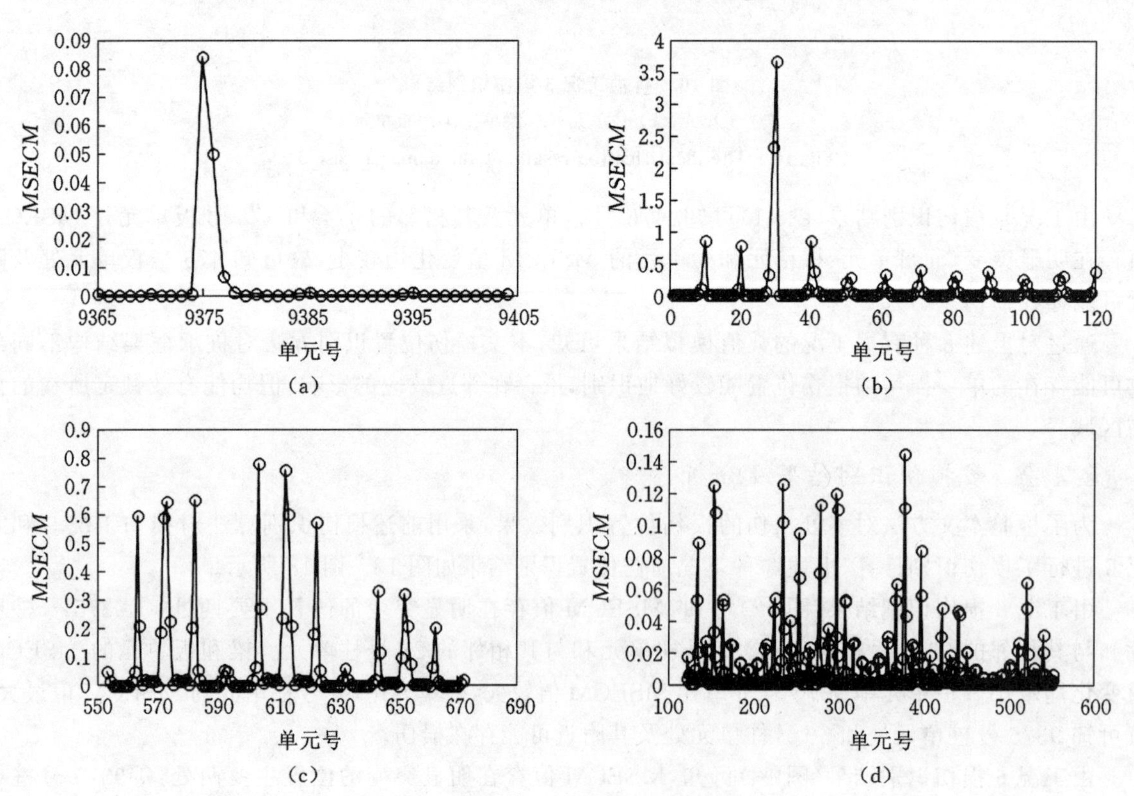

图 12　有损工况 5 损伤识别结果

(a) 桩单元;(b) 柱单元;(c) 梁单元;(d) 板单元

Fig. 12　The identification results of the damaged case 5

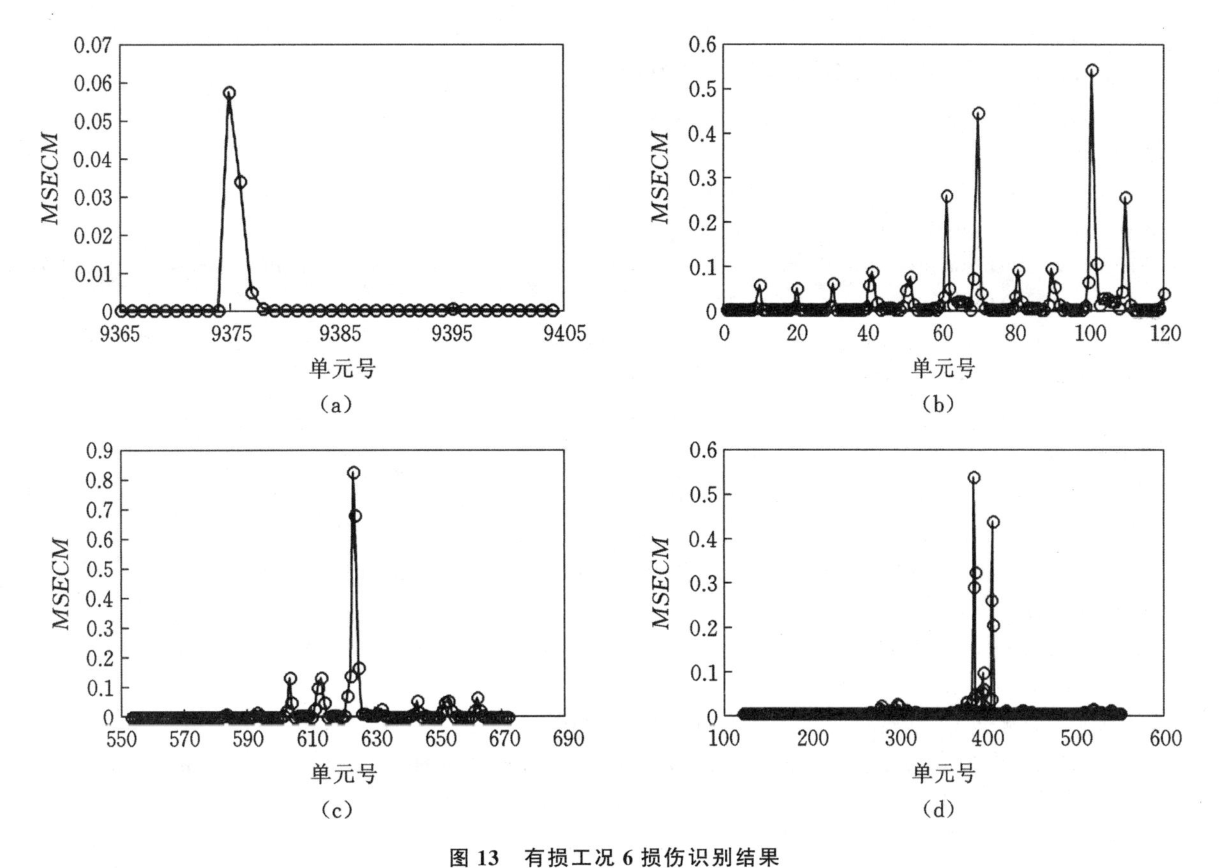

图 13 有损工况 6 损伤识别结果

(a) 桩单元;(b) 柱单元;(c) 梁单元;(d) 板单元

Fig. 13 The identification results of the damaged case 6

通过对上述 2 种有损工况的数值模拟结果可知,本文损伤位置识别方法对桩承框架结构不同部位可能存在的多损伤情况的损伤位置能较好地识别,虽存在邻近效应的影响,但均能有效锁定所在的多个损伤区域。

3 结论

本文提出了一种基于模态应变能和小波变换的桩承框架结构上下部损伤共同识别的损伤识别方法,该方法将土-桩-框架结构作为一个整体进行损伤识别,可考虑土-桩-结构相互作用效应对框架上部结构构件损伤识别的影响。通过数值模拟对该方法的有效性进行了研究,结果表明该方法能对桩承框架结构可能存在的单一损伤或多损伤情况的损伤位置能较好地识别,虽存在邻近效应的影响,但均能有效锁定所在的损伤区域。同时,该方法可对隐蔽的桩基础损伤位置进行识别。

参考文献

[1] Salawu OS. Detection of structural damage through changes in frequency: a review[J]. Engineering Structures, 1997, 19(9): 718-723.

[2] Doebling SW, Farrar CR, Prime MB. A summary review of vibration-based damage identification methods[J]. The Shock and Vibration Digest, 1998, 30(2): 91-105.

[3] Farrar CR, Jauregui DA. Comparative study of damage identification algorithms applied to a bridge: I. Experiment[J]. Smart Materials and Structures, 1998, 7(5): 704-719.

[4] Yan YJ, Cheng L, Wu ZY, et al. Development in vibration-based structural damage detection technique[J]. Mechanical Systems and Signal Processing, 2007, 21: 2198-2211.

[5] Fan W, Qiao PZ. Vibration-based damage identification methods: a review and comparative study[J]. Structural Health Monitoring, 2010, 9(3): 83-111.

[6] Cawley P,Adams RD. The location of defects in structures from measurements of natural frequencies[J]. Journal of Strain Analysis for Engineering Design,1979,14(2):49-57.

[7] Yuen MMF. A numerical study of the eigenparameters of a damaged cantilever[J]. Journal of Sound and Vibration, 1985,103(3):301-310.

[8] Pandey AK,Biswas M,Samman MM. Damage detection form changes in curvature mode shapes[J]. Journal of Sound and Vibration,1991,145(2):321-332.

[9] Ricles JM,Kosmatka JB. Damage detection in elastic structures using vibratory residual forces and weighted sensitivity[J]. AIAA Journal,1992,30(9):2310-2316.

[10] Pandey AK,Biswas M. Damage detection in structures using changes in flexibility[J]. Journal of Sound and Vibration,1994,169(1):3-17.

[11] Pandey AK,Biswas M. Experimental verification of flexibility difference method for locating damage in structures [J]. Journal of Sound and Vibration,1995,184(2):311-328.

[12] Shi ZY, Law SS, Zhang LM. Structural damage detection from modal strain energy change[J]. Journal of Engineering Mechanics,2000,126(12):1216-1223.

[13] Yao GC,Chang KC,Lee GC. Damage Diagnosis of steel frames using vibrational signature analysis[J]. Journal of Engineering Mechanics,1992,118(9):1949-1961.

[14]Morassi A,Rovere N. Localizing a notch in a steel frame from frequency measurements[J]. Journal of Engineering Mechanics,1997,123(5):422-432.

[15] 李国强,郝坤超,陆烨. 框架结构损伤识别的两步法[J]. 同济大学学报,1998,26(5):483-487.

[16] Lam HF,Ko JM,Wong CW. Localization of damaged structural connections based on experimental modal and sensitivity analysis[J]. Journal of Sound and Vibration,1998,210(1):91-115.

[17] 王柏生,倪一清,高赞明. 框架结构连接损伤识别神经网络输入参数的确定[J]. 振动工程学报,2000,13(1): 137-142.

[18] Yun CB,Yi JH,Bahng EY. Joint damage assessment of framed structures using a neural networks technique[J]. Engineering Structures,2001,23(5):425-435.

[19] Zapico JL,Worden K,Molina FJ. Vibration-based damage assessment in steel frames using neural networks[J]. Smart Materials and Structures,2001,10(3):553-559.

[20]Shi ZY,Law SS,Zhang LM. Improved damage quantification from elemental modal strain energy change[J]. Journal of Engineering Mechanics,2002,128(5):521-529.

[21] 陈素文,李国强. 基于 BP 网络的框架结构损伤的多重分步识别理论[J]. 地震工程与工程振动,2002,22(5): 18-23.

[22] 瞿伟廉,陈伟,李秋胜. 基于神经网络技术的复杂框架结构节点损伤的两步诊断法[J]. 土木工程学报,2003,36 (5):37-45.

[23] Ovanesova AV,Sua'rez LE. Application of wavelet transforms to damage detection in frame structures[J]. Engineering Structures,2004,26(1):39-49.

[24] 李林. 剪切型框架结构损伤检测的数值与试验研究[D]. 武汉:华中科技大学,2005.

[25] Li HJ,Yang HZ,Hu SLJ. Modal strain energy decomposition method for damage localization in 3D frame structures[J]. Journal of Engineering Mechanics,2006,132(9):941-951.

[26] Park S,Bolton RW,Stubbs N. Blind test results for nondestructive damage detection in a steel frame[J]. Journal of Structural Engineering,2006,132(5):800-809.

[27] Ji XD,Qian JR,Xu LH. Damage diagnosis of a two-storey spatial steel braced-frame model[J]. Structural Control and Health Monitoring,2007,14(8):1083-1100.

[28] 孙增寿,张波,范科举. 基于提升小波的框架结构损伤识别研究[J]. 世界地震工程,2010,26(4):25-30.

[29] Chellini G,Roeck GD,Nardini L,et al. Damage analysis of a steel-concrete composite frame by finite element model updating[J]. Journal of Constructional Steel Research,2010,66(3):398-411.

[30] Shiradhonkar SR,Shrikhande M. Seismic damage detection in a building frame via finite element model updating [J]. Computers and Structures,2011,89(23):2425-2438.

[31] Xu B,Song G,Masri SF. Damage detection for a frame structure model using vibration displacement measurement

[J]. Structural Health Monitoring,2012,11(3):281-292.

[32] Döhler M, Hille F. Subspace-based damage detection on steel frame structure under changing excitation[J]. Structural Health Monitoring,2014,5:167-174.

[33] 秦阳,李英民. 基于区间分析的框架结构不确定性损伤识别方法[J]. 重庆大学学报,2015,38(6):107-114.

[34] Zhou YL,Figueiredo E,Maia N,et al. Damage detection and quantification using transmissibility coherence analysis [J]. Shock and Vibration,2015,2015(4):1-16.

[35] Loh CH,Chan CK,Chen SF,et al. Vibration-based damage assessment of steel structure using global and local response measurements[J]. Earthquake Engineering and Structural Dynamics,2016,45(5):699-718.

[36] Yatim NHM,Muhamad P,Abu A. Conditioned reverse path method on frame structure for damage detection[J]. Journal of Telecommunication,Electronic and Computer Engineering,2017,9(1-4):49-53.

[37] Pathirage CSN,Li J,Li L,et al. Structural damage identification based on autoencoder neural networks and deep learning[J]. Engineering Structures,2018;172:13-28.

[38] Ding ZH,Li J,Hao H,et al. Structural damage identification with uncertain modeling error and measurement noise by clustering based tree seeds algorithm[J]. Engineering Structures,2019,185:301-314.

[39] Shi ZY,Law SS,Zhang LM. Structural damage localization from modal strain energy change[J]. Journal of Sound and Vibration,1998,218(5):825-844.

[40] Cornwell P,Doebling SW,Farrar CR. Application of the strain energy damage detection method to plate-like structures[J]. Journal of Sound and Vibration,1999,224(2):359-374.

[41] Hu HW,Wu CB. Development of scanning damage index for the damage detection of plate structures using modal strain energy method[J]. Mechanical Systems and Signal Processing,2009,23(2):274-287.

[42] Guo HY,Li ZL. Structural damage detection based on strain energy and evidence theory[J]. Applied Mechanics and Materials,2011,48-49:1122-1125.

[43] Fan W,Qiao PZ. A strain energy-based damage severity correction factor method for damage identification in plate-type structures[J]. Mechanical Systems and Signal Processing,2012,28:660-678.

[44] Wei ZT,Liu JK,Lu ZR. Damage identification in plates based on the ratio of modal strain energy change and sensitivity analysis[J]. Inverse Problems in Science and Engineering,2016,24(2):265-283.

30. 大型户外广告牌面板极值风压的非高斯特性研究

黄洪量　汪大海

（武汉理工大学 土木工程与建筑学院，武汉 430070）

摘要：大型户外广告牌作为城市典型的风灾易损性结构，在强风作用下的毁坏倒塌发生频繁，存在巨大的安全隐患。本文针对大型户外独立柱广告牌结构设计的薄弱环节——广告牌面板的极值风压破坏，通过开展三种紊流度不同的风场的测压试验，考察了面板风压时程的高斯/非高斯特性，并通过两种计算极值风压的方法，给出了风压时程与风场之间的联系，同时也比较了不同风场下这两种极值计算方法的优劣，对实际中广告牌面板的结构的设计以及广告牌面板易损性的研究有一定参考价值。

关键词：广告牌面板；高斯；非高斯；风压极值；不同风场

Non Gaussian characteristics of extreme wind pressure on large outdoor billboards

Wang Dahai　Huang Hongliang

(School of Civil Engineering and Architecture,

Wuhan University of Technology, Wuhan 430070, China)

Abstract: As a typical wind disaster vulnerable structure of the city, large outdoor billboards are destroyed and collapsed frequently under the strong wind, and there are huge security risks. In this paper, aiming at the weak link of large-scale outdoor independent column billboard structure design: extreme wind pressure damage of billboard panel. The Gauss /non Gaussian characteristics of the panel wind pressure time history are investigated through the pressure measurement experiments of three wind fields with different turbulence degrees. Through two methods to calculate the extreme wind pressure, the relationship between the wind pressure time history and the wind field is given. At the same time, the advantages and disadvantages of the two extreme value calculation methods under different wind fields are compared. It has a certain reference value for the structure design and vulnerability research of billboard panel in practice.

Keywords: Billboard panel; Gaussian; non Gaussian; extreme wind pressure; different wind fields

引言

户外单立柱广告牌是一种常见的高耸悬臂结构，其上部迎风面积相对较大，具有头重脚轻、轻柔等特点，其风灾破坏时有发生，是一类典型的城市风易损性结构。汤德英[1]在台风丹恩经过厦门市后研究发现广告牌结构在此次风灾中损毁率高达 90%，造成重大的经济损失；Tamura[2]发现在风灾中广告牌结构易于产生碎片，这些碎片主要源于广告牌面板与主体结构之间的连接失效，而且有对人体或其他构筑物造成二次伤害的危险。

因此，国内外学者在这个方向开展了大量的研究。韩志慧等[5]基于风洞试验，研究得到了广告牌结构的风力系数的均值和脉动值、扭矩分别出现的最大风向角以及出现时的最大值；赵丽雅等[4]在试验中发现脉动风压系数随湍流度增大而增大；顾明等[21]发现广告牌面板边缘附近的平均风压系数绝对值及脉动风压系数要比面板内部区域大；程浩等[6]分析了风压时程，探究了广告牌面板上风压时程的分布特性；李志豪等[7]在大型风洞实验室中进行了开敞板式结构测压试验，给出了特定风向下的风致动力响应的建议公式。这项研究初步完善了三面广告牌结构的防灾设计理论，为风荷载的计算提供了一种理论方法。Wang 等[3]对大型广告牌结构的风荷载进行了风洞试验研究，测量了板表面的同步动压力，研究了局部压力、各单板和整体结构的整体力特性。

事实上，由于气流在广告牌面板边缘会发生分离、涡流及再附等现象，这导致广告牌面板部分位置的风压时程呈现出明显的非高斯性。Harris 和 Vaicatis[8][9]指出结构边缘处的风压往往不符合高斯分布；Holmes[10]以及 Gioffre 等[11]发现，采用高斯分布的风压时程的方法计算得到的极值往往小于实际情况，从而使结构偏向危险与高斯风压相比，同等风速下的非高斯风压造成结构破坏的概率会提高 15%～30%。

本文通过刚性模型的测压风洞试验，开展了典型三面广告牌面板在不同地貌类型下的面板风压测试，分析了面板风压时程的高斯/非高斯特性，采用 Hermite 级数法给出了非高斯极值风压的分布特性，并考察了不同风向角及湍流度对极值风压的影响。研究对广告牌面板的结构的设计风压体型系数的取值，以及广告牌面板的抗风易损性的研究提供了基础数据和计算方法。

1　广告牌结构的测压风洞试验

1.1　试验模型设计

三面单立柱开敞结构广告牌是我国常见的户外独立柱广告牌，此次试验模型的原型是由国家建筑标准设计图集《户外钢结构独立柱广告牌》(07SG526)[12]中的 G3-6×18 广告牌。广告牌型号及总体参数见表 1。

表 1　广告牌型号及总体参数

广告牌型号	面板尺寸(m)		结构尺寸(m)			总质量(kg)
	宽	高	长	宽	高	
G3-6×18	18.0	6.0	17.4	15.3	20.8	32524

此次试验中刚性模型采用 1:20 的比例尺制作模型进行试验，阻塞率为 4.85%。为保证文章的完整性，在此处需做复述。考虑到风压分布在气流分离处的变化，本次试验在面板测点布置时采用边密中疏、左右上下对称的布置方式，单侧布置 84 个测点，总测点数为 504。模型主要参数见图 1。

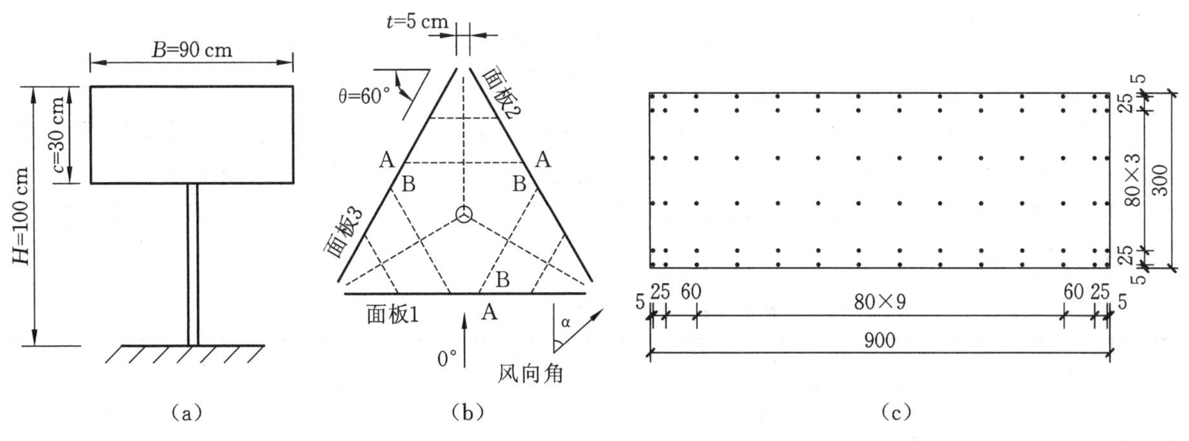

图 1　模型主要参数

(a) 主视图；(b) 俯视图及方向规定；(c) 面板测点分布

1.2 风场模拟

风洞试验在武汉大学 WD-1 风洞进行，此试验研究了广告牌结构面板风压分布与湍流度的关系，故试验中模拟了规范中的三种地貌(B、C)，地貌主要通过调整尖劈尺寸和粗糙元的分布以实现三种地貌下不同的湍流度，试验中的风速固定为 8 m/s。z_{ref} 表示参考高度，此次试验中参考高度取距离地面 1 米。V_{ref} 为参考点处的平均风速。B 类地貌风场参数见图 2，C 类地貌风场参数见图 3。

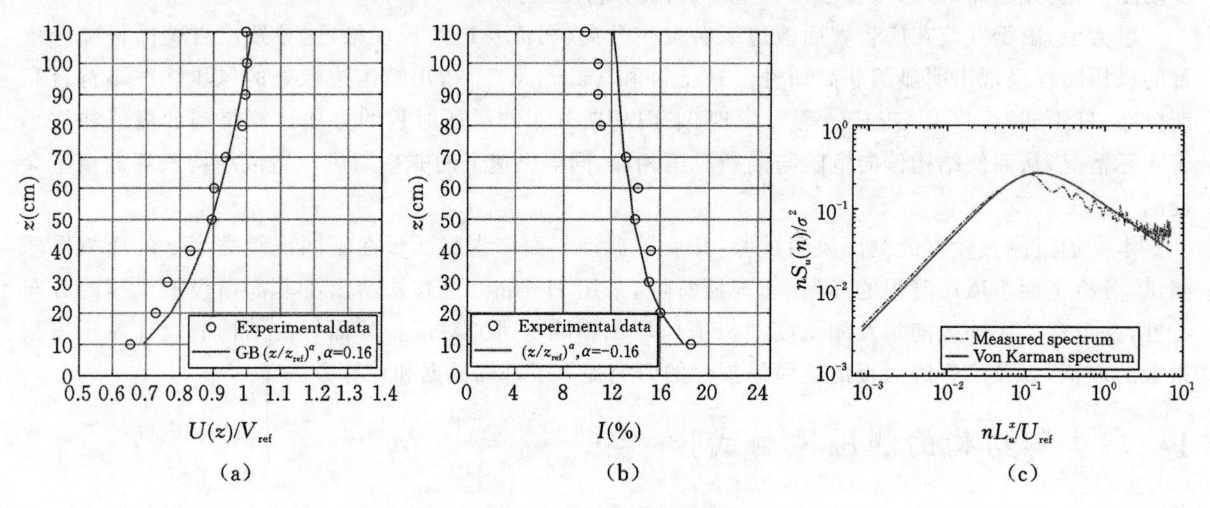

图 2　B 类地貌风场参数

(a) 风速剖面；(b) 湍流度剖面；(c) 功率谱

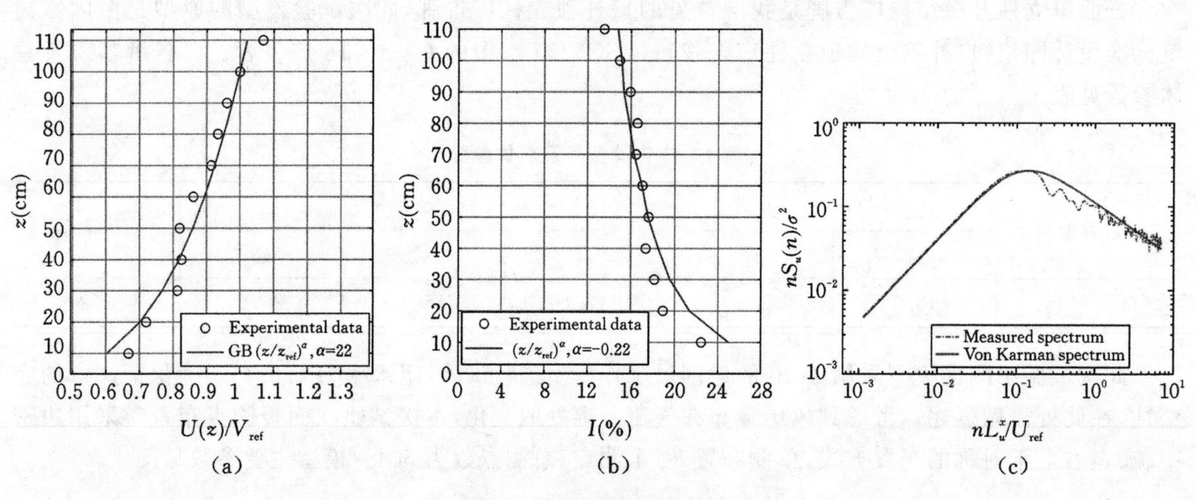

图 3　C 类地貌风场参数

(a) 风速剖面；(b) 湍流度剖面；(c) 功率谱

试验使用美国 PSI 扫描阀公司生产的 DTCnet 电子式压力扫描阀测压系统测量风压时程，采样频率 332 Hz。均匀流风场采样时长为 135 s，对应实际时长 10 min，为获得极值分布的足够信息，在 B、C 两类地貌的湍流风场下，每个工况采样时长为 405 s，对应实际时长 30 min。三面广告牌刚性测压试验工况见表 2。

表 2　三面广告牌刚性测压试验工况

试验工况	地貌	风速(m/s)	风向角范围/增量(°)
1～5	B	8	0～60/15
6～10	C	8	0～60/15
11～15	均匀	8	0～60/15

2 数据处理方法

1.3 极值风压统计值

每个广告牌面板使用测压盒制作而成，在试验过程中，同时采集到测压盒内外两面的风压数据，通过合成外侧A面和内侧B面相对应位置测点数据即可得到广告牌面板该点处净风压：

$$P_{ij}(\alpha,t)=P_{Aj}(\alpha,t)-P_{Bj}(\alpha,t) \tag{1}$$

$$C_{peak,ij}(\alpha)=\frac{P_{max,ij}(\alpha)}{0.5\rho V_{ref}^2} \tag{2}$$

其中 i 为广告牌单个面板的编号，分别为1，2，3；j 为 j 面板上采集点的编号，分别为1，2，…，84；P_{ij} 表示 i 号面板的 j 号测点在风向角 α 下 t 时刻的风压测量值；$P_{Aj}(\alpha,t)$ 表示任一编号面板的外侧 A 面测点 j 在风向角 α 下 t 时刻的风压测量值；P_{Bj} 表示任一编号面板的内侧 B 面测点 j 在风向角 α 下 t 时刻的风压测量值；ρ 为空气密度；$C_{peak,ji}(\alpha)$ 为面板 j 测点 i 在 α 风向角下的极值风压系数；$P_{max,ji}(\alpha)$ 为面板 j 测点 i 在 α 风向角下的极值风压，取与该点平均风压符号相同的最大风压。基于这种方法，以往对数据进行处理时，往往直接将测得的风压时程中的最大(小)值作为测点处的风压极值。使用这种方法得出的风压云图对进一步的研究有一定的参考价值，但事实上将数据中的最值视为其极值是不严谨的，本文将介绍不同的极值计算方法并与其进行对比以研究其中的区别。

1.4 非高斯区域的划分方法

对于非高斯时程，标准差和方差不足以完善地表示其各种特征，所以便引入了三及四阶矩统计量偏度和峰度

$$Sk=\frac{E[(x-\mu)^3]}{\sigma^3} \tag{3}$$

$$Ku=\frac{E[(x-\mu)^4]}{\sigma^4} \tag{4}$$

对于高斯非高斯风压的划分标准，国际上暂时没有统一的方法。本文参考Kumar[20]的研究结果将偏度和峰度绝对值大于0.5和3.5的风压时程定为非高斯风压时程。其中峰度大于3的时程称为软化非高斯时程，峰度小于3的称为硬化非高斯时程。图4给出了30°风向角下三个面板上所有测点的峰度和偏度的统计。可以发现，呈现非高斯特性的测点为数不少。在风场的紊流度增大时，广告牌各面板上的非高斯性皆有一定增强。其中尤以背风面面板3表现得更为明显。因此，后文着重以面板3为例，研究其极值风压的分布情况。

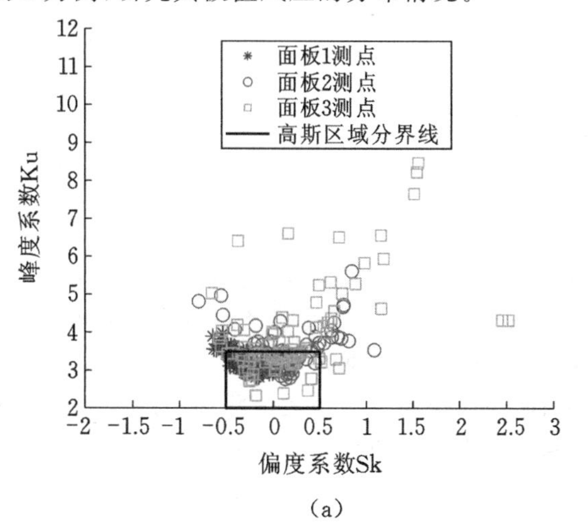

(a)

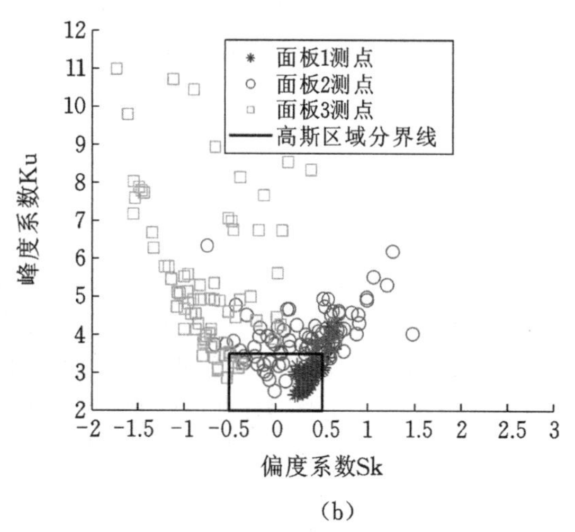

(b)

图4 30°风向角面板3测点的峰度和偏度统计

(a) 均匀流场；(b) C类流场

1.5 基于 Hermit 四阶矩转换的极值计算方法

将非高斯过程与标准高斯过程建立联系，进而计算非高斯过程的极值是目前非高斯随机过程分析的主要手段。通过标准化后，具有均值为 0 和方差为 1 特征的标准非高斯过程 $X(t)$ 可以通过一个单调转换函数与一个基本标准高斯过程 $U(t)$ 产生联系[14][15]：

$$x = g(u) = F_x^{-1}[\Phi(u)] \tag{5}$$

其中 x 和 u 分别是标准化非高斯过程和标准高斯过程的值；$g()$ 是转换函数；F_x 和 Φ 是 $X(t)$ 和 $U(t)$ 的 CDF 曲线；F_x^{-1} 是F_x 的反函数。对于广告牌面板而言，其上风压时程往往属于软化非高斯时程。这类转化的系数和统计矩之间的关系可以 Hermite 多项展开式的两侧取方差、偏度和峰度来建立[17]，因此，它也被称为 Hermit 四阶矩转换法，映射函数为：

$$u = g^{-1}(x) = \left[\sqrt{\xi^2(x)+c}+\xi(x)\right]^{1/3} - \left[\sqrt{\xi^2(x)+c}-\xi(x)\right]^{1/3} - a \tag{6}$$

式中，$\xi(x) = 1.5b(a+x/\kappa) - a^3$；$a = h_3/3h_4$；$b = 1/3h_4$；$c = (b-1-a^2)^3$。

对于峰度 α_4 处于 $3\sim15$ 的过程，Winterstein 和 Kashef[18] 基于非高斯过程和 Hermite 模型，以偏度和峰度的差异最低为最优原则，给出了转换系数解析表达式为：

$$\kappa = 1/\sqrt{1+2h_3^2+6h_4^2} \tag{7}$$

$$h_3 = \frac{\alpha_3}{6}\left[\frac{1-0.015|\alpha_3|+0.3\alpha_3^2}{1+0.2(\alpha_4-3)}\right] \tag{8}$$

$$h_4 = h_{40}\left[1-\frac{1.43\alpha_3^2}{\alpha_4-3}\right]^{1-0.1(\alpha_4)^{0.8}} \tag{9}$$

$$h_{40} = \frac{[1+1.25(\alpha_4-3)]^{1/3}-1}{10} \tag{10}$$

式中，α_3 和 α_4 分别是过程的偏度和峰度；κ 和h_n 是模型系数。转化为标准高斯过程的平均 0 上穿越率 v_0，可以通过下式计算：

$$v_0 = \sigma_{\dot{U}}/2\pi = \sigma_{\dot{X}}/(2\pi\sigma_X\sqrt{E\{[g'(u)]^2\}}) \approx \sigma_{\dot{X}}/(2\pi\sigma_X) \tag{11}$$

式中，$\dot{X}(t)$ 是 $X(t)$ 的一阶导数，$\sigma_{\dot{X}}$ 是$\dot{X}(t)$ 的标准差，可以通过的过程 x 的功率谱密度函数$S_X(\omega)$：$\sigma_{\dot{X}}^2 = \int_0^\infty \omega^2 S_X(\omega)\mathrm{d}\omega$ 估计得到。Davenport[19] 给出了高斯时程 $X(t)$ 的峰值因子 g 的表达式为：

$$g = \sqrt{2\ln(v_0T)} + \frac{0.5772}{\sqrt{2\ln(v_0T)}} \tag{12}$$

进一步，可计算出对应的软化非高斯过程 $U(t)$ 的极值因子g_{NG} 为：

$$g_{NG} = \kappa[g+h_3(g^2-1)+h_4(g^3-3g)] \tag{13}$$

最终，极值风压的期望值C_e 可以通过下式计算：

$$C_e = C_{mean} + g_{NG}C_{rms} \tag{14}$$

式中，C_{mean}和C_{rms}分别是平均风压和脉动风压的标准差。

3 对比研究

表 3 给出了均匀流场、B 类流场、C 类流场的极值风压云图。从三种流场的横向对比可见，当紊流度提高后，风压时程的非高斯性越强，广告牌面板上的极值风压系数亦有显著提高，这说明紊流度对极值风压的关系明显。还可发现，与文献[16] 的研究一致，风压极值的最大值往往出现在面板的边缘，而面板边缘的风压时程往往属于非高斯时程，这表明面板风压极值的最大值往往出现在非高斯风压时程中，这一点也从侧面印证了在同等风速下，非高斯风压更容易使结构发生破坏。

表 3 面板三极值风压等值线图

	C 类流场	均匀流场	B 类流场
0°	2 1.5 1 0.5 0.5 0.5 1.5	3 3 2 1 -1 0 1 -1 1 2 3	-2 2 4 3 2 1 0 -1 2 3 4
15°	1.5 1 -1 0.5 0.5 1 1.5 1	-2 3 2 1 -1 0 1 2 3	-4 -3 -4 2 3 4 2 3 -2 -1 0 8 3 4 -3
30°	1 0.5 -1.5 -1 0 -1.5 -1 -0.5 0 0.5 1	-2 3 2 1 -1 0 2 -1 0 1 2 3 -1	-4 -3 -1 0 1 -3 -3 2
45°	-1 -1.5 -0.5 -0.5 -1.5 -1 0 0	-2 -1.5 -1 -1.5 -1	0 -2.5 -3 -2 -2 0 -3 -2.5 -2 -1.5 -3 -2.5
60°	-0.8 -1.6 -1.4 -1 -1.2 -1.2 -1 -1.4 -1.6 -0.6 -1.6 -0.8 -0.6	-2 -1.5 -1 -1.5 -1	-3 -2 -2.5 -1.5 -2 -2.5

除此之外，本文还将测量时程的极值C_{peak}与上文采用 Hermite 方法进行的极值估计C_e结果进行了对比，表 4 给出了二者的相对误差。误差率 ε 定义为：

$$\varepsilon=\left|\frac{C_{peak}-C_e}{C_{peak}}\right|\times 100(\%)$$

其中C_e是使用 Hermite 级数法计算得到的风压时程的期望值；C_{peak}是风压时程的极值统计值，绘制出的等值线图见表 4。

表 4 面板三上两种极值风压计算结果的相差率等值线图

	C 类流场	均匀流场	B 类流场
0°	10 5 10 5 15 10 15 10 5 5 5 10 10 15	20 10 20 15 5 10 15 20 5 10 5 5 15 15 10 15	15 10 25 15 5 10 15 20 35 30 25 15 10 5 25 20 15 10
15°	10 15 20 10 15 10 10 5 10 20 25 5	10 15 10 20 25 20 15 10 15 20 5 10 20 15 25 15	30 10 10 20 10 20 20
30°	5 20 15 10 10 5 0 20 20	30 30 20 20 30 10 10 20 10 20 30	20 15 10 10 15 10 15 20 5 10 10 5 5 10 5

续表 4

	C类流场	均匀流场	B类流场
45°	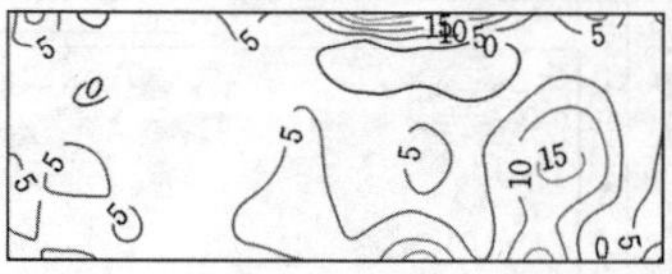		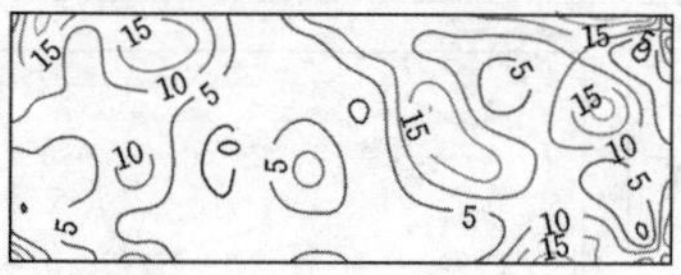
60°	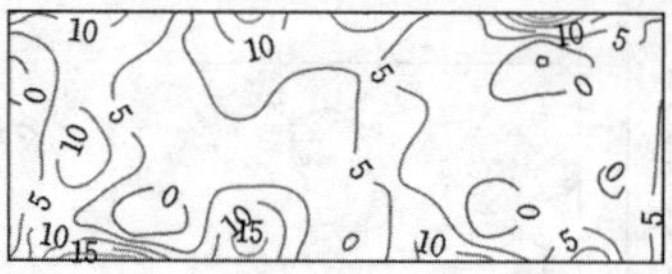	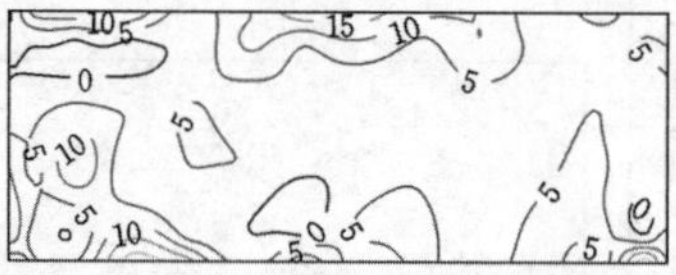	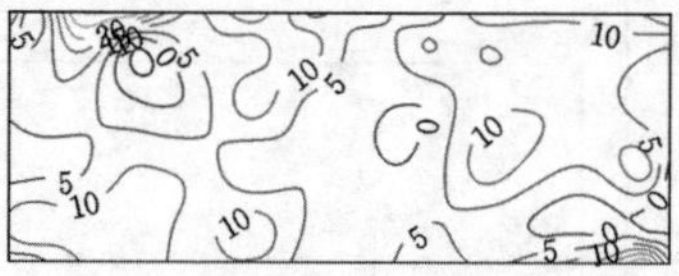

从表 4 可知当风场为均匀流场时，两种计算方法的差距不大，在 10%左右，而当风场为 B 类流场时，它们之间的差距就增加至 20%左右，当风场紊流度进一步增加时，二者的偏差趋向更大。最大处超过 35%，使用基于 Hermit 四阶矩转换的风压极值计算方法得出的结果偏于安全。

此外，两种计算方法的差值最大值也往往出现在面板边缘，而这些位置风压时程的非高斯性也往往较强，这说明非高斯性越强的风压时程，越不适合简单地取风压时程最大值为极值风压。而且可以发现，简单地依据时程取最大值的方法得到的极值风压系数往往偏小，使得抗风设计偏与不安全。

4 研究结果

(1) 从三种流场的横向对比可见，当紊流度提高后，风压时程的非高斯性越强，广告牌面板上的极值风压系数亦有显著提高，这说明紊流度对极值风压的影响明显。

(2) 风压极值的最大值往往出现在面板的边缘，而面板边缘的风压时程往往属于非高斯时程，这表明面板风压极值的最大值往往出现在非高斯风压时程中，这一点也从侧面印证了在同等风速下，非高斯风压更容易使结构发生破坏。

(3) 当风场为均匀流场时，时程结果和 Hermit 转化的理论方法这两种计算方法结果差异不大；但随着风场紊流度增加时，二者的偏差趋向更大，最大值也往往出现在面板边缘，而这些位置风压时程的非高斯性也往往较强；使用 Hermit 转化的理论方法的风压极值计算方法得出的结果偏于安全，也可以得到更加合理的设计极值风压分布。

参考文献

[1] 汤德英. 广告牌抗风设计和加强措施探讨[J]. 建筑结构，2000，(09)：26-27.

[2] Tamura Y，Shuyang C. Climate change and wind-related disaster risk reduction[C]. Proceedings of the APCWE-VII，Taipei，2009.

[3] Dahai Wang，Xinzhong Chen. Wind load characteristics of large billboard structures with two-plate and three-plate configurations[J]. Wind and Structures An International Journal，2016，22(6)：703-721

[4] 赵雅丽，全涌，黄鹏，等. 典型双坡屋面风压分布特性风洞试验研究[J]. 同济大学学报(自然科学版)，2010，38(11)：1586-1592.

[5] 韩志惠，顾明. 大型户外独立柱广告牌风致响应及风振系数分析[J]. 振动与冲击，2015，34(19)：131-137

[6] 汪大海，程浩，张玉青，等. 大型双面广告牌面板风压特性的试验研究[J]. 振动与冲击，2017，36(22)：172-177.

[7] 汪大海，李志豪，李杰. 大型户外单立柱三面广告牌风荷载的试验研究[J]. 土木工程学报，2018，51(08)：11-20.

[8] Harris R I. The Response of Structures to Gusts[M]. Teddington：Her Majesty's Stationery Office，1965.

[9] Vaicaitis R，Simiu E. Nonlinear pressure terms and alongwind response[J]. Journal of Structural Engineering-ASCE，1977，103(ST4)：903-906.

[10] HolmesJ. D. Wind action on glass and Brown's integral[J]. Elsevier，1985，7(4).

[11] Gioffre M，Gusella V. Damage accum ulation in glass plates[J]. Journal of Engineer Mechanics，ASCE，2002，7：801-805

[12] 山东建筑大学设计研究院. 户外钢结构独立柱广告牌[M]. 北京：中国建筑工业出版社，2007.
[13] 邓宇帆. 大型户外广告牌面板风荷载的试验研究[D]. 武汉：武汉理工大学，2020.
[14] Grigoriu M. Crossings of non-Gaussian translation processes[J]. Journal of Engineering Mechhanics，1984，110(4)：610-20.
[15] Grigoriu M. Applied non-Gaussian processes：examples，theory，simulation，linear random vibration，and matlab solution[M]. NJ：PTR Prentice Hall，1995.
[16] 程浩. 大型户外广告牌结构风压特性的试验研究[D]. 武汉：武汉理工大学，2016.
[17] Ditlevsen O，Mohr G，Hoffmeyer P. Integration of non-Gaussian fields[J]. Probabil Eng Mech，1996，11：15-23.
[18] Winterstein SR，Kashef T. Moment-based load and response models with wind engineering applications[J]. Journal of Solar Energy Engineering，2000，122(3)：122-128.
[19] Davenport AG. Note on the distribution of the largest value of a random function with application to gust loading [J]. Proceedings of the Institution of Civil Engineers，1964，28：187-196.
[20] Kumar K S，Stathopoulos T. Wind loads on low building roofs：a stochastic perspective[J]. Journal of structural engineering，2000，126(8)：944-956.
[21] 顾明，陆文强，韩志惠，等. 大型户外独立柱广告牌风压分布特性[J]. 同济大学学报(自然科学版)，2015，43(03)：337-344.

31. 地下结构施工期抗浮可靠性分析应用探讨

王海东[1,2]　尹鹏宇[1]

(1. 湖南大学 土木工程学院，湖南 长沙 410082；

2. 湖南大学 建筑安全与节能教育部重点实验室，湖南 长沙 410082)

摘要：往常关于抗浮设计分析的研究重点在于工程结构的使用阶段，却通常忽略了易于发生抗浮失效的施工阶段，其分析方法选用抗浮稳定性安全系数，相对而言虽简单但无法考虑到构件具体的情况。本文在工程抗浮设计中引入可靠性分析方法对结构施工阶段进行可靠性分析，以发生抗浮失效的长沙某小区超大地下车库为例，利用 ANSYS 有限元软件中的 PDS 模块，对此工程实例进行可靠性分析，将构件尺寸、材料属性及水位变化作为随机输入变量，以抗浮桩拉断为失效指标，用可靠度指标来评价结构的抗浮设计，并对基本变量进行敏感性分析，得出影响结构抗浮的主要因素，以此探讨可靠性分析在抗浮设计中的实际应用。

关键词：地下室抗浮；施工期可靠度；蒙特卡洛；敏感性分析

Discussion on the application of anti-floating reliability analysis during construction of underground structures

Abstract: The usual research focus on anti-floating design analysis is in the use phase of engineering structures, but usually ignores the construction phase that is prone to anti-floating failure. The analysis method uses anti-floating stability safety factor, which is relatively simple but can not be considered To the specific situation of the component. This paper introduces the reliability analysis method in the anti-floating design of the project to analyze the reliability of the structure construction stage. Taking the large underground garage of a community in Changsha where anti-floating failure occurs as an example, the PDS module in the ANSYS finite element software is used to illustrate this project. Reliability analysis is conducted, using component size, material properties and water level changes as random input variables, anti-floating pile breakage is used as a failure index, reliability index is used to evaluate the structure's anti-floating design, and sensitivity analysis is performed on basic variables. The main factors influencing the structure's anti-floating are obtained to discuss the practical application of reliability analysis in anti-floating design.

Keywords: anti-floating in basement; reliability during construction period; Monte Carlo; sensitivity analysis

引言

在城镇化发展进程稳步前行的背景下，超大地下空间的开发利用已然成为主流，随之建筑物抗浮也面临着新的严峻考验。当下抗浮设计主要关注于项目在建成后的使用阶段，但事故易发阶段的研究却略有薄弱。通常而言施工期是抗浮事故易发阶段，施工期建筑自重未达到设计要求，自重小于水浮力时，就会发生抗浮失效，产生底板隆起、构件开裂等现象，甚至出现结构整体上浮，严重影响建筑物的安全性、适用性和耐久性。

近年来国内外相关学者对于抗浮设计研究颇有心得。王海东等[1]例举了湖南某两小高层地下室抗浮失效事故，分析其主要原因为：实际施工进度滞后，自重小于下部浮力，回填土未及时夯实，大量雨水汇入土中，基础底部产生较大浮力导致抗浮失效。王静民，沈靖等[2]在已有的工程实例中提出抗浮失效的原因有：施工阶段未覆土时，降水措施未到位；地下室底板落在透水性较好的卵石层上，地下水位上升，产生很大的水浮力。李春平等[3]通过分析南京市某单建式地下室，提出导致其抗浮失效的原因为：现场施工不规范，底板垫层用石子灌砂作为素混凝土垫层；设计时未留足够的安全余量，抗浮验算时全额计入了上部平衡压重，未考虑施工期和使用期；施工期间强降雨过后排水措施及监管不到位，地下水位迅速上涨加剧上浮。施成华[4]提出了施工阶段以排水量与时间的计算方法来实现动态降水，达到抗浮目的。徐春国等[5]分别对多高层建筑地下室上浮的原因进行了分析，并介绍了锚杆抗浮加固处理的方法。已有的研究逐渐开始关注施工阶段抗浮问题，但基于超大地下空间施工周期较长，容易在各种施工环境与过程中出现突发情况，现有设计和施工仍然缺乏灵活的预测及针对性措施。

目前基于概率统计理论的可靠度设计方法，已在土建、水利、道路、矿山、机械、电力、航空、航天、电子和通信等众多工程领域得到了广泛应用。笔者将可靠性分析用于抗浮问题中，利用 ANSYS 有限元软件中 PDS 模块对长沙某抗浮失效建筑进行建模分析，并与已有的实测数据进行对比，考虑施工过程中影响抗浮的几个因素，计算出建筑在不同施工阶段的可靠度，基于可靠度对施工阶段及使用阶段的抗浮设计提供指导，以此探讨可靠性分析对抗浮问题的实效性。

1 模型介绍

1.1 计算模型及参数

参照文献[6]中涉及的发生抗浮失效的长沙市某住宅小区超大地下室工程实例，建立 ANSYS 模型。该项目为在建项目，为一两层的地下钢筋混凝土结构，所挖基坑未回填，地下室顶板尚未覆土；地下室底板设计标高为 31.50 m，两层结构的层高均为 3.8 m，地下室的建筑面积为 27679 m^2，此工程的抗浮设计水位为 36.00 m；其平面图如图 1 所示，右侧的阴影区域为抗浮失效区域，利用 ANSYS 有限元软件主要对抗浮失效的区域进行了模拟，对未发生抗浮失效的塔楼部分在模型中用固定约束表示；各层的梁柱截面信息及楼板厚度信息如表 1 所示，框架柱混凝土强度等级为 C40，框架梁混凝土强度等级为 C35，楼板为现浇楼板，强度等级为 C40，混凝土自重为 25 kN/m^3，建模时荷载按照设计考虑，将地下水位产生的浮力荷载视为均布荷载加载到地下室底板，设置水位为可变参数，将均布荷载与水位关联。

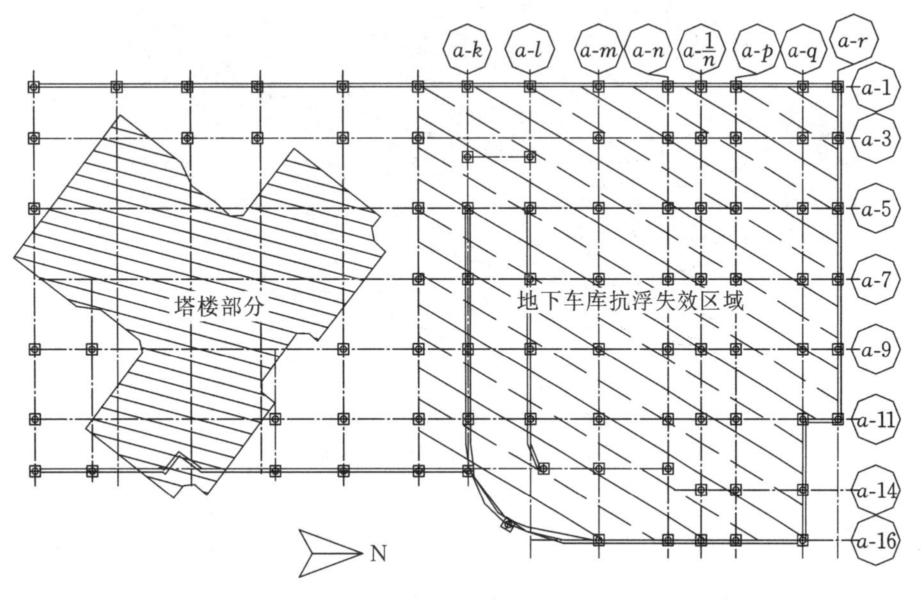

图 1 结构平面图

Fig. 1 structural plan

1.2 抗浮桩的模拟

在模拟抗浮桩时考虑已发生抗浮失效的实际情况:在桩顶 2 m 范围内混凝土破坏,因此主要考虑桩顶 2 m 范围内的钢筋受拉性能,不考虑混凝土的受拉性能,建模仅针对桩体中发挥作用的钢筋,采用 Beam188 单元来模拟钢筋,钢筋的弹性模量为 200000 N/m^2,屈服应力 360 N/mm^2;梁柱刚接在 ANSYS 中通过共用节点实现;楼板采用 Shell63 单元模拟,与梁共用轴线保证梁板连接的仿真;建好的模型如图 2 所示。

表 1 各层梁柱截面尺寸及楼板厚度

Table 1 Cross-section dimensions and floor thickness of beams and columns at each floor

构件	楼层	截面尺寸/mm×mm	混凝土强度
框架柱	−1、−2 层	550×600	C40
框架梁	−1、−2 层	400×900	C40
	−1、−2 层	250×600	C40
	−1、−2 层	350×700	C40
	−1、−2 层	350×1000	C40
楼板	−1、−2 层	400	C35
	−1、−2 层	350	C35
	−1、−2 层	300	C35
	−1、−2 层	250	C35
	−1、−2 层	200	C35
	−1、−2 层	150	C35

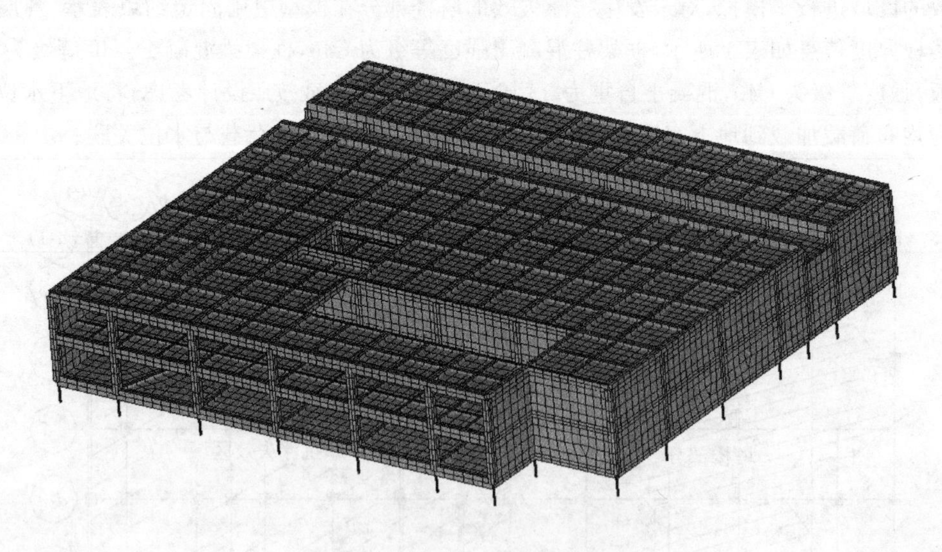

图 2 已建好的 ANSYS 模型

Fig. 2 The built ANSYS model

1.3 模型验证

根据长沙某住宅小区发生抗浮失效的实际情况,抗浮失效发生在 2017 年的 6 月底到 8 月中旬,由现场水位的实测数据可以得知其变化主要分为四个阶段:第一阶段为 6 月 20 日起大量的降雨带来的水量增长，导致水位不断上升；第二阶段的转折为 7 月初，大型降雨结束后，水位渐渐回落，但是在此阶段水位的下落主要依靠现场的排水设备及自身蒸发，由于底板以下为不透水层，现场水位无法继续向下渗透，使得排水量非常有限，并且周边的山体使得地表水继续汇入，排水有限并且地表水的持续汇入致使现场水位未降至地下室底板以下，并且此水位存在隐患；第三阶段为 7 月底的水位上升，由于 7 月底又一次发生了降雨，现场水位呈现大幅度增长，导致结构承受了二次加载破坏加剧；第四阶段已经发生抗浮失效，现场的施工人员增强了设备排水并钻孔底板泄压，水位缓缓下降至底板附近。现场水位变化如图 3 所示。

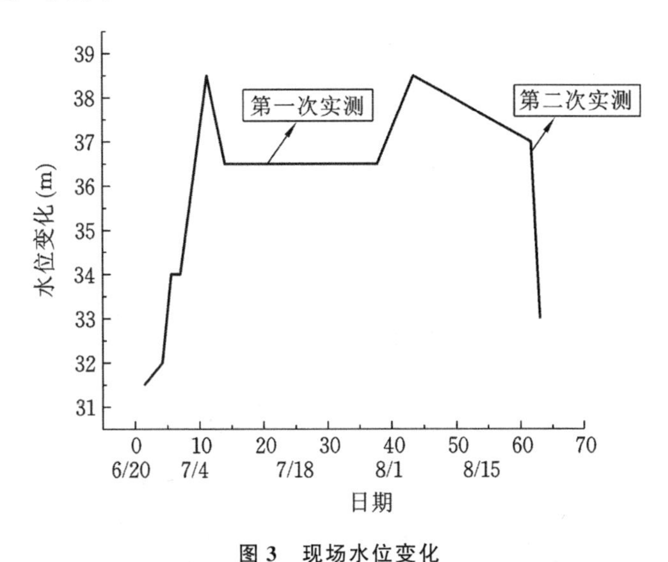

图 3 现场水位变化

Fig. 3 Change of water level on site

课题组人员分别于 7 月 17 日与 8 月 21 日在现场进行两次实测，并得到底板的竖向变形数据；在 ANSYS 中利用荷载步按照水位变化逐步施加水浮力荷载，将计算得到的板的变形值数据与现场的实测数据作对比，以验证模型的合理性；实测数据与模拟数据对比图如图 4 所示。

对比 7 月与 8 月的实测数据与模拟数据及变形云图，实测与模型中的模拟数值在各个测量点的拟合较好，模型可以很好地反映结构的真实情况，因此可将 ANSYS 模型用于后续可靠度计算当中。

2 结构可靠性分析

目前的结构可靠性分析中较常使用的是 Monte Carol 方法[7-8]，该方法能够应用于大型复杂结构系统，放松理论模型理想化的要求，生成更为真实的模拟模型，并且能够适用于并行计算，但不足之处是所需的计算量较大，耗费较多的计算资源，因此常常作为相对精确解来核实和验证近似解析解；本文利用 Monte Carol 方法对长沙某小区地下车库进行抗浮可靠性分析，以此得到精确解，为今后的抗浮可靠性研究提供参照。

2.1 参数选择

在本文进行的抗浮可靠性分析中，综合考虑工程抗浮设计的各项影响因素，将有关的影响因素作为随机输入变量考虑[9]，可以分别从抗力及效应两方面考虑。抗力主要表现为结构的自重，在结构中影响自重的主要因素有：随着施工进度的推进，结构自重会越来越大、混凝土与钢筋的材料属性、梁柱板等构件的尺寸等；效应的主要表现为地下室底板受到的水浮力作用，本次研究采用发生事故时间段内的水位分布。通过查找文献资料及进行大量数据实测统计，得到具有相同标准值的材料属性及构件尺寸等的变量统计特性，如表 2 所示。

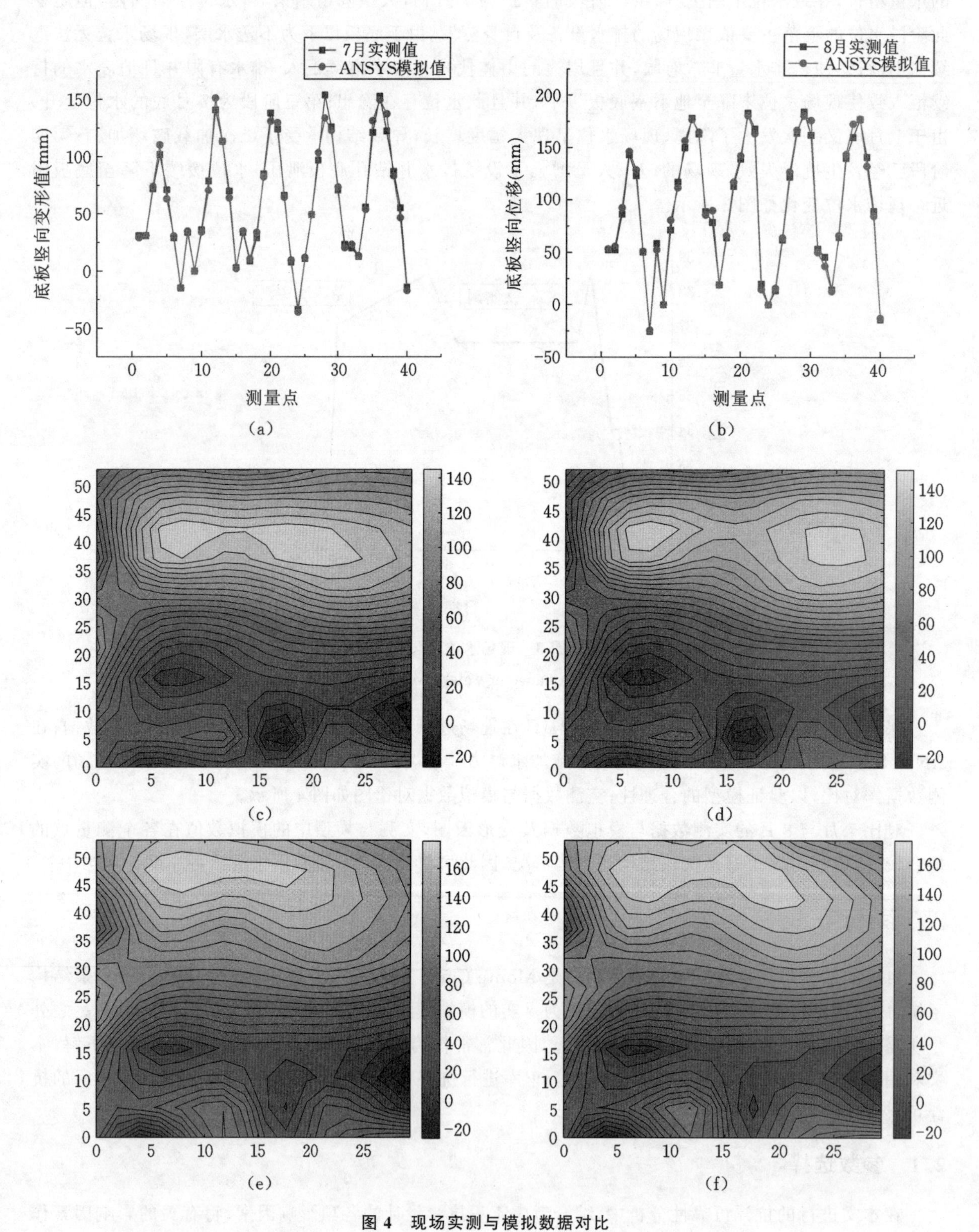

图 4　现场实测与模拟数据对比

(a) 7 月实测与模拟对比；(b) 8 月实测与模拟对比；(c) 7 月实测云图；(d) 7 月模拟云图；(e) 8 月实测云图；(f) 8 月模拟云图

Fig. 4　Comparison of on-site measured and simulated data

表 2　基本随机输入变量分布

Table 2　Distribution of basic random input variables

不确定性来源	随机变量	平均值	标准差	分布类型
C35 混凝土	弹性模量 E_1	31500 N/mm2	4725 N/mm2	对数正态
	泊松比 ν_1	0.2	0.02	对数正态
C40 混凝土	弹性模量 E_2	32500 N/mm2	4875 N/mm2	对数正态
	泊松比 ν_2	0.2	0.02	对数正态
HRB400 钢筋	弹性模量 E_3	200000 N/mm2	10000 N/mm2	对数正态
	泊松比 ν_3	0.3	0.03	对数正态
梁柱尺寸	宽 B_1	550 mm	55 mm	对数正态
	高 H_1	600 mm	60 mm	对数正态
	宽 B_2	400 mm	40 mm	对数正态
	高 H_2	900 mm	90 mm	对数正态
	宽 B_3	250 mm	25 mm	对数正态
	高 H_3	600 mm	60 mm	对数正态
	宽 B_4	350 mm	35 mm	对数正态
	高 H_4	700 mm	70 mm	对数正态
	宽 B_5	350 mm	35 mm	对数正态
	高 H_5	1000 mm	100 mm	对数正态
现场水位	水位 h	36.73m	1.773m	正态

2.2　可靠度计算

在工程结构可靠性分析理论中，根据结构的工程要求和相应极限状态的标志，可以建立结构的功能函数或极限状态方程。本文中以抗力与效应来表达结构极限状态的数学公式：

$$Z=g(R,S)=R-S \tag{1}$$

其中，S 为荷载效应，表现为水浮力上浮效应，R 为结构的抗力，表现为结构抗浮效应；由于抗力受材料属性及构件尺寸的影响，因此式(1)可进一步写为式(2)：

$$Z=g(R,S)=g(E_1,v_1\cdots B_1,H_1\cdots,h) \tag{2}$$

令式(2)等于 0，即 $Z=R-S=0$，得到结构的极限状态方程，极限状态方程用以表示极限状态面(或失效面)，并将功能函数定义域 Ω 划分成为可靠域 Ω_r 与非可靠域 Ω_f，当 $Z<0$ 时，结构处于失效状态；$Z=0$ 时，结构处于极限状态；$Z>0$ 时，结构处于正常使用状态。

计算方法采用 Monte Carlo 方法。该方法首先根据随机变量的概率分布，进行随机抽样以产生足够多的样本值，将产生的样本值在有限元软件中计算得到随机输出变量的值，根据输出的变量值来判断结构是否失效，记样本数为 N，失效样本数记为 n_f，则失效概率可表示为 $p_f=\frac{n_f}{N}$。当随机输入变量服从正态分布时，有 $p_f=\Phi(-\beta)$，其中 $\Phi(\cdot)$ 是标准正态函数，若随机变量不服从正态分布，则它们不再精确成立，但通常仍能给出比较准确的结果。事实上，当 $p_f\geqslant 0.001$(或 $\beta\leqslant 3.0902$)时，p_f 的计算结果对随机变量的分布形式不敏感，因而可以不考虑基本随机变量的实际分布类型，此关系式可使计算大为简化，又能满足工程上的精度要求，因此可利用此关系式求得可靠度指标 β 或失效概率 p_f。

本文在计算时选用抗浮桩拉断作为抗浮失效指标，即一次计算中存在有一根抗浮桩的轴力大于极限承载力，则视为结构抗浮失效，此问题在可靠性分析中可以表示为：将轴力中的最大值组成的分布函数与极限承载力比较，可设轴力的最大值为 f_x，即 $f_x=\max(x_1,x_2,x_3\cdots x_n)$，其中 x 用以表示某一水位下计算结果中的轴力，则由 MCS 得到计算结果后，可根据所得的轴力函数分布将功能函数表示为：

$$Z=N_{\max}-f_x=N_{\max}-\max(x_1,x_2,x_3,\cdots,x_n) \tag{3}$$

式中，$N_{\max}$ 为抗拔桩的极限抗拔力。

引入极值分布理论[10-11]：极值分布是指由变量中的最大值或最小值组成的概率分布，在概率统计中常用三种概率分布函数对变量的极值进行拟合。

Gumbel 分布（极值Ⅰ型）

$$G(x;\mu,\sigma,\xi)=\exp\left\{-\exp\left[-\left(-\frac{x-u}{\sigma}\right)\right]\right\}-\infty<x<\infty \tag{4}$$

Frechet 分布（极值Ⅱ型）

$$G(x;\mu,\sigma,\xi)=\begin{cases}0 & x\leqslant\mu\\ \exp\left[-\left(\dfrac{x-\mu}{\sigma}\right)-1/\xi\right] & x>\mu\end{cases} \tag{5}$$

Weibull 分布（极值Ⅲ型）

$$G(x;\mu,\sigma,\xi)=\begin{cases}\exp\left[-\left(\dfrac{x-\mu}{\sigma}\right)-1/\xi\right] & x<\mu\\ 0 & x\geqslant\mu\end{cases} \tag{6}$$

在这三种分布函数中，μ 为位置参数，σ 为尺度参数，ξ 为形状参数。三种极值分布各有特点，Weibull 分布值存在上限，最大值存在一个限值；Frechet 概率密度分布函数比 Gumbel 分布尾部更长，因此极大值出现的可能性更大。充分考虑尺度参数和位置参数，可以将以上三种极值分布函数用统一的广义极值分布理论来描述，可以表示为：

$$G(x;\mu,\sigma,\xi)=\exp\{-[1+\xi(x-\mu)/\sigma]^{-1/\xi}\} \tag{7}$$

式中，当形状参数 $\xi<0$ 时，分布函数为 Weibull 分布；当 $\xi\to0$ 时，分布函数为 Gumbell 分布；当 $\xi>0$ 时，分布函数为 Frechet 分布。通过统一三种极值分布，避免了只用一种极值分布函数的局限性。文中根据 ANSYS 中输出的轴力数据，通过数值分析与三种极值分布进行拟合，得到相应概率密度函数后可用于计算。

本次计算按施工进度阶段区分工况，共分为三个阶段，分别是负二层完工、负一层完工及覆土完成，三个阶段分别计算结构的抗浮可靠度。当施工处于负二层时，考虑到地下室底板还未连成整体，各个底板之间由后浇带隔开，此时地下水位上涨时，上涨的地下水会通过后浇带等渠道排出，相当于对地下室做开孔排水处理措施，因此此阶段不予考虑，重点从地下室底板连成整体之后，地下水的浮力效应无法有效缓解的负一层完工阶段开始考虑。计算时分别考虑实测事故期水位分布情况与设计状态（水位取设计水位，工况为覆土完成）结构的可靠度，用以评价抗浮设计是否满足要求。

2.3 计算结果

利用 ANSYS 导出了部分已经输入的随机变量，水位、构件尺寸及材料属性的概率密度曲线及累积分布函数曲线如图 5 所示，基本随机变量输入后得出可靠度结果如表 3 所示。

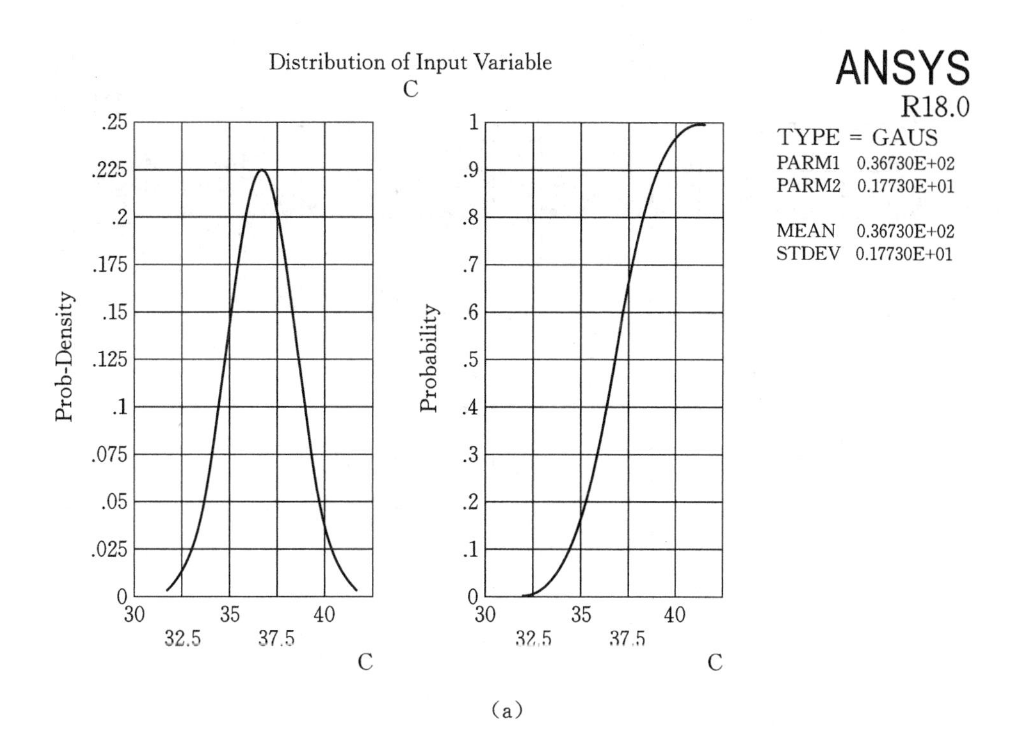

(a)

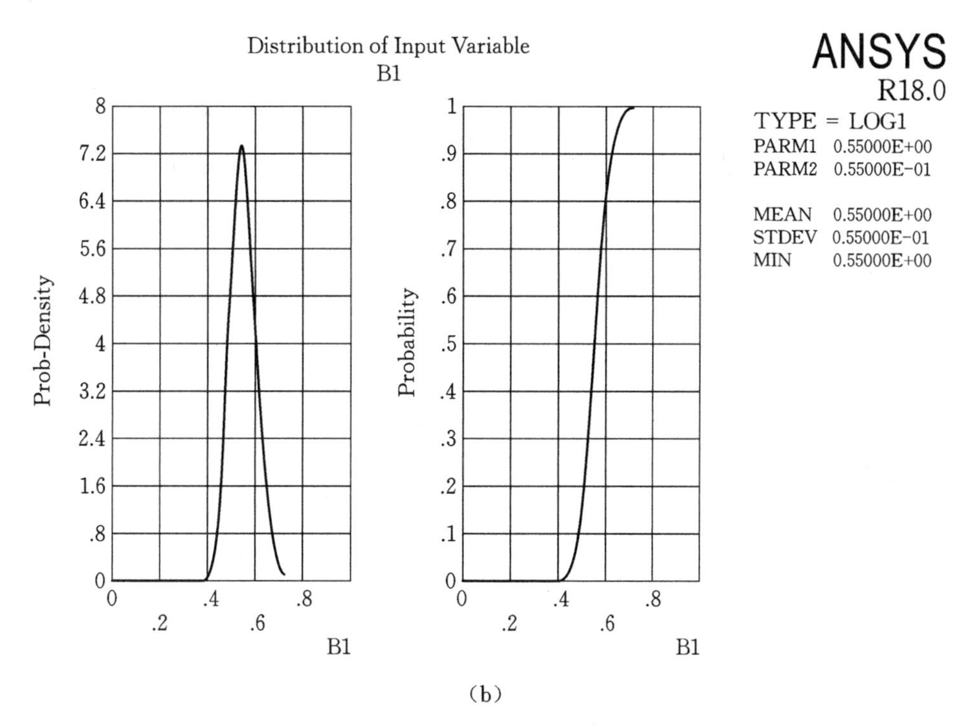

(b)

图 5　随机输入变量的概率密度曲线及累积概率曲线

(a) 水位分布；(b) 550 宽柱宽度分布；(c) 400 宽柱宽度分布；

(d) 600 高柱高度分布；(e) C40 混凝土弹性模量分布；(f) C40 混凝土泊松比分布

Fig. 5　Probability density curve and cumulative probability curve of random input variables

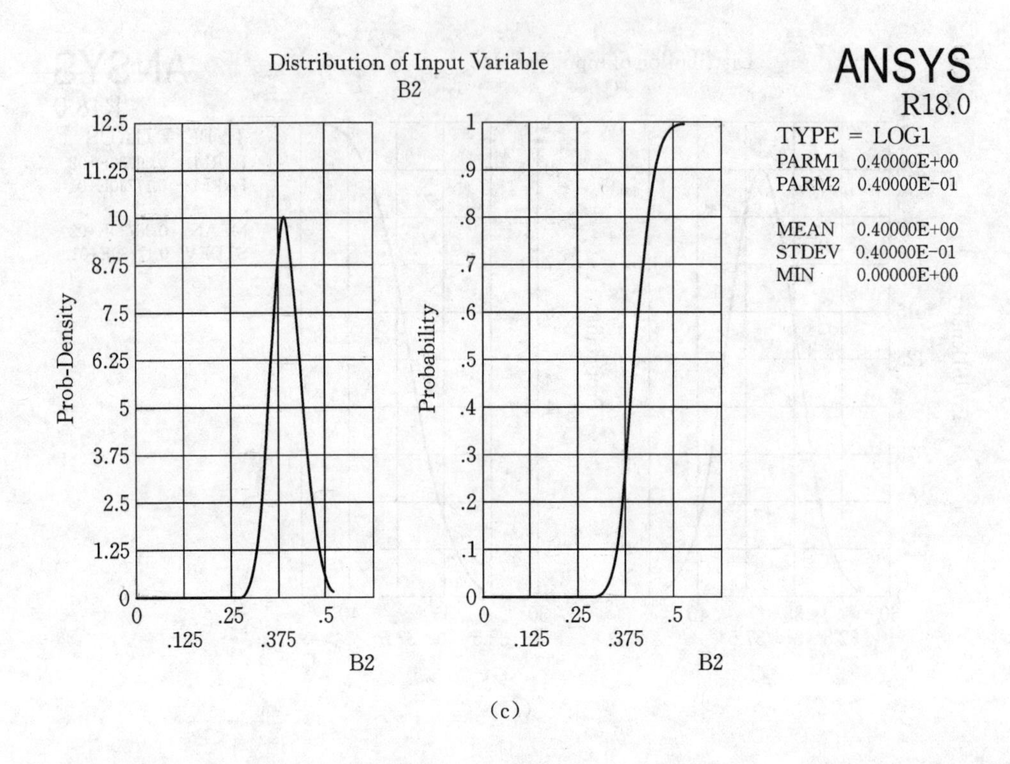
Distribution of Input Variable
B2
ANSYS
R18.0
TYPE = LOG1
PARM1 0.40000E+00
PARM2 0.40000E-01
MEAN 0.40000E+00
STDEV 0.40000E-01
MIN 0.00000E+00
Prob-Density
Probability
B2

(c)

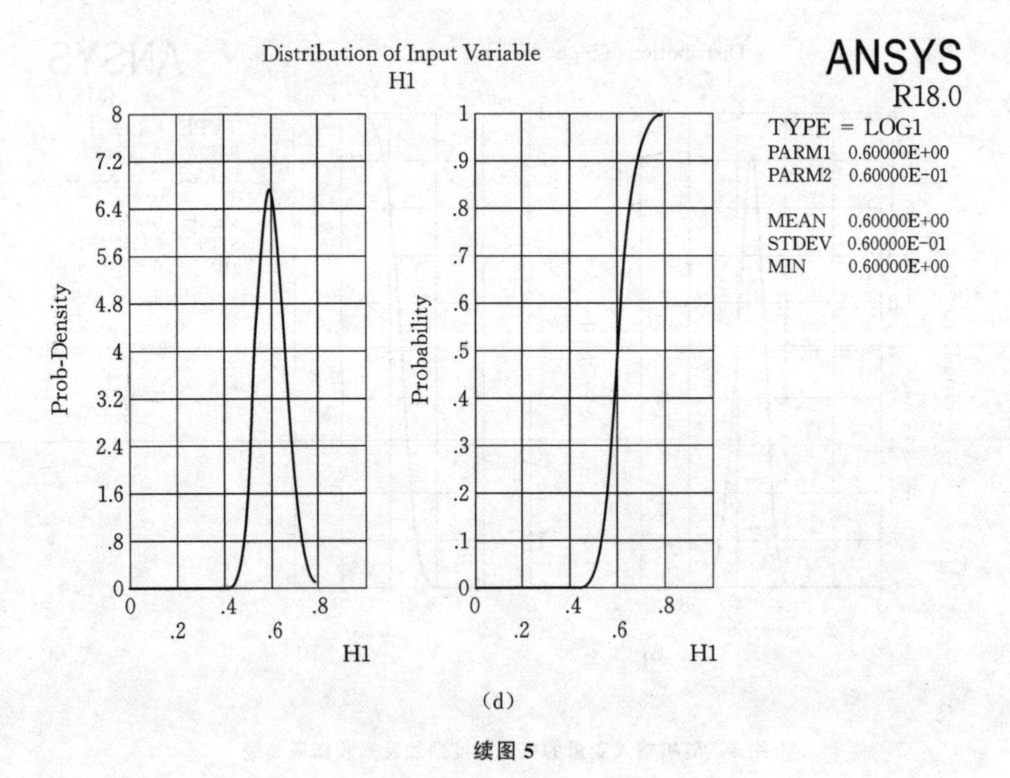
Distribution of Input Variable
H1
ANSYS
R18.0
TYPE = LOG1
PARM1 0.60000E+00
PARM2 0.60000E-01
MEAN 0.60000E+00
STDEV 0.60000E-01
MIN 0.60000E+00
Prob-Density
Probability
H1

(d)

续图 5

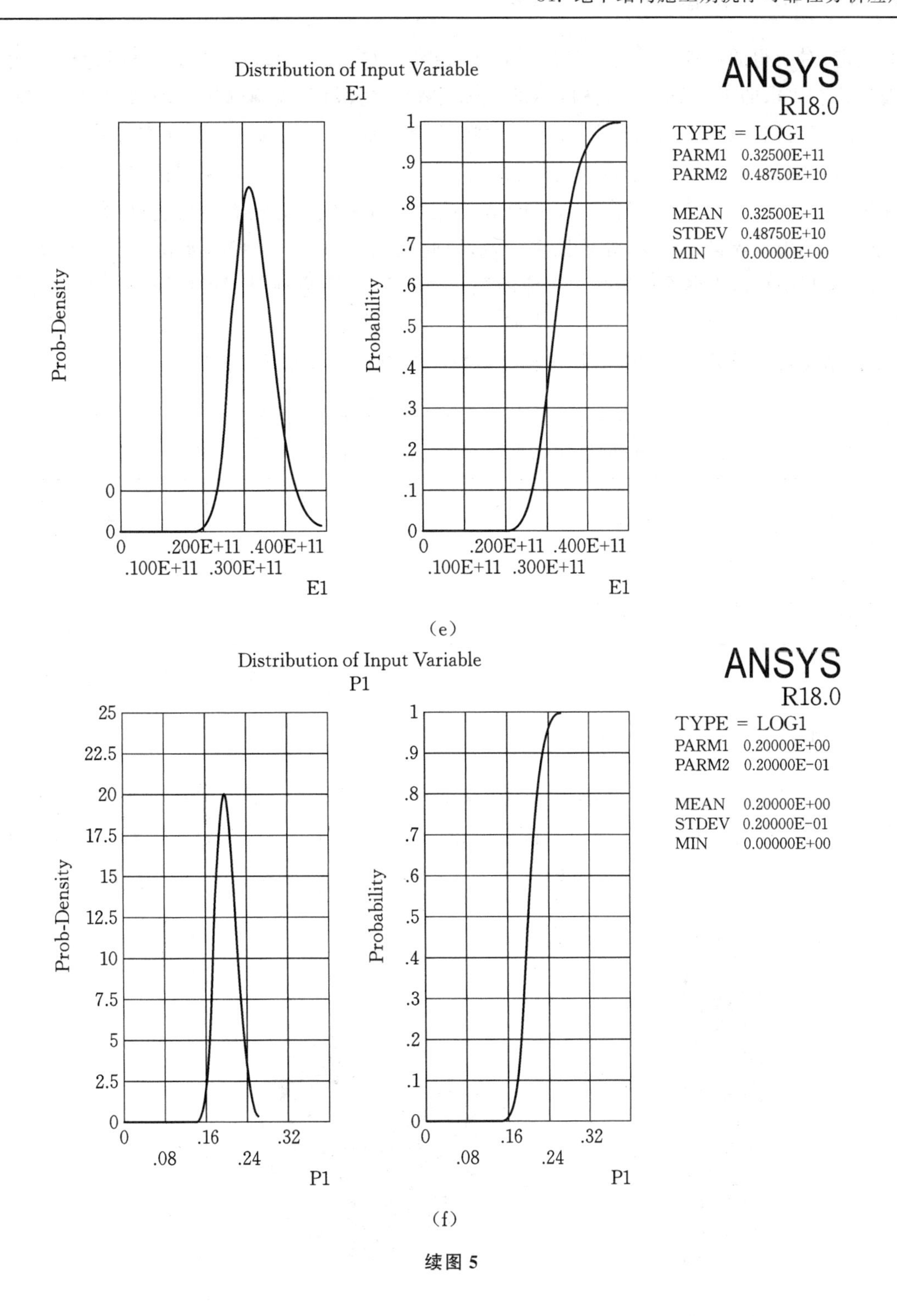

续图 5

表 3　计算结果

Table 3　Calculation results

水位	工况(施工阶段)	失效概率 P_f	可靠度 β
事故期水位	负一层完工	2.15%	2.02
	覆土完成	1.54%	2.16
设计水位(36.0)	覆土完成	0	3.9

此工程的安全等级为二级[12]，参照《建筑结构可靠度设计统一标准》(GB 50068—2018)中对可靠

指标的规定，对所得的计算结果进行分析。对比可得事故期施工阶段结构的可靠指标仅仅达到正常使用极限状态要求的 1.5，而未达到构件承载力极限状态的限值，表明选用平均水位为 36.73 标准差为 1.773 的事故期水位，平均水位超出工程的抗浮设计水位 36.0 m 时，施工各个阶段失效概率较高[13-14]。按照设计水位计算可靠度时，覆土完成后可靠度指标满足要求，说明抗浮设计满足要求。对比两种状态可知在施工时水位过高原因可能是在施工过程中施工方没有严格进行水位监控并及时排水，导致水位超出抗浮设计水位，导致抗浮失效，因此在施工中应严格控制水位低于设计水位。除降排水外，在工程中可以在各个阶段作出相应的抗浮措施，通过可靠性分析评价措施是否合理可行。计算所得的各个阶段的可靠度可以真实反映施工期抗浮设计是否满足要求，不仅仅局限于结构的使用阶段，使得结构抗浮设计更加可靠。结构构件承载力极限状态可靠度指标见表 4。

表 4　结构构件承载力极限状态可靠度指标

Table 4　Reliability index of structural member bearing capacity limit state

破坏类型	安全等级		
	一级	二级	三级
延性破坏	3.7	3.2	2.7
脆性破坏	4.2	3.7	3.2

注：正常使用极限状态时则根据情况取 0～1.5。

2.4　敏感性分析

利用 ANSYS 对构件尺寸、材料属性及现场水位等随机输入变量进行敏感性分析，分析这些参数对结构可靠度的影响大小，两种工况中，轴力最大值分布 SMAX 对各个参数的敏感性如图 6 所示。

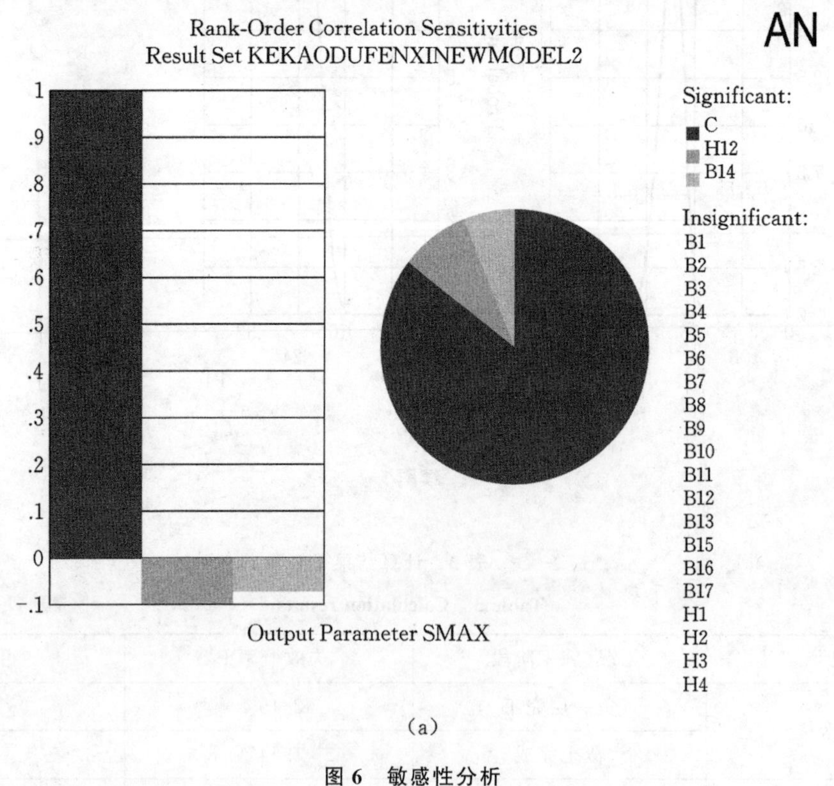

(a)

图 6　敏感性分析

(a) 负一层完工；(b) 覆土完成

Fig. 6　Sensitivity analysis

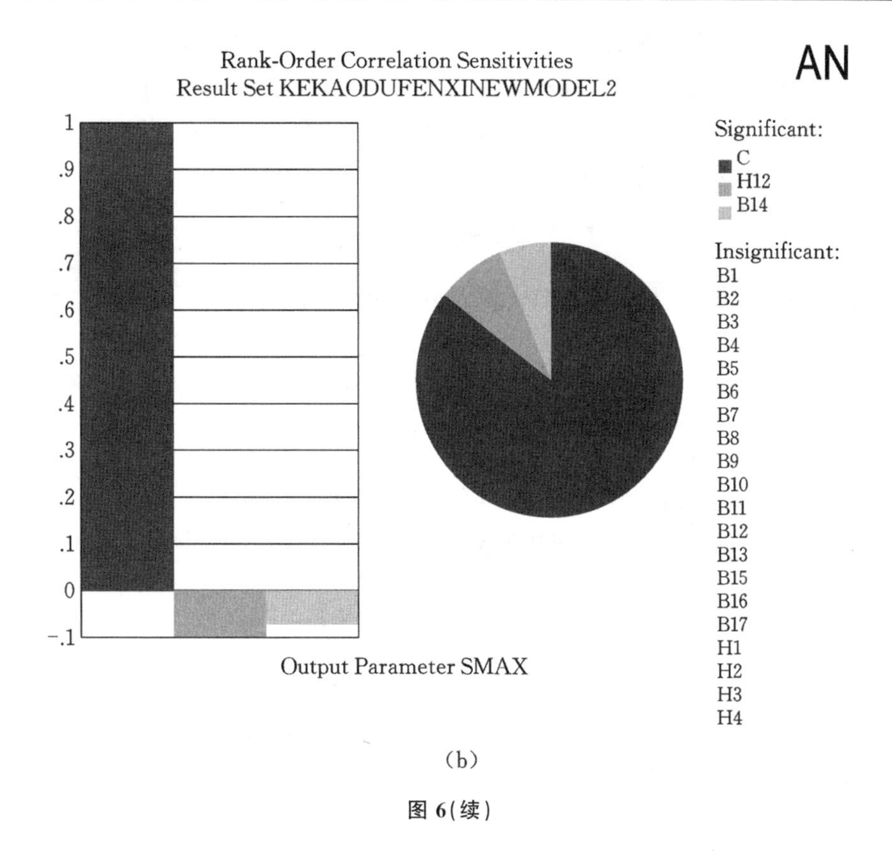

(b)

图 6(续)

由图 6 可以看出，在两种工况中，对轴力最大值 SMAX 影响最大的灵敏因子是水位分布，构件尺寸及材料属性的影响可以忽略不计，因此可以将构件尺寸及材料属性作为确定性量考虑[15]，在工况 1 负一层完工的情况下再次计算对比，结果如表 5 所示。

表 5 考虑敏感性影响的可靠度分析结果

Table 5 Reliability analysis results considering sensitivity effects

计算结果	仅考虑水位分布	考虑水位外其他影响因素
失效概率 P_f	2.06%	2.15%
可靠度 β	2.04	2.02

根据表中数据显示，将不敏感因子以确定性量代替后，可靠度指标与失效概率相差较小，计算误差范围小于 1%，因此在今后的研究中可以重点关注于水位分布的影响。

3 结语

(1) 提出了利用可靠性分析对工程结构施工期及使用阶段抗浮设计进行评价的新思路，可使抗浮设计更加全面可靠；分析计算了在施工阶段中的失效概率及可靠度，计算结果表明随着施工进度的推进，可靠度指标处于增长趋势，这也符合按照安全系数法分析时，自重增大后安全系数增大的趋势，初步验证利用可靠性分析对抗浮设计进行评价的可行性，为后续研究提供参照。

(2) 将影响工程结构抗浮的影响因素(构件尺寸、材料属性及现场水位)作为随机输入变量进行可靠性分析，并对几个随机变量进行敏感性分析，结果表明对可靠度影响最大的灵敏因子是现场水位，其他参数的影响较小，将不灵敏因子作为确定量后再次进行分析，得出的可靠度指标及失效概率变化不大，因此在工程实际抗浮中可以在保证其他影响因素满足设计要求后，重点对现场水位进行防控。

(3) 本文仅以一例已发生抗浮失效的工程为例进行了不同施工阶段的可靠性分析，分析方法在采用抗浮桩及抗浮锚杆等抗浮措施时具有较高的适用性，采用其他抗浮措施时如何进行可靠性分析是今后的研究方向。本文的计算工况仅仅将施工阶段分为对可靠度较为敏感的两个工况,较为粗糙,今后的研究可进一步将施工阶段细分,得到更为细化的施工期可靠度。抗浮可靠性分析不仅可以对已发生抗浮失效的结构进行事故分析,也可对结构抗浮提供预估预警,对施工提供实时合理的指导,如何完善抗浮可靠性分析体系也是今后研究的重点方向。

参考文献

[1] 王海东,周亮,曾裕林,等.某地下车库上浮事故分析与加固处理[J].工业建筑,2012,42(03):154-158.

[2] 王静民,沈靖.某地下室上浮处理工程实例[J].建筑结构,2016,46(S1):728-731.

[3] 李春平,张蔚蓉.由某工程事故谈地下室抗浮问题[J].建筑结构,2014,44(08):44-47.

[4] 施成华,蒋劲,雷明锋,等.考虑降水动态过程的地下工程施工降水优化设计[J].铁道科学与工程学报,2017,14(08):1597-1605.

[5] 徐春国.地下室上浮开裂事故的鉴定与加固处理[J].建筑结构,2002(11):26-28.

[6] 王海东,罗雨佳.超大地下室施工期抗浮破坏机理分析与应对思考[J].铁道科学与工程学报,2019,16(10):2538-2546.

[7] 赵国藩,金伟良,贡金鑫.结构可靠度理论[M].北京:中国建筑工业出版社,2000.

[8] 王元帅,刘玉石,朱宜生.基于蒙特卡洛法的结构可靠性分析[J].环境技术,2018,36(05):41-45+57

[9] 袁雪霞,金伟良,陈天民.施工期钢筋混凝土结构可靠性研究[J].工业建筑,2011,41(05):60-65.

[10] 丁裕国.探讨灾害规律的理论基础—极端气候事件概率[J].气象与减灾研究,2006(01):44-50.

[11] 唐力生,王华,刘蔚琴,等.极值分布理论在广东寒害重现期预测中的应用[J].应用生态学报,2018,29(08):2667-2674.

[12] 中国建筑科学研究院有限公司.GB 50068—2018 建筑结构可靠度设计统一标准[S].北京:中国建筑工业出版社,2018

[13] EI-Shahhat A M, Rosowsky, D V, Chen W F. Construction Safety of Multistory Concrete Buildings[J]. ACI Structural Journal, 1993, 90(4): 335-341.

[14] FANG D P, GENG C D, ZHANG CH M, et al. Reliability of Reinforced Concrete Buildings During Construction[J]. Tsinghua Science and Technology, 2004(06): 710-716.

[15] Deepthi C. Epaarachchi, Mark G. Stewart, David V. Rosowsky. Structural Reliability of Multistory Buildings during Construction[J]. American Society of Civil Engineers, 2002, 128(2): 205-213.

32. 多源不确定下基于证据理论的结构不确定分析*

苏　瑜　郑　怡　张　晋

（湖北工业大学土木建筑与环境学院，武汉 430068）

摘要：针对实际工程中出现的信息不完整、实验数据缺乏以及认识性不确定等多源不确定性问题，本文提出基于证据理论的不确定分析模型，为了提高证据理论不确定量化分析的计算效率，采用微分演化的区间优化算法来计算响应极值。以焊接梁中存在的偶然不确定和认知不确定问题为例，对焊缝最大应力进行不确定分析，数值结果表明本文所提方法能够处理各类不确定问题，并且具有较好的收敛性和稳定性。

关键词：证据理论；不确定量化；微分演化算法；认知不确定；混合不确定

中图分类号：TU318　　**文献标识码**：A

Uncertainty quantification of the structure with multi-source parameters based on evidence theory

Su Yu　Zheng Yi　Zhang Jin

（School of Civil Engineering，Architecture and Environment，

Hubei University of Technology，Wuhan 430068，China）

Abstract：The method on uncertainties processing based on evidence theory is proposed to solve the multi-source uncertain problems due to imprecise information，lake of experimental data and incomplete knowledge. In order to improve the computational efficiency in the uncertainty quantification（UQ） analysis，a differential evolution based interval optimization for computing extreme value method is developed. The proposed method is demonstrated with a weld beam which contains the aleatory and epistemic uncertainties，the numerical results show that the proposed method can handle two kinds of uncertain issue and has good convergence and stability.

Keywords：evidence theory；uncertainty quantification；differential evolution；epistemic uncertainty；mixed uncertainty

引言

传统工程问题的分析一般基于确定性的系统参数和计算模型。然而，在许多的实际工程问题中，不确定性广泛存在于材料性质、几何特征、边界条件等之中。为了取得可靠的分析和设计，必须考虑多源不确定性。根据不确定的主要来源，Oberkampf[1] 和 Helton[2] 将不确定性分为两大类：一是由于系统固有的不稳定、噪声、干扰等引起的偶然（客观）不确定性（Aleatory Uncertainty）；二是由于知识的缺乏、信息的不完整等所导致的认知（主观）不确定性（Epistemic Uncertainty）。对于第一类不确定性，当不确定变量的概率分布已知时，基于概论理论是最佳的分析方法，但是，对于第二类不确定性，由于统计数据较少或计算模型不够精确，难以构造精确的概率分布。因此，通过信息不确定引起的认

---

* 基金项目：湖北省自然科学基金青年项目资助项目（2018CFB287）

作者简介：苏瑜，博士，讲师

知不确定是无法用概率来描述的。

为了更好地解决多源不确定问题，人们相继提出了许多有发展前景的不确定理论。其中，由Dempster[3]和Shafer[4]首先提出的证据理论在处理不确定方面具有很好的潜力，它具有比较强的理论基础，既可以解决认知不确定性，又可以处理偶然不确定性，它将概率理论对应的点值函数推广到集合函数形式，利用集合和区间数描述变量的不确定性，故在表达和处理不确定性上体现了很好的优势，并且随着证据的积累，以概率论为基础的传统可靠性问题只是证据理论的一个特例[5-10]。

在利用证据理论进行不确定分析时，由于不确定变量由许多非连续区间集表达，而不是一个平滑和连续的显函数，并且在不确定传播中会形成 n 维超立方体求解其响应极值的问题。因此，将证据理论应用于实际工程中的主要困难之一是计算成本。基于此，本文在证据理论处理各类不确定变量时，引入快速搜索问题极值的智能优化算法来提高计算效率，形成了基于证据理论和微分演化算法的不确定量化分析方法，以焊接梁的不确定问题为例，分别构造证据理论、区间理论以及概率理论的不确定分析框架，并对比三种分析结果，验证该方法在多源不确定量化分析的有效性和准确性。

1 基于证据理论的不确定表达

证据理论是Dempster首先提出后经Shafer[4]系统化完善的，故又被称为Dempster-Shafer理论（简称D-S理论）。它是建立在辨识框架Θ上的不确定理论，其不确定表达主要依赖于基本信任分配函数、信任函数Bel(A)、似然函数Pl(A)等基本概念以及Dempster合成法则。

设 Θ 为辨识框架，其包含了对所研究问题能认识到的所有可能答案，若函数 $m:2^{\Theta}\rightarrow[0,1]$（$2^{\Theta}$ 为 Θ 的幂集）满足：

$$\begin{cases} m(\Phi)=0 \\ \sum_{A\subseteq\Theta} m(A)=1 \end{cases} \tag{1}$$

则称 $m(A)$ 为事件 A 的基本信任分配函数（BPA），它表示证据对 A 的信任程度。对于子集 A，只要有 $m(A)>0$，则称 A 为焦元。另外，从公式(1)可以看出，证据理论建立的是从集合到[0,1]的映射，而概率理论表达的是从单点到[0,1]上的映射，随着假设集的缩小，证据理论退化为概率论。

依据基本信任分配函数，可以定义信任函数 $\mathrm{Bel}(A)$ 和似然函数 $\mathrm{Pl}(A)$，如下式所示：

$$\mathrm{Bel}(A)=\sum_{B\subseteq A} m(B) \tag{2}$$

$$\mathrm{Pl}(A)=1-\mathrm{Bel}(\bar{A})=\sum_{B\cap A\neq\Phi} m(B) \tag{3}$$

$\mathrm{Bel}(A)$ 表示对 A 为真的信任程度，也称为下界概率，$\mathrm{Pl}(A)$ 表示对 A 为非假的信任程度，也称为上界概率，利用上、下界概率可以计算一个不确定变量在 A 集合区间的概率值，明显地，这种概率值是不精确的，可以用一个概率区间代替单一概率数值去表达不确定性，如图1所示。

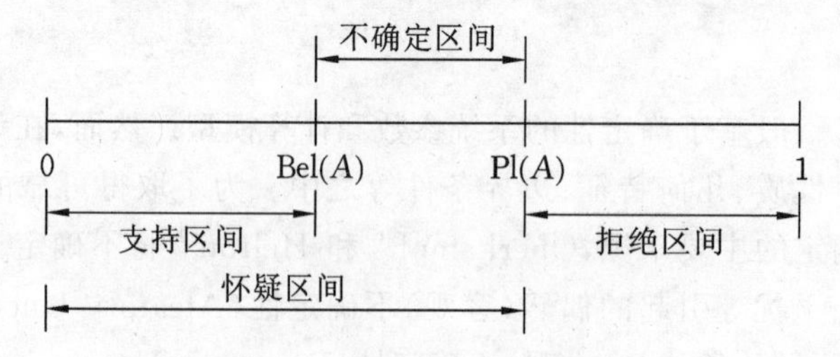

图1 对命题 A 的不确定描述

Fig. 1 Uncertainty description of proposition A

在概率理论中，所有焦元 A 都只是一个元素，而在证据理论中，焦元 A 可以有多个元素，随着证据体的所有焦元 A 的缩减，概率区间逐渐趋于0，即 $\mathrm{Bel}(A)$ 和 $\mathrm{Pl}(A)$ 逐步接于 $\mathrm{P}(A)$，所以概率理论处理不确定性只是证据理论的一个特例。

对于认识不够透彻的认知不确定，可能会有专家提出不同研究理论或不同的数据来组成多方面的证据，这些证据可能是可靠的或者非可靠的、相互支持的或互补的，也可能是相互矛盾的或者冲突的，对此概率理论将无法处理，而证据理论则可以通过合成规则来综合考虑，将不同证据上的互补和冗余信息依据某种优化准则组合起来，产生对所研究事件的一致性描述，进而提高了最终描述的有效性。

经典的D-S合成规则为：假定 Bel_1 和 Bel_2 是同一辨识框架 Θ 上的两个信任函数，其相应的基本信任分配函数为 m_1 和 m_2，焦元分别为 A_i 和 B_j，则 D-S 合成规则为：

$$m(A)=\begin{cases}\dfrac{\sum\limits_{A_i\cap B_j=A\Phi} m_1(A_i)m_2(B_j)}{} & A\neq 0\\ 0 & A\neq 0\end{cases} \tag{4}$$

式中，$K=\sum\limits_{A_i\cap B_j=\Phi} m_1(A_i)m(B_j)$，表示证据冲突性的大小。

此即为两个证据合成的 Dempster 法则，$m(A)$ 表示两个证据合成后 A 的可信度大小。当证据冲突比较大时，应选用其他的合成方法，在这里不再一一介绍。

2　基于微分演化的不确定传播分析

采用证据理论量化的不确定变量，经过系统函数的传播之后，便可得到系统响应的不确定输出结果[Bel,Pl]，其通常采用累积信任函数(CBF) 和累积似然函数(CPF) 表示，这一系统不确定传递分析过程包含四个主要的步骤：

(1) 确定所有不确定变量的焦元，通过不同变量焦元之间的相互组合，形成需要传播的 n 维超立方体的集合(n 是不确定变量的个数)，超立方体的每一维均代表一个不确定变量的焦元。

(2) 计算每个超立方体的合成 BPAs。

(3) 每个超立方体经过系统函数的传播后，得到相应的响应边界。

(4) 根据所有超立方体响应的最小值、最大值和合成 BPAs 来形成系统输出结果的累积信任分布函数和累积似然分布函数。

第 3 步是不确定的传播过程，其涉及在超立方体内寻找系统响应的最大值和最小值，计算会非常耗时，是处理不确定问题的重要环节，下面重点进行介绍。

2.1　不确定传播的数学描述

不确定传播本质上就是已知系统在不确定输入的条件下，求系统响应的不确定性，如图 2 所示。图中 x 是不确定变量，d 是确定变量，f 是一不确定系统，y 是系统响应。

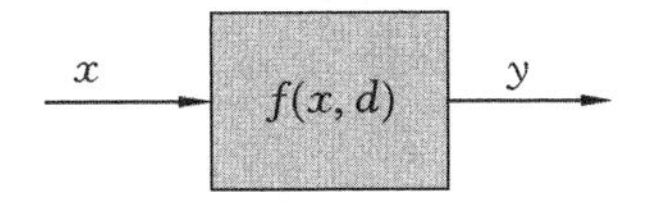

图 2　不确定传播过程

Fig. 2　The process of uncertainty propagation

用证据理论表达的不确定变量的焦元通常是一系列的区间，这样，传播就变成了在每个超立方体区间$[\underline{x_i},\overline{x_i}]_{i=1,\cdots,n}$ 上寻求响应的最大值和最小值，如图 3 所示。

在焦元区间内寻求响应的最大值和最小值有两种主要的方法：采样和优化方法。采样方法的精度很大程度上取决于采样点的数目，计算的代价非常大。而优化方法则会极大地降低计算量，其实际上就是要实现一个二次优化问题：

$$\begin{aligned}&\text{minimize} && f(x_i)\\ &\text{subject to} && \underline{x_i}\leqslant x_i\leqslant \overline{x_i}\end{aligned} \tag{5}$$

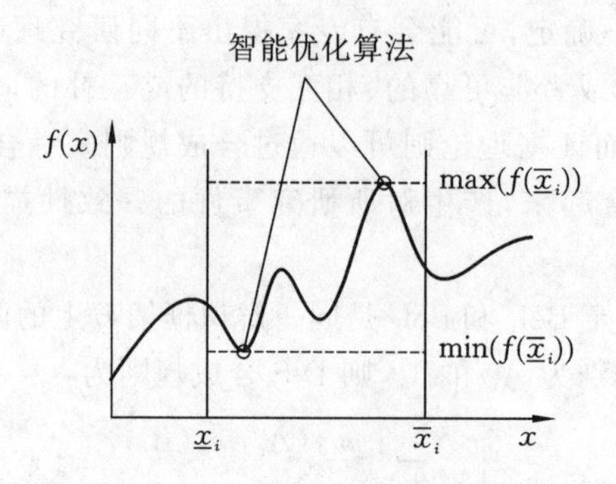

图 3　系统不确定的传播

Fig. 3　The propagation of system uncertainty

$$\begin{aligned}&\text{maximize}\quad f(x_i)\\&\text{subject to}\quad \underline{x_i}\leqslant x_i\leqslant\overline{x_i}\end{aligned}\tag{6}$$

由于在实际工程的不确定传播过程中，焦元区间的数量多、系统函数形式复杂，故传统的优化算法难以解决上述复杂的优化问题，本文将利用微分演化算法来对此问题进行求解。微分演化算法是一种新颖的启发式智能算法，它结合了遗传算法的更大种群概念和进化算法的自适应变异以及采用了贪婪选择策略。这些特征使微分演化算法相比进化算法和遗传算法鲁棒性更好、收敛更快[11]。

2.2　微分演化算法

一个包含 n 个参数的优化问题可以用一个 n 维向量来描述，该向量可以表示为：$x_i=(x_{i1},x_{i2},\cdots,x_{in})^{\mathrm{T}}\in S,i=1,2,3,\cdots,NP$。其中 $S\in R^n$ 为优化问题的搜索空间；DE 算法利用 NP 作为向量 x_{i1} 每一代的个体数。类似于遗传算法，DE 算法通过变异、交叉和选择过程实现种群的更新进化具体过程如下：

(1) 变异过程

变异的目标是为了保证种群的多样性，同时用合适的参数变化来指导已有的目标向量在合适的时间内达到一个更好的结果，从而保证了搜索的鲁棒性。

变异操作过程中，上一代的个体 $x_i^{(G)},i=1,2,\cdots,NP$(其中 G 表示代数)，根据不同的变异方式进行更新则得到第 $G+1$ 子代向量 $v_i^{(G+1)}=(v_{i1}^{(G+1)},v_{i2}^{(G+1)},\cdots,v_{in}^{(G+1)})^{\mathrm{T}}$。该文采用 Storn 和 Price[13] 推荐的 DE/current-to-best/1/bin 变异方式进行结构优化，该变异方式对应式(7)：

$$v_i^{(G+1)}=x_i^{(G)}+F_1(x_{\text{best}}^{(G)}-x_i^{(G)})+F(x_{r_2}^{(G)}-x_{r_2}^{(G)})\tag{7}$$

其中，$x_{\text{best}}^{(G)}$ 为算法第 G 代群体中适应值最小的个体；F 和 F_1 为变异常数，均为非负实数。它们的大小控制了变量间的差异，保证进化的进行。r_1、r_2 为互不相同的整数，分别为从集合$\{1,2,\cdots,i-1,i+1,\cdots,NP\}$中随机选出的向量编号。

(2) 交叉过程

与 GA 算法相似，DE 算法中的个体经过变异后也进行交叉操作。对于群体中第 $G+1$ 代经过变异过程后的向量个体 $v_i^{(G+1)}$ 按照公式(8)进行交叉，将产生新个体：$u_{ij}^{(G+1)}=(u_{i1}^{(G+1)}+u_{i2}^{(G+1)},\cdots,u_{in}^{(G+1)})^{\mathrm{T}}$。

$$u_{ij}^{(G+1)}=\begin{cases}v_i^{(G+1)} & \text{if}(\text{rand}(j)\leqslant CR)or(j=\text{rand}n(i))\\x_i^{(G+1)} & \text{if}(\text{rand}(j)>CR)or(j\neq\text{rand}n(i))\end{cases}\tag{8}$$

其中，$j=1,2,\cdots,n$；$\text{rand}(j)\in[0,1]$，是 n 个 $0\sim1$ 之间相互独立的随机数中的第 j 个；$\text{rand}(i)$ 是随机从集合$\{1,2,\cdots,n\}$中取得个体向量维度的序号；CR 为交叉因子，将决定个体之间交叉的概率。

(3) 选择过程

DE算法采用与GA算法不同的贪婪准则：通过比较由变异和交叉产生的子代个体和父代个体，选择适应值好的变量，即如果父代个体适应值更优将继续保留在群体中；否则，保留子代个体。选择过程由式(9)表示：

$$x_i^{(G+1)} = \begin{cases} u_i^{(G+1)} & \text{if}(fu_i^{(G+1)}) < f(x_i^G)) \\ x_i^{(G+1)} & \text{otherwise} \end{cases} \tag{9}$$

2.3 基于证据理论和微分演化的不确定分析流程

根据证据理论的不确定量化以及利用微分演化算法进行不确定传播的基本原理，可以构造出不确定分析的基本流程图，如图 4 所示。

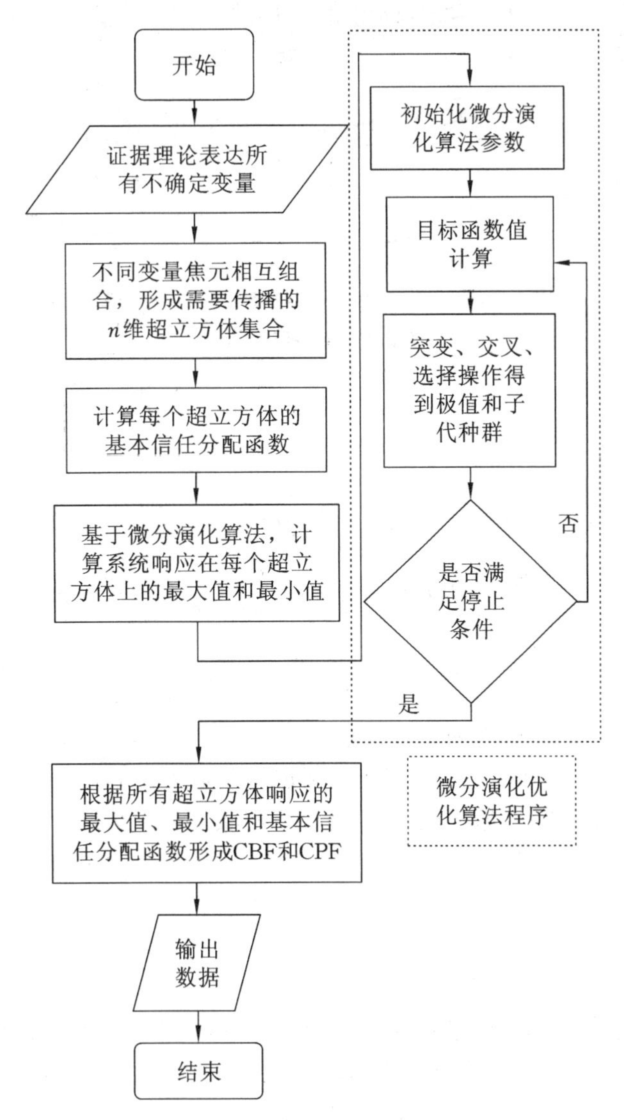

图 4　基于证据理论和微分演化的不确定分析流程图

Fig. 4　Uncertainty quantification using evidence theory and differential evolution

3　算例分析

为了验证所提基于证据理论和微分演化算法相结合的不确定量化方法的有效性，对如图 5 所示的焊接梁进行不确定分析，该焊接梁的焊缝连接形式为直角角焊缝，角焊缝尺寸为 h，角焊缝长度为 l，梁长为 L，梁截面高度为 t，宽度为 b，在梁的自由端承受一竖向荷载 P。

3.1 焊接梁不确定的数学描述

焊接梁在荷载 P 作用下的焊缝最大应力由式(10) 表示：

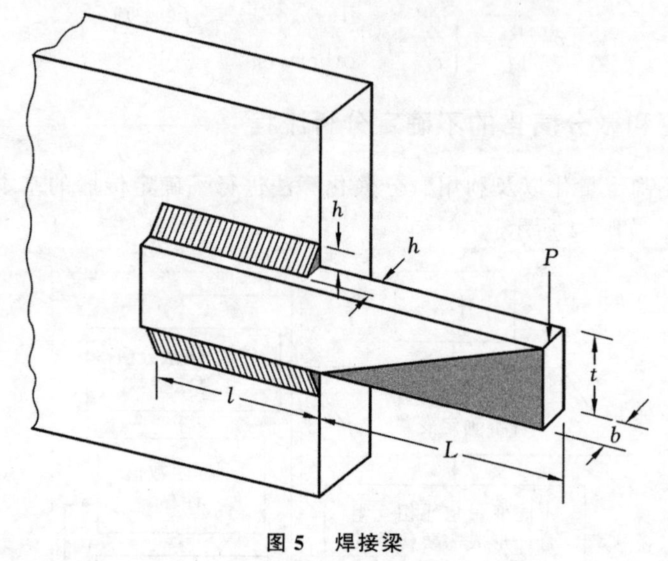

图 5 焊接梁

Fig. 5 A weld beam

$$\tau = \sqrt{(\tau')^2 + 2\tau'\tau''\cos\theta + (\tau'')^2} \tag{10}$$

其中

$$\tau' = \frac{P}{\sqrt{2}hl} \tag{11}$$

$$\tau'' = \frac{MR}{J} = P\left(L + \frac{l}{2}\right)\frac{\sqrt{l^2/4 + (h+t)^2/4}}{2\sqrt{2}hl[l^2/12 + (h+t)^2/4]} \tag{12}$$

$$\cos\theta = \frac{l}{2\sqrt{l^2/4 + (h+t)^2/4}} \tag{13}$$

试验证明，在外力作用下，角焊缝的应力分布比较复杂，侧缝的应力分布沿焊缝的长度并不均匀，焊缝越长越不均匀。除此之外，角焊缝的强度还受到加工制造工艺、焊接施工水平以及使用环境等诸多因素的影响，具有明显的分散性。鉴于此，本节考虑焊缝长度l、焊缝尺寸h以及作用荷载P为不确定性变量，梁截面高度为确定性变量，取$t = 8.273$ in。通过本文所提出的方法进行焊缝最大强度的不确定分析。

3.2 不确定分析

由于证据理论与概率理论具有良好的兼容性，即可以解决认知不确定又可以处理偶然不确定问题，同时也可以处理两种不确定同时存在的混合不确定性。因此，本节内容主要介绍基于证据理论和微分演化法处理认知不确定性以及混合不确定性问题。

(1) 认知不确定问题

当不确定变量为认知不确定时，概率理论无法进行分析，但为了验证本文所提方法的有效性，已知不确定变量服从正态分布，取$[\mu - 2.327\sigma, \mu + 2.327\sigma]$为区间理论的上、下界值。对于证据理论，辨识框架取$[\mu - 3\sigma, \mu + 3\sigma]$，将辨识框架划分为多个小区间，形成多个焦元，每个焦元的基本信任分配函数值通过求解该区间上的概率得到。此时，可以将不确定变量分别用概率论、区间理论以及证据理论来表达，即构造不确定变量的概率密度函数、区间范围以及证据理论的辨识框架，如图 6 ～ 图 8 所示。

考虑变量的不确定程度，当已知信息很少，只能给出变量的上下界时，用区间法计算比较方便，但结果比较粗糙，只能给出τ落在[4177.3,15780] $\mathrm{lb/in^2}$之间的不确定分析结果。本文所提方法和概率理论的计算结果见图 9，图中 CBF1 和 CPF1 分别表示由证据理论计算得到的焊缝最大应力的累积信任函数和累积似然函数，CDF 表示概率累积函数。从图 9 可以看出，CBF1 和 CPF1 分别是概率累积分布 CDF 的上界和下界，焊缝应力的实际概率位于两者之间。由于不确定变量的基本信任分配函数是根

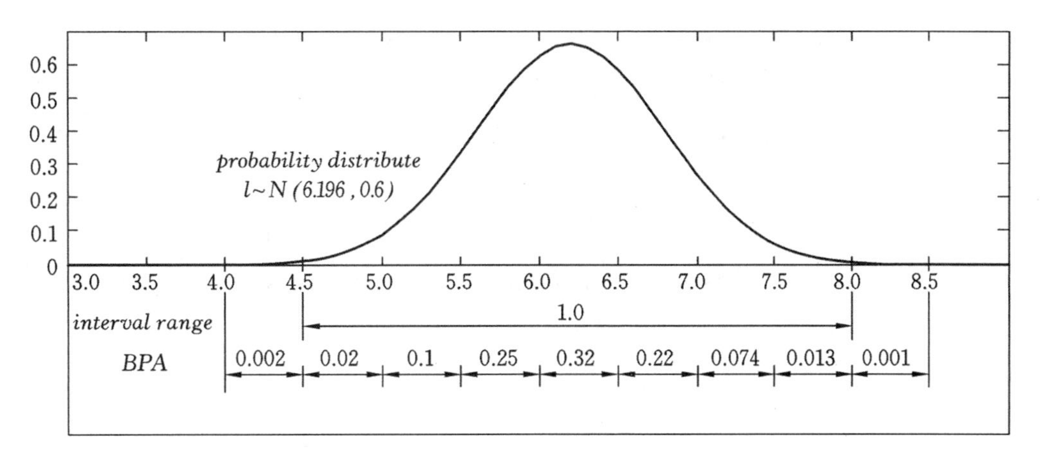

图 6　焊缝长度 l 的三种不确定量化描述

Fig. 6　Three different uncertainty qualification methods on parameter l

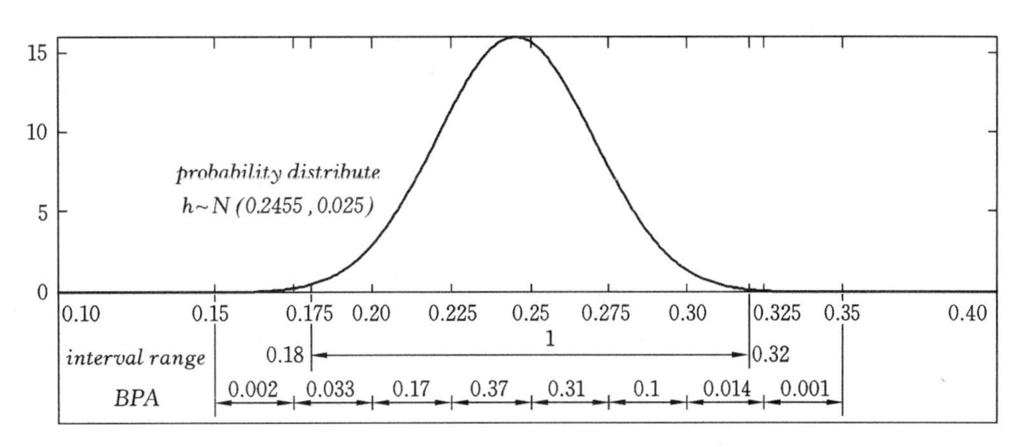

图 7　焊缝尺寸 h 的三种不确定量化描述

Fig. 7　Three different uncertainty qualification methods on parameter h

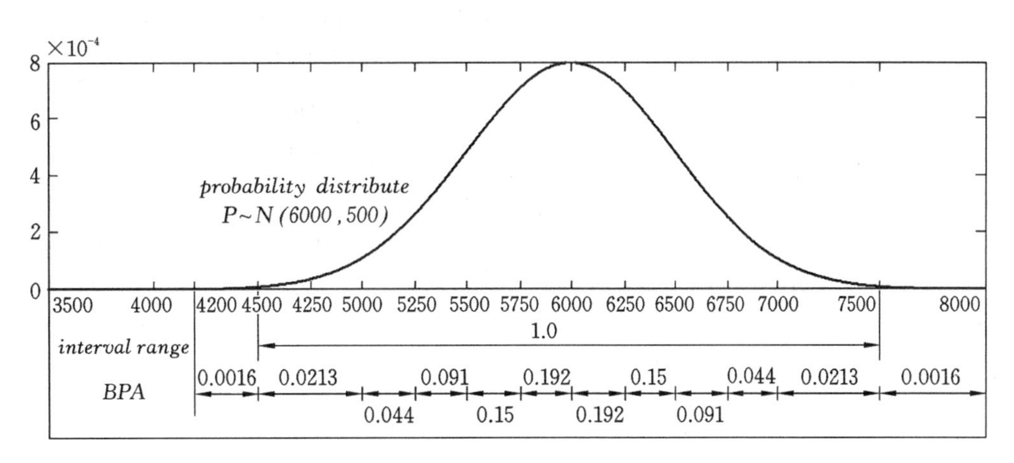

图 8　作用荷载 P 的三种不确定描述

Fig. 8　Three different uncertainty qualification methods on parameter P

据数据信息确定的，在不确定传播过程中没有作出任何假设，故 CPF 和 CBF 所形成的概率范围无遗漏地涵盖了概率分布的所有可能，可见，当对概率分布的认识比较模糊时，利用证据理论可以得到比较满意的结果。另外，证据理论所取概率分布的 99% 置信区间作为辨识区间，计算得到焊缝应力的最大值和最小值分别接近于利用 20000 个样本点所计算的概率结果，这说明微分演化算法能够在超立方体焦元上有效地搜索到极限状态的最大值和最小值，计算精度非常高。

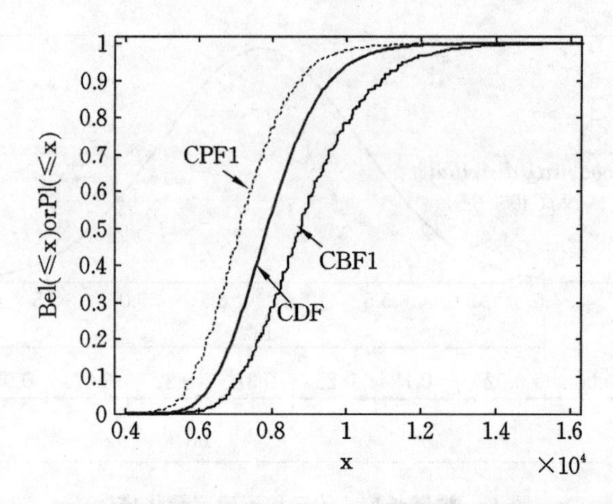

图 9　基于证据理论和概率理论的焊缝最大应力累积分布曲线

Fig. 9　Cumulative distribution curve of maximum shear stress based on evidence theory and probability theory

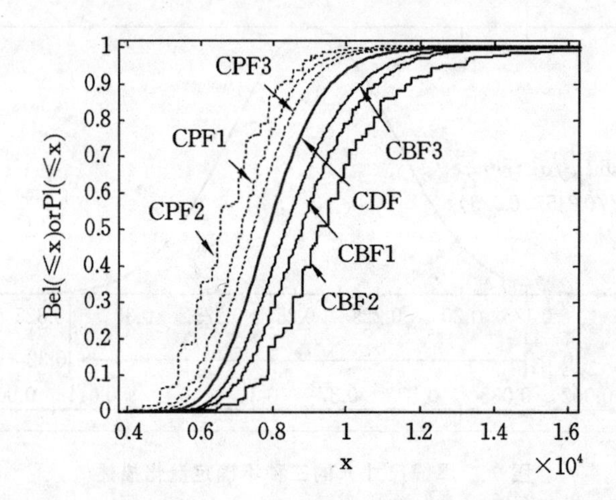

图 10　基于证据理论的三种辨识区间工况和概率理论的焊缝最大应力累计分布曲线

Fig. 10　Cumulative distribution curve of maximum shear stress based on evidence theory with three BPA structure cases and probability theory

Pl 与 Bel 之差的大小反映了概率离散的不完备，广义上，这是属于认知不确定性的范畴，当这种认知不确定性减少时，即辨识区间划分的焦元数目越密时，证据理论的不确定测度 Pl 和 Bel 之间的距离逐渐减少，逐渐接近真实的概率分布，当认知不确定性减少为 0 时，Bel 和 Pl 重合，则不确定中只存在随机不确定性，证据理论退化为概率理论。为了验证这一结论，在上述辨识框架的基础上，减少区间数目与增加区间数目，并令上述辨识区间为工况一，新增加的工况分别为工况二与工况三，它们的 BPA 框架如表 1 所示。

表 1a　工况二的 BPA 框架

Table 1a　BPA structure for case two

变量	焦元	基本信任分配函数
l(in)	[4,5][5,6][6,7][7,8][8,9]	0.027,0.35,0.53,0.091,0.002
h(in)	[0.15,0.2][0.2,0.225][0.225,0.25][0.25,0.3][0.3,0.35]	0.033,0.17,0.37,0.41,0.017
P(lb)	[4.2,4.5][4.5,5][5,5.5][5.5,6][6,6.5] [6.5,7][7,7.5][7.5,8]$\times 10^3$	0.0016,0.0214,0.136,0.341,0.341, 0.136,0.0214,0.0016

表 1b 工况三的 BPA 框架

Table 1b BPA structure for case three

变量	焦元	基本信任分配函数
l(in)	[4,4.5][4.5,4.75][4.75,5][5,5.25][5.25,5.5][5.5,5.75][5.75,6][6,6.25][6.25,6.5][6.5,6.75][6.75,7][7,7.25][7.25,7.5][7.5,7.75][7.75,8][8,8.25][8.25,8.5]	0.002,0.006,0.15,0.034,0.066,0.11,0.14,0.16,0.16,0.13,0.09,0.05,0.02,0.01,0.004,0.002,0.001
h(in)	[0.15,0.175][0.175,0.185][0.185,0.195][0.195,0.2][0.2,0.225][0.225,0.235][0.235,0.245][0.245,0.25][0.25,0.265][0.265,0.275][0.275,0.285][0.285,0.3][0.3,0.325][0.325,0.335][0.335,0.35]	0.002,0.005,0.014,0.013,0.17,0.13,0.15,0.085,0.21,0.1,0.063,0.043,0.014,0.0008,0.0002
P(lb)	[4.2,4.5][4.5,4.75][4.75,5][5,5.25][5.25,5.35][5.35,5.5][5.5,5.75][5.75,5.85][5.85,6][6,6.25][6.25,6.35][6.35,6.5][6.5,6.75][6.75,6.85][6.85,7][7,7.25][7.25,7.5][7.5,8]×10^3	0.0016,0.0049,0.0165,0.0441,0.03,0.062,0.15,0.074,0.118,0.192,0.067,0.083,0.091,0.022,0.022,0.0165,0.005,0.0016

为了便于比较，将三种工况的计算结果与概率理论计算结果绘于同一图中，如图10所示。CPF2和CBF3分别表示工况二、三的累积信任函数，CDF2和CDF3分别表示工况二、三的累积似然函数，由图10可得，随着区间划分得越密集，证据理论的计算结果越趋近概率理论的计算结果，显然地，当区间离散数趋于无穷大时，证据理论计算得到的失效概率为精确值。这很好地说明了利用概率理论进行不确定分析只是证据理论的一个特例。可见，当数据信息不完备时，利用证据理论进行可靠性分析具有一定的工程应用价值。

(2) 混合不确定性问题

实际中，普遍存在这样的混合不确定问题，即知道不确定变量服从某一分布，但不知道概率分布参数的精确值。证据理论可以很好地解决这种问题，在上述焊接梁不确定问题中，假设不确定变量均服从正态分布，但是正态分布的参数(μ,σ)是不确定的，从已有的信息中构造分布参数的BPA框架，如表2所示。

表 2 正态分布参数不确定变量的 BPA 框架

Table2 BPA structure for uncertain parameter with normal distribution

变量	参数	区间	基本信任分配函数
l(in)	μ	[5.5,6][6,6.5][6.5,7]	0.28,0.5,0.22
	σ	[0.5,0.57][0.57,0.62][0.62,0.65]	0.3,0.5,0.2
h(in)	μ_1	[0.2,0.225][0.225,0.25][0.25,0.27]	0.3,0.5,0.2
	σ_1	[0.02,0.022][0.022,0.025][0.025,0.03]	0.3,0.5,0.2
P(lb)	μ_2	[5000,5500][5500,6000][6000,6500][6500,7000]	0.1,0.4,0.4,0.1
	σ_2	[400,450][450,500][500,550][550,600]	0.1,0.4,0.4,0.1

为了便于比较，将上述概率理论和本节证据理论的计算结果绘于同一图中，如图11所示，表5提取了计算结果中的部分信息，观察计算结果可以发现：概率理论表达的随机不确定性只是证据理论表达的混合不确定性中分布参数取单点数值时的特殊情况。若假定：当焊缝最大应力τ超过9066.67 lb/in^{2}时，认为焊接梁承载力发生失效，则概率理论计算得到的可靠度是0.81，而证据理论给出的结果是[0.432,0.92]，因此对于无法建立精确概率分布函数的不确定变量，利用证据理论处理具有很好的鲁棒性，有效避免了由于概率参数假定造成的误差。

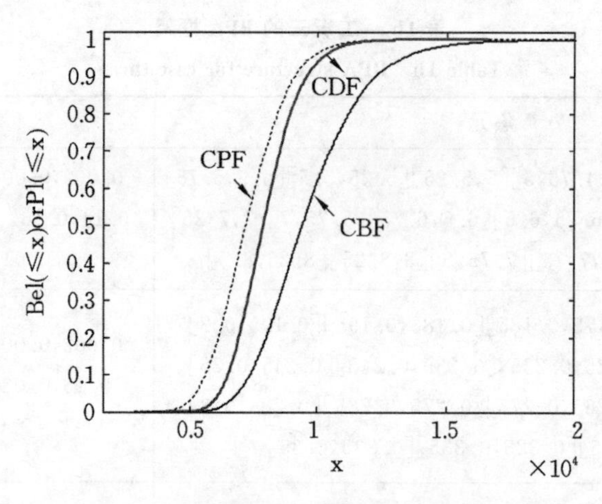

图 11　基于证据理论及概率理论的最大焊缝应力累积分布

Fig. 11　Cumulative distribution of maximum shear stress based on evidence theory and probability theory

表 3　证据理论及概率理论计算结果的比较

Table 3　Comparison of calculation results between evidence theory and probability theory

结果信息	概率理论	证据理论
焊缝最大应力的期望(mm)	694.2 mm	[506.7,906.5] mm
焊缝最大应力小于 9066.67 lb/in² 的概率	81%	[43%,90%]
具有 95% 保证概率的焊缝最大应力(lb/in²)	10195.7	[9703.1,13234]

4　结论

对于工程中出现的信息不完整、不清晰和不精确等不确定问题，本文提出了基于证据理论的不确定分析模型，拓展了以传统的概率理论和统计学为基础的不确定分析方法。此外，不确定分析的一个重要环节是寻求焦元区间上系统响应的极值，针对这样的问题，采用微分演化算法进行快速搜索，可以大大减小计算成本。以焊接梁为例，考虑焊缝长度 l、焊缝尺寸 h 以及外部荷载 P 的不确定性，分别构造了概率理论、区间理论以及证据理论相应的分析框架，比较验证了证据理论处理多源不确定问题的有效性和准确性。

参考文献

[1] Oberkampf W L, Helton J C, Sentz K. Mathematical representation of uncertainty[R]. Non-Deterministic Approaches Forum, Seattle: WA, AIAA, 2001.

[2] Helton J. C. Uncertainty and sensitivity analysis in the presence of stochastic and subjective uncertainty[J]. Journal of Statistical Computation and Simulation, 1997, 57: 3-76.

[3] Dempster A P. Upper andlower probabilities induced by a multiplicand mapping[J]. Annals of mathematical statistics, 1967, 38: 325-339.

[4] Shafer G. A. Mathematical theory of evidence[M]. Princeton: Princeton University Press, 1976.

[5] 郭慧昕，夏力农，戴娟. 基于证据理论的结构失效概率计算方法[J]. 应用基础与工程科学学报，2008，16(03)：457-465.

[6] Zhang Z, Jiang C, Wang G G, et al. First and second order approximate reliability analysis methods using evidence theory[J]. Reliability Engineering and System Safety, 2015, 137: 40-49.

[7] Li D W, Tang H S, Xue S T, et al. Adaptive sub-interval perturbation-based computational strategy for epistemic uncertainty in structural dynamics with evidence theory[J]. Probabilistic Engineering Mechanics, 2018, 53: 75-86.

[8] 唐和生，陈杉杉，薛松涛. 钢纤维自密实混凝土疲劳寿命预测不确定分析的证据理论方法[J]. 哈尔滨工程大学学

报,2019,40(10):1729-1734.

[9] Zhang Z,Jiang C,Wang G G,et al. First and second order approximate reliability analysis methods using evidence theory[J]. Reliability Engineering and System Safety,2015,137:40-49.

[10] 刘鑫,龚敏,周振华,等. 基于证据理论的机械结构高效可靠性分析方法[J]. 中国机械工程. 2020:1-9.

[11] Storn R, Price K. Differential evolution-a simple and efficient adaptive scheme for global optimization over continuous spaces[J]. Journal of Global Optimization,1995,1:1-12.

33. 基于随机时变抗力退化过程的局部锈蚀钢管柱可靠度分析方法*

方　苇[1,2]　陈梦成*[1,2]　钱文磊[2]　罗　睿[1,2]
(1.华东交通大学 轨道交通基础设施运维安全与保障技术国家地方联合工程研究中心,江西南昌 330013;
2.华东交通大学 土木建筑学院,江西南昌 330013)

摘要:传统的结构可靠度计算往往是建立在时不变可靠度理论的基础上进行的,但是在实际工程中结构抗力和荷载效应都具有不确定性。因此在进行结构可靠度计算时,需要考虑结构抗力的时效性和结构所受荷载的随机性,建立基于时变可靠性分析的结构全寿命设计方法。本文介绍了随机时变结构抗力的非平稳化随机过程模型,并以局部锈蚀钢管轴压短柱为例,提出考虑局部锈蚀影响的空心钢管柱轴压试件抗力的概率预测方法,然后利用三种不同的时变可靠度分析方法对局部锈蚀钢管柱进行时变可靠性评估。

关键词:钢管柱;局部锈蚀;随机过程;时变;可靠度

中图分类号:TG171;TB114.3　　**文献标识码**:A

Reliability analysis method of locally corroded steel pipe column based on random time-varying resistance degradation process

FANG Wei[1,2]　CHEN Meng-Cheng[1,2]　QIAN Wen-Lei[2]　LUO Rui[1,2]
(1. The State Local Joint Engineering Research Center for Security Technology of Operation Maintenance in Rail Transit Infrastructures, Nanchang 330013, China;
2. School of Civil Engineering and Architecture, East China Jiaotong University, Nanchang 330013, China)

Abstract: Traditional structural reliability calculations is usually based on time-invariant reliability theory. However, the structural resistance and load effects in actual projects are uncertain. Therefore, when calculating the structural reliability, it is necessary to consider the timeliness of the structural resistance and the randomness of the load on the structure, and then establish a structural life-time design method based on time-varying reliability analysis. This paper introduces the non-stationary random process model of random time-varying structural resistance. Taking the locally corroded steel pipe axial compression short column as an example, the probability prediction method of the hollow steel pipe column resistance considering the influence of local corrosion is proposed. And then three different time-varying reliability analysis methods are used to evaluate the time-varying reliability of locally corroded steel pipe columns.

Keywords: steel pipe column; locally corroded; random process; time-varying; reliability

---

* 基金项目:国家自然科学基金项目(51878275),江西省教育厅科学技术研究项目(GJJ190299)
作者简介:方苇,博士研究生,助理实验师,E-mail:ww_fang@ecjtu.jx.cn
通信作者:陈梦成,工学博士,教授,E-mail:mcchen@ecjtu.jx.cn

引言

随着近年来国家对装配式建筑结构形式的大力推广，钢结构越来越多地应用在各类建筑工程中。随之而来的钢结构耐久性问题也开始被专家学者们重视[1-2]。钢材在服役环境中的腐蚀行为是引起钢结构耐久性能降低的主要原因[3-4]。因此，研究锈蚀钢结构的材料力学性能退化规律对掌握钢结构在服役过程中结构性能演变规律和老化结构的破坏形态，正确评估既有结构的抗力和预测既有结构的使用寿命，以及在保证结构足够安全的前提下减少维护和维修费用等方面都有着重要的意义[5]。

目前有关锈蚀钢管受力性能研究成果主要集中在全面腐蚀方面[6-7]，对于局部腐蚀方面的成果则鲜有报道[8-9]。而在实地考察各地钢管结构，尤其是桥梁结构中钢管构件时，发现钢管构件由于酸雨等因素的影响，普遍存在锈蚀情况，尤其是沿海地区的老化钢结构构件甚至会出现大面积锈穿的情况[10]。由于外钢管表面防锈层存在初始机械损伤缺陷、涂装不到位、老化和开裂等情况，实际工程中的钢管锈蚀绝大多数为局部锈蚀。事实上，相对全面腐蚀的情况而言，局部腐蚀对钢管结构造成的危害更致命，这是因为局部锈蚀造成几何不连续，容易引起应力集中，应力集中又会加速腐蚀穿透外钢管壁，引起局部突然断裂或整体断裂失效[11]。因此有必要开展考虑局部锈蚀影响的钢管构件可靠度研究。文中以局部锈蚀钢管轴压短柱为研究对象，建立随机时变抗力模型，提出考虑局部锈蚀影响的空心钢管柱轴压试件抗力的概率预测方法，分别采用三种结构时变可靠性分析方法计算其随机时变静力可靠度。

1　随机时变结构抗力分析模型

1.1　随机时变结构抗力的平稳化随机过程模型

在传统的结构可靠度分析中，通常假定抗力不随时间发生变化，将结构抗力模型化为随机变量。抗力的随机性来源于材料、几何尺寸、施工工艺等方面不确定性。因此结构抗力样本在设计使用年限内可以认为是起点随机变动的直线，其概率分布形式一般设定为对数正态分布。但是，在实际工程中，大多处于恶劣环境中的建筑在服役期内都会经历大修和加固。对于这类结构，其抗力会随时间衰减，应采用时变模型来描述抗力的衰减过程。

根据《建筑结构设计统一标准》[12]的规定，一般将结构抗力 R 和荷载效应 S 看成随机变量，结构的功能函数为：

$$Z=g(S,R)=R-S \tag{1}$$

结构抗力随时间的变化规律往往受结构参数、构件材料、自然环境和服役状态等多种因素影响[13]。因此，在进行结构时变可靠度预测、评估之前，需要建立一个类比原则，使得某一结构抗力的时变规律可以在同类结构中推广应用。工程结构的抗力随着时间的变化过程，通常是复杂的一维或多维的非平稳随机过程。因此，在实际应用中，常采用将非平稳随机过程平稳化来进行可靠度分析[14]，也就是用某种形式的确定性函数表示抗力 R 随着时间变化的衰减，常用通用的表达形式如式(2)所示：

$$R(t)=\alpha(t)R_0(t) \tag{2}$$

其中，$\alpha(t)$为确定性函数，$R_0(t)$为平稳随机过程，可以取 $t=0$ 时刻的值作为其代表值，记为 R_0，此处，R_0为随机变量。$R(t)$则为平稳化随机过程。

对于受静力作用的结构构件，抗力衰减是一个相对缓变过程。将 $\alpha(t)$看作衰减函数，则式(2)可以改写为：

$$R(t)=\alpha(t,k)R_0 \tag{3}$$

式中，$R(t)$为结构在服役 t 时刻后的剩余抗力，R_0为结构的初始抗力，$\alpha(t,k)$为结构抗力的确定性衰减函数，其中，k 为结构抗力的衰减系数。

上述衰减函数 $\alpha(t,k)$为确定性函数，但是在实际工程中结构的衰减函数与结构材料、服役环境、受力特点等因素有关。当衰减函数无法明确，可将式(3)中的 $\alpha(t,k)$考虑为随机的，在进行衰减系数计算时，利用 $\alpha(t,k)$ 的期望值 $E[\alpha(t,k)]$ 来代替 $\alpha(t,k)$。$\alpha(t,k)$ 的期望值计算公式如下：

$$E[\alpha(t,k)]=\int\alpha(t,k)f(k)\mathrm{d}k \tag{4}$$

式中，$f(k)$ 为参数 k 的概率密度函数。

1.2 随机时变结构抗力的非平稳化随机过程模型

处于不同服役环境下的工程结构，其抗力随时间的变化规律往往与荷载种类、环境情况等有关，呈现出较大的不确定性和离散性，在实际应用中需要大量的观测数据才能确定衰减函数的形式，且通用的抗力衰减模型并不能准确地描述单个结构构件的抗力衰减过程。对于此类结构，可以直接采用随机过程模型来描述结构抗力随时间的变化。

1.2.1 随机过程模型

建立抗力随机过程模型时，首先假定结构抗力在任意时间的概率分布都服从某种特定分布，然后利用均值函数、方差函数以及各时间点的结构抗力的自相关系数来描述抗力随着时间的变化。其中，均值函数一般为单调减函数，反映了结构抗力的总体发展趋势。方差函数一般为单调增函数，反映了结构抗力随机变化的离散性。自相关系数为时段长度的单调减函数，反映了各时点结构抗力的相关性，与时段的长度有关，时段越长或者时间间隔越大的两点抗力相关性越弱。

1.2.2 独立增量过程分析模型

建立随机过程模型时，抗力的均值函数和方差函数可以通过统计分析来确定，但是抗力的自相关系数的变化规律往往很难确定。为了解决这个问题，可以假设结构抗力 $R(t)$ 为独立增量过程。即结构抗力为随机过程 $\{R(t),t\in[t_0,t_0+T]\}$，t_0 为初始时刻，T 为结构的设计使用年限。

抗力的自相关系数为：

$$\rho_{\mathrm{R}}(t,t+\Delta t)=\frac{Cov[R(t),R(t+\Delta t)]}{\sigma_{\mathrm{R}}(t)\sigma_{\mathrm{R}}(t+\Delta t)} \tag{5}$$

对于结构整个寿命周期内，有任意时间 $t_1<t_2<\cdots<t_n$，结构抗力 $R(t_1)$，$R(t_2)-R(t_1)$，…，$R(t_n)-R(t_{n-1})$ 相互独立，则：

$$\begin{aligned}&E\{[R(t_n)-R(t_{n-1})]\cdots[R(t_2)-R(t_1)]R(t_1)\}\\&=\{E[R(t_n)-R(t_{n-1})]\cdots E[R(t_2)-R(t_1)]E[R(t_1)]\}\end{aligned} \tag{6}$$

抗力的协方差函数可表示为：

$$\begin{aligned}Cov[R(t+\Delta t),R(t)]&=Cov[R(t+\Delta t)\text{-}R(t)+R(t),R(t)]\\&=Cov[R(t+\Delta t)-R(t),R(t)]+\sigma_{\mathrm{R}}^2(t)\\&=\sigma_{\mathrm{R}}^2(t)\end{aligned} \tag{7}$$

将式(7)代入式(5)，可得到抗力的自相关系数为：

$$\rho_{\mathrm{R}}(t,t+\Delta t)=\frac{\sigma_{\mathrm{R}}(t)}{\sigma_{\mathrm{R}}(t+\Delta t)} \tag{8}$$

通过统计分析确定了结构抗力的均值和方差的变化规律以后，利用已知的方差函数可以确定结构抗力的自相关系数 $\rho_{\mathrm{R}}(t,t+\Delta t)$。

2 时变可靠指标

结构抗力会随着时间发生改变，那么对应的随机变量 Z 的均值和方差也随着时间发生改变。因此，结构的时变可靠指标有如下定义：

$$\beta(t)=\frac{\mu_Z(t)}{\sigma_Z(t)} \tag{9}$$

式中，$\mu_Z(t)$ 和 $\sigma_Z(t)$ 分别为随机变量 Z 在 t 时刻的均值和方差。

在进行结构构件时变可靠度分析过程中，常需要确定各基本变量的时变特性和统计特征，再利用式(9)计算结构的时变可靠指标。

按照一次二阶矩可靠度分析方法，当结构抗力和结构所承受的荷载效用均服从正态分布，结构构件的时变可靠指标为：

$$\beta(t)=\frac{[\alpha(t)\mu_{R}-\mu_{S}(t)]}{\sqrt{\alpha^{2}(t)\sigma_{R}^{2}+\sigma_{S}^{2}(t)}} \tag{10}$$

式中，$\alpha(t)$为抗力衰减函数，μ_R和σ_R为结构初始抗力的期望值和标准差，$\mu_S(t)$和$\sigma_S(t)$是服役时间为t的结构作用效应的期望值与标准差。

对于承受静荷载的工程结构可靠度，$\mu_S(t)$和$\sigma_S(t)$的值与时间t的关系并不大，因此式(10)也可以简化为：

$$\beta(t)=\frac{[\alpha(t)\mu_{R}-\mu_{S}]}{\sqrt{\alpha^{2}(t)\sigma_{R}^{2}+\sigma_{S}^{2}}} \tag{11}$$

以此类推，当结构抗力与结构所承受的荷载效用服从对数正态分布时，设$R(t)=\alpha(t)R$，对应的结构时变可靠指标可表示为：

$$\beta(t)=\frac{[\mu_{\ln R(t)}-\mu_{\ln S(t)}]}{\sqrt{\sigma_{\ln R(t)}^{2}+\sigma_{\ln S(t)}^{2}}} \tag{12}$$

当结构抗力为正态分布，荷载效应服从对数正态分布时，结构时变可靠指标可表示为：

$$\beta(t)=\frac{\alpha(t)\mu_{R}-S^{*}(t)[1-\ln S^{*}(t)+\mu_{\ln S(t)}]}{\sqrt{(\alpha(t)\sigma_{R})^{2}+(S^{*}(t)\sigma_{\ln S(t)})^{2}}} \tag{13}$$

式中，$S^*(t)$为验算点X^*的坐标，可采用迭代法验算点坐标。

结构承受的作用包括永久作用、可变作用和偶然作用，考虑到计算方法的普适性，在进行可靠度计算时，可将其分为永久荷载和可变荷载两种[12]。则结构的可靠性模型可表示为：

$$Z(t)=R(t)-G-Q(t) \tag{14}$$

式中，G为永久荷载，$Q(t)$为设计基准期内结构承受的可变荷载效应。

结构构件的失效概率可表示为：

$$p_{f}=\Phi(-\beta) \tag{15}$$

式中，p_f表示结构的失效概率，$\Phi(\cdot)$为标准正态分布函数。

3 实例分析

3.1 基于确定性抗力衰减函数的结构时变可靠度

本文通过试验和ABAQUS有限元模拟结合的方式，研究酸雨腐蚀环境引起的局部锈蚀钢管柱的承载力衰变规律，提出考虑局部锈蚀影响的钢管柱承载力计算公式。局部锈蚀钢管柱试件的截面直径R为114 mm，长细比取3，钢管长度L为342 mm，试件局部锈蚀形态如图1所示。

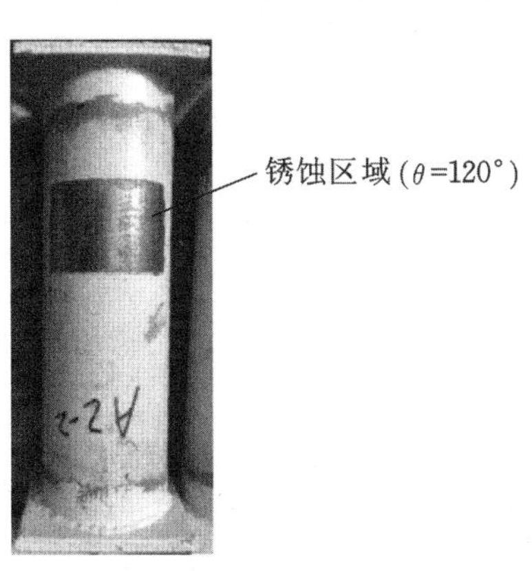

图1 局部锈蚀钢管柱试件

Fig. 1 Locally corroded steel pipe column

对于局部锈蚀区域面积为整个钢管柱表面积的1/15的空钢管短柱，其抗力表达式为：

$$R(t)=R_0 \cdot \alpha(t)=f_y \cdot A \cdot (1-\eta \cdot \theta) \tag{16}$$

式中，A 为钢管柱试件的毛截面面积，η 为局部锈蚀率，$\eta=\frac{t'}{t}$，t' 为钢管锈蚀厚度，t 为钢管原始壁厚，θ 为局部锈蚀区域环向角度。

将钢材因模拟酸雨溶液加速腐蚀引起的锈蚀过程考虑为 Gamma 过程，假设钢材的性能参数为质量损失 $m(t)$，则上式中的局部锈蚀率 η 也可以近似表示为：$\eta=\frac{\Delta m}{M}$。根据 Gamma 过程的性质，钢材质量损失量的平均值和方差可以表示为：

$$E(\Delta m(t))=\alpha \cdot \beta=a \cdot ((t+\Delta t)^b-t^b) \cdot \beta \tag{17}$$

$$Var(\Delta m(t))=\alpha \cdot \beta^2=a \cdot ((t+\Delta t)^b-t^b) \cdot \beta^2 \tag{18}$$

首先利用参数估计法估计随机 Gamma 过程的三个随机参数 $(\alpha,\beta,b)=(0.0051,57.3189,2.1023)$，将参数值代入式(17)中，计算不同时间段内的钢材锈蚀质量损失，再将钢材锈蚀质量损失数据代入式(16)，得到构件实时抗力值 $R(t)$，计算结果如图 2 所示。

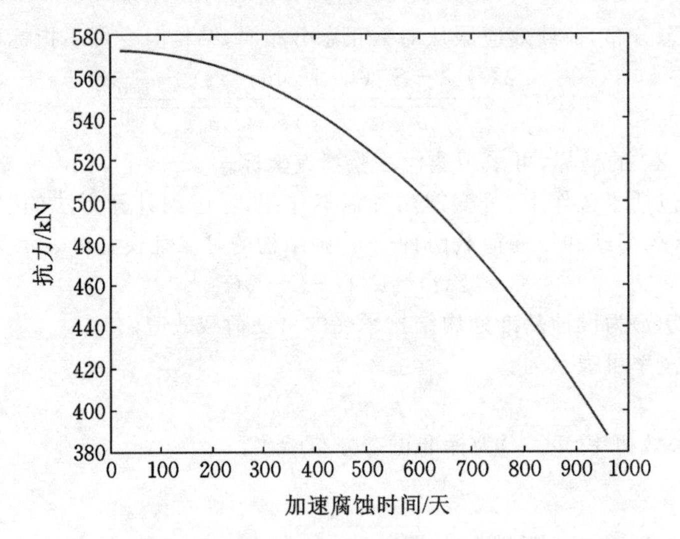

图 2　局部锈蚀空钢管轴压短柱抗力衰减曲线

Fig. 2　Resistance decay curve of locally corroded steel pipe column

为了便于计算，对结构承受的荷载效应进行必要的简化。考虑结构设计时，结构的所承受的最大荷载一般不允许超过其极限承载力的 80%，假设试件承受恒载平均值为 470 kN，标准差为 5.6 kN。结构构件的时变可靠度如图 3 所示。

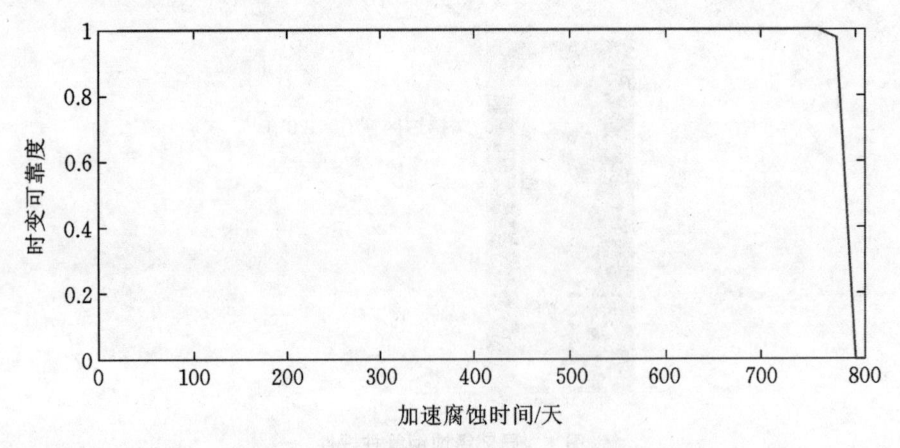

图 3　局部锈蚀空钢管轴压短柱时变可靠度随时间变化曲线

Fig. 3　Time-varying reliability of locally corroded steel pipe column

3.2 基于随机过程模型的结构时变可靠度

在进行大量的轴压试验的基础上，可以直接对局部锈蚀试件的承载力进行统计分析，确定其统计特征随时间变化的情况。假设局部锈蚀钢管轴压承载力的统计特征如下：

$$\mu_R(t)=756\exp(-5.183\times10^{-5}t^2),\sigma_R(t)=22\exp(5.69\times10^{-5}t^2)$$

假设试件的抗力 $R(t)$ 为独立增量过程，由式(8)可知试件抗力的自相关系数为：

$$\rho_R(t,t+\Delta t)=\frac{\sigma_R(t)}{\sigma_R(t+\Delta t)}=\exp[-5.69\times10^{-5}(2t+\Delta t)\Delta t] \tag{19}$$

试件承受恒载为 470 kN，标准差为 5.6 kN，分布类型为对数正态分布。

分别利用式(12)和式(15)计算结构的时变可靠指标和失效概率，计算结果如图 4 所示。相应地，结构的时变可靠度如图 5 所示。

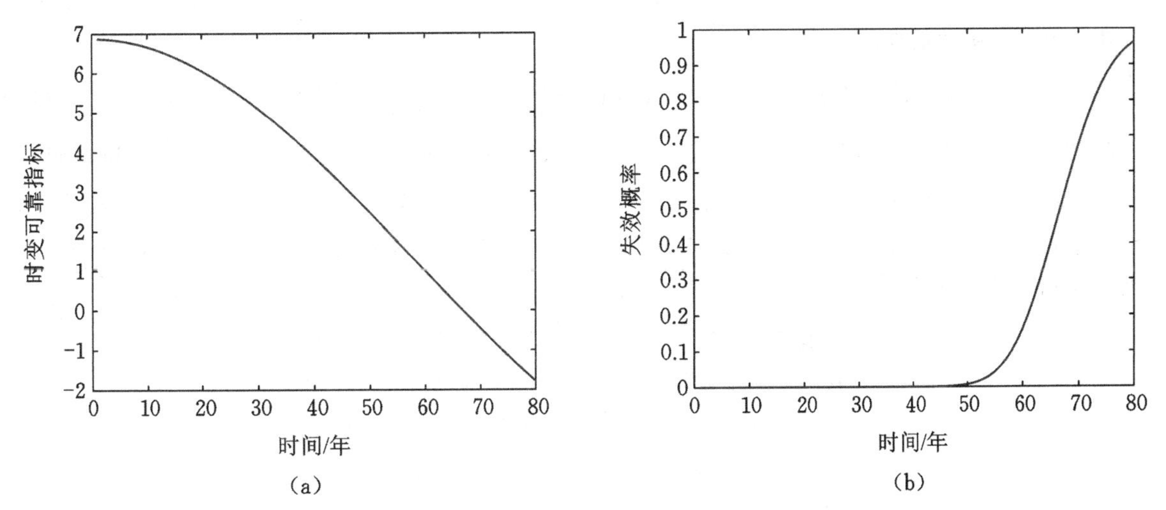

图 4　局部锈蚀空钢管轴压短柱可靠指标随时间变化曲线

(a) 可靠指标；(b) 失效概率

Fig. 4　Time-varying reliability index of locally corroded steel pipe column

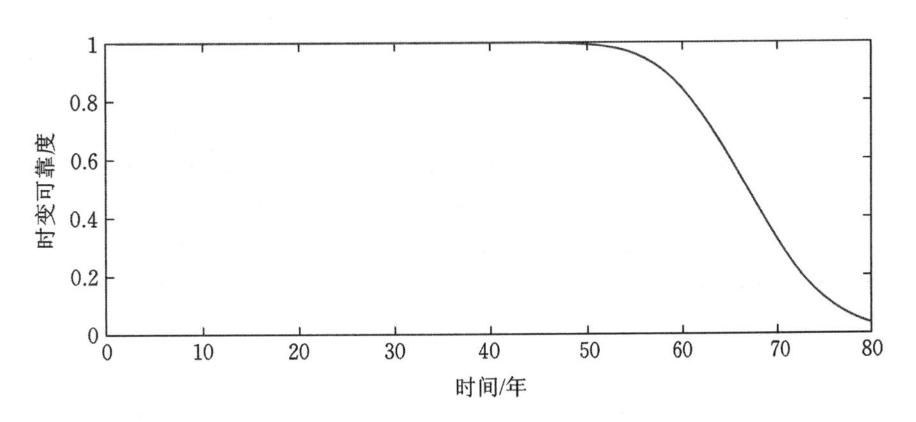

图 5　局部锈蚀空钢管轴压短柱时变可靠度

Fig. 5　Time-varying reliability of locally corroded steel pipe column

3.3 基于独立增量过程的抗力分析模型的结构时变可靠度

3.2 节的计算结果是基于假设的抗力统计特征进行的，而在实际工程中需要进行大量的工程调研和试验才能获取较为准确的统计特征值。因此，在试验数据较少的情况下，可以建立基于独立增量过程的抗力分析模型来进行结构时变可靠度计算。Gamma 随机过程是一种单调递增的纯跳跃过程，适合模拟具有微小增量的累积渐变过程。本节选用 Gamma 随机过程模型来描述结构抗力变化的过程。

因此，结构抗力的退化量 $r(t)$ 服从 Gamma 分布，则抗力退化量 r(t) 的概率密度函数为：

$$f(r)=\frac{\lambda^{\nu(t)}\cdot r^{\nu(t)-1}}{\Gamma(\nu(t))}\exp(-\lambda\cdot r) \tag{20}$$

式中，$\nu(t)$ 和 λ 分别为 Gamma 分布的形状参数和尺度参数。

根据 Gamma 过程的性质，可得抗力退化量 $r(t)$ 的平均值和方差分别为：

$$\begin{cases} E[r(t)]=\dfrac{\nu(t)}{\lambda} \\ Var[r(t)]=\dfrac{\nu(t)}{\lambda^2} \end{cases} \tag{21}$$

结构在初始时刻的抗力为 R_0，则 t 时刻的抗力为 $R(t)=R_0-r(t)$，结构的荷载效应用 S 表示。因此，结构的失效概率为：

$$P_f(t)=P[R(t)\leqslant S]=P[r(t)\geqslant R_0-S] \tag{22}$$

由 Gamma 函数的性质可知：

$$P_f(t)=\int_{r=R_0-S}^{\infty}f_{r(t)}(r)\mathrm{d}r=\frac{\Gamma\{\nu(t),[R_0-S]\cdot\lambda\}}{\Gamma[\nu(t)]} \tag{23}$$

将图 1 所示的局部锈蚀钢管短柱承载力随着时间的增长逐渐降低的过程看成 Gamma 随机过程，利用参数估计法确定其形状参数 $\nu(t)=a\cdot\Delta t^b$，其中 $\hat{a}=0.0003$，$\hat{b}=1.9001$ 和尺度参数 $\hat{\lambda}=0.7501$，然后再根据式(21)确定试件的承载力随时间变化曲线，试件的抗力衰减曲线如图 6 所示。图 7 为对应的时变可靠度预测曲线。

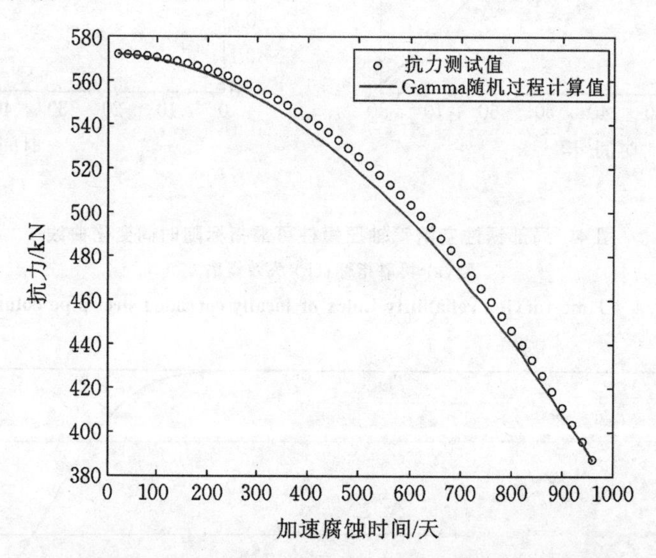

图 6　基于独立增量过程的局部锈蚀空钢管轴压短柱抗力衰减曲线

Fig. 6　Resistance decay curve of locally corroded steel pipe column based on independent incremental process

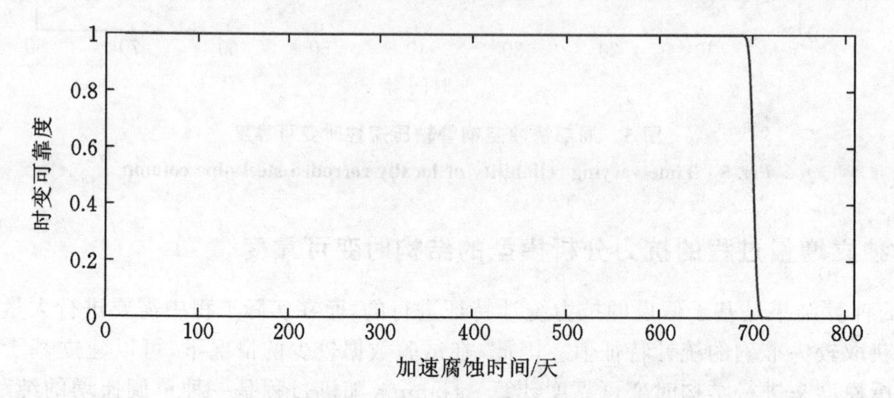

图 7　基于独立增量过程的局部锈蚀空钢管轴压短柱时变可靠度预测曲线

Fig. 7　Time-varying reliability prediction curve of locally corroded steel pipe column based on independent incremental process

4 结论

文中以局部锈蚀钢管轴压短柱为例，分别采用三种不同的结构时变可靠性分析方法对考虑局部锈蚀影响的空心钢管轴压构件进行时变可靠度分析。

(1) 通过试验和 ABAQUS 模拟结合的方式，研究酸雨腐蚀环境引起的局部锈蚀钢管柱的承载力衰变规律，提出考虑局部锈蚀影响的钢管柱承载力计算公式。通过建立钢材锈蚀过程随机模型，进行基于确定性抗力衰减函数的局部锈蚀钢管柱时变可靠度分析。

(2) 采用随机过程模型来描述局部锈蚀钢管柱承载力随时间的变化，统计分析局部锈蚀钢构件轴压试验结果，结合时变锈蚀质量损失增长模型，确定钢构件轴压承载力的均值函数和方差函数，进而建立试件的抗力随机过程分析模型，求得局部锈蚀钢管柱的时变可靠度。

(3) 利用 Gamma 随机过程模型来描述结构抗力变化的过程，建立基于独立增量过程的抗力分析模型，在对局部锈蚀钢构件进行性能预测和评估的过程中通过引入局部锈蚀钢构件的抗力衰减动态数据，实现实现结构性能预测和时变可靠性分析。

参考文献

[1] 曹楚南. 中国材料的自然环境腐蚀[M]. 北京：化学工业出版社，2005.

[2] 陈梦成，方苇，黄宏. 模拟酸雨腐蚀钢管混凝土构件静力性能研究[J]. 工程力学，2020，37(02)：34-43.

[3] Dewanbabee H，DAS S. Structural Behavior of Corroded Steels Pipes Subject to Axial Compression and Internal Pressure：Experimental Study[J]. Journal of Structures Engineering，2012，139(1)：57-65.

[4] KIM I T，DAO D K，JEONG Y S，et al. Effect of Corrosion on the Tension Behavior of Painted Structural Steel Members[J]. Journal of Constructional Steel Research，2017，133：256-268.

[5] 商钰. 腐蚀环境对钢结构表面锈蚀特征影响的研究[D]. 西安：西安建筑科技大学，2011.

[6] 陈志华，于越，刘红波，等. 均匀锈蚀后网架结构杆件轴压承载力试验研究及数值模拟[J]. 工业建筑，2019，49(8)：17-22.

[7] Lin-Hai Han，Chao Hou，Qing-Li Wang. Square concrete filled steel tubular(CFST) members under loading and chloride corrosion：Experiments[J]. Journal of Constructional Steel Research，2012，71：11-25.

[8] 孙奇，肖京先. 钢管桩局部腐蚀的电化学研究[J]. 钢铁研究，1992(3)：31-35.

[9] 何永雄，刘爱荣，刘春晖，等. 局部腐蚀对钢管拱肋极限承载能力的影响研究[J]. 广州大学学报(自然科学版)，2017(4)：39-45.

[10] 宋钢. 考虑腐蚀效应的圆钢管轴向受力性能研究[D]. 哈尔滨：哈尔滨工业大学，2016.

[11] 梁德飞. 输电线路大跨越钢管塔的结构可靠度分析[J]. 武汉大学学报(工学版)，2009，22(S1)：249-252.

[12] 中国建筑科学研究院. GB 50068—2001 建筑结构可靠度设计统一标准[S]. 北京：中国建筑工业出版社，2001.

[13] 姚继涛. 基于不确定性推理的既有结构可靠性评定[M]. 北京：科学出版社，2011.

[14] 李桂情，李秋胜. 工程结构时变可靠度理论及其应用[M]. 北京：科学出版社，2001.

34. 服役输电导线覆冰可靠度研究*

宋欣欣[1,2]　陈　波[1,2*]　李　朔[1,2*]

（1. 武汉理工大学道路桥梁与结构工程湖北省重点实验室，武汉 430070；
2. 武汉理工大学土木工程与建筑学院，武汉 430070）

摘要：受覆冰荷载影响，高压输电线路运营过程中往往会出现大面积损毁，产生巨大的经济成本。本文针对服役期内的输电导线，提出了覆冰荷载作用下导线的可靠度计算方法。首先建立了输电线的覆冰数值模型；然后采用静力解析法计算导线承受的水平张力；再次，引入一次二阶矩方法，结合覆冰数值模型计算导线覆冰可靠度。结果表明：引入一次二阶矩方法计算导线覆冰时变可靠度具有很好的收敛性。

关键词：输电导线；可靠度；覆冰模型；水平张力；一次二阶矩方法

Study on reliability of iced transmission line in service stage

SONG Xingxing[1]　CHEN Bo[1,2]　LI Shuo[1,2]

(1. Key Laboratory of Roadway Bridge and Structural Engineering,
Wuhan University of Technology, Wuhan, 430070, China;
2. School of Civil Engineering and Architecture,
Wuhan University of Technology, Wuhan, 430070, China)

Abstract: Affected by the influence of icing load, large area damage often occurs during the operation of high-voltage transmission lines, resulting in huge economic costs. In this paper, the reliability calculation method of transmission line under icing load is proposed. Firstly, the numerical model of icing on the transmission line is established; Then, the static analysis method is used to calculate the horizontal tension of the conductor; thirdly, the first order second moment method is introduced to calculate the icing reliability of the transmission line combined with the icing numerical model. The results show that the introduction of the first order second moment method to calculate the time-varying reliability of conductor icing has good convergence.

Keywords: transmission line; reliability; icing model; horizontal tension; first order second moment method

引言

输电导线作为输电塔线体系的重要一部分，是实现电力能源长距离传送的保证。合理和可靠的设计是确保线路安全运行的有效保障。随着输电塔线系统可靠度精细化研究的进行，作为研究导线路系统的重要组成部分之一，将输电导线作为悬索结构，并考虑其几何非线性的特性，研究导线的可靠度具有重要理论意义和工程应用价值。输电导线承受的各种荷载以及输电导线的强度和影响变形

---

* 基金项目：国家自然科学基金资助项目(51678436,51978549)

作者简介：宋欣欣，博士研究生

通讯作者：陈波，博士，教授，博士生导师

性能的各种因素都具有一定的随机性，作为变量均属于随机变量。对于不确定性随机变量，建立在以概率理论为基础的可靠度分析方法将更能反映问题的本质。

2008年年初，我国南方地区遭遇罕见的持续冰雪灾害，覆冰导致的断线和倒塔是灾害的主要表征。研究表明，导线线路元件或杆塔结构子系统及其塔线结构系统的安全性和可靠性，都将直接影响电网的安全生产和正常运行。导线覆冰是一种自然灾害，严重覆冰会引起导线线路发生机械故障和电气性能降低从而导致覆冰事故发生。很多学者对输电导线的覆冰过程和影响因素进行了深入的研究，通过系统的实测数据分析，给出了相应的覆冰模型。刘春城针对雨凇覆冰过程，通过引入碰撞系数、收集系数和冻结系数给出了导线均匀覆冰和非均匀覆冰的覆冰质量和覆冰厚度预测模型，研究了在不同过冷却水滴中值体积直径、风速以及导线直径情况下覆冰质量随时间的变化规律[1]。黄新波首次提出了覆冰影响深度分析法，结合实测数据，确定了线路覆冰与微气象条件(环境温度、环境湿度、环境风速)和导线温度等因素之间的关系[2]。吴息等分析2001—2009年二郎山观冰站的覆冰资料和气象资料，建立了一个以风速、温度、水汽压等常规气象观测要素为参数的导线覆冰模型，将综合覆冰拟合的冰厚与实测冰厚值进行比较，拟合结果较好地模拟了实际覆冰，达到工程应用的目的[3]。陆彬研究了导线覆冰湿增长与覆冰参数之间的关系，通过在人工气候室的实验确定导线覆冰厚度的增长特性，阐述了不同直径导线、温度和风速与覆冰厚度和速率之间的关系[4]。

覆冰荷载是影响输电导线正常服役和线路安全运行的关键因素，探究覆冰过程中输电导线的可靠度，进而为导线路减冰和脱冰提供必要的指导，对导线路塔线结构系统更加准确的研究将会有十分重要的意义。

1　输电导线覆冰可靠度计算方法

1.1　覆冰模型

导线直径 d(m)，跨度 L(m)，覆冰密度 ρ(kg/m^3)，冰的密度为900 kg/m^3，覆冰荷载沿导线的单位长度重度(N/m)为：

$$q_i=900\times\pi\times\delta\times(\delta+d)\times g \tag{1}$$

气象站的导线覆冰观测记录了覆冰的直径、厚度和冰重等，由于每次过程覆冰的形态和密度不同，其记录的原始覆冰直径等数据不具备可比性，必须换算为标准冰厚：覆冰密度为900 kg/m^3，并均匀裹在导线上的冰层厚度[5]。冰重换算为标准冰厚的公式为：

$$\delta=\left(\frac{G}{0.9\pi}+\frac{d^2}{4}\right)^{0.5}-\frac{d}{2} \tag{2}$$

式中，G 表示每米电线上的覆冰质量(g/m)。

1.2　导线承受的张力计算

输电导线作为典型的悬索结构，常用的计算方法有静力解析法和有限元法。考虑到输电导线的载荷模式简单，主要是分布荷载，包括自重荷载、覆冰荷载、风荷载等，本文的导线内力计算采用静力解析法。

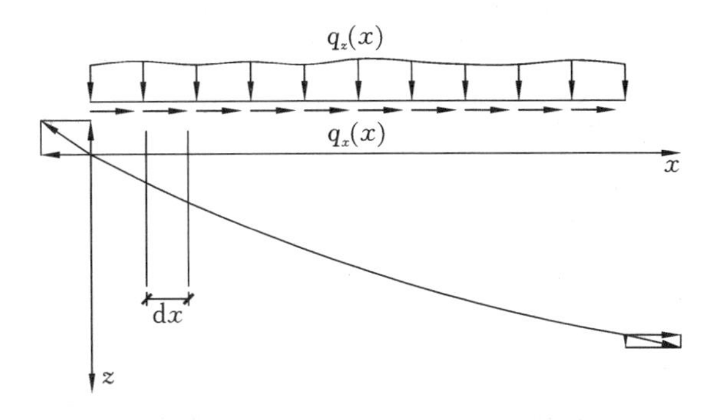

图1　索微分单元及所作用外力

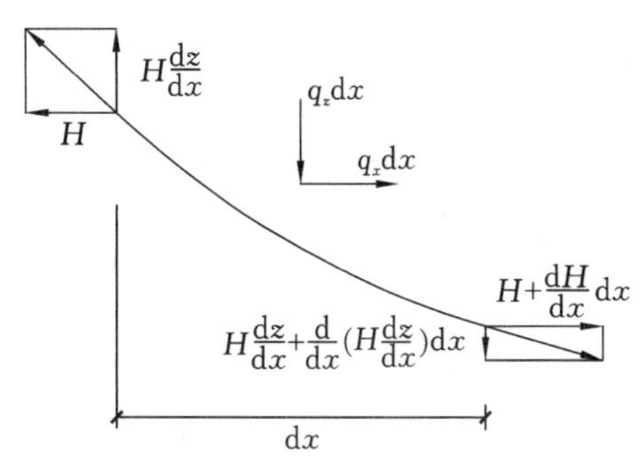

图2　索微分单元及所作用的内力

图 1 表示承受两个方向任意分布荷载 $q_z(x)$ 和 $q_x(x)$ 作用的一根悬索。索的曲线形状可由方程 $z=z(x)$ 代表。由于索是理想柔性的,索的张力 T 只能沿索的切线方向作用。由该索截出的水平投影长度为 dx 的任意微分单元及所作用的内力和外力,如图 2 所示,设某点索张力的水平分量为 H,则它的竖向分量为:

$$V=H\tan\theta=H\frac{dz}{dx} \tag{3}$$

根据 X 和 Z 方向上微分单元的静力平衡条件($\Sigma X=0$ 和 $\Sigma Z=0$),有:

$$\frac{dH}{dx}+q_x=0 \tag{4}$$

$$\frac{d}{dx}\left(H\frac{dz}{dx}\right)+q_z=0 \tag{5}$$

方程(4)和(5)就是单索问题的基本平衡微分方程。在常见的实际工程问题中,悬索主要承受竖向荷载的作用。当 $q_x=0$ 时,由方程(4)得

$$H=\text{常量} \tag{6}$$

而方程(5)可写成:

$$H\frac{d^2z}{dx^2}+q_z=0 \tag{7}$$

方程(7)的物理意义是:索曲线在某点的二阶导数(当索较平坦时即为其曲率)与作用在该点的竖向荷载集度成正比。应注意,在推导上述各方程时,荷载 q_z 和 q_x 的定义是沿跨度单位长度上的荷载,并且与坐标轴一致时为正。

将悬索的平衡微分方程与梁的方程作一比较。如图 3 所示,梁的平衡微分方程呈如下形式:

$$\frac{d^2M}{dx^2}=-q_z \tag{8}$$

即

$$\frac{d^2M}{dx^2}+q_z=0 \tag{9}$$

悬索的微分方程(7)与梁的方程(9)具有完全相同的形式。二者的变量(z 与 M)相互对应,仅相差一常数因子 H。因此,只要两种情形的边界条件也相当,下述对等关系即可成立:

$$Hz(x)=M(x) \tag{10}$$

由此得

$$z(x)=\frac{M(x)}{H} \tag{11}$$

如图 3 所示,对于两支座等高的悬索,当以通过支点的水平线为坐标轴时,其两端的边界条件与一般简支梁弯矩图完全相当;对于两支座不等高的悬索,在对应的简支梁的一端还应加上一集中力矩 Hc,这时 z 和 M 的边界条件也就完全相当,于是即可根据简支梁的弯矩图按式(11)求得索曲线的形状。

由上述的比拟可以看出,对于两支座不等高的情形,式(11)中的 $M(x)$ 代表荷载 $q_z(x)$ 和端力矩 Hc 共同引起的简支梁弯矩图。由此,如果使 $M(x)$ 仅代表由荷载 $q_z(x)$ 引起的弯矩图,则式(11)应改成下面的形式:

$$z(x)=\frac{M(x)+\frac{Hc}{l}x}{H}$$

即

$$z(x)=\frac{M(x)}{H}+\frac{c}{l}x \tag{12}$$

式(12)是式(11)的推广,是适用于两支座不等高情形的通式。

式(12)右侧的第二项代表支座连线 AB 的坐标,因此第一项就代表以 AB 为基线的索曲线坐标

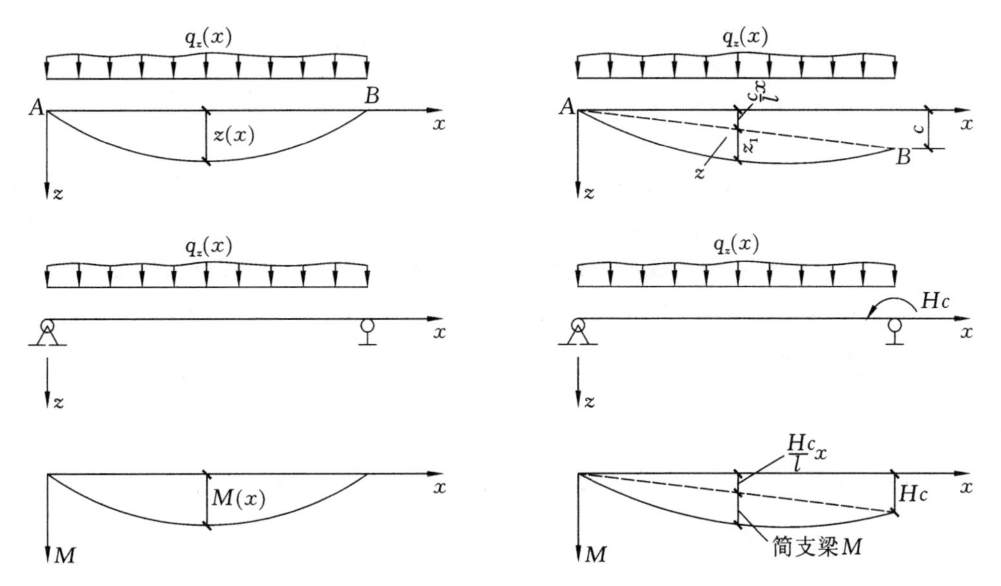

图 3　索的平衡曲线与简支梁弯矩图的比拟

$z_1(x)$，即

$$z_1(x)=\frac{M(x)}{H} \tag{13}$$

由此可见，当考虑悬索的平衡形状时，不论两支座等高与否，均可得到同样的结论。即：如果将两支点的连线作为索曲线竖向坐标的基线，则索曲线的形状与承受同样荷载的简支梁弯矩图完全相似。

设索在初始状态的荷载 q_0（从而 V_0 和 M_0）、索曲线状态 z_0 和索初始内力 H_0 均为已知，它们满足式(12)所表示的平衡条件：

$$z_0=\frac{M_0(x)}{H_0}+\frac{c_0}{l}x \tag{14}$$

加上荷载增量 Δq 后，索过渡到终态，此时索的内力 H 和索曲线的形状 z 必须满足变形协调条件和新状态下的平衡条件：

$$H-H_0=\frac{EA}{2l}\int_0^l\left[\left(\frac{\mathrm{d}z}{\mathrm{d}x}\right)^2-\left(\frac{\mathrm{d}z_0}{\mathrm{d}x}\right)^2\right]\mathrm{d}x+EA\,\frac{u_r-u_l}{l}-EA\alpha\Delta t \tag{15}$$

$$z=\frac{M(x)}{H}+\frac{c}{l}x \tag{16}$$

式(16) 中已考虑到两端支座的高差也已由 c_0 变成 c。这种变化一般是由支座的竖向位移引起的。联立式(15) 和式(16)，且考虑关系式(14)，即可解出未知量 H 和 z，具体解法如下：

由方程(16) 和方程(14) 可得

$$\frac{\mathrm{d}z}{\mathrm{d}x}=\frac{V}{H}+\frac{c}{l} \tag{17}$$

$$\frac{\mathrm{d}z_0}{\mathrm{d}x}=\frac{V_0}{H_0}+\frac{c_0}{l} \tag{18}$$

代入方程(15)，得

$$\begin{aligned}H-H_0&=\frac{EA}{2l}\int_0^l\left[\frac{V^2}{H^2}+\frac{2Vc}{Hl}+\frac{c^2}{l^2}-\frac{V_0^2}{H_0^2}-\frac{2V_0c_0}{H_0l}-\frac{c_0^2}{l^2}\right]\mathrm{d}x+EA\,\frac{u_r-u_l}{l}-EA\alpha\Delta t\\&=EA\,\frac{c^2-c_0^2}{2l^2}+\frac{EA}{2l}\left[\int_0^l\frac{V^2}{H^2}\mathrm{d}x-\int_0^l\frac{V_0^2}{H_0^2}\mathrm{d}x\right]+EA\,\frac{u_r-u_l}{l}-EA\alpha\Delta t\end{aligned} \tag{19}$$

令
$$\int_0^l V^2\mathrm{d}x=D,\quad \int_0^l V_0^2\mathrm{d}x=D_0,$$

得

$$H - H_0 = \frac{EA}{2l}\left(\frac{D}{H^2} - \frac{D_0}{H_0^2}\right) + EA\,\frac{c^2 - c_0^2}{2l^2} + EA\,\frac{u_r - u_l}{l} - EA\alpha\Delta t \tag{20}$$

式(20)是以 H 为未知量的三次方程，由此可以解得 H，然后由式(16)即可求得 z。方程(20)中的 D 和 D_0 代表荷载的作用。

H 的方程式(20)是非线性的，这是悬索理论的固有特点。因为与悬索的初始垂度相比，索在荷载增量作用下产生的竖向位移 w 不是微量，这在小垂度问题中尤其如此。所以，悬索的平衡方程不能按变形前的初始位置来建立，而必须考虑悬索曲线形状随荷载变化而产生的改变，按变形后的新的几何位置来建立平衡条件。这样就构成了结构力学中的几何非线性问题。因此，在解悬索问题时，其初始状态必须明确给定。当在不同的初始状态上施加相同的荷载增量时，引起的效应将各不相同。

2 输电导线覆冰可靠度计算与分析

根据建立的极限状态方程，考虑输电导线的几何非线性特性，本文利用工程实际结合现有的相关计算输电线规范模拟了一跨高架输电线的可靠度计算。

一跨度为 300 m，电压等级为 220 kV 的架空输电导线，由重力作用产生的初始垂度为 6 m，其示意图如图 4 所示。输电导线采用 JL/G1A-240/30 的钢芯铝绞线，为圆形截面，其单位长度的质量 $m=0.9215$ kg/m，截面直径 $d=21.6$ mm，截面面积 $A=276$ mm^2，钢芯铝绞线横截面如图 5 所示。

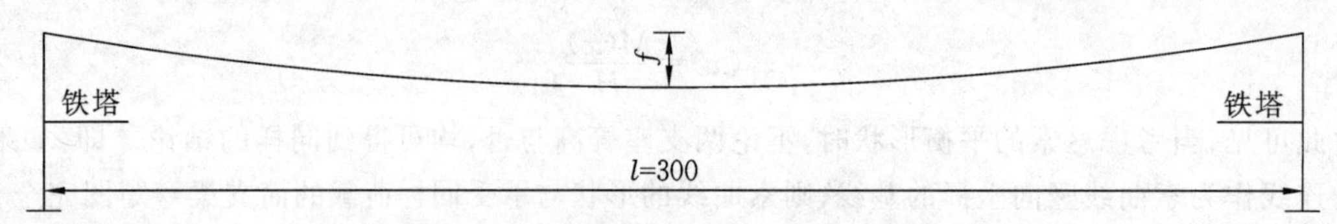

图 4　架空输电导线示意图

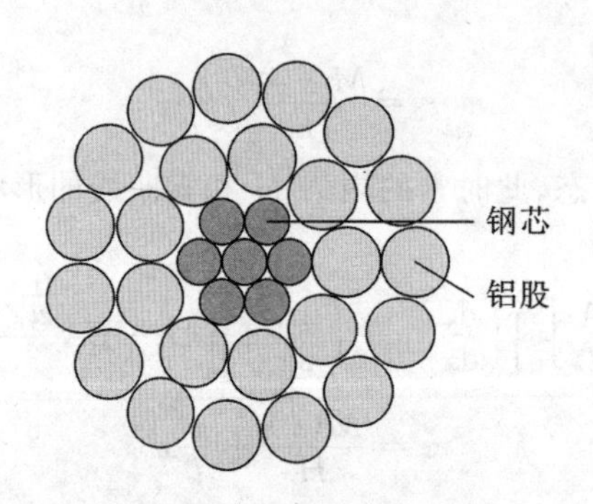

图 5　钢芯铝绞线截面图

各个随机变量的分布类型以及参数如表 1 所示。

表 1　随机变量的统计特性

随机变量	分布类型	期望	标准差
抗拉强度 f_y(N/mm^2)	正态分布	274	13.8
截面面积 A(mm^2)	正态分布	276	27.6

孔伟在基于四阶矩法的输电线路覆冰可靠度分析中采用基于 MATLAB 的蒙特卡洛模拟求解架空导线的可靠度，在不同档距下两种方法的可靠指标对比中得出规律：随着档距的增加，可靠指标呈现逐渐减小的规律[6]。本文基于一次二阶矩方法计算覆冰荷载下的可靠指标，得出结论与孔伟的一致。

图 6 给出了不同跨度下输电线路的可靠指标计算结果。由图可知，跨度 L 分别取值 200 m、300 m 及 400 m 时，可靠指标减小的速率加快；跨度增加到 400 m 时，覆冰厚度仅 20 mm 就使失效概率迅速

增加。说明输电线路的跨度是导致输电线路失效的主要控制参数之一，过大的跨度在较大的覆冰厚度影响下可能会使输电线路大面积损毁。

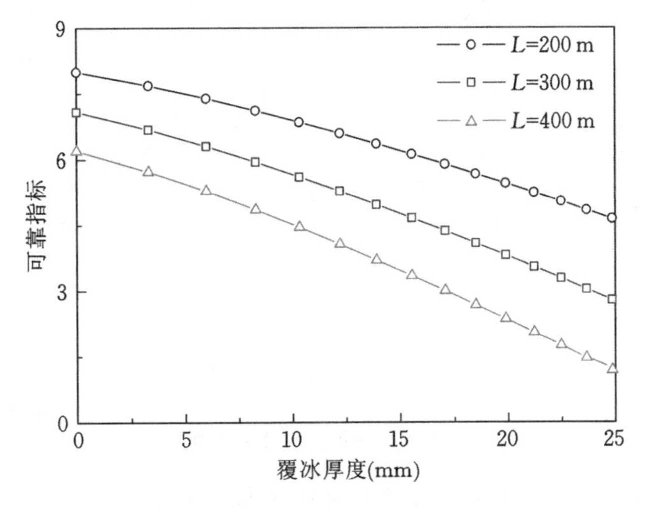

图 6　输电线路在不同跨度下的可靠指标

考虑到档距与垂跨比有直接关系，本文在分析档距对输电线路可靠度影响的基础上，进一步考虑垂跨比的影响。图 7 给出了不同垂跨比下输电线路的可靠指标计算结果。由图可知，垂跨比分别取值 1/30、1/40 及 1/50 时，可靠指标减小的速率加快，且垂跨比越大，初始可靠指标越小，说明输电线路的垂跨比是导致输电线路失效的主要控制参数之一。

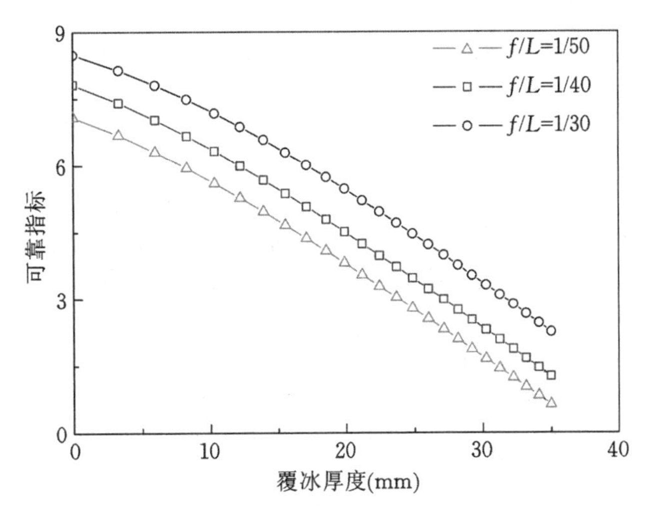

图 7　输电线路在不同垂跨比下的可靠指标

工程实际应用中，由于整条输电线路中相邻输电塔高度并非完全一致，此时高差将是影响输电线路可靠度的关键因素。图 8 给出了输电导线两端取用不同高差时输电线路的可靠指标计算结果。由图 8 可知，导线两端的高差 c 分别取值 0 m、10 m 及 20 m 时，可靠指标减小的速率加快，且导线两端高差取 20 m 时，初始可靠指标迅速越小，说明输电线路导线两端的高差是导致输电线路失效的主要控制参数之一，工程中应严格控制导线两端的高差范围。

3　结论

本文通过对输电导线在覆冰荷载作用下的可靠度进行分析计算和对比研究，并提出了覆冰荷载作用下导线的可靠度计算方法。首先建立了输电线的覆冰数值模型；然后采用静力解析法计算导线承受的水平张力；再次，引入一次二阶矩方法，结合覆冰数值模型计算导线覆冰可靠度。

当档距增大时，输电导线的可靠指标明显减小，并且减小的速率逐渐增大；当选用不同的垂跨比

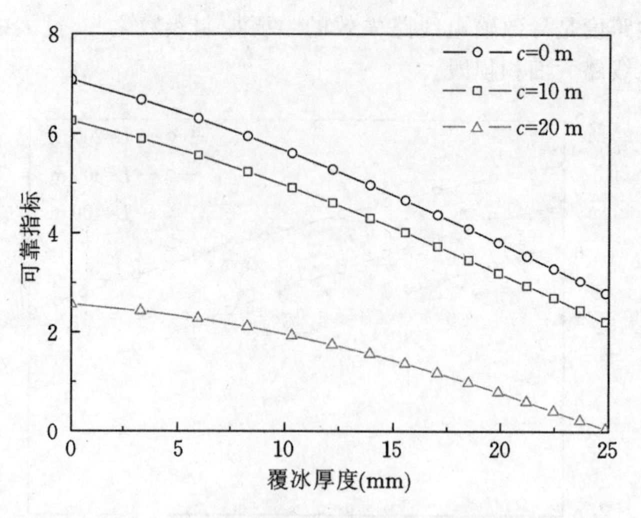

图8　输电线路在不同高差下的可靠指标

计算输电导线可靠度时,垂跨比增加引起可靠指标明显减小,导线的失效概率增加;输电导线在两端不等高条件下,随着导线两端高差的增加,导线的可靠指标下降明显。

参考文献

[1] 刘春城,刘佼.输电线路导线覆冰机理及雨凇覆冰模型[J].高电压技术,2011,37(01):241-248.

[2] 黄新波,等.输电线路覆冰关键影响因素分析[J].高电压技术,2011,37(07):1677-1682.

[3] 吴息,等.利用常规气象资料建立的导线覆冰模型[J].大气科学学报,2012,35(03):335-341.

[4] 陆彬,等.不同直径下导线覆冰增长特性[J].高电压技术,2014,40(02):458-464.

[5] 虢韬,刘锐.贵州省高压输电线路覆冰情况与观冰方法研究[J].水电能源科学,2011,29(11):167-170.

[6] 孔伟,刘玉龙.基于四阶矩法的输电线路覆冰可靠度分析[J].水利与建筑工程学报,2015,13(06):129-133.

[7] Chen B, Zheng J, Qu WL. Control of wind-induced response of transmission tower-line system by using magnetorheological dampers[J]. International Journal of Structural Stability and Dynamics,2009,9(4):661-685

[8] 白海峰,李宏男.输电线路杆塔疲劳可靠性研究[J].中国电机工程学报,2008,28(6):25-31.

[9] FOSCHI R. Reliability theory and applications to risk analysis of power components and systems[J]. International Journal of Electrical Power and Energy Systems,2004,26(4):249-256.

[10] Li J,Chen J. B,Fan W. L. The equivalent extreme-value event and evaluation of the structural system reliability [J]. Structural Safety,2007,29:112-131.

[11] Christian J T, Baecher G B. Point-Estimate Method as Numerical Quadrature[J]. Journal of Geotechnical & Geoenvironmental Engineering,1999,125(9):779-786.

35. 环境温度影响下基于支持向量机与强化飞蛾扑火优化算法的结构稀疏损伤识别*

雷勇志　黄民水　顾箭峰

（武汉工程大学土木工程与建筑学院，湖北 武汉 430073）

摘要：结构处于自然环境中常会受到外界环境因素如温度变化的影响。温度效应这一难以量化分析的非线性因素会干扰结构模态测试，引起实测的结构动力响应信息出现较大误差，从而影响对结构健康状况判定。另外，基于优化算法的损伤识别方法在反演输出结构损伤位置及量化损伤程度时，易出现局部最优解与计算效率低下等问题。针对以上难题，在本文中提出一种结合支持向量机与强化飞蛾扑火优化算法的损伤识别方法用于对环境温度影响下的结构稀疏损伤进行识别。该方法首先采取支持向量机对结构的环境温度变化进行量化分析，得到环境温度变化准确范围；随后引入稀疏正则化技术确定结构稀疏损伤工况；接着将获得的环境温度变化情况及损伤工况信息作为强化飞蛾扑火优化算法的初始种群生成依据，从而得到对实际损伤工况有针对性的初始种群用于缩小优化算法搜索空间，提高计算效率，强化损伤识别效率与准确程度。最后采用基于频率的结构多损伤定位保证准则及模态应变能基本因子构建的目标函数，通过考虑环境温度及随机噪声双重影响的简支梁数值算例以及I-40钢-混组合体系桥梁工程实例验证了本文所提出的损伤识别方法的可行性。

关键词：结构损伤识别；温度影响；稀疏正则化；支持向量机；稀疏损伤；优化算法；I-40桥

中图分类号：TU317　　**文献标识码**：A

Structural Sparse Damage Identification Considering Ambient Temperature Variations Basedon Support Vector Machine and Enhanced Moth-Flame Optimization

LeiYongzhi　Huang Minshui　Gu Jianfeng

(School of Civil Engineering and Architecture, Wuhan Institute of Technology, Wuhan, Hubei 430073, China)

Abstract: Civil engineering always is surrounded by natural environment, which is affected by various factors, such as temperature variations. Temperature effects, as a nonlinear factor, is difficult to be analyzed quantitatively. Meanwhile, it will influence the results of modal testing and cause the errors in the measured dynamic response data, which set up obstacles to the evaluation of real structural damage situation. Furthermore, damage identification method based on optimization algorithm is easy to be trapped in local optimal and lower computing efficiency when the method is used to identify damage location and extent. Aiming to the above problems, in this paper, a damage identification method, which is based on support vector machine (SVM) and enhanced moth-flame

* 基金项目：××基金资助项目(51578431)

作者简介：雷勇志，硕士研究生，从事结构健康监测及损伤识别研究；

黄民水，博士，副教授，从事结构健康监测及损伤识别研究；

顾箭峰，博士，讲师，从事结构健康监测及损伤识别研究

optimization (EMFO), is proposed to solve structural sparse damage identification problem considering temperature variations. Firstly, SVM is used to quantify structural temperature variations and eliminate the temperature effects. Then, sparse regularization method is introduced to determine structural sparse damage condition. Secondly, the temperature variations and damage situation obtained in the previous step are adopted to perform the initialization of EMFO, which can narrow search space, improve efficiency and enhance the accuracy of damage identification. Finally, two examples, a numerical simply supported beam considering temperature variations and random noise effects, and a practical engineering of I-40 Bridge, a large steel-concrete composite bridge, are utilized to verify the proposed method.

Keywords: structural damage identification; temperature effect; sparse regularization; support vector machine; sparse damage; optimization algorithm; I-40 bridge

引言

由于实际结构始终被环境因素所环绕，环境因素的变化，尤其是环境温度影响，会造成结构损伤识别出现较大的误差。相关研究表明由于温度变化引起的结构模态参数的波动甚至会掩盖因真实损伤造成的变化[1-5]，除此之外环境振动噪声及行车荷载等因素也会对结构损伤识别产生干扰，进一步提高了损伤识别的难度。因此，如何量化分析环境温度变化这一关键因素成为了该领域研究的重点与难点。由于在实际情况中，结构的损伤常出现在受力关键部位，其位置分布呈现出稀疏性，但由于实际模态测试无法测得结构全部自由度上的模态信息，识别结构损伤时常出现欠定方程组，而稀疏正则化技术能解决这一问题，从而提高识别精度[6-9]。此外，智能算法能够解决损伤识别中重复迭代问题，但常见的如遗传算法[10]、粒子群算法[11]及布谷鸟算法[12]等极易陷入局部最优，其收敛速度较慢，计算效率低下，需进一步改进提高其性能。

本文通过结合结构材料的温度-弹性模量变化关系，提出考虑温度变化的损伤识别模型用于量化分析温度变化对损伤识别的影响，同时考虑实际结构中损伤呈现空间的稀疏性，结合稀疏正则化技术得到稀疏损伤识别理论，随后立足于支持向量回归机与改进飞蛾扑火优化算法的基础上，提出一种环境温度影响下的结构稀疏损伤识别方法。为验证所提出方法的有效性，引入一温度影响下的简支梁结构与 I-40 钢-混组合体系桥梁进行温度预测及损伤识别工作。温度与损伤识别结果显示，该方法能够对结构环境温度的变化进行量化分析，同时也能对损伤进行准确的定位与识别。

1 考虑温度变化的结构损伤识别模型

结构内部出现损伤这一非线性状态，常在忽略质量变化的情况下将其简化为结构部件刚度的线性折减，其数学模型可表示如下：

$$K_{\mathrm{d}} = \sum_{i=1}^{\mathrm{nele}} (1-\theta_i) K_i, (0 \leqslant \theta_i \leqslant 1) \tag{1}$$

式中，K_{d} 表示结构处于损伤状态下的整体刚度矩阵；K_i 与 θ_i 分别表示结构第 i 个单元的单元刚度矩阵及刚度折减因子；nele 表示结构的单元总数。但结构在实际运营条件下，常受到环境因素的影响，尤其是温度变化造成的损伤识别误差难以忽略，对于温度这一非线性影响因素，可将其转化为结构材料弹性模量的变化。图 1 为常见材料弹性模量随温度变化的曲线关系[13]。

综上所述，为考虑环境温度影响，获得考虑环境温度变化的损伤识别模型，式(1) 可进一步写为

$$K_{\mathrm{d}}^{\mathrm{T}} = \sum_{i=1}^{nele} (1-\theta_i) K_i^{\mathrm{T}}, (0 \leqslant \theta_i \leqslant 1) \tag{2}$$

式中，$K_{\mathrm{d}}^{\mathrm{T}}$ 与 K_i^{T} 分别表示环境温度为 T 时结构损伤状态下的整体刚度矩阵与第 i 个单元在无损情况下的单元刚度矩阵。

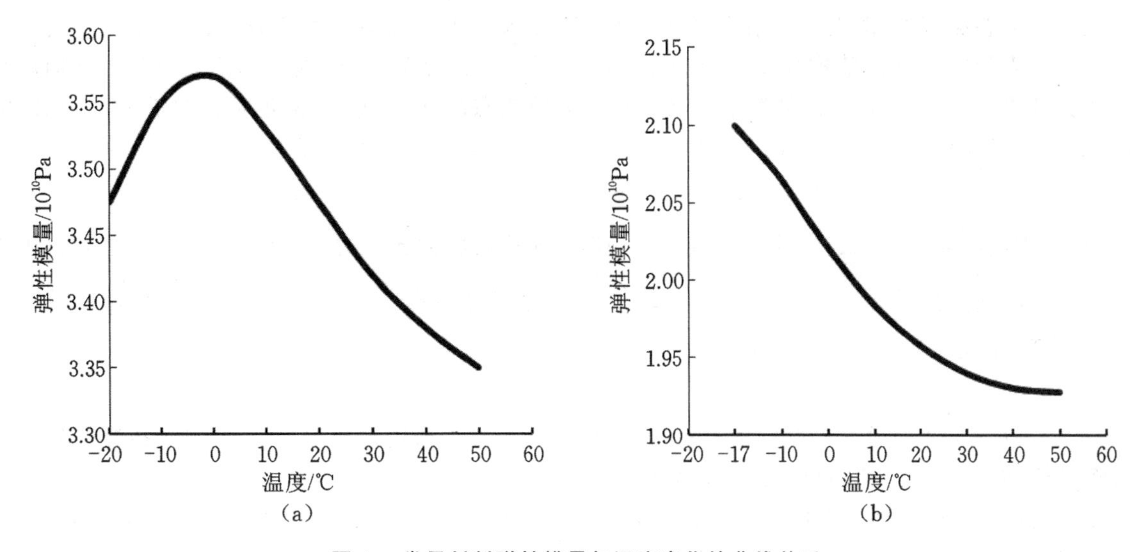

图 1 常见材料弹性模量与温度变化的曲线关系

(a) 混凝土;(b) 钢材

Fig. 1 Young's Modulus of Material Versus Temperature

(a) Concrete and;(b) Steel

2 稀疏损伤识别理论

2.1 稀疏正则化理论

对于未观测的稀疏信号 $x=(x_1,\cdots,x_n)\in R^n$、观测值(或观测向量)$y=(y_1,\cdots,y_n)\in R^m$ 及设计矩阵 $A\in R^{m\times n}$ 而言,存在如下线性关系:

$$Ax=y \tag{3}$$

对于上述线性方程组,常假设设计矩阵 A 为一满秩矩阵从而以求得 x,因此,对于任意 $y\in R^m$,上述方程组存在解。当未知变量 x 的维度大于观测值 y 的维度,即 $n\geqslant m$ 时,上述方程欠定,其解有无数多个,为便于求解可对该方程添加正则化项,则式(3) 可写为

$$\min ||x||_1 \text{ s. t. } ||Ax-y||_2\leqslant\varepsilon \tag{4}$$

式中 ε 表示误差。更进一步,式(4) 可转化为一无约束最小化问题,即

$$x=\operatorname{argmin}(||Ax-y||_2+\mu||x||_1) \tag{5}$$

式中 μ 为大于0的正则化参数,可采用 l 曲线法或AIC准则获得。正则化参数的功能在于平衡正则化项及残差项,若 μ 值太大则导致欠拟合,反之为过拟合。正则化理论对病态方程的求解问题给予了一种可行的思路。

2.2 稀疏损伤识别

目前在基于动力参数的结构损伤识别研究中,常利用结构自振频率与振型等模态参数进行损伤检测,其主要思路在于对比结构损伤前后的动力特性变化,并反演出结构刚度折减向量 θ,即实现结构损伤的识别与定位。据灵敏度分析法,结构动力响应关于结构单元刚度折减因子的灵敏度矩阵可表示为:

$$S^i=\frac{R_d^i-R_h}{\theta}+o(R) \tag{6}$$

式中,S^i 为灵敏度矩阵的第 i 列;R_d^i 代表刚度折减向量 $\theta=[0,0,\cdots,\theta_i,\cdots,0,0]$ 时的结构动力响应向量;R_h 表示结构健康状况时结构动力响应向量;$o(R)$ 表示误差项。至此,反求刚度折减向量 θ 的过程即为损伤识别的过程,其数学表达式可写为

$$S^i\theta\approx\Delta R^i=R_d^i-R_h\Rightarrow\theta=? \tag{7}$$

在实际模态测试中，由于实测结构模态参数的阶数远小于结构的自由度数，故式(7)为一具有无数解的欠定方程组，然而，结构损伤的分布在实际工程中存在稀疏性，即损伤部位常出现在结构承载受力的关键位置，其余位置一般情况下仍保持完好无损状态，在此情况下，刚度折减向量θ为一稀疏向量，满足稀疏正则化理论中求解欠定方程组的相关条件，因此，式(7)可写为

$$\theta = \operatorname{argmin}(||S^i\theta - \Delta R^i||_2 + \mu||\theta||_1) \tag{8}$$

式中，$S^i = \dfrac{R_d^i - R_h}{\theta_{rnd}} + o(R)$，$\theta_{rnd}$代表随机生成的结构刚度折减向量；$\Delta R^i = R_d^i - R_h$，$R_d^i$为当随机生成的结构刚度折减向量$\theta_{rnd} = [0,0,\cdots,\theta_i,\cdots,0,0]$时的结构动力响应向量[14]；$R_h$表示结构健康状况时结构动力响应向量。式中正则化参数μ可通过下式计算[15]

$$\mu = \sigma\sqrt{2\log(p)} \tag{9}$$

式中，p为结构灵敏度矩阵S的基的数量；σ表示噪声干扰程度。需要说明的是，结构刚度折减向量的生成是随机的，即每一步得到的正则化参数均不同。

在采用稀疏正则化理论求解欠定方程组的过程中，极易出现微小计算误差对结果造成影响，为解决这一问题，引入误差分布阈值法进行处理，以获得更加准确的损伤识别结果[16-17]：

$$T = ER([s \times (\alpha/\alpha *) \times n]) \tag{10}$$

式中，n代表刚度折减向量θ的维度；误差函数ER从大到小排列，α代表n个ER值的和；$\alpha *$是最大ER值(即$ER(1)$)与维度n的乘积；s表示该式计算控制因子；[ ]表示取整操作。此处$ER(\ )$定义为求得的刚度折减向量，其主要功能在于从刚度折减向量中挑选出少数真实损伤(或近似值)并对微小计算误差进行消除。式中计算控制因子s，表示对计算误差的容许程度，其值越大，容许程度越低，该参数可通过稀疏正则化求解欠定方程的精度ε确定，其计算公式为

$$s = \max(ER_0^{\varepsilon}) \times 10^{|lg(\varepsilon)|-1} \tag{11}$$

式中，$\max(ER_0^{\varepsilon})$代表取刚度折减向量反演值中处于区间$(0,\varepsilon]$内元素的最大值。

3 支持向量机与强化飞蛾扑火优化算法

3.1 支持向量机

支持向量机(Support Vector Machine，SVM)属于监督学习方式的数据二元分类广义线性器，其主要优点在于分类精度高，并能得到全局最优解，相对神经网络而言，其参数设置更为简单[18]。SVM的基本功能可分为样本分类及回归预测。

设高维空间中存在数量为n的训练样本点可被分为A与B两个数据类别，$x_i \in A$，记$y_i = 1$，否则$y_i = 0$。假设存在一超平面可将两类训练样本点进行分隔，该超平面可写为

$$f(x) = \begin{cases} wx_i + b \geqslant 1 & y_i = 1 \\ wx_i + b \leqslant 1 & y_i = 0 \end{cases}, i = 1,2,\cdots,n \tag{12}$$

式中，w与b分别代表权重向量与偏差项。则样本点x_i与超平面之间的间距可定义为

$$\varepsilon_i = y_i(wx_i + b) = |wx_i + b| \tag{13}$$

将式(13)中w与b进行归一化，则该间距可被转化为几何间距

$$\delta_i = \frac{wx_i + b}{\|w\|} \tag{14}$$

当样本点x_i与超平面之间的距离为1时，则两类样本点之间的几何距离可通过下式计算

$$\delta' = 2\frac{|wx_i + b|}{\|w\|} = \frac{2}{\|w\|} \tag{15}$$

则该超平面的确定可求解下式的数学优化问题

$$\min \frac{1}{2}\|w\|^2, \text{s.t. } y_i(wx_i + b) \geqslant 1, i = 1,2,\cdots,n \tag{16}$$

式(16)可通过拉格朗日乘子法转化为下式进行求解

$$\Phi(\boldsymbol{w},b,a_i)=\frac{1}{2}\|\boldsymbol{w}\|^2-\sum_{i=1}^{n}a_i[y_i(\boldsymbol{w}x_i+b)-1] \tag{17}$$

式中，$a_i>0,i=1,2,\cdots,n$ 表示拉格朗日因子。针对上式应用拉格朗日对偶以减小其复杂性，则有

$$\begin{cases}\max Q(a)=\sum_{i=1}^{n}a_i-\frac{1}{2}\sum_{i=1}^{n}\sum_{j=1}^{n}a_ia_jy_iy_j(x_ix_j)\\ \text{s. t. }\sum_{i=1}^{n}a_iy_i=0,a_i\geqslant 0\end{cases} \tag{18}$$

式(18)可采用二次规划进行求解，令上式最优解为 $a^*=[a_1^*,a_2^*,\cdots,a_n^*]^{\mathrm{T}}$，则最优超平面的 $\boldsymbol{w}^*$ 与 b^* 可通过下式计算

$$\begin{cases}\boldsymbol{w}^*=\sum_{i=1}^{n}a_i^*x_iy_i\\ b^*=-\frac{1}{2}\boldsymbol{w}^*(x_{\mathrm{r}}+x_{\mathrm{s}})\end{cases} \tag{19}$$

式中，x_{r} 与 x_{s} 分别代表 A 与 B 两类样本点中任意支持向量。

基于支持向量分类思想的基础上，可通过引入 ε 不敏感损失函数改进支持向量机，从而实现了支持向量的回归预测功能，简称支持向量回归机(Support Vector Regression，SVR)，其主要思想在于确定一个最优分类超平面，使得两类训练样本数据距离该最优超平面的误差最小。根据式(12)有

$$f(x)=\boldsymbol{w}\Phi(x)+b \tag{20}$$

式中，$\Phi(x)$ 表示非线性映射函数。线性不敏感损伤函数 ε 可被定义为

$$L(f(x),y,\varepsilon)=\begin{cases}0, & |y-f(x)|\leqslant\varepsilon\\ |y-f(x)|-\varepsilon, & |y-f(x)|>\varepsilon\end{cases} \tag{21}$$

式中，$f(x)$ 为回归函数预测值；y 为真实值，当预测值与真实值之间差值小于或等于 ε 时，损失值等于0。引入松弛变量 ξ_i 与 ξ_i^*，则求解 $\boldsymbol{w}$ 与 b 的问题可写为

$$\begin{gathered}\min\frac{1}{2}\|\boldsymbol{w}\|^2+C\sum_{i=1}^{n}(\xi_i+\xi_i^*)\\ s.t.\begin{cases}y_i-\boldsymbol{w}\Phi(x_i)-b\leqslant\varepsilon+\xi_i\\ -y_i+\boldsymbol{w}\Phi(x_i)+b\leqslant\varepsilon+\xi_i^*\\ \xi_i\geqslant 0,\xi_i^*\geqslant 0\end{cases}\end{gathered} \tag{22}$$

式中，C 为惩罚系数；ε 表示误差精度。同样采用拉格朗日对偶，式(22)可被写为

$$\begin{gathered}\max_{a,a^*}\left[-\frac{1}{2}\sum_{i=1}^{n}\sum_{j=1}^{n}(a_i-a_i^*)(a_j-a_j^*)K(x_i,x_j)-\sum_{i=1}^{n}(a_i+a_i^*)\varepsilon+\sum_{i=1}^{n}(a_i-a_i^*)y_i\right]\\ \text{s. t. }\sum_{i=1}^{n}(a_i-a_i^*)=0,0\leqslant a_i,a_i^*\leqslant C\end{gathered} \tag{23}$$

式中，$K(x_i,x_j)=\Phi(x_i)\Phi(x_j)$ 代表核函数；令上式最优解为 $a=[a_1,a_2,\cdots,a_n]^{\mathrm{T}}$，$a^*=[a_1^*,a_2^*,\cdots,a_n^*]^{\mathrm{T}}$，则 $\boldsymbol{w}^*$ 与 b^* 可通过下式计算

$$\boldsymbol{w}^*=\sum_{i=1}^{n}(a_i-a_i^*)\Phi(x_i) \tag{24}$$

$$b^*=\frac{1}{N_{\mathrm{nsv}}}\left\{\sum_{0<a_i<C}\left[y_i-\sum_{x_i\in SV}(a_i-a_i^*)K(x_i,x_j)-\varepsilon\right]+\sum_{0<a_j<C}\left[y_i-\sum_{x_j\in SV}(a_j-a_j^*)K(x_i,x_j)+\varepsilon\right]\right\} \tag{25}$$

式中，N_{nsv} 为支持向量的数量。至此，回归函数可写为

$$\begin{aligned}f(x)&=\boldsymbol{w}^*\Phi(x)+b^*=\sum_{i=1}^{n}(a_i-a_i^*)\Phi(x_i)\Phi(x)+b^*\\ &=\sum_{i=1}^{n}(a_i-a_i^*)K(x_i,x)+b^*\end{aligned} \tag{26}$$

3.2 强化飞蛾扑火优化算法

3.2.1 飞蛾扑火优化算法基本理论

飞蛾扑火优化算法[19](Moth-Flame Optimization,MFO)是一种新颖的群智能优化算法,其灵感源自于飞蛾夜间飞行的横向定位方式。在 MFO 算法中,基于 d 维解空间中,存在种群数量为 n 的飞蛾种群 $M=(M_1,M_2,\cdots,M_n)$,对于飞蛾种群中的第 i 只飞蛾构成一个 d 维向量 M_i:

$$M_i=(m_{i1},m_{i2},\cdots m_{ij}),i=1,2,\cdots,n;j=1,2,\cdots,D \tag{27}$$

则对应于第 i 只飞蛾存在环绕火焰 F_i

$$F_i=(F_{i1},F_{i2},\cdots F_{ij}),i=1,2,\cdots,n;j=1,2,\cdots,D \tag{28}$$

同时引入 **OM** 与 **OF** 两个向量分别用于存放飞蛾个体及环绕火焰的适应度值

$$OM=[OM_i^{it}]^{\mathrm{T}},i=1,2,\cdots,n \tag{29}$$

$$OF=[OF_i^{it}]^{\mathrm{T}},i=1,2,\cdots,n \tag{30}$$

式中,m_{ij} 与 F_{ij} 分别代表第 i 只飞蛾与第 i 个火焰的第 j 个变量,it 代表当前迭代次数,OM_i 与 OF_i 分别表示第 i 只飞蛾与第 i 个火焰对应的适应度值。在算法迭代过程中,每个飞蛾的位置通过对数螺旋函数进行更新,其公式可写为

$$S(M_i,F_j)=D_i\cdot e^{bt}\cdot\cos(2\pi t)+F_j \tag{31}$$

式中,$D_i=|F_j-M_i|$ 表示第 i 个飞蛾与第 j 个火焰之间的空间距离;b 用于定义对数螺旋函数的螺旋形状;t 为介于-1 与 1 之间的随机数。同时在 MFO 中引入自适应火焰递减机制以强化迭代过程中算法的开发能力,并能确保飞蛾个体始终围绕最优解飞行,其对应的数学公式为

$$Fn^{it}=round\left(Fn_{\max}-Iteration\cdot\frac{Fn_{\max}-1}{Iteration_{\max}}\right) \tag{32}$$

式中,Fn^{it} 与 $Fn_{\max}$ 分别代表第 it 次迭代时火焰数目及最大火焰数目;$Iteration$ 表示当前迭代数;$Iteration_{\max}$ 表示最大迭代数;$round()$ 表示取整数操作。

3.2.2 强化飞蛾扑火优化算法

MFO 的设计原则能够确保该算法具有较强的局部搜索能力,但在某种程度上削弱了该算法的全局搜索能力。由于在迭代后期该算法的种群多样性无法保证,因此,在本节中针对 MFO 算法,引入自适应个体更新机制、随机消除策略及自适应跳跃操作对基本算法进行强化改进,提出强化飞蛾扑火优化算法(Enhanced Moth-Flame Optimization,EMFO)。EMFO 能够避免基本算法中易陷入局部最优的问题,并扩展搜索空间。相关强化措施可总结如下:

(1) 计算每个飞蛾个体距离当前全局最优个体的欧式距离,随后计算当前迭代飞蛾个体距离全局最优个体的平均欧式距离

$$D_i^e=|M_i-pbest| \tag{33}$$

$$\overline{D}^e=average(\sum_{i=1}^{n}D_i^e) \tag{34}$$

式中,D_i^e 代表第 i 个飞蛾个体距离当前全局最优的欧氏距离;$\overline{D}^e$ 代表平均欧式距离。

(2) 判断每个飞蛾个体距离当前全局最优的欧氏距离是否大于平均欧式距离,如果是,则通过下式更新飞蛾个体的位置

$$\dot{M}_i^{it}=N(\mu,\sigma) \tag{35}$$

式中,$N(\mu,\sigma)$ 表示期望 $\mu=(pbest+gbest)/2$,方差 $\sigma=|gbest-pbest|$ 的高斯随机数;$gbest$ 与 $pbest$ 分别为全局最优个体与当前最优个体。否则对该个体实施随机消除策略以避免局部最优,相关公式如下

$$\dot{M}_{ij}^{it}=M_{ij}^{it}+\gamma(M_{ir}^{it}-M_{ie}^{it}) \tag{36}$$

式中,γ 代表介于 0～1 之间满足均匀分布的随机数;M_{ir}^{it} 与 M_{ie}^{it} 代表第 it 次迭代中的两个随机飞蛾个体。

(3) 评估上一步中产生的飞蛾个体，若其适应度值有改善，则进行下一步；否则采取自适应跳跃操作，相关公式如下

$$\dot{M}_i^{it} = \dot{M}_i^{it} \cdot (1 + \eta \cdot N(0,1)) \tag{37}$$

$$\eta = \eta_{\max} - \frac{it \cdot (\eta_{\max} - \eta_{\min})}{it_{\max}} \tag{38}$$

式中，$N(0,1)$ 代表高斯随机数；it 与 $it_{\max}$ 分别表示当前迭代次数与最大迭代次数；$\eta_{\max}$ 与 $\eta_{\min}$ 分别表示最大最小跳跃操作缩放系数，该缩放系数可通过下式确定[20]

$$\eta_{\max} = 0.1 \times (ub - lb) \tag{39}$$

$$\eta_{\min} = 0.01 \times (ub - lb) \tag{40}$$

式中，ub 与 lb 分别代表生成飞蛾个体的上界与下界。

图 2 为 EMFO 算法的流程图。

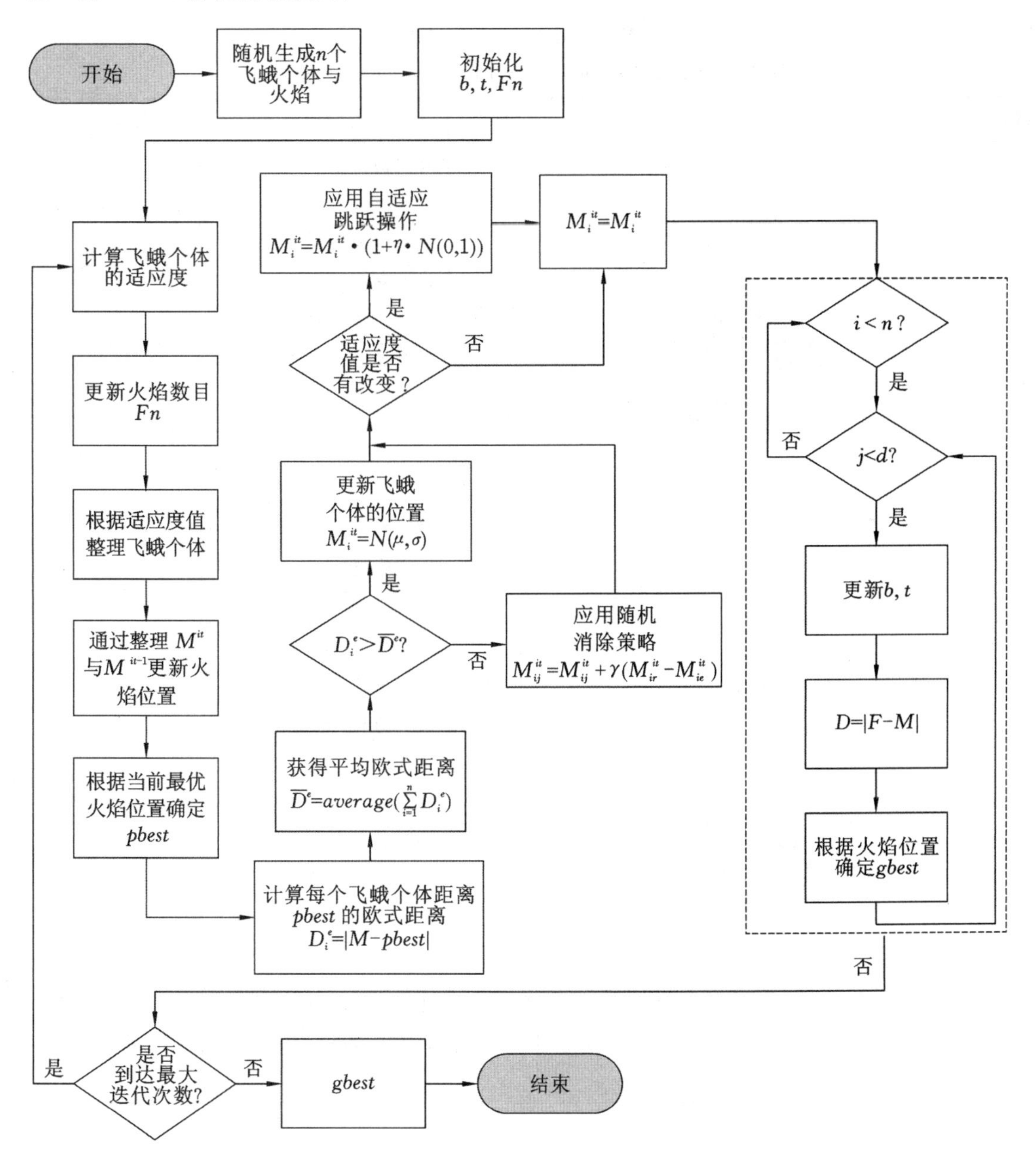

图 2　强化飞蛾扑火优化算法流程图

Fig. 2　Flowchart of Enhanced Moth-Flame Optimization

3.2.3 EMFO 优化性能评估

为评估EMFO算法的优化性能及收敛速度，在本小节中引入如式(41)～式(43)所示三个复杂测试函数，同时引入粒子群算法(Particle Swarm Optimization，PSO)及布谷鸟算法(Cuckoo Search，CS)与本文提出的算法进行对比。每种算法运行七次，三种算法的相关参数设定、全局最优解及平均解如表1所示，图3为相关迭代曲线。

$$f_1(x)=\sum_{i=1}^{30}[x_i^2-10\cos(2\pi x_i)+10],x_i\in[-5.12,5.12] \tag{41}$$

$$f_2(x)=\sum_{i=1}^{30}ix_i^4+random[0,1),x_i\in[-1.28,1.28] \tag{42}$$

$$f_3(x)=\sum_{i=1}^{30}|x_i|+\prod_{i=1}^{30}|x_i|,x_i\in[-10,10] \tag{43}$$

表1 测试函数优化结果

Table 1 Optimal Results of the Three Benchmark Functions

测试函数	测试函数图像	算法	参数设定	最优解	平均最优解
$f_1(x)$	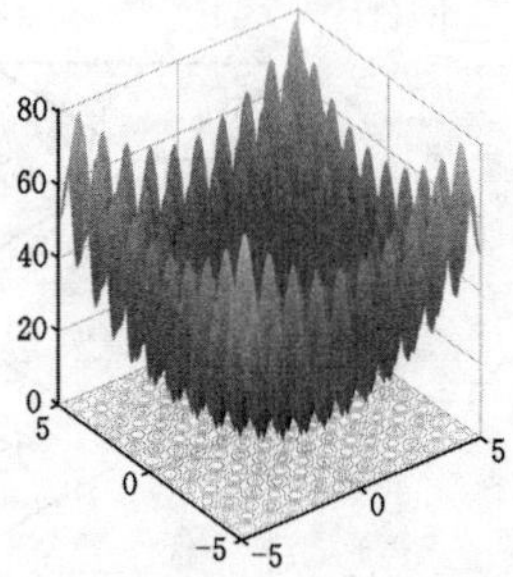	EMFO	种群数量：100 迭代次数：500 随机消除概率：0.25	7.424e-06	0.006
		MFO	种群数量：100 迭代次数：500	115.458	160.941
		PSO	种群数量：100 迭代次数：500 $c_1=c_2=2$　$\omega_{max}=0.9$ $\omega_{min}=0.4$	16.932	21.924
		CS	种群数量：100 迭代次数：500 $P_a=0.25$	96.052	108.419
$f_2(x)$	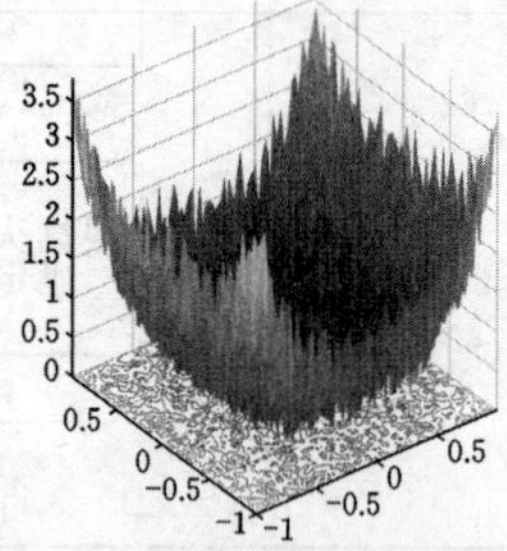	EMFO	种群数量：100 迭代次数：500 随机消除概率：0.25	9.576e-05	0.001
		MFO	种群数量：100 迭代次数：500	0.002	0.004
		PSO	种群数量：100 迭代次数：500 $c_1=c_2=2$　$\omega_{max}=0.9$ $\omega_{min}=0.4$	0.001	0.002
		CS	种群数量：100 迭代次数：500 $P_a=0.25$	0.005	0.009

续表 1

测试函数	测试函数图像	算法	参数设定	最优解	平均最优解
$f_3(x)$		EMFO	种群数量:100 迭代次数:500 随机消除概率:0.25	0.0002	0.0006
		MFO	种群数量:100 迭代次数:500	10.401	23.040
		PSO	种群数量:100 迭代次数:500 $c_1 = c_2 = 2 \quad \omega_{max} = 0.9$ $\omega_{min} = 0.4$	0.259	0.490
		CS	种群数量:100 迭代次数:500 $P_a = 0.25$	27.087	33.606

注:c_1 与 c_2 为学习因子;ω_{max} 与 ω_{min} 最大最小惯性常数;P_a 为鸟巢发现概率。

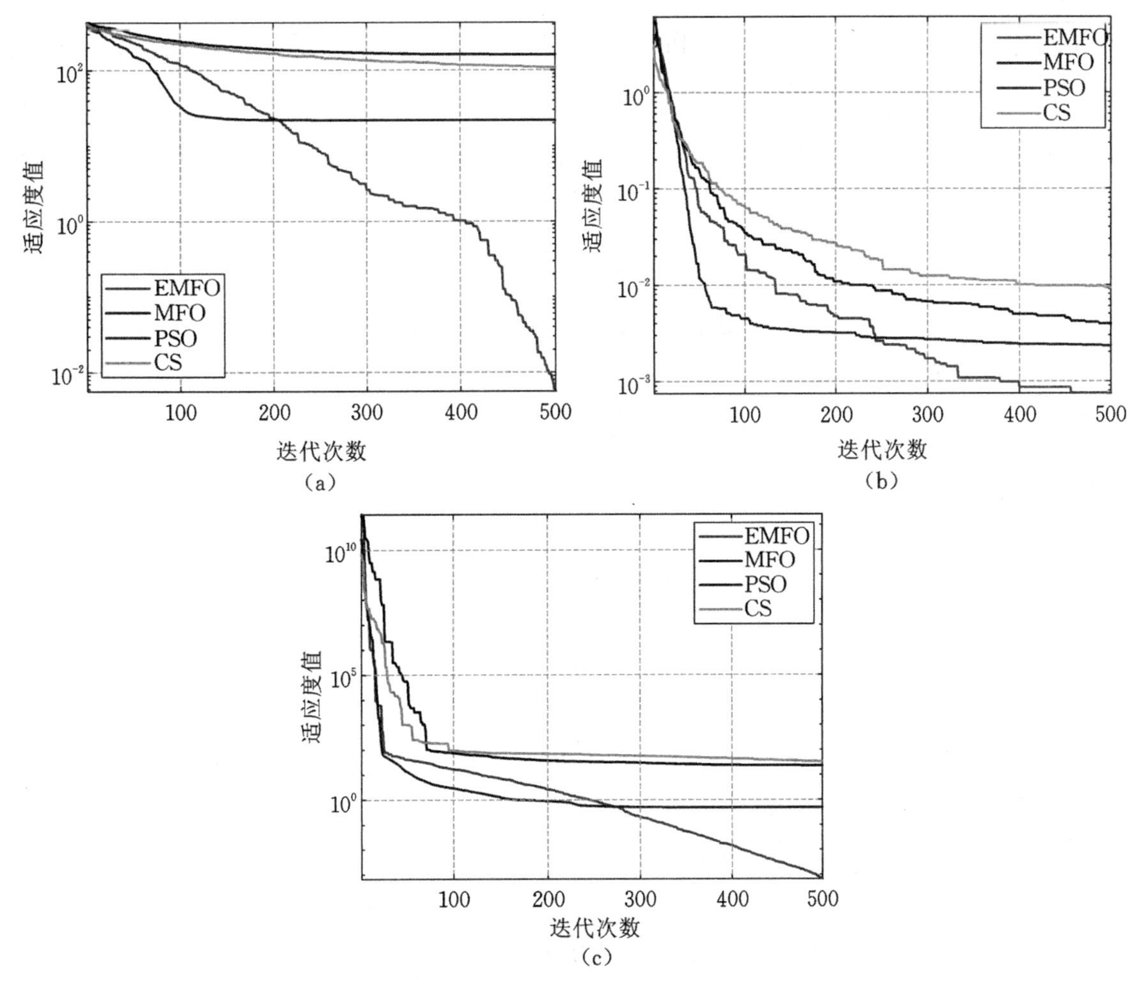

图 3　测试函数迭代曲线图

Fig. 3　Iterative Curves of the Three Benchmark Functions

(a) $f_1(x)$;(b) $f_2(x)$;(c) $f_3(x)$

从图 3 中迭代曲线可看出，EMFO 的迭代曲线较为陡峭，这意味着改进的算法能够实现较快的收敛速度。同时表 1 中的计算结果表明，EMFO 可避免陷入局部最优。相对于 MFO、PSO 及 CS 而言，EMFO 具有更强的寻优能力及更快的收敛效率。

4　环境温度影响基于支持向量机与强化飞蛾扑火优化算法的结构稀疏损伤识别方法

4.1　目标函数

为保证损伤识别的准确性，在本小节中采用基于频率的结构多损伤定位保证准则（Multiple damage location assurance criterion，MDLAC）[21] 及模态应变能基本因子（modal strain energy based index，MSEBI）[22] 组建损伤识别目标函数。基于频率的 MDLAC 指标定义如下：

$$MDLAC(\theta)=\frac{\left|\Delta F^{\mathrm{T}}\times\delta F(\theta)\right|^{2}}{(\Delta F^{\mathrm{T}}\times\Delta F)(\delta F^{\mathrm{T}}(\theta)\times\delta F(\theta))}\tag{44}$$

式中，$\Delta F=\frac{F_{\mathrm{h}}-F_{\mathrm{d}}}{F_{\mathrm{h}}}$，$F_{\mathrm{h}}$ 与 F_{d} 分别代表结构损伤前后的自振频率向量；$\delta F(\theta)=\frac{F_{\mathrm{h}}-F(\theta)}{F_{\mathrm{h}}}$，$F(\theta)$ 表示损伤向量为 $\theta=[\theta_1,\theta_2,\cdots,\theta_{\mathrm{nele}}]$ 时结构的自振频率向量。$MDLAC$ 的取值范围介于[0,1]之间，当结构理论计算动力参数与损伤后的动力参数相等时（$F(\theta)=F_{\mathrm{d}}$），$MDLAC=1$[23]。

同时，由于模态应变能对结构局部损伤较为敏感，第 e 个单元的第 i 阶模态应变能可通过下式计算

$$mse_i^e=\frac{1}{2}(\varphi_i^e)^{\mathrm{T}}K^e\varphi_i^e,e=1,2,\cdots,nele,i=1,2,\cdots,nm\tag{45}$$

式中，φ_i^e 表示第 e 个单元各个节点在第 i 阶振型中的位移向量；K^e 表示第 e 个单元的单元刚度矩阵；$nele$ 表示结构总单元数；nm 表示模态阶数。则结构整体的第 i 阶模态应变能为

$$mse_i=\sum_{e=1}^{nele}mse_i^e,i=1,2,\cdots,nm\tag{46}$$

为计算方便，将结构单元模态应变能采用结构整体模态应变能进行标准化可得标准化后第 e 号单元的第 i 阶模态应变能

$$nmse_i^e=\frac{mse_i^e}{mse_i}\tag{47}$$

将前 nm 阶标准化后的结构单元模态应变能取平均有

$$mnmse^e=\frac{\sum_{i=1}^{nm}nmse_i^e}{nm},e=1,2,\cdots,nele\tag{48}$$

根据以上分析推导，基于式(48) 构建模态应变能基本因子 $MSEBI$，可写为

$$MSEBI^e=\max[0,\frac{(mnmse^e)^E-(mnmse^e)^A}{(mnmse^e)^A}],e=1,2,\cdots,nele\tag{49}$$

式中，$max[\ ]$ 表示取最大值，上标 E 与 A 分别表示实际测试与理论分析；当理论分析模态应变能等于实际测试的模态应变能时，$MSEBI^e=0$，否则 $MSEBI^e>0$。

综上所述，在该过程中算法寻优的目标函数为

$$obj(\theta,T)=(1-MDLAC)+\frac{\sum_{e=1}^{nele}MSEBI^e}{nele}\tag{50}$$

式中，θ 为结构刚度折减向量；T 代表环境温度。

4.2　损伤识别方法

为解决温度影响下的结构损伤识别问题，采用前文介绍的支持向量机与 EMFO 算法，结合考虑环

境温度变化的损伤识别模型与稀疏正则化理论，提出环境温度影响基于SVM-EMFO的结构稀疏损伤识别方法，其主要步骤如下：

(1) 建立结构有限元模型，随机生成结构稀疏损伤工况及环境温度，并将其作为输入数据引入结构有限元模型，得到结构的自振频率数据；

(2) 将得到的自振频率数据，输入支持向量回归机(SVR)，使得SVR进行充分的训练；

(3) 将试验测试得到的结构实际频率数据输入训练完毕的SVR进行温度预测，输出预测的环境温度；采用稀疏正则化技术求解结构刚度折减向量用于确定大致的结构损伤工况；

(4) 根据SVR输出的环境温度与稀疏正则化确定的大致损伤工况，作为EMFO优化算法的初始种群生成依据，产生对实际结构损伤具有针对性的种群；

(5) 通过EMFO算法结合相应的目标函数对损伤进行识别，输出准确的损伤位置及损伤程度。

以上损伤识别方法的流程图如图4所示。

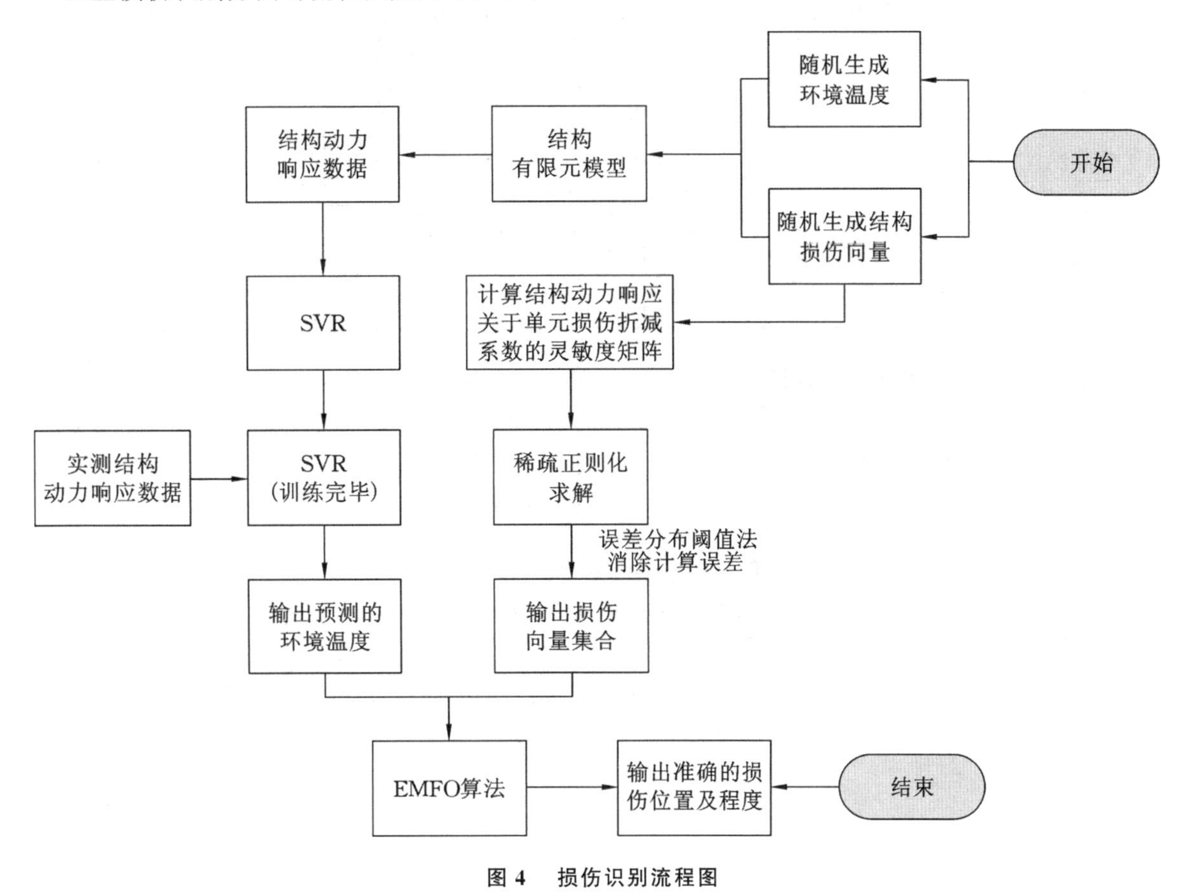

图4　损伤识别流程图

Fig. 4　The Flowchart of Damage Identification

5　损伤识别算例

5.1　简支梁数值算例

通过MATLAB建立如图5所示16单元简支梁结构有限元模型。简支梁模型其跨度8 m、宽0.3 m、高0.1 m，弹性模量为3.45×10^{10} Pa、密度为2500 kg/m^3。

以单元弹性模量的折减形式模拟结构损伤，考虑环境温度变化的同时，总计设置三种损伤工况：单点损伤、两点损伤及多点损伤，损伤工况详情如表2所示。并考虑三种不同噪声程度对其影响，噪声添加公式为[24]

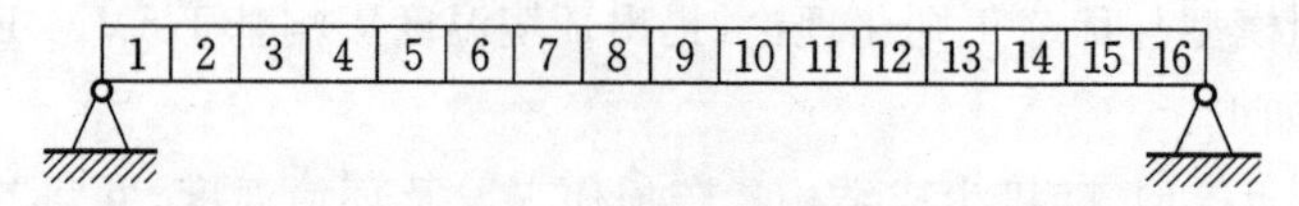

图 5　简支梁模型

Fig. 5　Diagram of Simply Supported Beam

$$f_j^k = f_j(1 + \eta\text{rand}) \tag{51}$$

式中，f_j 与 f_j^k 分别为第 j 阶无噪声自振频率及噪声污染下的自振频率；η 表示噪声程度；rand 为处于[−1,1]之间的随机数。

表 2　简支梁损伤工况

Table 2　Damage Cases of Simply Supported Beam

温度影响	噪声影响	工况	损伤单元	损伤程度
温度升高 20 ℃（参考温度 0 ℃）	/	工况 1	3 号单元	10%
		工况 2	3 号和 7 号单元	10%、5%
		工况 3	3 号、7 号和 13 号单元	10%、5%、10%
	1%、2% 及 3% 噪声影响	工况 1	3 号单元	10%
		工况 2	3 号和 7 号单元	10%、5%
		工况 3	3 号、7 号和 13 号单元	10%、5%、10%

采用 4.2 节中提到的损伤识别方法对以上结构进行损伤识别，对于 SVR 中相关参数设定为惩罚系数 $C = 1000$，方差 $g = 0.15$，误差精度 $\varepsilon = 0.15$，训练样本数为 1000。EMFO 算法的种群大小设为 100，最大迭代次数为 1000 次，正则化求解精度 $\varepsilon = 10^{-5}$。针对每种工况运行 7 次，取 7 次平均识别结果。通过迭代计算后，该结构温度及损伤识别结果如表 3 与图 6 所示。

表 3　简支梁结构温度识别结果

Table 3　Temperature Prediction Results of the Simply Supported Beam

温度变化	噪声程度	损伤工况	温度识别结果(20 ℃)/ ℃	
			预测值	误差
温度升高 20 ℃（参考温度 0 ℃）	/	工况 1	20.001	0.001
		工况 2	19.995	0.005
		工况 3	19.986	0.014
	1%	工况 1	19.954	0.046
		工况 2	19.947	0.053
		工况 3	20.061	0.061
	2%	工况 1	19.854	0.146
		工况 2	19.813	0.187
		工况 3	19.729	0.271
	3%	工况 1	19.738	0.262
		工况 2	19.715	0.285
		工况 3	19.697	0.303

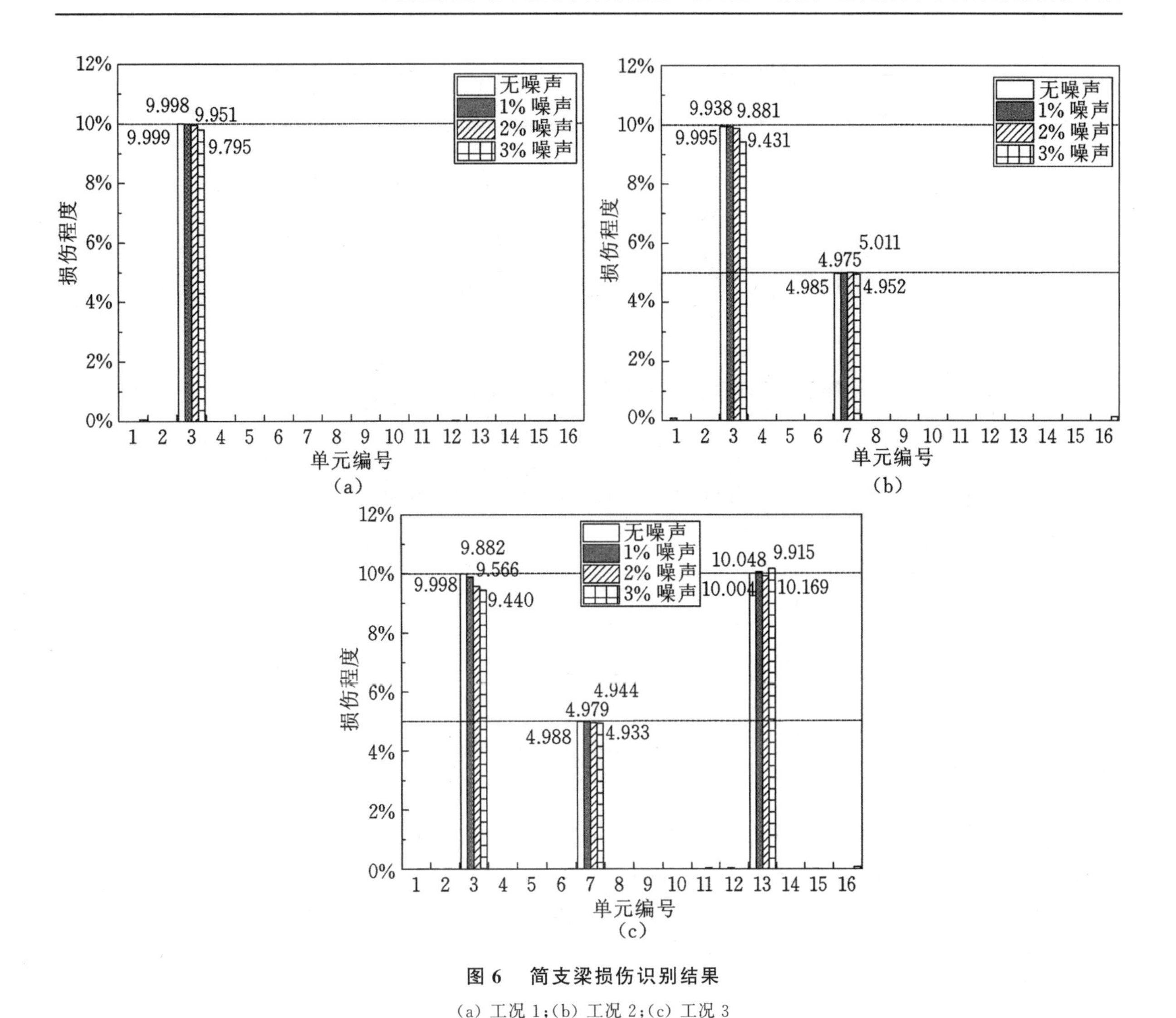

图 6　简支梁损伤识别结果

(a) 工况 1;(b) 工况 2;(c) 工况 3

Fig. 6　Damage Identification Results of Simply Supported Beam

(a) Case 1;(b) Case 2;(c) Case 3

从表 3 中温度识别结果可知:① 无噪声干扰下,温度识别结果十分准确,其识别误差均处于 0.05 ℃以内;② 噪声影响下,温度识别能力有所下降,当噪声程度为 1% 时,对于三种工况而言,其最大温度识别误差为 0.061 ℃,当噪声程度为 2% 与 3% 时,最大温度识别误差分别为 0.271 ℃ 与 0.303 ℃。

从图 6 中损伤识别结果可知:① 在环境温度变化与噪声的双重影响下,本文提出的方法针对结构的单点,两点及多点损伤工况均能实现准确的定位;② 在损伤程度量化方面,单点损伤识别最大误差为 0.305%,两点及三点损伤的最大识别误差分别为 0.569% 与 0.56%,同时噪声的干扰在一定程度上会造成识别误差增大。

综上所述,利用结构的自振频率信息并结合文中提出的 SVM-EMFO 损伤识别方法,能够较好地对结构环境温度变化进行识别量化,同时也能够在温度变化与噪声影响下对结构的损伤实现准确的定位与量化。该方法在噪声影响下也能体现出一定的准确程度,存在较强的实际应用潜力。

5.2　I-40 钢混组合体系桥梁工程实例

为进一步验证本文提出的损伤识别方法,本小节以 I-40 钢 - 混凝土组合体系桥梁案例进行深入研究。该三跨桥梁位于美国新墨西哥州,其两边跨长度为 39.9 m,中跨长度为 49.7 m。图 7 为该桥梁结构示意图。关于 I-40 钢混组合体系桥梁的构件尺寸信息及相关材料属性可参考文献[25]。

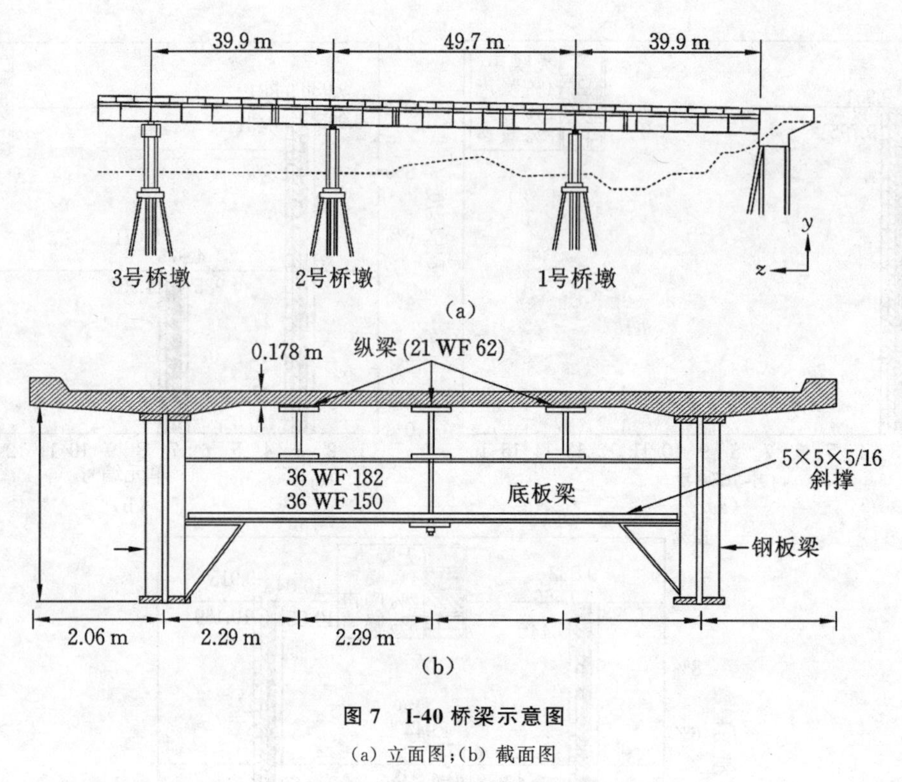

图 7　I-40 桥梁示意图

(a) 立面图；(b) 截面图

Fig. 7　Diagram of I-40 Bridge

(a) Overall；(b) Sectional View

针对该桥梁在无损状态下进行了一次振动测试，随后在其北侧腹板及底板处引入了四种不同程度的损伤工况，其相关损伤示意图如图 8 所示，D-1～D-4 损伤工况引入后振动测试时对应的环境温度分别为 15.5 ℃、28.9 ℃、26.1 ℃及 20.0 ℃，四种损伤工况对应的刚度折减比例为 5%、10%、32%及 92%。

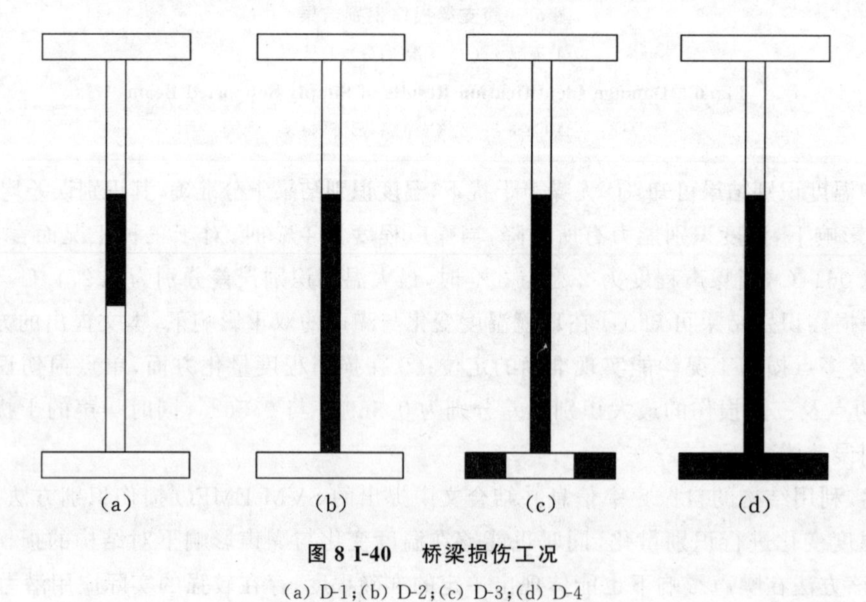

图 8 I-40　桥梁损伤工况

(a) D-1；(b) D-2；(c) D-3；(d) D-4

Fig. 8　Damage Introducing of I-40 Bridge

(a) D-1；(b) D-2；(c) D-3；(d) D-4

根据相关振动测试报告，基于 MATLAB 平台建立了该桥梁有限元模型(图 9)，其中桥梁的腹板与桥面混凝土面板采用壳单元模拟，桥墩部分、面板下部横向梁、纵向梁以及用于稳定加固的斜撑均采用三维梁单元模拟，支座连接部分以 3 自由度弹簧单元模拟。取该模型前 6 阶自振频率及模态置信度(Modal Assurance Criterion，MAC)如表 4 所示。在不考虑环境温度影响，该模型存在一定误差但最大误差仅为 3.22%，处于可接受范围内，而 MAC 值均保持在 0.97 以上，因此，该模型可作为基准模型验证所提出的损伤识别方法。

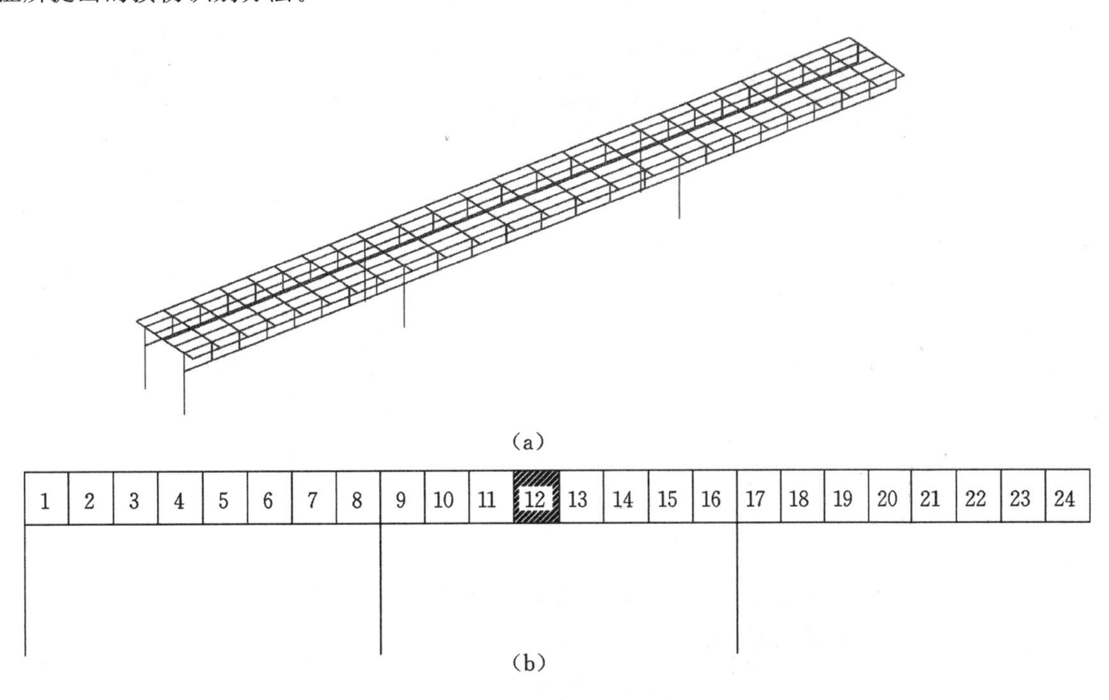

图 9　I-40 桥梁有限元模型

(a) 有限元模型；(b) 损伤引入位置

Fig. 9　The Finite Element Model of I-40 Bridge

(a) The finite model; (b) The location of damage introduced

表 4　无损状态下 I-40 桥有限元模型模态频率及 MAC

Table 4　The Frequencies and MAC of Undamaged I-40 Bridge

阶次	实测频率 /Hz	无温度模型频率 /Hz	MAC	频率误差 /%
1	2.4828	2.4821	0.9949	0.03%
2	2.9593	3.0016	0.9841	1.41%
3	3.4991	3.4176	0.9905	2.38%
4	4.0791	4.0365	0.9708	1.06%
5	4.1668	4.0369	0.9718	3.22%
6	4.6310	4.6561	0.9709	0.54%

取 I-40 钢-混组合体系桥梁在 D-1～D-4，4 种损伤工况下实际测得的结构前 6 阶自振频率，根据前文中提出的基于 SVM-EMFO 的损伤识别方法进行温度预测与损伤识别工作，对于 SVR 中相关参数设定为惩罚系数 $C=2000$，方差 $g=0.18$，误差精度 $\varepsilon=0.15$，训练样本数为 1000。EMFO 算法的种群大小设为 150，最大迭代次数为 2000 次，正则化求解精度 $\varepsilon=10^{-5}$。在构建目标函数方面，采用基于频率的 MDLAC 因子与 MSEBI 模态应变能因子构建，同时为减小计算量，仅计算两侧腹板单元的模态应变能。针对每种损伤工况运行 7 次，取 7 次温度预测与损伤识别结果平均值如表 5 与图 10 所示。

表 5　温度识别结果

Table 5　The Temperature Identification Results

损伤工况	环境温度/ ℃	预测温度/ ℃
D-1	15.5	11.814
D-2	28.9	27.626
D-3	26.1	26.014
D-4	20.0	16.152

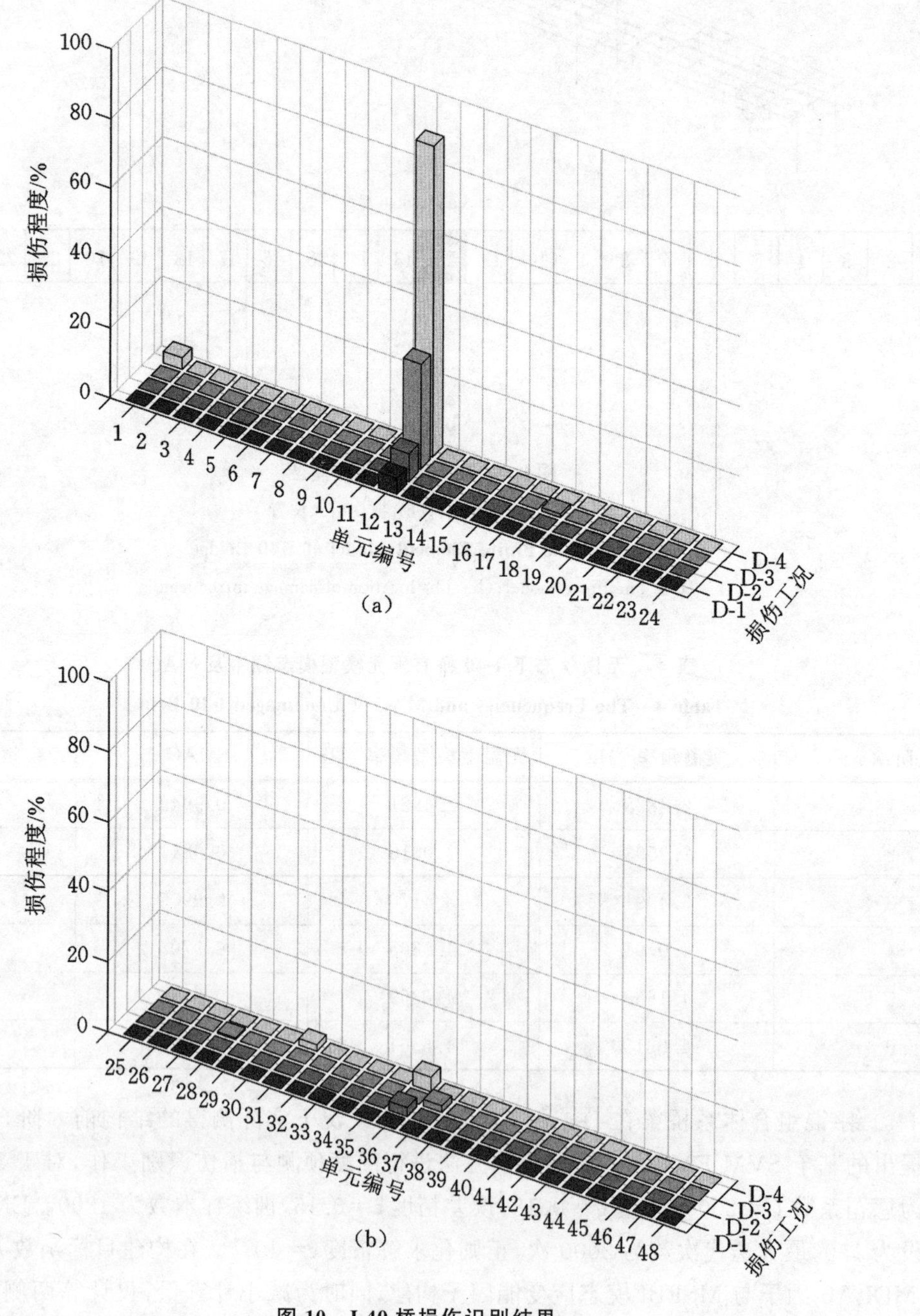

图 10　I-40 桥损伤识别结果

(a) 北侧腹板识别结果；(b) 南侧腹板识别结果

Fig. 10　The Damage Identification Results of I-40 Bridge

(a) north plate girder; (b) south plate girders

从温度预测及损伤识别结果可知，提出的方法能够较为准确地对环境温度变化进行识别，尤其针对 D-2 与 D-3 两种工况，其预测误差分别为 1.274 ℃与 0.086 ℃，与实际环境温度差别较小。而在损伤识别方面，由于稀疏正则化技术的引入，其损伤定位十分准确，程度量化方面也较为精准，仅在对称腹板处出现少量识别误差，其主要原因可归结于以下两点：①温度在实际结构中呈现出较为明显的不均匀分布；②有限元模型与实际结构存在一定的误差。总体而言，通过本文提出的基于 SVR-EMFO 算法的稀疏损伤识别方法能够对结构的温度变化及其内部存在的损伤进行识别与定位，具有较强的实际工程应用潜力。

6 结论

(1) 针对结构损伤识别中环境温度变化造成的影响，基于温度-弹性模量变化关系，提出考虑环境温度影响的结构损伤识别模型，可量化分析环境温度对损伤识别的影响。

(2) 考虑结构实际损伤常呈现稀疏性，提出稀疏损伤识别理论。在该理论中引入稀疏正则化理论，将损伤识别中欠定方程组求解转化为无约束最小化问题，克服了求解难题，并针对稀疏正则化求解过程中易出现微小误差问题提出误差分布阈值法消除刚度折减向量中的微小计算误差，提高了求解精度。

(3) 引入支持向量机与 MFO 算法，并对 MFO 算法进行改进提出 EMFO 算法，采用三个测试函数证明了改进算法较 MFO、PSO 及 CS 而言具有更快的收敛速度及更强的全局寻优能力。随后，在结合支持向量回归机与 EMFO 算法的基础上，并结合考虑环境温度变化的结构损伤识别模型及稀疏损伤识别理论，提出一种环境温度影响下的损伤识别方法，该方法能够量化分析环境温度变化，解决环境温度影响下的损伤识别问题，提高识别精度。

(4) 利用一考虑环境温度变化的简支梁结构及 I-40 钢-混组合体系桥梁，进一步验证了所提出方法的有效性。相关温度预测及损伤识别结果表明，本文所提出的方法能够对环境温度变化进行准确的量化识别，对结构的不同损伤工况均能实现较为准确的识别与定位，同时在存在环境噪声的情况下也体现出一定的噪声鲁棒性。综上所述，本文提出的方法能够量化分析损伤识别中环境温度的变化，并能实现结构损伤的准确识别，具有一定的实际应用潜力。

参考文献

[1] Alampalli S. Influence of in-service environment on modal parameters[C]. Proceedings-SPIE The International Society for Optical Engineering. Spie International Society for Optical, 1998, 1: 111-116.

[2] Roberts G P, Pearson A J. Health monitoring of structures-towards a stethoscope for bridges[C]. Proceedings of the International Seminar on Modal Analysis. Katholieke Universiteit Leuven, 1999, 2: 947-952.

[3] Askegaard V, Mossing P. Long Term Observation of RC-Bridge Using Changes in Natural Frequency. Nordic Concrete Research. Publication no 7[J]. Publication of: Nordic Concrete Federation, 1988.

[4] Lin Y Q, Ren W X, Fang S E. Structural damage detection based on stochastic subspace identification and statistical pattern recognition: II. Experimental validation under varying temperature[J]. Smart Materials and Structures, 2011, 20(11): 115010.

[5] Xu Z D, Wu Z. Simulation of the effect of temperature variation on damage detection in a long-span cable-stayed bridge[J]. Structural Health Monitoring, 2007, 6(3): 177-189.

[6] Zhou X Q, Xia Y, Weng S. L1 regularization approach to structural damage detection using frequency data[J]. Structural Health Monitoring, 2015, 14(6): 571-582.

[7] Hou R, Xia Y, Zhou X. Structural damage detection based on l1 regularization using natural frequencies and mode shapes[J]. Structural Control and Health Monitoring, 2018, 25(3): e2107.

[8] Hou R, Xia Y, Bao Y, et al. Selection of regularization parameter for l1-regularized damage detection[J]. Journal of

Sound and Vibration,2018,423:141-160.

[9] 骆紫薇,余岭,刘焕林,等.基于范数归一化和稀疏正则化约束的结构损伤检测[J].振动与冲击,2018,37(18):30-35+58.

[10] 黄民水,吴功,朱宏平.噪声影响下基于改进损伤识别因子和遗传算法的结构损伤识别[J].振动与冲击,2012,31(21):168-174.

[11] 牛维枫,曹晖.改进粒子群算法的两阶段梁式结构损伤识别[J].土木建筑与环境工程,2018,40(06):123-130.

[12] 黄民水,乾超越,程绍熙,等.基于改进布谷鸟搜索的Benchmark框架损伤识别[J].振动与冲击,2018,37(22):158-163.

[13] Yan A M,Kerschen G,De Boe P,et al. Structural damage diagnosis under varying environmental conditions—part I:a linear analysis[J]. Mechanical Systems and Signal Processing,2005,19(4):847-864.

[14] Gerist S,Maheri M R. Multi-stage approach for structural damage detection problem using basis pursuit and particle swarm optimization[J]. Journal of Sound and Vibration,2016,384:210-226.

[15] Chen S S,Donoho D L,Saunders M A. Atomic decomposition by basis pursuit[J]. SIAM review,2001,43(1):129-159.

[16] 谢峻,韩大建.一种改进的基于频率测量的结构损伤识别方法[J].工程力学,2004(01):21-25.

[17] Farhat C,Hemez F M. Updating finite element dynamic models using an element-by-element sensitivity methodology[J]. AIAA journal,1993,31(9):1702-1711.

[18] 孙艳丽,杨娜,张正涛,等.基于核主元分析和支持向量机的结构损伤识别研究[J].应用基础与工程科学学报,2018,26(04):888-900.

[19] Mirjalili S. Moth-flame optimization algorithm:A novel nature-inspired heuristic paradigm[J]. Knowledge-based Systems,2015,89:228-249.

[20] Krohling R A. Gaussian particle swarm with jumps[C]//IEEE Congress on Evolutionary Computation. IEEE,2005.

[21] Guo H Y,Li Z L. A two-stage method to identify structural damage sites and extents by using evidence theory and micro-search genetic algorithm[J]. Mechanical Systems and Signal Processing,2009,23(3):769-782.

[22] Seyedpoor S M. A two stage method for structural damage detection using a modal strain energy based index and particle swarm optimization[J]. International Journal of Non-Linear Mechanics,2012,47(1):1-8.

[23] Ghiasi R,Fathnejat H,Torkzadeh P. A three-stage damage detection method for large-scale space structures using forward substructuring approach and enhanced bat optimization algorithm[J]. Engineering with Computers,2019:1-18.

[24] Huang M,Lei Y,Li X. Structural Damage Identification Based on l1Regularization and Bare Bones Particle Swarm Optimization with Double Jump Strategy[J]. Mathematical Problems in Engineering,2019,Article ID 5954104.

[25] Huang M,Lei Y,Cheng S. Damage identification of bridge structure considering temperature variations based on particle swarm optimization-cuckoo search algorithm[J]. Advances in Structural Engineering,2019,22(15):3262-3276.

36. BFRP 筋混凝土梁正截面抗弯承载力试验研究*

周　凯[1]　范　佩[1]　熊琦龙[1]　吴小勇[1,2]

（1. 三峡大学土木与建筑学院，宜昌 443002；

2. 广东省高等学校结构与风洞重点实验室，汕头 515063）

摘要：为了研究 BFRP 筋混凝土梁的抗弯性能，进行了 BFRP 筋梁四点弯曲试验，观察不同截面配筋率对 BFRP 筋混凝土梁的抗弯性能影响，分析其跨中挠度、裂缝分布、受拉筋应变和极限承载力，并提出了 BFRP 筋混凝土梁、BFRP 筋和钢筋混合配筋梁的正截面抗弯承载力计算公式。研究表明，BFRP 筋混凝土梁的极限承载力随着截面配筋率的增加而增加，挠度和受拉筋应变随着截面配筋率的增加而减小；BFRP 筋和钢筋混合配筋梁的荷载-挠度曲线表现出试件开裂和钢筋屈服为转折点的三折线特征，其极限承载力和挠度比 BFRP 筋混凝土梁要小。为提高 BFRP 筋梁安全储备，建议 BFRP 筋允许拉应变取极限拉应变的 70％。

关键词：BFRP 筋；正截面抗弯承载力；配筋率；挠度

中图分类号：TU377.9　文献标志码：A

DESIGN AND EXPERIMENTAL STUDY ON FLEXURAL BEHAVIOR OF NORMAL SECTION OF CONCRETE BEAMS REINFORCED WITH BFRP BARS

Zhou Kai[1]　Fan Pei[1]　Xiong Qilong[1]　Wu Xiaoyong[1,2]

(1. College of Civil Engineering and Architecture,

China Three Gorges University, Yichang 443002, China;

2. Key Laboratory of Structure and Wind Tunnel of Guangdong Higher Education Institutes,

Shantou 515063, China)

Abstract: To study the flexural behavior of BFRP-reinforced concrete beams, the stress analysis of the cross section of BFRP-reinforced concrete beams was carried out. The formulas for calculating the flexural capacity of the cross section of BFRP-reinforced concrete beam and BFRP and steel reinforced concrete beam were proposed, respectively, and a four point test of 15 BFRP-reinforced concrete beams was carried out. To observe the influence of different section reinforcement ratio on the flexural behavior of BFRP-reinforced concrete beams. The failure patterns, deflection, and ultimate bearing capacity were analyzed. It was found that the BFRP-reinforced concrete beams could be divided into three types: over-reinforced, balanced, and under-reinforcement beams. The ultimate bearing capacity of BFRP-reinforced concrete beams increases with the increment of reinforcement ratio, while the deflection decreases. The load-deflection curves of BFRP and steel reinforced concrete beams show three linear characteristics including the turning point corresponding to the cracking

---

* 基金项目：国家自然科学基金(51608303)，广东省高等学校结构与风洞重点实验室开放基金项目(201702)

作者简介：第一作者：周凯(1996—)，男，汉族，硕士研究生，主要从事结构抗震加固改造方面的研究，E-mail:583392555@qq.com；

通讯作者：吴小勇(1981—)，男，汉族，博士，副教授，主要从事结构抗震加固改造方面的研究，E-mail:xywu@ctgu.edu.cn。

load and the yield of the steel bars, and the ultimate bearing capacity and deflection were smaller than BFRP-reinforced concrete beams. For the sake of improving the safety reservation of BFRP-reinforced concrete beams, it was suggested that the yield strength of BFRP rebar could be 70% of its ultimate tensile strength.

Keywords: BFRP rebar; flexural capacity of cross-section; reinforcement ratio; deflection

引言

FRP(Fiber reinforced polymer,纤维增强复合材料)筋是一种新型复合筋材,具有轻质高强、抗腐蚀性能好、电磁绝缘性好、热膨胀系数低和塑性变形小等优点[1],用FRP筋替代部分钢筋作为受力筋进行混凝土梁受力分析已成为众多学者研究的热点之一[2-4]。在目前应用的FRP筋中,BFRP(Basalt fiber reinforced polymer,玄武岩纤维增强复合材料)筋作为一种综合性能很好的筋材,具有性价比高、耐火性好、天然环保等突出优势[5,6],这使它在土木工程建设中具有很好的发展空间和应用前景。BFRP筋的弹性模量是钢筋弹性模量的0.25～0.35倍[7],相比钢筋混凝土结构,BFRP筋混凝土结构在正常使用状态下会出现较大的挠度变形和较宽裂缝[8,9]。国内外学者对FRP筋梁试验和理论进行了研究[10-15],给出了FRP筋混凝土梁正截面抗弯承载力的设计建议。为了综合利用钢筋极限延伸率大和BFRP筋轻质高强的特性,考虑将BFRP筋和钢筋同时作为受力筋配置到混凝土梁中,不仅能够减小混凝土梁变形较大的问题,而且还能有效提高混凝土梁承载力。综上所述,本文对BFRP筋梁进行四分点加载试验,观察不同截面配筋率对BFRP筋混凝土梁的抗弯性能影响,并提出BFRP筋混凝土梁、BFRP筋和钢筋混合配筋梁的正截面抗弯承载力计算公式。

1　试验概况

1.1　试验设计

如表1所示,本文制作18根混凝土梁,共分为A、B、C、D四组,A组是钢筋混凝土梁,B组和C组是BFRP筋混凝土梁,D组是BFRP筋和钢筋混合配筋梁。试验梁配筋图如图1所示,截面尺寸均为$b\times h=100$ mm×200 mm,梁长为1200 mm,混凝土保护层厚度为20 mm。

表1　试件设计参数

Table 1　Design of test beams

试件编号	纵筋配置	A_s(mm²)	A_f(mm²)	截面有效高度h_0(mm)	ρ_s(%)	ρ_f(%)	总配筋率ρ(%)
A-1	S2ϕ12	226.2	—		1.346	—	1.346
B-1	B1ϕ8+B1ϕ10	—	128.8		—	0.760	0.760
B-2	B2ϕ10	—	157		—	0.929	0.929
C-1	B2ϕ10	—	157	169	—	0.929	0.929
C-2	B2ϕ10	—	157	164	—	0.929	0.929
D-1	S1ϕ10+B1ϕ12	78.5	113.1	—	0.466	0.671	1.137
D-2	S1ϕ12+B1ϕ12	113.1	113.1	—	0.673	0.673	1.346

注:每种规格的混凝土梁制作了三根相同的试件。

1.2　试验原材料

选用P.O 32.5普通硅酸盐水泥,骨料是河沙,粗骨料是骨料粒径小于20 mm的碎石,BFRP筋和钢筋的物理力学参数如表2所示。

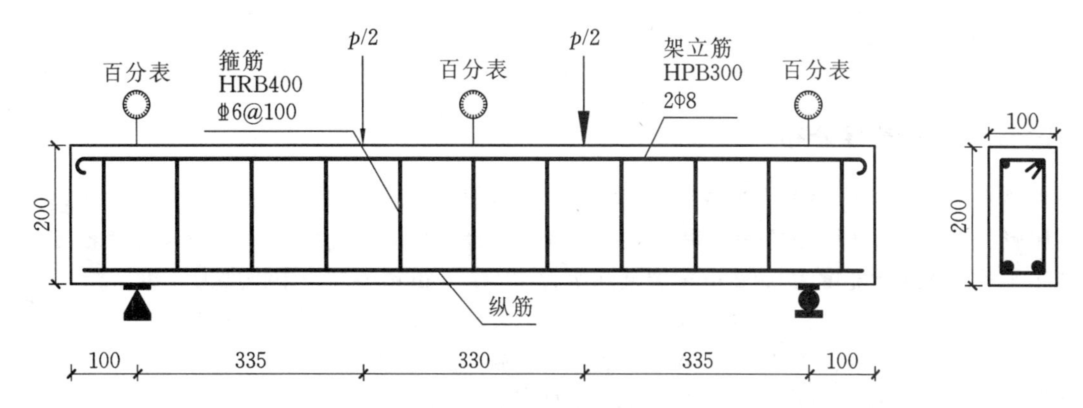

图 1 试验梁配筋示意图

Fig. 1 Reinforcement of test beams

表 2 BFRP 筋和钢筋物理力学参数

Table 2 The physical properties of steel rebar and BFRP rebar

材料种类	极限抗拉强度(MPa)	弹性模量(GPa)	密度(kg/cm³)	热膨胀系数(10⁻⁶/℃)	伸长率(%)
BFRP 筋	1064	62.6	1980	22	1.7
钢筋	618	200	7850	11.7	9.2

注:将 6 个边长为 150 mm 的立方体试块和试验梁同期浇筑养护,养护 28 d 后测得立方体试块平均抗压强度为 31.2 MPa。

1.3 试验加载

试验梁采用四分点加载方案,按照《混凝土结构试验方法标准混凝土结构试验方法标准》(GB 50152—2012)进行分级单调位移加载,正式加载前先进行预加载,在混凝土开裂之前采用每级 0.2 mm加载,开裂后采用 0.8 mm 加载,在达到极限位移的 90%时,采用 0.2 mm 加载直至破坏,每级加载持续作用时间为 5 min。在试验梁的两支座布置 3 个百分表以测得试验梁挠度;将 BX120-3AA 型号应变片粘贴在纵筋底部的跨中和加载点位置处,用以测量钢筋和 BFRP 筋应变;在沿梁高等距布置 3 个 BX120-80AA 型号应变,在梁上部和下部的截面中心处各布置一个应变片,以测得混凝土拉压应变。数据采用 uT7121Y 静态应变测试系统自动采集和记录,梁试验加载图见图 2。

图 2 梁试验加载图

Fig. 2 Beam test loading diagram

2 试验结果分析

2.1 试验现象及裂缝分布

试件 A-1 共出现 8 条裂缝，在加载初期，裂缝细而短，随加载进行，裂缝不断变宽并向梁顶部延伸，钢筋达到屈服后挠度变形加快，随后受压区混凝土很快达到极限压应变，混凝土被压碎，试验梁破坏，测得试件 A-1 平均最大裂缝宽度为 0.92 mm，裂缝间距为 90～110 mm，平均跨中挠度为 3.96 mm。

试件 B-1 和 B-2 裂缝发展形态相似，都产生了 5 条裂缝，沿跨中对称分布，在加载初期，裂缝首先在梁跨中处产生竖向裂缝，其裂缝比试件 A-1 首条裂缝要宽且长，裂缝长度达到梁高的二分之一，随着加载的进行，首条裂缝不断变宽且沿梁截面高度方向延伸，直到纯弯段同时出现第二条和第三条裂缝后，首条裂缝长度和宽度变化不明显，第四条和第五条裂缝同时出现在弯剪区，随着荷载施加，弯剪区斜裂缝不断向加载点处延伸，纯弯段受压区出现较多横向裂缝，混凝土表面出现起皮剥落，最终由于受压区混凝土达到极限压应变被压碎，导致试验梁破坏。试件 B-1 和 B-2 的平均最大裂缝宽度是试件 A-1 的 3.5～4.3 倍，平均挠度是试件 A-1 的 4.0～4.3 倍，裂缝间距为 130～150 mm。试验梁破坏图见图 3。

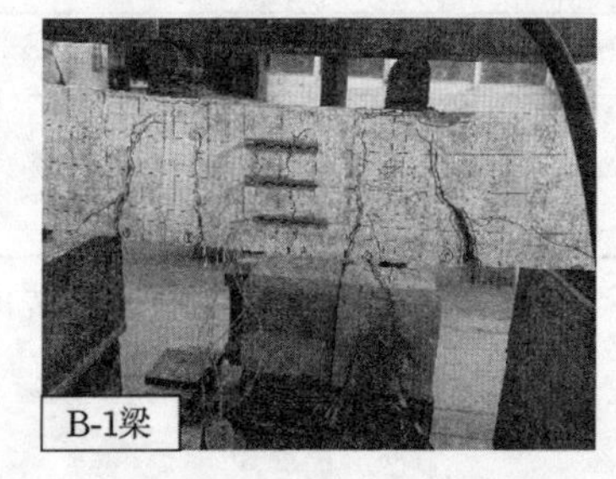

图 3 试验梁破坏形态

Fig. 3 Typical failure modes of test beams

2.2 荷载-挠度曲线

每组试验梁的荷载-挠度曲线如图 4 所示。A-1 梁在混凝土开裂前，刚度较大，挠度发展较慢；开裂后，刚度随荷载的增加不断减小，挠度发展较快，有明显的屈服点。B-1 梁和 B-2 梁的荷载-挠度曲线以混凝土开裂点和荷载峰值点为转折点可分为三阶段，即开裂前的弹性阶段、开裂后线性阶段和荷载下降段；随着配筋率的增加，极限承载力越大，挠度越小；由于 BFRP 筋弹性模量小，导致 B 组梁挠度发展比 A 组梁要快。

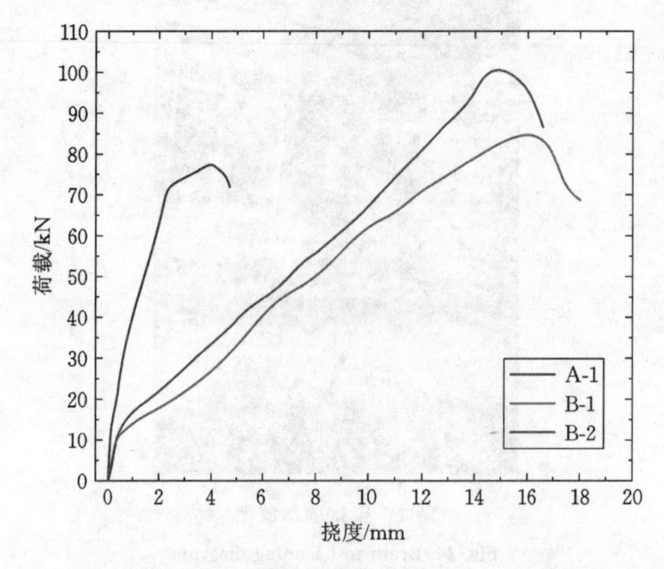

图 4 试验梁荷载-挠度曲线

Fig. 4 Load-deflection curves of test beams

2.3 荷载-受拉筋应变曲线

每组试件的荷载-受拉筋应变曲线如图5所示。A-1组钢筋有明显屈服阶段，B-1组和B-2组在混凝土开裂后，应变增加迅速，随后曲线近似于直线。在同一荷载水平下，BFRP筋梁的配筋率越小，受拉筋应变越大。

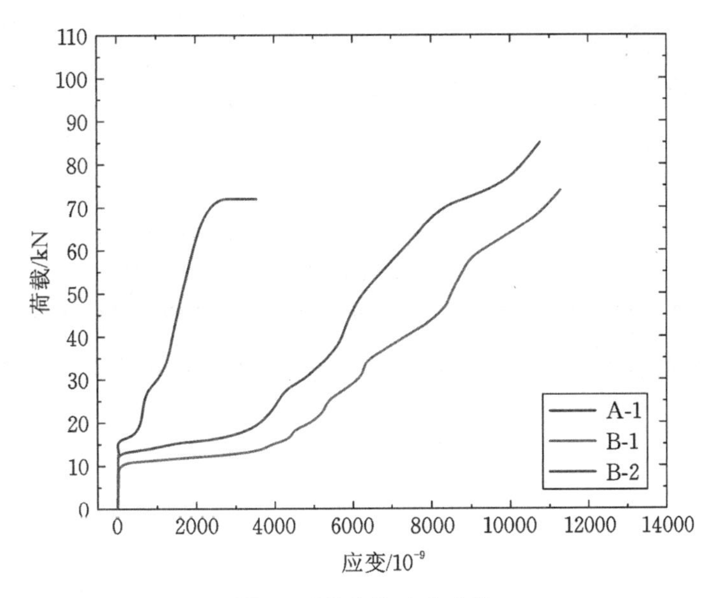

图5　试件荷载-应变曲线

Fig. 5　Load-strain curves of specimens

2.4 极限承载力

试验测得A-1组极限承载力为78 kN，B-1组极限承载力为90 kN，B-2组极限承载力为102 kN，在B组中极限承载力随着配筋率的增加而增加，极限承载力增加了13.3%。

3　BFRP 筋梁正截面抗弯承载力分析

3.1 基本假定

BFRP筋混凝土梁和BFRP筋与钢筋混合配筋梁的正截面抗弯承载力可按下列基本假定进行计算：①截面应变分布符合平截面假定；②不考虑混凝土的抗拉强度；③混凝土应力-应变关系按《混凝土结构设计规范》(GB50010—2010)规定取值；④纵向受拉钢筋的极限拉应变 ε_u 取为0.01；⑤假定BFRP筋与混凝土之间黏结性能良好，在同一位置处BFRP筋应变和钢筋应变相同。

3.2 BFRP筋混凝土梁正截面抗弯承载力计算

由于BFRP筋没有屈服点，破坏较突然，为使BFRP筋梁具有足够的安全储备，本文取BFRP筋允许拉应变为极限拉应变的70%，即 $\varepsilon_{fy}=0.7\,f_{fu}/E_f=0.0119$。试验中BFRP筋梁的破坏模式均为BFRP筋先达到允许拉应变后，受压区混凝土达到极限压应变即平衡破坏。界限破坏为受压区BFRP筋达到允许拉应变的同时，受压区混凝土刚好也达到极限压应变，界限破坏时对应的相对受压区高度 ξ_{fb} 按式(1)计算，当 $\xi_f\leqslant\xi_{fb}$ 时，发生平衡破坏，式中 x_b 为混凝土等效受压区高度，h_0 为截面有效高度，ε_{cu} 为混凝土极限压应变，取0.0033，ε_{fy} 为BFRP筋允许拉应变，f_{fu} 为BFRP筋极限抗拉强度，E_f 为BFRP筋的弹性模量，α_1 和 β_1 为等效矩形应力图换算参数，按《混凝土结构设计规范》(GB 50010—2010)取值。

$$\xi_{fb}=\frac{x_b}{h_0}=\frac{\beta_1\varepsilon_{cu}}{\varepsilon_{cu}+\varepsilon_{fy}}=\frac{0.0033\beta_1}{0.0033+0.7f_{fu}/E_f} \tag{1}$$

平衡破坏时 BFRP 筋梁正截面的应力-应变分布如图 6 所示。

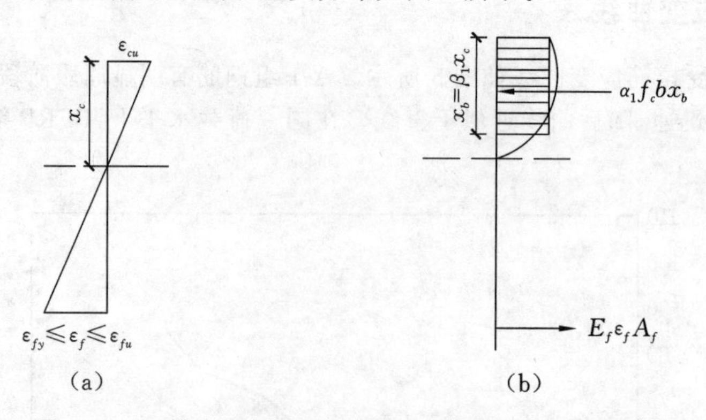

图 6　BFRP 筋混凝土梁平衡破坏时正截面的应力-应变分布

(a) 应变分布；(b) 应力分布

Fig. 6　Stress and strain distribution of BFRP-reinforced concrete beams with balanced failure mode

根据内力平衡和平截面假定，由图 6 可推导出平衡破坏时 BFRP 筋混凝土梁正截面抗弯承载力计算公式：

$$\alpha_1 f_c b x_b = E_f \varepsilon_f A_f \tag{2}$$

$$\varepsilon_f = \varepsilon_{cu}\left(\frac{\beta_1}{\xi}-1\right) \tag{3}$$

联立公式(2)和公式(3)可得：

$$\xi=\frac{-N\pm\sqrt{N^2+4\alpha_1\beta_1 N}}{2\alpha_1} \tag{4}$$

$$N=\frac{\varepsilon_{cu}E_f\rho_f}{f_c} \tag{5}$$

$$M_u=\alpha_1 f_c b h_0^2\xi\left(1-\frac{\xi}{2}\right) \tag{6}$$

3.3　BFRP 筋与钢筋混合配筋梁正截面抗弯承载力计算

试验中混合配筋梁的破坏模式均为受拉区钢筋先屈服、BFRP 筋未达到允许拉应变，随后受压区混凝土达到极限压应变。混合配筋梁有两种界限破坏，当 $\xi_{fb2}\leqslant\xi_{fs}\leqslant\xi_{fb1}$ 时发生平衡破坏，两种界限破坏时的相对受压区高度计算公式分别为：

① 受拉区钢筋达到屈服，同时受压区混凝土达到极限压应变。

$$\xi_{fb1}=\frac{x_{b1}}{h_0}=\frac{\beta_1\varepsilon_{cu}}{\varepsilon_{cu}+\varepsilon_y}=\frac{0.0033\beta_1}{0.0033+f_y/E_s} \tag{7}$$

② 受拉区钢筋达到屈服后，受拉区 BFRP 筋达到允许拉应变的同时，受压区混凝土也达到极限压应变。

$$\xi_{fb2}=\frac{x_{b2}}{h_0}=\frac{\beta_1\varepsilon_{cu}}{\varepsilon_{cu}+\varepsilon_{fy}}=\frac{0.0033\beta_1}{0.0033+0.7f_{fu}/E_f} \tag{8}$$

平衡破坏时混合配筋梁正截面应力-应变分布如图 7 所示。

根据内力平衡和平截面假定，由图 7 可推导出平衡破坏时混合配筋梁正截面抗弯承载力计算：

$$\alpha_1 f_c b x_b = f_y A_s + E_f\varepsilon_f A_f \tag{9}$$

$$\varepsilon_f=\varepsilon_{cu}\left(\frac{\beta_1}{\xi}-1\right) \tag{10}$$

联立公式(9)和公式(10)得到：

$$\xi=\frac{A-B\pm\sqrt{(A-B)^2+4\alpha_1\beta B_1}}{2\alpha_1} \tag{11}$$

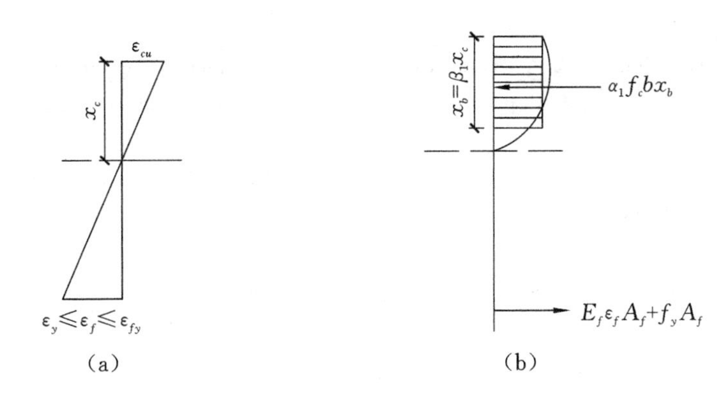

图 7　BFRP 筋与钢筋混合配筋梁平衡破坏时正截面的应力-应变分布

(a) 应变分布；(b) 应力分布

Fig. 7　Stress and strain distribution of BFRP and steel reinforced concrete beams with balanced failure mode

$$A=\frac{f_y \rho_s}{f_c} \tag{12}$$

$$B=\frac{\varepsilon_{cu} E_f \rho_f}{f_c} \tag{13}$$

$$M_u=\alpha_1 f_c b h_0^2 \xi\left(1-\frac{\xi}{2}\right) \tag{14}$$

4　结论

本文对 BFRP 筋梁进行了正截面抗弯承载力试验，得到以下结论：

(1) BFRP 筋混凝土梁的挠度和受拉筋应变随着截面配筋率的增加而减小，极限承载力随着截面配筋率的增加而增加。

(2) BFRP 筋和钢筋混合配筋梁的荷载-挠度曲线表现出试件开裂和钢筋屈服为转折点的三折线特征，其极限承载力和挠度比 BFRP 筋混凝土梁要小。

(3) 建议 BFRP 筋允许拉应变取极限拉应变的 70%，提出了 BFRP 筋混凝土梁、BFRP 筋和钢筋混合配筋梁的正截面抗弯承载力计算公式。

参 考 文 献

[1] 董志强，吴刚. FRP 筋增强混凝土结构耐久性能研究进展[J]. 土木工程学报，2019，52(10)：1-19+29.

[2] 王洋，董恒磊，等. GFRP 筋混凝土梁受弯性能试验[J]. 哈尔滨工业大学学报，2018，50(12)：23-30.

[3] Ge W J，Ashour A F，Yu J，et al. Flexural Behavior of ECC-Concrete Hybrid Composite Beams Reinforced with FRP and Steel Bars[J]. Journal of Composites for Construction，2019，23(1)：04018069.

[4] Kim M S，Lee Y H，Kim H，et al. Flexural behavior of concrete beams reinforced with aramid fiber reinforced polymer(AFRP) bars[J]. Structural Engineering and Mechanics，2011，38(4)：459-477.

[5] 金汉林，张春涛. 腐蚀及高温后 BFRP 筋力学性能研究[J]. 四川建筑科学研究，2019，45(5)：73-78.

[6] 姜浩，朱思宇. 玄武岩纤维筋的性能及应用研究综述[J]. 四川建材，2017，43(8)：1-2.

[7] 曹晓峰，赵文，等. BFRP 筋材基本力学性能试验研究[J]. 公路工程，2016，41(5)：215-217+255.

[8] 木勒德尔・巴合提，沙吾列提・拜开依，等. 玄武岩纤维复材筋混凝土梁受弯性能试验研究[J]. 工业建筑，2019，49(10)：180-184+131.

[9] 田盼盼，沙吾列提・拜开依，等. BFRP 筋混凝土梁受弯性能的试验研究[J]. 新疆大学学报(自然科学版)，2015，32(1)：94-99.

[10] 薛伟辰，郑乔文，等. FRP 筋混凝土梁正截面抗弯承载力设计研究[J]. 工程力学，2009，26(1)：79-85.

[11] 朱虹，董志强，等. FRP 筋混凝土梁的刚度试验研究和理论计算[J]. 土木工程学报，2015，48(11)：44-53.

[12] Yoo D Y，Banthia N，Yoon Y S. Flexural behavior of ultra-high-performance fiber-reinforced concrete beams reinforced with GFRP and steel rebars[J]. Engineering Structures，2016，111(1)：246-262.

[13] 陆春华，张壮壮，等. FRP 筋与 HRB 筋混合配筋混凝土梁变形及延性性能试验研究[J]. 四川建筑科学研究，

2018,44(4):58-62.

[14] Adam M A, Said M, Mahmoud A A, et al. Analytical and experimental flexural behavior of concrete beams reinforced with glass fiber reinforced polymers bars[J]. Construction and Building Materials, 2015, 84(3): 354-366.

[15] Mousa S, Mohamed H M, Benmokrane B. Deflection Prediction Methodology for Circular RC Members Reinforced with FRP Bars[J]. ACI Structural Journal, 2019, 116(2): 279-293.

37. 极端风荷载条件下海上漂浮式风力发电高塔动力可靠度分析*

宋玉鹏[1,2]　陈建兵[1,2]　彭勇波[1,3]　李　杰[1,2]

（1. 同济大学土木工程防灾国家重点实验室，上海 200092；
2. 同济大学土木工程学院，上海 200092；
3. 同济大学上海防灾救灾研究所，上海 200092）

摘要：海上风能因其具有质量高、储量大等优点，在过去数十年间逐渐受到人们的普遍关注。在海上风力发电结构设计中，为了进行结构安全性和经济性的合理权衡，需要采用基于可靠度的结构设计方法。然而，海上漂浮式风力发电结构是一个同时具有高度非线性和随机性的复杂耦合系统，这为该系统的可靠度分析带来了巨大挑战。本文采用概率密度演化理论对极端风荷载条件下 spar 式海上浮式风力发电结构进行可靠度分析。其中，采用多体动力学和有限元结合的方法建立漂浮式风力机结构一体化耦合动力分析模型。分别采用波数-频率联合功率谱和 JONSWAP 谱并基于谱表达方法进行随机风场和随机波浪的模拟。为了获得风-浪参数的联合概率分布，利用我国南海海域风-浪长期观测数据，并采用 C-vine Copula 模型对其进行建模。最后，利用概率密度演化理论分析得到极端风荷载条件下浮式风力发电结构响应量的概率密度演化曲面。进一步地，通过施加吸收边界条件计算获得了结构的动力可靠度。

关键词：漂浮式风力发电结构；动力可靠度；概率密度演化理论；波数-频率联合功率谱；Copula 函数

中图分类号：TU311.4　　　**文献标识码**：A

RELIABILITY ANALYSIS OFFLOATING OFFSHORE WIND TURBINE SUPPORT STRUCTURES UNDER EXTREME WIND LOADS

Song Yupeng[1,2]　Chen Jianbing[1,2]　Peng Yongbo[1,3]　Li Jie[1,2]

（1. State Key Laboratory of Disaster Reduction in Civil Engineering,
Tongji University, Shanghai 200092, China;
2. College of Civil Engineering, Tongji University, Shanghai 200092, China;
3. Shanghai Institute of Disaster Prevention and Relief,
Tongji University, Shanghai 200092, China）

Abstract: Offshore wind energy has attracted increasing attention over the past decades due to its high quality and potential. To achieve the best tradeoff between safety and cost of the floating offshore wind turbine(FOWT), the reliability based structural design method is of great significance

* 基金项目：国家自然科学基金资助项目(11672209)和上海市国际合作项目(18160712800)

作者简介：宋玉鹏，博士研究生

in practice. However, the coupled nonlinearity and randomness of the complex system make the dynamic reliability analysis of FOWT a challenging task. In the present study, the dynamic reliability of a spar-type FOWT under extreme wind loads is carried out via the probability density evolution method (PDEM). The integrated coupled dynamic analysis model of the spar-type FOWT is established by combining multibody dynamics and the finite element method. The fluctuating wind speed field and the random wave are simulated by the spectral representation method based on the wavenumber-frequency joint spectrum and the JONSWAP spectrum, respectively. The joint probability distribution of wind and wave parameters is modelled by the C-vine copula on the basis of the wind-wave observation data in the South China Sea. Finally, the probability density function evolution of the response of interest is calculated through the PDEM. Correspondingly, the dynamic reliability of the system is evaluated through the absorbing boundary method.

Keywords: floating offshore wind turbine; dynamic reliability; probability density evolution method; wavenumber-frequency joint spectrum; copula function

38. 基于矩法的核电二回路腐蚀管道的可靠性研究*

张　锐[1]　赵衍刚[1,2]　卢朝辉[1]

（1. 北京工业大学建筑工程学院，北京 100124）

（2. 神奈川大学建筑系，日本横滨 221-8696）

摘要：核电厂二回路碳钢管的流动加速腐蚀（FAC）是其结构失效的主要原因之一。利用基于腐蚀管道剩余强度评价方法和核电厂承压管道抗震设计规范 RCC-M 构建的极限状态函数，提出基于矩法的核电二回路腐蚀管道的时点可靠度分析方法。算例假定初始腐蚀缺陷深度、腐蚀缺陷深度生长速率、初始腐蚀缺陷长度、管道材料的屈服强度（或极限抗拉强度）为随机变量。分析结果表明：与 FORM 相比，矩法提高了精度和效率；与蒙特卡洛方法相比，在不损失精度的情况下提高了计算效率。时点可靠度分析结果同时表明：第 10 年核电厂二回路碳钢管的可靠度指标下降至 1.5 以下。本文的研究结果对核电厂二回路碳钢管流动加速腐蚀下的使用寿命和维修养护有一定的参考意义。

关键词：核电；管道；流动加速腐蚀；可靠度；矩法

中图分类号：TU311.4　　　**文献标识码**：A

RELIABILITY EVALUATION OF CORRODED PIPES IN THE NUCLEAR SECONDARY LOOP PIPING SYSTEM USING METHOD OF MOMENTS

Zhang Rui[1]　Zhao Yan-Gang[1,2]　Lu Zhao-Hui[1]

(1. School of Engineering& Architecture, Beijing University of Technology, Beijing 100124, China)

(2. Department of Architecture, Kanagawa University, Yokohama 221-8686, Japan)

Abstract: One of the main cause for carbon steel pipe failure in the secondary loop piping system in nuclear power plans is the flow accelerated corrosion (FAC). The limit function is constructed by the residual intensity appraisal method for corroded pipes and the code for seismic design of pressure pipe-RCC-M code for the PWR nuclear islands, the method of moments was utilized for reliability evaluation of the secondary loop piping system in nuclear power plans. Five random variable (i. e., initial depth of corrosion defect, rate of corrosion defect growth, initial length of corrosion defect, yield strength of the material, ultimate tensile strength of material) were considered in the numerical example. The results demonstrate that the method of moments, compared with FORM, improves the efficiency and accuracy. The method is much more efficient than Monte Carlo simulation without loss of accuracy. The reliability analysis also show that the reliability index of the secondary loop piping system will below 1.5 in the tenth year. The result of this paper have shown significance for the prediction of the service life and maintenance of the secondary loop piping system.

Keywords: new clear power station; pipe; flow accelerated corrosion; reliability; method of moments

---

* 基金项目：国家自然科学基金项目（No. 51820105014，51738001，U1934217）

作者简介：张锐，博士研究生

39. 基于弯剪梁模型和冯卡门风速谱的高层建筑风振系数实用计算

王国砚[1]　张福寿[1,2]

（1. 同济大学航空航天与力学学院，上海 200092；

2. 上海史狄尔建筑减震科技有限公司，上海 200092）

摘要：本文采用基于弯剪梁模型的高层建筑简化基本振型，采用冯卡门与高度有关的归一化风速谱模型和达文波特与频率有关的空间相关性模型，建立高层建筑风振系数计算的实用算式。通过算例，与我国现行荷载规范中的风振系数算式进行比较。结果表明，本文方法既可考虑不同高层建筑振型的特点、提高计算精度、简单实用，又便于与国际主流荷载规范接轨。

关键词：高层建筑；风振系数；荷载规范；弯剪梁模型；冯卡门风速谱；达文波特频域空间相关性模型

中图分类号：TU973.2　　**文献标识码**：A

Practical Algorithm for the Dynamic Response Factor of Tall Buildings Based on Bending-Shearing Beam Model and Von-Karman's Wind Speed Spectrum

Wang Guoyan[1]　Zhang Fushou[1,2]

（1. School of Aerospace Engineering and Mechanics，Tongji University，Shanghai 200092，China；

2. Shanghai Steel Damping Technology of Building CO. LTD，Shanghai 200092，China）

Abstract：Tall buildings with uniform cross sections are modeled as cantilever bending-shearing beams and a simplified basic vibration mode of cantilever bending-shearing beam with high accuracy is adopted；a practical algorithm for the dynamic response factor(DRF) of tall buildings based on the bending-shearing beam model and its simplified mode is presented in this paper；Von Karman's wind speed spectrum and Davenport's spatial correlation function in frequency domain are adopted in the algorithm. The results of the DRF given by the algorithm are compared with those given by the Chinese wind loading code(GB 50009—2012). The result shows that the simplified algorithm for the DRF of tall buildings given in this paper are both accurate and simple to use，suitable for the modal characteristics of different tall buildings，and easy to connect with main foreign wind loading codes.

Keywords：Tall buildings；Dynamic response factor(DRF)；Wind loading codes；Bending-shearing beam model；Von Karman's wind speed spectrum；Davenport's spatial correlation function in frequency domain

40. 基于概率密度演化方法的建筑群抗震可靠度评估*

项梦洁[1]　陈　隽[1,2]

（1. 同济大学土木工程学院，上海 200092；

2. 土木工程防灾国家重点实验室，上海，200092）

摘要：区域震害分析是城市抗震防灾规划的重要环节。现阶段的区域震害分析忽略了地震动的空间变异性和结构参数的随机性，无法对建筑群的抗震能力进行综合定量的评估。本文考虑建筑群参数的随机性，并采用实测台阵地震动记录作为建筑群激励，将建筑群视为概率保守系统，利用概率密度演化方法对建筑群进行随机地震反应分析和可靠度评估。以九栋具有随机参数的十层框架结构建筑群为例，进行了建筑群系统的随机动力反应分析和可靠度计算。与 Monte Carlo 分析结果的比较表明：本文建议的建筑群可靠度评估方案合理，计算方法效率高，结果具有很好的精度。

关键词：概率密度演化方法；空间变异性；建筑群；参数随机性；抗震可靠度

中图分类号：TU311.4　　**文献标识码**：A

SEISMIC RELIABILITY EVALUATION OF BUILDING CLUSTER BASED ON PROBABILITY DENSITY EVOLUTION METHOD

Xiang Mengjie[1]　Chen Jun[1,2]

(1. College of Civil Engineering, Tongji University, Shanghai 200092, China;

2. Stake Key Laboratory of Disaster Reduction in Civil Engineering, Shanghai 200092, China)

Abstract: Regional seismic damage analysis is an important part of urban earthquake resistance and disaster prevention planning. Current study of regional seismic damage analysis ignores the spatial variability of the ground motion and the stochasticity of structural parameters, and cannot evaluate the seismic capacity of building cluster comprehensively and quantitatively. In this paper, the stochasticity of structural parameters of the building cluster are considered and the measured ground motion array data are selected as the excitation of the building cluster. The building cluster is regarded as a probability conservative system, and the probability density evolution method (PDEM) is utilized to implement the stochastic seismic response analysis and reliability evaluation of the building cluster. Taking a building cluster of nine ten-story frame structures as an example, the stochastic response analysis is carried out and the reliability of the building cluster system is calculated. Comparison with results of Monte Carlo method shows that the reliability evaluation method adopted in this paper is reasonable and efficient, and the results are of high accuracy.

Keywords: probability density evolution method (PDEM); spatial variability; building cluster; parameter stochasticity; seismic reliability

---

* 基金项目：国家自然科学基金重点项目(5U1711264)

作者简介：项梦洁，博士研究生；陈隽，博士，教授

41. 钻芯法检测混凝土强度及其标准差研究*

任雨龙[1]　郑士举[2]　高向玲[1]

（1. 同济大学土木工程学院，上海 200092；

2. 上海市建筑科学研究院有限公司，上海 200092）

摘要：为探求钻芯法检测混凝土强度及其标准差的影响因素，对比分析了中、美、欧钻芯法检测混凝土强度相关规程的异同点，三种规程在取芯方式、龄期、规格、样本数量、是否含有钢筋、是否进行无损检测、试验环境、强度推算公式等方面均有所不同。通过收集相关文献中钻芯法的试验数据，并建立数据库，综合分析发现芯样高径比越大，强度越低；芯样直径与最大骨料粒径之比不大于 8 的情况下，高径比小于 1 时，其比值越大，芯样强度越高，高径比大于 1 时则相反；在板与宽梁中，平行于浇筑方向钻取的芯样抗压强度大于垂直于浇筑方向钻取的芯样抗压强度；在窄梁中则相反；加载速率越快，芯样抗压强度略增高。芯样高径比对芯样强度标准差没有影响；芯样直径越大，强度标准差越小。并结合试验进行了高径比 0.8 和 0.65、直径 75 mm 和 150 mm 芯样与标准芯样（高径比为 1、直径 100 mm）的对比。进一步分析发现：芯样高径比小于 1 时，高径比越大，芯样抗压强度标准差越大；最大骨料粒径相对于芯样直径越小，芯样抗压强度越小。采用中、美、欧钻芯法检测规程对本次试验数据进行了强度推定，计算结果发现：中国规程＞欧洲规程＞美国规程。并且提出了不同高径比、直径的芯样抗压强度与标准芯样抗压强度之间的换算关系。

关键词：钻芯法；混凝土强度；标准差；数据分析

中图分类号：TU375　　　**文献标识码**：A

Study onthe Strength and Standard Deviation of Concrete by Core Drilling method

Ren Yulong[1]　Zheng Shiju[2]　Gao Xiangling[1]

（1. College of Civil Engineering，Tongji University，Shanghai 200092，China；

2. Shanghai Research institute of Building Sciences Co. ，Ltd. Shanghai 200092，China）

Abstract：In order to explore the influence factors of the concrete strength and its standard deviation measured by core drilling method，the standards of the core drilling methods in China，America and Europe are firstly analyzed. The three standards are different in terms of drilling method，age，core size，core number，reinforced or not，non-destructive testing or not，test environment，and calculation formula. Through collecting the test data of core drilling method in literature，the database was established. The comprehensive analysis found that the larger the height-to-diameter ratio is，the lower the strength of cores is. When the ratio of core diameter to maximum aggregate size is not greater than 8 and the height-to-diameter ratio of cores is less than 1，the lager the ratio is，the higher the strength of cores is. When the height-to-diameter ratio is larger than 1，the result is opposite. The compressive strength of cores drilled parallel to the pouring direction is larger

* 基金项目：上海市教育委员会科研创新计划项目（2017-01-07-00-07-E00006）

作者简介：高向玲，博士，副教授

than that drilled perpendicular to the pouring direction in slab and wide beam, whereas in narrow beam the demonstrated opposite. The faster the loading rate is, the higher the compressive strength is. The height-to-diameter ratio of cores has no effect on the standard deviation of compressive strength of core samples. The relationship between the core diameter and the standard deviation is inversely proportion. The strength between the core samples with non-standard height-to-diameter ratio and diameter and standard core samples (height-to-diameter ratio of 1, diameter of 100 mm) were compared. It is further found that when the height-to-diameter ratio is less than 1, the larger the height-to-diameter ratio is, the larger the standard deviation of compressive strength is. And the smaller the maximum aggregate size (relative to the diameter of core) is, the lower the compressive strength of cores is. The strength estimation of the existing test data was carried out according to the standards in China, Europe and America, and the calculation results are in descending order. In addition, the conversion relation of the compressive strength between the non-standard and standard samples is proposed.

Keywords: core drilling method; concrete strength; standard deviation; data analysis

42. 模拟二阶非高斯非平稳的向量随机过程

张瑞景　戴鸿哲

（哈尔滨工业大学土木工程学院，哈尔滨 150090）

摘要：工程系统的随机参数往往在时空上同时表现出自相关和互相关关系，常被描述为向量随机过程。本文提出了一种二阶非高斯非平稳向量随机过程的模拟方法。首先给出了一种随机场的级数表达形式，并讨论了其收敛性和表达误差。所提级数格式允许向量场的各个分量在同一组随机变量下展开，便于同时表达随机场的自相关和互相关关系。将向量过程分量的所有相关关系考虑为同一个特征值问题，并对其进行主成分分析，从而确定随机级数表达中的确定性函数。接着用迭代方法去匹配向量随机过程的边缘分布。所提方法可以广泛地应用于非高斯非平稳的情况，对互相关的随机场的相关结构、边缘分布的形式也没有任何限制。此外，所提模拟方法可直接推广至高维随机场，从而建立起一套完整的模拟非高斯非平稳随机场的框架。最后用数值算例说明了所提方法的性能。

关键词：随机级数表示；向量随机过程；非高斯过程；非平稳过程；数值模拟

中图分类号：TU311.4　　**文献标识码**：A

SIMULATION OF SECOND-ORDER NON-GAUSSIAN NON-STATIONARY VECTOR-VALUEDSTOCHASTIC PROCESS

ZhangRuijing　Dai Hongzhe

(School of Civil Engineering, Harbin Institute of Technology, Harbin 150090, China)

Abstract: The random parameters of engineering systems often show both auto-correlation and cross-correlation in time and space, and are often described as vector-valued stochastic processes. In this paper, a novel method for simulating second-order non-Gaussian non-stationary vector-valued stochastic processes is proposed. First, we proposed a series format for second-order process, and its convergence and expression error are discussed. The proposed series format allows each component of the vector-valued process to expand under the same set of random variables, which is convenient for expressing the autocorrelation and cross-correlation of the each component of vector-valued process at the same time. The next step is to deal with a larger eigenvalue problem that contains all correlations of process, and allows us to perform principal component analysis on the entire vector-valued processes. Finally, an iterative mapping method is used to fit the non-Gaussian marginal distribution of each component of the vector-valued process. Proposed method can be widely applied to non-Gaussian and non-stationary situations, and has also no restrictions on the correlated structure or marginal distribution of process. In addition, the proposed method can be further extended to simulate high-dimensional non-Gaussian non-stationary random fields, in this way a complete framework for simulating non-Gaussian and non-stationary random fields is established. Several numerical examples are given to illustrate the performance of the method.

Keywords: stochastic series representation; vector-valued stochastic process; non-Gaussian process; non-stationary process; numerical simulations

43. 建筑风压极值计算新方法的研究*

李正农[1,2]　熊奇伟[1,2]

(1. 湖南大学建筑安全与节能教育部重点实验室,长沙 410082;
2. 湖南大学土木工程学院,长沙 410082)

摘要:风荷载作用下结构的安全性一直是工程界高度重视的课题,在计算风荷载作用下结构的强度和稳定性时,需要知道结构各个部位受到的风压极值,风压的极值估计对结构的安全性也具有重要的意义,选用合适的极值估计方法是准确获得风荷载大小的关键。以往采用的极值算法主要分为两大类:第一类是基于经典极值理论的极值算法,科研人员主要采用区组模型对风压样本分布的尾部进行建模。第二类是基于样本母体分布假定的极值算法,科研人员主要依据高斯分布假定计算极值。通过研究可知以往两类算法还有明显缺陷需要解决:第一类算法采用基于区组模型的经典极值方法对风压样本分布的尾部进行建模,浪费了大量极值数据资源。而实际上,极值理论包括区组模型(BMM 模型)和阈值模型(POT 模型),科研人员仅采用区组模型方法,而忽略了阈值模型方法在极值统计中对极值数据利用率大的优点。第二类算法中风压样本并不全都服从高斯分布,不满足第二类算法的前提条件,对于不服从高斯分布的风压样本采用第二类极值算法计算的结果可能会导致危险的后果。对风压极值的研究还存在许多不足之处:如风压极值的研究仅局限于风从单一方向作用在结构表面上,但在实际情况下风作用的方向是随机的,可能从任意方向作用在结构表面,导致结构表面在迎风时会出现正风压,而在背风和侧风时可能出现负风压。在实际的结构抗风设计时需要考虑结构物表面风压的极大、极小值。对全角度风向条件下的风压极值的研究具有重要的意义。本文在以往两类极值风压计算方法的基础上提出了两种新的风压极值计算方法:GPD 算法和 L-C 算法,以解决以往两类极值算法中存在的缺陷。首先通过两个算例,分别说明了 GPD 算法和 L-C 算法,并且与已有的极值风压计算方法进行了比较,发现新的风压极值算法结果准确性均高于已有极值算法的计算结果。再通过一个算例说明 GPD 算法精确性最高,L-C 算法次之,已有的第一类极值算法较差、第二类极值算法精确性最差。因此,GPD 计算方法最适用于计算单个风向下满足指定保证率的风压极值。然后对全角度来流风向下的风压极值计算方法进行了研究,发现全角度风向下风压样本数据不服从高斯分布,已有的两类风压极值计算方法并不适用。通过对全角度风向下高、低尾部风压数据进行拟合可知,GPD 拟合效果较好,可以采用 GPD 算法计算全角度风向下满足指定保证率的风压极值。最后将 GPD 算法的计算过程与计算结果进行分析,发现 GPD 方法能真实反映高、低尾部子样本风压数据的分布,可以精确得到极大、极小值风压的估计。本文提出的 GPD 算法可以适用于计算单个风向以及全角度风向下满足指定保证率的风压极值。该方法弥补了以往两类极值算法的缺陷,能够更加精确合理地反映高、低尾部数据,充分有效地利用极值数据信息,并且风压极值计算结果准确性高。因此采用 GPD 算法得到的满足指定保证率的风压极值能为工程设计及科研提供参考。

关键词:风洞试验;风压极值;阈值模型;广义 Pareto 分布;全角度风向

中图分类号:TU312^{+}.1　　**文献标识码**:A

* 作者简介:李正农,博士学历,教授

RESEARCH ON NEW METHOD OF CALCULATING BUILDING WIND PRESSURE EXTREME VALUE

Li Zhengnong[1,2]　Xiong Qiwei[1,2]

(1. Key Laboratory of Building Safety and Efficiency of the Ministry of Education, Hunan University, Changsha 410082, China;

2. School of Civil Engineering & Architecture, Hunan University, Changsha 410082, China)

Abstract: The safety of the structure under wind load has always been an important subject in engineering field. When calculating the strength and stability of the structure under wind load, it is necessary to know the extreme value of wind pressure on each part of the structure, and the extreme value estimation of wind pressure is also of great significance to the safety of the structure. The extreme value methods used in the past are mainly divided into two categories: the first type is the extreme value method based on the classic extreme value theory. Researchers mainly used the block maxima model to model the tail of the wind pressure sample distribution. The second category is the extreme value method based on the assumption of the population distribution of the sample. Researchers mainly calculated the extreme value based on the assumption of the Gaussian distribution. Through the research, it can be seen that there are obvious defects in the previous two methods: the first type of method is used the classical extremum method based on the block maxima model to model the tail of the wind pressure sample distribution, but the first type of method is wasted a lot of extreme data resources. In fact, the extreme value theory includes the block maxima model(BMM model) and the peaks over threshold model(POT model). researchers only used the block maxima model method, but ignored the advantage that the peaks over threshold model method has a large utilization ratio to the extreme value data in extreme value statistics. The wind pressure samples in the second type of method do not all obey the Gaussian distribution, which does not satisfy the precondition of the second type of method. For the wind pressure samples that do not obey the Gaussian distribution, the results of the second type of extreme value method calculation may lead to dangerous consequences. There are still many shortcomings in the study of wind pressure extremes: for example, the study of wind pressure extremes is only limited to wind acting on the surface of the structure from a single direction, but in actual situations the direction of wind acting is random, which may be acted on the structural surface from any direction, resulting in positive wind pressure on the structural surface when it is upwind, and negative wind pressure may be appeared in the leeward and crosswind. The maximum and minimum wind pressure on the surface of the structure should be considered in the actual design of wind resistance. It is of great significance to study the extreme value of wind pressure under the condition of full angle wind direction. This paper is proposed two new methods for calculating extreme wind pressure based on the previous two types of extreme wind pressure calculation methods: GPD method and L-C method, which are in order to solve the defects in the previous two types of extreme wind pressure methods. The GPD method and the L-C method are illustrated by two calculation examples, and compared with the existing extreme wind pressure calculation method. It is found that the accuracy of the new extreme wind pressure methods are higher than that of the existing extreme value methods. Then an calculation example is showed that the accuracy of the GPD method is the highest, followed by the L-C method, the accuracy of the first type extreme value methods are poor, the accuracy of the second type extreme valuemethods are worst. Hence, GPD calculation method is most suitable for calculating the extreme value of wind pressure that is satisfied the specified guarantee rate under a single wind direction. Then the calculation method of wind pressure extremum in full angle wind direction is studied. It is found that the sample data of wind pressure in full angle wind direction is not distributed according to Gaussian distribution. By fitting the data of high and low tail wind pressure under full angle wind direction, it can be find that GPD fitting effect is better, and it can be used GPD method to calculate the wind pressure extremum which is satisfied the specified guarantee rate under full angle wind direction. Finally, the calculation process and results of GPD method are analyzed, and it is found that GPD method can be truly reflected the distribution of wind pressure data of high and low tail samples, and can be accurately estimated the maximum and minimum wind pressure. GPD method proposed in this paper can be used to calculate the extreme value of wind pressure in single wind direction and full angle wind direction. This method is made up for the defects of the previous two types of extreme value methods, which can be reflected the high and low tail data more accurately and reasonably, the extreme value data information is made full and effective use, and the calculation result of wind pressure extreme value is accurate. As a result, the wind pressure extremum obtained by GPD method can be provided reference for engineering design and scientific research.

Keywords: Wind tunnel test; Extreme wind pressure; Threshold model; Generalized Pareto distribution; Full angle wind direction

44. FRP U 型箍对嵌入式 FRP 抗弯加固 RC 梁剥离破坏的抑制作用研究*

柯　研　张世顺　朱宏平

（华中科技大学土木与水利工程学院，武汉 430074）

摘要：嵌入式纤维增强复合材料(FRP)加固钢筋混凝土(RC)结构方法因其较高的 FRP 材料利用率和良好的耐久性，受到了国内外学者的广泛关注。作为嵌入式 FRP 加固 RC 梁的一种主要应用，在 RC 梁底部混凝土保护层中嵌入 FRP 筋/板条以提升梁的抗弯承载能力，已被大量的试验研究证明为一种十分有效的方法。然而此类抗弯加固梁的性能往往会因发生早期 FRP 剥离破坏而受到限制。为了抑制或延缓这种嵌入式 FRP 抗弯加固梁的剥离破坏从而进一步提升加固梁的承载能力，在嵌入式 FRP 的端部布置 FRP U 型箍是一种十分有潜力的方案。基于此，本文通过 11 根全尺寸梁试验，研究了 FRP U 型箍对嵌入式 CFRP 板条抗弯加固梁剥离破坏的抑制作用，同时对 U 型箍的设计参数(材料种类、布置方式、宽度、倾斜角度)对加固梁性能的影响进行了分析。试验结果不仅充分验证了 FRP U 型箍的有效性，也使得对 U 型箍各参数的影响有了全面而深入的理解。

关键词：纤维增强复合材料(FRP)；嵌入式；抗弯加固；剥离破坏；U 型箍；钢筋混凝土(RC)梁

EFFECT OF FRP U-JACKETS ON PREVENTING/MITIGATING DEBONDING FAILURE OF NSM FRP FLEXURALLY-STRENGTHENED RC BEAMS

Ke Yan　Zhang Shi-shun　Zhu Hong-ping

(School of Civil and Hydraulic Engineering, Huazhong University of Science and Technology, Wuhan 430074)

Abstract: Strengthening of reinforced concrete (RC) structures using near-surface mounted (NSM) fiber-reinforced polymer (FRP) has received worldwide attention, on account of its high efficiency and good durability. As a mainstream application of NSM FRP strengthening for RC beams, the effectiveness of flexural strengthening of beams by mounting the FRP bars/strips into the concrete cover at the beam soffit, has been confirmed by abundant experimental studies. However, premature FRP debonding failures were frequently observed in such flexurally-strengthened beams, which limited the beam performance. To prevent/mitigate the debonding failures of NSM-strengthened beams and further improve the load capacities of beams, the application of FRP U-jackets at the end of NSM FRP is a promising solution. Against this background, a test program consisting of 11 full-scale beams was carried out, which was aimed to investigate the effect of FRP U-jackets on preventing/mitigating the debonding failures of RC beams strengthened in flexure with NSM CFRP strips, and the effects of the U-jacket parameters (i. e. material type, layout, width, and

---

* 基金项目：国家自然科学基金资助项目(51878310)

作者简介：柯研，博士在读；张世顺，博士，教授；朱宏平，博士，教授

inclination angle) on behaviors of strengthened beams. The test results not only demonstrate the effectiveness of FRP U-jackets, but also bring comprehensive and in-depth understanding on the effects of tested parameters.

Keywords: Fiber-reinforced polymer (FRP); Near-surface mounted (NSM); Flexural strengthening; Debonding; U-jacket; Reinforced concrete (RC) beam

45. 考虑界面粘结性能劣化的FRP加固既有RC梁的时变可靠度分析*

姜绍飞　崔二江　王　娟　罗　帅
（福州大学土木工程学院，福州 350108）

摘要：FRP-混凝土界面的粘结性能是提高FRP加固既有钢筋混凝土结构的承载能力和延长结构使用寿命的关键因素。然而，由于环境的影响，FRP-混凝土的界面粘结性能会随着加固结构的使用年限而逐渐减弱，从而严重降低对既有结构的加固效果。基于此，本文通过FRP-混凝土结构在3.5%NaCl溶液中的干湿循环试验，分析了界面粘结性能的劣化规律。并建立了考虑界面粘结性能劣化的CFRP加固RC梁的时变抗力表达式，并采用Monte Carlo-JC法对各时段抗力值进行抽样，进而分析了FRP加固既有RC梁的时变可靠度。结果表明，盐溶液的干湿循环不仅严重劣化FRP-混凝土界面的粘结性能，而且会导致FRP加固后的RC梁的极限承载力的劣化。最后，通过与已有文献进行对比，验证了本文方法的正确性和可靠性。

关键词：界面粘结性能；Monte Carlo-JC法；时变可靠度；干湿循环

中图分类号：TU311.2　　　**文献标识码**：A

Time-dependent Reliability Analysis of existing RC beams strengthened with FRP considering interface bond degradation

Jiang Shaofei　Cui Erjiang　Wang Juan　Luo Shuai
(School of Civil Engineering, Fuzhou University, Fuzhou 350108, China)

Abstract: The bonding property of FRP-concrete interface plays an important role in improving the bearing capacity and prolonging the service life of existing reinforced concrete (RC) structures strengthened by fiber reinforced polymer (FRP). However, the bonding force will be gradually degraded with the increasing of service life of existing RC structures in subjected a harsh environment, and the reinforcement effect will be seriously reduced. Based on this, the degradation law of the interface bond performance was analyzed through the dry-wet cycle experiment of FRP-concrete structure in 3.5%NaCl solution. The formula for calculating time-dependent resistances of existing RC beams strengthened by CFRP is proposed, and the method of Monte Carlo-JC was adopted to obtain the samples of resistance, following the time-dependent reliability of CFRP-strengthened RC beams was analyzed. The results show that the wet-dry cycle of salt solution not only seriously degrades the bonding property of FRP-concrete interface, but also results in the ultimate bearing capacity of CFRP-strengthened RC beams. Finally, the validity and reliability of the proposed method are verified by comparing with the existing literature.

Keywords: Bonding property of FRP-concrete interface; Monte Carlo-JC method; time-dependent reliability; dry-wet cycle

---

* 基金项目：国家十三五重点研发计划项目（2016YFC0700706）
作者简介：姜绍飞，博士，教授，博士生导师，研究方向为结构健康监测与评估及修复、耐久性等，E-mail：cejsf@fzu.edu.cn

46. 结合球空间分解蒙特卡罗模拟的主动学习 Kriging 方法:在小失效概率问题中的应用*

薛国峰[1,2]　苏迈佳[2]　汪大洋[2]　张永山[2]

(1.佛山科学技术学院交通与土木工程学院,佛山 528225;

2.广州大学土木工程学院,广州 510006)

摘要:代理模型常用于替代计算量较大的功能函数,从而提高结构可靠度分析的计算效率。特别地,主动学习可靠度方法如 AK-MCS 结合了自适应 Kriging 模型和数值模拟法,同时保留了代理模型和数值模拟法的优点,近年来受到广泛关注。然而,对小失效概率问题,由于主动学习需要在包含大量样本的候选样本池上重复多次计算 Kriging 模型,因此 AK-MCS 可能需要较大的计算量。为了克服此困难,本文通过结合自适应 Kriging 模型和球空间分解蒙特卡罗,提出了一种新型主动学习可靠度方法,简称为 AK-SDMCS。其基本思想是通过对参数空间的策略性球分解,从而将 AK-MCS 的候选样本池分解为一系列互不相交的子集。然后伴随着空间分解过程,在分解所得的子区域(超球环)内采用主动学习方法逐步更新 Kriging。由于超球环内的样本容量远小于 AK-MCS 的样本池容量,故 Kriging 模型主动学习可高效进行。而且,超球环内的样本容量可根据对应估计量的方差进行灵活分配,从而减少了候选样本总量。此外,本文改进了主动学习方法,进一步提高计算效率。由于主动学习的高效性和 Kriging 代理模型的快速计算特征,故所提出的 AK-SDMCS 可为小失效概率可靠性分析提供可操作的、精确高效的选择。最后给出三个算例验证了 AK-SDMCS 对小失效概率可靠性分析的有效性和计算效率。

关键词:可靠度分析;主动学习;Kriging;小失效概率;代理模型

中图分类号:TU311.4　　　**文献标识码**:A

A NOVEL ACTIVE LEARNING KRIGING METHOD COMBINING WITH SPHERICAL DECOMPOSITION-MCS(AK-SDMCS): APPLICATION TO SMALL FAILURE PROBABILITIES

Guofeng Xue[1,2]　Maijia Su[2]　Dayang Wang[2]　Yongshan Zhang[2]

(1. School of Transportation and Civil Engineering & Architecture, Foshan University, Foshan 528225, China;

2. School of Civil Engineering, Guangzhou University, Guangzhou 510006, China)

Abstract: Metamodels are often employed to replace the computationally demanding performance function to improve the computational efficiency for structural reliability analysis. In particular, the active learning reliability methods combining adaptive Kriging and simulation methods like AK-MCS, which preserve both the advantages of metamodel and simulation methods, have attracted a lot

* 基金项目:国家自然科学基金资助项目(51808146)

作者简介:薛国峰,博士,博士后

of attention in recent years. However, AK-MCS may require a significant computational effort for small failure probabilities, since active learning requires repeated evaluations of Kriging on a candidate pool consisting of a large number of samples. In order to address this issue, a novel active learning reliability method combining adaptive Kriging and spherical decomposition-MCS, abbreviated as AK-SDMCS, was proposed in this paper. The basic idea is to divide of the sample population of AK-MCS into a series of non-overlapping subsets by means of a strategic spherical decomposition of the parameter space. Then the Kriging is sequentially updated layer by layer by active learning following the space decomposition process. Since the number of the samples in the decomposed spherical rings is much smaller than that of AK-MCS, the active learning of Kriging can be efficiently performed. What's more, the number of samples in the spherical rings can be flexibly allocated according to the associated estimator variance, such that the total number of candidate samples can be reduced. Besides, some modifications to the active learning are adopted to further increase the computational efficiency. Considering the high efficiency of active learning and the fast-to-evaluate feature of the Kriging metamodel, the proposed AK-SDMCS provides an implementable, accurate and efficient option for the reliability analysis of small failure probabilities. Three academic examples are presented to validate the effectiveness and efficiency of AK-SDMCS for small failure probabilities.

Keywords: reliability analysis; active learning; Kriging; small failure probability; metamodel

47. 基于矩法的CRTS Ⅱ型轨道板-CA砂浆界面离缝可靠性研究*

王　军[1]　卢朝辉[1]　赵衍刚[2]

（1. 北京工业大学建筑工程学院，北京 100022；

2. 神奈川大学 工学部，日本 横滨 221-8686）

摘要：国内学者针对轨道板与CA砂浆层间离缝问题开展了相关研究，但对轨道板-CA砂浆界面最大离缝高度的可靠度研究较少。而且现有可靠度方法存在计算复杂、效率低等不足。本文在阐述轨道板-CA砂浆界面离缝产生机理的基础上，建立了温度荷载和列车荷载共同作用下CRTS Ⅱ型轨道板-CA砂浆界面最大离缝高度的功能函数，应用矩法求解了离缝高度的功能函数随温度梯度变化的可靠指标，并分析了轴向均匀温度的变化幅度对可靠指标的影响。分析结果表明：矩法易于和有限元结合，具有高效、准确的优点；在温变幅度较大时，界面离缝高度超限的概率较大，对轨道系统的稳定性造成影响。

关键词：CRTSⅡ型轨道板；功能函数；矩法；最大离缝高度

中图分类号：U452.21　　　**文献标识码**：A

ReliabilityStudy Of CRTS Ⅱ Track Slab-CA Mortar Interface Based On Moment Method

Wang Jun[1]　Lu Zhaohui[2]　Zhao Yangang[2]

（1. College of Architecture and Civil Engineering, Beijing University of Technology, Beijing100022, China;

2. Faculty of Engineering, Kanagawa University, Yokohama 221-8686, Japan）

Abstract: Domestic scholars have carried out relevant research on the problem of the interface between the track slab and the CA mortar layer, but there is little research on the reliability of the maximum gap height between the track slab and the CA mortar interface. Moreover, the existing reliability method has the disadvantages of complicated calculation and low efficiency. In this paper, on the basis of explaining the generation mechanism of the track slab-CA mortar interface, the performance function of the maximum separation height of the CRTS Ⅱ track slab-CA mortar interface under the combined action of temperature load and train load is established. The method of moment is used to solve the reliable index of the performance function of the gap height away from the joint with the temperature gradient, and the influence of the change range of the axial uniform temperature on the reliable index is analyzed. The analysis results show that: the method of moment is easy to be combined with the finite element, and has the advantages of high efficiency and accuracy; when the temperature change range is large, the probability that the height of the interface from the gap exceeds the limit is large, which affects the stability of the rail system.

Keywords: CRTSⅡ ballastless track slab; the performance function; the method of moment; maximum gap height

---

* 基金项目：国家自然科学基金项目（No. 51820105014，51738001，U1934217）

作者简介：王军，博士研究生

48. 土性参数分层非平稳性及其对边坡稳定可靠性的影响研究

陈朝晖[1,2]　牛萌萌[1]　黄凯华[1]

（1. 重庆大学土木工程学院，重庆 400045；
2. 山地城镇建设与新技术教育部重点实验室（重庆大学），重庆 400045）

摘要：由于所经历的地质、化学和环境作用的差异，土性参数整体沿深度和长度方向呈现波动性和趋势性。近年来，采用随机场模型模拟土性参数的空间变异性并将其应用于边坡稳定可靠性分析已成为岩土工程领域的研究热点。平稳随机场模型通常假设土性参数具有定值涨落尺度或相关长度，没有考虑统计特征参数的非平稳性；已有的土性参数非平稳随机场模型，其统计特征参数在空间内连续变化，无法有效描述统计参数的非连续特性。而对于路堤、大坝及防洪堤等大型的长线性三维边坡，通常简化为二维边坡，仅考虑土性参数沿深度方向的空间变异性，但这一简化模式显然与实际三维边坡的失稳不符。为此，本文利用 TC-304 网站所建多元土壤性质数据库，提取具有深度参数的典型土壤的土性参数数据，研究了土性参数沿深度和长度方向的空间变异性，建立了沿深度方向具有多涨落尺度的土性参数分层非平稳随机场和沿长度方向具有定值涨落尺度的土性参数平稳随机场。在此基础上，考虑土性参数沿坡体深度与长度方向的变异性，建立了长线性土质边坡的三维非平稳随机场模型。沿深度方向利用所建立的分层非平稳随机场模型，并基于有限元极限分析法，进行边坡稳定可靠性分析，研究土性参数统计特征参数的非平稳性对临界滑移面形状、位置以及边坡稳定可靠度的影响；沿长度方向采用土性参数随机变量模型，结合二维边坡临界滑移面，搜索最可能发生失稳的坡体失效段，从而得到三维失稳坡体的临界滑坡位置、滑坡宽度以及边坡系统可靠度。并讨论了土性参数空间变异性、临界滑坡位置、临界滑坡宽度以及边坡总长度对三维边坡系统可靠度的影响。

关键词：空间变异性；分层特性；非平稳随机场；三维边坡稳定性；可靠性

中图分类号：TU311.4　　**文献标识码**：A

THE RESEARCH ON THE EFFECTS OF THE NON-HOMOGENEOUS CHARACTERISTICS OF SOIL PARAMETERS ON SLOPE STABILITY

Chen Zhaohui[1,2]　Niu Mengmeng[1]　Huang Kaihua[1]

（1. School of Civil Engineering, Chongqing University, Chongqing 400045, China;
2. Key Laboratory of Mountain Town Construction and New Technology Ministry of Education (Chongqing University), Chongqing 400045, China）

Abstract: Using the random field model to simulate the spatial variability of soil parameters and applying it to the stability and reliability analysis of slope have become a research hotspot in geotechnical engineering. The stationary random field model of soil parameters usually assumes that the fluctuation scale(or the correlation length) of the soil parameters is constant, without considering the non-stationarity of the statistical characteristic parameters. However, the non-stationary random field model present by Griffiths, et al., can describe the characteristics of the linear growth of the mean value of soil properties along the depth, but is improper for the discontinuity of the soil properties composed of different sort of soil. In soil slope reliability analysis, the long linear three-dimensional slope is usually simplified as a two-dimensional slope, ignoring the variability of soil parameters along the length of the slope. This simplified model is obviously impractical for the practical slope especially for the long linear slope. Therefore, using the database of soil properties provided by TC-304 to extract typical data of soil parameters with depth, the spatial variability of soil parameters along the depth and length directions are analyzed. Thus, the layered non-stationary random field of soil parameters with multiple fluctuation scales along the depth direction is proposed. On this basis, a three-dimensional non-stationary random field model of long linear soil slope is also presented. Along the depth direction, the present layered non-stationary random field model is used to analyze the reliability of slope stability based on finite element limit analysis method, and the influence of the non-stationarity of the statistical characteristic parameters of soil parameters on the shape, position of the critical slip surface and slope reliability is studied. Along the length direction, the stationary random field model is used to search the most likely failure section of the slope in combination with the critical sliding surface of the cross section of the slope, so as to obtain the critical slide location, width and the reliability of the three-dimensional slope. The effects of spatial variability of soil parameters, critical slide location, width and slide length on the three-dimensional slope system reliability are discussed.

Keywords: spatial variability; layered characteristics; non-homogeneous random field; 3D slope stability; reliability

49. 信息价值在土木工程中的研究与应用

张伟恒[1,2]　吕大刚[1*]　秦剑君[2]

(1. 哈尔滨工业大学土木工程学院,哈尔滨 150090;
2. 奥尔堡大学建筑与环境系,丹麦奥尔堡 9220)

摘要:随着结构无损检测及健康监测技术的不断成熟与发展,越来越多的工程结构开始采用这些技术来提高工程决策的质量,减少结构全寿命周期的预期成本。但如何优化这些技术的布置实施方案,使其达到最大的潜在收益,一直是工程实践中的难题。以贝叶斯决策理论为基础的预后验分析,可以衡量结构无损检测及健康监测等技术手段的信息价值,并可以为前述问题提供有效的解决方案。近年来,信息价值的研究越来越受到国内外学术界及工业界的重视。本文总结了当前贝叶斯决策及信息价值在土木工程中应用研究的既有成果,并对文献进行了综合分析。首先介绍信息价值理论的发展历史,对信息价值在土木工程中的研究与应用发展历史中的关键节点进行简要介绍,并将其分为2类:传统信息价值分析(基于贝叶斯预后验决策分析),广义信息价值分析。然后以传统信息价值分析为主线,介绍贝叶斯决策理论的发展历史,再对信息价值分析的基本原理和分析方法进行阐述,指出当前信息价值分析的热点与难点。最后在主线的基础上,论述广义信息价值分析的应用,对目前信息价值分析在土木工程中的应用进行分类综述,同时简要介绍信息价值分析的求解工具及优化算法。最后对全文进行总结和展望。

关键词:信息价值,贝叶斯决策,工程风险分析,决策优化,无损检测,健康监测

中图分类号:TU311.4　　　**文献标识码**:A

Value of Information in Civil Engineering: State-of-the-Art and State-of-the-Practice

ZhangWeiheng[1,2]　Lu Dagang[1*]　Qin Jianjun[2]

(1. School of Civil Engineering, Harbin Institute of Technology, Harbin 150090, China;
2. Department of the Built Environment, Aalborg University, Aalborg 9220, Denmark)

Abstract: With the developments of Non-Destructive Testing (NDT) and Structural Health Monitoring (SHM) technologies, these innovative technologies have been applied to engineering structures to improve the quality of engineering decisions and reduce the expected life cycle cost. However, one of the key challenges is how to optimize the implementation of these technologies to maximize the potential benefits. The pre-posterior analysis based on Bayesian decision theory is a promising method to quantify the value of information (VoI), which can provide effective solutions to the aforementioned challenge. In this paper, the existing studies of the current Bayesian decision-making and the application of VoI to civil engineering are summarized, and a comprehensive critical review is conducted. The paper starts with an introduction of the development history of VoI and the milestone applications in the field of civil engineering, together with an application classification: 1. Traditional VoI analysis (based on Bayesian pro-posterior decision analysis), 2. Generalized VoI analysis. Then, taking the traditional VoI analysis as the base line, the development history of Bayesian decision theory is introduced, the basic principles and the analysis methods of VoI analysis are elaborated on, and the current hot spots and challenges in VoI analysis are pointed out. Finally, with the considerations of the applications of generalized VoI analysis and sequential decision making, a detailed review of the current applications of VoI analysis is presented, a brief introduction of the solution tools and optimization algorithms of VoI analysis are illustrated as well. Finally, the full paper is summarized and the outlook of the future research is outlined.

Keywords: Value of Information; Bayesian Decision Theory; Engineering Risk Analysis; Optimal Decision; Non-Destructive Testing; Structural Health Monitoring

50. 风电场的功能可靠性*

秦剑君[1,2]

(1. 上海交通大学土木工程系,上海 200240;2. 奥尔堡大学土木工程系,丹麦奥尔堡 9220)

摘要:风能是最近几年全世界发展最快的能源之一,风电场也已经成为一种重要的基础设施;而发电量其实是风电场的利益攸关方最为关心的指标之一,也是风电场从设计到运维各阶段决策的基础。本文以服役期总发电量作为指标,提出风电场以考虑服役期内遭遇各种可能的灾害、经历各种破坏到恢复的情况下功能可靠性的概念并为其构建了理论分析框架。传统的结构可靠性分析关注于结构是否破坏,用力学分析结构的需求是否超过了其自身的能力;而过往以供水管网系统为代表的生命线工程系统抗灾的功能可靠度分析关注于系统遭遇某单次灾害时是否能继续工作,以诸如水压等代表性的系统性态指标为标准考察系统的受灾性态是否超过了其可以工作的临界值。本文将首先提出综合考虑风电场生命周期内可能会遭遇到的各种干扰、破坏到维修(或替换)各个方面的不确定性和风力发电机内部各子系统性态之间以及风力发电机性态之间的相关性的风电场系统的概率模型。以上述概率模型为基础,进而提出风电场功能可靠性的理论分析和计算框架。最后通过风电场算例来展现该框架的应用。

关键词:风电场;风力发电机;功能可靠性;不确定性;相互依赖性;概率模型

中图分类号:TU311.4　　　**文献标识码:**A

Functional reliability of wind farms

Qin Jianjun[1,2]

(1. Department of Civil Engineering, Shanghai Jiao Tong University, Shanghai 200240, China;
2. Department of the Built Environment, Aalborg University, Aalborg 9220, Denmark)

Abstract: Wind farms have become an emerging and important type of infrastructure systems; and its capacity of power generation is actually one major concern and the basis for decision making at all stages of the service life of wind farms from design to operation. The present paper formulates one analytical framework of the functional reliability of wind farms taking the total power generation in the service life as the indicator and all the potential disturbances would be considered. It will be introduced first that there is inconsistency between the traditional reliability analysis of engineered systems, including the analysis concerning the structural failure and the serviceability of lifeline engineered systems, and the concerns of the stake holders of wind farms. Further, system modeling would be proposed for wind farms probabilistically taking the uncertainties in the potential disturbances, the consequential damages, corresponding maintenance activities during the service life and management level together with the dependencies within the performance of subsystems of individual wind turbines and the performance of wind turbines of one wind farm into account. The analytical framework would then be proposed based on the system modeling afterwards. Finally, one example of wind farm would be presented to illustrate the application of the proposed framework.

Keywords: wind farm; wind turbine; functional reliability; uncertainty; dependency; probabilistic model

---

* 作者简介:秦剑君,博士,副教授

51. 基于修复成本比的隔震结构优化设计*

党　育　王宝平　赵根兄

（兰州理工大学土木工程学院，甘肃兰州 730050）

摘要：本文提出了一种基于修复成本比的隔震结构设计方法，通过引入“修复成本比”的概念，给出了结构修复成本比的概念和计算方法。选取一工程实例，说明了基于修复成本比的隔震结构优化方法的设计过程，验证了该方法的可行性。结果表明：利用统一的修复成本比函数，不需要计算结构的失效概率，仅需求解结构的工程需求参数值就可直接得到结构修复成本比，极大地简化了设计过程；与原设计方案相比，优化方案的各性能参数和各极限状态下的结构失效概率均减小，在设计使用年限内，小震、中震、大震对应的修复成本比均有所降低，小震时降低最明显，可达61%，总的修复成本比可降低48%，说明该方法优化结果合理，可有效提高隔震工程的设计质量和设计效率。

关键词：隔震结构；修复成本比；失效概率；统一函数；优化

中图分类号：TU352　　　　**文献标识码**：A

DESIGN AND OPTIMIZATION OF THE ISOLATED STRUCTURE BASED ON REPAIR COST RATIO

Dang Yu　Wang Bao Ping　Zhao Gen Xiong

(College of Civil Engineering, Lanzhou Univ. of Tech., Lanzhou 730050, China)

Abstract: This paper presents a design method of isolated structure based on the repair cost ratio. By introducing the concept of "repair cost ratio", the concept and calculation method of structural repair cost ratio are given. An engineering example is selected to explain the design process of the isolated structure optimization method based on the repair cost ratio, which verifies the feasibility of the method. The results show: by using the uniform repair cost ratio function, there is no need to calculate the failure probability of the structure, only the engineering demand parameters value of the structure needs to be solved to directly obtain the structure repair cost ratio, which can greatly simplify the design process. Compared with the original scheme, each performance parameter and the probability of structural failure under each limit state of the optimized scheme are reduced. During the design life, the repair cost ratio of the frequent ground earthquake, the basic ground earthquake and the rare ground earthquake have been reduced. The repair cost ratio of the frequent ground earthquake decreases obviously, decreasing by 61%. The total cost of repair can be reduced by 48%. It is found that the optimization result of this method is reasonable, which can effectively improve the design quality and design efficiency of isolated engineering.

Keywords: isolated structure; repair cost ratio; failure probability; uniform function; optimization

---

* 基金项目：国家自然科学基金资助项目(51668043)

作者简介：党育，博士，教授

52. 高斯和泊松白噪声激励联合作用下非线性多自由度系统的动力可靠度分析*

陈翰澍[1]　杨迪雄[1]　陈国海[1,2]

(1. 大连理工大学工程力学系,工业装备结构分析国家重点实验室,大连 116024;
2. 大连理工大学土木工程学院,大连 116024)

摘要:工程结构常受到随机激励的作用,易产生非线性动力学行为。一些随机激励可建模为高斯或非高斯白噪声随机过程。例如,地震地面运动和风荷载可视为高斯白噪声,而车辆交通荷载可模拟为泊松白噪声。因此,评估同时作用在结构上的随机激励下系统的动力可靠度具有重要意义。本文提出了高斯和泊松白噪声激励联合作用下非线性多自由度系统随机动力学分析的直接概率积分法。首先,基于概率守恒原理推导随机动力系统的概率密度积分方程。然后引入概率空间剖分和狄拉克函数光滑化技术,高效求解概率密度积分方程,并获得系统随机响应的概率密度函数以及动力可靠度。最后,将高斯和泊松白噪声激励联合作用下非线性多自由度系统随机动力学分析的结果与蒙特卡洛模拟和路径积分法的结果相比较,展示了直接概率积分法高效、准确的优势。

关键词:结构静动力可靠度;直接概率积分法;概率守恒原理;概率密度积分方程

中图分类号:TU311.4　　**文献标识码**:A

STOCHASTIC DYNAMIC ANALYSIS OF NONLINEAR MDOF SYSTEM UNDER COMBINED GAUSSIAN AND POISSON WHITE NOISES

Chen Hanshu[1]　Yang Dixiong[1]　Chen Guohai[1,2]

(1. Department of Engineering Mechanics, State Key Laboratory of Structural Analysis for Industrial Equipment, Dalian University of Technology, Dalian 116024, China;
2. School of Civil Engineering, Dalian University of Technology, Dalian 116024, China)

Abstract: Engineering structures are usually acted by the random excitations, which easily cause the nonlinear dynamic behavior of structures. Some random excitations can be modeled as the Gaussian and non-Gaussian white noises stochastic processes. For examples, the earthquake ground motion and wind load can be considered as a Gaussian white noise, the vehicle traffic load on a bridge is suitable to be simulated as Poisson white noise. Thus, it is of significance to efficiently obtain the dynamic reliability under various kinds of random excitations, which apply on the structural system simultaneously. In this paper, the stochastic dynamic analysis of nonlinear multi-degree-of-freedom (MDOF) system under combined Gaussian and Poisson white noises is addressed by proposing a new direct probability integral method (DPIM). Firstly, the probability density integral equation (PDIE) of stochastic dynamic system is derived accounting for the principle of probability conservation.

---

* 基金项目:国家自然科学基金资助项目(11772079)

作者简介:陈翰澍,博士生;杨迪雄,博士,教授

Then, with introducing the techniques of partition of probability space and smoothing of Dirac delta function, the PDIE is solved efficiently to achieve probability density functions of system responses, and further the dynamic reliabilities are estimated. Comparison with Monte Carlo simulation and path integral solutions, the results of nonlinear MDOF systems under combined Gaussian and Poisson white noises indicate the high efficiency and accuracy of the DPIM.

Keywords: nonlinear multiple-degrees-of-freedom system; combined Gaussian and Poisson white noises; probability density integral equation; direct probability integral method

53. 结构静动力可靠度分析的统一高效方法*

杨迪雄[1]　陈国海[1,2]

(1. 大连理工大学工程力学系,工业装备结构分析国家重点实验室,大连 116024;
2. 大连理工大学土木工程学院,大连 116024)

摘要:随机力学旨在解决工程结构中不确定性量化、传播和优化设计问题,包括随机场/随机过程表征模拟、随机结构分析、随机振动、可靠度分析、基于可靠度的优化设计等内容。然而,已有的方法通常都是将随机结构分析、随机振动、可靠度评估分别研究求解,导致计算烦琐费力。而普适性好的数字模拟法的计算量大且有随机收敛性。本文提出了结构静动力可靠度统一高效分析的直接概率积分法,将概率密度积分方程和物理方程解耦计算,破解了大型非线性结构不确定性量化的瓶颈问题。直接概率积分法奠基于概率守恒原理,其中系统随机响应的概率密度函数通过直接求解概率密度积分方程得到,计算过程包括概率空间剖分和狄拉克函数光滑化技术。代表性算例结果表明,直接概率积分法是一个统一、高效、准确、简便、优美的方法体系。它既能进行线性/非线性随机结构分析,也能进行随机动力学分析,还能方便地评估静/动力可靠度和进行可靠度优化设计。

关键词:结构静动力可靠度;直接概率积分法;概率守恒原理;概率密度积分方程

中图分类号:TU311.4　　**文献标识码**:A

UNIFIED AND EFFICIENT METHOD FOR STATIC AND DYNAMIC RELIABILITY ANALYSIS OF STRUCTURES

Yang Dixiong[1]　Chen Guohai[1,2]

(1. Department of Engineering Mechanics, State Key Laboratory of Structural Analysis for Industrial Equipment, Dalian University of Technology, Dalian 116024, China;
2. School of Civil Engineering, Dalian University of Technology, Dalian 116024, China)

Abstract: Stochastic mechanics aims to address the issues of uncertainty quantification and propagation and structural optimization design, which contains the topics of simulation of random field or stochastic process, stochastic structural analysis, random vibration, reliability analysis and reliability-based design optimization (RBDO) etc. However, the existing methods only involve parts of these topics such as random vibration and reliability estimation, resulting in the complicated calculation and the absence of universality. Numerical simulation methods encounter the great computational cost and random convergence. This paper proposed a novel direct probability integral method (DPIM) to address the static and dynamic reliability analysis of structures uniformly and efficiently. DPIM implements the decoupled computation of the probability density integral equation (PDIE) and physical equation of structures, and attacked the bottleneck problem of uncertainty quantification for large-scale nonlinear structures. DPIM is based on the fundamental principle of

* 基金项目:国家自然科学基金资助项目(11772079)

作者简介:杨迪雄,博士,教授

probability conservation, in which the probability density functions of stochastic responses of structure are achieved by solving the PDIE. The computation procedure includes the partition of probability space and smoothing of Dirac delta function. Finally, the results of several representative examples indicate that the proposed DPIM is a unified, efficient, accurate, convenient and graceful methodology, which is suitable for stochastic structural analysis, random vibration and static/dynamic reliability analysis of linear or nonlinear structures, and is readily to extend to RBDO.

Keywords: static and dynamic reliability analysis of structures; direct probability integral method; principle of probability conservation; probability density integral equation

54. 基于 OpenSEES 的填充墙 RC 框架结构地震反应分析*

王　浩　孔璟常　张宇康
（烟台大学土木工程学院，烟台 264005）

摘要：砌体填充墙与钢筋混凝土(RC)框架结构之间的相互作用会显著影响框架结构的整体地震响应，然而结构设计过程中通常忽略这种相互作用。一方面填充墙的存在提高结构的侧向刚度和强度；另一方面填充墙的不规则布置导致框架结构失效机制的改变，可能会引起框架结构的脆性破坏。本文选取 4 个适用于等效撑杆模型的填充墙骨架曲线，利用 OpenSEES 有限元软件建立填充墙 RC 框架结构的简化模型。采用三个典型的单层单跨填充墙 RC 框架试验对选取的骨架曲线进行验证，为工程师和科研人员选择骨架曲线提供建议。最后通过非线性静力分析和地震反应分析研究了不同的填充墙布置方案对多层多跨 RC 框架结构抗震性能的影响。

关键词：RC 框架；填充墙骨架曲线；简化模型；有限元分析；OpenSEES
中图分类号：TU311.4　　**文献标识码**：A

Seismic response analysis of RC frame structure with infilled wall based on OPENSEES

Wang Hao　Kong Jingchang　Zhang Yukang
(School of Civil Engineering, YanTai University, YanTai 264005, China)

Abstract: The interaction between masonry infilled wall and reinforced concrete (RC) frame structure will significantly affect the overall seismic response of the frame structure. However, this interaction is usually ignored in the structural design process. On the one hand, the existence of mansonry-infilled improves the lateral stiffness and strength of the structure; on the other hand, the irregular arrangement of infilled wall leads to the change of the failure mechanism of the frame structure, which may cause the brittle failure of the frame structure. In this paper, four skeleton curves of infilled wall suitable for equivalent strut model are selected, and the simplified model of infilled wall RC frame structure is established by using OPENSEES finite element software. Using three typical RC frame tests of single story and single bay infilled wall to verify the selected skeleton curve, which provides suggestions for engineers and researchers to select skeleton curve. Finally, the influence of different infilled wall layout schemes on the seismic performance of multi-storey and multi bay RC frame structure is studied by nonlinear static analysis and seismic response analysis.

Keywords: RC frame; the skeleton curve of infilled wall; simplified models; finite element analysis; OpenSEES

---

* 基金项目：国家自然科学基金(51808478)
作者简介：王浩，硕士研究生

55. 特大桥施工安全风险评估研究综述

李清富　周华德　雷　佳　张　华
（郑州大学水利科学与工程学院，河南 郑州 450001）

摘要：特大型桥梁施工具有施工周期长、施工难度高、风险因素大等特点，这些特点造成项目在建设过程中存在着许多不可控的因素，而这些不可控的因素会对特大桥施工期的可靠性产生重要影响，对于一些影响特大桥施工不利的因素如果不采取相关措施加以防范，则会造成不可估量的损失。开展安全风险评估可以分析施工安全事故发生的可能性以及事故造成的后果和损失。本文综述了特大桥梁施工安全风险评估研究，对国内外有关风险评估理论研究现状进行了系统总结，阐述了特大桥施工安全风险评估相关内容，结合已有的特大桥施工案例进行了安全风险评估分析，最终将本研究存在的主要问题和面临的难点进行了总结，为下一阶段更好开展特大桥施工安全风险评估研究工作提供一定参考。

关键词：特大桥；安全风险评估；风险理论；评估流程；评估办法

中图分类号：TU311.4　　　**文献标识码**：A

Summary of the assessment and study on the safety risk of the construction ofextra-large bridge

Li Qingfu　Zhou Huade　Lei Jia　Zhang Hua
(School of Water Conservancy Engineering, Zhengzhou University, Zhengzhou, Henan, 450001, China)

Abstract: The construction of extra-large bridge has the characteristics of long construction period, high construction difficulty, and large risk factors. These characteristics cause many uncontrollable factors in the construction process of the project, and these uncontrollable factors will have an important impact on the reliability of the construction period of the extra-large bridge. If some unfavorable factors that affect the construction of the super bridge are not taken to prevent, it will cause inestimable losses. Carrying out safety risk assessment can analyze the possibility of construction safety accidents and the consequences and losses caused by the accidents. This paper summarizes the research on safety risk assessment of extra-large bridge construction, systematically summarizes the current status of domestic and international research on risk assessment theory, expounds the relevant content of safety risk assessment for extra-large bridge construction, and conducts safety risk assessment analysis in conjunction with existing extra-large bridge construction cases, finally, the main problems and difficulties faced in this study are summarized, which will provide a reference for the next stage to better carry out the safety risk assessment research work of the construction of extra-large bridges.

Keywords: extra-large bridge; safety risk assessment; risk theory; assessment process; assessment method

56. 基于ABAQUS的装配式结构接头性能分析模拟

李清富　于颖桥

（郑州大学水利科学与工程学院，郑州 450001）

摘要：装配式结构接头处力学性能很大程度上决定了整体的力学性能。为研究接头处力学特性和变化规律，以有限元软件ABAQUS为主要研究工具，对接头不同荷载工况进行数值模拟，分析不同工况下接头的抗剪性能、受力特点及破坏形态，研究接头的受力性能。基于数值模拟结果，分析影响接头力学性能因素，提出提高结构力学性能可行方法，对装配式结构接头的设计有一定的借鉴意义。

关键词：装配式结构；接头；有限元分析

中图分类号：TU311.4　　**文献标识码**：A

Performance analysis and simulation of fabricated structural joints based on ABAQUS

Li Qingfu　Yu Yingqiao

(School of Civil Engineering & Architecture, ZhengZhou University, Zhengzhou 450001, China)

Abstract: The mechanical properties of assembled structural joints largely determine the overall mechanical properties. In order to study the mechanical properties and change rules of joints, finite element software ABAQUS was used as the main research tool to carry out numerical simulation of joints under different load conditions, analyze the shear properties, mechanical characteristics and failure modes of joints under different working conditions, and study the mechanical properties of joints. Based on the results of numerical simulation, the factors affecting the mechanical properties of the joint are analyzed, and the feasible methods to improve the mechanical properties of the joint are put forward.

Keywords: fabricated structure; joint; finite element analysis

57. 氯盐侵蚀下不锈钢筋混凝土结构寿命预测

李清富　张　华　周华德
（郑州大学水利科学与工程学院，郑州 450001）

摘要：针对氯离子侵蚀下的不锈钢筋混凝土结构，结合实际试验，改进了基于结构性能的使用寿命预测模型。该模型包括 4 个阶段，即不锈钢筋锈蚀阶段、混凝土锈胀开裂阶段、构件适用性达到容许程度所经历的阶段以及构件承载力达到最小可接受程度所经历的阶段，并采用可靠度方法确定了在役结构在每个阶段的使用寿命。该方法可以为氯盐环境下不锈钢筋混凝土结构剩余使用寿命评估及其维修加固提供依据。

关键词：氯盐侵蚀；不锈钢筋；可靠度；使用寿命
中图分类号：TU311.4　　　**文献标识码**：A

Life prediction of stainless steel reinforced concrete structure under chloride corrosion

Li Qingfu　Zhang Hua　Zhou Huade
(School of water conservancy science and engineering,
Zhengzhou University, Zheng Zhou, China)

Abstract: Aiming at the stainless steel reinforced concrete structure corroded by chloride ion, combined with the actual test, the service life prediction model based on the structure performance is improved. The model includes four stages, This method can be used to evaluate the remaining service life of the stainless steel reinforced concrete structure in chloride environment Provide basis for repair and reinforcement.

Keywords: Chloride corrosion; stainless steel bars; reliability; service life

58. 桥梁结构的可靠性分析方法综述

李清富　王志鹏
（郑州大学水利科学与工程学院，河南 郑州 450001）

摘要：桥梁工程作为我国现代社会的基础性工程，与国计民生息息相关。随着社会经济的高速发展，桥梁工程建设步伐的日渐加快，我国的桥梁建设取得了一系列突破性的进展。同时桥梁工程的失效破坏与可靠性分析这一不可避免的问题也始终保持着长久不衰的探究热潮。本文提出桥梁结构系统是由多构件组成的复杂工作系统，在使用过程中由于受到自然环境和人为因素的影响，各构件可能包含不同的失效模式，逐渐产生老化、损伤甚至坍塌破坏等病害，且结构系统失效演化过程多种多样，对桥梁结构的运营安全构成极大威胁。基于此，依次对构件层级可靠性分析方法、系统层级可靠性分析所面临关键问题、各关键问题的解决方法等进行总结归纳，最后，对桥梁结构系统可靠性相关研究成果在工程实践中的应用进行展望，以期为该领域研究的深入提供参考。

关键词：桥梁工程；失效破坏；可靠性；分析方法；解决办法

中图分类号：TU311.4　　**文献标识码**：A

Summary of Reliability Analysis Methods of Bridge Structure

Li Qingfu　Wang Zhipeng
(School of Water Conservancy Engineering,
Zhengzhou University, Zhengzhou, Henan, 450001, China)

Abstract: As a basic project of modern society in my country, the bridge project is closely related to the national economy and people's livelihood. With the rapid development of the social economy, the pace of bridge construction is accelerating, and a series of breakthroughs have been made in my country's bridge construction. At the same time, the inevitable problem of failure and reliability analysis of bridge engineering has always maintained a long-term upsurge of exploration. This article proposes that the bridge structure system is a complex working system composed of multiple components. During the use process, due to the influence of the natural environment and human factors, each component may contain different failure modes, and gradually produce diseases such as aging, damage, and even collapse and destruction, and the process of failure evolution of structural systems is diverse, which poses a great threat to the operational safety of bridge structures. Based on this, the component-level reliability analysis method, the system-level reliability analysis faced key problems, and the solutions of each key problem are summarized in turn, and finally, the application of bridge structural system reliability-related research results in engineering practice is applied. Prospects are expected to provide a reference for in-depth research in this field.

Keywords: Bridge engineering; failure destruction; reliability; analysis method; solution method

59. 一种基于PCE主动学习的高效结构可靠度分析方法

汪金胜　徐国际

（西南交通大学 土木工程学院 成都 610031）

摘要：进行复杂结构可靠度分析时，由于涉及隐式功能函数以及耗时的数值仿真计算（如有限元模型），减少结构模型的计算次数在提高分析效率方面显得尤为重要。因此，在保证失效概率计算精度的前提下，通过建立原问题代理模型的方式提升结构可靠度分析的效率近年来得到越来越广泛的关注和应用。其中，基于代理模型的主动学习方法因其优异的计算效率和精度逐渐成为该方向的一个研究热门。然而，目前大部分主动学习函数都是基于Kriging模型的预测均值和方差建立的，很难应用于其他无法直接得到预测方差的代理模型中去。此外，现有的主动学习方法基本都采用逐个样本加点法，不能在分析过程中利用并行计算的优势。为解决这些问题，本文基于混沌多项式（PCE）提出了几个可以直接应用于不同代理模型的学习函数，并通过引入K-means聚类算法使所提出结构可靠度分析方法具有并行计算的能力。本文方法中的学习函数不仅考虑了样本点概率密度函数值对失效概率贡献的大小，而且通过引入样本点距离测度防止选取与现有样本过于临近的冗余样本点，进而能快速有效地选取极限状态曲面附近具有代表性的样本点，提高代理模型的构建速度和预测精度。同时，由于在学习过程中引入了K-means聚类算法，使得每一次迭代都可以选取K个样本点，这能有效减少迭代次数和代理模型更新次数，从而进一步提升结构可靠度分析的计算效率。最后通过数值算例验证了本文方法的有效性。

关键词：结构可靠度；PCE；主动学习；失效概率；K-means聚类算法

Abstract: The reliability analysis of complex structure usually involves implicit performance function and time-demanding simulation model (e. g. finite element analysis), hence the reduction of functional calls is of critical importance to improve the computational efficiency for failure probability estimation. In this regard, using surrogate model-based active learning method to enhance the efficiency of structural reliability analysis with sufficient accuracy has gained increasing more attention and application in recent years. However, most of the learning functions are constructed in terms of Kriging means and variance, which may restrict their application in other surrogate model-based methods without prediction variance. In addition, the design of experiment (DoE) in the learning process of these methods is enriched with one sample at a time, thus cannot take advantage of the distributed computing facilities. To address these problems, several learning functions are proposed in this study and adopted to the polynomial chaos expansion (PCE)-based structural reliability analysis. To further improve the computational efficiency of the proposed method, the K-means clustering algorithm is introduced to enable the enrichment of multiple sample points in each iteration, through which the number of iterations and model updates can significantly be reduced. Several numerical examples are employed to illustrate the accuracy and efficiency of the proposed method.

Keywords: Structural reliability; PCE; Active learning; Failure probability; K-means clustering algorithm

60. 考虑不确定性的RC框架结构地震失效模式分析*

宋鹏彦[1,2]　赵仰康[1,2]　王岳[1,2]　于晓辉[3]

(1. 河北大学建筑工程学院,保定 071000;

2. 河北大学,河北省土木工程监测与评估技术创新中心,保定 071000;

3. 哈尔滨工业大学,结构工程灾变与控制教育部重点实验室,哈尔滨 150090)

摘要:汶川地震之后通过大量的震害调查发现,许多按照抗震规范"强柱弱梁"准则设计的钢筋混凝土框架结构并没有出现预期的"全梁铰式"理想失效模式。本文以钢筋混凝土框架结构为对象,合理地考虑结构材料参数、结构几何参数不确定性的影响,并采用20条地震动记录作为输入来反映地震动的不确定性,进而基于OpenSees平台建立RC框架结构的不确定性数值模型,采用非线性动力时程法探索不确定性结构的地震失效模式。在此基础上,采用随机增量动力分析(随机IDA)进行结构地震易损性分析,获得基于地震动强度 S_a 的结构地震易损性曲线,以评价结构的概率安全水平。

关键词:随机IDA分析;地震动强度;地震失效模式;钢筋混凝土框架结构

中图分类号:TU311.4　　**文献标识码**:A

SEISMIC FAILURE MODE ANALYSIS OF RC FRAME STRUCTURES WITH UNCERTAINTY CONSIDERED

Song Pengyan[1,2]　Zhao Yangkang[1,2]　Wang Yue[1,2]　Yu Xiaohui[3]

(1. College of Civil Engineering and Architecture, Hebei University, Baoding 071002, China;

2. Technology Innovation Center for Testing and Evaluation in Civil Engineering of Hebei Province(TECEH), Baoding 071002, China;

3. Education Ministry Key Lab of Structures Dynamic Behavior and Control, Harbin Institute of Technology, Harbin 150090, China)

Abstract: After Wenchuan earthquake, it was found that many reinforced concrete frame structures designed according to the criterion of "strong column and weak beam" did not appear the ideal failure mode of "full-beam hinged". This paper takes reinforced concrete frame structure as the object, reasonably considers the influence of structural material parameters and structural geometric parameters uncertainty, and uses 20 ground motion records as input to reflect the uncertainty of ground motion. Then, based on the OpenSees platform, the uncertainty numerical model of an RC frame structure is established, and the seismic failure mode of uncertain structure is explored by nonlinear dynamic time-history method. On this basis, random incremental dynamic analysis(random IDA) is used to analyze the structural seismic vulnerability, and the structural seismic vulnerability curve based on seismic strength S_a is obtained to evaluate the probability and safety level of the structure.

Keywords: random IDA analysis; ground motion intensity; seismic failure mode; reinforced concrete frame structure

---

* 基金项目:河北省自然科学基金(E2017201221);河北省教育厅基金(QN2018070);河北大学"一省一校"专项资金。

作者简介:宋鹏彦,博士,讲师;王岳,硕士研究生;赵仰康,硕士研究生;于晓辉,博士,副研究员

61. 考虑土结相互作用的RC框架结构失效模式分析*

宋鹏彦[1,2]　王　岳[1,2]　赵仰康[1,2]　郄禄文[1,2]

(1. 河北大学建筑工程学院,保定 071000;

2. 河北大学,河北省土木工程检测与评估技术创新中心,保定 071000)

摘要:结构地震失效模式的搜索和改善、优化与控制、结构整体抗震能力的提升是地震行业领域关注的热点研究问题。本文以钢筋混凝土框架结构为对象,基于 OpenSees 平台建立考虑材料损伤的结构精细化 RC 框架结构有限元模型,并基于四节点单元建立土的数值模型,获得土-结相互作用体系。采用非线性 Pushover 分析来探索考虑土-结相互作用情况下结构的地震失效模式。在此基础上,合理地考虑结构材料参数不确定性、结构几何不确定性的影响,研究非线性以及不确定性因素对结构失效模式的影响特征,这对于分析土结体系在地震作用下的失效模式分析具有深远意义,不仅深化土对结构地震响应和失效模式的影响,还可以为该类结构失效模式优化提供参考依据。

关键词:随机 Pushover 分析;结构随机性;土-结相互作用;钢筋混凝土框架结构

中图分类号:TU311.4　　　**文献标识码**:A

FAILURE MODE ANALYSIS OF REINFORCED CONCRETE FRAME STRUCTURES CONSIDERING SOILSTRUCTURE INTERACTION

Song Pengyan[1,2]　Wang Yue[1,2]　Zhao Yangkang[1,2]　Qi Luwen[1,2]

(1. College of Civil Engineering and Architecture, Hebei University, Baoding 071000, China;

2. Hebei University, Technology Innovation Center for Testing and Evaluation in Civil Engineering of Hebei Province(TECEH), Baoding 071000, China)

Abstract: The search and improvement, optimization and control of structural seismic failure mode, and the improvement of the seismic resistance of overall structure have attracted the attention of seismic industry. In this paper, the reinforced concrete frame structure is taken as the object. Based on the OpenSees platform, a detailed finite element model of the RC frame structure considering the material damage is established, and the numerical model of the soil is established based on the four-node element to obtain the soil-junction interaction system. The nonlinear Pushover analysis is used to explore the seismic failure mode of the structure considering the soil-junction interaction. On this basis, after reasonably considering the influence of structural material parameter uncertainty and structural geometric uncertainty, the influence characteristics of nonlinear and uncertain factors on structural failure modes are studied. This is of profound significance for the analysis of failure modes of soil junction systems under earthquake action. It not only deepens the influence of soil on the seismic response and failure mode of the structure, but also provides a reference for the optimization of the failure mode of this type of structure.

Keywords: stochastic Pushover analysis; structural randomness; soil-structure interaction; reinforced concrete frame structure

---

* 基金项目:河北省自然科学基金(E2017201221);河北省教育厅基金(QN2018070);河北大学"一省一校"专项资金;河北大学研究生创新创业项目(考虑土结相互作用的 RC 框架结构地震响应分析)。

作者简介:宋鹏彦,博士,讲师;王岳,硕士研究生;赵仰康,硕士研究生;郄禄文,博士,教授

62. 基于概率权重矩和立方正态密度函数的非线性结构动力可靠度分析*

丁 晨 徐 军

（湖南大学土木工程学院，长沙 410082）

摘要：本文提出了一种新的方法来分析随机激励下非线性结构动力可靠度问题。首先，采用高效的高维抽样技术估计非线性结构极值分布的概率权重矩。其次，采用概率分布的立方正态转换来表示极值分布，并可得到极值分布概率权重矩的解析解。通过匹配极值分布概率权重矩的解析解与数值解，进而得到立方正态转换函数的参数。最后，给出数值算例和工程应用算例验证了这一方法在非线性工程结构动力可靠度分析中的精确性和适用性。

关键词：失效概率；概率权重矩；立方正态密度函数；数论-分层抽样；动力可靠度

中图分类号：TU311.4　　**文献标识码**：A

DYNAMIC RELIABILITY ANALYSIS OF NONLINEAR STRUCTURES BASED ON THE PROBABILITY WEIGHTED MOMENT AND CUBIC NORMAL DISTRIBUTION

Chen Ding　Jun Xu

(College of Civil Engineering, Hunan University, Changsha 410082, China)

Abstract: A novel approach is proposed to address the problem of dynamic reliability assessment of nonlinear structures under stochastic excitations. First, an efficient high dimensional sampling technique is applied for approximating sample probability weighted moment of extreme value distribution of nonlinear structures. Then, the cubic normal distribution is proposed to represent the extreme value distribution, where the analytical probability weighted moment can be derived. By matching the sample and analytical probability weighted moment, one can obtain the undetermined parameters in the cubic normal distribution. Numerical examples and engineering application examples are investigated to demonstrate the accuracy and feasibility of the proposed method for dynamic reliability analysis of nonlinear structures.

Keywords: Failure probability; Probability weighted moment; Cubic normal distribution; number theoretical method based stratified sampling method; Dynamic reliability

---

* 基金项目：国家自然科学基金资助项目(51978253)

作者简介：徐军，博士，副教授

63. 单层球面网壳在随机初始缺陷下的稳定性研究*

王　皓　徐军
（湖南大学土木工程学院，长沙 410082）

摘要：单层网壳结构对初始缺陷非常敏感，往往微小的偏差可能导致结构承载力大大降低。本文通过对现有的一致缺陷模态法和随机缺陷模态法进行比较，针对现有缺陷研究方法的不足，提出了一种网壳结构在随机初始缺陷作用下的稳定承载力预测方法。这种稳定承载力预测方法主要由两步骤完成：第一步，选取并改进随机缺陷模态叠加法作为单层球面网壳结构的初始几何缺陷模拟方法，这种缺陷研究方法同时考虑了单层球面网壳结构初始几何缺陷的随机性以及高阶模态的影响，并且随机变量个数大大降低，使得随机缺陷的模拟问题变成一个低维问题；第二步，本文提出了一种混合阶容积公式，结合移位广义对数正态分布，用于计算基于可靠度的稳定承载力，这样不仅大大减少了确定性有限元计算的次数，同时又能够保证相当高的精度和可靠性。

关键词：单层球面网壳；初始缺陷；随机稳定性；稳定承载力；结构可靠度

中图分类号：TU311.4　　**文献标识码：**A

STABILITY OF SINGLE-LAYER SPHERICAL RETICULATED SHELL STRUCTURES WITH RANDOM INITIALIMFERCTIONS

Jun Xu　Hao Wang
(College of Civil Engineering, Hunan University, Changsha 410082, China)

Abstract: The single-layer spherical reticulated shellstructure is very sensitive to the initial imperfections, and slight deviations can lead to a significant reduction in the bearing capacity of the structure. This paper compares the existing Consistent Imperfection Mode Method(CIMM) with the Stochastic Imperfection Mode Method(SIMM). In view of the limitations of the present methods for imperfection modelling, this paper proposes a new method for predicting the bearing capacity of stability of spherical reticulated shell structures with random initial imperfections. The prediction method is mainly accomplished by the following two steps. First, the SIMSM is selected and improved for simulating the the initial geometric imperfections of single-layer reticulated shell structures. This method also considers the randomness of the initial geometric imperfections and the influence of high-order modes, and the number of random variables can be greatly reduced, where the simulation of the random imperfections of the structure becomes a low-dimensional problem. Second, this paper propose a mixed-degree cubature formula(MCF), combined with the shifted generalized lognormal distribution(SGLD) model, to calculate the bearing capacity of stability based on the reliability. This method not only greatly reduces the number of deterministic finite element calculations, but also ensures high accuracy and reliability.

Keywords: Single-layer spherical reticulated shell; Initial imperfections; Random stability; Stability capacity; Structural reliability

---

* 基金项目：国家自然科学基金资助项目（51978253）
作者简介：徐军，博士，副教授

64. 基于拉普拉斯变换和混合密度函数的结构可靠度分析*

徐　军　党　超

（湖南大学土木工程学院，长沙 410082）

摘要：建立从低维到高维随机系统结构可靠度分析统一方法仍具有挑战性，这是因为适用于低维情况的结构可靠度分析方法在高维情况时往往会失效，反之亦然。本文提出了统一的结构可靠度分析方法来解决这一难题。首先，引入拉普拉斯变换来刻画极限状态函数输出变量。当低/中维情况时，采用两个具有五次代数精度的容积公式数值计算拉普拉斯变换，而对高维问题则采用低偏差抽样技术。为重构极限状态函数输出变量的概率密度分布函数，提出一类混合的偏正态分布，并可解析地推导出其拉普拉斯变换。通过与拉普拉斯变换的离散值匹配，则可得到该混合分布的参数，进而可重构极限状态函数的概率密度函数。采用数值算例对这一方法进行验证，并与经典的结构可靠度分析方法进行了对比。结果表明：所建议的方法能有效地重构出含低维到高维随机变量问题的极限状态函数的全分布曲线，且能在统一的框架内计算出失效概率。

关键词：失效概率；拉普拉斯变换；混合分布；容积方法；拉丁化分层抽样

中图分类号：TU311.4　　**文献标识码**：A

STRUCTURAL RELIABILITY ANALYSIS BASED ON THE LAPLACE TRANSFORM AND A MIXTURE DISTRIBUTION

Jun Xu　Chao Dang

(College of Civil Engineering, Hunan University, Changsha 410082, China)

Abstract: Efficient evaluation of the failure probability of systems with low-to high-dimensional random inputs in a unified way is still a challenging task since the methods that work in low dimensions usually become inefficient in high dimensions and vice versa. In this paper, a unified method is proposed to address this challenge. First, the Laplace transform is introduced to characterize the output variable of the limit state function. Two fifth-degree cubature formulae are employed to numerically approximate the Laplace transform when the input parameter space is low/moderate-dimensional, whereas a low-discrepancy sampling technique is adopted for high-dimensional problems. A mixture of skew normal distributions, is then developed to recover the probability distribution of the limit state function from the knowledge of its Laplace transform. By matching with discrete values of the Laplace transform, the parameters of the mixture distribution are identified and the probability distribution of the limit state function can be reconstructed. Numerical examples are investigated to verify and exemplify the proposed method, where some standard reliability analysis methods are also conducted for comparison. The results indicate that the proposed method can efficiently recover the probability distribution of the limit state function and estimate the failure probability for problems with low-to high-dimensional random inputs within a unified framework.

Keywords: Failure probability; Laplace transform; Mixture distribution; Cubature formulae; Latinized partially stratified sampling

---

* 基金项目：国家自然科学基金资助项目(51978253)

作者简介：徐军，博士，副教授

65. 基于贡献度分析的分数阶拉普拉斯矩最大熵方法*

张　钰　徐　军

（湖南大学土木工程学院，长沙 410082）

摘要：基于分数阶矩的最大熵方法（FM-MEM）被认为是对未知分布的一种最无偏的估计，然而该方法涉及优化问题，传统的 FM-MEM 在收敛性、鲁棒性和效率方面均存在一定问题。为了解决这些问题，本文提出了一种新的基于贡献度分析和拉普拉斯变换的分数阶矩最大熵方法。首先，通过贡献度分析挑选出相互联系紧密的重要的随机变量。因此，用于统计矩估计的多维高斯权重积分可被分解为一个低维的高斯权重积分和若干一维高斯权重积分。然后，结合拉普拉斯变换来提高 FM-MEM 的鲁棒性，采用 5 阶的容积公式估计低维的高斯权重积分以及高斯埃尔米特积分求解一维高斯权重积分。除此之外，为了进一步改善所提出方法的效率和鲁棒性，提出两种简化初始优化条件的高效策略用于寻找 FM-MEM 的全局最优解。数值算例验证了这一方法的有效性。

关键词：可靠性分析；拉普拉斯变换；贡献度分析；容积公式；分数阶矩；最大熵方法

中图分类号：TU311.4　　　**文献标识码**：A

Fractional moment-based maximum entropy method with contribution-degree analysis

Yu Zhang　Jun Xu

（College of Civil Engineering，Hunan University，Changsha 410082，China）

Abstract：Fractional moment-based maximum method（FM-MEM） is generally considered as one of the most unbiased estimation of the unknown distribution，where an optimization problem is inherently involved. The traditional FM-MEM suffers from problems in convergence，robustness and efficiency. To address these problems，we propose a novel FM-MEM which is based on Laplace transform and contribution-degree analysis. Contribution degree analysis is first employed to select those significant random variables which have strong interaction with each other. Hence，the original multi-dimensional Gaussian-weighted integral for statistical moments estimation can be decomposed onto one lower-dimensional and several one-dimensional Gaussian-weighted integrals. Then a 5-degree cubature formula is adopted for approximate the lower-dimensional integral and Gauss-Hermite quadrature is used for one-dimensional ones，among which the Laplace transform is employed to enhance the robustness of FM-MEM. Besides，to further improve the efficiency and robustness of the proposed method，two effective strategies are employed to rationally specify a reduced number of initial conditions to obtain the globally optimal solution for the improved FM-MEM. Numerical examples are studied to demonstrate the efficacy of the proposed method.

Keywords：Reliability analysis；Laplace transform；Contribution degree analysis；Cubature formulae；Fractional moment；Maximum entropy

---

* 基金项目：国家自然科学基金资助项目（51978253）

作者简介：徐军，博士，副教授

66. 小失效概率及多失效模式相关下的结构可靠性分析*

钱华明[1]　李彦锋[1,2]　黄洪钟[1,2]　黄　鹏[1]

（1. 电子科技大学，机械与电气工程学院，成都 611731；

2. 电子科技大学，系统可靠性与安全性研究中心，成都 611731）

摘要：本文针对工程结构中普遍存在的小失效概率及多种失效模式问题，提出一种联合多维响应高斯过程模型（Multiple Response Gaussian Process，MRGP）和子集模拟（Subset Simulation，SS）的结构可靠性分析新方法。首先，针对结构功能函数往往无法解析表达多种失效模式之间可能存在的相关性问题，采用 MRGP 模型来构建多失效模式下功能函数的代理模型，并结合主动学习策略，对代理模型进行更新迭代，直至满足一定精度条件。其次，针对小失效概率导致构建功能函数代理模型的计算量巨大甚至不可行的问题，采用 SS 方法来评估结构的失效概率，从而获得更小的变异系数，显著提升 MRGP 构建代理模型的效率。最后，将提出的 MRGP-SS 方法应用到案例分析中，并结合蒙特卡洛仿真（Monte Carlo Simulation，MCS），验证本文方法的有效性。

关键词：多维响应高斯过程模型；子集模拟；主动学习策略；多失效模式；小失效概率；可靠性分析

中图分类号：TU311.41　　**文献标识码**：A

STRUCTURAL RELIABILITY ANALYSIS FOR A SMALL FAILURE PROBABILITY PROBLEM UNDER MULTIPLE FAILURE MODES

Qian Hua-Ming[1]　Li Yan-Feng[1,2]

Huang Hong-Zhong[1,2]　Huang Peng[1]

（1. School of Mechanical and Electrical Engineering，

University of Electronic Science and Technology of China，Chengdu 611731，China；

2. Center for System Reliability and Safety，

University of Electronic Science and Technology of China，Chengdu 611731，China）

Abstract：This paper proposes a new structural reliability analysis method for a small failure probability problem under multiple failure modes by combining multiple response Gaussian process (MRGP) and subset simulation(SS). Firstly，due to the structural performance function cannot be usually expressed analytically and the correlation may exist between multiple failure modes，thus the MRGP model is adopted to construct the surrogate model of performance function and it is updated based on active learning strategy until the predicted accuracy is satisfied. Then，due to the small failure probability problem brings a huge computational cost and even causes infeasibility for constructing the surrogate model of performance function，the SS method is used to assess the

* 基金项目：国家重点研发计划智能机器人重点专项项目：基于数据驱动的工业机器人可靠性质量保障与增长技术（SQ2017YFB130271-02）

作者简介：黄洪钟，博士，教授，email：hzhuang@uestc.edu.cn

structural failure probability and thus a smaller coefficient of variation(COV) can be obtained, which significantly improves the computational efficiency. Finally, the proposed MRGP-SS method is applied into several examples and the Monte Carlo simulation (MCS) is also performed to demonstrate the effectiveness.

Keywords: multiple response Gaussian process; subset simulation; active learning strategy; multiple failure modes; small failure probability; reliability analysis

67. 一种基于改进有限步长法的混合变量结构可靠性高效分析方法*

黄　鹏[1,2]　黄洪钟[1,2]　李彦锋[1,2]　钱华明[1]

(1. 电子科技大学,机械与电气工程学院,成都 611731;

2. 电子科技大学,系统可靠性与安全性研究中心,成都 611731)

摘要:传统的结构可靠性分析是基于概率论,即精确地知道参数的分布。然而,由于信息量的不足,在实际工程中某些不确定变量的分布通常不能准确地获得。当同时获得随机变量和区间变量时,将不适合继续采用基于概率论的可靠性分析方法,区间变量的存在也使得可靠性分析更加困难。为了克服这些缺点,本文提出一种基于改进有限步长法的结构可靠性混合分析方法。首先,基于解耦方法将区间分析嵌入到验算点的寻找过程中,每次迭代依次进行区间分析和概率分析。其次,针对区间变量的范围约束,采用广义简约梯度法开展区间分析,并在概率分析中提出一种基于混合共轭梯度因子的改进有限步长法,从而显著提高计算效率。最后给出两个数值算例来说明所提出方法的有效性。

关键词:混合可靠性分析;区间变量;概率分析;有限步长法

中图分类号:TU311.41　　**文献标识码**:A

AN EFFICIENT STRUCTURAL RELIABILITY ANALYSIS METHOD WITH MIXED VARIABLES BASED ONIMPROVED FINITE STEP LENGTH

Huang Peng[1,2]　Huang Hong-Zhong[1,2]

Yan-Feng Li[1,2]　Qian Hua-Ming[1]

(1. School of Mechanical and Electrical Engineering,

University of Electronic Science and Technology of China, Chengdu 611731, China;

2. Center for System Reliability and Safety, University of Electronic

Science and Technology of China, Chengdu611731, China)

Abstract: Traditional reliability analysis is based on probability theory which the distribution of parameters is precisely known. However, the distribution of several uncertain variables cannot be accurately obtained in the actual applications due to the insufficient information. Occasionally, the random variables and interval variables may be obtained simultaneously, and it is inappropriate to continue to adopt the probability-based reliability analysis methods, the existence of interval variables also makes the reliability analysis more difficult. To overcome these shortcomings, an efficient hybrid reliability analysis method is proposed for structures based on the improved finite step length algorithm. Firstly, the mixed uncertainty model is divided into probabilistic analysis loop

* 基金项目:国家重点研发计划智能机器人重点专项项目:基于数据驱动的工业机器人可靠性质量保障与增长技术(2017YFB1301300)

作者简介:黄洪钟,博士,教授,email:hzhuang@uestc.edu.cn

and interval analysis loop based on the decoupling method. Then, according to the range constraint of interval variables, the generalized reduced gradient method is used in interval analysis, and an improved finite step length method based on hybrid conjugate gradient factor is proposed for probabilistic analysis, which can significantly improve the computational efficiency. Finally, two numerical examples are provided to illustrate the accuracy and efficiency of the proposed method.

Keywords: hybrid reliability analysis; interval variable; probabilistic analysis; finite step length

68. 基于矩法的CRTS Ⅱ型轨道板裂缝宽度可靠性研究*

童明娜[1]　卢朝辉[1,2]

(1. 中南大学 土木工程学院,湖南 长沙 410076;

2. 北京工业大学建筑工程学院,北京 100022)

摘要:本文在分析轨道板横向裂缝及纵向裂缝产生原因的基础上,建立了温度作用与列车荷载共同作用下CRTS Ⅱ型轨道板横向与纵向最大裂缝宽度的功能函数,应用矩法求解了横向裂缝及纵向裂缝的功能函数随温度梯度变化的可靠度指标,并探究了降温幅度对可靠度指标的影响,计算结果表明:矩法具有计算次数少、计算结果准确的优点;分析结果同时表明:轨道板纵向裂缝宽度基本不会发生超限的现象,在降温幅度较大时,横向裂缝宽度超限的概率较大,这可能会对轨道结构的耐久性造成影响。

关键词:CRTSⅡ型轨道板;最大裂缝宽度;功能函数;可靠度;矩法

中图分类号:U 452.21　　**文献标识码**:A

RELIABILITY EVALUATION OF CRACK WIDTH OF CRTS Ⅱ SLABBALLASTLESS USING METHODS OF MOMENT

TONG Ming-Na[1]　LU Zhao-Hui[1,2]

(1. School of Civil Engineering,Central South University,Changsha 410075,China;

2. College of Architecture and Civil Engineering,

Beijing University of Technology,Beijing 100022,China)

Abstract:By analyzing the lateral and longitudinal crack width of the CRTS Ⅱ ballastless track plate,the limit state function of the maximum crack width under combination of temperature effect and train load is established in this paper. The reliability index of the limit state function of the lateral and longitudinal crack width changed with the temperature gradient is calculated by the moments of method,and the influence of the drop amplitude in temperature on the reliability index is explored. The results show that the moments of method has the advantages of reducing calculation times and providing accurate results. The analysis results also show that the longitudinal crack width of the track plate will not exceed the limit value,and the probability of lateral crack width exceeding the limit value is large with the increase of drop amplitude in temperature,which may affect the durability of track structure.

Keywords: CRTSⅡ ballastless track slab; Maximum crack width; Limit state function; Reliability;Methods of moment

---

* 基金项目:国家自然科学基金资助项目(51820105014,U1934217),中南大学中央高校基本科研业务费专项资金资助(2019zzts286)

作者简介:童明娜,博士研究生;卢朝辉,教授,博士

69. 鱼尾板连接装配式组合剪力墙力学性能有限元分析*

王　仪[1,2]　王兆晨[2]　赵　晋[1]　屈讼昭[1]

（1. 河南城建学院土木与交通工程学院，平顶山 467036；

2. 三峡大学土木与建筑学院，宜昌 443000）

摘要：在国家政策的大力支持下装配式建筑逐渐兴起，钢板混凝土组合剪力墙结构作为一种高效的抗测力结构体系与装配式建筑的结合成为土木工程领域研究的热点。结合钢板混凝土组合剪力墙的自身特点，本文提出了一种基于内填钢板预留鱼尾板进行连接的装配式节点连接方式，并分别对采用鱼尾板咬合、鱼尾板对接的组合剪力墙承载性能进行非线性有限元分析。结果表明，采用鱼尾板进行节点连接的装配式组合剪力墙是一种切实可行的方法，鱼尾板咬合齿数对组合剪力墙承载性能影响不大，鱼尾板对接齿数和钢板厚度对于组合剪力墙承载性能有较大影响。最后，针对该装配式节点连接方式对鱼尾板咬合齿数、鱼尾板对接齿数和钢板厚度等参数进行了合理推荐，为工程中的进一步应用提供参考。

关键词：钢板混凝土组合剪力墙；鱼尾板；装配式节点连接；非线性有限元

中图分类号：TU398.2　　　**文献标识码**：A

FINITE ELEMENT ANALYSIS ON MECHANICAL PROPERTIES OF STEEL PLATE-CONCRETE SHEAR WALL CONNECTED WITH FISH PLATE

Wang Yi[1,2]　Wang Zhaochen[2]　Zhao Jin[1]　Qu Songzhao[1]

（1. College of Civil and Traffic Engineering,

Henan University of Urban Construction, Pingdingshan 467036, China;

2. College of Civil Engineering & Architecture,

China Three Gorges University, Yichang 443000, China）

Abstract: With the strong support of national policies, prefabricated buildings have a great development. As an efficient combination of resistant-lateral structure system and prefabricated buildings, steel plate-concrete composite shear wall structure has become a research hotspot in the field of civil engineering. Based on the characteristics of steel plate-concrete composite shear wall, this paper proposed a kind of prefabricated node connection technique by using reserved fish plates extended from the inner steel plates. Nonlinear finite element analysis on bearing behavior of composite shear wall with fish plates bite connection and fish plates butting connection are carried out respectively. The results show that prefabricated shear wall connectioned by fish plate is a

* 基金项目：河南省高等学校青年骨干教师培养计划项目（2016GGJS-138），河南省科技攻关项目（182102311086），河南城建学院资助项目（YCJXSJSDTR201801、2017YY008）

第一作者：王仪，博士，副教授，从事装配式建筑结构研究，硕士生导师，Email：wangy@hncj.edu.cn

通讯作者：赵晋，博士，讲师，从事工程结构抗震性能研究，Email：232900413@qq.com

feasible method, and the number of bite teeth of fish plate has little influence on bearing behavior of composite shear wall, while the number of butting teeth of fish plate and the thickness of steel plate have big effect on bearing behavior of composite shear wall. Finally, appropriate parameters such as the number of bite teeth and butting teeth of fish plate, and the thickness of steel plate are recommended, which could provide reference for further application in engineering.

Keywords: steel plate-concrete composite sheer wall; fish plate; prefabricated joint connection; nonlinear finite element

70. 元件失效相依生命线网络系统抗震动力可靠度计算*

何　军

（上海交通大学船舶海洋与建筑工程学院土木工程系，上海 200240）

摘要：本文提出了一种计算复杂或大型元件相依失效生命线网络系统抗震动力可靠度的推广递推分解算法（e-RDA）。为建立 e-RDA 算法，本文建立了边缘分布为广义极值分布（GEV）的多变量 Gumbel Copula，并将其引入原始 RDA 算法以便计算随机地震激励下生命线网络系统不交最小路和割的联合出现概率。对于生命线元件处于非线性随机振动的情况，本文给出了基于元件非线性随机响应样本的 Gumbel Copula 参数估算子。另外，本文提出了两种失效相依情况下加速 e-RDA 算法可靠度上下界限收敛率的策略，即在地推分解过程中同时进行最可靠路和分解子图的选择以及仅进行分解子图的选择的策略，并建立了最可靠路和分解子图的选择方法。两个假想的元件失效相依点权、边权和一般赋权生命线网络系统动力可靠度分析算例，验证了 e-RDA 算法的有效性，并说明了 e-RDA 算法的工程应用过程。

关键词：生命线网络系统；元件相依失效；非线性随机振动；抗震动力可靠度；推广的 RDA 算法

中图分类号：TU311.4　　　**文献标识码**：A

DYNAMIC SEISMIC RELIABILITY EVALUATION OF LIFELINE NETWORK SYSTEMS WITH DEPENDENT COMPONENT FAILURES

He Jun

(Department of Civil Engineering, School of Naval Architecture, Ocean and Civil Engineering, Shanghai Jiao Tong University, Shanghai 200240, China)

Abstract: The original recursive decomposition algorithm (RDA) is extended to evaluate the dynamic seismic reliabilities of complex and/or large-sized lifeline network systems with dependent component failures. A multivariate Gumbel Copula model, in which the margins are the generalized extreme value (GEV) distributions, is established and introduced into the original RDA to calculate the joint occurrence probabilities of the disjoint shortest paths and cuts of the lifeline network systems subjected to random earthquake excitations. Two techniques that may accelerate convergency of the upper and lower reliability bounds obtained by the extended RDA, i. e. , selecting both the most reliable paths and subgraphs to decamped and selecting only the subgraphs to be decomposed in the recursive decomposition procedure, are developed and introduced into the extended RDA. The illustrative examples are presented to demonstrate the effectiveness and use of the extended RDA in evaluating the dynamic seismic reliabilities of simple and complex node, edge and general weight lifeline network systems with considering nonlinear random vibration of components and dependent component failures.

Keywords: Lifeline network systems; Dependent component failures; Nonlinear random seismic responses; Dynamic seismic reliabilities; Extended RDA

---

* 基金项目：国家基金资助项目（51978397）

作者简介：何军，博士，副教授

71. 基于主动学习 Kriging 方法的边坡稳定可靠性分析

易 平[1] 柳慧卿[1] 白少鹏[1] 刘 君[1]

(大连理工大学建设工程学部,大连 116024)

摘要:边坡稳定问题一直是工程中非常棘手的问题。由于天然岩土材料力学参数的不确定性,对边坡稳定开展可靠性分析是必然的选择。Kriging 方法比固定形式的代理模型(如响应面法、多项式混沌展开法等)具有较高的计算效率和精度,而且能够评估未知点的预测均值及预测标准差,很适合通过循环进行"建模→误差分析→通过学习函数补充样本→建模",构造一种"逐步逼近"的自适应建模过程——主动学习。本文提出了一种新的主动学习 Kriging 方法,该方法引入同时考虑 Kriging 预测均值、预测标准差以及随机变量概率密度函数对挑选最佳样本点影响的学习函数,并设置相应的迭代终止条件避免过度学习,从而减少迭代次数,提升可靠性分析效率。多个算例表明该方法可以在保证计算精度的前提下,进一步提升计算效率。

关键词:边坡稳定;Kriging 方法;主动学习;响应面

中图分类号:TU311.4 **文献标识码**:A

Reliability Analysis of Slope Stability based on Active Learning Kriging Method

Yi Ping Liu Huiqing Bai Shaopeng Liu Jun

(Faculty of Infrastructure Engineering, Dalian University of Technology, Dalian 116024, China)

Abstract: Slope stability is always a very important problem in engineering. Due to the uncertainty of mechanical parameters of natural geotechnical materials, it is necessary to carry out reliability analysis of slope stability. Kriging method has higher computational efficiency and accuracy than fixed form proxy models(such as response surface method, polynomial chaos expansion method, etc.), and can evaluate the prediction mean value and prediction standard deviation of unknown points. It is suitable for constructing an adaptive modeling process of "gradual approximation" through "modeling → error analysis → sample supplement through learning function → modeling"——Active learning. In this paper, a new active learning Kriging method is proposed. In this method, the influence of Kriging prediction mean, prediction standard deviation and probability density function of random variables on selecting the best sample points is introduced, and the corresponding iteration termination conditions are determined to avoid excessive learning, so as to reduce the number of iterations and improve the efficiency of reliability analysis. Several examples show that this method can further improve the calculation efficiency on the premise of ensuring the calculation accuracy.

Keywords: slope stability; Kriging method; active learning; response surface method

72. 飞机舱门锁机构功能可靠性及灵敏度分析*

常 琦 周长聪 赵浩东 王 攀 岳珠峰

(西北工业大学力学与土木建筑学院,西安 710129)

摘要:针对振动、冲击等不确定环境条件下的飞机舱门锁机构功能失效问题,本文提出一种基于区间不确定性的可靠性及灵敏度分析方法。首先,考虑舱门锁机构服役条件下的环境激励情况及特点,将其简化为一种最可能失效状态虚拟力。其次,将舱门锁机构旋转铰接处由于设计、制造、安装、磨损等不确定条件导致的铰接间隙表征为区间不确定性模型。然后,根据某型舱门锁机构在服役过程中的工作方式和流程,在ADAMS和MATLAB环境下建立舱门锁机构可靠性联合仿真模型,通过联合仿真得到可靠性分析相关数据。最后,进行可靠性及灵敏度计算。分析结果表明,与目前广泛应用的随机可靠性方法相比,本文方法对工程样本数据要求较低、假设少且计算效率高,可以为传统随机可靠性方法提供补充和参考,最终有效评估舱门锁机构可靠性,并为其故障检测、维修维护和优化设计提供相关理论指导。

关键词:舱门锁机构;可靠性;关节轴承;区间不确定性

中图分类号:V223.9 **文献标识码**:A

FUNCTIONALRELIABILITY AND SENSITIVITY ANALYSIS OF AIRCRAFT DOOR LOCK MECHANISM

Chang Qi Zhou Changcong Zhao Haodong Wang Pan Yue Zhufeng

(School of Mechanics,Civil Engineering and Architecture,
Northwestern Ploytechnical University,Xi'an 710129,China)

Abstract:To the functional failure of aircraft door lock mechanism under environmental excitation such as vibration and impact load,a reliability and sensitivity analysis method based on interval uncertainty is proposed. First,considering characteristics of the aircraft door lock mechanism under service conditions,the environmental excitation is simplified as a virtual force in the most likely failure state. Second,the joint clearances,caused by uncertainties such as design,manufacture,installation and wear,is represented as interval uncertainty model. Third,based on the working condition of aircraft door lock mechanism, cooperative simulation procedure is established in ADAMS and MATLAB environment. Finally,calculate the reliability and sensitivity result according to the data obtained by cooperative simulation. The results show that the proposed method has lower requirements for engineering sample data,fewer assumptions and higher calculation efficiency compared with the widely used random reliability method. It can provide supplements and references for the traditional random reliability analysis,and effectively evaluate reliability of the aircraft door lock mechanism,and provide theoretical guidance for its fault detection,maintenance and optimization design.

Keywords:aircraft door lock mechanism;reliability;joints;interval uncertainties

---

* 基金项目:国家自然科学基金资助项目(51975476)

作者简介:周长聪,博士,副教授

73. 多点多维地震作用下高墩大跨桥梁抗震可靠度分析*

刘子心[1]　刘章军[2]

(1. 防灾科技学院土木工程学院，廊坊 065201；

2. 武汉工程大学土木工程与建筑学院，武汉 430074)

摘要：本文在非平稳 1D-nV(一维多变量)随机向量过程降维模拟的基础上，将其进一步扩展到非平稳 mD-nV(多维多变量)随机向量过程的模拟中，实现了同时考虑空间变异性及不同方向地震分量的空间相关多点多维地震动随机场的降维建模。同时，应用有限元软件，根据实际工程，建立了考虑桩土效应的高墩大跨连续刚构桥有限元模型。针对桥梁结构在随机地震作用下的动力反应分析，分别考虑了顺桥向、顺桥向＋横桥向、顺桥向＋竖桥向以及顺桥向＋横桥向＋竖桥向等不同工况作用。进一步地，分别以位移及内力为失效判断准则，进行了多点多维地震作用下高墩大跨桥梁结构的抗震可靠度分析。数值算例初步验证了地震动降维模拟方法的有效性，同时，结构动力分析结果可为高墩大跨桥梁结构的抗震分析与设计提供一定依据。

关键词：多点多维地震动；降维模拟方法；高墩大跨连续刚构桥；随机地震反应；抗震可靠度

中图分类号：TU311.3　**文献标识码**：A

SEISMIC RELIABILITY ANALYSIS OF HIGH-PIER AND LONG-SPAN BRIDGE SUBJECTED TO MULTI-POINT AND MULTI-DIMENSIONAL SEISMIC ACTION

LiuZixin[1]　Liu Zhangjun[2]

(1. School of Civil Engineering, Institute of Disaster Prevention, Langfang 065201, China;

2. School of Civil Engineering and Architecture,

Wuhan Institute of Technology, Wuhan 430074, China)

Abstract: Based on the dimension-reduction simulation of non-stationary 1D-nV(one-dimensional multi-variable) stochastic vector process, this paper further extends it to the simulation of non-stationary mD-nV (multi-dimensional multi-variable) stochastic vector process, and realizes the dimension-reduction modeling of spatially correlated multi-point and multi-dimensional stochastic ground motion random fields considering both spatial variability and seismic components in different directions. At the same time, the finite element model of a high-pier long-span continuous rigid frame bridge considering pile-soil effect is established by using finite element software. As for the dynamic response analysis of bridge structure under random earthquake, different working conditions such as along bridge direction, along bridge direction＋transverse bridge direction, along bridge direction＋

* 基金项目：国家自然科学基金资助项目(51978543)

作者简介：刘子心，博士，讲师

通讯作者：刘章军，博士，教师

vertical bridge direction and along bridge+transverse bridge direction +vertical bridge direction are considered respectively. Furthermore, taking displacement and internal force as failure criteria, the seismic reliability analysis of high-pier long-span bridge under multi-point and multi-dimensional earthquake action is carried out. The results of dynamic analysis can provide some basis for seismic analysis and design of such high-pier long-span bridge structure.

Keywords: multi-point and multi-dimensional ground motion; dimension-reduction simulation method; high-pier long-span continuous rigid frame bridge; random seismic response; seismic reliability

74. 正常使用极限状态下 CRTS Ⅱ型无砟轨道板体系可靠度分析*

张玄一[1]　赵衍刚[1,2]　卢朝辉[1]

(1. 北京工业大学建筑工程学院,北京 100124;

2. 神奈川大学建筑系,日本横滨 221-8686)

摘要:本文研究了正常使用极限状态下 CRTS Ⅱ型无砟轨道板的系统可靠度。在列车荷载、温度和桥梁变形的作用下,CRTS Ⅱ型轨道板存在多重失效模式,如纵向开裂,横向开裂以及翘曲变形等。通过充分研究上述失效模式的物理机制及相应的极限状态函数,本文首先建立了 CRST Ⅱ型轨道板的系统极限状态函数。然后,采用高阶矩法分析了轨道平板的系统可靠性,并将其结果与各个失效模式的可靠性进行了比较。最终,通过敏感性分析研究了一些重要参数对系统可靠性的影响。结果表明:①提出的无量纲系统性能模型可以有效地应用于各种结构系统;②CRTS Ⅱ型轨道板在正常使用极限状态下具有较高的的系统可靠性;③各单一失效模式的可靠性进行独立分析,会高估轨道平板的可靠性,因此有必要进行系统可靠性分析;④CRTS Ⅱ型轨道板的系统可靠性受温度、载荷循环次数以及 CA 砂浆层与轨道板间的脱空程度的影响很大。

关键词:CRTS Ⅱ型轨道板;正常使用极限状态;体系可靠度;体系功能函数

中图分类号:TU318.1　　**文献标识码**:A

System Reliability of CRTS Ⅱ Track Slab considering Serviceability Limit State

Zhang Xuanyi[1]　Zhao Yangang[2,3]　Lu Zhaohui[2]

(1. Key Laboratory of Urban Security and Disaster Engineering of Ministry of Education, Beijing University of Technology, Beijing 100124, China;

2. Department of Architecture, Kanagawa University, , Yokohama 221-8686, Japan)

Abstract: In this study, the system reliability of China Railway Track System II(CRTS Ⅱ) track slab on viaduct is investigated considering serviceability failure modes. Under the actions of train load, temperature, and viaduct deformation, several serviceability failure modes of the track slab exist such as the longitudinal cracking, lateral cracking, and the deformation. The individual performance functions corresponding to these serviceability failure modes are firstly investigated, based on which the system limit state function of the track slab is constructed. Then, using method of moments, the system reliability of the track slab is analyzed, and the result is compared with the reliabilities of individual failure modes. Ultimately, the influences of some important parameters on the system reliability were investigated by sensitivity analysis. The results indicate that (1) the proposed dimensionless system performance model can be efficiently used for various structural systems; (2)

* 基金项目:北京市博后基金项目(Q6004013202002),国家自然科学基金项目(No. 51820105014, 51738001, U1934217)

作者简介:张玄一,博士,助理研究员

the system reliability of the track slab is at a relatively high level; (3) the reliability of the track slab will be overestimated by the independent reliability analysis of individual failure modes, and it is necessary to conduct system reliability analysis; (4) the system reliability of the track slab is significantly affected by temperature, the number of load cycles, and debond between CA mortar layer and the track slab.

Keywords: CRTS Ⅱ track slab; Serviceability limit state; System reliability; System reliability performance function

75. 全球气温变暖下的台风活动变化与台风危险性分析方法*

段忠东 陈 煜

（哈尔滨工业大学土木与环境工程学院，深圳 518055）

摘要：现有的台风危险性分析模型主要基于热带气旋历史数据的统计建模。由于历史记录时间、空间和质量的限制，采用这种模型评估台风危险性可能会存在较大的偏差，特别是对热带气旋活动长期趋势的研究会受到限制。另一方面，在全球气温变暖的背景下，在台风危险性分析中如何考虑这种影响是一个很具科学价值的问题。越来越多学者认为，气候变暖会对热带气旋活动产生影响，未来基础设施如何应对气候变化已经成为一个棘手的问题。我们结合大气动力学、统计学以及气候变化领域的进展，发展了具有大气物理学基础的热带气旋合成模型，在此基础上建立了可以考虑全球气候变暖情景的台风危险性分析方法，并对西北太平洋热带气旋活动进行了模拟。本报告将介绍所发展的统计动力学全路径合成热带气旋模型，并应用该模型定量模拟分析最不利情景-RCP8.5 下东亚地区本世纪末(2071-2100 年)的台风危险性变化。

关键词：全球气候变暖；台风；气象灾害；危险性分析

中图分类号：TU14/X43

CHANGES OF TYPHOON CHARACTERISTICS AND TYPHOON HAZARD ANALYSIS UNDER GLOBAL WARMING

Duan Zhongdong, Chen Yu

(School of Civil& Environmental Engineering,
Harbin Institute of Technology, Shenzhen 518055, China)

Abstract: Current practice of typhoon hazard modeling relies on statistical models of historical cyclone records. Due to the limited temporal and spatial coverage and inconsistent data quality, the hazard assessments are often not sufficient to sustain criticism. The climate change that is believed to be happening to our earth makes the situation worse. On the other hand, under global warming, how to consider its effect in the wind hazard assessment is a problem of scientific value. More researchers are aware that to prepare the civil infrastructure for the impact of future climate impact is a tough task. In this talk, we introduce a dynamic downscaling model to synthesize virtual typhoons. This model is developed based on atmospheric dynamics, statistics and climate change analysis methodology, and is capable to modeling typhoon hazard under global warming scenarios. In this report, the full-track cyclone synthesis model for dynamic downscaling is introduced, and it is then used to quantitatively modeling the typhoon hazard change in east Asia at the end of this century (2071-2100) under the worst greenhouse gases emission RCP8.5, comparing to the hazard at the end of last century.

Keywords: global warming; typhoon; atmospheric hazard; hazard analysis

---

* 基金项目：国家自然科学基金资助项目(51978223)。

76. 强风作用下输电塔线体系服役可靠性研究*

陈 波[1,2] 李 朔[1,2] 宋欣欣[1,2]
(1. 武汉理工大学道路桥梁与结构工程湖北省重点实验室,武汉 430070;
2. 武汉理工大学土木工程与建筑学院,武汉 430070)

摘要:输电线路长期在野外复杂恶劣自然环境下服役,容易出现各种损伤破坏事故。特别是我国南部沿海地区多发输电线路风灾事故。因此,开展输电线路抗风可靠性的研究,具有非常重要的科学价值和实际工程意义。首先建立了输电塔线体系的等效随机风荷载模型,同时考虑平均风压的随机性和脉动风压的随机性。进一步的,建立了输电塔线体系抗风可靠度的等价极值事件法和点估计法。在此基础上,建立了输电塔线体系抗风分析的最大熵的二次四阶矩方法。以沿海某实际输电线路为工程背景,系统研究了高柔输电塔线体系抗风可靠度问题和失效概率。通过系统的参数分析,研究了不同风向、不同风荷载重现期以及输电线水平档距等参数对塔线体系抗风可靠性的影响。研究表明:风速和水平档距都对输电塔抗风可靠度具有正相关关系,风向角对抗风可靠度的作用效果与水平档距有关。

关键词:输电塔线体系;可靠度;强风荷载;等价极值事件;统计矩。

中图分类号:TU311.4 **文献标识码**:A

RESEARCH ONSERVICE RELIABILITY OF TRANSMISSION TOWER-LINE SYSTEM SUBJECTED TO STRONG WIND

CHEN Bo[1,2] LI Shuo[1,2] SONG Xinxin[1,2]
(1. Key Laboratory of Roadway Bridge and Structural Engineering, Wuhan University of Technology, Wuhan 430070;
2. School of Civil Engineering and Architecture, Wuhan University of Technology, Wuhan 430070)

Abstract: Transmission lines have been serving in complex and harsh natural environment for a long time in the field, and are prone to various damage and damage accidents. Especially in the southern coastal areas of China, there are many transmission line wind disasters. Therefore, it is of very important scientific value and practical engineering significance to carry out research on wind resistance reliability of transmission lines. The equivalent random wind load model of the tower-line system is first established, by which the randomness of the mean wind pressure and fluctuating wind pressure are taken into consideration. Furthermore, the equivalent extreme value event method and point estimation method for the wind-resistant reliability of the transmission tower-line system are developed. Thus, the quadratic fourth moment method with the maximum entropy for wind-resistant reliability evaluation of transmission tower-line system is proposed. A real transmission tower-line

* 基金项目:国家自然科学基金资助项目(51678436,51978549)
作者简介:陈波,博士,教授,博士生导师

system in Guangdong coastal area is taken as an example to investigate the wind-induced structural reliability and failure probability. Through the parameter analysis of the system, the effects of different wind directions, different wind load return periods and transmission line horizontal span on the wind resistance reliability of the tower-line system are studied. The made observations indicate that both wind speed and horizontal span have positive correlation with wind resistance reliability of transmission tower, and the effect of wind direction angle on wind resistance reliability is related to horizontal span.

Keywords: transmission tower line system; reliability; strong wind load; equivalent extreme value event; statistical moment

77. 基于静力荷载下的梁结构随机有限元模型修正方法*

吴志峰　黄　斌　薛凯仪

（1. 武汉理工大学土木工程与建筑学院，湖北武汉，430070）

摘要：针对结构静力响应不确定的模型修正问题，提出了一种静力荷载下的梁结构随机有限元模型修正方法。该方法将结构参数和测量误差考虑为随机变量，对单元修正因子进行多变量幂级数展开，从而建立起关于单元修正因子的随机模型修正方程。同时考虑到实际测量的自由度有限，通过静力凝聚，消除有限元模型中未测量的自由度。并利用高阶摄动方法来求解随机模型修正方程，以获得单元修正因子的幂级数展开式中的系数。数值算例结果表明，在随机有限元模型修正方法的求解过程中，该方法的精度与蒙特卡罗方法求解精度是一致的，但耗时较少，修正后的有限元模型计算的静态响应与实测结果也能较好吻合。

关键词：模型修正；随机变量；静力凝聚；测量误差；高阶摄动

中图分类号：TU375.4　　　**文献标识码**：A

Astochastic finite element model updating method of beam structures with random parameters under static load

Wu Zhifeng　Huang Bin　Xue Kaiyi

（School of Civil Engineering and Architecture, Wuhan University of Technology, Wuhan 430070, China）

Abstract: A new stochastic finite element model updating of beam structures with random parameters under static load is proposed in current paper. The uncertain structural parameters and measurement errors are considered as random quantities. To eliminate the unmeasured degrees of freedom in the finite element model, a static condensation technique is introduced in this method. Then a statistical model updating equation with respect to element update factors is established. The element update factors are expanded as random multivariate power series. Using high order perturbation technique, the statistical model updating equation can be solved to obtain the coefficients of the power series expansions of the element update factors. From the numerical examples, it is observed that for the solution of the statistical model updating equation, the accuracy of the proposed method agree with that of the Monte Carlo simulation method very well. The static responses obtained by the updated finite element model coincide with the measured results very well.

Keywords: model updating; random parameters; static condensation; measurement errors; high order perturbation

---

* 基金项目：国家自然科学基金项目资助(51378407,51578431)

作者简介：吴志峰，博士研究生，wuzhifeng_tujian@whut.edu.cn；黄斌，教授，博士生导师，binhuang@whut.edu.cn；薛凯仪，博士研究生，xuevilla@whut.edu.cn

78. 建筑结构两层面设计理论及应用*

杨绿峰[1,2]　宋沙沙[1,2]　王　坚[1,2]
(1. 广西大学土木建筑工程学院,广西 南宁 530004;
2. 教育部工程防灾与结构安全重点实验室,广西 南宁 530004)

摘要:建筑结构强度(承载力)设计理论经历了容许应力法、塑性设计法、荷载抗力分项系数设计法和高等分析法(直接设计法)等发展历程。其中,容许应力法和分项系数设计法根据结构构件层面的强度需求开展设计,而塑性设计法和高等分析法根据结构体系层面的强度需求开展设计。如何同时满足工程结构在构件和体系两个层面的强度需求,是结构设计理论必须解决的重要问题。为此,结合杆系钢结构,利用弹性模量缩减法研究建立结构两层面设计方法。首先根据弹性模量缩减法迭代首步与末步的构件承载比分别确定结构在构件和体系两个层面的强度系数,同时建立构件与体系两层面强度之间的显性关系式;然后根据两层面强度系数目标值调整各构件的截面强度;进而,基于构件承载比均匀度最大的原则建立结构优化迭代收敛判据。最后,通过多个算例开展不同设计方法对比分析,结果表明,本文建立的工程结构两层面设计理论不仅能够保证结构两层面安全性,而且可以取得较好的经济效果。

关键词:建筑结构;两层面;结构设计;强度系数;优化
中图分类号:TU311.4　　**文献标识码**:A

THEORY AND APPLICATIONS OF TWO-LEVEL DESIGN FOR ARCHITECTURAL STRUCTURES

YangLüFeng[1,2]　Song ShaSha[1,2]　Wang Jian[1,2]
(1. School of Civil Engineering & Architecture, Guangxi University, Nanning 530004, China;
2. Key Lab of Engineering Disaster Prevention and Structural Safety of China Ministry of Education, Guangxi University, Nanning 530004, China)

Abstract: A two-level design theory of architectural structures is proposed using the elastic modulus reduction method and the homogeneous component bearing ratio criterion. Firstly, the strength coefficients at component-and system-level were determined, respectively, based on the component bearing ratio in the first and last iterative steps of the elastic modulus reduction method. At the same time the relationship between the two-level strength coefficients was presented explicitly. Then the target value of the strength coefficients at two are determined, by which the sectional strength of each component is adjusted. Finally, the convergence criterion was proposed for the structural optimal design based on the uniformity of component bearing ratio. The results of the comparative analysis of different calculation examples show that the two-level design theory of structure can achieve good application results, which can not only ensure the safety of the two levels of the structures, but also achieve good economic results.

Keywords: architectural structure; two-level; strength coefficients; structural design; strength coefficient; optimal design

---

* 基金项目:国家自然科学基金重点项目资助(51738004)
作者简介:杨绿峰,工学博士,教授

79. RC梁抗剪承载力规范模型的计算模式不定性分析*

桑卜久[1]　陶小磊[1]　余 波[1,2,3]

(1. 广西大学土木建筑工程学院,广西南宁 530004;

2. 工程防灾与结构安全教育部重点实验室,广西南宁 530004;

3. 广西防灾减灾与工程安全重点实验室,广西南宁 530004)

摘要:基于1104组RC梁(无腹筋梁653组和有腹筋梁451组)的抗剪承载力试验数据,考虑混凝土和钢筋材料强度的不同组合,分别确定了国内外规范中无腹筋梁和有腹筋梁抗剪承载力模型的计算模式不定性,确定了各模型的计算模式不定性概率统计信息,并对各抗剪承载力模型进行了修正。分析结果表明:对于不同材料强度组合下的无腹筋梁,JSCE模型的计算精度总体相对较高,EC2模型对于NN和NH组合的计算精度相对较低,GB模型对于HN和HH组合的计算精度相对较低;材料强度组合对AS模型的计算精度影响不大;CSA模型对于普通强度无腹筋梁的计算精度较高,当采用高强混凝土或高强钢筋时,CSA模型的计算精度明显下降。对于不同材料强度组合的有腹筋梁,AS模型的计算精度相对较高,当纵筋采用普通强度钢筋、混凝土或箍筋使用高强材料时,该模型的计算精度显著降低;fib模型对于NNN和HNH组合的计算精度相对较低。根据抗剪承载力计算模式不定性的概率分布特征可以修正各抗剪承载力模型,从而提高计算精度。

关键词:钢筋混凝土梁;设计规范;抗剪承载力模型;计算模式不定性;材料强度

中图分类号:TU311.4　　　**文献标识码**:A

COMPUTATIONAL MODEL UNCERTAINTIES FOR DESIGN CODES OF SHEAR STRENGTH OF RC BEAMS

Sang Bujiu[1]　Tao Xiaolei[1]　Yu Bo[1,2,3]

(1. School of Civil Engineering and Architecture, Nanning, 530004, China;

2. Key Laboratory of Disaster Prevention and Structural Safety of China Ministry of Education, Nanning, 530004, China;

3. Guangxi Key Laboratory of Disaster Prevention and Engineering Safety, Guangxi University, Nanning, 530004, China)

Abstract: Computational model uncertainties of several typical shear strength models of reinforced concrete(RC) beams(without and with stirrups) were investigated based on 1104 sets of experimental data of shear strength for RC beams(including 653 sets of data for beams without stirrups and 451 sets of data for beams with stirrups) under different strength combinations of concrete and steel bar. Meanwhile, probabilistic statistical information of computational model

---

* 基金项目:国家自然科学基金项目(51668008,51738004)、广西杰出青年科学基金项目(2019GXNSFFA245004)和广西自然科学基金项目(2018GXNSFAA281344)

通讯作者:余波(1982—),男,四川人,博士,教授,博导,主要从事钢筋混凝土结构全寿命性能研究(E-mail:gxuyubo@gxu.edu.cn)

作者简介:桑卜久(1997—),男,河北人,硕士生,主要从事钢筋混凝土结构概率承载力分析研究(E-mail:sang@st.gxu.edu.cn)

陶小磊(1994—),男,湖北人,硕士生,主要从事钢筋混凝土结构承载力分析研究(E-mail:1198306542@qq.com)

uncertainties of typical shear strength models were determined and typical shear strength models were modified. For RC beams without stirrups, computational accuracy of JSCE model is generally high for different combinations of material strength, while computational accuracy of EC2 model is poor for NN and NH combinations. Computational accuracy of GB model is poor for HN and HH combinations. Meanwhile, the influence of material strength combination on computational accuracy of AS model is not obvious. Computational accuracy of CSA model is high for normal strength beams without stirrups, while computational accuracy of CSA model is poor when high strength concrete or high strength longitudinal steel was used. For RC beams with stirrups, computational accuracy of AS model is high for different material strength combinations. However, computational accuracy of AS model will become poor when high strength concrete or high strength stirrups was used. Moreover, computational accuracy of various shear strength models of RC beams could be improved based on the probabilistic distribution characteristics of computational model uncertainties of different shear strength models.

Keyword: reinforced concrete beams; design codes; shear strength models; computational model uncertainty; material strength

80. 基于元胞自动机 CA 模拟的随机车流与桥梁耦合振动分析研究*

夏翠鹏　汪　斌　于和路　李永乐

（西南交通大学土木工程学院桥梁工程系，四川成都 610000）

摘要：将经典车桥耦合振动理论与多轴元胞自动机车流荷载模拟方法进行融合，用元胞的演变模拟大桥上车流的运行状态，提出了随机车流与桥梁耦合振动研究方法。首先，本文介绍了所采用的车桥耦合振动理论及模型；其次，在传统元胞自动机模型的基础上，对元胞长度、更新步长、换道规则、行驶规则及边界条件进一步细化研究；再则，考虑驾驶员行车时候心理活动，文中提出了变道欲望值；最后，将建立的随机车流与某拱桥进行动力效应耦合分析。本文研究结果表明：多轴单元胞自动机模拟的随机车流在车桥耦合动力分析中具有很好的准确性，数值计算误差在合理的范围内。该方法的实现为随机车流荷载的生成及桥梁动力响应分析提供了一种有益的模式，可用于相关研究和工程实际中的随机车流与桥梁耦合振动仿真分析。

关键词：随机车流；车-桥耦合；元胞自动机；动力分析；变道欲望值

中图分类号：TU311.4　　　**文献标识码**：A

RESEARCH ON STOCHASTIC TRAFFIC-BRIDGE COUPLED VIBRATION USING CELLULAR AUTOMATON(CA)-BASED SIMULATION

Xia Cuipeng　Wang bin　Yu Helu　Li Yongle

(School of Civil Engineering, Southwest Jiaotong University, 610000, China)

Abstract: Combined with classical vehicle bridge coupling vibration theory and multi axis cellular automatic locomotive flow load simulation method, and simulation of the flow state on a bridge by cell evolution, then the research method of coupling vibration between random traffic flow and bridge is proposed. First of all, This paper introduces theory and model of vehicle-bridge coupling vibration; Secondly, further refined research is carried out based the traditional cellular automata model, on the cell length, the update step length, the lane changing rules, the driving rules and the boundary conditions Thirdly, considering the driver's mental activities while driving car, the probability value of desire to change ways is proposed. Finally, the dynamic effect coupling analysis of stochastic traffic flow and an arch bridge is carried out. The results show that, stochastic traffic flow simulated by multi axis cellular automata has good accuracy in vehicle-coupling dynamic analysis, and the error of numerical calculation is under control, The implementation of this method provides a useful model for the generation of stochastic traffic load and dynamic response analysis of bridges, it can be used in related research and engineering practice to simulate the coupling vibration between stochastic traffic flow and bridges.

Keywords: stochastic traffic flow; vehicle-bridge coupling; cellular automata; dynamic analysis; probability value of desire to change lane

---

* 基金项目：国家自然科学基金资助(51878579)

作者简介：夏翠鹏，硕士研究生

81. 考虑风机故障的风电场年发电量预测

于炜炀[1]　郑海涛[1]　黄国庆[2]

(1. 西南交通大学数学学院,四川成都,610031;

2. 重庆大学土木工程学院,重庆,400044)

摘要:风电场发电量的准确预测是风电并网的重要依据。其预测准确性主要受到风特有的强随机性的影响。本文使用神经网络方法对风速的年度分布进行预测,从而预测下一年的年发电量。此外,风机故障导致的维修对于发电量的预测也有较大的影响。本文利用一种复合泊松模型(Compound Poisson Model)对风机故障率进行分析。同时,本文利用Copula对到达风电场各个风机的风速之间的相关关系建立模型。模拟结果表明所提出的预测方法能够较为准确地预测风电场年发电量,为风电场的运维提供重要依据。

关键词:Weibull分布;神经网络;Copula;复合泊松模型

Forecast of annual power generation of wind farms considering wind turbine failure

Weiyang Yu[1]　Haitao Zheng[1]　Guoqing Huang[2]

(1. School of Mathematics, Southwest Jiaotong University, Chengdu, Sichuan 610031;

2. School of Civil Engineering, Chongqing University, Chongqing 400044)

Abstract: Accurate prediction of wind farm power generation is an important basis for wind power grid integration. Its prediction accuracy is mainly affected by the strong randomness of the wind. This paper uses neural network methods to predict the annual distribution of wind speed, thereby predicting the annual power generation in the next year. In addition, maintenance caused by turbine failure has an important impact on the forecast of power generation. This paper uses a Compound Poisson Model to analyze the failure rate of wind turbines. At the same time, this paper uses Copula to establish a model of the correlation between the wind speeds reaching the wind farms. The simulation results show that the proposed prediction method can predict the annual power generation of wind farms more accurately, which provides an important basis for the operation and maintenance of wind farms.

Keywords: Weibull distribution; neural network; Copula; Compound Poisson Model

82. SMAS-TMD减震控制的数值模拟和试验研究*

吕泓旺　黄　斌

（武汉理工大学土木工程与建筑学院，湖北武汉 430070）

摘要：本文对一附加新型形状记忆合金弹簧-调谐质量阻尼器（SMAS-TMD）的两层钢框架模型进行了试验和数值研究。首先为了描述超弹性SMA螺旋弹簧在动力荷载下的非线性力学特性，利用超弹性SMA多段线性本构模型和螺旋弹簧的力学特性提出了一种超弹性SMA螺旋弹簧的力-位移关系模型，该模型与拉伸试验结果吻合很好。在此基础上给出了一个两层的SMAS-TMD钢结构框架的数值仿真模型。随后，通过主结构稳态响应幅值最小化对SMAS-TMD体系进行优化设计，并对优化后的SMAS-TMD体系进行了一系列的振动台试验。最后，对比了优化后的SMAS-TMD和传统TMD在地震作用下对结构的振动控制的数值计算结果。试验结果和数值结果表明，所提出的数值仿真模型与振动台试验结果拟合得很好，而且优化后的SMAS-TMD体系能显著地抑制结构的振动，相对于优化后的传统TMD体系具有更好的控制效果。

关键词：调谐质量阻尼器；超弹性SMA螺旋弹簧；振动台试验；振动控制

中图分类号：TU352.1　　　**文献标识码**：A

Numerical simulation and experimental study of SMAS-TMD system in vibration Control of structure

Lv Hongwang　Huang Bin

(School of Civil Engineering and Architecture, Wuhan University of Technology, Wuhan 430070, China)

Abstract: This paper proposes a novel shape memory alloy springs-tuned mass damper (SMAS-TMD) to reduce seismic response of a frame structure. Firstly, in order to describe the nonlinear mechanical properties of superelastic SMA helical spring under dynamic load, a force-displacement relationship model of superelastic SMA helical spring is proposed by using the multilinear constitutive model of SMA and the mechanical model of the helical spring, and the model agreed well with the tension test results. Then, a numerical simulation model of the two-story steel frame with SMAS-TMD is established to simulate the responses of the frame subjected to an earthquake. To minimize the maximum steady-state response amplitude of the primary structure under harmonic excitations, an optimum design of the SMAS-TMD is developed. A series of shaking table tests were carried out on the optimal SMAS-TMD. The experimental and numerical results show that the numerical simulation results have good agreement with the shaking table test results. Finally, the control performance of the SMAS-TMD was compared with the classic TMD under earthquake. It is shown that the SMAS-TMD can significantly suppress the vibration of the structure, and has better control effect than the TMD.

Keywords: tuned mass damper; superelastic SMA helical springs; shaking table; vibration control

---

* 基金项目：国家自然科学基金（51578431）

作者简介：吕泓旺，博士研究生

83. 复杂服役环境下的混凝土耐久性劣化机理研究*

刘清风

（上海交通大学船舶海洋与建筑工程学院，海洋工程国家重点实验室，上海 200240）

摘要：在复杂的服役环境下，氯盐侵蚀、碳化、冻融破坏、碱骨料损伤、硫酸盐侵蚀等病害已对混凝土结构基础设施的长期性能和工作寿命构成严重威胁。为深入理解钢筋混凝土因有害介质侵蚀所导致的结构耐久性劣化机理，本系列研究基于严格微观电化学定律和对混凝土多相结构的参数控制，在细微观尺度下建立多离子传输多相数值表征方法(即“双多模型”)，从而揭示多离子传输与单一离子传输在对混凝土长期性能预测时的差异，并探明离子间相互作用、混凝土的各向异性、骨料-砂浆界面过渡区、离子吸附结合效应、双电层效应等细微观因素的具体影响。同时基于这一数值表征方法，研究碳化、冻融循环、荷载开裂、碱-硅反应、非饱和干湿交替等环境因素与氯盐侵蚀的共同作用机制，揭示一些未能在前人模型中发现的重要现象和传输特征，为大型基础设施、海洋交通工程的建设和运维，提供理论参考。

关键词：混凝土耐久性；多离子传输；氯传输机理；碳化作用；冻融循环

中图分类号：TU311.4　　　**文献标识码**：A

MECHANISMS OF DURABILITY DEGRADATION OF CONCRETE SERVING IN COMPLEX ENVIRONMENT

Liu Qing-feng

(State Key Laboratory of Ocean Engineering, School of Naval Architecture, Ocean & Civil Engineering, Shanghai Jiao Tong University, Shanghai 200240, China)

Abstract: In complex or harsh service environment, the durability of existing concrete structures suffer severe threaten of not only chloride penetration alone, but also in conjunction with other degradation processes such as carbonation, freeze and thaw, ASR, dry-wet cycles, sulphate attack, leaching, etc. For in-depth studies on the coupled deterioration mechanisms, one has to consider not only the multiple meso/micro phases, but also the multiple ionic species. A series of “double-multi” models has been developed to exactly link to this particular theme. Based on the proposed model, one can more accurately predict the penetration depth of chloride, and more rational investigate the interactions and the coupling between chloride attack and other deterioration processes. Some important phenomena which cannot found in the previous models are revealed. The findings of this study may bring insights to the durability design of reinforced concrete and large infrastructures serving in harsh environments.

Keywords: Concrete durability; Multi-species Transport; Chlorine transport mechanism; Carbonation; Freeze-thaw cycles

---

* 基金项目：国家自然科学基金项目(51978396)；上海市“青年科技启明星计划”(19QA1404700)；海洋工程国家重点实验室研究基金(GKZD010077)

作者简介：刘清风(1986-)，男，博士，副教授，博士生导师，中国硅酸盐学会青年科技奖获得者、国家青年人才托举计划入选者、上海市“青年科技启明星”、上海市“浦江学者”、上海市“晨光学者”；主要从事混凝土结构/材料耐久性、多孔介质中的离子传输、电化学修复/防护技术等方向研究；E-mail：liuqf@sjtu.edu.cn

84. 人行桥人致振动舒适度研究

陈得意　王振宇　冯宇豪
（长江大学城市建设学院，荆州 434023）

摘要：本文研究了行人在振动响应下的主观反应隶属度值与人行桥结构振动响应之间的非线性关系，建议了改进隶属度函数，将改进隶属度函数与传统计算公式、前人的实验结果进行了比较，表明改进隶属度计算值与实验结果更接近，传统隶属度计算公式偏差较大。在改进烦恼率计算模型基础上，给出了精度满足工程应用要求的近似人行桥烦恼率曲线，计算结果曲线和近似曲线之间的误差不超过 0.04。建议了一种考虑竖向与侧向耦合振动的舒适度综合评价方法，对广州市黄埔区科学城人行桥进行了振动舒适度研究和减振设计，计算结果表明合理设置 TMD 能起到减振作用。

关键词：隶属度；烦恼率；人行桥；人致振动；舒适度
中图分类号：U441.3　　　**文献标识码**：A

STUDY ON PEDESTRIAN-INDUCED VIBRATION COMFORTABILITY OF FOOTBRIDGE

Chen Deyi　Wang Zhenyu　Feng Yuhao
(School of Urban Construction, Yangtze University, Jingzhou 434023, Hubei, China)

Abstract: The nonlinear relationship between the subjective response membership of pedestrians and the structural vibration response of footbridges is studied in this paper. An improved membership function is proposed. The improved membership function is compared with the traditional calculation formula, and the experimental results of former reseachers. The comparison results show that the improved membership calculation value is closer to the experimental results than the traditional membership calculation formula. On the basis of the improved annoyance rate calculation model, an approximate footbridge annoyance rate curve is given, whose accuracy meets the requirements of engineering application. The error between the calculated curve and the approximate curve does not exceed 0. 04. A comprehensive evaluation method of footbridge vibration comfortablity considering vertical and lateral coupling vibration is proposed. The vibration comfortablity and vibration reduction design of the Guangzhou Huangpu Science City Footbridge are studied. The calculation results show that the reasonable TMD can play a role in vibration reduction.

Keywords: membership; annoyance; footbridge; pedestrian-induced vibration; comfortability